GESCHICHTE DES CHINESISCHEN REICHES
I.

GESCHICHTE DES CHINESISCHEN REICHES

EINE DARSTELLUNG SEINER ENTSTEHUNG, SEINES WESENS UND SEINER ENTWICKLUNG BIS ZUR NEUESTEN ZEIT

VON

O. FRANKE

I. BAND

DAS ALTERTUM UND DAS WERDEN DES KONFUZIANISCHEN STAATES

善言古者必有節於今
善言天者必有徵於人
Sün tsĕ 23

VERLAG VON WALTER DE GRUYTER & CO.
VORMALS G. J. GÖSCHEN'SCHE VERLAGSHANDLUNG — J. GUTTENTAG, VERLAGSBUCHHANDLUNG — GEORG REIMER — KARL J. TRÜBNER — VEIT & COMP.
BERLIN 1930 LEIPZIG

DRUCK VON J. J. AUGUSTIN IN GLÜCKSTADT UND HAMBURG.

Inhaltsverzeichnis des ersten Bandes.

Vorwort

Wer es heute unternimmt, eine Geschichte Chinas zu schreiben, der bedarf dazu einer besonderen Rechtfertigung, wenn nicht gar einer Entschuldigung. Von allen den zahlreichen Versuchen, die zur Lösung der Aufgabe gemacht worden sind, hat bisher keiner den Beifall der Historiker, geschweige denn den der Sinologen gefunden. Den ersteren ist der Gegenstand nach wie vor fremd und unverarbeitbar geblieben, die letzteren haben zum Teil das Unternehmen, Chinas Gesamtgeschichte zu erfassen, für verfrüht und darum von vornherein für verfehlt erklärt, zum Teil sind sie sogar der Meinung, daß die Aufgabe die darauf zu verwendende Mühe nicht lohne. Wenn ich trotzdem die Kühnheit habe, einen neuen Versuch zu wagen, so werde ich mich mit diesen Ablehnungen und Widerständen auseinanderzusetzen haben.

Für die abendländische Geschichtschreibung war die Welt des Fernen Ostens bis in die neueste Zeit ein unbekanntes Gebiet mit verschlossenen Zugängen. Japan hat zwar als neue moderne Großmacht immer dringender Beachtung geheischt und in dieser Stellung auch gefunden, aber die Erforschung seiner Geschichte bleibt auch noch der zukünftigen Historie vorbehalten. China vollends lag und liegt als finsterer und unnahbarer Block auf dem Wege der weltgeschichtlichen Betrachtung und — was vielleicht noch bedeutungsvoller ist — scheint auch garnicht überall das Verlangen nach näherer Kenntnis zu wecken. Die eben erwähnte Haltung der Sinologie ist ja in der Tat auch solchem Verlangen wenig günstig. Aber auch von dieser Haltung abgesehen, sind die Ursachen nicht schwer zu erkennen. Die erste Kunde von der chinesischen Geisteswelt wurde dem Abendlande durch die Jesuitenmissionare des 18. Jahrhunderts vermittelt. Die gewaltsame Öffnung des Landes für den fremden Handelsverkehr durch die Engländer um die Mitte des 19. Jahrhunderts brachte die inzwischen wieder halb vergessene Welt von neuem in Erinnerung. Aber das Bild, das man erhielt, lockte wenig, erheblich weniger als das von den Jesuiten gezeichnete. Nachdem sich die Schwärmerei der Aufklärungszeit für das China des stilisierten Konfuzianismus, der Vernunftreligion und der ,,bürgerlichen Tugend" abgekühlt hatte, blieb als Überrest eine Anschauung von den Chinesen und ihrer Geschichte zurück, wie sie in Hegels *Philosophie der Welt-*

geschichte ihren Niederschlag fand. Wir können die erstaunlichen Angaben und Schilderungen dort heute nicht mehr ohne ein Lächeln lesen, aber sie haben zweifellos in der gelehrten Welt Deutschlands, vielleicht Europas, einen sehr nachhaltigen Einfluß ausgeübt und üben ihn möglicherweise noch heute aus. Zahlreich und zum Teil grotesk wie die Mißverständnisse in den mit großer Sicherheit vorgetragenen Abschnitten über China sind, überrascht doch andererseits die freilich weit mehr geahnte als aus einer richtigen Beurteilung des Tatsachenstoffes hergeleitete Erkenntnis von gewissen Grundzügen der chinesischen Entwicklung. Hegel hat in tieferem Sinne Recht als er selbst wissen konnte, wenn er sagt, daß „die Sittlichkeit, das Familienwesen, hier (in China) zu dem ungeheuren Ganzen eines Staates ausgebildet worden ist“,[1]) oder daß „das patriarchalische Prinzip in China zu einem Staate organisiert“, und dieser „das Reich der theokratischen Despotie ist.“[2]) Und das Wesen des konfuzianischen Staates bringt er durchaus zutreffend in den Worten zum Ausdruck: „Der Mangel des ganzen Prinzips der Chinesen liegt darin, daß bei ihnen das Moralische nicht vom Rechtlichen geschieden ist. Eine vernünftige Verfassung muß das Moralische und Rechtliche einer jeden Sphäre für sich hervorbringen. Die orientalische Eigentümlichkeit aber ist die unmittelbare Vereinigung beider Prinzipien. Sie ist vorhanden in dem sittlichen Zustande und in einem Zustande des Staates, bei dem das Sittliche noch das Regierende ist. In solchem Staate sind dann die Gesetze teils noch dürftig, teils betreffen sie die Sitten.“[3]) Da ferner Hegel, ebenso wie das ganze Abendland, China eben nur als diesen konfuzianischen Staat kannte, d. h. als den Staat, wie ihn die konfuzianischen Quellen als von jeher bestehend schildern, so konnte er von seinem Standpunkte aus mit Recht sagen, daß „die Geschichte Chinas selbst nichts entwickelt, und daß wir uns deshalb in die Einzelheiten dieser Geschichte weiter nicht einlassen können“.[4]) „Wir haben vor uns den ältesten Staat und doch keine Vergangenheit, sondern einen Staat, der ebenso heute existiert, wie wir ihn in alten Zeiten kennen lernen.“ „Insofern hat China eigentlich keine Geschichte.“[5]) „China und Indien liegen gleichsam noch außer der Weltgeschichte, als die Voraussetzung der Momente, deren

[1]) II, 278 (Ausg. von G. Lasson, 2. Aufl.)
[2]) I, 236 (Einleitung)
[3]) II, 300.
[4]) II, 283.
[5]) II, 278.

Zusammenschließung erst ihr lebendiger Fortgang wird."[1]) China ist für Hegel der Staat, „in dem das Subjekt noch nicht zu seinem Rechte gekommen ist", d. h. der die Entwicklungsfreiheit des Individuums, das Recht des Einzelnen auf seine Persönlichkeit noch nicht kennt, der sich deshalb noch „im Kindesalter der Geschichte" befindet.[2]) Im Gegensatz dazu steht die griechische Welt, „das Reich der schönen Freiheit", das „Jünglingsalter", in dem „das Prinzip der Individualität aufgeht", darauf folgt das „Mannesalter", etwa das römische Reich, in dem „der Staat als solcher Zweck ist, der den Individuen voransteht, für den sie alles tun", bis dann schließlich in der höchsten Stufe, dem „Greisenalter", das aber hier nicht Schwäche, sondern „vollkommene Reife" bedeutet, d. h. in dem durch das Christentum angebahnten weltlichen und geistlichen Reiche, nachdem „der Gegensatz von Kirche und sogenanntem Staat verschwunden sein wird", die Weltgeschichte ihr Ziel findet, das Ziel nämlich, daß „der Geist sich zu einer Natur, einer Welt ausbilde, die ihm angemessen ist."[3]) Erbe von Hegels universalhistorischen Vorstellungen war Ranke. Aber er verharrte dabei nicht, sondern bildete sie weiter. Vor allem war ihm die Weltgeschichte nicht bloß jene konstruktive Entwicklung des Geistes, die ohne Rücksicht auf das vielgestaltige Leben der Völker mit seinen unermeßlichen Möglichkeiten dem gesamten Werden in der Menschheit selbstherrlich das Ziel setzt. „In solcher Scholastik geht das Leben unter", heißt es in den *Epochen der neueren Geschichte* (S. 9f.). Ranke war stärker erfaßt von den Wirklichkeiten des geschichtlichen Geschehens, tiefer durchdrungen von der Bedeutung der Begebenheiten für den Sinn eines geheimnisvollen göttlichen Waltens und darum demütiger gegenüber dem letzten Ziele der Vorsehung, das sich allem menschlichen Erkennen entzieht. Ihm, wie auch Hegel, war ein gemeinsames Höheres in dem Entwicklungsgange der Menschheit, etwa der Begriff der Kultur, Sinn und Kern aller Geschichte, aber darüber hinaus ließ er sich vom Geiste nicht entführen. „In dem, was wir Cultur oder Civilisation nennen", heißt es in der *Weltgeschichte*, „liegt eines der wirksamsten Motive ihrer (der Nationen) inneren Entwicklung. Wollte man für diese ein bestimmtes Ziel angeben, so würde man die Zukunft verdunkeln und die schrankenlose Tragweite der welthistorischen Bewegung verkennen."[4])

[1]) II, 275.
[2]) I, 234ff.
[3]) I, 239ff.
[4]) Teil I, 1 S. VIII.

Diese welthistorische Bewegung aber offenbarte sich für Ranke in dem Leben der einzelnen Nationen, in ihren Bestrebungen, in ihrem Ringen, in ihren Kämpfen untereinander. „Die Weltgeschichte würde in Phantasien und Philosopheme ausarten, wenn sie sich von dem festen Boden der Nationalgeschichten losreißen wollte, aber ebenso wenig kann sie an diesem Boden haften bleiben. In den Nationen selbst erscheint die Geschichte der Menschheit. Es gibt ein historisches Leben, welches sich, fortschreitend von einer Nation zur andern, von einem Völkerkreise zum andern, bewegt. Eben in dem Kampfe der verschiedenen Völkersysteme ist die allgemeine Geschichte entsprungen, sind die Nationalitäten zum Bewußtsein ihrer selbst gekommen."[1]) Also durch genaue Erforschung der einzelnen Nationalgeschichten auf dem Boden des wirklichen Geschehens bleibend, steigt der Historiker zur Erkenntnis des Gesamtsinnes der Menschheitsentwicklung auf. „Denn darin könnte man den idealen Kern der Geschichte des menschlichen Geschlechts überhaupt sehen, daß in den Kämpfen, die sich in den gegenseitigen Interessen der Staaten und Völker vollziehen, doch immer höhere Potenzen emporkommen, die das Allgemeine demgemäß umgestalten und ihm wieder einen anderen Charakter verleihen."[2]) Aber ebenso, wie er sich innerlich nicht im Äther der Phantasien und Philosopheme verflüchtigen darf, ist der Begriff einer Weltgeschichte für Ranke auch äußerlich in feste Grenzen gebannt. Nur die Nationen können Gegenstand einer weltgeschichtlichen Betrachtung werden, die durch ihre eigene geschichtliche Entwicklung zu einander hingedrängt, deren Lebenskreise, einander überschneidend, zu einer einzigen, einheitlichen Kulturwelt zusammengeflossen sind. Eine solche Einheit aber bildet nach Ranke nur der westliche Kulturkreis, der die abendländischen, antiken, vorderasiatischen und nordafrikanischen Kulturen umschließt, die, in lebendigem Fortschreiten einander treibend, wandelnd, fortsetzend, die Träger einer innerlich bewegten Weltgeschichte geworden sind. Dagegen bleiben die asiatischen Völker trotz ihrer uralten Kultur ausgeschlossen. „Zuweilen sind wohl die von uralter Zeit vererbten Zustände eines oder des anderen orientalischen Volkes als Grundlage von allem betrachtet worden. Unmöglich aber kann man von den Völkern des ewigen Stillstandes ausgehen, um die innere Bewegung der Weltgeschichte zu begreifen. Die Nationen können in keinem anderen Zu-

[1]) Teil I, 1 S. VIII f.
[2]) Teil III, 1 S. 6.

sammenhange in Betracht kommen, als inwiefern sie, die eine auf die andere wirkend, nach einander erscheinen und miteinander eine lebendige Gesamtheit ausmachen."[1]) Also bei Ranke wie bei Hegel sind die Völker Ostasiens unverrückbare, innerlich starre Massen, „Völker des ewigen Stillstandes", die außerhalb des Lebenstromes der Weltgeschichte bleiben. Ranke hatte den englisch-französisch-chinesischen Krieg 1858—60 erlebt; was er dabei von China hörte, konnte sein Interesse nicht wecken. „Die Engländer beherrschen die ganze Welt mit ihrem Handel", sagt er zu König Maximilian II. von Bayern; „sie haben Ostindien, sie haben China Europa geöffnet, alle diese Reiche unterwerfen sich gleichsam dem europäischen Geiste",[2]) das war alles, was ihm die Ereignisse bedeuteten. Nicht einmal eine Andeutung der Möglichkeit, daß diese asiatischen Riesenreiche nun durch ihre „Unterwerfung unter den europäischen Geist" vielleicht „an der allgemeinen historischen Bewegung teilnehmen" könnten (S. 6).

Rankes leitender Gedanke von der Geschlossenheit des westlichen Kulturkreises als dem Gegenstande der Weltgeschichte ist für die späteren Historiker bestimmend geblieben. Mommsen setzt ihn als selbstverständlich voraus, teilt aber den Kreis geographisch und chronologisch in zwei Teile, der eine, südlichere, „mit den Namen Theben, Karthago, Athen und Rom als Höhepunkten", ist der Schauplatz der alten Geschichte, der andere, nördlichere, mit dem Schwerpunkt der Zivilisation am atlantischen Ozean, statt wie bisher am Mittelmeer, der der neuen.[3]) Nicht einmal Babylon und Iran kommen dabei in Betracht, Ostasien — wie nicht anders erwartet werden kann — tritt überhaupt nicht in seinen Gesichtskreis. Walter Otto verteidigt die Einheit „des sog. altorientalischen Kulturkreises mit dem südeuropäischen im Altertum als eines geschlossenen Gebildes" und will „von diesem Kreise das innere Afrika ebenso streng absondern wie den Osten Asiens einschließlich Indiens."[4]) Eduard Meyer scheidet ähnlich wie Mommsen „den orientalischen und hellenischen Kulturkreis im Altertum (der dann zu dem hellenistisch-römischen erwächst) und den christlichen und islamischen in Mittelalter und Neuzeit", nimmt aber beide als eine so eng miteinander verwachsene Gesamtheit, daß nur eine beide gleichmäßig berücksichtigende Gesamtbetrachtung das volle Verständnis

[1]) Teil I, 1 S. VII f.
[2]) *Epochen* S 200.
[3]) *Römische Geschichte* I. 3 f.
[4]) *Kulturgeschichte des Altertums* S. 2.

ihrer Geschichte ermöglicht".[1]) Die Geschichte „des großen Kulturvolkes des Ostens, der Chinesen, bleibt außerhalb des Rahmens der Darstellung".[2]) Das Festhalten an dem Rankeschen Grundgedanken hat aber weder Otto noch Ed. Meyer verhindert, unter dem Einflusse der neu gewonnenen geschichtlichen Erkenntnis mit dem Begriff der Weltgeschichte weit über Ranke selbst hinauszugehen. Für keinen von beiden ist Ostasien mehr ein Gebiet, das „gleichsam noch außer der Weltgeschichte liegt", sind seine Bewohner „Völker des ewigen Stillstandes", sondern beide wollen den Fernen Osten in die Entwicklungsgeschichte der Menschheit eingeordnet wissen. Otto meint, „die andern großen Kulturkreise sind erst in ihrer späteren Entwicklung für den Aufbau der weltgeschichtlichen Einheit von Bedeutung geworden; die lange getrennt fließenden Ströme der menschlichen Entwicklung haben sich eben erst recht spät in einem Bette vereinigt."[3]) Ed. Meyer aber sagt deutlicher: „Eine Zusammenfassung aller drei Gebiete (des orientalischen-hellenistischen, des christlich-islamischen und des ostasiatischen Kulturkreises) zu einer wirklichen geschichtlichen Einheit mit ununterbrochener Wechselwirkung hat sich erst in den letzten Jahrhunderten allmählich vorbereitet und ist in den letzten Jahrzehnten zu voller Realität geworden. Seitdem gibt es tatsächlich eine Weltgeschichte, das ist eine allgemeine, die Menschen des ganzen Erdballes zu einer Einheit zusammenfassende Geschichte".[4]) Losgelöst von dem Rankeschen Einheitsgedanken, aber zugleich losgelöst von der Einheit in der Menschheitsgeschichte mit einem gesetzten Ziele überhaupt ist Spengler. Ihm besteht das Wesen der Geschichte in „dem Phänomen der großen Kulturen". Die Kulturen sind Organismen, die unabhängig von einander und neben einander entstehen, sich entwickeln und sterben, ebenso wie „der einzelne Mensch, ein Tier, ein Baum oder eine Blume".[5]) Ihr Leben wird bestimmt durch das Schicksal, durch den Zufall im Einzelnen, „der für die abendländische Seele als Schicksal von geringerer Gestalt gedeutet werden darf, während für die antike Seele das Schicksal als gesteigerter Zufall gilt."[6]) Im Gegensatz zum Naturforscher aber, der in seinem Verhältnis zur

[1]) *Geschichte des Altertums* (3. Aufl.) I, 1 § 111.
[2]) (2. Aufl.) I, 2 § 592.
[3]) S. 3f.
[4]) I, 1 § 111.
[5]) *Untergang des Abendlandes* I, 149 f.
[6]) I, 199 f.

Natur „den zufälligen Standort des Betrachters auf einem einzelnen Planeten als formbestimmend ausgeschaltet hat“, fehlt dem Historiker bisher „die Distanz vom Objekt“. Er betrachtet die Weltgeschichte vom Standpunkte seiner Gegenwart aus, er macht sie „wesentlich zur Geschichte eines Fragments des Vergangenen mit dem in West-Europa fixierten Zufällig-Gegenwärtigen als Ziel und den augenblicklichen öffentlichen Idealen und Interessen als Wertmessern für die Entwicklung des Erreichten und zu Erreichenden“.[1]) In einem vom Standort des Betrachters losgelösten Weltbilde spielt natürlich der chinesische Kulturkreis eine ganz andere Rolle. Er ist so wenig eine Welt des „ewigen Stillstandes“, die von der bewegten Universalgeschichte ausgeschlossen bleiben muß, wie es etwa jene ungeheuren Sternhaufen des Weltraumes sind, die dem Beobachter auf dem kleinen Planeten Erde ewig stillstehend erscheinen, in Wirklichkeit aber in unaufhörlicher starker Bewegung sind, und die der Astronom nicht von seiner Betrachtung ausschließen kann. Nicht mit Unrecht erinnert Spengler daran, daß „für uns die Ereignisse, die sich 1500 — 1800 auf dem Boden West-Europas abspielen, das wichtigste Drittel „der“ Weltgeschichte füllen. Für den chinesischen Historiker, der auf 6000 Jahre chinesischer Geschichte zurückblickt[2]) und von ihr aus urteilt, sind sie eine kurze und wenig bedeutende Episode, nicht entfernt so schwerwiegend wie z. B. die Jahrhunderte der Han-Dynastie (206 v. — 220 n. Chr.), die in seiner Weltgeschichte Epoche machen“. Ähnlich wie Spengler urteilt in diesem Punkte der ihm sonst so entgegengesetzte Breysig. Auch für ihn ist das bestimmende Moment der Zusammenfassung „der biologische Gedanke der Entwicklungsalter, d. h. einer Anordnung der Geschichte aller Völker der Erde nach einer ihnen allen gemeinsamen Abfolge von Zustandsbildern. So wie im Leben der Pflanze Keim und Knospe, Blüte und Frucht aufeinander folgen, sich auseinander entwickeln, so folgen einander im Leben der Völker das Kindheitsalter der Urzeit, das Knabenalter des Altertums, die Jünglingszeit des Mittelalters, das Mannesalter der Neueren, das Greisenalter der Neuetsen Zeit“.[3]) Also nicht wie bei Hegel ein Durchlaufen der Entwicklungsphasen von Seiten der Kulturmenschheit, sichtbar werdend in den jeweiligen Zustandsbildern der einzelnen Völker

[1]) I, 135 f.

[2]) Das ist allerdings erheblich zu hoch gegriffen.

[3]) *Der Stufenbau und die Gesetze der Weltgeschichte* 2. Aufl. S. 9.

oder Völkergruppen, mit einheitlichem Ziel am Ende, sondern ein gleiches Ablaufschema für alle Völker, aber jedes für sich, in gleichem Nacheinander, aber mit ungleich langen Wegstrecken. Gerade China und seine Geschichte sind in diesem System Breysigs von besonders anschaulicher Bedeutung. China hat nach ihm „unter allen Altertumstaaten die höchste Leistung vollbracht“, und kein anderes Altertumsvolk zeigt „die eigentümliche Verlangsamung, hier und da selbst völlige Erstarrung der Entwicklung“ deutlicher als China, dessen Geschichte „noch heute nicht eigentlich über die Altertumstufe hinausgediehen ist“.[1]) Einig mit Hegel ist Breysig hiernach in der Überzeugung, daß China, völkerbiologisch gesehen, sich noch im Jugend-Zustande der Entwicklung befindet, aber er wird ihm deshalb nicht, wie Hegel, die „eigentliche Geschichte“ absprechen.

Der Sinologe, der die hier angedeuteten Auffassungen einiger unserer Historiker und Geschichtsphilosophen von Chinas Stellung in und zu der Weltgeschichte eingehender betrachtet, wird mit Erstaunen beobachten, wie zwar manche dieser Auffassungen richtig erahnt sind, wie aber fast alle auf einer unzulänglichen Kenntnis der Tatsachen und auf schiefen Vorstellungen beruhen. Eine Ausnahme macht Eduard Meyer, der, mit der starken Erweiterung des geschichtlichen Blickfeldes vor Augen, Chinas Verhältnis zur Weltgeschichte richtig erkennt, aber, aus guten Gründen vorsichtig, es außerhalb des Rahmens seiner Betrachtung läßt. Er spricht deshalb auch nicht von einer „Weltgeschichte“, sondern von einer „Geschichte des Altertums“ und beschränkt sich auf das Altertum der westlichen Kulturkreise. Wenn Eduard Schwartz, vielleicht aus ähnlichen Erwägungen heraus, erklärt: „Was chinesische Geschichtschreibung genannt wird, ist für mich chinesisch, das heißt unverständlich“,[2]) so ist das nur eine etwas ungewöhnliche Formulierung einer nicht zu bestreitenden Tatsache. Überrascht aber muß man werden, wenn Hegel, hinweisend auf die „sehr gelehrten Männer, die sich seit dem 18. Jahrhundert mit der Erforschung Chinas beschäftigen“, und auf die Tatsache, daß „außerdem auch Chinesen nach Europa gereist sind“, selbstsicher erklärt, daß „wir jetzt durchaus über China Bescheid wissen, und daß wir so gründliche Kenntnisse ihrer Literatur und ihres ganzen Lebens wie ihrer Geschichte haben“.[3]) Dabei ist ihm De Mailla mit seiner Übersetzung

---

[1]) S. 55 f. [2]) *Die Antike* IV, 15.
[3]) *Philosophie der Weltgeschichte* II. 280.

ein besonders geschätzter Gewährsmann! Welcher Art Hegels wirkliche Kenntnisse waren, wurde bereits erwähnt. Voreilig, wie wir die meisten seiner Urteile über China und über unsere Kenntnis davon nennen müssen, ist es mit Rankes Ansichten von den „Völkern des ewigen Stillstandes" nicht anders. „Ewiger Stillstand" ist im Munde eines Historikers in jedem Falle eine bedenkliche Wendung, und wenn die Öffnung Chinas für den fremden Handel durch die Engländer für Ranke nichts anderes bedeutete, als die „Unterwerfung unter den europäischen Geist", so stehen wir heute betroffen über eine solche Vorwegnahme aller Entwicklungsmöglickkeiten. Ein Blick auf den Atlas hätte nachdenklich stimmen müssen. Wie würde Ranke urteilen, wenn er die Ereignisse des 20. Jahrhunderts erlebt hätte! Seine Weltgeschichte kann heute nur noch als Teil einer solchen gewertet werden, und sie wird immer mehr zusammenschrumpfen, je mehr unser Blick über die Menschheit sich weitet; nur als Trägerin eines großen und richtigen Gedankens wird ihre Bedeutung unvermindert bleiben. Auch da aber, wo jeder Gedanke an einen grundsätzlichen Ausschluß der ostasiatischen Geschichte von der Gesamtbetrachtung fallen gelassen ist, stoßen wir auf kaum weniger elementare Irrtümer und Mißverständnisse als bei den Älteren, sei es daß willkürliche Deutungen (neben richtigen) zu Grunde gelegt sind, wie bei Spengler, sei es daß die Kenntnis des Sachverhalts unzureichend ist, wie bei Breysig. Auch Helmholts *Weltgeschichte*, die in Wirklichkeit freilich nur eine Sammlung aneinander gereihter Einzelgeschichten ist und auch eine besondere Geschichte Chinas enthält, kann nicht ausgenommen werden.

Indessen bei einer gerechten Würdigung der Sachlage wird sich ergeben, daß im Grunde diese mangelhafte Kenntnis eigentlich kaum wundernehmen kann. Die Verantwortung dafür trägt, wie schon angedeutet wurde, in erster Linie die Sinologie selbst. Das China, das durch die Jesuiten im Abendlande bekannt wurde, war das der orthodoxen konfuzianischen Überlieferung, d. h. ein China, das den Höhepunkt seines Seins um Jahrtausende zurückverlegte und nichts Besseres kannte, als sich nach Möglichkeit wieder dahin zurückzuentwickeln. So mußte seine ganze Geschichte als ein bewegungsloses Zurückstarren, höchstens als ein Herumtreten auf der gleichen Stelle erscheinen, China wie ein Staat, der „eigentlich keine Geschichte hat". Dieses von den Jesuiten — gewiß ohne ihre Absicht — entworfene Bild hat nachgewirkt bis in das 20. Jahrhundert hinein, und was man dann nach der Eröffnung des Landes über die wirklichen Zustände des inneren und äußeren Verfalls erfuhr, das war, getragen von Verständnislosigkeit und Überheblichkeit, nur dazu angetan, diese ganze überalterte und erstarrte chinesische Kultur als eine abgetane Sache anzusehen: „alle diese Reiche unterwerfen sich dem europäischen Geiste". Die wissenschaftliche Sinologie aber hat wenig und auch das nur zögernd getan, um das geschichtliche Bild zurechtzurücken, zuerst, weil sie China, unter dem unbewußten Einflusse des Literatentums, auch immer nur als das langlebige, aber einförmige, für sich bleibende konfuzianische Gebilde ansah mit einer Geschichte, die „selbst nichts entwickelt", dann aber, nachdem sie in der Erkenntnis der Einzelheiten fortgeschritten war, weil sie eine wissenschaftliche Behandlung der chinesischen Gesamtgeschichte, die sich nun in ihrer ganzen Unermeßlichkeit auftat, für verfrüht hielt. So kam es, daß manche Sinologen bezweifelten, ob die chinesische Geschichte überhaupt des Studiums wert sei. „Das allgemein menschliche Interesse an der chinesischen Geschichte beginnt mit dem Einsetzen der fremden Beziehungen", sagt Parker. Was uns vom Altertum überliefert wird, ist „fade", „schal" oder „geradeheraus dumm" *(downright stupid)*, es ist nicht zu verwundern, daß Schi huang-ti die Chroniken über „die alten Könige, Lehensfürsten und Gelehrten" samt und sonders verbrannte.[1]) Und Arthur Smith meint, es hat seine guten Gründe, wenn „die Welt im Ganzen sich um die chinesiche Geschichte ebenso wenig kümmert wie sie davon weiß"; „die chinesische Geschichte ist fernliegend, eintönig, dunkel und — schlimmer als alles das — es gibt viel zu viel davon."[2]) Andere lehnen dieses vernichtende Urteil zwar ab, sind aber resigniert hinsichtlich der Möglichkeit einer Darstellung. „Auf eine wissenschaftliche Darstellung der chinesischen Gesamtgeschichte auf Grund der chinesischen Quellen müssen wir wohl noch auf lange Zeit verzichten", schreibt E. Haenisch,[3]) und um zu einem solchen Ziele zu gelangen, hat man schon vor Jahren den Plan erörtert, die sogenannten „vierundzwanzig Annalenwerke" durch einen internationalen Gelehrten-Ausschuß in eine europäische Sprache übertragen zu lassen. Auch Arthur Smith wünscht erst ein systematisches Studium der chinesischen Quellen, aber durch „einen erwählten Ausschuß von einsichts-

---

[1]) *China* S. 15 f.

[2]) *The Study of Chinese History* in North China Harald 31. Jan. 1908.

[3]) Ostasiat. Zeitschr. X, 142.

vollen, dogmatisch nicht gebundenen, liberalgesinnten modernen chinesischen Gelehrten", die „eine kritische Untersuchung von Tschu His Dogma-Material unternehmen",[1]) d. h. Konfuzianismus und Geschichte gesondert betrachten müssen. K. S. Latourette ist der Meinung, daß „die Zeit noch nicht gekommen ist, wo eine wirklich gute, vollständige allgemeine Geschichte von China geschrieben werden kann", und hofft, daß „vorläufig die Energie von Leuten, die hinsichtlich einzelner Geschichtsabschnitte vortreffliche Arbeit leisten könnten, nicht darauf verschwendet wird, den schon reichlich vorhandenen Übersichten noch neue hinzuzufügen."[2]) Versuche einer Gesamtdarstellung der chinesischen Geschichte in einem größeren Maßstabe sind denn auch von den Sinologen nicht unternommen worden. Was es an größeren Werken dieser Art gibt (von De Maillas unheilvoller *Histoire Générale de la Chine* abgesehen) stammt von Dilettanten wie Boulger, Macgowan, von Brandt, Cordier u. A.; die Sinologen wie Fries, Conrady, von Rosthorn, Krause u. A. haben sich auf kurze Abrisse beschränkt, Groussets Werk ist mehr eine Bibliographie als eine Geschichte.

Es erhellt ohne weiteres, daß ein neuer Versuch, die Geschichte Chinas darzustellen, sich leichter mit den Ablehnungen der Historiker als mit denen der Sinologen abfinden wird. Die Hegel-Rankeschen Vorstellungen von der Geschichtslosigkeit und dem ewigen Stillstande Chinas teilt heute kein ernsthafter Historiker mehr, mag ihm auch die völlige Getrenntheit des ostasiatischen Kulturkreises von dem westlichen bis an die Schwelle der Neuzeit als unbezweifelbar erscheinen. Eine Weltgeschichte, die Ostasien ausschließen will, wird ihm auch bei solcher Getrenntheit für keine Zeitperiode mehr als Weltgeschichte gelten. Und selbst diese Getrenntheit ist heute kein so unumstößlicher Glaubenssatz mehr wie noch vor wenigen Jahren, nicht für das hohe Altertum und erst recht nicht für die Zeiten des Mittelalters. Wenn Ed. Meyer sagt, daß „zwischen China und den beiden westlichen Gebieten ein historischer Zusammenhang undenkbar ist, wenn auch die über alle Realitäten des geschichtlichen Lebens sich unbedenklich hinwegsetzende Phantasie von Träumern mehrfach Vermittlungsversuche angestellt hat und voraussichtlich immer von neuem wiederholen wird",[3])

---

[1]) A. a. O. 7. Febr. 1908.

[2]) Journ. North-China Br. R. A. S. XLVII, 113 f.

[3]) *Geschichte des Altertums* I, 1 § 122.

so mahnen doch heute die Anderssonschen Funde in Kan-su, gewisse Erscheinungen in der chinesischen Himmelskunde, die neue Erkenntnis von der Rolle der Reitervölker in Inner-Asien u. a. zur Vorsicht gegenüber solcher „Undenkbarkeit." Mit dem so leidenschaftlich verteidigten Dogma von der absoluten „Autochthonie" der chinesischen Kultur ist es endgültig aus. Ebenso ist es aus mit der Vorstellung, daß die chinesische Kultur ein sehr alter, aber starrer Organismus, ohne „lebendigen Fortgang" sei, ein von einem einzigen Volke hervorgebrachtes, von diesem getragenes und auf dieses beschränktes Gebilde, so wie es eben die konfuzianische Überlieferung selbst darzustellen beliebte. Es verrät noch ganz den Zwang dieser Vorstellungen, wenn Ed. Meyer in einer Besprechung von Spenglers *Untergang des Abendlandes* sagt: „Die ägyptische, babylonische, indische, chinesische, mexikanische Kultur sind an ein bestimmt abgegrenztes Gebiet und ebenso an ein bestimmtes einheitliches Volkstum gebunden; oder falls etwa ein neuer Stamm eindringt und hier die Herrschaft gewinnt, so gehört dieser doch demselben eng beschränkten Kreise an und verschmilzt mit dem ursprünglichen Träger."[1]) Für China trifft das ganz bestimmt nicht zu. Aus engstem Kreise am Huang ho heraus haben sich die chinesischen Kulturgedanken und Formen über die riesigen Gebiete Südostasiens, durch die Länder des heutigen Reiches, von den tungusischen Fischervölkern des Amur-Gebietes über Korea und die japanischen Inseln bis an die Westgrenze von Hinterindien, durch Inner-Asien hindurch bis in die Länder der iranisch-hellenistischen Kultur verbreitet. Zahllose auch rassemäßig ganz verschiedene Völker mannigfachster Art sind von dieser Kultur erfaßt worden und haben ihrerseits zu ihrer Entwiklung, Umformung und Buntheit beigetragen. Als ein ungeheuer verwickelter Synkretismus hat sich dieses scheinbar „einheitliche Volkstum" und seine Kultur offenbart, erst in dem Panzer des konfuzianischen Dogmas ist beides später erstarrt, aber die chinesische Welt war nicht immer konfuzianisch und wird es auch in Zukunft nicht sein. Die Historie kann also von der Aufhellung der ostasiatischen Geschichte getrost mehr erwarten als sie bisher getan hat. Die wegwerfenden Urteile Einzelner sind weit mehr kennzeichnend für die Art ihrer Betrachtung als für die Sache selbst.

Sehr viel schwerer wiegt der Einwand, daß es noch nicht an der Zeit sei, an eine wissenschaftlich unterbaute Darstellung der chinesischen

[1]) Deutsche Literaturzeitung 1924 Sp. 1770.

Gesamtgeschichte heranzutreten. Haenisch hat mit seiner entsagenden Befürchtung unzweifelhaft Recht, wenn man an eine Geschichte von der umfassenden Art denkt, wie wir sie von Griechenland oder dem römischen Reiche haben. Eine solche Aufgabe kann die Sinologie freilich noch für lange Zeit nicht lösen, man braucht sich nur einmal die Zahl der Arbeiter und ihrer Einzelstudien, die bisher aufgewendete Zeit und die sprachlichen Schwierigkeiten bei der Behandlung des Materials dort und hier zu vergegenwärtigen, um den Unterschied und seine Folgen zu ermessen. Das enthebt aber die Sinologie nicht der Pflicht, anstatt die Aufgabe für unabsehbare Zeit zu vertagen und sie den Dilettanten zu überlassen, wenigstens einmal einen Teil davon soweit zu bearbeiten wie es der heutige Stand der Forschung ermöglicht. Wie ich mir eine solche Teillösung, die doch wieder ein Ganzes in sich sein muß, gedacht habe, werden die folgenden Blätter dartun. Schon im Voraus aber will ich dem Leser sagen, was er von meiner Geschichte des chinesischen Reiches erwarten darf, und was nicht.

Die Stoffmassen für die greifbare Geschichte eines Zeitraumes von rund dreitausend Jahren, die von den schreibseligen Chinesen in ihrer Literatur aufgehäuft sind, wirken durch ihre überwältigende Fülle und ihre pedantische Gleichförmigkeit zunächst abschreckend und zeitigen dann solche summarisch ablehnenden Urteile wie wir sie vorhin kennen gelernt haben. Es gehört schon eine längere Erfahrung dazu, sich beim Eindringen in diese papierne Welt nicht von ihr erdrücken zu lassen, und es ist leicht verständlich, wenn der Sinologe Bedenken trägt, hier einen Durchgang finden zu wollen. Die Versuche langer Jahre haben mich gelehrt, daß es zunächst nur ein Mittel gibt, um dauernd Herr des Stoffes zu bleiben und so zu einem Ziele zu gelangen. „Es gilt", so habe ich bereits vor Jahren geschrieben, „den Faden der beherrschenden Idee zu finden und ihn durch das ganze riesige Wirrsal der Geschehnisse hindurch zu verfolgen."[1]) Welches diese Idee sein muß, ist nicht schwer zu erkennen. Träger der Geschichte sind die Menschen, aber nicht einfach als eine große Zahl von Einzelwesen, sondern als eine sittliche Gemeinschaft mit einer festen Organisation, d. h. als Staat. Schon bei Hegel ist der Staat „das Wesentliche, die Einheit des subjektiven Willens und des Allgemeinen, das sittliche Ganze und in seiner konkreten Gestalt."[2]) Bei keinem Volke tritt das machtvoller, ausschließ-

[1]) Deutsche Literaturzeitung 1924 Sp. 76.

[2]) *Philosophie der Weltgeschichte* I, 89 (Einleitung).

licher in die Erscheinung als bei den Chinesen. Nicht bloß ist der Staat Boden und Träger alles Wirkens der Einzelnen, aller ihrer Beziehungen unter einander — das ist er auch anderswo —, sondern er ist auch Ausdruck ihrer gesamten Weltanschauung, ihr ganzes philosophisches Denken ist auf ihn bezogen, die Kulturmenschheit ist ihnen nur als Staat vorstellbar. Der Staat also und sein Werdegang bietet sich von selbst als die beherrschende Idee dar, hier haben wir den Anfang zu machen bei einer Darstellung der chinesischen Geschichte. Ich kann hier nur wiederholen, was ich zur gleichen Zeit an der gleichen Stelle geschrieben habe. „Wir werden uns bis auf weiteres damit begnügen müssen, die geistigen, sittlichen und wirtschaftlichen Kräfte aufzudecken, die den chinesischen Staat als Ausdruck eines eigenartigen Kultursystems und Kulturwillens geschaffen haben, festzustellen, wer die Träger dieser Kräfte waren, in welcher Gedankenwelt sie lebten, welche bestimmenden Ideen in dem chinesischen Reiche nach Gestaltung suchten, welche Hindernisse sich ihnen entgegenstellten, welches der Verlauf und das Ergebnis dieses Ringens war, mit einem Worte, wie die Entwicklung des Chinesentums als einer völkischen und politischen Gesamtheit sich vollzog bis zu dem Zustande, in dem wir es heute vor uns sehen." Hiernach mag der Leser ermessen, was er in meiner Darstellung finden wird. Natürlich erhebe ich nicht den Anspruch, daß die letztere, selbst bei der starken Einschränkung der Aufgabe, vollständig, ohne Ergänzungsbedürfnis sei. Schon mit Rücksicht auf den zur Verfügung stehenden Raum war ich gezwungen, nicht bloß alles das fortzulassen, was, so bedeutungsvoll an sich es sein mochte, zu meiner Aufgabe in keiner unmittelbaren Beziehung stand, sondern auch vieles von dem, was sicherlich für die Beleuchtung des geschichtlichen Entwicklungsganges von Wert gewesen wäre, aber nicht durchaus notwendig und darum entbehrlich schien. Manches mag mir auch entgangen sein, was tatsächlich wichtiger war, als das von mir herangezogene. Die Auswahl im Stoff ist die entscheidende, aber auch die schwierigste Tätigkeit des Historikers, eine Verstümmelung der Wirklichkeit bleibt sie immer. Der Leser, der enttäuscht ist, nicht jede Frage und nicht jedes Gebiet gleich eingehend, manches sogar garnicht behandelt zu sehen, mag sich diese erzwungenen Einschränkungen vor Augen halten. Nur Einiges von dem, was er nicht erwarten darf, will ich nennen. Volkskunde, Religion, Literatur, Kunst, Wirtschaft sind nicht annähernd nach ihrer Bedeutung an sich zur Geltung gekommen, obwohl vieles davon Wesen und

Fortschritt in der staatlichen Gemeinschaft anschaulich gemacht haben würde, aber das Politische mußte in jedem Falle den Vorrang haben, und Manches, das zu eingehender Behandlung lockte und sie auch wert war, ist erbarmungslos den Notwendigkeiten geopfert worden. Es war oftmals eine entsagungsvolle Arbeit. So, hoffe ich, ist das Gerüst einer chinesischen Geschichte zu Stande gekommen, das allmählich Andere nach mir mit dem Stoffe des gesamten Geistes- und Wirtschaftslebens ausfüllen und umkleiden mögen, ohne daß Wesentliches geändert zu werden braucht. Ob auch für diesen Anfang die Zeit noch nicht reif war, wird das Werk selbst zu zeigen haben; ich habe die Empfindung nicht gehabt.

Nach dieser Erörterung der grundsätzlichen Einwände, wie sie von Historikern und Sinologen erhoben werden, bleibt mir nur übrig, zu sagen, wie sich mir die Geschichte Chinas als Ganzes darstellt, und wie ich sie behandelt habe. Ich habe bereits erwähnt, daß man im Abendlande bisher eigentlich nur das einförmige China der orthodoxen konfuzianischen Überlieferung gekannt hat, das China, das von den Gelehrten der Han-Zeit konstruiert und zur Sung-Zeit von Tschu Hi nebst seiner Schule die starre Form erhalten hat. Durch diese Dogmatisierung mit bestimmter Zielrichtung ist die geschichtliche Entwicklung in China mit einer Nebelschicht umhüllt worden, hinter der alle Gestaltungen des Geschehens gleichförmig und verschwommen erscheinen, die Äußerungen natürlicher Menschlichkeit aber unkenntlich werden. Arthur Smith hat Recht, wenn er sagt, daß nach der Überzeugung des Abendländers in der chinesischen Geschichte eine treibende Kraft und ein innerer Fortgang notwendigerweise gewesen sein muß, mag der konfuzianische Literat noch so bestimmt versichern, daß „ein solcher Fortgang nicht vorhanden war und auch nicht vorhanden sein sollte, daß vielmehr nur eine Rückkehr zu den altersgrauen Gedanken von Yao und Schun angestrebt wurde." Wir wissen, daß diese Versicherung falsch ist, ein Fortgang der Entwicklung war vorhanden, „das Problem ist nur, ihn aufzufinden und zu beweisen."[1]) Dieses Problem zu lösen habe ich mich bemüht, indem ich mich jenseits des konfuzianischen Dogmas gestellt und es nur als eine der Kräfte, allerdings als die stärkste, aufgefaßt habe, die den chinesischen Staat und das chinesische Gesellschaftsgefüge geformt und beherrscht haben. Aber wie jede der Kräfte, hat auch diese ihre Zeit

[1]) *The Study of Chinese History* S 283 f.

gehabt. Es gab eine Zeit, wo sie noch nicht da war, und es gibt eine Zeit, wo sie nicht mehr da ist. So drängt sich die große Dreiteilung in Altertum, Mittelalter und Neuzeit von selbst auf, selbstverständlich nicht in dem Sinne, wie dieses Schema einmal angewandt wurde, ehe die Geschichte ihre gewaltige zeitliche und räumliche Ausdehnung erfuhr, die den Zwangsrahmen sprengen mußte, soweit er überhaupt einmal von Bedeutung war. Die Dreiteilung soll auch nicht in dem Sinne irgend welcher „Kulturkreislauftheorie" genommen werden, d. h. als eine Reihe von Stationen, die von der Entwicklung eines Volkes oder einer Kultur durchlaufen werden und das Aufblühen, Altern, Absterben bezeichnen, eine Theorie, die, wie Ed. Spranger sagt, „nicht Resultat einer historischen Induktion, sondern eine auf dem Wege des Methodensynkretismus entstandene Deduktion ist."[1]) Die Teilung soll sich zunächst nur auf Wandlungsperioden des geistigen und politischen Lebens der Chinesen beziehen, ohne daß damit irgend eine Wert- oder Verfallstheorie verbunden wäre. Lediglich nach dem Aufkommen und Wirken des konfuzianischen Systems, dem — wenn man den Erfolg als Maßstab nimmt — gewaltigsten und machtvollsten Organisationsmittel, das wir bisher in der Weltgeschichte kennen, teile ich die chinesische Geschichte in die vorkonfuzianische Zeit (nicht auf die Persönlichkeit des Konfuzius, sondern auf den Konfuzianismus als wirkendes System bezogen), d. h. das Altertum bis zur Neubildung des Staates durch die Ts'in und seine beginnende Konfuzianisierung unter den Han, die konfuzianische Zeit, d. h. das Mittelalter bis zum Zusammenbruch des konfuzianischen Systems und Staates am Ende des 19. Jahrhunderts, und die nachkonfuzianische Zeit, d. h. die Neuzeit, an deren Schwelle wir stehen, und in der sich das chinesische Geistesleben in mancher Hinsicht wieder dem Zustande nähert, den es vor dem Wirken des konfuzianischen Systems zeigte. Wenn Hegel in China den Staat ahnte, „in dem das Subjekt noch nicht zu seinem Rechte gekommen ist", so hat er damit, wie ich bereits sagte, den Zustand im konfuzianischen Staate schärfer erfaßt, als er selbst wissen konnte, aber als „Kindesalter der Geschichte" darf deshalb das chinesische Mittelalter durchaus nicht genommen werden, ebenso wie Breysigs „Altertumstufe" nur dann gelten kann, wenn man die Entwicklung abendländischer Kulturen als Maßstab nimmt.

---

[1]) Sitzungsber. Preuß. Akad. d. W. 1926 S. XLVI.

Es ist selbstverständlich, daß bei solcher Einordnung des Konfuzianismus in die chinesische Gesamtgeschichte manche Werte umgewertet werden mußten. Wer sich dem Banne der konfuzianischen Weltanschauung und Sittlichkeitslehre entzogen hat, von denen nahezu alle chinesischen Geschichtsquellen durchtränkt sind, der wird nicht wenige der handelnden Personen und der sachlichen Vorgänge anders sehen als sie im Scheinwerferlichte der dogmatischen Norm erscheinen. Aber der Gang der Entwicklung wird dann auch menschlich verständlicher, er verliert die geschraubte und manirierte Unnatürlichkeit, die er in der Darstellung der konfuzianischen Chronisten erhalten hat. Ich habe versucht, diesen Gang in einzelnen Entwicklungsvorgängen dem Leser noch dadurch näher zu bringen, daß ich an gleiche oder ähnliche Vorgänge im Westen erinnert habe, dadurch sollte gezeigt werden, daß es schließlich überall die gleichen menschlichen Wesenszüge, die gleichen Bestrebungen, Wünsche, Schwächen, Reaktionen, Leidenschaften sind, von denen die Geschichte in Bewegung gehalten wird, daß die Chinesen — was diese selbst auch jetzt zu ihrer Verwunderung erkennen — im tiefsten Grunde keine andern Wesen sind als die übrigen Glieder der Menschheit, unter denen jedes eben die Prägung seiner natürlichen Umwelt und seiner ethischen Gewohnheiten oder *li* als Eigenart an sich trägt.

Diese meine Gesamteinstellung zur chinesischen Geschichte hat natürlich eine weitgehende Kritik meiner Quellen bedingt. Diese Quellen sind durchweg die einheimischen Literaturwerke gewesen. Und zwar habe ich an erster Stelle die amtlichen Annalen und Chroniken benutzt, die sich, so weit ihre sachliche Zuverlässigkeit in Frage kommt, viel besser bewährt haben, als moderne Chinesen uns jetzt in reformierendem Übereifer glauben machen wollen. Die eigentlichen dynastischen Annalen *(pên ki)* geben die Tatsachen, so weit meine Erfahrung reicht, mit großer Treue wieder, den Stoff für die Zusammenhänge dieser Tatsachen liefern in reicher Fülle die Lebensbeschreibungen der handelnden Personen *(lie tschuan)*. Das hat natürlich nicht gehindert, daß gelegentlich auch andere chinesische Werke, Enzyklopädien, Sondergeschichten u. a. zu Hilfe genommen wurden. Für die älteste Zeit waren die „kanonischen" Texte der Konfuzianer das Einzige, was zur Verfügung stand; schon um die halbmythische Überlieferung festzustellen — und kein Darsteller der chinesischen Geschichte darf daran denken, diese unberücksichtigt zu lassen —, sind sie unentbehrlich, ohne ihre Kenntnis würde das geistige Leben der Chinesen, das zwei Jahrtausende von ihnen beherrscht worden ist, völlig unverständlich werden. Europäische Gesamtdarstellungen sind nicht berücksichtigt worden, nur bei der Behandlung von Einzelfragen habe ich die Arbeiten der abendländischen Forschung benutzt, und mit Dank muß ich anerkennen, wie mir die Übersetzungen von Legge, Biot, Couvreur, Chavannes und Wieger von Nutzen gewesen sind, sei es auch nur als Wegweiser für die von ihnen bearbeiteten und andere damit zusammenhängende chinesische Texte. Von größter Wichtigkeit waren die Ergebnisse der neuen archaeologischen Grabungen der Schweden, Japaner und Franzosen, die ich bis zum letzten ausgenutzt habe. Hier sind für das Altertum noch Aufschlüsse von unabsehbarer Tragweite zu erwarten, Aufschlüsse, die uns die literarischen Quellen niemals geben können, schon weil wir nicht wissen, wie viel von diesen gefälscht ist. Wir würden jedenfalls weiter in unserer Kenntnis sein, wenn die Grabungen von der chinesischen Regierung verständnisvoller gefördert würden. Endlich habe ich nicht versäumt, als Quelle das Leben selbst reden zu lassen. Manche Vorgänge und Erscheinungen der Vergangenheit finden ihre Erklärung in den ihnen entsprechenden Verhältnissen der Gegenwart, sei es, daß beide auch heute noch, wenn auch in veränderter Form, fortwirken (z. B. der Kolonisierungsprozeß), sei es, daß gewisse politische oder kulturelle Grundanschauungen und die daraus hervorgegangenen Einrichtungen (z. B. die Regierungs- und Verwaltungs-Organisation) zum wenigsten bis zu dem großen Bruche von 1911 in voller Wirksamkeit beobachtet werden konnten. Das ist ja das Einzigartige, daß unter allen Orientalisten nur dem Sinologen die Möglichkeit vorbehalten ist, den Lauf der gesamten Geschichte des einen Volkes als eine niemals unterbrochene organische Einheit vor sich sehen zu können, Vergangenheit und Gegenwart ineinander verschlungen, einander erklärend. So habe ich den als Motto vorangestellten Ausspruch Sün tsĕs aus dem 3. Jahrhundert v. Chr. befolgt: „Wer über das Altertum reden will, der muß seinen Ausgangspunkt in der Gegenwart nehmen. Wer über das All reden will, der muß mit seiner Untersuchung beim Menschen beginnen", oder wie Droysen es ausdrückt: „nicht die Vergangenheiten werden hell — sie sind nicht mehr —, sondern was in dem Jetzt und Hier von ihnen noch unvergangen ist. Diese erweckten Scheine sind nur statt der Vergangenheiten, sind die geistige Gegenwart der Vergangenheiten."[1])

[1]) *Historik* S. 9.

Indessen, so reich auch alle Quellen strömen mögen, „das Geschehene", um mit W. von Humboldt zu sprechen, „ist nur zum Teil in der Sinnenwelt sichtbar, das Übrige muß vom Geschichtschreiber hinzuempfunden, geschlossen, erraten werden."[1]) Darum wird für eine zusammenhängende Darstellung niemals die subjektive Zutat des Darstellenden entbehrt werden können, seine eigene Persönlichkeit wird seinem Werke ihr eigenes Leben einhauchen, nachdem die beherrschende Idee in dem Geschehenen gefunden ist. Aber, so mahnt auch W. von Humboldt, „der Geschichtschreiber muß sich hüten, der Wirklichkeit eigenmächtig geschaffene Ideen anzubilden."[2]) Ich bin unablässig darauf bedacht gewesen, diese Gefahr zu vermeiden, und ich habe mir deshalb die Forderung Hegels zu Herzen genommen, daß „der Schriftsteller nicht in eigenen Reflexionen die Erklärung und die Darstellung des Bewußtseins (eines Staatsmannes) gibt, sondern daß er die Personen und die Völker sich selbst aussprechen zu lassen hat, was sie wollen."[3]) Ich habe darum die Quellen, wo irgend möglich, selbst zu Worte kommen lassen und oftmals besonders kennzeichnende Ausdrücke oder Stellen der Texte in wörtlicher Übersetzung gegeben. Immer aber ist es mein Bestreben gewesen, die Darstellung neben der quellenmäßig gesicherten Treue und unter beständiger Selbstkritik so zu gestalten, daß sie nicht bloß das Studium einer einzelnen Frage, sondern auch ein Lesen im Zusammenhange ermöglicht. Aus diesem Grunde ist der Text einerseits frei gehalten von allen belastenden und ablenkenden Anmerkungen, andererseits mit zahlreichen Hinweisen auf frühere oder spätere Stellen versehen, die zur näheren Aufklärung nützlich sind.

Geplant sind für das Werk zunächst drei Bände, davon sollen die beiden ersten den Text, der letzte das gesamte Quellenmaterial, Erklärungen, Zusätze, Nebenfragen, nach Seiten- und Reihenzahlen geordnet, sowie Namen- und Sachverzeichnisse mit allen dazugehörigen chinesischen Zeichen enthalten. Wenn der jetzt vorliegende erste Band mit dem Ende der Han-Dynastie abschließt, so ist eine solche Anordnung, wie sich schon aus dem früher Gesagten ergibt, nicht durch den Stoff selbst bedingt — ein Abbrechen beim Untergange des Tschou-Reiches wäre natürlicher gewesen —, sondern lediglich durch die technischen Notwendigkeiten seiner Verteilung. Es wird auch jetzt noch

---

[1]) *Über die Aufgabe des Geschichtschreibers* (Ges. Schriften IV, 35).

[2]) S. 56.

[3]) *Philosophie der Weltgeschichte* I, 249.

schwer sein, die ganze übrige Geschichte bis zu dem großen Umsturze von 1911/12, mit dem das Werk abschließen soll, also die Geschichte des konfuzianischen Staates, in einem Bande zusammenzudrängen. Nicht in meiner Macht steht es, den Zeitpunkt der Beendigung des Ganzen zu bestimmen, das hängt ab von der Lebenszeit und Arbeitskraft, die mir noch beschieden sind. Der Ruf nach einer wissenschaftlich-kritischen und dabei lesbaren Geschichte Chinas ist wiederholt unter den Sinologen gehört worden. Ob oder inwieweit ich vermocht habe, diesem Verlangen Genüge zu tun, mögen die letzteren selbst entscheiden. Um eins nur bitte ich meine Kritiker: mit ihrem endgültigen Urteile zu warten, bis das ganze Werk vorliegt; vieles von dem, was im ersten Bande gesagt ist und was ihnen auffallen wird, findet seine Nachweise erst im dritten. Ich selbst werde mich in jedem Falle mit dem alten Trostverse beruhigen: *In magnis et voluisse sat est.*

Berlin, 13. März 1930.

O. Franke

Erster Teil.

Die Grundlagen des Reiches.

Erstes Kapitel.

Das Land.

Erst in unseren Tagen hat die Geschichtschreibung voll erkannt, daß der Lebensgang eines Volkes, seine kulturelle Entwicklung und seine politischen Schicksale, zu einem beträchtlichen Teile mitbestimmt wird durch die natürlichen Verhältnisse des irdischen Lebensraumes, in den es sich gestellt sieht. Der Historiker kann des Geographen nicht mehr entraten, ganz besonders nicht, wenn es sich um Forschungsgebiete von so riesigen Ausmaßen und von so scharfer Eigenart handelt wie das chinesische Reich und seine Geschichte. Kaum ein großes Volk dieser Erde ist jemals mit seiner natürlichen Umgebung so völlig zu einer Einheit verschmolzen worden, ist so innig von der Bedeutung des Heimatbodens durchdrungen gewesen und hat sich selbst so stark als Teil der gesamten Natur empfunden wie das chinesische.

Und doch — scheinbar im Gegensatz hierzu — entspricht der kulturellen und politischen Vereinheitlichung dieses Staatsvolkes keineswegs die Oberflächengestaltung seines Lebensraumes. Der französische Geograph Élisée Reclus hat sich bemüht, zu zeigen, wie nicht bloß das eigentliche China eine geographische Einheit bilde, sondern wie auch, in Folge der Senkung der Gebirge nach dem Meere zu, sowie durch die parallele Ost-West-Richtung der beiden größten Ströme und durch die Verbindung jener beiden Bewässerungsgebiete mittels mehrerer bedeutender Wasserläufe, ein innerer Zusammenschluß zunächst des nördlichen China gegeben sei, während allerdings die südlichen Teile wegen ihrer höheren Gebirge und des Fehlens der starken Stromverbindungen des Nordens weniger fest mit dem übrigen Reiche verbunden seien, eine Tatsache, die sich auch in der Geschichte des Landes voll ausgewirkt habe. Diese Darstellung ist nur zum Teil richtig und durch unsere seitdem (Reclus' Schilderung erschien 1882) wesentlich vervollkommnete Kenntnis des Landes überholt worden. China, selbst wenn es nur im Sinne des engeren Reichsgebietes, der sogenannten „achtzehn Provinzen", genommen wird, ist weder nach seinen Gebirgs-, noch nach seinen Flußsystemen eine geographische Einheit, sondern höchstens — und auch das nicht völlig geschlossen — eine Einheit leichter erschließbaren und darum besiedlungs- und kulturfähigen Landes gegenüber dem Hochgebirge, der Steppe und der Wüste.

Die mittleren und südlichen Teile der östlichen peripherischen Gebiete des asiatischen Kontinents, in denen das chinesische Reich sich bildete, können hinsichtlich ihrer physikalischen Beschaffenheit nur im Zusammenhange mit Zentral-Asien betrachtet werden, d. h. mit jenen weiten abflußlosen Gebieten, die sich vom tibetischen Hochlande im Süden bis zu den Ketten des T'ien schan und Altai im Norden, von dem gewaltigen Verschlußknoten des Pamir-Systems oder Ts'ung ling im Westen bis zu den Höhenzügen des Hing-an auf der Grenze zwischen Mongolei und Mandschurei erstrecken, wobei von dem jenseits der Berge gelegenen iranischen Hochlande und den aralo-kaspischen Steppengebieten abgesehen wird. In diesem Zentral-Asien wurzeln im wesentlichen die Gebirgszüge Chinas, haben seine größten Ströme ihren Ursprung. Alle anderen Erhebungen an Wichtigkeit für die Bodengestaltung weitaus überragend ist das Gebirgsystem, das die abendländische Geographie mit dem alten, aber in seiner Bedeutung bei den Chinesen sehr schwankenden chinesischen Namen Kun-lun bezeichnet. Es ist jener mächtige Gebirgswall, der, von West nach Ost ziehend, das tibetische Hochland vom Takla makan, den Wüstengebieten des Tarim-Beckens und der östlichen Gobi scheidet, in der Gegend des Kuku nor mit dem Nan schan als nördlichstem Teile seine größte Breite erreicht und unmittelbar danach in einer Reihe von Parallelketten das chinesische Gebiet betritt. Hier zieht sich das Gebirge plötzlich wieder zusammen und sendet einen einzigen seiner Äste keilförmig nach China hinein, wo er als östlicher Kun-lun die Wasserscheide zwischen Huang ho und Yang-tsĕ bildet. Neben dieser allgemeinen (literarischen) Bezeichnung führt der Gebirgszug in seinem weiteren Verlaufe von West nach Ost durch die südlichen Teile der Provinzen Kan-su und Schen-si und durch die westlichen von Ho-nan die lokalen Namen Si-k'ing schan, Ts'in ling und Fu-niu schan; seine mittlere Höhe sinkt nach Osten zu: während in dem schwer zugänglichen Ts'in ling die höchsten Gipfel 3500 m erreichen, hat der Fu-niu schan keine Erhebungen über 2000 m. Mit dem Fu-niu schan geht der Kun-lun in die Große Ebene über, aber er findet nach einer kurzen Lücke eine Fortsetzung in dem scharf nach SO gerichteten, dem Yang-tsĕ zuziehenden Huai-yang schan, einem Berglande, das sich immerhin stellenweise noch weit über 1000 m erhebt und in An-hui nahe an den großen Strom herankommt. Dieses in seinen westlichen Teilen nur schwer und an wenigen Pässen zu überschreitende Gebirgsystem bildet die eigentliche Scheidewand zwischen dem nördlichen und dem südlichen China, zwei nach Volkstum und politischem Zusammengehörigkeitsgefühl getrennte Welten, die immer nur das gemeinsame Kultursystem, und auch dies mit häufigen Unterbrechungen, hat aneinander schließen können. Nur im Osten, wo die Große Ebene über den Yang-tsĕ hinübergreift, hat sich eine Art geographischen Übergangsgebietes herausgebildet, wenngleich in der Bevölkerung der Gegensatz vielleicht nicht minder stark hervortritt. Im übrigen macht auch die natürliche Bodengestaltung die große Scheidung mit. Im Gegensatz zu den langen und steilen, wie eine ungeheure Wand hinziehenden Ketten des östlichen Kun-lun im nördlichen China, ist das südliche zum großen Teile bedeckt mit einer Fülle von Höhenzügen von meist kurzer Ausdehnung und geringer Höhe. Sie streichen in einer allgemeinen Richtung von SW nach NO und werden weder durch irgend welche Tafelländer oder größere Ebenen unterbrochen, noch von einer zusammenhängenden und höheren Kette beherrscht. Diesem Bergsystem, das die Provinzen Fu-kien, Kuang-tung, Kiang-si, die südlichen und östlichen Teile von Kuang-si und Hu-nan, sowie die südlichen von An-hui und die ganze Provinz Tschê-kiang einnimmt, hat man wegen seiner auf China beschränkten Eigenart den Namen sinisches System beigelegt. Es grenzt im Norden vom Tung-ting-See ab an den Yang-tsĕ und den Südrand der Großen Ebene, im Osten und Süden reicht es meist bis zur Küste. Im Westen schließt sich das dritte große Gebirgsystem daran, das man, weil es zum größeren Teile den Grenzländern Tibet, Birma und Tongking angehört, als das hinterindische bezeichnet. Seine mächtigen Parallel-Ketten laufen fast gerade nordsüdlich, und zwischen ihnen haben die großen Ströme Südost-Asiens, der Yang-tsĕ, der Mekong und der Salwen, ihren Oberlauf. Die Ketten beginnen auf chinesischem Boden in der Mitte des westlichen Ssĕ-tsch'uan und bedecken die ganze Provinz Yün-nan mit Höhen von über 5000 m. F. von Richthofen hat hiernach das südliche China in zwei große Teile zerlegen zu sollen geglaubt: in das südwestliche, etwa aus den Provinzen Ssĕ-tsch'uan, Kueï-tschou und Yün-nan bestehend, und das südöstliche oder die Provinzen Hu-peï, Hu-nan, Kuang-si, An-hui, Kiang-si, Kiang-su, Tschê-kiang, Fu-kien- und Kuang-tung. Das südwestliche China, „eine in der Gesamtheit seines Areals höhere Stufe als das südöstliche", bezeichnet er als das binnenländische Ostasien; es hat eine geringere Durchlässigkeit für den Verkehr, weniger und nur mit Schwierigkeit zu befahrende Wasserstraßen und auch nur wenig verbindende Landwege. Das südöstliche China gehört zu dem maritimen Ostasien; es ist fast in allen seinen Teilen für den Verkehr sehr durchlässig, hat zahllose schiffbare Wasserwege, die ihren Ausgang zur Küste oder zum Yang-tsĕ haben, und meist ebenso zahllose Fußwege. Das südwestliche China ist das Land der Hochgebirge, das südöstliche ein ausgedehntes Hügelland, im Norden in die Große Ebene übergehend. Das sinische System stößt in Ssĕ-tsch'uan und Schen-si an die Ketten des östlichen Kun-lun und verwächst mit ihnen im Ts'in ling, so daß da, wo der Han-Fluß den Ts'in ling von dem NW—SO streichenden Ta-pa schan scheidet, ein sehr verwickeltes Gebirgsystem entsteht. Nördlich des östlichen Kun-lun und jenseits des Huang ho, bei der Stadt Huai-k'ing beginnend, zieht im Westen und Norden der Ebene von Ho-nan und Tschi-li, mauerartig nach ihr abfallend, das Gebirge in zahlreichen Parallel-Ketten von SSW nach NNO und west-östlich der Meeresküste zu. Es hat in seinem südlichen Teile den Namen T'ai-hang schan oder Si schan d. h. „Westberge", erreicht in dem über 3000 m hohen Wu-t'ai schan seine höchsten Erhebungen und findet in dem Berglande des Jehol-Gebietes sein Ende. Auch dieses Gebirge, das den Aufgang bildet zu den hohen Steppenplateaus der mongolischen Völker, ist als Scheidewand von Nomaden und Viehzüchtern gegen Siedelung und Ackerbau von außerordentlicher Bedeutung für die Schicksale des Landes geworden. Losgelöst von den übrigen Gebirgen erscheint heute das Bergland von Süd- und Ost-Schan-tung mit dem 1500 m hohen T'ai schan, das wohl geologisch mehr zu den Formationen des gegenüberliegenden Liao-tung gehört als zu denen von Inner-China.

Der weitaus größte Teil der „achtzehn Provinzen" wird also von Hoch- und Mittelgebirgen bedeckt; was davon frei bleibt, ist vor allem die Große Ebene, die den östlichen Teil des nördlichen China und den nordöstlichen des südlichen bildet, und die, wie bemerkt, im Norden und Westen von einem meist steil aufsteigenden Gebirgswalle umgeben wird. Die nordchinesische Ebene ist im wesentlichen das Gebiet des gewaltigen Lößflusses Huang ho („Gelber Fluß"), der sich hier nach verschiedenen Richtungen hin seine Kanäle gegraben hat, vom Nordufer des Golfs von Tschi-li bis zur Küste des südlichen Kiang-su, einmal hier, ein andermal dort seine Mündung suchend und jedesmal Tod und Verderben über weite Fluren und Siedelungen tragend. Den ganzen zwischen den beiden äußersten Kanälen liegenden Teil der Großen Ebene hat Richthofen als einen flachen Schuttkegel erklärt, den der Gelbe Fluß aus den von ihm herabgeführten Erdmassen, insbesondere den Bestandteilen der Lößdecke aufgebaut hat. Der große Geograph und Reisende will deshalb auch eine Anzahl anderer Flüsse in der Großen Ebene, die gegenwärtig einen selbständigen Lauf haben, namentlich den Pai ho mit seinen vom T'ai-hang schan herkommenden Nebenflüssen im Norden und dem Huai ho mit seinem vielverzweigten Netze im Süden, lediglich als Nebenflüsse der verschiedenen Betten des Huang ho ansehen. Sie alle haben jedenfalls durch Ablagerung zur Bildung der Großen Ebene beigetragen. Die letztere greift mit ihrer Basis, die etwa durch eine Linie von I-tsch'ang nach Ning-po gebildet wird, in das südliche China hinüber, so daß sie außer den Nordprovinzen Tschi-li, Schan-tung, Ho-nan, auch Kiang-su und An-hui, sowie die nördlichen Teile von Tschê-kiang, Kiang-si und Hu-nan, nebst den östlichen von Hu-peï umfaßt. Der südchinesische Teil der Großen Ebene ist im wesentlichen das Becken des unteren Yang-tsĕ; der Strom hat auch durch seine ungeheuren Massen von Sinkstoffen den Aufbau dieses fetten Alluviallandes mit seiner erstaunlichen Fruchtbarkeit ermöglicht, so daß also die Große Ebene das Werk der beiden chinesischen Riesenströme, des Huang ho und des Yang-tsĕ, ist, wenngleich man nicht übersehen darf, daß auch das Meer mit seinen hier sehr starken Gezeiten zur Schichtung des Küstengebietes seinen Teil beigetragen hat. Weniger scharf und unmittelbar als im Norden, wo das Gebirge wie eine Wand die Ebene umschließt, ist der Übergang zu den sinischen Formationen im Süden. Schon die Ebene von Hu-peï und Hu-nan, die durch die Höhenzüge des Huai-yang schan im Norden eine Grenze erhält, erscheint wie ein Anhängsel, und im Osten davon geht das flache Alluvialland allmählich in das reizvolle Bergland von Kiang-si und Tschê-kiang über; die Bucht von Hang-tschou bildet die Grenze. Im Westen sind da, wo die Flüsse aus dem Gebirge heraustreten, Buchtungen der großen Ebene entstanden, so namentlich beim Austritt des Huang ho selbst unweit der Stadt Huai-k'ing, wo sich ein fruchtbares Gefilde tief in die Berge hineinzieht. Aber es ist nicht bloß die Große Ebene als Oberflächengestaltung, die dem nördlichen China seinen eigenen Charakter im Gegensatz zum südlichen gibt, sondern auch die Art des Bodens selbst hat diesen Gegensatz in nicht geringerem Maße bedingt. Nord-China ist das Löß-Gebiet, Süd-China kennt den Löß nicht, in Nord-China herrscht die „gelbe Erde" vor, wie die Chinesen sagen, in Süd-China die „schwarze". Wie eine ungeheure Decke liegt der braungelbe Löß über der Ebene und über großen Teilen des Gebirges, stellenweise bis zu Höhen von 3000 m ansteigend. Die Mächtigkeit schwankt, bis zu 80 m hat man sie beobachtet; vielleicht ist sie am stärksten in Flußtälern, Talbecken und an Plateaus von geringerer Höhe. Der Löß füllt viele Vertiefungen aus, überzieht die Gebirgsketten und wandelt klippige Felsen-Hänge zu sanften Muldentälern. Aber er schafft auch wieder starke Verkehrshindernisse in den von ihm gebildeten Flächen: indem das Wasser sich in den Lößboden eingräbt, entstehen in Folge des Mangels an Schichtung und der mit seiner Porosität zusammenhängenden Neigung zu vertikaler Zerklüftung tiefe Schluchten mit senkrecht abstürzenden Wänden von 30, 40 und mehr Meter Höhe, die jeden Verkehr außerordentlich erschweren, oft unmöglich machen. Das Lößgebiet beginnt im Norden im Gebirge kurz vor der Wasserscheide gegen die Steppen der Mongolei und dehnt sich über die Große Ebene nach Süden in ganz verschiedener Weite aus. Am Ts'in ling, südlich des Weï ho, der ganz Löß-Fluß ist, steigt es hinan bis zur Wasserscheide, überschreitet sie nur an einzelnen Stellen, dann hört es auf. Östlich davon, in Ho-nan reicht der Löß weit über die Ausläufer des östlichen Kun-lun hinaus und füllt das Becken des mittleren Han-Flusses; im südlichen Ho-nan und nördlichen An-hui bedeckt er große Teile der Niederungen, und am Yang-tsĕ finden sich Ausläufer noch am Tung-ting- und Po-yang-See, sowie bei Nanking. Im Westen ist Ssĕ-tsch'uan frei von Löß, aber in Kan-su, dem Kuku-nor-Gebiet und am Südrande des Tarim-Beckens steigt er zu großen Höhen empor. Schan-si und Schen-si haben eine gewaltige Lößdecke. Die Bedeutung des Löß für den Ackerbau und für die Besiedelung ist eine außerordentliche, und wenn in der Tat durch erdgeschichtliche Vorgänge das nördliche China aus einer abflußlosen Salzsteppe in Lößgebiet umgewandelt ist, wie die Geologen annehmen, so würden wir hier eine der Hauptkräfte haben, von denen die Entstehung und Entwicklung der chinesischen Kultur bestimmt worden ist. Nur der Löß gibt dem nordchinesischen Bauer Ersatz für das günstigere Klima des Südens und ermöglicht es ihm, Felder in bedeutenderer Höhe anzulegen als es im Süden geschieht. Vermöge seiner Kapillarität zieht der Löß die nötigen mineralischen Bestandteile für den Pflanzenwuchs aus der Tiefe herauf und düngt sich somit selbst, sofern nur die erforderliche Regenmenge für Feuchtigkeit in den Kapillar-Röhrchen sorgt.

Diese Regenmenge ist allerdings in der Regel nicht oder wenigstens nicht immer vorhanden, und früh schon hat der chinesische Bauer darauf Bedacht genommen, sie durch künstliche Bewässerung zu ersetzen oder aufzufüllen. Das reiche, vielverzweigte System der großen und kleinen Wasseradern, die das Land durchziehen, gewährt dafür in weiten Gebieten die Möglichkeit. Ein flüchtiger Blick auf das Kartenbild Chinas zwingt zum Erkennen der Parallel-Systeme jener zwei Riesen-Ströme, des Huang ho und des Yangtsĕ kiang oder, wie sie in der älteren Zeit meist genannt werden, der Ho und der Kiang, d. h. der Fluß und der Strom, die sowohl hinsichtlich ihrer Länge wie ihres Gebietes zu den weitaus größten Wasserläufen der Erde gehören. Vermutlich werden sie nur vom Nil in Afrika, sowie von dem Amazonas und dem Mississippi in Amerika in beiden Beziehungen übertroffen. Der Huang ho, d. h. „der Gelbe Fluß“, der größte Löß-Strom der Erde, hat seinen Namen lediglich von der Farbe seines Wassers, nicht aber von irgend welchen kosmologischen Phantasien, wie vermutet worden ist. Die Quelle des Huang ho, nach der die Chinesen schon im Altertum und weiter bis gegen Ende des 18. Jahrhunderts gesucht, und die sie schließlich auch nach seltsamen Verirrungen gefunden haben, befindet sich fern am Nordrande des tibetischen Hochlandes, zwischen den Ketten des Kun-lun, in einer, wie Albert Tafel festgestellt hat, heute mit Wassertümpeln bedeckten Mulde in einer Höhe von 4350 m. Als Plateau- und Gebirgsfluß mit dem Namen Matschu, dessen Lauf zum Teil noch völlig unerforscht ist, bahnt der Huang ho sich seinen Weg durch die Ketten des Hochgebirgsystems, umfließt den mächtigen bis zur Höhe von 6500 m aufsteigenden Gebirgstock des Amni matschin, den die Chinesen heute mit dem uralten Namen Tsi-schi schan („das Gebirge der aufgehäuften Felsen“) bezeichnen, und betritt bei der Stadt Kueï-tê das Gebiet der Provinz Kan-su. Unterhalb hiervon, etwa halbwegs bis zur Mündung seines linken Nebenflusses Si-ning ho, strömt er mit starkem Gefälle durch wilde Schluchten und scheint in einer solchen besonders tiefen ganz zu verschwinden. Hier, etwa 75 km nordwestlich der Stadt Ho, engt ihn ein anderer Tsi-schi schan ein, in dessen Nähe das alte Fort Tsi-schi kuan liegt. Zur Zeit der Han-Dynastie glaubte man, daß der Tarim den Oberlauf des Huang ho darstelle, daß der Fluß am See Lop nor unter der Erde verschwände und nach seinem unterirdischen Laufe hier wieder an's Tageslicht träte. Bald nach der Mündung der beiden langen Nebenflüsse, des T'ao ho vom Süden und des Si-ning ho mit dem Ta-t'ung ho im Norden, erreicht der Huang ho die fruchtbare Ebene von Lan-tschou. Aber damit ist sein Gebirgslauf nicht zu Ende. Noch hat er, in einer zwischen 250 und 4000 m je nach der Jahreszeit schwankenden Breite die Ketten des Nan schan in ihren östlichen Ausläufern zu durchbrechen, um dann, von der Stadt Tschung-weï (1235 m) ab zu einem Steppenfluß zu werden. In gewaltigem Bogen NO—O—S umfließt er das Steppenplateau des Ordos-Landes, zunächst zwischen Löß-Wänden und Schilf in seinem 1 km breiten Bette sich langsam hinwindend. Bei Tschung-weï beginnt die Schiffahrt. Während von Lan-tschou nur auf Flößen Waren heruntergebracht werden können, fahren von Tschung-weï ab Boote, und zwar ohne Schwierigkeiten bis dahin, wo der Fluß seinen Lauf nach Süden nimmt, d. h. bis zu dem Orte Ho k'ou (Tokto). Dann erwachsen dem Verkehr neue Hindernisse. In einem Labyrinth von Löß-Schluchten stürzt der Fluß mit reißender Schnelligkeit talab, und enge Cañons, Stromschnellen und Katarakte machen die Fahrt hinab äußerst gefährlich, stromauf völlig unmöglich, so daß die herabkommenden Boote in den Städten am unteren Huang ho verkauft werden müssen. Oberhalb der Stadt Han tsch'êng bricht der Fluß, auf 50 m zusammengedrängt, in einer tief eingeschnittenen Klamm mit wilden Strudeln aus dem Gebirge in die Ebene ein. Diese Enge führt den uralten Namen Lung mên d. h. „Drachentor", und die Legende bringt sie mit einem der Heroen der Vorzeit in Verbindung. Hier nimmt der Huang ho vom Osten her den die Provinz Schan-si durchströmenden Fên ho, vom Westen den Lo schui aus Schen-si auf und tritt dann in die Niederung des Weï ho, seines wichtigsten Nebenflusses, der, gleichfalls ein ausgesprochener Löß-Fluß, vom Westen her, etwa da, wo der Si-k'ing schan in das Hauptgebirge aufgeht, durch ein langes Becken von zunehmender Breite am Nordhange des Ts'in ling entlang nach Osten strömt und, nachdem er den vom nordöstlichen Kan-su herabkommenden wichtigen King ho aufgenommen hat, an dem großen Knick des Hauptstromes einmündet. Dieses Weï-ho-Becken, das sich bei der heutigen Stadt Hu hien anfängt auszuweiten, hat in der Bildung des Reiches eine Rolle von überragender Bedeutung gespielt. Schon im hohen Altertum war es als Zugang zu der nach dem fruchtbaren Osten führenden Straße heiß umstritten, seit uralter Zeit galt es wegen seiner geschützten Lage als bevorzugter Platz für die Hauptstadt, und noch heute liegt hier die altberühmte Großstadt Si-ngan. Der Huang ho selbst setzt die Richtung des Weï ho fort: bei der seit Alters berühmten Feste T'ung kuan, einem Verkehrs- und Straßen-Knotenpunkte ersten Ranges, nimmt er seinen Lauf nach Osten, den er bis zur Mündung beibehält. Zwischen Lößwänden auf beiden Seiten strömt er in einem flachen, mit Sandbänken durchsetzten Bette dahin, bei der geringen Tiefe nur für flache Boote und mit Schwierigkeiten schiffbar. Allmählich treten die Gebirge zurück, und das Tal weitet sich aus zu der schon vorhin erwähnten fruchtbaren Ebene von Huai-k'ing, die dann in die Große Ebene hinüberleitet. Hier durchströmt der Huang ho das Wiegenland des Reiches. Von Süden nimmt er den altberühmten Fluß Lo ho auf, der bald nachdem er unterhalb der Stadt Ho-nan von rechts den I ho als Zufluß erhalten, südöstlich von Huai-k'ing einmündet. Das Tal des unteren Lo und I zusammen mit der Ebene von Huai-k'ing bildet ein Gefilde üppigster Fruchtbarkeit, und hier, wie im Süden der Provinz Schan-si, wo sich heute die großen, seit uralter Zeit ausgebeuteten Salzwerke von Kie und das westlich daran grenzende Fruchtland von P'u-tschou befinden, haben wir die Stätten zu suchen, wo die Geschichte des Chinesentums ihren ersten erkennbaren Ausgang nahm. Der I-Fluß tritt durch ein enges Tor aus einem querliegenden Felsenriegel in die mit Löß bedeckte Ebene hinaus, und in ihr lag einst, östlich von der heutigen Stadt Ho-nan hien, die Hauptstadt des Altertums, Lo-yang d. h. „Nordseite des Lo". Östlich davon befindet sich der heilige Berg Sung schan, und der etwa 1 km lange Engpaß des I führt ebenfalls den Namen Lung mên d. h. „Drachentor" oder I-k'üe d. h. „die Tortürme des I". Es ist ein durch die gewaltigen Fels-Skulpturen früherer Dynastien berühmter Ort, wie denn das ganze Becken des Lo der Schauplatz langer Ketten großer Ereignisse gewesen ist. Zwischen den Städten Huai-k'ing und Ho-nan befindet sich die berühmte Übergangstelle von Mêng-tsin d. h. „Furt von Mêng" über den Huang ho, die ebenfalls schon in den ältesten Urkunden erwähnt wird. Von seinem Eintritt in die Große Ebene ab fließt der Strom in einem meist flachen Bette voller Untiefen nach Osten, dann, etwas unterhalb der Stadt K'ai-fêng, bei Lung-mên k'ou d. h. „Öffnung des Drachentores", seit der großen Bettverlegung in den Jahren 1851 bis 53 nach Nordosten, um sich nach einem Laufe von rund 5000 km in den Golf von Petschili zu ergießen, wo seine Mündung durch eine große Sandbank verriegelt ist. Bis 1851 nahm er von Lung-mên k'ou seinen Weg nach Südosten, um in Mittel-Kiang-su zum Gelben Meer zu gelangen. Daß der Huang ho öfter solche Umgrabungen in seinem Unterlaufe vorgenommen hat, war bereits erwähnt. Durch die ungeheure Masse von Sinkstoffen, die er mit sich führt, füllt er sein Bett immer höher auf, nur mächtige Dämme halten ihn gewaltsam zurück, bis er mehrere Meter über der umliegenden Ebene wie in einer künstlichen Wasserleitungsrinne fließt. Schließlich durchbricht er aber den Bau, und die Wasser ergießen sich verderbenbringend über das Land. So ist er bald nördlich, bald südlich um das Bergland von Schan-tung herumgeflossen, durch viele Jahrhunderte hat der Kampf menschlichen Willens mit dem unbändigen Strome gedauert, und noch ist kein Ende dieses Kampfes abzusehen. Nicht mit Unrecht hat er als Geisel des Landes eine Anzahl entsprechender Namen erhalten. Daß es mit der Schiffbarkeit dieser riesigen Wasserader schlecht bestellt ist, haben wir gesehen, selbst der Unterlauf in Ho-nan und Schan-tung ist wegen seiner Untiefen nicht durchweg günstig für den Verkehr, nur flachgehende Dschunken können für gewöhnlich bis zum Ende der Ebene hinauffahren, und der Eingang vom Meere ist wegen der Barre und der dadurch verursachten schwachen Wirkung der Gezeiten für größere Fahrzeuge versperrt.

In einem seltsamen Gegensatze zu seiner geringen Nutzbarkeit steht die Bedeutung des Huang ho im Geistesleben, in der Geschichte, der Mythologie und der Literatur des chinesischen Volkes, eine Bedeutung, die der andere Riesenstrom, der Yang-tsĕ, trotz seiner überragenden volkswirtschaftlichen Wichtigkeit, nicht annähernd erreicht. Das hat seinen leicht verständlichen Grund in der Tatsache, daß der Ho, wie der Huang ho im Altertum einfach genannt wurde, das Land des kolonisierenden Urvolkes durchfloß, während die Gebiete des Kiang — so lautet sein Name für gewöhnlich in den chinesischen Texten — damals unbekannt oder bloß vom Hörensagen bekannt waren: nur die Ebene am Unterlauf können die Chinesen im hohen Altertum besiedelt haben; was südlich des Huai-yang-Gebirges lag, die heutige Provinz Hu-peï und der Norden von Hu-nan, bildete die ganze Tschou-Zeit hindurch bis in das 3. Jahrhundert v. Chr. hinein einen nur allmählich der chinesischen Kultur gewonnenen Fremdstaat, und das Bergland stromaufwärts von dort war um jene Zeit noch ganz in den Händen der Eingeborenen-Stämme. Ebenso wie sein Bruder im Norden hat auch der Yang-tsĕ seine Quellen weit außerhalb der engeren Reichsgrenzen. Im östlichen Teile des tibetischen Hochlandes, da, wo die ersten von SW nach NO ziehenden hohen Bergketten einsetzen, und wo die beiden großen hinterindischen Ströme Mekong und Salwen von den Hängen des an 6000 m hohen Dang-la herabströmen, befinden sich an der Nordseite des Gebirges die Quellbäche des großen Stromes, kaum 200 km von denen des Huang ho entfernt. Sie führen in ihrer Vereinigung den mongolischen Namen Murui ussu d. h. „krummer Fluß". Schon sehr bald unterhalb der Quelle, in einer Meereshöhe von 4500 m, ist der Wasserlauf 24 m breit und wächst rasch zu 60—70 m Breite bei einer Meereshöhe von 4200 m. Unter dem tibetischen Namen Dre tschu oder Bri tschu fließt er durch meist unbekanntes Gebiet nach Südosten durch die Bergwildnis von Tschamdo d. h. von dem „vorderen" oder östlichen Tibet. Da, wo man ihn auf dieser Strecke hat erreichen können, ist er ein schöner, klarer Bergstrom von 150 m Breite und 6—8 m Tiefe. Nachdem er zwischen die Ketten des hinterindischen Systems gelangt ist, wendet er sich mehr nach Süden, betritt etwas oberhalb des in eine fruchtbare Ebene eingebetteten und als Verkehrspunkt wichtigen Ortes Batang die Provinz Ssĕ-tsch'uan und durchschneidet den nordwestlichen Teil der Provinz Yün-nan. Hier führt er den chinesischen Namen Kin-scha kiang d. h. „Goldsand-Fluß", angeblich von dem Goldstaube im Sande seines Bettes. In tiefen Schluchten zwischen steilen Felswänden, mit Wasserfällen und Schnellen, dann wieder ruhige und schlammige Flächen bildend, strömt er nach Süden. Die Breite wechselt sehr, sie schwankt zwischen 75 und 180 m, aber oberhalb der Stelle, wo der Fluß einen scharfen Knick nach Osten macht, nordwestlich der Stadt Li-kiang, weiten sich Tal und Fluß und beruhigt sich die Strömung. Vom Norden her strömt ihm hier der längste unter seinen Nebenflüssen, der Ya-lung kiang zu, der seine Quellen ebenfalls nicht weit von denen des Huang ho hat. Von dem Knick an beginnt eine lokale Schiffahrt möglich zu werden, indessen, da die Tiefe des Wassers mitsamt dem Gefälle sehr verschieden ist, auch noch viele Katarakte die Fahrt unsicher machen, kommen hier nur Dschunken geringen Tiefgangs in Betracht. Erst bei der Stadt P'ing-schan, wo der letzte große Wasserfall überwunden ist, und mehr noch bei der 60 km unterhalb gelegenen Stadt Sü-tschou (Suifu), wo der große von Norden kommende und die Provinz Ssĕ-tsch'uan durchströmende Min kiang einmündet, setzt die regelmäßige Schiffahrt ein; hier, nach einem Lauf von über 2000 km, beginnt der eigentliche Kiang. Die Breite schwankt bis zu dem Vertragshafen Tschung-k'ing zwischen 450 und 700 m, die Tiefe zwischen 4 und 16 m, erhebliche Schwierigkeiten in Folge von Stromschnellen und Untiefen sind hier nicht zu überwinden, so daß also ein Dampferverkehr bis Sü-tschou sehr wohl durchgeführt werden könnte, wenn er nicht vertragsmäßig den Ausländern untersagt wäre. Zwischen Tschung-k'ing und dem Vertragshafen I-tsch'ang in Hu-peï wird das Bett des Stromes wieder schluchtartiger, bis 1000 m ragen die roten Sandsteinwände an den Ufern auf, in wilden Stromschnellen rauschen die Wassermassen hindurch, und das Landschaftsbild mit seiner Großartigkeit hat schon in früher Zeit die Aufmerksamkeit der Chinesen erregt. Aber die Engen, Strudel und Schnellen sind ein höchst gefährliches Hindernis für die Schiffe, und nur besonders dafür gebaute Dschunken und Dampfer können die Reise über I-tsch'ang hinaus stromaufwärts wagen. Erst abwärts von I-tsch'ang, wo der Gebirgstrom zu einem Strom der Ebene wird, und namentlich von der gewaltigen Dreistadt Wu-tsch'ang, Han-yang, Han-k'ou ab, an der Mündung des Han-Stromes, des größten unter allen Nebenflüssen des Yang-tsĕ, findet die Schiffahrt kein ernstliches Hindernis mehr, es sei denn, daß zeitweilig der Wasserstand besonders niedrig ist. Bis Han-k'ou fahren große Schiffe hinauf, d. h. eine Entfernung von rund 1100 km von der Mündung an. Dieses ganze Stromsystem, das von einer großen Zahl mächtiger Ströme gebildet wird, die alle ihre Wasser der einen Riesenader zuführen, dürfte von keinem anderen der Welt übertroffen werden. Das reiche Becken von Ssĕ-tsch'uan erhält hier seine Verbindung mit der fast ebenso reichen Ebene von Hu-peï und Hu-nan, und die von Norden und Süden einströmenden Nebenflüsse, von denen die ersteren von den Ketten des Ts'in ling und ihrer westlichen Fortsetzung, die letzteren aus dem Gebirge von Kueï-tschou und Kuang-si herabkommen, führen Menschen und Waren aus sieben Provinzen heran. Zwischen I-tsch'ang und Han-k'ou schickt auch der an 5000 qkm große Tung-ting-See, der seinerseits wieder durch den Yuan kiang und den Siang kiang durch Hu-nan hindurch die Verbindung mit dem Stromgebiet des Si kiang („Westflusses") im Süden vermittelt, seine Wasser dem Yang-tsĕ zu, ähnlich wie unterhalb von Han-k'ou der kleinere Po-yang-See mit dem Kan kiang, der die von Kiang-si und Tschê-kiang herkommenden Ströme aufnimmt. Diese reichen Gebiete, in deren nördlichem Teile für das alte China einst das Südende der bekannten Welt lag, sind oftmals der Gegenstand politischen Ehrgeizes und kriegerischer Verwicklungen gewesen. Hier, in der riesigen Städtegruppe an der Mündung des Han-Flusses, schlägt während der Entwicklungen der neueren Geschichte das Herz Chinas, hier wird in Zukunft der Brennpunkt von Industrie und Handel, der Kern des transkontinentalen Eisenbahn-Netzes, der Welthafen für Fluß- und Seeverkehr sein, eng verbunden mit Schang-hai, dem gewaltigen Emporium, das die Yang-tsĕ-Mündung als den größten und wichtigsten Zugang des Reiches vom Meere her beherrscht.

In seinem weiteren Laufe vom Po-yang-See ab, wo er aus seiner östlichen Richtung in die nordöstliche übergeht, bis zu der alten Hauptstadt südlicher Dynastien, Nanking, wird der Strom auf seinem rechten Ufer von dem Berglande des sinischen Systems begleitet, während sich auf dem linken schon die fruchtbare Ebene der Provinz An-hui hinstreckt. Zwischen Nanking und dem wichtigen Handelshafen Tschên-kiang (Tschinkiang) schließt das Bergland mit gradliniger Front ab, und der Strom fließt in genau westöstlicher Richtung an ihm entlang, im Norden bleiben auch die letzten Ausläufer des Huai-yang schan allmählich zurück. Bei Tschên-kiang, wo die berühmte Silberinsel mit ihren Klöstern und Pagoden wie ein gigantischer Felsblock im Strome aufragt, beginnt bereits das Mündungsgebiet. Bis hierher dringen die in diesem Teile des chinesischen Meeres besonders mächtigen Gezeiten und lassen den Fluß fast wie eine Bucht des Ozeans erscheinen. In dem offenen Alluviallande zieht er sich in einem nur noch zeitweilig überblickbaren Haupt-Bette die letzten 240 km mit leichter Biegung nach OSO zum Meere hin, rechts und links zweigen breite, schiffbare Kanäle ab und bilden in dem riesigen Delta ein unentwirrbares Netzwerk. Das ganze Mündungsgebiet reicht bis Hang-tschou im Süden und geht im Norden in das alte Mündungsland des Huang ho im mittleren Kiang-su über. Der südliche Teil, der auch die bekannten Großstädte Su-tschou, Schang-hai und Hang-tschou enthält, bildet den äußersten Gipfel der Großen Ebene und ist mit seinem teils natürlichen, teils künstlichen Kanalnetz ein Gebiet von unerhörter Fruchtbarkeit, das vielfach drei Ernten im Jahre liefert. Sein Flächeninhalt, bis Tschên-kiang gerechnet, wird auf 14000 qkm geschätzt, wovon rund 3000 qkm auf die darin enthaltenen Seen, namentlich den T'ai hu („Großer See") bei Su-tschou gehen. Die Mündung selbst ist zwar nicht so verriegelt wie die des Huang ho, aber zahlreiche veränderliche Sandbänke machen auch hier den Zugang vom Meere schwierig, und daß die Schiffbarkeit des ganzen Stromes, wenn auch der des Huang ho unendlich überlegen, doch sehr wenig gleichmäßig und namentlich für die Segelschiffe gefährlich ist, haben wir gesehen. Da der Yang-tsĕ bei weitem nicht die gleich große Menge von Sinkstoffen mit sich führt wie der Huang ho (die Ursachen zu erörtern ist hier nicht der Ort), so kann er auch nicht in demselben Maße zur Ausdehnung oder Erhöhung der Ebene beitragen wie jener. Auch ist er frei von der wilden Unstetigkeit des Huang ho, aber furchtbare Überschwemmungen, und zwar in verschiedenen Zeiten des Frühjahrs und Sommers, richtet auch er in seinem Mittel- und Unterlaufe an, und namentlich die Ebene von Hu-peï und Hu-nan, sowie die zwischen Kiang-yin und Schang-hai, hat man durch Dämme so weit geschützt, wie es möglich war. Das gewaltigste Wasserbauwerk findet sich aber an der Hang-tschou-Bucht, wo die berühmte brandende Flutwelle bei Springfluten wie eine Mauer von 4 m Höhe und darüber hereinstürmt. Dort hat man eine Seemauer *(hai-t'ang)* vom Stadttor von Hang-tschou am Ts'ien-t'ang-Fluß abwärts 40 km lang und 7 m hoch aus Stein erbaut mit Strebepfeilern und einer Plattform, wo die Dschunken vor dem Wasserdruck Schutz finden. Dahinter erhebt sich dann noch ein Wall, der sich an der Küste entlang bis nach Wu-sung zieht, also eine Länge von etwa 200 km hat und das dahinter liegende Land schützen soll. Dieses Riesenbauwerk ist bereits im 7. Jahrhundert begonnen und seitdem unablässig weiter gebaut oder ausgebessert worden; tausend Menschen sollen für gewöhnlich an diesen Arbeiten beschäftigt sein.

Das Riesendelta des Yang-tsĕ hat schon, so wenig bekannt es den Chinesen im hohen Altertum gewesen sein mag, in ihren ältesten Aufzeichnungen eine Rolle gespielt. Im *Schu king* werden ein nördlicher und ein südlicher Kiang, und an einer anderen Stelle gar drei offenbar zusammengehörige Kiang erwähnt, die in das Meer fließen. Daß es sich dabei nur um Verzweigungen des großen Kiang handeln kann, liegt auch nach dem Wortlaut des Textes auf der Hand. Richthofen hat die natürlichste Erklärung des von den Chinesen viel erörterten und umstrittenen Problems aus der Natur selbst abgelesen. Der nördliche Kiang war der auch heute noch in demselben Bett fließende Hauptstrom. Etwa bei der heutigen Stadt Wu-hu zweigte im Altertum ein Arm ab und strömte zu dem See-Gebiet des T'ai hu, das er bei der heutigen Stadt Yi-hing erreichte, die sumpfige Niederung zwischen beiden Punkten zeigt noch heute seinen Weg an. Vom T'ai hu aus floß er zum Meere, wo, wird sich mit Sicherheit kaum entscheiden lassen. Richthofen meinte, die Mündung sei bei dem jetzigen Hang-tschou gewesen, was nicht eben wahrscheinlich ist, besonders wenn er diesen Arm für den mittleren der drei Kiang nimmt und dann den südlichen im Ts'ien-t'ang kiang sehen muß, der die Provinz Tschê-kiang durchströmt. Es ist wahrscheinlicher und entspricht den älteren Texten, wenn man in dem bei Wu-hu abzweigenden Arme den südlichen Kiang des *Schu king* sieht, der bei Yi-hing in den T'ai-hu einströmt, in zwei großen Armen wieder austritt und dem Meere zufließt; dann würde der nördlichere dieser beiden Arme der mittlere, der andere der südliche Kiang sein. In dem alluvialen Marschlande, das wahrscheinlich damals erheblich schmaler war als heute, mögen die beiden Arme wieder in Verzweigungen geflossen sein, jedenfalls ist ihr Lauf nicht genau festzustellen; vielleicht floß der mittlere in der Gegend unterhalb von Schang-hai ins Meer, da, wo jetzt der Huang-p'u oder richtiger der Wu-sung-Fluß mündet, und der südliche, der, wie uns bezeugt ist, den T'ai hu unterhalb von Su-tschou verließ und dann nach Süden strömte, bei dem heutigen K'an-p'u. Das Eindämmen der Wasserläufe und das Anwachsen des Schwemmlandes müssen natürlich auch Veränderungen in dem Delta mit sich gebracht haben.

Wenn man bedenkt, daß der Riesenstrom, dessen Länge mit 5300 km wahrscheinlich noch unterschätzt wird, durch sieben der reichsten Provinzen strömt, während zehn ganz oder teilweise zu seinem Stromgebiet rechnen, daß er also mit seinen Nebenflüssen, unter denen über ein halbes Dutzend die Größe des Rheins oder der Elbe hat, ein Gebiet in China bewässert, das so groß wie Italien, die Schweiz, Deutschland, Frankreich, Belgien, Dänemark, Holland und Schweden zusammengenommen ist, ungerechnet die

Wildnisse des tibetischen Hochlandes am Oberlauf, und wenn man dazu die Tatsache nimmt, daß diese Gebiete zu den fruchtbarsten und bevölkertsten des Reiches gehören, so wird man ermessen, welche Bedeutung wirtschaftlicher und politischer Art dem Yang-tsĕ zukommen muß. Seiner Größe und Bedeutung hat er es denn auch offenbar zu danken, daß ihm, so wenig von ihm die alten Chinesen gewußt haben können, doch schon für die früheste Zeit die Würde eines der heiligen Ströme des Reiches zugeschrieben wird. Als Gegenstück zu den *wu yo*, den fünf heiligen Gipfeln, erscheinen die *ssĕ tu*, die vier heiligen Ströme, die beide zusammen in den Opfer-Ritualen aufgeführt werden. Natürlich müssen sowohl die Berggipfel wie die Ströme im nördlichen China gesucht werden, und in der Tat gelten auch als die *ssĕ tu* von jeher der Kiang, der Ho, der Huai und der Tsi, d. h. die Ströme der Großen Ebene, die einen selbständigen Lauf zum Meere hatten. Wie wir bereits vorhin gesehen haben, ist diese Selbständigkeit keine unbedingte. Der Huai-Fluß, der sich aus den Abflüssen des Huai-yang schan von der einen und denen des Fu-niu schan, sowie der weiteren Bergzüge von Ho-nan auf der anderen Seite zusammensetzt und bereits in der Höhe der Stadt Sin-yang schiffbar wird, mündet, nachdem er in einer Breite von 150—400 m die Provinz An-hui in nordöstlicher Richtung durchströmt hat, in die mit einander verbundenen Seen Hung tsê und Kao yu (bei der gleichnamigen Stadt nördlich von Yang-tschou). Durch deren Wasser wird der große Kaiser-Kanal gespeist, der die Hauptstadt Peking mit den Reisprovinzen Mittel-Chinas verband. Der Huai floß ursprünglich unmittelbar ins Meer; als der Huang ho sein Bett nach Süden durch Kiang-su verlegte, nahm er ihn auf, und nachdem der große Strom nunmehr in den fünfziger Jahren seinen Lauf wieder nach Norden zu genommen hat, ist der Huai in seinem heutigen Zustande zurückgeblieben. Er gehört indessen mit zu dem Mündungsgebiet des Huang ho, und seine Selbständigkeit kann bei der nächsten Katastrophe wieder verschwinden. Den Tsi hat dieses Schicksal bereits ereilt. Er floß nach den Angaben des *Schu king* wahrscheinlich von den Bergen nordwestlich von Huai-k'ing herab, mischte sich mit dem Wasser des Huang ho, bildete sich südlich davon in den Sümpfen westlich des Gebiets von K'ai-fêng neu, während der Ho nach Norden dem heutigen Mündungsgebiet des Pai ho zu floß. Der Tsi nahm dann seinen Weg durch die sumpfigen Niederungen nach Nordosten gegen Ts'ao-tschou in West-Schan-tung und weiter, immer nahe oder in dem heutigen Bette des Huang ho, nördlich bei der heutigen Stadt Tsi-nan (d. h. „südlich des Tsi") vorbei dem Meere zu. Jetzt hat der Huang ho sein Bett eingenommen, der Tsi selbst ist verschwunden. Ein eigenes kleines System im Norden der Großen Ebene hat der zu Zeiten auch zum Mündungsgebiet des Huang ho gehörige Pai ho ausgebildet, der trotz seines Namens („Weißer Fluß") in seinem Unterlaufe ebenso schlammig und in seiner Mündung ebenso regellos und reich an Untiefen ist wie der Gelbe Fluß in Schan-tung. Er hat seine Quellen im Westen des Berglandes des Jehol-Gebiets und fließt in südlicher Richtung unweit von Peking bei

T'ien-tsin vorbei in den Golf von Tschi-li, den er bei Ta-ku in trägem Laufe erreicht. Was von den Westbergen in Tschi-li und Schan-si an Wasserläufen herabfließt, nimmt der Pai ho in seinem Unterlaufe auf. Vom Rande der mongolischen Hochebenen kommen noch der Luan ho und der Liao ho herab, die beide ihre Quellen in den Bergketten des Jehol-Gebietes haben und, ebenso wie der Pai ho, in die große Bucht des Gelben Meeres einmünden, die von den Vorgebirgen von Schan-tung und Liao-tung abgeschlossen wird. Der Luan ho, ein felsiger, meist reißender Bergfluß, hat als Verkehrsmittel geringe Bedeutung. Der Liao ist erheblich wasserreicher und kann in seinem untersten Teile von kleineren Seedampfern befahren werden. Er durchströmt eine breite Alluvialebene, die an der Mündung ständig weiter in das Meer hinauswächst, und die den verbindenden Übergang bildet vom inneren China zu den mongolischen Steppenländern und den Waldgebirgen der Mongolei und Koreas. Hier hat sich oftmals der Schauplatz chinesisch-tungusischer Kämpfe befunden, die für das Schicksal des Reiches so bedeutungsvoll waren. Am Liao-Fluß war die alte Nordost-Grenze des Reiches.

Umfassen somit die Stromgebiete vom Huang ho und Yang-tsĕ fast die gesamte nördliche Hälfte des Reiches, so gehört auch von der südlichen ein beträchtlicher Teil dazu. Wir haben früher gesehen, daß der Kan kiang mit dem Po-yang-See und der Siang kiang mit dem Tung-ting-See, sowie die Flüsse westlich davon die Provinzen Tschê-kiang, Kiang-si, Hu-nan und Kueï-tschou mit dem Yang-tsĕ verbinden. Der Ts'ien-t'ang-Fluß, der Tschê-kiang der amtlichen Geographie, der bei der Stadt Hang-tschou mündet, und dessen Quellflüsse vom Südwesten her aus dem Berglande von Tschê-kiang und Kiang-si kommen, kann in seinem letzten Teile noch zu dem Mündungsgebiete des Yang-tsĕ gerechnet werden. Er ist zwar ein schöner, breiter Strom, der durchweg schiffbar ist, hat aber nur ein recht beschränktes Gebiet und auch selbst als Verkehrstraße mäßige Bedeutung, zumal Sandbänke an seiner Mündung größeren Schiffen den Zugang nach Hang-tschou unmöglich machen. Das einzige Stromsystem des Südens, das wirklich, an den Riesen des Nordens gemessen, eine erhebliche Bedeutung besitzt, ist das des Si kiang, des „Westflusses", der bei Kanton sein großes Delta bildet. Er setzt sich zusammen aus drei kleineren Systemen, dem des Liu kiang („Weidenfluss"), des Hung schui („Roter Fluß") und des Yü kiang („Prunus-Fluß"). Im allgemeinen wird der Hung schui als der Hauptarm des Stromes angesehen. Er entspringt auf dem Plateau des nordöstlichen Yün-nan und führt zunächst den Namen Pa-ta ho; in gewundenem Laufe südlich und nordöstlich bis zur Südgrenze von Kueï-tschou fließend, wendet er sich als Hung schui nach Osten zwischen den Provinzen Kueï-tschou und Kuang-si, biegt nach einem Laufe von etwa 650 km nach Süden in das Bergland von Kuang-si hinein, um danach, endgültig in die Richtung OSO übergehend, die Provinzen Kuang-si und Kuang-tung zu durchqueren. Im östlichen Teile von Kuang-si nimmt er links den vom Norden kommenden Liu kiang auf, der erheblich wasserreicher ist als der bis dahin kaum schiffbare

Hauptfluß, und nicht weit unterhalb davon, bei der Stadt Sin-tschou, von rechts den Yü kiang, der, in den Grenzgebirgen von Yün-nan und Kuang-si entspringend, als weithin schiffbarer, im Unterlauf auch von Dampfern befahrener Parallelfluß südlich vom Hauptstrom fließt. Nunmehr ist der Si-kiang der mächtige Strom, der trotz mancher Schnellen und Strudel in dem oft eingezwängten Bette auch für große Dschunken schiffbar ist. Bei dem großen Handelsplatze Wu-tschou empfängt er von links den Kueï kiang, der aus dem nordöstlichen Teile von Kueï-tschou kommt und so nahe an den Oberlauf des Siang kiang heranreicht, daß man beide durch einen Kanal verbunden und so eine wichtige Verbindung mit dem Yang-tsĕ hergestellt hat. Bis Wu-tschou fahren Seedampfer hinauf. 50 km unterhalb der Stadt Tschao-k'ing beginnt das Delta des Westflusses. Ein unentwirrbares Labyrinth von Wasserläufen entsteht nun, dessen Fläche man auf 8000 qkm geschätzt hat. Noch mehrere Flüsse führen oberhalb der Metropole Kanton ihre Wasser diesem Riesennetz zu, unter denen der Peï kiang („Nordfluß"), von der Nordgrenze Kuang-tungs kommend, und der Tung kiang („Ostfluß") aus dem Süden von Kiang-si die bedeutendsten sind. Als Tschu kiang („Perlfluß") ergießt sich schließlich die Hauptwassermasse des Flußgewirrs durch das berühmte Hu-t'ou mên („Tigerkopf-Tor"), die Bocca Tigris, ins Meer, mit den fremden Kolonien Makao und Victoria (Hongkong) an ihrem Ausgang. Ein südlicher Arm, der den Namen Si kiang beibehält, sucht sich seinen Weg westlich davon zum Ozean.

In den beiden anderen südlichen Küstenprovinzen, Fu-kien und Tschê-kiang findet sich zwar noch eine große Zahl von Flüssen, die süd- und ostwärts zum Meere streben, aber sie sind alle von verhältnismäßig geringer Länge, weil schon an der Westseite beider Provinzen die Wasserscheide liegt. Immerhin bilden manche von ihnen wichtige Zufahrtstraßen aus dem Hinterlande zu den Seehäfen an ihrer Mündung. Der bedeutendste ist der auf 600 km Länge geschätzte Min kiang, der 50 km unterhalb der großen Stadt Fu-tschou mündet und bis in sein Quellgebiet hinauf an der Süd-Grenze von Tschê-kiang schiffbar ist. Es ist kaum ein Hafenplatz an der buchtenreichen Küste, der nicht durch einen Fluß mit seinem Hinterlande verbunden wäre. Allerdings benutzbar für die Schiffahrt sind diese Wasserläufe in sehr ungleichem Maße, wie denn auch die Zugänge zu ihren Mündungs-Häfen vom Meere her in sehr vielen Fällen durch Untiefen und Felsen erschwert und gefährdet sind. Eine zwar von mehreren der genannten Stromsysteme berührte, aber doch von ihnen abseits liegende Provinz ist Yün-nan, das Übergangsland von China zu den Völkerschaften von Hinterindien. Wie sie ganz von den Ketten des hinterindischen Gebirgsystems bedeckt ist, so gehören auch, abgesehen vom Yang-tsĕ, die großen Ströme, die sie durchziehen, dem hinterindischen Stromsystem an. Es sind die beiden Riesen Mekong oder Lan-ts'ang kiang, wie der chinesische Name in Yün-nan lautet, und Salwen oder Lu kiang, die ihre Quellen in der Gegend des Yang-tsĕ-Ursprungs haben, aber anders als der chinesische Strom zwischen den nord-südlich laufenden Bergketten (s. oben S. 3) ihren Weg durch die Provinz nach Tongking, Annam, Siam, Birma in die südlichen Meere nehmen. Ebenso fließt der Song koi („Roter Fluß") oder Yuan kiang südöstlich nach Tongking ab und mündet dort unterhalb von Hanoi ins Meer. Er bildet eine wichtige Verbindungstraße von der französischen Kolonie nach Yün-nan hinein.

Diesem vielleicht an Großartigkeit und Ausnutzbarkeit einzig auf der Erde dastehenden Zusammentreffen gewaltiger Fluß-Systeme entspricht die Meeresküste des Landes insofern nicht, als sie trotz ihrer Länge und ihrer, wenigstens im Süden, großen Zerrissenheit nicht reich an guten Häfen ist. Wie das ganze Land, so teilt sich auch die Küste in zwei große ihrer Eigenart nach völlig von einander verschiedene Hälften. Die nördliche ist Flachküste und erstreckt sich ziemlich genau von Schan-hai kuan, dem Punkte am Golf von Liao-tung, wo die Große Mauer an das Meer reicht, bis nach Ning-po, dem östlichen Endpunkte der Basis der Großen Ebene (s. oben S. 4). Nur die weit vorspringende bergige Schan-tung-Halbinsel unterbricht die flache, marschige Küstenlandschaft. Von Ning-po ab ändert sich das Bild. In einem gleichmäßig sanft geschwungenen Bogen zieht sich die südliche Küstenhälfte von der Bucht von Hang-tschou hinunter nach SW zur Südwest-Grenze von Kuang-tung am Golf von Tongking. Man kann sich keine schärferen Gegensätze denken als diese beiden Hälften sie bieten. Im Norden ist flaches, einförmiges Schwemmland mit kaum gekrümmten Linien, weite Schlammflächen, oft mit Schilf bedeckt, dehnen sich endlos hin, Flut und Ebbe finden hier keinerlei Hindernis. Der südlichere Teil dieser Hälfte hat in der Bucht von Hang-tschou und der Delta-Mündung des Yang-tsĕ zwei der wichtigsten Zugänge zum Innern, dann aber, an der Küste von Kiang-su bis zur Halbinsel von Schan-tung, fehlt jeder nennenswerte Hafen und jede Möglichkeit zur Anlage eines solchen: wo die kleineren Küstenflüsse Einschnitte bilden, wird der Zugang durch Sandbänke verwehrt, das übrige ist Flachland, das sich weit in das Meer hinaus erstreckt. Die 320 km nach Osten ziehende Südküste von Schan-tung ist bergig und felsig; eine große Zahl größerer und kleinerer Buchten greifen hier in das Land ein, von denen die von Kiao-tschou weitaus die bedeutendste ist. Aber es fehlen die großen schiffbaren Wasseradern, die ins Innere führen. Auf der Nordseite der Halbinsel befinden sich mehrere Häfen, darunter die bekannten Tschi-fu und Weï-hai weï, aber sie sind meist seicht und den wütenden Nordost-Stürmen ausgesetzt. Die Küste von Tschi-li ist wieder flach und buchtenlos, aber das Pai-ho-System (s. oben S. 13f.), das in dem sehr wichtigen Handelsplatze T'ien-tsin seinen Auslaß findet und auch die Hauptstadt Peking mit einschließt, vermittelt dort den Verkehr durch die Große Ebene bis zum Gebirgsrande. Bei Schan-hai kuan beginnt die südliche Mandschurei. Hier wird die Küste noch einmal bergig, weist aber keinen brauchbaren Hafen auf, dann folgt das Schwemmland der Liao-ho-Mündung und schließlich die bergige Halbinsel Liao-tung mit den Häfen Port Arthur (chines. Lü-schun k'ou) und Ta-lien wan (japan. Dairen). Einen Brückenpfeiler über den kaum 100 km breiten Eingang zum Golf von Tschi-li bildet die Gruppe der Miao-tao-Inseln, vielleicht ein Rest der Verbindung zwischen den beiden Halbinseln von Liao-tung und Schan-tung. Der abgeschlossene Meeresteil verlandet jetzt, und in einer fernen Zukunft mag vielleicht die ganze große Einbuchtung wieder trocken werden und eine neue große Ebene bilden, die der älteren zuwächst (vergl. oben S. 4).

Eine ganz andere Welt ist die südliche Küstenhälfte. Wie ein am Rande zerfaserter Teppich wirkt ihr Bild, wenn man es auf der Karte betrachtet. Die ganze Küste ist bergig. Die Ketten des sinischen Systems, vielfach mit reicher Vegetation bedeckt, treten überall an die Küste heran, und in unzähligen Buchten der verschiedensten Gestalt und Größe greift das Meer in sie hinein. Meistens liegen Inseln davor und darin, wie die große Tschusan-Gruppe vor der Bucht von Hang-tschou, und Flüsse mit tiefen Betten, zum Teil bedeutende Schiffahrtstraßen, führen bis zur Wasserscheide hinauf (vergl. oben S. 15). Am Kopfe der Buchten finden sich oft Alluvien fruchtbaren Landes, wo eine dichte Bevölkerung ertragreiche Felder bebaut. Aber diese Anschwemmungen werden den Häfen verhängnisvoll. Mag das Meer sich auch vielleicht weiter in das Land hinein vorschieben, die zurückgedrängten Flußmündungen machen durch ihre Sinkstoffe das Wasser seicht, die Häfen geraten in die Gefahr der Versandung. Indessen ist die Zahl dieser Häfen außerordentlich groß. Von Ning-po hinunter bis Kanton begegnen wir einer ganzen Anzahl bekannter Namen von Vertragshäfen, und in der Tat hat der Seeverkehr des Auslandes, von den Zeiten der Araber im 9. Jahrhundert an bis zum Eindringen der Abendländer im 19. Jahrhundert an der Südküste zunächst Halt gemacht. Vom Kanton-Delta über Amoy, Ts'üan-tschou, Fu-tschou bis Ning-po und Kan-p'u zog sich dieser älteste See-Handelsverkehr, der schon früh feste Stützpunkte in den genannten Häfen hatte, aber nie über die Hang-tschou-Bucht hinausgegangen ist. Andere in der alten Zeit oft genannte Plätze sind heute durch die Versandung bedeutungslos geworden. Wie im Norden die Schan-tung-Halbinsel hinübergreift zu der von Liao-tung, so springt im Süden der Provinz Kuang-tung die teils hügelige, teils ganz flache Halbinsel Leï-tschou vor und ist nur durch einen engen Kanal von der großen Insel Hai-nan getrennt, deren Berge bis zu Höhen von 1500 m aufsteigen. Beide schließen das südchinesische Meer ab gegen den Golf von Tongking, dessen Nordküste mit dem Hafen Pakhoi (Peï-hai) noch zur Provinz Kuang-tung gehört. Die große Insel Formosa gegenüber der Provinz Fu-kien, mit der Gruppe der Pescadores im Westen, liegt am Ende jenes großen „Zerrungsbogens", der von den Alëuten ab mit den Kurilen, den japanischen Inseln und den Liu-kiu-Inseln „den Ostrand Eurasiens girlandenartig umschwingt" und „längst als der eigentliche Kontinentalrand Asiens erkannt worden ist" (Haushofer).

Betrachten wir nun nach diesem kurzen Überblick noch einmal das chinesische Land als Ganzes. Es war bereits oben darauf hingewiesen worden, daß das China der „achtzehn Provinzen“ rein geographisch von Zentral-Asien nicht losgelöst werden könne, daß es aber annähernd als eine Einheit des leichter erschließbaren und darum besiedlungs- und kulturfähigen Landes gegenüber dem Hochgebirge, der Steppe und der Wüste angesehen werden könne. Das trifft namentlich auf die nördliche Hälfte zu, wo der Gegensatz sich immer auf's schärfste geltend gemacht hat. Indessen hat auch in der südlichen die Entwicklung der ethnographischen Verhältnisse es mit sich gebracht, daß jene Einheit stärker herausgebildet wurde als durch die physikalische Beschaffenheit des Landes von vornherein bedingt war: auch hier hat das Reich sich eine feste Grenze der Kulturfähigkeit allmählich selbst gezogen. Mit ungewöhnlicher Schroffheit und Unmittelbarkeit steigt im Nordosten die Gebirgswand aus der Ebene auf und fällt nicht etwa auf der entgegengesetzten Seite wieder ab, sondern bildet nur den Aufgang zu den endlosen Steppen des abflußlosen Gebietes der Mongolei, die sich erst nach dem Stromgebiete des Amur zu wieder senken. Hier ist der Gebirgsgürtel arm an fruchtbaren Tälern, die zu massenweiser Siedelung locken könnten; die Hochebenen der östlichen Mongolei bis zu dem Höhenzuge des Hing-an bieten zwar auf weiten Strecken gutes Ackerland, aber das Höhenklima mit seinem kurzen Sommer würde die Ernten zweifelhaft gemacht haben, auch wenn die rastlosen Reitervölker dort den seßhaften Bauer geduldet hätten. Nach Nordwesten und Westen dehnt sich das Bergland mit seinen lößbedeckten Tälern und Höhen über die ganze Nordhälfte hin, höher und höher steigend, bis es an die schwachbesiedelten und wenig bekannten Ordos-Gebiete in der Huang-ho-Biege, an den „fließenden Sand“ (*liu scha*) der großen Wüste und an die Wildnis des unzugänglichen tibetischen Hochlandes stößt. Aber das Bergland mit den Tälern des Huang-ho-, des Weï- und des Yang-tsĕ-Systems bietet fast überall reichlich Raum für friedliche und geschützte Besiedelung; die Grenzen dafür ergeben sich meist selbst. Ganz abgeschlossen wird der weitere Westen und Südwesten durch die Riesenketten des hinterindischen Gebirgsystems, das die ganze Südhälfte begrenzt, und, nach Osten zu niedriger werdend, in das sinische System übergeht. Dessen Gebiete aber sind weite, fruchtbare, in üppiger Vegetation prangende Landschaften mit reichen Tal-Böden und anmutigen Bergzügen. Vom Golf von Tongking bis zum Golf von Liao-tung umschließen somit auf der West- und Nordseite unzugängliche Hochgebirge, tote Wüsten und schwer oder überhaupt nicht bebauungsfähige Steppen das Reich der Ackerbauer und Städtegründer, im Süden und Osten umspült es der Ozean.

Nur zwei Stellen gibt es, wo Landwege von Bedeutung aus diesem Reiche hinausführen in und durch die umgebenden Fremdländer: im äußersten Nordosten und im äußersten Nordwesten. Da, wo das Randgebirge der Mongolei zum Golf von Liao-tung abfällt, zieht sich das breite Alluvial-Tal des Liao-Flusses weit in die nördlichen Länder hinein (vergl. oben S. 14). Ein Übergangsgebiet, mit allen Eigenschaften eines solchen, schiebt sich dieser kahle, flache, einförmige Talboden zwischen die gebirgigen Ränder

der Mongolei im Westen und das waldbedeckte Bergland der Mandschurei und Koreas im Osten, am Nordende beginnt das fruchtbare, reich bewässerte, aber streckenweise auch mit Sumpf und Wald bedeckte Tafelland der mittleren und nördlichen Mandschurei, die Stromgebiete des Sungari und Amur. Also auf der einen Seite die abflußlosen Gebiete mit ihren geringen Niederschlägen und entsprechender Vegetation, auf der anderen wasserreiches Bergland mit fruchtbaren Alluvialebenen. Auch ethnographisch ist das Liao-Tal eine wichtige Scheidelinie. Die mandschurischen Waldgebiete und vielleicht auch Korea, wenigstens in seinen nördlichen Teilen, sind die Heimat tungusischer Jägervölker, die Steppen der Mongolei aber waren von jeher bewohnt von den viehzüchtenden Nomaden der Türk-Stämme oder welcher Rasse immer jene unstäten kriegerischen Schwärme angehört haben mögen, die schon in der Urzeit der chinesischen Geschichte auftreten. In dieses flache Zwischengebiet des Liao-Tales konnte in geschichtlicher Zeit das chinesische Element vom Südwesten her eindringen, so tief in die Länder „draußen" hinein, wie es ihm der Widerstand der Bewohner eben ermöglichte. Allzuweit ist das offenbar nicht gewesen. Denn auch die tungusischen Völker hat stets ein kriegerischer Geist beseelt, und schwerlich werden sie die Eindringlinge ungehindert haben an ihre Wohn- und Jagdplätze herankommen lassen. Wir wissen nichts Genaueres darüber, wie und wann das Chinesentum zuerst den Ausgang im fernen Nordosten besetzt hat (vermutlich war es im 4. oder 3. Jahrhundert v. Chr.), wohl aber wissen wir, daß in zahllosen Kämpfen die Stämme von beiden Seiten des Tales um die Oberherrschaft hier gerungen haben, und daß diese Oberherrschaft oft den Träger gewechselt hat. Diese Kämpfe haben natürlich auch das Schicksal des angesiedelten Chinesentums bestimmen müssen. Es ist oftmals zum Weichen gezwungen worden, hat aber immer wieder mit Zähigkeit den Weg zur Wiederkehr gefunden. Dabei hat es sich zwar niemals kulturell voll entfalten können, aber es hat dafür seine Kulturformen den fremden Volkstämmen übermittelt, die sie dann weiter nach Norden, Osten und Westen getragen haben. Freilich ist das Liao-Tal nicht bloß immer ein Weg nach außen gewesen, sondern auch oftmals ein solcher nach innen. Erobernd drangen hier die tungusischen Krieger vor und ergossen sich, an der Meeresküste entlang ziehend oder die steilen, aber niedrigen Bergpässe des Gebirges überschreitend, in die Große Ebene, wo milderes Klima, fruchtbares Land und behaglichere Siedelungen zum Bleiben lockten. Vor allem sind es die beiden Übergänge Luan-ho-Tal—Ku peï k'ou und Kalgan—Nan k'ou, die solchen Unternehmungen dienen konnten.

Von weit größerer Bedeutung noch, und zwar nicht bloß von politischer, sondern auch von kultureller, und nicht bloß für die Geschichte Chinas, sondern für die von ganz Asien, ist der Ausgang im Nordwesten gewesen. Hier stoßen wir auf eine der wichtigsten Völkerstraßen der ganzen Erde, auf einen Durchgangspaß, dessen verbindende Kraft in unabsehbare Zeitfernen hinaufreicht. Der Nan schan, der nördlichste Teil des riesigen Kun-lun-Systems (s. oben S. 2), bildet mit seinen Ketten einen Randteil der großen innerasiatischen Wüste, der Gobi, die mit ihren endlosen Salz- und Kies-Strecken der Provinz Kan-su vorlagert, im Osten in die Steppenlandschaften der Mongolei, im Westen in die Sanddünen des Takla makan oder „Drachensandes (*lung scha*) übergeht und von jeher ein Land der Öde und des Schreckens gewesen ist. Diese Wüsten scheiden den Osten vom Westen und Norden, aber im hohen Altertum schon haben diese Völkerstämme ihren Weg hindurch nach den wohnlicheren Gefilden auf beiden Seiten gefunden. Von dem großen Tal von Lan-tschou am Huang ho führt die Straße hinauf nach Liang-tschou und Kan-tschou, beide schon am Rande der weit nach Nordwesten hinausgreifenden und bis dahin noch gut besiedelten Provinz gelegen. Von da zieht sich ein breiter Streifen fruchtbaren Alluviums nach Nordwesten am Abhang der äußersten Ketten des Nan schan entlang, die hier den Namen Ki-lien schan (auf den Karten auch Richthofen-Gebirge genannt) haben; die Flüsse von Kan-tschou (Heï ho) und Su-tschou (Ta-peï ho) sowie ausreichende Niederschläge geben genügende Bewässerung für den Pflanzenwuchs, auf der Außenseite schließt eine letzte niedrigere Bergkette den Streifen gegen die Wüste ab. Diese Talfurche führt zu dem Bulungir gol oder Su-lai ho, der, vom Südosten aus dem Nan schan kommend, nördlich von Tun-huang sich in sumpfigen Marschen verliert, und trifft ihn da, wo er unweit der Oase von Yü men nach WNW umbiegt. Die Straße folgte einst dem Flusse bis zu seinem Ende und wandte sich dann durch die Wüste nach dem jetzt versiegten Flusse Quruq darja und weiter in das Tarim-Becken. Ein anderer Weg führt von An-si am Su-lai ho, der letzten chinesischen Stadt nach Nordwesten, durch die Stein-Wüste nach Hami und Turfan. Diese Talfurche am Fuße des Nan schan entlang ist der Verbindungsweg von Inner-Asien nach China, auf dem Jahrtausende hindurch die Völker gewandert, Handelskarawanen gezogen, Heere marschiert und Reisende gekommen und gegangen sind. Vom Eintritt in die große Wüste bei Yü mên oder An-si oder Tun-huang ab hat man im Laufe der Zeiten verschiedene Wege gewählt, je nachdem die natürlichen Verhältnisse im Tarim-Becken, die Verproviantierungsmöglichkeiten oder die Feindseligkeiten der Oasen- und Bergbewohner es erforderten, aber der Korridor vom nordwestlichen Kan-su blieb davon unberührt, in ihn mündeten immer die Straßen aus den westlichen Ländern ein. Indessen war er auch, ebenso wie das Liao-Tal in der südlichen Mandschurei, ein höchst gefährliches Einfallstor plündernder Fremdvölker, die von jenseits der Wüste in die Siedelungsgebiete des Reiches einbrachen und dort sich seßhaft machten, bis die chinesische Macht ihrer Herr wurde. Für solche Einbrüche vom Altai und den Steppengebieten östlich davon bot sich als naturgegebener Weg das Tal des Etsin gol, eines Wüstenflusses, der sich aus den beiden Flüssen von Kan-tschou (Heï ho) und Su-tschou (Ta-peï ho) zusammensetzt und nach einem Laufe von etwa 300 km im Norden in einem marschigen See endet. Das Tal, zu beiden Seiten von wasserlosen Sand- und Steinwüsten umgeben, gewährt in seiner ganzen Länge genügend Graswuchs für die Tiere und ermöglicht somit den anrückenden Scharen den Zugang zu dem Korridor. Ein anderer Einbruchsweg von den Hängen des Bogdo ula her, wo sich zeitweilig ein Hauptsitz der hunnischen Macht befand, führte, um den Quruq tagh herum, durch ein altes Becken des Lop nor — vielleicht die älteste der Straßen nach dem Westen — zum Tal des Su-lai ho, bis man in späterer Zeit den näheren Weg vom nördlichen K'i-lien schan wählte, der das Tal weiter oberhalb erreichte. Von Kan-tschou ging die Straße weiter nach Südosten zum Huang ho in das Tal von Lan-tschou, wo der Strom eine besonders günstige Stelle zum Übersetzen bietet, und dann in die gesegneten Gefilde von Schen-si, das lockendste Ziel für die Fremdlinge.

Auch vom Norden her konnte übrigens dieses zentrale Gebiet des alten China unmittelbar erreicht werden und ist auch oft genug von einbrechenden Hunnen- und Mongolen-Völkern so erreicht worden. Die große Biegung des Huang ho außerhalb der Grenze von Schen-si wird ausgefüllt durch die Sandwüsten und Steppen des Ordos-Landes. Es gehört zur Mongolei und ist auch von Mongolen bewohnt, aber in neuerer Zeit auch von zahlreichen chinesischen Bauern besiedelt und, namentlich in den Fluß-Niederungen, angebaut worden. Durch dieses vorgeschobene Übergangsgebiet der Steppe sind seit dem frühen Altertum mit Vorliebe erobernde Scharen nach Süden vorgedrungen, und auch das Land selbst ist Gegenstand der Kämpfe zwischen nicht-chinesischen Völkern gewesen, aber ein friedlicher Verkehr mit der Außenwelt konnte sich auf dem Wege nicht entwickeln, schon weil nach Norden zu die Möglichkeit für Waren- und Kulturaustausch gering war. Östlich davon, also im Norden der Provinz Schan-si, hat sich infolge geschichtlicher Entwicklungen die Steppenherrschaft ebenfalls, aber nicht so weit wie im Ordos-Lande, nach Süden in das Gebirgsland vorgeschoben, so daß das Jäger- und Nomadentum seine Grenze inmitten des Übergangsgebietes fand, wo ihm das Chinesentum entgegentrat und Halt gebot. Doch haben hier, namentlich auf der großen Hochebene von Ta-t'ung, die Fremdvölker gute Stützpunkte gefunden und in unmittelbarer Nachbarschaft der Chinesen eigene Staaten gehabt.

Wir sehen also, wie sich fast in dem ganzen Gebirgsrande längs der Wüsten und Steppen im Norden und Nordwesten wohl Berührungspunkte genug mit den dortigen Nomadenvölkern fanden, daß aber natürliche Verbindungswege großen Stils eben nur an den beiden Enden vorhanden waren, und auch von diesen gewährte nur der eine Zugang zu anderen Kulturwelten. Das Hochgebirge im Westen bietet fast jedem Zugange Trotz; zwar sind mutige Reisende auf gefährlichen Saumpfaden hier in das tibetische Hochland vorgedrungen, aber von weiterer Bedeutung sind diese Wege natürlich niemals gewesen. Nur im Nordwesten führt die alte Straße von Lan-tschou über Si-ning zum Kuku nor und in das Land der Tanguten, eines räuberischen Nomaden-Volkes, mit dem die Chinesen ebenfalls erbitterte Grenzkämpfe haben führen müssen; in der Mitte zieht sich, wohl in erster Linie strategischen Zwecken dienend, die Heerstraße von Tsch'êng-tu das Min-Tal hinauf zu der wichtigen Festung und Handels-Kolonie Sung-p'an in die Gebiete der halbwilden Räuberstämme des östlichen Tibet, und im Süden öffnet sich der besonders günstige Weg von Ssě-tsch'uan über Ya-tschou, Ta-tsien-lu, Litang-Batang nach Inner-Tibet, der immer eine große strategische Bedeutung gehabt hat. Endlich findet sich noch im Südwesten ein uralter und höchst bedeutungsvoller Weg, der die Verbindung mit indischen Kulturgebieten ermöglichte. Es ist die in neuerer Zeit berühmt gewordene Straße von Yün-nan fu über Ta-li, Yung-tsch'ang, T'êng-yüe (Momeïn) nach Bhamo in Birma. Sie hat Gelände-Schwierigkeiten aller Art zu überwinden, denn sie kann keine Täler benutzen, sondern läuft quer zu den Ketten des hinterindischen Gebirgsystems, die sie eine nach der anderen übersteigen muß, dabei noch den Mekong, Salwen, Schuaili (Lung-tsch'uan kiang) und Ta-ying-Fluß kreuzend. Das Salwen-Tal ist berüchtigt wegen seiner Malaria und einer Art Beulenpest, die es während der Sommermonate unbewohnbar machen, dazu kommt die Feindseligkeit der kriegerischen Bergvölker des westlichen Yün-nan, die auch den Chinesen lange jeden Zugang verwehrt haben. Doch sind in späteren Zeiten die Reisfelder bis in die Niederungen des Ta-ying-Flusses vorgeschoben worden. Yün-nan wird durchzogen von den nord-südlich fließenden Strömen des hinterindischen Gebirgsystems, und es läge die Annahme nahe, daß damit ebenso viele Verbindungswege nach Birma und Annam (Tongking) gegeben sein müßten. Das ist indessen nicht der Fall; die Flüsse haben ihre Betten in engen Schluchten zwischen steilen Bergen und werden erst außerhalb Yün-nans schiffbar. Eine Ausnahme macht der Song-koi oder „Rote Fluß“ (s. oben S. 16), der bei Hanoi in das Meer mündet und bereits diesseits der Grenze schiffbar wird. Hier führt denn auch die wichtigste Straße von Mêng-tsě nach Man-hao und von da den Strom hinab. Auch diese Gegend ist wegen ihrer Fieber-Miasmen gefürchtet. Von Kuang-si führen drei Wege nach Tongking, von denen der wichtigste der von Nan-ning den Tso kiang hinunter bis Ning-ming ist, der dann weiter über Land durch den Grenzpaß Tschen-nan kuan nach Langson und dem roten Flusse bei Hanoi führt. Aber alle diese Verbindungen nach dem Süden brachten die Chinesen auch nur in Staaten, die von ihnen abhängig waren; sie haben erst in verhältnismäßig später Zeit Bedeutung gewinnen können, nachdem die Grenzprovinzen des Südens selbst, in denen noch heute halb zivilisierte Stämme der Ureinwohner sitzen, der chinesischen Herrschaft unterworfen waren.

Unser Rundblick hat uns gezeigt, wie das Reich des chinesischen Kultur-Systems, das auf Siedelung und Ackerbau gegründet ist, ringsum seine natürlichen Grenzen gefunden hat: der Ozean auf der einen Seite, schwer zugängliche Hochgebirge und Wüsten auf der anderen schließen die Ausbreitungsmöglichkeiten dieser Agrarorganisation ab, an den wenigen Stellen, wo der Bauer über den Gürtel hinaus konnte und ackerbaufähige Flächen fand, wehrten ihm kriegerische Nomaden, Hirten- und Jägervölker den

Zugang, nur vorübergehend und in späteren Zeiten hat er den Widerstand stellenweise überwinden können. Innerhalb des Gürtels hat er allerdings mit beispielloser Zähigkeit alles Land bis auf ganz geringe Reste aufgeschlossen und mit seinem Kultur-System überzogen; was jenseits blieb, verlor sich in unbekannte Fernen, mußte aber nach dem, was sich an den Grenzen zeigte, als die Welt halb- oder ganz wilden Barbarentums erscheinen. Die viele Jahrhunderte währenden Kämpfe an den Grenzen, namentlich an den nördlichen, gegen die immer wieder in die Fruchtgebiete einbrechenden Scharen konnten diese Anschauung nur verstärken. So wurde das Weltbild des Chinesen immer universalistischer und immer egozentrischer: sein Land war die Welt, sein Reich das Reich, er selbst der Bevorzugte unter den Menschen. Nur wenn sich einmal eine Verbindung mit fremden Kulturwelten anbahnte — und bis zur Neuzeit war dies nur auf der Völkerstraße im Nordwesten in ausreichender Weise möglich —, drang ein neuer Geist in diese abgeschlossene Welt, die sich aus eigener Kraft ihr Dasein formte.

Und es war eine Welt größten Ausmaßes, die sich dort in den peripherischen Gebieten des asiatischen Kontinents bildete. Von den mongolischen Steppen im Norden bis zum Golf von Tongking im Süden, von den Ketten des tibetischen Hochlandes im Westen bis zum Ozean im Osten reichend, besitzt sie eine Grundfläche, die fast so groß ist wie Europa ohne Rußland, d. h. einschließlich der Mandschurei, aber ausschließlich der Mongolei und Innerasiens 4946650 qkm. Wohl haben die chinesische Kultur und die chinesische Macht dieses Gebiet oft überschritten, je nach dem Maße, wie die letztere der „Barbaren"-Völker Herr wurde, und je nach der Dauer, wie sie sich in den unterworfenen Gebieten zu behaupten wußte, aber das Reich selbst, die „achtzehn Provinzen", hielt sich stets innerhalb der gegebenen Grenzen, und es hat langer Zeit bedurft, bis dieser Raum soweit von ihm ausgefüllt war, wie er es heute ist. Wir haben bereits früher gesehen, wie dieses Reichsgebiet durch das Gebirgsystem des Ts'in ling und seine Fortsetzung nach Südosten in zwei Teile geteilt wird, die in jeder Hinsicht scharf von einander verschieden sind, daß aber im Osten die Große Ebene, um das Gebirge herumgreifend, nach dem unteren Yang-tsĕ hin einen Übergang vom nördlichen zum südlichen China schafft (s. oben S. 2). Die Yang-tsĕ-Provinzen bilden ein Mittelstück des Reiches, das ebenso den nördlichen wie den südlichen Gebieten gegenüber seine eigene Bedeutung hat. Wenn man den Blick über das Kartenbild des Nordens und Westens gleiten läßt, so bleibt er an einer Anzahl ebener Flächen haften, die wie große flache Becken in das Gebirgsland eingesenkt sind. Es ist zunächst das breite Tal des Weï ho, das oberhalb der heutigen Stadt Tschou-tschi beginnt und sich als weite Ebene nach Osten bis zum Huang ho hinzieht. Im Süden von den lößbedeckten Hängen des Ts'in ling, im Norden von 200 m hohen Lößmassen begrenzt, die aber immer weiter zurücktreten, dehnt sich das fruchtbare, dicht bevölkerte Land unabsehbar nach Norden und Osten aus. Es ist wie ein durch hohe Mauern und Gebäude wohl gesicherter Hof mit befestigten

Zugängen. Im Westen wird das Tal des Weï, dessen Bett tief in Lößwände eingegraben ist, enger und immer schwerer gangbar, bis die Straße es verlassen muß. An der Grenze von Kan-su tritt das nördliche Tafelland an die Ketten des Ts'in ling heran, und damit schließt sich der Zugang ganz. Im Norden bilden das schluchtenreiche Lößland und das mit Löß überdeckte Gebirge von Schen-si ganze Ketten von natürlichen Befestigungen mit schwierigen Wegen, und im Osten sperren die schwer übersteigbaren Gebirge von Schan-si den Zugang. Das befestigte Tor von T'ung kuan am Südufer des Huang ho, dessen mächtige Mauern ringsum an den Berghängen emporsteigen, ist die einzige Pforte, die zwischen Strom und Bergen in das Innere führt. Bei Hien-yang am nördlichen Weï-Ufer, wo eine wichtige Übergangstelle über den Fluß ist, biegt die große Straße nach Lan-tschou in Kan-su ab, die nördlich von der heute weniger begangenen, das Weï-Tal aufwärts über Kung-tsch'ang und Ti-tao führenden Straße über Pin tschou das Tal des King ho hinauf nach P'ing-liang und weiter geht, um dann in Lan-tschou Anschluß an den Korridor nach Inner-Asien zu finden. Die Riesenmauer im Süden der Ebene bietet nur einen einzigen Durchlaß: im Osten des Gebirges geht ein Weg nach Südosten zu der Stadt Schang hien (früher Schang tschou) und trifft dort auf das Strom-Gebiet des Han, das tief in die Ketten des Ts'in ling hineindringt. Damit wird eine Verbindung mit dem Süden ermöglicht, der sonst auf direktem Wege überhaupt nicht erreichbar wäre. Ssĕ-tsch'uan kann vom Weï-Tal aus erst oberhalb der Ebene erreicht werden: am Westende des Ts'in ling über den Paß T'ien-tscha ling führt die berühmte, zum Teil auf Pfeilern ruhende Kunst-Straße nach Süden und gelangt, die nordwestlichen Ausläufer des Ta-pa schan (s. oben S. 3) auf dem Passe Wuting kuan d. h. dem „Passe der fünf Riesen" überschreitend, bei Ning-k'iang und Han-tschung an die Grenze von Schen-si und die Flußtäler von Ssĕ-tsch'uan. Weiter hinauf nach Westen, im östlichen Kan-su, finden sich mehrere Übergänge. Die Straße über T'ung kuan endlich führt zunächst durch schmale und tiefe Lößschluchten auf der Südseite des Huang ho, aber nur streckenweise an seinem Ufer entlang, dann, im Norden von den Bergketten von Schan-si, im Süden von hohen Lößwänden begleitet, nach Honan und dem Garten von Huai-k'ing (s. oben S. 5 u. 7), so die Verbindung mit der Großen Ebene herstellend. Diese umwallte Ebene des Weï-Beckens ist einer der Ausgangsorte des chinesischen Genius, einer der ersten Schauplätze seiner Entwicklung, zusammen mit den Talebenen von Lo-yang und der Ebene von K'ai-fêng in Ho-nan das klassische Land der chinesischen Kultur, hier war Jahrhunderte hindurch der Sitz der Kaiserlichen Macht, und hier haben sich die glänzendsten Perioden in der Geschichte des Reiches abgespielt. Nur den von Nordwesten andrängenden Völkern Inner-Asiens mußte diese Macht zeitweilig weichen, und um ihrer Sicherheit willen zog sie sich dann durch das Tor von T'ung kuan nach Ho-nan zurück, wo sie stärkeren Schutz gegen Westen zu finden vermochte. Im westlichen Teile der Ebene, da, wo die Straße vom Süden her am Ostende des Ts'in ling einmündet, liegt heute die Stadt Si-ngan auf den altklassischen und altberühmten Stätten, auch jetzt noch ein Mittelpunkt des Verkehrs, eine reiche Großstadt und eine mächtige natürliche Festung.

In geringerem Grade zwar als das Becken des Weï und die Einbuchtung des Huang ho bei Huai-k'ing und Ho-nan hien mit der Stätte des alten Lo-yang (s. oben S. 8), aber immerhin ebenfalls unverkennbar sind die übrigen eingesenkten Becken Brennpunkte des chinesischen geschichtlichen Geschehens gewesen. Drei davon befinden sich in Schan-si: die Hochebenen von P'ing-yang, T'ai-yuan und von Ta-t'ung. Die letzteren beiden sind große Talflächen und vermutlich ausgefüllte Seebecken. Die Ebene von T'ai-yuan ist schwer zugänglich von allen Seiten. Nach Süden führt zwar der Fên ho, aber er wird erst eine kurze Strecke vor seiner Mündung in den Huang ho schiffbar; indessen begleitet ihn, soweit das in Lößwände eingeschnittene Tal nicht unzugänglich ist, eine viel begangene Straße durch das kleinere Becken von P'ing-yang und die großen Kohlenlager von Schan-si bis Kiang hien, wo sie nach P'u-tschou am Huang ho abbiegt. Nach Osten stellt die Straße nach Tschêng-ting die Verbindung mit der Großen Ebene her, und in nördlicher Richtung gelangt man auf einer die hohen Berge des Wu-t'ai schan streifenden Straße in das Becken von Ta-t'ung und weiter nach So-p'ing im Westen oder Kalgan im Osten, den Pforten zum mongolischen Steppenlande. Alle diese Wege sind (oder waren: nach Tschêng-ting führt heute die Eisenbahn) schwierig und meist nur mit Packtieren zu begehen. Auch das Becken von T'ai-yuan gleicht, wie Richthofen es ausdrückt, einem „befestigten Lager" und ist als solches oft Ausgangs- oder Stützpunkt machtpolitischer Bewegungen gewesen. Es ist rings von Bergketten lückenlos umgeben, und selbst der Fên ho, der es durchströmt, muß sich bei seinem Ausgang durch eine enge, unzugängliche Schlucht hindurchzwängen. Die Ebene ist größtenteils, nicht überall, fruchtbar, da sie reich an Feuchtigkeit ist, zum Teil ist aber der Boden stark salzhaltig. Sie enthält eine ganze Anzahl von beträchtlichen Städten neben der Großstadt T'ai-yuan. Das Becken von Ta-t'ung, das höchstgelegene von allen — es hat 1200 m Meereshöhe —, ist nicht so gleichmäßig umwallt; am schroffsten steigt das Gebirge im Nordwesten auf, aber frei ist ebenfalls kein Teil der Ränder. Das Land ist weit weniger fruchtbar als bei T'ai-yuan, zu einem großen Teile ist es öde, steppenartig, mit Salzkrusten bedeckt. Die Bevölkerung ist denn auch erheblich weniger dicht, streckenweise liegt das Land unbebaut, Armut herrscht durchweg. Indessen hat auch die Ebene von Ta-t'ung wiederholt als Stützpunkt für neue Machtbildungen dienen müssen, und zwar in Folge ihrer peripherischen Lage für nicht-chinesische Völker. Nicht mehr der nördlichen Hälfte angehörend, aber auch dem Süden fernstehend, ist die Ebene von Tsch'êng-tu im fernen Westen, die allerdings nur einen kleinen Teil des großen Tieflandes bildet, von dem das ganze östliche Ssĕ-tsch'uan ausgefüllt ist. Dieses Tiefland, wegen des in ihm eingelagerten roten Sandsteines von Richthofen das „Rote Becken" genannt, ist keine Ebene, sondern ein mit

Höhenzügen bedecktes (sie überragen die Täler nirgends um mehr als 700 m) aber tiefer als die umrandenden Hochgebirge liegendes Land. Es ist vielleicht die gesegnetste, reichste und blühendste Gegend Chinas, von einer Menge schiffbarer Wasserstraßen durchzogen, mit zahllosen Städten und Dörfern, üppigen Fluren und Gärten bedeckt. Nach dem westlichen Rande zu liegt die Ebene von Tsch'êng-tu, von den Armen des Min-Flusses, die durch künstliche Kanäle verbunden sind, reich bewässert. Ssĕ-tsch'uan ist durch seine Lage den großen Ereignissen im Reiche oft fern geblieben, aber es hat dann auch seine eigene Rolle selbständig gespielt und ist bei seinem Reichtum und seiner Abgeschlossenheit ein vielbegehrtes und sich selbst genügendes Gebiet gewesen. Von weiteren in das Bergland eingesenkten kleineren Becken, wie das von Han-tschung im südlichen Schen-si, mag hier abgesehen werden. Auch in der südlichen Hälfte des Reiches fehlt es nicht an solchen Becken, wie z. B. am Po-yang-See in Kiang-si, bei Hêng-tschou in Hu-nan, am Si kiang bis unterhalb Wu-tschou in Kuang-tung u. a. Auch sie sind wohl Anziehungspunkte für Siedelung und Ackerbau geworden, aber eine geschichtliche Bedeutung wie die der nördlichen Becken haben sie nicht erlangt. Im Ganzen bietet die Landschaft der südlichen Provinzen ein wesentlich anderes Bild als die des Nordens. Zwar auch mit Gebirgen bedeckt, aber frei von den wilden und schwer zugänglichen Hochgebirgsketten und Lößschluchten jenseits des Yang-tsĕ (vom Westrande abgesehen), ist der Süden reich an Wasserstraßen, die den Verkehr vermitteln, während im Norden die hindernisreiche Landstraße oder der Saumpfad weit höhere Anforderungen an Menschen und Tiere stellt. Die Stelle des schweren Lastkarrens oder des Packtieres nimmt dort das Boot in unzähligen Formen und Größen ein. Nur einige wenige Pässe von unbedeutender Höhe müssen die Wasserscheiden überwinden, wie der bekannte Meï-ling-Paß, der vom Nordfluß (Peï kiang) aus Kuang-tung zum Kan-kiang nach Kiang-si, und der Tschê-ling-Paß, der vom Siang kiang in Hu-nan zum Nord-Fluß führt.

Eine besondere Bedeutung, nicht unähnlich der des Weï-Beckens, hat in der späteren Geschichte die nördlichste Ausbuchtung der Großen Ebene erlangt. Dort, wo mauerartig das Gebirge in majestätischem Bogen die blühende, mit zahllosen Dörfern und freundlichen Baumgruppen bedeckte Ebene umzieht, befand sich seit fast sieben Jahrhunderten mit nur einer kurzen Unterbrechung die Hauptstadt des Reiches, nachdem schon Jahrhunderte früher dort das Zentrum nordischer Teilherrschaft gewesen war. Man sollte annehmen, daß als Ort für die Zentrale des Gesamtreiches, wenn nicht das Weï-Becken oder die Ebene von Huai-k'ing, eher der südlichste Teil der Großen Ebene, die schon um das Gebirge herumgreifende Niederung von Hu-peï und Hu-nan am Yang-tsĕ (s. oben S. 4 u. 10), in Frage kommen könnte als jene Gebirgsbucht an der nördlichen Peripherie, wie denn auch tatsächlich in Hu-peï sowohl wie am unteren Yang-tsĕ, in Nanking, öfters und längere Zeit hindurch zentrale Sitze staatlicher Macht gewesen sind. Wenn man trotzdem lange Zeit dem abseits gelegenen Peking den Vorzug vor allen anderen Plätzen gegeben hat, so ist dies lediglich eine Folge der geschichtlichen Entwicklung und ihrer Erfordernisse gewesen. Das kolonisatorische Werk des Chinesentums ist immer, von der neuesten Zeit abgesehen, nur vom Norden her ernstlich bedroht worden, und der Kampf mit den Völkern des Nordens ist weitaus der stärkste geschichtsbildende Faktor in dem Entwicklungsgange des Reiches gewesen; Jahrtausende hindurch, von Anbeginn an bis tief in die Neuzeit hinein, hat er nahezu allein die Lage bestimmt. Jene von Norden hereinbrechenden Völker aber, die ihre Herrschaft über die reichen Länder der „achtzehn Provinzen" aufrichteten, ersahen sich mit gutem Grunde diesen Punkt als Sitz ihrer Macht, von dem aus sie, durch die gewaltige Gebirgsmauer hinten und zur Seite geschützt, die endlosen so heiß begehrten Ebenen mit all ihrem Reichtum vor sich beherrschen konnten. Hier waren sie überdies der Quelle ihrer Kraft am nächsten, von den nördlichen Steppen und Wäldern kam ihnen der Nachschub, der dann weiter nach Süden vorgeschoben wurde. Eine Verlegung der Hauptstadt nach dem Yang-tsĕ-Gebiet oder dem klassischen Westen würde die Möglichkeit eröffnet haben, daß ihnen ein Feind im Rücken erstand und sie von jener Quelle abschnitt. Diese Erwägungen müssen es gewesen sein, die Kublai Khan im 13. Jahrhundert bestimmten, Peking zu seiner „Khanstadt" zu machen, und nach Vernichtung der mongolischen Herrschaft versuchte die neue chinesische Dynastie zunächst, in Nanking die Hauptstadt zu belassen, aber schon nach kurzer Frist siedelte sie nach dem mit gewaltigen Befestigungen versehenen Lager im Norden über, vielleicht mitbestimmt durch die Möglichkeit, von dort aus auch, wenn nötig, leichter die Front nach den etwa zurückkehrenden Mongolen nehmen zu können, zumal inzwischen durch den vervollständigten „Kaiserkanal" und eine Kanalverbindung mit dem Pai ho eine sichere, vom Meere unabhängige Zufuhrstraße von den Reisprovinzen des Südens her geschaffen war. Wenn in jüngster Zeit die von Kanton ausgehende Bewegung gegen den Norden und gegen den politischen Einfluß des Auslandes Nanking wieder zur Hauptstadt erklärt hat, so wird man abwarten müssen, ob diese Organisation Bestand hat.

Wenn man so das ganze eigentliche chinesische Reichsgebiet als einen geschlossenen Organismus betrachtet, dann erscheint in der Tat Peking, zwar nicht wie das Herz, aber wie der Kopf des riesigen Körpers, der die Glieder sorgend und schützend überwacht. Freiherr von Richthofen, der klarer und gründlicher als Jemand vor ihm oder nach ihm, den physikalischen Aufbau des chinesischen Landes und seine Bedeutung für den politischen erkannt hat, bedient sich noch eines anderen Bildes. Er vergleicht die Große Ebene mit einem Saal, um den „eine Reihe von Kammern, die auch in sich noch in Kämmerchen geteilt sind", herumlagern, und „mit dem sie durch schmale Eingangstüren verbunden sind". Danach nennt er die Provinzen, die Teil haben an der Großen Ebene, also Tschi-li, Schan-tung, Ho-nan, Kiang-su, An-hui, Tschê-kiang, Kiang-si, Hu-peï und Hu-nan (s. oben S. 4) die inneren Provinzen, die übrigen, Schan-si, Schen-si, Kan-su, Ssĕ-t'schuan, Yün-nan, Kueï-tschou, Kuang-si, Kuang-tung und Fu-kien, die sich in halbmondförmigem Bogen herumziehen, die äußeren. Natürlich konnte diese Gruppierung nur dann auch im politischen Organismus sich zur Geltung bringen, wenn das Reich in einer Hand war; bei der Bildung mehrerer Machtzentren spielten noch andere Momente ethnographischer, wirtschaftlicher und politischer Art mit, so daß sich hier Zusammenschlüsse und Gegensätze nach anderen Gesichtspunkten bildeten.

Werfen wir nun zum Schluß noch einen kurzen Blick auf die beiden natürlichen Gegebenheiten, die für den Ackerbau die Lebensbedingungen und somit für den Aufbau der chinesischen Kultur die Grundlage sind, nämlich Klima und Bodenbeschaffenheit. Das Klima des kontinentalen Ostasiens wird in erster Linie bestimmt durch den Einfluß der Ländermasse dahinter und die Wirkungen der Meere davor. Es ist nicht unsere Aufgabe, das Zusammenwirken beider in ihrer Ursächlichkeit zu erörtern, wir haben hier nur die endgültigen klimatischen Folgeerscheinungen zu verzeichnen. Vom April an herrschen im östlichen Asien südliche, südöstliche und östliche Winde (Monsune), und mit ihnen kommt die vom Ozean mit Feuchtigkeit gesättigte Luft: die Regenzeit beginnt. Sie setzt zunächst im Süden ein, und schreitet nach Norden fort; von Kuang-tung bis zur Yang-tsĕ-Niederung währt sie April und Mai, um dann im August und September eine Wiederholung zu finden. In der Zwischenzeit, im Juni und Juli, fällt der Regen im Westen, besonders in Ssĕ-tschu'an. Die nördlichen Provinzen erhalten ihre stärksten Niederschläge im Juli und August, geringere im Juni und September. Dann beginnt hier die trockene Zeit, die bis zum Juni dauert, aber durch die winterlichen Niederschläge, Regen oder Schnee, unterbrochen wird. Am Yang-tsĕ setzt die trockene Zeit im Oktober, im Süden im November ein. Die Niederschlagsmengen während der Regenmonate sind gewaltige, in Peking beträgt sie im Mittel 237 mm für den Juli, für den Juni, wo bereits Regen einsetzt, 89 mm, in den übrigen Monaten außerhalb der Regenzeit noch weit weniger. Im September beginnt, wenigstens an der Küste, die Drehung der Monsune: sie wehen immer häufiger vom Nordwesten und Norden den ganzen Winter hindurch bis in den April. Diese Zeit ist, namentlich im Norden, fast beständig trocken. Schnee fällt im Norden wenig und für ganz kurze Zeit, doch kommen auch am Yang-tsĕ und selbst noch weiter südlich Schneefälle vor. Wenn man bedenkt, daß das Land vom 40. bis zum 18. Breitengrade, also von der Mitte der gemäßigten Zone bis in die Tropen hinein reicht, so sollte man größere Temperatur-Unterschiede zwischen den einzelnen Teilen erwarten als in Wirklichkeit bestehen. Aber der Sommer ist fast überall (von den höheren Gebirgen abgesehen) zwar nicht gleichmäßig lang, aber gleichmäßig heiß, und da der Winter erheblich kühler als auf denselben Breiten im Westen ist, so findet auch hier eine größere Annäherung der Temperaturen statt als man annehmen möchte. Die Temperatur-Spannungen zwischen Sommer und Winter sind dagegen außerordentlich groß. So hat Peking als höchste Jahrestemperatur in

Celsius-Graden 36,3 und als niedrigste —15,3, Schang-hai 38,9 und —8,2, Kanton 33,9 und 0,6. Was für uns aber hier die größte Bedeutung hat, ist die erstaunliche Regelmäßigkeit des Klimas in den einzelnen Jahreszeiten, die wir gleichfalls lediglich als Tatsache feststellen, ohne auf ihre Ursachen einzugehen. Die bestimmte Wiederkehr der meteorologischen Erscheinungen zu bestimmten Zeiten des Jahres ist für den chinesischen Charakter von stärkstem Einfluß gewesen. Diese Regelmäßigkeit war den Chinesen etwas ebenso absolut feststehendes wie der „Lauf" der Sonne oder der Sterne, Abweichungen — und solche mußten natürlich auch zuweilen vorkommen — bedeuteten für sie eine Störung der kosmischen Ordnung und galten als üble Vorzeichen kommenden Unglücks. Die ganze Landwirtschaft war auf diese Regelmäßigkeit abgestellt, und Kälte zur unrichtigen Zeit oder Regengüsse, die ein Überquellen der Flüsse verursachten, erhielten eine tiefere ethische Bedeutung ähnlich wie eine Sonnenfinsternis oder die vermeintliche Abirrung eines Sternes.

Eine solche Stellung der klimatischen Wechselerscheinungen in der Empfindungswelt des chinesischen Volkes erklärt sich leicht durch die Bedeutung der Landwirtschaft, die von diesen Erscheinungen abhängig ist, für das ganze Werden und Sein des Chinesentums. Die Bodenbeschaffenheit hat eine solche Entwicklung des Landbaus in hohem Maße begünstigt. Als Ganzes genommen, weist das Land trotz seiner riesigen Ausdehnung und trotz seiner mannigfaltigen Oberflächengestaltung eine hohe Fruchtbarkeit auf. Im Norden ist es der Löß, der diese Fruchtbarkeit gewährleistet, in Mittel-China das fette Schwemmland in den Fluß-Niederungen, im Süden die größere Feuchtigkeit. Was der Löß für die Ertragfähigkeit des Bodens bedeutet, ist bereits früher hervorgehoben worden (s. oben S. 5f.). Wenn er immer die nötige Regenmenge rechtzeitig erhielte, würde er kaum der Düngung bedürfen, da er anscheinend die mineralischen Bestandteile für das Wachsen der Pflanzen immer wieder selbst aus den Tiefen heraufzieht. Das Tal des Weï ho und die Ebene am Huang ho beim heutigen Huai-k'ing in Ho-nan sind Löß-Becken von größter Fruchtbarkeit und wohl deshalb zugleich die Ausgangspunkte der chinesischen Kultur, die als rein landwirtschaftliche entstanden und ohne Landwirtschaft überhaupt nicht zu denken ist. Auch die sonstigen zahlreichen mit Löß ausgefüllten Flußtäler im Norden geben hohe Erträge, und selbst auf die Berge bis zu Höhen von 2400 m hat der zähe, unermüdliche Bauer den Feldbau in Terrassenform hinaufgeführt, so weit ihm der Löß die Möglichkeit dazu bietet. In den Niederungen des Yang-tsĕ-Gebietes von der Hu-peï-Ebene ab, wo der Löß allmählich verschwindet, herrscht das schwarze Alluvium vor und gibt reiche Ernten, zumal der Bauer hier das Düngen gründlich besorgt. Die Landschaften von Ning-po im nördlichen Tschê-kiang bis hinüber zum Yang-tsĕ sind, wo nicht die Berge zu steil und zu hoch werden, wie ein weiter üppiger Garten. Der Süden ist mit tausenden von Kanälen zwischen den Flußläufen überzogen, aus denen das Land bewässert wird; fruchtbar ist es in dem niedrigen Berglande ohnehin fast durchweg. Allerdings kommt der Feldbau im Gegensatz zum Norden kaum über eine Höhe von 600 m hinaus. Das Becken des Si kiang in Kuang-tung dürfte die größte Ertragfähigkeit aufweisen: hier sind drei Ernten die Regel, während der übrige Süden und das Yang-tsĕ-Becken zwei bis drei geben und im Norden nur stellenweise zwei, in der Regel eine erreicht werden, wobei natürlich auch die ungünstigeren klimatischen Verhältnisse (kalter Winter, lange Trockenheit und übermäßige Regenfälle) mitwirken. Die große Scheidung zwischen Nord und Süd erstreckt sich natürlich auch auf die Feldfrüchte: im Süden ist der Reis das Nahrungsmittel der Bevölkerung, er reicht über den Yang-tsĕ im Osten nicht allzuweit hinüber, dehnt sich indessen im Westen über Ssĕ-tsch'uan und Teile von Kan-su aus, im Norden ersetzt ihn die Hirse. Die anderen wichtigsten Getreidearten sind *Kao liang (Sorghum vulgare*, „Mohrenhirse"), Weizen, Gerste und Mais; der letztere ist erst spät (15. Jahrhundert?) in China eingeführt. Von den zahlreichen Hülsenfrüchten ist die Soja-Bohne die verbreitetste. Der Tee wächst in den Hügellandschaften des Südens und Westens, kommt aber in der Großen Ebene nicht fort; die Baumwolle liebt besonders die mittleren und unteren Yang-tsĕ-Provinzen. Palmen gedeihen stellenweise bis zum Yang-tsĕ (ohne Früchte zu tragen), dagegen findet sich der Bambus auch im Norden bis zu den Südhängen des Si schan. Im übrigen ist die Zahl der landwirtschaftlichen Erzeugnisse Legion. Die Viehzucht steht nicht auf der gleichen Höhe wie der Landbau, wenn man nicht etwa die Seidenraupenzucht dazu rechnen will. Weitaus am verbreitetsten im ganzen Reiche ist die Schweinezucht. Daneben finden sich Kamel und Pferd im Norden, Esel und Maultier im ganzen Reiche, ebenso, aber weit mehr im Norden, das Hausrind und das Schaf, der Wasserbüffel im Süden, der Yak im Westen, die Kleintierzucht (Hühner, Gänse, Enten) überall. Milchwirtschaft treibt der Chinese nicht. Der Mineralreichtum des Landes dürfte nahezu lückenlos sein. Die Kohlenfelder von Schan-si, Ssĕ-tsch'uan und Hu-nan, das Gold von Ssĕ-tsch'uan, Silber, Kupfer, Zink und Blei von Yün-nan und Kueï-tschou sind nur die bekanntesten, sehr wenige Provinzen werden ganz ohne Anteil an den unterirdischen Schätzen sein. Insgesamt kann China als das Land vollkommener Autarkie gelten: es bringt alles hervor, was der Kulturmensch für seine Lebens- und Luxusbedürfnisse braucht, und es ist verständlich, daß der Chinese bis in die Neuzeit alles, was ihm von fremden Ländern zugeführt wurde, als überflüssigen Tand, nicht aber als nützlich oder gar notwendig ansah. Das Einzige, was man in der chinesischen Landschaft vergeblich suchen wird, sind große Wiesen und Weiden mit Viehherden, aber der Chinese ist ein sehr mäßiger Fleischesser, und dem Bauer erschien von jeher das Land als zu wertvoll, um es als Viehweide liegen zu lassen, das Vieh als zu nützlich, um es aufzuessen. Die Wälder, mit denen früher weite Gebiete des Landes, namentlich im Westen und Süden, unzweifelhaft bedeckt gewesen sind, haben dem Feldbau weichen müssen; der Landmann in China hat im Walde, schon wegen der wilden Tiere, immer seinen Feind gesehen und ihn deshalb ausgerottet, wo er ihn erreichen konnte. Nur in den Bergen von Fu-kien, Hu-nan, Kueï-tschou und Yün-nan, wo die Zugänge schwierig sind, hat er noch eine letzte Zuflucht gefunden, auch die Hochgebirge im Südwesten und Westen, wo noch die eingeborenen Stämme ihre Unabhängigkeit behaupten, gewähren ihm einen sicheren Schutz.

So hat sich der chinesische Mensch sein Land nach seinem inneren Begehren umgeformt, und das Land wieder hat nach seiner Eigenart die kulturellen und politischen Charakterzüge des Bewohners herausgebildet.

Zweites Kapitel.

Das Volk.

Die Menschen, die den im vorigen Kapitel beschriebenen Erdraum füllen und ihrem weitaus größtem Bestandteile nach in ununterbrochener Geschlechterfolge seit einer Reihe von Jahrtausenden gefüllt haben, erscheinen dem flüchtigen Beobachter heute als ein einheitliches Riesenvolk von gleicher Rasse, gleicher Sprache, gleicher Art. Aber dieses Bild ist nur das gewissermaßen künstliche Ergebnis einer langen kulturellen und politischen Entwicklung. Wie die alles ausgleichende Lößdecke über die Höhen und Tiefen Nord-Chinas, so hat sich der Schleier eines Kultursystems von beispielloser Geschlossenheit über die Menschenmassen der ostasiatischen Randgebiete gelegt und ihnen einen scheinbar gleichförmigen geistigen und selbst physischen Typus verliehen. Dem Auge aber, das unter den Schleier blickt, erschließt sich eine überraschende Vielgestaltigkeit in den verschiedenen Landesteilen. Schon rein körperlich haben wir es in China mit einem Gemisch von Rassen und Völkern zu tun. Die große Scheidewand zwischen dem kleineren nördlichen und dem größeren südlichen China, die wir früher kennen gelernt haben (s. o. S. 2), bildet auch eine Grenzlinie in den Rassetypen. Die Bevölkerung des Nordens, die allerdings viele Jahrhunderte hindurch mit türkischem, tibetischem und tartarisch-tungusischem Blute durchsetzt worden ist, zeigt durchschnittlich größere Körperlänge als die des Südens; der mongoloide Typus („mongolisch“ hier als modern-europäische Rassebezeichnung im weitesten Sinne, nicht als Volksname genommen) mit gelblicher Hautfarbe, schiefstehenden Augen, vorstehenden Backenknochen herrscht zwar auch hier vor, aber man findet auch nicht selten Individuen, die stark hiervon abweichen: große, schlanke Gestalten von hellerer Farbe, mit wenig hervorstehenden Backenknochen, runderen Augen und zuweilen mit einer an das Semitische streifenden Adlernase. Das Haar ist durchweg schwarz, zuweilen aber auch in das dunkelbraune übergehend. Im Süden ist der Typus einheitlicher: kleinere Figur, gelbe Hautfarbe, tiefschwarzes Haar, sehr schiefgestellte Augen, die abweichenden Merkmale des Nordens fehlen ganz. Erst wenn man noch weiter nach Süden geht, wo das malaische und hinterindische Element anfängt, sich geltend zu machen, also besonders in Kuang-tung, Kuang-si, Kueï-tschou, Yün-nan, trifft man wieder auf rundlichere Augen und wenig vorstehende Backenknochen. Der reinste Mongolen-Typus mit sehr stark vorstehenden Backenknochen, schief gestellten dunklen Augen, gelblicher bis bräunlicher Hautfarbe, strähnigem schwarzem Haar, kleiner, flacher Nase und untersetzter Figur mit kurzen Beinen findet sich bei den Tanguten-Stämmen im Kuku-nor-Gebiet, den Tibetern und den Bewohnern der mongolischen Steppen. Die Mandschurei und die tungusischen Gebiete im äußersten Nordosten zeigen dagegen wieder die großen, den Kaukasiern viel näher stehenden Figuren, bis man an der Küste und auf den vorliegenden Inseln Sachalin und Yeso in den Ainu-Typen auf Reste von anscheinend reinen Kaukasiern stößt. E. Baelz, vielleicht der beste Kenner der ostasiatischen Anthropologie, glaubt das Völkergemisch in Mittel- und Ostasien durch die Annahme erklären zu können, daß alle diese Gebiete einst im Besitze kaukasischer Stämme waren, und daß die letzteren durch Erobererscharen aus Tibet und der Mongolei in zwei Teile zerspalten wurden, von denen der eine nach Westen abgedrängt wurde, der andere, kleinere Teil aber in den erwähnten Ainu-Resten weiter lebt. Im allgemeinen, so meint Baelz, fällt der ostasiatische Kulturkreis zusammen mit dem mongolischen Rassenkreise, „das Wort mongolisch im weiteren Sinne genommen, so daß es außer den mongolenähnlichen Stämmen (Türk-Völker und Tungusen) namentlich auch die Malaien und Hinterindier einschließt". Wie also im Norden die Bevölkerung aus einer Mischung von Kaukasiern, Mongolen und einem von Baelz angenommenen Stamme von „eigentlichen Chinesen" bestände, so würden wir im Süden eine solche aus „Malaio-Mongolen", die „den Kern der Bevölkerung von Mittel- und Süd-China bilden", Hinterindiern und „eigentlichen Chinesen" zu erkennen haben. Bei dem heutigen Stande unserer Kenntnis wird sich freilich die Richtigkeit dieser Hypothese ebenso wenig beweisen lassen wie ihre Unrichtigkeit. Sicher ist jedenfalls, daß in der Bevölkerung der „achtzehn Provinzen" mehrere Rassetypen mit einander verschmolzen sind; die Tatsache läßt sich auch heute noch deutlich genug erkennen, so gründlich die Verschmelzung im Laufe der langen Zeiträume gewesen sein mag. Aus den gut bekannten Vorgängen späterer Perioden bis an die Neuzeit heran kann man eine Vorstellung davon gewinnen, wie dieser Vermischungsprozeß vor sich gegangen ist. Durch die Eingangspforten des Nordens drangen Jahrtausende hindurch die erobernden Scharen fremder Rassen, Tungusen, Türkvölker (selbst wieder ein buntes Gemisch), Kaukasier und Tibeter herein (s. oben S. 19ff.), teilweise fluteten sie wieder zurück, teilweise aber blieben sie im Lande, in jedem Falle nahmen sie die Frauen und Mädchen der Besiegten an sich und führten so den Angesessenen neues Blut in Menge zu. Große Fremdstaaten mit teilweise einheimischer Bevölkerung sind auf diese Weise entstanden und haben sich Jahrhunderte hindurch erhalten, noch die letzte Dynastie der Mandschus war durch einen solchen Einbruch vom Nordosten her zur Herrschaft gelangt und ist dann mit ihrem gesamten Volke geistig und physisch im Chinesentum aufgegangen. Nicht selten sind die Fremdlinge auch von den Chinesen selbst bei ihren inneren Kämpfen herbeigerufen worden, um der einen Partei gegen die andere Hilfe zu leisten — wie es ja auch zunächst bei den Mandschus der Fall war —, und wenn überhaupt, so erfolgte der Rückzug erst nach langer Zeit, die Spuren der Gäste aber blieben dauernd in Land und Volk. Über die Entstehung der heutigen Bevölkerung von Mittel- und Süd-China wissen wir weniger; daß aber hier von jeher ein starker Bestand von hinterindischen und vielleicht auch austroasiatischen Volkselementen vorhanden gewesen sein muß und sogar den Grundstock der dortigen „Chinesen" bildet, läßt sich aus analogen und leichter zu erschließenden Vorgängen auf den japanischen Inseln, aus der unmittelbaren Nachbarschaft der hinterindischen Völker im Südwesten, und aus den noch heute reichlich vorhandenen „Ureinwohnern" in jenen Gebieten entnehmen, von den sprachlichen Verwandtschaften ganz abgesehen. Ein Einstrom neuer Rassenelemente ist dann Jahrtausende hindurch vom Norden her vor sich gegangen, bald stärker, bald schwächer, aber niemals ganz versiegend. Wenn eine neuere, auf Grund chinesischer Schriftbilder aufgestellte Theorie in Süd-China und den angrenzenden Teilen Hinterindiens die Urheimat der Chinesen sehen will und annimmt, daß „die Hauptmasse ihres Volkes mit seinen Fürsten nach Norden gezogen" sei, so würde das in einem unauflöslichen Widerspruche zu allen überlieferten Tatsachen, ja zum ganzen Gange der chinesischen Geschichte stehen.

Die ganze Frage der rassemäßigen Einheitlichkeit oder Zusammengesetztheit der chinesischen Völker wird nicht entschieden, ja nicht einmal vereinfacht durch die sprachlichen Verhältnisse. Daß das Chinesische in allen seinen Dialekten zusammen mit dem Tibetischen, Birmanischen, Siamesischen und anderen südostasiatischen Mundarten von geringerer Bedeutung die große indochinesische Sprachfamilie bildet, die bei allen tiefgehenden Verschiedenheiten ihrer Zweige doch eine unverkennbare morphologische Einheit aufweist und auch durch das Eindringen zahlreicher fremder Elemente, namentlich im Norden, keine Erschütterung ihres Wesens erfahren hat, ist heute eine nicht mehr zu bezweifelnde Tatsache. Indessen Spracheinheit läßt erfahrungsmäßig keinen sicheren Schluß auf Rasseneinheit zu. Mit welcher erstaunlichen Schnelligkeit literatur- und schriftlose Völker ihre Sprache gegen eine andere vertauschen, dafür hat die neueste Zeit noch Beispiele geliefert. In wenig mehr als zwei Generationen haben im 18. und 19. Jahrhundert Stämme der nördlichen Mandschurei ihre tungusische Sprache abgelegt und die chinesische angenommen, wo sie im Chinesentum aufgingen, die mongolische, wo sie, wie in den nordwestlichen Teilen von Heï-lung kiang, mit den Mongolen zusammenlebten. Auch Mittel-Asien mit seinem Völkergewimmel bietet ähnliche Fälle. So könnten auch die im Süden und Westen herrschenden indochinesischen Mundarten fremde Sprachelemente vom Norden aufgenommen haben, wer immer die Träger dieser letzteren gewesen sein mögen. Dadurch würden sich sowohl die starken Verschiedenheiten des Chinesischen von den verwandten Sprachen, als auch die überraschend großen Unterschiede in den Dialekten des Chinesischen selbst, und zwar nicht bloß in der Aussprache, sondern auch im Wortschatz, wenigstens teilweise erklären lassen. Ungelöst bliebe dann freilich die Frage nach dem Idiom des Urvolkes der „eigentlichen Chinesen" in der Baelzschen Hypothese, sofern man nicht annehmen will, daß auch dieses Idiom in jener indochinesischen Sprachflut ertrunken sei, die selbst die Träger einer höheren Zivilisation durch ihre Masse und vielleicht auch durch die Einfachheit ihrer Wortbildung bezwang.

Auch eine andere, ethnologische Tatsache hilft uns nicht viel weiter bei den Rätselfragen. In den gebirgigen Randgebieten des Südens und Westens sitzen noch heute eine große Zahl nicht im Chinesentum aufgegangener Stämme, die bis jetzt erst ungenügend erforscht sind. In der chinesischen Literatur wird für die Völker des Südens, d. h. der ganzen Gebiete südlich vom Yang-tsĕ, vielleicht sogar ursprünglich bis in das Stromgebiet des Huang ho hinein, der uralte Sammelname Man oder Man tsĕ gebraucht, eine Bezeichnung, die zu Marco Polos Zeiten, also im 13. Jahrhundert, offenbar noch allgemein im Gebrauch war und selbst heute noch nicht vergessen ist. Häufiger sind allerdings jetzt andere Namen für die einzelnen Völker, die unter einander mehr oder weniger stark verschieden sind, und von denen wir nicht wissen, ob oder inwieweit sie unter der Bezeichnung Man tsĕ mit verstanden wurden, die aber jedenfalls bis in die Neuzeit hinein in den Südprovinzen weit größere Gebiete inne hatten als heute. Der Name Man tsĕ im engeren Sinne gilt jetzt im besonderen für eine Anzahl von Stämmen, die im südlichen Ssĕ-tsch'uan, in den Hochgebirgstälern des Liang schan am Kin-scha kiang, sowie im nördlichen Yün-nan, westlich vom unteren Ya-lung kiang (s. oben S. 9) wohnen. Diese von den Chinesen bis heute fast durchweg unabhängig gebliebenen Bergvölker nennen sich selbst Lo-lo oder Lo-lo p'o; sie gehören nach den Forschungen katholischer Missionare ethnologisch und sprachlich zu der großen tibetisch-birmanischen Gruppe und behaupten überlieferungsmäßig, daß sie einst viel größere Gebiete besessen, und daß die Chinesen ursprünglich nur ein Zehntel des Landes China eingenommen hätten, während neun Zehntel von eingeborenen Völkern bewohnt gewesen wären. Andere Stämme der Lo-lo finden sich noch in den Grenzgebieten von Yün-nan und Tongking nördlich vom Unterlauf des Song koi (s. oben S. 16). Neben den Lo-lo oder Man tsĕ, die schon in den ältesten Teilen der chinesischen Literatur erwähnt werden, stehen, ebenfalls schon im hohen Altertum bekannt, die Miao tsĕ, auch San Miao im hohen Altertum genannt. Sie leben heute noch in zahlreichen Stämmen, aber zum Teil als versprengte Splitter in den Gebirgsgegenden von Kuang-si, Kueï-tschou, dem südlichen und westlichen Hu-nan, dann auch in Yün-nan und Ssĕ-tsch'uan und anscheinend auch in den Grenzgebieten von Tongking am Ts'ing ho; offenbar sind sie, namentlich in der späteren chinesischen Literatur, mit den Lo-lo unterschiedlos behandelt worden, und in der Tat hat sich auch bis heute in dem Gewirr aller jener zahllosen Volkstämme im Südwesten eine ethnographische Scheidung noch nicht überall erkennen lassen. Vieles, was bis in die birmanischen Gebiete hinein wohnt, wird mit dem längst zum Sammelnamen gewordenen Ausdruck Miao tsĕ bezeichnet. Daß auch dieses Volk einst viel weiter nach Osten, vielleicht auch nach Norden verbreitet gewesen sein muß, geht aus den Berichten chinesischer Lokal-Chroniken hervor, wonach noch im 14. Jahrhundert, zu

Beginn der Ming-Dynastie, ein Aufstand der Miao tsĕ im südlichen und mittleren Tschê-kiang stattfand, einem Gebiete, aus dem sie heute völlig verschwunden sind. Dagegen ziehen sich Miao tsĕ oder verwandte Stämme im Süden durch die ganze Provinz Kuang-si im Norden des Westflusses (s. oben S. 14) bis in die Grenzgebiete von Kuang-tung, und selbst auf der großen dieser Provinz vorlagernden Insel Hai-nan (s. oben S. 17) wohnen noch, wenn auch aus den Ebenen in die Gebirge zurückgedrängt, beträchtliche Mengen der vorchinesischen Einwohner. Sie werden Li genannt, teilen sich in mehrere Stämme und sollen ein Idiom sprechen, das dem Annamitischen ähnelt. Ein kriegerisches und noch wenig zivilisiertes Volk neben den Miao tsĕ des Südens und ethnisch zu ihnen gehörend sind die Yao tsĕ, d. h. „Hundesöhne", angeblich nach einer einheimischen Sage so genannt. Sie leben in dem fruchtbaren und dichtbewaldeten Berglande der Grenzgebiete von Kuang-si und Kueï-tschou (nördlich von Ling-yün), Hu-nan und Kuang-tung, wurden aber von dem französischen Reisenden d'Ollone 1908 auch in Nord-Yün-nan angetroffen; früher sollen sie auch die Gegenden nördlich vom Hung schui (s. oben S. 14) zwischen den Städten Hing-yi und Kueï-hua in Kueï-tschou bewohnt haben, bis sie von den Miao tsĕ verdrängt wurden, und heute finden sie sich sogar noch in den Tälern des nördlichen Tongking östlich vom Song koi. Ihre Geschichte erzählt, daß sie einst in den Niederungen eines großen Flusses gewohnt hätten, daß sie aber von den Chinesen hart bedrängt worden und ausgewandert seien; später seien sie über See gefahren, dann teils in Kuang-tung, teils auf Hai-nan gelandet und schließlich in ihre jetzigen Wohnsitze gewandert. Zahllos sind die Volks- und Stammesnamen, die von den Chinesen jenen immer noch unzulänglich erforschten Bewohnern der Grenzgebiete von Tibet, Ssĕ-tsch'uan, Yün-nan und Kuang-si beigelegt werden. Neben den erwähnten, wohl mehr als Sammelnamen zu verstehenden Bezeichnungen sind am bekanntesten die Mo-so, die heute in den Gebieten von Li-kiang im nordwestlichen Yün-nan am Kin-scha kiang wohnen, aber nach chinesischer Angabe vor dem 8. Jahrhundert n. Ch. hier eingedrungen und zeitweilig im 16. Jahrhundert erobernd nach Westen in die Gebiete des Mekong und Salwen vorgestoßen sein sollen, so daß sie den Tibetern verwandt erscheinen. Sehr unklar noch sind die ethnologischen Verhältnisse der tibetischen Si-fan, die, wie die Lo-lo zum Teil noch völlig unabhängig, in den nordwestlichen Grenzgebieten von Ssĕ-tsch'uan, in dem Gebirgslande westlich vom oberen Min-Fluß (s. oben S. 9), dem sogenannten Kin tsch'uan, ihre Wohnsitze haben. Der Name scheint aber in willkürlicher Weise auf einen kleinen Teil des Gesamtvolkes der Tibeter und Tanguten, für die in der alten Zeit auch der Name K'iang im Gebrauch war, übertragen zu sein. Er bedeutet lediglich „westliche Barbaren" und erscheint in der chinesischen Literatur zum ersten Male nachweislich im 7. Jahrhundert, in der Lebensbeschreibung des berühmten Pilgers Hüan-tsang, aber in ganz allgemeiner Bedeutung. Die wenigen Stellen, an denen er dann, und zwar nur flüchtig, in den Geschichtswerken erwähnt wird, machen ebenfalls nicht ersichtlich, daß damit ein bestimmter Volkstamm der Tibeter gemeint ist. Erst in den geographischen Kapiteln der Ming-Annalen, die im ersten Viertel des 18. Jahrhunderts vollendet wurden, finden sich einige weitere Angaben über die Si-fan, aber auch sie besagen nur, daß das Volk „außerhalb der Westgrenze von der Provinz Schen-si (mit Teilen von Kan-su) an bis hinunter zu den Provinzen Ssĕ-tsch'uan und Yün-nan wohnt", d. h. in Gebieten, deren Bewohner heute zum großen Teil Tanguten und Tibeter genannt werden. In späterer Zeit tritt dann der Name T'u-fan meist an seine Stelle, während der Begriff Si-fan weiter verengt wird, doch ist es sehr zweifelhaft, ob die Stämme etwa ethnisch von den übrigen Tibetern gesondert werden müssen, ihre Sprache ist jedenfalls ein tibetischer Dialekt. Sicher dürfte auch sein, daß sich ihre Gebiete noch bis in das 13. Jahrhundert weit in die heutigen Provinzen Schen-si, Kan-su und Ssĕ-tsch'uan hinein erstreckt haben.

Alle diese Völker des Westens und Südens, von denen hier nur wenige Namen genannt werden konnten, und die sich in den chinesischen Sammelbegriffen T'u-fan oder Si-fan, Man, Miao tsĕ, Lo-lo, auch Lao und Tsuan zusammenfinden, reichen weit über die Grenzen des Reiches hinaus und gehören teils zu den Tibetern und Tanguten im Westen, teils sind sie mit den Katschin zwischen Tibet und Birma, mit den Schan von Zentral-Yün-nan südlich davon und durch ganz Ober-Birma bis nach Assam hinein, sowie mit den Annamiten und Siamesen der hinterindischen Halbinsel verwandt. Ob und inwieweit sie alle einer großen tibeto-birmanischen Rasse angehören, ist noch nicht sicher, auch ihre Sprachen unter sich zu gruppieren, ist eine Aufgabe, die noch der Lösung harrt. Die Schan nennen sich heute noch Thai = „Freie", und das große Volk der Thai umschließt rassemäßig außer ihnen wenigstens auch die Siamesen, die Yao und mehrere Stämme der Lo-lo und Miao tsĕ in Yün-nan, Kueï-tschou und Kuang-si. Andere Teile der Lo-lo, auch Mong genannt, sowie die Lao stehen sprachlich und ethnisch den Thai ferner, während die von ihnen wieder zu trennenden Annamiten, deren Sprache dem austroasiatischen Sprachtypus angehört, mit den Li-Stämmen sprachliche Verwandtschaftsmerkmale aufweisen sollen, aber ebenfalls ein Thai-Volk sind. Selbst wenn man indessen einmal klarere Linien in diesem Sprachgewirr finden sollte, so würden sie, wie bereits erwähnt, noch immer keine zuverlässigen ethnographischen Führer durch das Völkergewimmel im chinesischen Süden und Südwesten mit den anstoßenden Grenzländern sein können. Ein erfahrener Beobachter, der französische Offizier Bonifacy in Tongking, ist nach langen Jahren des Studiums zu der Überzeugung gekommen, daß „trotz der Unterschiede in Kleidung, Sprache und Sitte die ganze Bevölkerung von Tongking und besonders die der Nordgrenze denselben ethnischen Ursprung hat", und daß es auch „dem erfahrensten Auge" unmöglich sei, die Lo-lo von den Annamiten und diese von den Thai oder den Man an äußeren Kennzeichen zu unterscheiden.

Die chinesischen Quellen versagen in ethnologischer Hinsicht nahezu gänzlich; sie sehen in den fremden Völkern nur die „Barbaren", die lediglich nach den Himmelsrichtungen, nach ihrer Entfernung vom Mittelpunkt der Welt, dem Sitz des Himmelssohnes, oder nach dem Grade ihrer Botmäßigkeit eingeteilt werden; mit den übrigen Nachrichten ist wenig anzufangen. So nennen die ältesten uns erhaltenen Schriftdenkmäler als die Barbaren der vier Himmelsrichtungen die Ti im Norden, die I im Osten, die Man im Süden und die Jung im Westen. Welche Bedeutung diesen Namen zukommt, ob sie vielleicht die verstümmelte Wiedergabe fremder Worte darstellen, wissen wir nicht. Welche Völker wir uns aber darunter vorzustellen haben, darüber belehren uns die ethnologischen Verhältnisse der späteren Zeit und selbst die Gegenwart. Freilich die ethnographischen Zustände des Altertums unterscheiden sich gewaltig von denen der Neuzeit. Schon die Tatsache, daß Barbaren des Ostens aufgeführt werden — so sehr man auch vielleicht um der Vollständigkeit der Windrose willen die Verhältnisse gestreckt haben mag —, beweist zum wenigsten, daß nicht-chinesische Volkselemente früher in Gegenden gesessen haben müssen, wo seit vielen Jahrhunderten keine mehr wahrnehmbar sind, eine Erscheinung, die ja, wie wir sahen, durch die späteren Nachrichten, und die eigenen Überlieferungen der Völker bestätigt wird. Noch im Jahre 515 v. Chr. finden wir die Huai I, das stärkste Volk der Ost-Barbaren, das, seinem Namen zufolge, seine Sitze am Huai-Flusse (s. oben S. 13) und seinen Bergen gehabt haben muß, als Verbündete eines Ministers vom Staate Lu in Schan-tung, der seinen Fürsten vertrieben hatte, und im Jahre 647 v. Chr. hatten sie den kleinen Staat K'i in Nord-Schan-tung bedrohen können. Neben den Huai I werden noch andere Stämme erwähnt, die ihre Sitze in verschiedenen Teilen der heutigen Provinz Schan-tung hatten; daß sie sämtlich der gleichen Rasse angehörten, ist wahrscheinlich, aber nicht festzustellen. Unter den Jung verbergen sich die zahllosen Völker der Tibeter und Türken des Westens und Nordens — auch von Nord-Jung ist ausdrücklich die Rede —, aber sie reichen nach den verstreuten Angaben im *Tso tschuan* (s. unten) durch das ganze nördliche China, von Kan-su durch Schen-si und Schan-si bis an die Grenzen von Schan-tung und selbst in die nördlichen Teile von Tschi-li. Die Ti, vielleicht den Jung verwandt, mit denen sie oft zusammengenannt werden, haben nach der gleichen Quelle Jahrhunderte hindurch vom hohen Altertum bis zum 3. Jahrhundert v. Chr. hartnäckige Kämpfe mit den kleineren chinesischen Staaten in Schan-si, Ho-nan und Tschi-li geführt, bis ihr Name aus der Geschichte verschwindet. Daß der ganze Süden vom Yang-tsĕ ab von den fremden Stämmen eingenommen gewesen sein muß, war bereits angedeutet; in der Tat waren diese Länder den Chinesen bis zum 3. Jahrhundert v. Chr. ganz unvollkommen bekannt, die südlichsten davon überhaupt nicht. Aber auch der Raum nördlich vom Yang-tsĕ bis zur großen Scheidelinie des Ts'in ling und seiner Fortsetzung nach Osten (s. oben S. 2) muß ganz im Besitz der Barbaren gewesen sein, wenn man einer allerdings nicht ganz klaren Angabe des *Schu king* (s. unten) vertrauen kann, und daß selbst die Große Ebene von den Bergen des Huai-yang schan bis in das Bergland von Schan-tung und darüber hinaus noch lange umstritten gewesen ist, zeigen eben die Berichte des *Tso tschuan*. Im Norden aber fluteten beständig durch die Zugänge der Randgebirge die unruhigen Völker des nördlichen und westlichen Inner-Asiens herein.

Aus dem ethnographischen Bilde der Gegenwart mit der Skizze des Altertums im Hintergrunde läßt sich der Gang der Entwicklung ablesen. Der ganze Norden und Osten, d. h. die Große Ebene und die angrenzenden Gebirge bis zum großen Nordwest-Ausgange, sind längst frei von den nichtchinesischen Völkern, vom Süden ist der maritime oder südöstliche Teil (s. oben S. 3) bis auf geringe und immer geringer werdende Reste ebenfalls frei, dagegen ist der südwestliche oder binnenländische Teil mit seinen Hochgebirgen noch stark von ihnen besetzt, und sie reichen in ununterbrochenen Reihen hinüber nach Tongking, Birma, Tibet und weiter. Alle diese zahllosen Völkerschaften sind also von den Küsten und Ebenen fort, aus den Tälern und Einsenkungen hinaus in die Gebirge nach Westen und Südwesten abgedrängt worden; was zurückblieb, hatte sich in neue Verhältnisse zu fügen, was seine Selbständigkeit erhalten wollte, mußte höher und höher in die Berge hinauf oder untergehen. Dieser Vorgang dauert auch heute noch an, und zwar im Norden sowohl an den Rändern und fruchtbaren Teilen der Steppen, als auch im Westen und Südwesten in den Tälern der Hochgebirge. Im allgemeinen sind es der Ackerbauer und Siedler, die im Norden den zeltbewohnenden Nomaden und Viehzüchter, im Westen und Südwesten den Jäger verdrängen. Man sollte freilich richtiger sagen: der Ackerbau verdrängt die Viehzucht und Jagd, denn bei weitem nicht alle jene früheren Bewohner der weiten Gebiete sind aus ihren Wohnsitzen vertrieben worden, wir haben vielmehr, wie schon vorhin bemerkt wurde, in der heutigen Bevölkerung des Südens in einem solchen Maße deren Nachkommen zu sehen, daß vielleicht der Grundstock überhaupt aus diesen verschiedenen Stämmen der Thai, Lo-lo, Miao tsĕ usw. besteht, die sich dann allerdings schon sehr früh mit den hineindringenden neuen Volkselementen verschmolzen haben, während im Norden die Vermischung mit Tibetern, Türken, Tanguten u. a. fast unablässig vor sich ging. Wer aber — und das ist auch heute noch die große Rätselfrage — war dieser hereindringende Volkstamm? Baelz spricht, wie wir sahen, von „eigentlichen Chinesen", was uns natürlich um keinen Schritt weiter bringt. Wieger nennt es neuerdings „den Sippenverband der Hia", der vom Nordwesten das Weï-Tal (s. oben S. 7) herabkam, aber die Annahme ruht auf ganz schwachen Gründen. Zwei Möglichkeiten sind hier denkbar. Entweder handelt es sich um einen Stamm, der, sei er nun kaukasischer oder anderer Herkunft, aus einer anderen Gegend Asiens eingewandert war und sich da niedergelassen hatte, wo wir das hereindringende Volkselement zuerst finden, nämlich in Kan-su, sowie im Süden der Provinz Schan-si und der

Niederung am Huang ho, da wo der Strom aus den Gebirgen heraus in die Große Ebene eintritt, in dem fruchtbaren Tale des unteren Lo und I und dem Gartenlande von Huai-kʻing in Ho-nan (s. oben S. 7). Er müßte die Kenntnis des Ackerbaus, vielleicht auch anderes Kulturgut mitgebracht und sich oder seinen Einfluß dann nach allen Seiten allmählich ausgebreitet haben. Oder aber: ein in der genannten Gegend am Huang ho angesessener Stamm mongoloider (im Baelzschen Sinne) Herkunft erwarb, durch die außerordentliche Fruchtbarkeit des Bodens oder durch Belehrung von auswärts angeregt, die Kenntnis des Ackerbaus. Die neue Lebensform verursachte ein stärkeres Anwachsen der Volkszahl, in Folge dessen suchte man nach weiterem Ackerboden und drang überall vor, wo sich ein solcher fand. Diesen Standpunkt hat Conrady in Ullsteins *Weltgeschichte (Geschichte des Orients* S. 479ff.) eingenommen, und in neuerer Zeit auch Henri Maspero *(Les origines de la civilisation chinoise* und *La Chine antique)*. Der letztere sieht die Wiege der chinesischen Kultur in der Großen Ebene am (damaligen) Unterlauf des Gelben Flusses. Das Volk aber, das diese Kultur schuf, hält er für „den nördlichsten Zweig jener seßhaften Völkerschaften, deren westlicher Zweig von den tibeto-birmanischen Stämmen Tibets, Ssĕ-tschʻuans und Yün-nans gebildet wird, während ihr südlicher aus den Thai-Völkern Süd-Chinas und des nördlichen Indochina, ihr zentraler aus den Miao tsĕ von Hu-nan und Kueï-tschou besteht". Dagegen hält er das Kultur-Volk im Tale des Weï und im südwestlichen Schan-si für eine von dem Ostvolke ganz getrennte Gruppe, beide seien durch „dichte Massen von Barbaren" von einander geschieden gewesen. Ob er beide für rassemäßig verwandt hält, sagt er nicht; dagegen bestreitet er in jedem Falle die Einführung der chinesischen Kultur-Elemente von auswärts und erklärt vielmehr die chinesische Zivilisation für eine Entwicklung aus der „den verschiedenen Völkerschaften der chinesischen Welt gemeinsamen barbarischen Kultur" heraus. Eine Einwanderung vom Westen nehmen von neueren Gelehrten außer Wieger auch Rosthorn *(Geschichte Chinas* S. 8ff.) und Grousset *(Histoire de l'Asie* II, 166 u. 168ff.) an; der letztere hielt zunächst die Kaschgarei für die Urheimat der Chinesen, scheint diese Ansicht aber in seinem neuen Werke *Histoire de l'Extrême-Orient* I, 176 wieder fallen gelassen zu haben. Beide Hypothesen, die der Einwanderung sowohl, wie die der uranfänglichen Bodenständigkeit („Antochthonie") haben somit in der abendländischen Forschung bis in die neueste Zeit ihre eifrigen, ja leidenschaftlichen Verteidiger gefunden. Viel Scharfsinn und Kombinationsgabe sind auf beiden Seiten aufgewandt worden, aber keiner ist es gelungen, ihre Auffassung als endgültig richtig zu erweisen.

In der Tat dürfte auch die Aufgabe bis auf weiteres nicht lösbar sein. In der chinesischen Überlieferung haftet keine Spur des Erinnerns an eine Einwanderung oder an frühere Wohnsitze außerhalb der jetzigen, und aus den literarischen Aufzeichnungen, mag man sie bewerten wie man will, wird sich niemals ein schlüssiger Beweis für die Herkunft der Chinesen von auswärts herleiten lassen. Indessen ist damit durchaus nicht die Unmöglichkeit einer Einwanderung sichergestellt. Was die literarischen Quellen nicht verraten wollen, das könnte sehr wohl eines Tages durch die archäologischen und prähistorischen ans Licht gebracht werden. Nur wird man dem Problem zunächst eine andere Form geben müssen als bisher. Nicht darum kann es sich vorläufig handeln, woher die „eigentlichen Chinesen" stammen, sondern woher die chinesische Kultur stammt, aus welchen Elementen sie zusammengesetzt ist, welchen Ausgang sie genommen, und wie ihr Aufbau sich vollzogen hat. Die literarische Überlieferung weiß auch hier nichts von fremden Bestandteilen, nach ihr ist alles Eigentum des chinesischen Geistes, alles durch das Wirken weiser Übermenschen chinesischer Herkunft vermittelt, alles auf chinesischem Boden entstanden und weitergetragen. Aber wir haben Anlaß, diesen literarischen Aufzeichnungen zu mißtrauen; sie entstammen einer viel späteren Zeit als die von ihr geschilderte; als man sie verfaßte, blickte man bereits auf lange Zeiträume zurück, auf denen der Schimmer der Mythe und Legende lag, und — was noch bedeutungsvoller ist — ihre Form wurde durch ethische und politische Ziele bestimmt. Die abendländische Wissenschaft hat zu dieser Überlieferung nicht immer das richtige Verhältnis gefunden. Entweder hat man ihre Berichte völlig unbeachtet gelassen und lediglich auf Grund wilder Etymologien oder erfundener Ähnlichkeiten ausschweifende Theorien über die Herkunft der Chinesen aufgestellt, oder man hat Dinge in diese Berichte hineingelesen, die sie nicht enthalten, oder aber man hat sich so völlig in ihrenBann ziehen lassen, daß man alles, was sie erzählen, für wirkliche Geschichte nahm. Man wird ihnen ihren Wert als Mythen und Legenden belassen müssen, aber um der geschichtlichen Wahrheit näher zu kommen, wird man sich nach anderen Quellen umsehen müssen und den ersteren nur so viel an Geltung einräumen dürfen, wie die Vereinbarkeit mit den letzteren zuläßt. Solche Quellen beginnt aber jetzt die Archaeologie zu erschließen.

In den Jahren 1895 bis 1913 hat der japanische Gelehrte R. Torii eine größere Anzahl von Reisen in der östlichen Mongolei, in der südlichen Mandschurei und in den Grenzgebieten von Korea ausgeführt,[7] um archaeologische und ethnologische Untersuchungen anzustellen. Dabei hat er eine Fülle archaeologisch wie prähistorisch wichtiger Gegenstände ausgegraben, die manche Schlüsse auf die ferne Vergangenheit der dortigen Bevölkerung und somit wohl auch der Chinesen zulassen. Torii stieß auf besonders reiche Fundstellen in den Tälern des Schira muren und des Laoha muren, die beide zusammen den Liao-Fluß bilden, sowie am Ostabhange der Hing-an-Kette, ferner in den Niederungen des unteren Liao-Flusses, also in den Gebieten von Völkern, die in den chinesischen Geschichtswerken als Tung Hu (s. unten) bezeichnet werden. Hier fand er reiche Lager von Steingeräten, wie Äxte, Pfeilspitzen, Messer, Meißel, Ringe u.a., die sämtlich der jüngeren Steinzeit, d. h. hier wohl dem 3. Jahrtausend v. Chr. angehören, dazwischen auch einzelne zweifelhafte Gegenstände aus Horn und verschlacktem Eisen, ferner Bronzegegenstände, besonders Ringe, Gürtelschnallen u. ä., die jedoch offenbar einer späteren Periode zuzuschreiben sind. Des weiteren aber fanden sich Töpferwaren, meist Urnen mit Henkeln und ohne solche; sie tragen als Schmuck einfache Muster von Strichen, Kreisen und Punkten, die zum Teil mit einem Stichel in den weichen Ton gezeichnet, teils auch durch die groben Binsen- oder Webstoffe geschaffen sind, mit denen die Urnen umgeben waren, ehe sie trocken wurden. Solche Stoffe sind, demselben Zwecke dienend, noch heute in Korea vorhanden. Die in gleicher Weise verzierten Urnen aber finden sich auch in den Gräbern der Steinzeit in Korea, in der ganzen Mandschurei, bei den Gilyaken und Ainus am Amur, auf Sachalin, in Japan und in China. Desgleichen sind Stein-Äxte derselben Art auch in Nord-China (Provinz Schen-si), in der Mandschurei, in Korea und Japan zum Vorschein gekommen, die halbkreisförmigen Messer aber befinden sich, wohl meist in Stein, bei den Tschuktschen und Eskimos, sowie bei den Indianern von Nord-Amerika noch heute in Gebrauch. Die geschichtlichen Schlüsse, die Torii aus seinen Funden zieht, werden wir uns nicht alle zu eigen machen. Er steht ganz und widerspruchslos auf dem Boden der literarischen Überlieferung der Chinesen, rechnet mit den Heroen der mythischen Legenden wie mit geschichtlichen Persönlichkeiten und sieht in den Chinesen einen zahlenmäßig kleinen Volkstamm, der sich von Kan-su aus nach Osten hin verbreitet hat und bei seinem Eintreffen dort vom fernen Westen her, drei bis viertausend Jahre v. Chr., auf einer allen seinen Nachbarn weit überlegenen Kulturstufe stand, die Metallbearbeitung kannte, eine eigene Schrift besaß und einer ganz anderen Rasse angehörte. Er würde also eine Steinzeit überhaupt nicht mehr in China gehabt, sondern diese bereits an seinen früheren Wohnsitzen, etwa am Altai, durchlebt haben. Die Anfänge einer höheren Zivilisation bei den Tung Hu schreibt er dem Einfluß dieses eingewanderten Volkes zu.

Toriis Forschungen sind nun in der jüngsten Zeit höchst bedeutungsvoll ergänzt worden. Aufmerksam gemacht durch die Entdeckungen des japanischen Archaeologen, unternahm der schwedische Geologe J. G. Andersson in den Jahren 1921 bis 1924 ausgedehnte Untersuchungen in den weiten Gebieten Nord-Chinas von der Mandschurei bis nach Kan-su und stieß dabei ebenfalls auf reichhaltige Lager von Steinzeit-Geräten. Die Fundorte lagen bei dem kleinen Orte Scha-kuo t'un, unweit der Stadt Kin-si, wenig westlich von der großen Stadt Kin (früher Kin-tschou fu) am Siao ling ho in der südlichen Mandschurei, ferner bei dem Dorfe Yang-schao ts'un etwa 8 km nördlich von der Stadt Mien-tsch'i, westlich von der Provinzialhauptstadt Ho-nan hien, sowie im Bezirk der Stadt Ho-yin, (früher Yungtsê hien) zwischen Ho-nan hien und K'ai-fêng, schließlich an verschiedenen Stellen der Provinz Kan-su, um den Kuku nor herum, in den fruchtbaren Tälern des Huang ho bei Kueï-tê, des Si-ning ho bei Nien-po und in den Seitentälern des T'ao ho (s. oben S. 6) zwischen den Bezirken von

Ti-tao hien und Tao-ho hien (dem früheren Ho tschou), sowie im Norden wenig südwestlich der durch künstliche Bewässerung zu einer Oase in der Dünenwüste umgeschaffenen Stadt Tschên-fan, etwa 90 km nordöstlich von Liang-tschou, seitwärts der uralten Straße, die zwischen den Abhängen des Nan schan und der Wüste nach Nordwesten hinaus führt (s. oben S. 20). Die ergiebigsten Fundstellen lagen gerade gegenüber der Stadt Tao-ho hien (Ho tschou). Hier, in 1800 m Meereshöhe, wurden auf einem terrassenförmig etwa 50 m aufsteigendem Plateau von außerordentlicher Fruchtbarkeit ganze Schichten von alten Siedelungen (zwischen und unter den heutigen Dörfern) gefunden; auf den höchsten Kuppen der Bergzüge des Plateaus aber, 480 m über dem Fluß-Tale, befanden sich ausgedehnte Gräberfelder mit menschlichen Skeletten und einem ungeheuren Reichtum an vollständig erhaltenen Graburnen mit erstaunlich reicher Bemalung, die den schwedischen Gelehrten sogleich an ähnliche Muster Vorder-Asiens erinnerte. Auch diese Funde gehörten im allgemeinen der Übergangszeit von der jüngeren Stein-Zeit zur Metall-Zeit an. Indessen haben Andersson und seine archäologischen Berater auf Grund der Ornamentierung, des Fehlens oder Vorhandenseins von Metallen und anderer Besonderheiten eine Reihe zeitlich getrennter Gruppen dabei unterschieden, und zwar im Ganzen sechs, für die sie, recht willkürlich, je eine Periode von 300 Jahren annehmen, so daß sich das Ganze auf einen Zeitraum von 1800 Jahren (etwa von 3500 bis 1700 v. Chr.) verteilen würde, was mindestens in der ersten Hälfte erheblich zu hoch gegriffen scheint. Zunächst bezieht sich diese Teilung nur auf die Kan-su-Funde, ob und inwieweit auch auf die von Ho-nan, bleibt dahingestellt. Die Kan-su-Gruppen scheinen teils älter, teils jünger als die Ho-nan-Funde, so daß der Einstrom zu verschiedenen Zeitperioden, vielleicht auch von ethnologisch verschiedenen Seiten erfolgt sein müßte. Die Funde bestehen aus Steinmessern von rechteckiger oder halbmondförmiger Gestalt, wie sie aus Metall noch jetzt in Nord-China im Gebrauch sind, ferner aus einer Art von Steinäxten oder Hacken, Hellebarden und Pfeilspitzen, die sich noch in späterer Zeit in China teils aus Stein, teils aus Metall wiederfinden, und einer größeren Anzahl anderer Steinwerkzeuge, außerdem aber aus Dreifüßen *(li* und *ting)*, Schalen und Töpfen aus Ton, zum Teil zum Kochen, sowie Steinringen, deren Formen teilweise ebenfalls in späteren Zeiten, in Einzelfällen sogar bis heute nachweisbar sind. Weiter — und das ist von besonderer Bedeutung — kam eine Fülle von bemalten Tonscherben an's Licht, die höchst merkwürdige und in China sonst nicht nachweisbare Muster in Schwarz und Weiß oder in Rot zeigten. Diese letzteren erinnerten sofort an ganz ähnliche Tonwaren aus der jüngeren Steinzeit, die früher in Tripolje am Dnjepr und bei Cucuteni in der oberen Moldau, dann auch in Anau im russischen Transkaspien, in Susa in Persien und in Süd-Babylonien ausgegraben worden sind, Gegenden, die von Prähistorikern zwei zwar benachbarten, aber verschiedenen Kulturkreisen zugeschrieben werden, einem westlichen (Südrußland mit Tripolje, obere Moldau und Siebenbürgen) und einem östlichen (Transkaspien mit Anau, West-Iran mit Susa und Süd-Mesopotamien). In Ho-nan und der Mandschurei fand sich, im Gegensatz zu Toriis Grabungen, von metallenen Gegenständen nichts, dagegen enthielten die Fundstellen in Kan-su Erzeugnisse aus Bronze und Kupfer, meist Schmucksachen, verschiedene Gegenstände aus Nephrit (Jade), z. B. große, flache Ringe, dagegen anscheinend nichts von Steinringen und Hellebarden-Spitzen, wie sie in Ho-nan und der Mandschurei gefunden wurden, und von den erwähnten Dreifüßen in den älteren Gruppen auch nur wenige oder keine, aber in den jüngeren viele. Andererseits war in Kan-su die Menge der bemalten Tongefäße mit Ornamenten ganz ähnlich den im Westen gefundenen erheblich größer als an den östlich gelegenen Stellen. Ho-nan wieder war besonders reich an Knochen von Schweinen, und zwar macht es, wie Andersson meint, die erstaunliche Menge dieser Knochen wahrscheinlich, daß es sich um zahme Schweine und nicht um Wildschweine handelt. In der Mandschurei endlich fanden sich zahlreiche Menschenknochen und Schädel, aber alle auseinandergerissen und zerbrochen. Von Schriftzeichen wurde weder von Torii noch von Andersson eine Spur gefunden.

Diese Funde sind für die Erkenntnis des chinesischen Altertums von außerordentlicher Bedeutung. Sie liefern zunächst einen kritischen Maßstab für die literarische Überlieferung und machen diese somit erst brauchbar. Es kann keinem Zweifel unterliegen, daß wir hier einer Kulturwelt vom Ausgange der jüngeren Steinzeit, wo bereits die ersten Metallerzeugnisse auftauchen, gegenüber stehen. In den ältesten Teilen des *Schu king* aber, den ältesten Dokumenten, die uns die Überlieferung überhaupt zu bieten hat, ist das Metall ein längst bekannter und benutzter Stoff: Gold, Silber, Eisen, Kupfer, Blei und sogar Stahl werden als Tributlieferungen aufgeführt. Das Vorhandensein von Schriftzeichen ist uns durch die im Jahre 1899 2 km westlich der Stadt Ngan-yang hien (Tschang-tê) in Ho-nan gefundenen Orakelknochen mit kurzen Inschriften, über die später noch mehr zu sagen sein wird, für den letzten Teil der Schang-Zeit, das 12. Jahrhundert v. Chr., sicher bezeugt; natürlich liegt kein Grund vor gegen die Annahme, daß die Schriftzeichen auch schon in einem früheren Teile der Schang-Zeit, die nach der Überlieferung von 1766 bis 1122 v. Chr. (s. unten) reichen soll, bekannt gewesen seien. Die ältesten uns erhaltenen geschichtlichen Aufzeichnungen der Chinesen entstammen also, wie wir wiederholen, einer weit späteren Zeit, und zwar einer Zeit, wo nicht bloß der Kulturstand, den die Anderssonschen Funde verraten, völlig vergessen, sondern auch die Erinnerung bereits durch mythische Legenden von einer schon immer bestehenden gewaltigen Überlegenheit des chinesischen Volkes über die sonstigen Bewohner der Länder überwuchert war. Das muß uns vorsichtig machen in der Bewertung aller literarischen Angaben über das hohe Altertum in der chinesischen Geschichte.

Hinsichtlich der historischen Deutung der Funde von Kan-su, Ho-nan und der Mandschurei kann man in Einzelheiten zweifelhaft sein, und tatsächlich gehen auch die Meinungen der Sinologen und Archäologen darüber auseinander; aber was mit Sicherheit daraus geschlossen werden kann, ist immerhin schon vielsagend genug. Es wird kein bloßer Zufall sein, daß die Funde einmal an den beiden großen natürlichen Ausgangstraßen im Nordwesten und Nordosten (s. oben S. 18ff.) gemacht worden sind, und dann in der Mitte zwischen beiden, da, wo das kulturtragende und kolonisierende Volk in der Geschichte zuerst für uns erkennbar wird, im Huang-ho-Tal, an der einzigen Straße, die vom Weï-Becken hinüber nach Ho-nan führt (s. oben S. 24). Ferner ist zu bedenken, daß nur in Kan-su die ersten Metallgegenstände gefunden wurden, sowie Stücke aus bearbeitetem Nephrit, einem Steine, dessen Vorkommen sich bisher auch für das Altertum nirgends in China hat mit Sicherheit nachweisen lassen, der aber in Massen in den Gebirgen am Südrande des Tarim-Beckens, in der Gegend des heutigen Khotän gefunden wird, von wo ihn die Chinesen auch später immer bezogen haben. Weiter ist es von Bedeutung, daß die ornamental am reichsten entwickelten unter den bemalten, stark an den Westen erinnernden Tongefäßen hauptsächlich in Kan-su vorkommen, daß sie auch in Ho-nan und der Mandschurei vorhanden sind, aber weniger vollendet, in der Mandschurei auch in geringerer Zahl, wie denn überhaupt, soweit man nach Berichten und Abbildungen urteilen kann, die Ähnlichkeit zwischen den Tongefäßen der beiden östlichen Fundstellen im Ganzen größer zu sein scheint als die zwischen ihnen und denen im Nordwesten. Auf der anderen Seite fehlen die Dreifüße zum Kochen, wie sie teilweise noch heute in Nord-China im Gebrauch sind, in den älteren Gruppen von Kan-su, ebenso anscheinend auch die Ringe aus Stein oder Muschelschalen, die auch viel später noch kultischen Zwecken dienten und namentlich in der Mandschurei in Menge gefunden wurden. Daß die Funde von Kan-su bis zur Mandschurei trotz starker Verschiedenheiten immer noch, soweit man bisher urteilen kann, Übereinstimmungen genug bieten, um Berührungen auf einem gemeinsamen Kulturboden vermuten zu lassen, scheint sicher. Engere Verwandtschaft besteht im Ganzen anscheinend zwischen den Funden von Scha-kuo t'un und von Ho-nan einerseits und zwischen denen von Ho-nan und Kan-su andererseits. Deutlich erkennbar wird vor allem ein Einstrom fremder Elemente (Bemalung) vom Nordwesten her, er ist in Kan-su am stärksten wirkend, dann in Ho-nan abgeschwächt, ob in der Mandschurei noch bemerkbar, läßt sich bisher nicht erkennen. Neben ihm aber besteht noch eine einfachere Kultur mit einfarbigen Ton- und Steingeräten von gewöhnlicher prähistorischer Technik und deutlichen Geflechtsabdrücken, die unabhängig davon zu sein scheint, sei es daß sie auf anderen Wegen hereindringt, sei es, daß sie bodenständig ist. An sich wäre es möglich, daß die gesamte Ton- und Stein-Kultur von einwandernden Völkern vom Nordwesten her hereingebracht und weiter getragen wäre, aber die geschilderten Unterschiede zwischen den Funden der verschiedenen Stellen und die sehr große Entfernung machen eine solche Annahme im höchsten Maße unwahrscheinlich. Es läßt sich nicht mehr bezweifeln, daß in Nord-China zwei oder gar drei Kulturströme zusammengeflossen sind und sich verschmolzen haben: der eine, von Nordwesten kommende, war der höher entwickelte, er wird von dem Prähistoriker O. Menghin nach den Tonwaren-Mustern als „ostbandkeramisch" bezeichnet und gleichfalls mit der ukrainischen Tripolje-Kultur indogermanischer Völker zusammengebracht; der andere, einfachere und rohere, gilt als „kammkeramisch", soll aus den sibirisch-baltischen Gebieten stammen und durch die Mongolei oder Mandschurei nach China gelangt sein. Beide Ströme hätten eine bodenständige Schicht, die „mattenkeramische" überflutet, deren Herkunft sich ganz im Dunkel verliert. Die Spuren der letzteren finden sich allenthalben an den Fundorten im Huang-ho-Tal, vielleicht am deutlichsten aber in der Mandschurei, wo neben viel Mattenkeramik auch Menschenknochen und Steinringe gefunden wurden. Diese könnten auf einen Begräbnisplatz, aber auch auf eine Opferstätte deuten, wo Menschen dargebracht und vielleicht auch verzehrt wurden, zumal die Anatomen behaupten, daß die Knochen in frischem Zustande und noch mit Fleisch daran zerbrochen oder zerschlagen wurden. Daß im alten China Menschenopfer und Kannibalismus bestanden haben, wird noch spät aus der historischen Zeit berichtet. Hubert Schmidt will, wie Menghin, auf Grund der bemalten Tongefäße jenen nordwestlichen Strom vom Südosten Europas, dem Dnjepr-Donau-Balkan-Gebiete, außerdem aber, abweichend von Menghin, auch den anderen auf Grund der einfarbigen Tongefäße, unterschiedlos mit Matten- und Kamm-Abdrücken, aus Nord-Europa herleiten, so daß also, wie er am Schlusse ausspricht, die ältesten Kulturen Chinas (und auch Japans) europäischen Ursprungs wären. Ähnlich urteilt der schwedische Gelehrte Arne. Die Sinologie wird schwerlich bereit sein, so weit auf diesen Wegen zu folgen. Es muß uns genügen, den Einstrom höherer Kulturelemente von Nordwesten im 2., vielleicht sogar im 3. Jahrtausend v. Chr. festgestellt zu haben; er nahm seinen Weg auf der bekannten Straße durch Kan-su mindestens bis zur Huang-ho-Niederung in Ho-nan; von wo er ausging, muß noch außerhalb unserer Betrachtung bleiben. Gestützt auf die chinesischen Berichte aus dem 2. Jahrhundert v. Chr., hat die abendländische Forschung sich im allgemeinen geweigert, solche frühen Beziehungen zwischen China und dem Westen anzunehmen, obwohl in den ältesten chinesischen Aufzeichnungen, wenn auch in völlig entstellter Form, doch manches darauf hinzudeuten scheint. Insbesondere wird dem alten Handels- und Kulturvolke, das im *Schu king* als *Ta-hia* (in alter Aussprache vielleicht *Ta-ha* oder *Ti-ha*) bezeichnet wird und vermutlich dem in der westlichen Überlieferung zusammen mit den Serern (Chinesen) genannten Tocharern (Τόχαροι) entspricht, hierbei eine wichtige Rolle zuzuschreiben sein. Dieses Volk muß nach den allerdings verworrenen und mit Mißverständnissen durchsetzten Berichten der ältesten in Betracht kommenden chinesischen Quellen, vor allem des *Tschou schu* (s. unten), in Kan-su, westlich und südlich von Lan-tschou, wo noch heute ein Fluß den Namen

Ta-hia hat, in dem fruchtbaren Tale des unteren T'ao ho, ebenda wo Andersson die großartigen Fundstätten entdeckt hat, aber auch am Südrande des Tarim-Beckens seine Niederlassungen gehabt und soll auch um das Jahr 1100 (oder 1030, s. unten) v. Chr. mit anderen „Barbaren"-Völkern nach der chinesischen Hauptstadt am Lo-Fluß (bei der heutigen Stadt Ho-nan hien s. unten) Tribut gebracht haben. Natürlich bleibt es noch eine offene Frage, wann die Ta-hia zuerst in den Gesichtskreis der Chinesen getreten sind, und ob ihnen überhaupt die Einführung gerade jener keramischen Muster zugeschrieben werden muß, die in Kan-su gefunden worden sind. Menghin ist allerdings in diesem Punkte schon erheblich zuversichtlicher. Er kommt auf Grund eingehender Untersuchungen zu dem Schlusse, daß „wir das Tocharische als die Sprache der ukrainischen Kultur bezw. ihrer Herrenschicht in Betracht ziehen dürfen", und da nun, wie wir eben sahen, ein Ausfluß der ukrainischen Tripolje-Kultur nach China gelangt und in Kan-su wie am Huang ho seine deutlichen Spuren hinterlassen hat, so müßten eben die Tocharer oder Ta-ha die Bringer dieser „Ostbandkeramik" gewesen sein.

Von nicht geringerer Bedeutung ist nun aber die andere Frage nach der zweiten, einfacheren oder roheren Kultur und ihren Trägern. Diese Träger müssen entweder bodenständig im Lande gesessen haben, als der Einstrom von Nordwesten erfolgte, oder ebenfalls von auswärts eingewandert sein. Nimmt man das letztere an, so wird sich hier die nordöstliche Richtung als die wahrscheinlichere bieten. Schon Torii hatte darauf aufmerksam gemacht, daß die rechtwinkligen oder halbmondförmigen Steinmesser, die er in der Mandschurei und östlichen Mongolei ausgegraben hatte, auch unter den Altertümern der Tschuktschen auf der asiatischen und denen der Eskimos auf der amerikanischen Seite der Bering-Straße gefunden und sogar heute noch in Metall bei beiden in Gebrauch sind. Hubert Schmidt wiederum berichtet, daß jene Steinmesser von ihm selbst in mehreren Exemplaren bei Cucuteni (Obere Moldau) gefunden seien und auch in den neolithischen Siedelungen vorkämen. Ob etwa eine Verwandtschaft oder wenigstens eine Verbindung zwischen den ältesten Bewohnern des nördlichen und nordöstlichen China mit jenen arktischen und den sich anschließenden samojedischen und tartarischen Völkern in Sibirien und der Mandschurei oder mit anderen sibirisch-baltischen bis nach Nordost-Europa hin bestanden hat, darüber eine Entscheidung zu treffen, reicht das vorhandene Material wohl kaum schon aus. Torii ist der Meinung, daß die Völker der Tung Hu „vom Altai oder von Turkistan" in die Gebiete der östlichen Mongolei und der südlichen Mandschurei eingewandert und die ersten Bewohner dort gewesen seien. Das ist eine Vermutung, die mit nichts zu stützen ist. Menghin vermutet hier noch eine vierte „Grundkultur ackerbauerischen Charakters", die „von baltisch-sibirisch-kammkeramischer, von ostasiatisch-mattenkeramischer und von europäisch-ostbandkeramischer Kultur überlagert wurde". Auch über die Rassezugehörigkeit der zuwandernden Kulturträger läßt sich nichts Sicheres sagen; die Baelz'sche Zusammenstellung von Mongolen,

Kaukasiern und „eigentlichen Chinesen", bringt uns nicht weiter. Sicher ist nur, daß mindestens zwei Bestandteile, von Osten und Westen kommend, im Huang-ho-Tale sich zusammengefunden, nach Ausweis der oben erwähnten Verteilung der Dreifüße in Güteraustausch gestanden und den Grund zu dem gelegt haben, was allmählich die chinesische Kultur geworden ist. Vielleicht haben sie sich dabei, wie schon angedeutet wurde, mit einem dritten, bodenständigen Bestandteil vereinigt, in dem Menghin die Miao tsĕ (s. oben S. 35f.) vermutet, die er für „die Vorfahren der Chinesen auf weitem Gebiete, sicher am Yang-tsze-kiang und vermutlich auch am Huangho" hält. Wir wissen freilich über eine so weite Verbreitung der Miao tsĕ nach Norden nichts, wenn man nicht etwa die San Miao des *Schu king* (s. unten S. 50) damit in Verbindung bringen will. Jedenfalls ist es nicht notwendig, an dem Begriff der geheimnisvollen „eigentlichen Chinesen" oder „Proto-Chinesen", wie man sie auch genannt hat, festzuhalten, das „eigentliche" Chinesentum entstand eben durch diese Verschmelzung und mag auch ethnisch eine entsprechende Zusammensetzung dargestellt haben, ja durch diese Zusammensetzung erst zu seinem weiteren Vordringen angeregt und befähigt worden sein. Zweifellos muß dabei der Ackerbau ein bestimmendes Moment gewesen sein; wo und von wem dieser aber zuerst betrieben wurde, bleibt eben auch noch eine ungelöste Frage (vgl. oben S. 40). Die Anderssonschen Funde lassen in dieser Hinsicht nichts mit Sicherheit erkennen; die Tatsache der festen Siedelung in Kan-su, vielleicht auch in Ho-nan setzt den Ackerbau voraus. Ob aber die Ähnlichkeit mancher landwirtschaftlichen Geräte Chinas mit denen im Westen bis zum Mittelmeergebiet, die man hat nachweisen zu können geglaubt, zu irgend welchen weiteren Schlüssen berechtigt, oder ob nicht diese Geräte mit ihrer einfachen Urtümlichkeit hier wie dort durch die gleichen Notwendigkeiten bedingt waren, mag dahingestellt bleiben. Wenn die Chinesen von den Funden behauptet haben, sie müßten von irgend einem barbarischen Volke herstammen, das an der Peripherie des chinesischen Reiches gewohnt habe, schon deshalb, weil die Chinesen von Anbeginn ihrer Kultur an Metallwerkzeuge benutzt hätten, so erklärt sich dies sehr leicht durch die alles beherrschende Überlieferung, daß die Chinesen von jeher ein kulturell auserwähltes Volk und alle um sie Herumwohnenden Barbaren gewesen seien; in dieser Vorstellung hat natürlich der Gedanke keinen Raum, daß die „chinesische" Kultur nicht anders begonnen habe als die von anderen Völkern, und daß die „Chinesen" selbst aus jenen Barbaren hervorgegangen seien. Das neue Kulturvolk, das sich so im 3. Jahrtausend v. Chr. in dem Raume zwischen dem Becken von P'ing-yang in Schan-si (s. oben S. 25) und den Niederungen von Huai-k'ing und Ho-nan hien bildete, ist, soweit unsere heutige Kenntnis eine Vermutung zuläßt, als das chinesische „Urvolk" anzusehen. Das gebirgige Plateauland von Schan-si ist vom Norden her erheblich leichter zu erreichen als vom Süden und Osten, wo schwer übersteigbare Bergwälle steil in die Ebene abfallen, während im Westen der

Huang ho mit seinen Lößschluchten den Zugang versperrt (s. oben S. 7). Dagegen führt aus dem Becken von P'ing-yang ein breiter Streifen von Ackerboden das Tal des Fên ho hinab bis zur Stadt Kiang; von da ab wird das Land in südwestlicher Richtung (der Fluß biegt nach Westen ab) eine ausgedehnte ebene Fläche mit zunehmender Fruchtbarkeit, von der Stadt Kie hien bis in das Becken von P'u-tschou am Huang ho ist es heute ein breiter Obstgarten. P'u-tschou liegt in einer fruchtbaren Alluvial-Ebene, jenseits des Stromes breitet sich die große Niederung des Weï-Flusses aus. Daß sich zum wenigsten ein Teil des ackerbautreibenden Volkes auf diesem Wege von Norden nach Süden bewegte, läßt sich aus der Überlieferung entnehmen (s. unten); wo der Huang ho überschritten wurde, ist nicht sicher, der heutige Übergang zwischen den Lößwänden von T'ung kuan (s. oben S. 7) kann nicht besonders einladend gewesen sein, vielleicht lag die Stelle mehr östlich, wo der Fluß breiter und flacher wird, so daß man dann in die Niederung des Lo gelangte, eben in die Gegend, wo Andersson auf die Fundstellen von Yang-schao ts'un stieß.

Von dieser seiner ersten erkennbaren Heimat aus hat sich das Volk dann weiter vorgeschoben, und zwar in der Richtung, die sich als die naturgegebene bot: dem Strome folgend, durch die Ebene von Huai-k'ing hindurch in die Große Ebene nach Südosten und Nordosten hinaus, um das Bergland von Schan-tung herum. Aus den Funden von Scha-kuo t'un könnte man schließen, daß die Bewegung bis in den Nordost-Ausgang hinein geführt haben muß, wo sie sich mit anderen Elementen berührte. Wie sich dann in geschichtlichen Zeiträumen die Entwicklung weiter vollzogen hat, können wir aus den Vorgängen der neuen und neuesten Zeit erschließen, denn wir sehen sie noch heute unter unseren Augen in vollem Flusse. Mit erstaunlicher Zähigkeit hat sich der chinesische Landmann und Händler in immer neue Gebiete nach allen Seiten hin vorgewagt, mochten sie von anderen Stämmen bewohnt sein oder nicht. Natürliche Vermehrung — vielleicht kamen vom Norden her weitere Volksteile herein — und angeborener oder durch den Zwang der Verhältnisse erzeugter Erwerbsinn trieben ihn weiter und weiter. Daß die ganzen Gebiete südlich vom Huang ho bis zur Meeresküste von Völkern verschiedener Rasse und Herkunft bewohnt waren, haben wir gesehen. Wir haben keine Veranlassung anzunehmen, daß alle diese, wohl vom Süden und Südwesten heraufgekommenen Völker „Barbaren" waren, wie die chinesische Überlieferung glauben machen will, sie mögen in jener frühen Zeit mindestens auf der gleichen Kulturstufe gestanden haben wie das nordische Volk, nur an körperlicher wie geistiger Zähigkeit und Stetigkeit werden sie ihm unterlegen gewesen sein. Zuerst in die Ebenen, dann den Flußläufen und Tälern entlang, auch in die Berglandschaften drangen die Siedler vor, einzeln zunächst, dann in Familienverbänden, überall die Wälder abbrennend, Felder anlegend, Dörfer und befestigte Städte gründend, wie wir es noch in der Gegenwart in den Wald- und Steppengebieten der Mandschurei und Mongolei, in den

Hochgebirgen von Ssĕ-tsch'uan, Yün-nan und Kueï-tschou, in den Alluvien und Hügellandschaften von Formosa und Hai-nan beobachten konnten und können. Das Verhältnis zu den Eingeborenen wird sich verschieden gestaltet haben. Der Handel — und an einen solchen müssen wir schon sehr früh denken — nötigte zu friedlichen Beziehungen, und friedliches Eindringen mag die Regel gewesen sein. Wir sehen noch heute, wie der mit starkem Handelsinstinkt begabte chinesische Bauer, der beste Kolonisator, den die Weltgeschichte kennt, Landmann und Händler in einer Person, zunächst allein und anspruchslos sich seinen Platz im neuen Gebiet sichert, aller Gewalttat klug ausweichend, dann die Familie kommen läßt, die Verwandtschaft nachzieht und so eine Dorfgemeinde bildet, die den Ortsnamen, wie unzählige Beispiele zeigen, nach dem Sippennamen erhält. Wir wissen aber andererseits auch aus den geschichtlichen Aufzeichnungen vom Altertum bis zur Neuzeit, wie lange und erbitterte Kämpfe mit den fremden Stämmen geführt worden sind, die den Eindringlingen Widerstand entgegensetzten. Schon in den ältesten Teilen des *Schu king* wird berichtet, daß der „Kaiser" Schun die San Miao (die „drei Miao" ?) austrieb in die Berge und ihre Stämme verteilte, und noch der letzten Dynastie sind solche Kämpfe wichtig genug erschienen, um in umfangreichen amtlichen Geschichtswerken eine eingehende Darstellung zu erhalten, die allerdings mehr dem Glanze des Herrschers als der geschichtlichen Wahrheit zu dienen geeignet ist. Die letzten Werke dieser Art sind die „Geschichte der Niederwerfung von Kin tsch'uan" von 1748 und eine noch umfangreichere von 1781, die beide die Kämpfe mit den T'u fan von Ssĕ-tsch'uan (s. oben S. 37) behandeln, die sich von 1755 bis 1779 hingezogen haben, ferner die „Geschichte der Unterwerfung von Formosa" von 1788 und die „Geschichte der Niederwerfung der Miao tsĕ von Kueï-tschou", die den Zeitraum von 1855 bis 1881 umfaßt. Sie zeigen, mit welcher unerhörten Grausamkeit gegen die Verteidiger ihres Heimatbodens vorgegangen ist, und die Methoden, die hier angegeben sind, werden im Altertum nicht anders gewesen sein. Das konfuzianische Beamtentum in den Grenzgebieten sieht vielfach auch heute noch in den Eingeborenen rechtlose menschliche Wesen minderer Gattung und behandelt sie danach, soweit es die Macht dazu besitzt. Indessen dürfte der Hauptteil der kolonisatorischen Tätigkeit des Urvolkes — und als solche müssen wir sein Wirken ansehen — doch von anderer Art gewesen sein. Wir sehen noch heute, wie im Süden und Südwesten die chinesischen Ansiedler sich vielfach mit den Eingeborenen durch Heiraten verbinden und so allmählich ein neues Bevölkerungselement schaffen, das einen Übergang bildet vom Chinesentum zum „Barbarentum", eine Zwischenschicht, die den Verkehr in den Grenzgebieten vermittelt, aber mittels der stärkeren chinesischen Kultur immer tiefer in das fremde Volk und Volkstum eindringt und beide zu sich hinüberzieht. Dieses langsame, aber unaufhaltsame Wirken hat unzweifelhaft die eigentliche Ausbreitung des Chinesentums über so ungeheure Gebiete ermöglicht. Die südwärts wohnenden Völker sind in ihren Hauptbestandteilen geblieben, wo sie waren, aber mit chinesischem Blute und chinesischen Kulturgedanken durchsetzt worden. Nur was die letzteren grundsätzlich ablehnte, mußte vor der mit Naturgewalt sich vorschiebenden Kraft weichen, es wurde wirtschaftlich (wie wir es in unseren Tagen in der Mongolei haben beobachten können) oder gewaltsam (wie neuerdings noch im Westen und Südwesten) weiter und weiter in die Gebirge gedrängt, bis schließlich der Ackerbau nur schwer oder überhaupt nicht mehr zu folgen vermochte. So erklären sich die bei jenen Bergvölkern haften gebliebenen mehrfach berichteten Überlieferungen, daß sie früher viel ausgedehntere, und die Chinesen viel kleinere Gebiete besessen haben als heute. Die Chinesen selbst haben seit langer Zeit bis heute die „Barbaren" an ihren Grenzen eingeteilt in *schêng* d. h. „rohe", wilde unzivilisierte und *schu* d. h. „zubereitete", zahme, halbzivilisierte; die letzteren bilden die Übergangschicht von den Bauern der Ebene und breiten Tälern zu den unabhängigen Jägern und Wilden in den schwer zugänglichen Gebirgen. Auf Formosa, auf Hai-nan, in Yün-nan und Kueï-tschou kann man aber auch schon beobachten, wie selbst die „rohen" Eingeborenen sich zum Ackerbau bequemt haben. Dieses Kolonisationsbild zeigt, wie schon erwähnt wurde, den Gang der Entwicklung seit dem Altertum deutlich an. Man erhält eine lebendigere Vorstellung davon, wenn man es mit der bis in die Einzelheiten ähnlichen Kolonisierung und Germanisierung der slavischen Völker zwischen Elbe und Oder durch die Deutschen vom 8. bis 13. Jahrhundert vergleicht. Auch von diesem Aufsaugungsprozeß sind bis heute noch einige kleine Reste in wendischen Sprachinseln erkennbar geblieben.

Aber nicht bloß die zahlenmäßige Stärke des Kolonisationsvolkes ist durch sein Vordringen nach Osten und Süden mehr und mehr angeschwollen, auch das kulturelle Leben hat eine starke Bereicherung erfahren müssen, denn die tibeto-birmanischen oder malayo-mongolischen oder Thai-Völker des Südens und Westens, wie immer man sie nennen oder einteilen mag, brauchen eben, wie schon bemerkt, durchaus nicht blos „Barbaren" gewesen zu sein. Es ist freilich heute, nach dem Jahrtausende währenden Verschmelzungsprozeß, kaum noch möglich, die verschiedenen Urbestandteile der chinesischen Kultur wieder herauszulösen, aber Spuren von dem, was die Südvölker beigetragen haben, lassen sich doch noch entdecken. Französische Gelehrte, die von den indochinesischen Besitzungen ihres Landes aus die besten Möglichkeiten hatten, Sprachen, Sitten und Geschichte jener Volkstämme zu erforschen, haben nachweisen können, wie viel von deren alten Anschauungen und Bräuchen, Legenden und Mythen in den frühesten Aufzeichnungen der Chinesen enthalten sind. Viele Lieder des *Schi king*, ursprünglich uralte Volkslieder und später von den Konfuzianern zwangsweise umgedeutet, zeigen, namentlich hinsichtlich des Verkehrs der Geschlechter, der Freude an der Natur, des Festjubels bei Wiederkehr des Frühlings, der Eheschließungsbräuche u. a. jene einfachen und menschlich-natürlichen Vorstellungen und Sitten, wie sie bei den Chinesen längst durch das staatlich geregelte Ritual beseitigt sind, bei den Lo-lo, den Mo-so und La-qua von Tongking und Kuang-si aber noch heute leben. Indessen finden sich selbst im *Tschou li*, (XIII, 44), dem klassischen Ritual-Codex der Chinesen, sowie im *Hia siao tschêng*, dem „Kalender der Hia" (unter dem 2. Monat), der sicher nicht jünger ist als die ältesten Teile vom *Tschou li*, noch vergessene Spuren der Frühlingsfeste mit der Paarung der Geschlechter, und manche Volkslieder im *Schi king* lassen sich mit Hilfe jener lebendigen Volksbräuche wieder auf ihre eigentliche Bedeutung zurückführen, ja, manchmal erst überhaupt verständlich machen. Auch die Bräuche bei der Geburt und beim Tode haben eine starke Ähnlichkeit mit denen der Chinesen, nur sind sie vielleicht einfacher in der Form und frei von deren steifen Geregeltheit. Es ist durchaus nicht notwendig, zur Erklärung dieser Übereinstimmung anzunehmen, daß jene Völker des Südens und Südwestens im Altertum die Kultur der Chinesen angenommen und in größerer Ursprünglichkeit bewahrt hätten als ihre mehr und mehr sich verfeinernden Lehrer. Viel wahrscheinlicher und natürlicher ist es, daß es sich hier um alten Gemeinschaftsbesitz handelt, der dann aber in sehr ungleicher Art weiterentwickelt ist. Das wird ganz besonders deutlich, wenn man die Vergleiche zwischen den volkstümlichen Vorstellungen der Thai-Völker in Tongking und Kuang-si mit den ältesten Aufzeichnungen der Chinesen fortsetzt und sie im besonderen auf die Angaben über die sagenhaften Heroen-Kaiser im *Schu king* ausdehnt. Was uns dort als Urgeschichte des chinesischen Volkes vorgesetzt wird, erweist sich als eine Reihe von Mythen, die in ihrer bunten Phantasie-Gestalt von jenen Völkern noch heute erzählt werden, aber von den chinesischen Moralisten zu ernsthafter Geschichte umgeformt worden sind und von der abendländischen Wissenschaft als solche hingenommen werden, obwohl andere literarische Quellen der Chinesen selbst, wie das *Schan-hai king*, *Huai-nan tsĕ*, *Lie tsĕ* u. a. deutlich den mythischen Charakter erkennen lassen. Hi-ho, die Mutter der Sonne, oder auch der Führer des Sonnenwagens, ist im *Schu king* zu zwei Ministern Hi und Ho geworden, die vom „Kaiser" Yao den Auftrag erhalten, im Osten und Westen die Geschäfte zu überwachen; Hi soll der aufgehenden, Ho der untergehenden Sonne warten, so daß schließlich beide zu Kaiserlichen Astronomen umgedeutet sind. Der „Kaiser" Yü im *Schu king*, der die Ströme reguliert, die Wälder und Sümpfe beseitigt u. a., ist bei den Thai ein Abgesandter des Himmels, der auf die Erde gesandt wird, „das Wasser zu trinken und das Land in Ordnung zu bringen", die Wälder abzuhauen und Reisfelder anzulegen. Es handelt sich um eine alte Schöpfungsage und um die Entstehung des Menschengeschlechts. Die Gebiete von Schan-si haben noch eine besondere Fassung der Sage, nach der hier ein Minister des „Kaisers" Schao-hao, Namens T'ai-t'ai die Flüsse Fên und Su (einen im südwestlichen Schan-si einmündenden Nebenfluß des Huang ho) regulierte und das Gebiet d. h. das Becken von T'ai-yuan bewohnbar machte. Hier, am Ausgangsort des Kolonialvolkes, hat also der Mythus seine eigene politische

Form erhalten. Auch eine bislang noch dunkle Angabe des *Schu king* läßt sich vielleicht auf eine ähnliche Weise deuten, obwohl hier noch Zweifel am Platze sind. Der „erhabene Herrscher", heißt es dort, „tat Einhalt dem Volke der Miao und vernichtete es, so daß es in der Zukunft keine Geschlechter mehr hatte (?). Dann befahl er dem Tschung-li (oder dem Tschung und dem Li), der Verbindung zwischen Himmel und Erde ein Ende zu machen, damit es kein Herabsteigen (der Himmelsbewohner?) mehr gäbe". Die Chinesen des 6. und 5. Jahrhunderts v. Chr. haben die Stelle so gedeutet, daß das Volk, anstatt seine Pflicht zu tun und den Geisterdienst den Beamten zu überlassen, selbst mit den Bewohnern des Himmels in Verbindung trat und sie (durch Opfer und Beschwörungen) veranlaßte, auf die Erde herunterzusteigen und ihnen zu helfen. Andere haben dann diese Regelwidrigkeit des Volkes auf die schlechten Einflüsse der Miao tsĕ zurückgeführt. Der französische Gelehrte Henri Maspero glaubt aber, auch hier einen Mythus feststellen zu können, den er bei den Thai-Stämmen wiederfindet. Danach war der Himmel ursprünglich so niedrig, daß man beim Spinnen der Seide mit der Spindel dagegenstieß, daß die Rinder (Wasserbüffel?) mit dem Höcker und die Schweine mit dem Rücken daran rührten. Die Menschen baten deshalb, daß der Himmel erhöht würde, und er erhielt darauf den Platz, den er jetzt einnimmt. Damit war aber auch die Möglichkeit eines Verkehrs der Himmelsbewohner mit den Erdbewohnern genommen, wie er bis dahin bestanden hatte; einst hatten die Menschen die Reisstauden und andere Pflanzen von einem Abgesandten des Himmels erhalten, aber mit solchen Gaben war es nun zu Ende. So interessant und vielsagend dieser Mythus sein mag, ob er zur Erklärung jener *Schu-king*-Stelle ausreicht, ist zweifelhaft.

Weiter noch scheint sich der Kreis der Mythen zu ziehen, wenn man den Blick über das Gebiet des Chinesentums hinaus richtet. Die Sage von den zehn Sonnen, die eine Frau Hi-ho gebar, wie sie im *Schan-hai king* (Kap. 15 fol. 2v⁰) bei *Huai-nan tsĕ* (Kap. 8 fol. 3v⁰) und noch an anderen Stellen erzählt wird, und wonach dadurch eine unerträgliche Hitze entstand, so daß alles auf Erden verbrannte, bis dann der „Kaiser" Yao die Sonnen herabschoß, findet sich auch, wie Maspero angibt, nicht nur bei den Thai-Völkern, sondern auch, wie Erkes feststellt, bei den Battakern auf Sumatra, wo die Zahl allerdings nur sieben oder acht beträgt, bei den tungusischen Golden im Amur-Gebiet, bei den Indianern in Kalifornien und noch in anderen Gegenden am Stillen Ozean. Überall richtet diese Überzahl von Sonnen unermeßlichen Schaden an, bis ein Befreier erscheint und sie entweder herunterschießt oder sonst unschädlich macht. Andere Vorstellungen, wie die von den Riesen des Ostens, den ungeheuren Fischen und dem riesigen Vogel, glaubt Erkes ebenfalls bei Indianer-Stämmen des nordwestlichen Amerika und bei den Tschuktschen im äußersten Nordosten nachweisen zu können.

Nicht unwahrscheinlich ist es auch, daß jene südlichen Völker die Erfinder oder jedenfalls die Verbreiter des anderen großen Kulturmittels gewesen sind, das neben dem Ackerbau von den Chinesen immer als Träger des gesitteten Gemeinschaftslebens genannt wird, der Seidengewinnung. Der Maulbeerbaum, mit dessen Blättern die Seidenraupen gefüttert werden, wächst zwar heute in allen Teilen Chinas, und man hat seinen Urtypus sogar in dem wilden Stamme der *Morus alba var. mongolica* sehen wollen, die man in den Bergen der südlichen Mongolei findet, indessen scheint doch die viel Wärme verlangende Aufzucht der Seidenraupen eher dem Süden angemessen zu sein als dem Norden mit seinem eisigen Winter, wie denn auch die Hauptgebiete der Seidengewinnung südlich vom Yang-tsĕ liegen.

Noch auf einem ganz anderen Gebiete zeigt sich eine Eigenart der chinesischen Kulturformen, die offenbar ihren Ursprung im Süden hat. Die bekannte Aufbiegung („Schwingung“) des chinesischen Daches findet sich im Norden verhältnismäßg schwach und erst in später Zeit, dagegen ist sie, wie Börschmann in seinem Werke *Ckinesische Architektur* feststellt, in Mittel- und Süd-China weit mehr entwickelt, und „die Hütten und Kultbauten der Eingeborenen auf den Inseln Indonesiens zeigen heute noch Dachschwingungen von einer Stärke, die selbst die südchinesischen noch übertrifft“. Das legt den Schluß nahe, daß die Dachform vom Süden entlehnt und im Norden, vielleicht unter dem Einflusse des Klimas, gemildert worden ist.

Alle diese Dinge, die hier nur angedeutet werden konnten — die Archäologie, sowie die Mythen- und Sprachforschung werden vermutlich das Material noch bedeutend vermehren — zeigen deutlich, daß die chinesische Kultur trotz ihrer heutigen scheinbaren Einheitlichkeit durchaus nicht aus einem Guß von einem Urvolke geschaffen und fremden kulturlosen Völkern übermittelt worden ist, sondern daß sie insgesamt einen Synkretismus darstellt, den man bisher immer nur in der chinesischen Religion gesehen hat. Alle Bewohner jener weiten Gebiete, die das heutige China bilden, und die Völker außerhalb seiner südlichen, westlichen und nördlichen Grenze dazu haben das Ihre dazu geliefert, bis dann in Kolonisation und Krieg, in Verkehr und Handel das gewaltige Kulturgebäude entstand, das alle Teile überwölbte, und in dem sich nur noch mit Mühe die Zusammensetzung erkennen ließ. Und wie mit der Kultur, so verhält es sich mit ihren Trägern. Aus dem Völkergewimmel, in dem die verschiedenen Rassen, wie wir sahen, auch heute noch an ihren körperlichen Merkmalen erkennbar sind, wurde durch den Jahrtausende währenden Verschmelzungsprozeß das chinesische Volk, das enger und enger in einem wohlorganisierten Staate zusammengeschlossen wurde, bis es dem Auge des Abendländers als gleichförmige Nation erschien. Zahlreiche neue von Norden und Nordwesten hereindrängende Elemente hat dieses Volk aufgenommen und sich restlos angeglichen, geistig zunächst, dann anscheinend auch physisch, jedenfalls ohne die Züge der Gesamtphysiognomie zu ändern. Allerdings hat die Geschichte dafür gesorgt, daß die Bevölkerungen zu beiden Seiten der großen geographischen Scheidelinien gründlich durcheinander geschüttelt wurden. Die vielen Staaten, die sich in der vorchristlichen Zeit vom Norden bis zum Süden bildeten, haben lange Jahrhunderte mit einander um ihr Dasein gekämpft, sich gegenseitig vernichtet, annektiert, ihre Bewohner verpflanzt oder mit neuem Blute durchtränkt. Im *Tsch'un-ts'iu* und im *Tso tschuan* findet man Beispiele in Fülle dafür. Während der Tschou-Zeit, bis zum 3. Jahrhundert v. Chr., sind es natürlich nur die Gegenden nördlich vom Yang-tsĕ, in der Großen Ebene und in dem Berglande von Ho-nan, südlich und östlich vom Kaiser-Gebiete (s. unten), aus denen uns Umsiedelungen der Bewohner besiegter Staaten in solche Gegenden, die der Politik des Siegers zweckdienlich erschienen, in den Quellen berichtet werden. Die ständigen Kriege kosteten viele Menschenleben, und das Bauernvolk war ein wertvoller Besitz der Fürsten, die damit schalteten wie mit Viehherden. Nicht selten waren es auch die Einbrüche der Jung- und Ti-Völker (s. oben S. 38), die eine Wegführung der Bevölkerung verursachten. Umsiedelungen im größten Maße erfolgten dann unter den Herrschern von Ts'in, namentlich dem Neugründer des Reiches, Schi huang-ti im 4. und 3. Jahrhundert v. Chr. Ihnen lag vor allem daran, von einer feindlichen Bevölkerung, oder auch dünn, oder gar nicht bewohnte Gebiete neu zu besiedeln. So wurden im Jahre 314 v. Chr. zehntausend Familien aus Ts'in, also wohl aus Schen-si und Kan-su nach Ssĕ-tsch'uan verpflanzt. Schi huang-ti schickte große Scharen von begnadigten Verbrechern, zuweilen die Bewohner ganzer Städte und Landschaften in eroberte Gegenden ohne Rücksicht auf die Entfernung. Ssĕ-ma Ts'ien berichtet von solchen Besiedelungen in Schan-si im Jahre 286 v. Chr., im südwestlichen Schan-si und westlichen Ho-nan in den Jahren 281 bis 279; im Jahre 239 wurde in Folge eines Aufstandes im südöstlichen Schan-si die dortige Bevölkerung nach Ssĕ-tsch'uan umgesiedelt; ein Jahr später erfolgte aus einem gleichen Anlaß eine Verschickung von Schen-si nach Ssĕ-tsch'uan und das nördliche Hu-peï. Um die Hauptstadt Hien-yang in Schen-si am Weï-Fluß weiter auszubauen, zog er 120000 Familien aus dem ganzen Reiche dort zusammen. Sein großartigstes Kolonialwerk scheint aber die „Erschließung" des äußersten Südens und Nordens gewesen zu sein, indem er in den Jahren von 214 ab durch Scharen von „Ausreißern, Herumtreibern, Schmarotzern und Krämern" (der Haß gegen den Gewaltherrscher scheint hier dem Historiker die Bezeichnungen eingegeben zu haben) die Gebiete von Kuang-tung, Kuang-si und dem nördlichen Tongking, sowie im Norden das Ordos-Land (s. oben S. 21), aus dem er die Jung vertrieben hatte, besiedeln und bewachen ließ (s. unten). Besonders merkwürdig, aber im Einzelnen wenig bekannt ist die Auswanderung jener Nord-Chinesen nach dem Süden, die noch heute in Kuang-tung und Kuang-si von den sonstigen Bewohnern getrennt leben, auch ihre eigene Sprache sprechen und unter dem Namen „Hakka" d. h. „die Fremden" bekannt sind. Sie sollen angeblich, nach Eitels Untersuchungen, zur Zeit Schi huang-ti's vor den Bedrückungen durch ihre Beherrscher aus Schantung nach Ho-nan, An-hui und Kiang-si, dann im 5. Jahrhundert n. Chr. weiter in die Grenzgebiete von Kiang-si und Fu-kien geflohen, im 7. Jahrhundert nach Fu-kien hinein gewandert, im 13. oder 14. Jahrhundert schließlich in Kuang-tung und Kuang-si, dann auch auf Hai-nan und Formosa sich niedergelassen haben. Andere behaupten, sie seien Abkömmlinge chinesischer Soldaten, eine Angabe, die beweislos und wenig wahrscheinlich ist; die chinesischen Quellen verraten nichts über sie. Wie im Falle der Hakkas, so ist es in späteren Zeiten weit öfter die Not als der Wille des Herrschers gewesen, die einzelne Volksteile veranlaßt hat, ihre Wohnsitze zu verlassen und nach anderen Gegenden des Reiches zu wandern. Überschwemmungen, Mißernten, Seuchen oder Verwüstungen durch Krieg und Rebellion haben sicher viel öfter Umsiedelungen bewirkt als in den chinesischen Geschichtswerken angegeben wird, in deren amtlichem Schema für solche Angelegenheiten der Massen wenig oder kein Raum bleibt. Das beredteste Beispiel aus der Neuzeit ist der furchtbare T'ai-p'ing-Aufstand in der Mitte des 19. Jahrhunderts, in dem ganze Provinzen verwüstet, große Städte entvölkert wurden. Da es sich dabei zum Teil um die fruchtbarsten Gebiete Mittel- und Süd-Chinas handelte, so rückten Scharen von Siedlern aus anderen Provinzen hier ein und füllten die leeren Räume. Auch die Erschütterungen bei Dynastiewechseln oder Verlegung der Hauptstadt haben immer lokalen Bevölkerungswandel im Gefolge gehabt. Neu aufgeschlossene Gebiete im Norden (Mandschurei und Mongolei) und im Westen (Ssĕ-tsch'uan und Yün-nan) brauchten nicht lange zu warten, bis die chinesischen Ansiedler aus den übervölkerten Landgebieten familienweise eintrafen. So heimatlieb der Chinese durch die Gebote der Ahnenverehrung geworden ist, heimische Not oder vermutete bessere Lebensbedingungen anderswo haben immer vermocht, ihn zum Abwandern zu veranlassen.

Sicher in nicht geringerem Grade als durch diese Mischungen der Völkerteile ist durch das emporwachsende und immer regelhafter, immer dogmatischer werdende Kultur-System das Entstehen des riesigen Staatsvolkes ermöglicht und begünstigt worden. Es ist in der Tat ein neues Volk, das sich auf chinesischem Boden gebildet hat, ein Volk von so erstaunlicher Gleichförmigkeit für das Auge des Fremden, daß man im Grunde nur einen einzigen Rassetypus darin sehen wollte. Schon Klaproth meinte, „die Barbaren seien jetzt mit den Chinesen völlig zu ein und demselben Volke zusammengeschmolzen, hätten deren Sprache angenommen und die ihrige vergessen", und Wieger kam zu der Ansicht, daß „ethnologisch die Chinesen derartige Kreuzungen durchgemacht hätten, daß es kein Kriterium mehr gäbe, auf Grund dessen man behaupten könnte, daß sie einen ursprünglichen Typus darstellten". Richthofen untersuchte „die Gleichförmigkeit des chinesischen Rassetypus", fand aber dabei doch „örtliche Schwankungen". Und in der Tat müssen wir diese örtlichen Schwankungen als ganz erhebliche bezeichnen. Die Gleichförmigkeit des Chinesentums ist körperlich wie psychisch nur eine scheinbare, wie oben bereits betont wurde, sie ist das künstliche Ergebnis seiner einzigartigen kulturellen Entwicklung, abhängig von dieser und darum denselben Schwankungen, denselben Schicksalen unterworfen wie diese. Wie mannigfaltig die körperlichen Unterscheidungsmerkmale in Wahrheit sind, ist bereits dargestellt worden. Mit den geistigen ist es nicht anders. Die völkischen Eigenarten der verschiedenen Bestandteile des chinesischen Gesamtvolkes sind zwar eben durch jenes Kultur-System abgeschliffen, ja lange Zeiträume hindurch eingeschläfert, gelähmt worden, aber oft genug sind sie trotz allem als Naturkräfte wieder wirksam geworden und haben dann bestimmend in den Gang der chinesischen Geschichte eingegriffen. Wer das nordchinesische und das südchinesische Land mit der ganzen Verschiedenheit ihrer Charakterzüge überschaut, wie sie früher geschildert worden sind, und wer die innere Verbindung des Chinesen mit dem Boden und der Natur bedenkt, dem muß es als selbstverständlich erscheinen, daß sich diese Verschiedenheit auch im Wesen des chinesischen Menschen selbst dann ausprägen müßte, wenn es sich ethnologisch um ein von Haus aus einheitliches Volk handeln würde. Die ernsten, wuchtigen, erhabenen Formen der nordchinesischen Bergwelt, die endlosen Fluren der Großen Ebene, die senkrechten Schluchten der zerrissenen Lößlandschaft, dazu die starken, regelmäßigen Gegensätze zwischen dem Sommer- und Winter-Klima mußten den Bewohnern jene Ruhe, Bedächtigkeit und Stetigkeit geben, die sie haben, während die heitere, immer grünende Hügellandschaft des Südens mit ihren zahllosen großen und kleinen Wasserläufen, ihrer gleichmäßigen Wärme und größeren Fruchtbarkeit ein leichteres, rascheres, andrängenderes, aber auch unstäteres Temperament zur Folge hatte. Dazu kam die Verschiedenheit der Lebensbedingungen, der Verkehrsmöglichkeiten im Innern und, bei dem starken Gegensatz der Meeresküsten (s. oben S. 16f.), auch nach außen, schließlich das ständige Hereindringen fremder Völker im Norden, das sich durch die ganze chinesische Geschichte als stärkste bewegende Kraft hindurchzieht, während im Süden diese Fluten nur selten und abgeschwächt sich fühlbar machen konnten. Schon Ssĕ-ma Tsʻien (s. unten) schilderte im 2. Jahrhundert v. Chr., leider in Ausdrücken, die heute nicht mehr alle verständlich sind, den Unterschied zwischen dem Norden und dem Süden als einen durch die natürlichen Verhältnisse bedingten mit folgenden Worten (*Schi ki* Kap. 129 fol. 12r°f.): „Das Land von Tschʻu und Yüe (die Länder südlich vom Yang-tsĕ, s. unten) ist weiträumig und dünn bevölkert. Die Leute dort essen Reis und machen Brühe aus Fischen dazu. Sie beackern den Boden, indem sie (Bäume und Sträucher) abbrennen, und bebauen ihn, indem sie Wasser darüber leiten (?). Sie leben von den Früchten der Bäume und Sträucher, sowie von Schnecken und Fröschen, daran lassen sie sich genug sein und brauchen nicht anderwärts Einkäufe zu machen. Die Natur des Landes bietet reichliche Nahrung, so daß eine Gefahr der Hungersnot nicht besteht, die Leute sind deshalb lässig und nicht arbeitsam, sie leben in den Tag hinein, sammeln keine Vorräte an und sind meistens arm. So kommt es, daß es südlich vom Yang-tsĕ und vom Huai-Fluß (s. oben S. 13) keine Leute gibt, die unter Frost und Hunger leiden, aber auch keine, die ein Vermögen von tausend Goldeinheiten haben. Nördlich von den Flüssen I und Ssĕ (in Süd-Schan-tung) dagegen baut man die fünf Kulturpflanzen, Maulbeerbäume und Hanf und hält die sechs Arten von Haustieren (s. oben S. 44). Das Land ist eng und dicht bevölkert, die Leute leiden unter den Schrecken der Überschwemmungen und Dürren und pflegen sich Vorräte (von allem Nötigen) anzulegen usw." Natürlich sind die äußeren Verhältnisse im Laufe der Zeit mehr ausgeglichen worden, aber die Grundlinien bleiben auch heute noch erkennbar. Man wird nach alledem gut tun,China weniger als ein Land denn als einen Erdteil anzusehen, der von einer Anzahl naturverschiedener Völker bewohnt ist, diese Völker werden durch ein gemeinsames Kultur-System zusammengehalten, tragen aber starke auseinanderstrebende völkische Kräfte in sich. Das Verhältnis beider stellt das größte Problem in der chinesischen Geschichte dar. Und auch dieses Kultur-System hat zwar ein völlig gleichmäßiges ethisches, soziales und politisches Gefüge geschaffen, aber es hat doch darunter eine große Mannigfaltigkeit der Lebensführung, der religiösen Kulte, der Wohnungen und Gebrauchsgegenstände, der Wirtschaftsformen, ja selbst der geistigen Art in den verschiedenen Landesteilen bestehen lassen. Wir kennen die chinesische Volkskunde im einzelnen noch viel zu wenig und sind für gewöhnlich allzu sehr geneigt, Erscheinungen des kulturellen Lebens, die wir in einer Gegend beobachtet haben, zu verallgemeinern und als überall geltend anzunehmen. Wer das Land in weiterem Maße bereist und die Bevölkerung studiert hat, wird das Irrige dieser Methode rasch erkennen. Man findet in Mittel- und Süd-China Götter und Genien verehrt, die im Norden und Westen unbekannt sind; die Architektur (von den großen öffentlichen und Kult-Bauten abgesehen) weist in den verschiedenen Gebieten, selbst wo nicht etwa klimatische Verhältnisse bestimmend gewesen sind, ganz verschiedene Wesenszüge auf (man braucht nur an die Dachform zu erinnern); Schiff- und Boot-Typen sind so zahlreich und so völlig abweichend, daß man ihre Herkunft in verschiedenen Erdteilen suchen möchte; Neigungen und Fähigkeiten in den einzelnen Provinzen sind oft so ausgeprägt, daß sie den Chinesen selbst als typisch für diese Gebiete gelten: die Bankiers von Schan-si sind ebenso bekannt im Reiche wie die Soldaten von Hu-nan und das Gelehrtentum von Kiang-su und Tschê-kiang. Es wird, wie schon erwähnt, für uns nicht mehr möglich sein, die verschiedenen Bestandteile der chinesischen Gesamtkultur neben einander zu stellen, zumal das konfuzianische System, das zugleich das System der staatlichen Macht war, zwei Jahrtausende hindurch stark abschleifend und bindend gewirkt hat, daß aber eine große Erbmasse der „barbarischen" Völker noch in dieser Gesamtkultur vorhanden ist und auch zuweilen wahrnehmbar wird, darüber kann kein Zweifel bestehen. Wir werden uns hüten müssen, von einem nord- und einem südchinesischen „Kulturzentrum" zu reden, die von Anfang an vorhanden gewesen seien, dafür fehlt jeder brauchbare Beweis, dagegen lassen sich später gewisse sekundäre Kulturzonen oder Gedankenrichtungen des Nordens (Tschi-li, Schan-tung, Schan-si, Ho-nan) der Yang-tsĕ-Gegenden (Kiang-su, An-hui, Hu-peï, Teile von Hu-nan und Kiang-si), des Westens (Schen-si, Kan-su und Teile von Ssĕ-tsch'uan), des Südwestens (Ssĕ-tsch'uan, Yün-nan, Kueï-tschou), des Südostens (Tschê-kiang, Teile von Kiang-si und Hu-nan) und des Südens (Fu-kien, Kuang-tung und Kuang-si) wohl unterscheiden, die, in sich wieder stark abweichend, (namentlich Fu-kien nimmt eine besondere Stellung ein) sich überall ineinander geschoben haben.

Die Folgen dieses Zusammenwachsens großer Völkermassen zeigen sich auch in der Sprache. Dem großen überwölbenden konfuzianischen Kultur-System entsprechend, hat sich auch um das ganze Gebilde das geistige Band der gemeinsamen Schrift und Schriftsprache gelegt, aber unter dieser Decke lebt ein ungeheures Gewimmel von gesprochenen Mundarten, die nicht bloß in der Aussprache, sondern auch im Wortschatz eine solche erstaunliche Mannigfaltigkeit und so tiefgehende Unterschiede aufweisen, daß eine mündliche Verständigung zwischen zuweilen garnicht einmal räumlich sehr weit von einander getrennten Volksgruppen unmöglich ist. Dieser Reichtum an Dialekten wäre durch landschaftliche, klimatische oder andere wie immer geartete Ursachen, die eine lautliche Wandelung einer Sprache bewirken mögen, allein nicht zu erklären, hier müssen vielmehr die Laut- und Wortbestände aus verschiedenen Sprachfamilien zusammengeflossen sein, und nur die Eigenart der gemeinsamen alphabetlosen Bilderschrift hat eine schriftliche Verständigung zwischen den Teilen des eigentlichen Reiches nicht nur, sondern in der ganzen ostasiatischen Kulturwelt, also auch mit Korea, Japan und Annam ohne Schwierigkeit gestattet. Es läßt sich schon hiernach ermessen, welche ungeheure Bedeutung dieses gemeinsame Kultur- und Schrift-System für den Zusammenhalt des Chinesentums und für seine fast unbegrenzte kulturpolitische Wirksamkeit gehabt haben muß. Die Schöpfung dieser beiden Systeme ist eine Leistung, der sich an Großartigkeit des Erfolges kaum etwas wird an die Seite stellen lassen: ihr allein gebührt das Verdienst, das zahlreichste Staatsvolk der Weltgeschichte geschaffen zu haben, dessen geistige Ausstrahlung noch weit über die Grenzen seines riesigen Reiches hinausdrang. Die gegensätzlichen Eigenschaften, die diesem Volke durchweg, unbeschadet seiner sonstigen Verschiedenheiten, eigen sind, hohe Begabung, Fleiß, Ordnungsinn, Organisationstalent, Nüchternheit, körperliche Zähigkeit und Anspruchslosigkeit, verbunden mit einem ausgeprägten starken Handelssinne, neben großer Verschlagenheit, Heuchelei, Grausamkeit, Erwerbsgier, Eitelkeit, Hochmut, müssen in seiner Natur begründet liegen, aber gefördert sind sie durch jenes Kultur-System unzweifelhaft in hohem Maße. Verbunden mit einer erstaunlichen Lebenskraft und Fruchtbarkeit, haben sie eine Menschenmasse, die heute auf drei bis vierhundert Millionen geschätzt wird, trotz vieler Hemmnisse natürlicher Art, wie Überschwemmungen, Hungersnot und Seuchen, und trotz zahlloser Jahrzehnte währender Kriege mit furchtbarem Blutvergießen nicht bloß fast beständig vermehrt, sondern auch mit großen

Reichtümern neben vielem Elend, mit einer vielfach mustergültigen Ordnung ohne äußere Machtmittel neben außerordentlicher Mißwirtschaft trotz strenger Gesetze, mit heroischer Hingebung in zahllosen Fällen neben feiger Pflichtvergessenheit in vielleicht ebenso vielen in seiner langen Geschichte ausgestattet, so daß sie mit ihrem festgefügten Staate alle äußeren Eingriffe und alle inneren Katastrophen bis zur Gegenwart hat überdauern können.

Drittes Kapitel

Die Urzeit. Entstehung des Staates. Der Staatsgedanke.

In der literarischen Überlieferung der Chinesen hat sich, unter dem Einflusse politischer oder psychologischer Kräfte, über die wir heute nur noch Vermutungen hegen können, schon frühzeitig eine Vorstellung von der Urgeschichte ihres Landes entwickelt, die lebenskräftig genug war, um nicht bloß das einheimische Denken durch ungezählte Geschlechterreihen hindurch, sondern auch die abendländische Wissenschaft Jahrhunderte lang in ihrem Banne zu halten. Ein Kaiser Huang ti, den man in die erste Hälfte des 3. Jahrtausends v. Chr. setzt, und mit dem man eine feste Zeitrechnung nach Zyklen von je 60 Jahren und Tagen von 2697 v. Chr. ab (nach der gewöhnlichen Chronologie, s. unten) beginnen läßt, ist danach der Begründer der chinesischen Kultur. Er machte das Land durch Wege zugänglich, betrieb den Ackerbau, führte eine geregelte Verwaltung ein, ernannte Minister, setzte den Kultus fest, ließ die Schriftzeichen bilden, gab dem Volke den Kalender, vernichtete den Rebellen Tsch'i-yu, den Erfinder der Kriegswaffen, und schuf einen ausgedehnten und befriedeten Staat. Ssĕ-ma Ts'ien, der erste eigentliche Geschichtschreiber der Chinesen im 2. und 1. Jahrhundert v. Chr., läßt denn auch mit Huang ti die Geschichte seines Landes beginnen und führt in seinen chronologischen Regenten-Tabellen alle folgenden Herrscher einschließlich der drei Dynastien der Hia, Schang und Tschou auf ihn als den gemeinsamen Stammvater zurück. Auf Huang ti folgt dann bei Ssĕ-ma Ts'ien zunächst eine Reihe von fünf Herrschern. Ein sechster, Namens Tschi oder Schao-hao, wird als unwürdig zu Gunsten seines jüngeren Bruders entthront und deshalb nicht mitgezählt. So bleibt dann die Fünfer-Reihe: Huang-ti, Tschuan-hü, K'u (oder Kao-sin genannt), Yao und Schun. Eine ältere Quelle, die „Bambusbücher" (s. unten) zählt dagegen zwischen Huang ti und Yao die Kaiser Schao-hao, Tschuan-hü und Kao-sin also im Ganzen sechs auf. Der Grund für die Verschiedenheit ist kennzeichnend für Entstehung und Wert dieser Aufzeichnungen über die älteste Geschichte. In dem kosmologischen Vorstellungskreise der Chinesen findet sich seit alter Zeit die Lehre von den *wu hing*, d. h. den „fünf wandernden" gewöhnlich als System der „fünf Elemente" bezeichnet. Diese *wu hing* sind Erde, Holz, Metall, Feuer, Wasser, sie lösen einander in beständigem Kreislaufe ab, und zwar, nach einer späteren, im 4. Jahrhundert v. Chr. in Ts'i, Yen und Tschao, also im nördlichen und mittleren Schan-tung und südlichen Tschi-li aufkommenden Lehre, indem jedes das ihm vorangehende zerstört oder „überwindet". Sie haben somit ihren Namen davon, daß sie in beständigem Kreislaufe „wandern", und wegen dieser Eigenheit stehen sie in leicht verständlicher

Verbindung mit den ebenfalls im Kreislauf „wandernden“ Jahreszeiten, deren regelmäßiger Wechsel den primitiven Beobachter zuerst und zumeist in Staunen versetzen mußte. Zu dieser Verbindung trat nun die ebenfalls dem hohen Altertum angehörende kosmologische Anschauung von dem gestirnten Himmel: sie zerlegte das Firmament in fünf Zonen („Paläste“), eine zentrale, feststehende um den Polarstern herum und vier sich nach den Himmelsrichtungen darumlagernde, die sich mit den vier Jahreszeiten verschieben und „wandern“. Die vier umgebenden Zonen werden dann auch noch einmal in Halbzonen zerlegt, so daß man mit der unteilbaren Mittelzone neun Teile erhält. Ebenso setzt sich die irdische Welt zusammen aus den vier (oder auch acht) Teilen, von denen jeder durch einen heiligen Berg bestimmt ist, und dem Mittelgebiet mit der Residenz des Herrschers. Die Zahlen fünf und neun werden damit zu zwei kosmischen Grundbegriffen der ganzen chinesischen Gedankenwelt. Die Auswirkung der himmlischen fünfteiligen Sphäre in der irdischen zeigt sich ferner in den fünf „Elementen“ mit ihren Farben u. a., indem die Erde (gelb) der zentralen Zone entspricht, das Holz (grün) der östlichen und dem Frühling, das Metall (weiß) der westlichen und dem Herbst, das Feuer (rot) der südlichen und dem Sommer, das Wasser (schwarz) der nördlichen und dem Winter. In spekulativer Art hat man dann in der Han-Zeit die „Elemente“ mit anderen Gebieten der Natur, wie Tönen, Geschmacksarten u. a. verbunden. Auch die genannten fünf Herrscher, die *Wu ti* oder „fünf Kaiser“, offenbar erst zu diesem Zwecke aus sechs zusammengezogen, sind nun in das System eingefügt worden, indem man sie in gewissem Sinne als eine Versinnbildlichung, als die „Götter“ der fünf „Elemente“ auffaßte. Wo und wann das zuerst geschah, läßt sich nicht feststellen, die Verbindung ist in verschiedenen Stufen vor sich gegangen. Das *Schu king* weiß noch nichts von den „fünf Kaisern“, die „Bambusbücher“ nennen zwar schon eine mit Huang ti beginnende Reihe von Herrschern, aber es sind ihrer noch sechs, und von den fünf „Elementen“ ist nicht die Rede. Im Staate Ts'in, also im Westen (s. unten), waren vier *ti* bekannt; ob schon im 8. Jahrhundert v. Chr. und in Verbindung mit den „Elementen“, wie Chavannes annimmt, ist eine offene Frage. Bei Ssĕ-ma Ts'ien ist, wie gesagt, der eine der sechs Herrscher (Schao-hao) verschwunden, die Verbindung mit den *wu hing* wird zwar noch nicht ausgesprochen, aber sie ist offenbar in Gedanken schon hergestellt. Also lediglich das Verlangen, sich gewissen kosmologischen Vorstellungen anzupassen, bestimmt die Darstellung der Urgeschichte, nicht etwa die Absicht, wirkliche geschichtliche Tatsachen wiederzugeben. Über die Han-Zeit, d. h. das 2. Jahrhundert v. Chr., scheint somit auch die Verbindung der „fünf Kaiser“ mit den „fünf Elementen“, wenigstens außerhalb von Ts'in, nicht hinauszugehen, daran ändert auch die sonstige Literatur nichts, ein wie hohes Alter sie immer vortäuschen mag. Das *Tschou li* spricht von den Altären und den Opfern für die „fünf Kaiser in den vier Vorstädten“ (Kap. 19 fol. 13v⁰ u. Kap. 35 fol. 7r⁰), sowie von „fünf Opfern“ (*wu ssĕ* Kap. 18 fol. 6v⁰), die der Kommentator des 2. Jahrhunderts n. Chr. als eine Feierlichkeit deutet, bei der „die Geister der fünf Beamten (d. h. der fünf „Elemente“ s. unten) in den vier Vorstädten in den vier Jahreszeiten die Lebenskräfte *(k'i)* der fünf Elemente erwarten; an dem Genuß der in den vier Vorstädten dabei dargebrachten Opfer nehmen die Kaiser der fünf Kräfte *(wu tê* d. h. der Wirkungen der ‚Elemente‘, durch die sie einander ‚überwinden‘) teil.“ Aber der Text des *Tschou li* geht eben im Ganzen auch nicht über die Han-Zeit hinaus, und der Kommentator steht im Banne des neuen Systems. Dieses letztere wurde von der Magie und Mystik der Han-Zeit eifrig weiter entwickelt. In der zweiten Hälfte des 1. Jahrhunderts v. Chr. und im Anfang des 1. n. Chr., bald nach Ssĕ-ma Ts'iens Tode, entdecken die beiden großen Gelehrten Liu Hiang und ein Sohn Liu Hin (s. unten), wie die Han-Annalen *(Ts'ien Han schu* Kap. 25b fol. 23v⁰) berichten, daß dem *Yi king* zufolge (51. Hexagramm, Erklärung im *Schuo kua)* „die Kaiserliche Macht dem Osten entstammt“, und daß die „fünf Kräfte“ nicht bloß einander überwinden, sondern auch auseinander hervorgehen. Nun entspricht dem Osten aber nicht das Element Erde, das Huang ti, dem ersten der „fünf Kaiser“, zukam, sondern Holz. Um nun das Holz, den Urausgang, an die Spitze der Reihe zu bringen, mußte man diese, da man Huang ti wegen seines Namens (der „gelbe Kaiser“, gelb ist die Farbe der Erde) nicht von seinem bisherigen Element trennen, seine bisherigen Nachkommen aber nicht zu seinen Vorfahren machen konnte, entsprechend verlängern und umstellen. So setzte man in der späteren Literatur vor die „fünf Kaiser“ die *san huang* d. h. die „drei Majestäten“ mit den Namen Fu-hi (oder P'ao-hi) mit dem Element Holz, Schên-nung mit dem Element Feuer und Huang ti mit dem Element Erde. Eine andere Terminologie nennt sie auch „Himmels-Majestät“, „Erd-Majestät“ und „Menschen-Majestät“ oder „Erhabene Majestät“ *(t'ai huang)*, Namen, die nur eine Bezeichnung für die Dreiheit Himmel—Erde—Mensch sein sollen, auf die als Teil der universalistischen Anschauung noch zurückzukommen sein wird. Darauf folgen dann als die *wu ti* Schao-hao (Metall), Tschuan-hü (Wasser), Ti K'u (oder Kao-sin) (Holz), Yao (Feuer) und Schun (Erde). Woher man die Namen bezog, läßt sich nach früher Gesagtem vermuten, nämlich aus den alten Volksagen der verschiedenen Stämme; daraus erklärt sich auch der Umstand, daß die Namen durchaus nicht einheitlich sind. Die beiden kleinen Werke *Wu ti tê*, „die Kräfte der fünf Kaiser“, und *Ti hi sing*, „Genealogie der Kaiser-Familien“, die schon Ssĕ-ma Ts'ien seiner eigenen Angabe zufolge gekannt und benutzt hat, und die uns in der zu seiner Zeit entstandenen Sammlung *Ta Tai li ki* (Kap. 62 u.63) erhalten sind, führen die „fünf Kaiser“ noch mit den Namen auf, die der große Geschichtschreiber angibt, und zwar das *Wu ti tê* im Verlauf einer (fingierten ?) Unterredung des Konfuzius mit einem Schüler. Dagegen hat das *K'ung tsĕ kia yü*, „Gespräche der konfuzianischen Schule“, in einem besonderen Abschnitt über die „fünf Kaiser“ (Abschn. 24) bereits die neue Theorie und andere Namen, nämlich T'ai hao (Holz), Yen ti (Feuer), Huang ti (Erde),

Schao hao (Metall), Tschuan hü (Wasser); daneben erhalten die Elemente auch noch je einen Minister (die „fünf Beamten") zugeteilt. Das Ganze wird Konfuzius in den Mund gelegt als Antwort auf die Frage eines Schülers, und zwar erstaunlicher Weise mit dem Hinzufügen, daß er (der Weise) das System von Lao tsĕ vernommen habe. Dieses Kapitel des *Kia yü* gibt einen Fingerzeig dafür, in welche Zeit man das Werk frühestens zu setzen hat. Ssĕ-ma Tschêng endlich, der Kommentator Ssĕ-ma Ts'iens aus dem 8. Jahrhundert, hielt es für notwendig, da man nun einmal vor die „fünf Kaiser" noch drei weitere Herrscher gesetzt hatte, die chinesische Geschichte auch mit diesen beginnen zu lassen, und so ergänzte er die Darstellung Ssĕ-ma Ts'iens, indem er ihr ein besonderes Kapitel über die *san huang* mit allen Einzelheiten ihrer Persönlichkeiten vorausschickte. Da aber Huang ti, der Dritte in der Gruppe im System der Han, bei Ssĕ-ma Ts'ien bereits als erster der *wu ti* seinen Platz hatte, so schuf er die neue Gruppe Fu-hi, Nü-kua und Schên-nung. Die Stellung des Nü-kua in der Reihe war notwendig, weil er aus derselben Sippe stammte wie Fu-hi, Schên-nung dagegen einer anderen angehörte; um aber Schên-nung nicht seines Elementes (Feuer) zu berauben, mußten die beiden ersten mit demselben Elemente (Holz) verbunden werden, wodurch dann auch das Element Erde für Huang ti erhalten blieb, und die Reihe der *wu ti* bei Ssĕ-ma Ts'ien keine Störung erlitt. Dieser Ausweg war um so eher gangbar, als Fu-hi und Nü-kua, wie die Grab-Reliefs der Han-Zeit zeigen, aus uns unbekannten Gründen schon früher als eine Einheit aufgefaßt waren. Die Theorie von den „fünf Elementen" ist schon unter den Ts'in im 3. Jahrhundert v. Chr. auch auf die sich ablösenden Dynastien angewendet worden, aber zur Han-Zeit im 2. Jahrhundert v. Chr. hat man aus der eben erwähnten Veranlassung die Reihenfolge natürlich auch hierbei verändert. Während in der älteren Zeit die Hia-Dynastie Holz, die Schang-Dynastie Metall, die Tschou-Dynastie Feuer, die Ts'in-Dynastie Wasser als „Element" hatte, erhielten nun die Hia Metall, die Schang Wasser, die Tschou Holz, die Ts'in Feuer, die Han Erde usw.

Unsere Darlegungen zeigen, unter welchen Gesichtspunkten die literarische Überlieferung über die alte Geschichte der Chinesen zu Stande gekommen, und wie sie demnach als geschichtliche Quelle zu bewerten ist. So kann es nicht Wunder nehmen, wenn die Namen der „Kaiser" sich um so stärker vermehren, je später die Zeit ist, und ihre Tätigkeit um so phantastischer wird, je künstlicher sich unter dem Einfluß der Magie das kosmologische Bild gestaltet. Fu-hi, so heißt es in der Überlieferung weiter, ordnete die sozialen Beziehungen, führte die Ehe ein, lehrte die Jagd und die Musik, erfand die Schriftzeichen und die Diagramme des *Yi king* und zähmte die Haustiere. Sein Widersacher, Kung-kung, hatte in seiner Wut den Himmel an einem Ende zum Einsturz gebracht, Nü-kua aber befestigte ihn wieder. Schên-nung, d. h. „der göttliche Ackermann", erfand den Pflug und lehrte die Menschen den Acker zu bestellen; er erkannte auch die Heilkräuter unter den Pflanzen, schuf die Warenmärkte und setzte das große Ernteopfer *(tscha)* ein.

Den Höhepunkt erreicht dann die Schilderung in der Regierung der beiden Heroen Yao und Schun, die mit ihrem Nachfolger, dem „Großen Yü", zu dem glänzendsten Dreigestirn des hohen Altertums werden. Zwar herrscht auch hier das Übermenschliche noch vor, aber die Erzählung nimmt schon die Formen einer Geschichtschreibung an und will die Vorstellung eines geordneten Staatswesens übermitteln. Yao regelte das Beamtentum, hielt „die zehntausend Staaten" in Eintracht, ließ durch die Minister Hi und Ho die Bahnen der Gestirne beobachten, die Jahreszeiten berechnen und den Kalender feststellen und im Einklang damit die Arbeiten des Jahres ordnen. Auch er hat gegen widerstrebende Beamte anzukämpfen, unter denen wieder ein Kung-kung, sowie die San Miao (s. oben S. 35) erscheinen, und steht schließlich, nachdem er siebzig Jahre regiert hat, vor der Notwendigkeit, einen Gehilfen zu suchen, der das Volk vor der Not der ungeheuren Überschwemmungen schützt. Er wählt Schun, gibt ihm seine beiden Töchter zu Frauen, um seine Fähigkeiten in der Leitung des Haushaltes zu erproben, und betraut ihn, als die Prüfung gut ausgefallen ist, mit den Regierungsgeschäften. Nachdem er sich auch hierin zwanzig Jahre hindurch voll bewährt hat, heißt Yao ihn anstatt seines eigenen unwürdigen Sohnes „die Regierungsgewalt des Himmelssohnes übernehmen, um dabei des Himmels Auftrag zu erkennen" *(Schi ki)*. Acht Jahre danach stirbt Yao. Schun setzt das Werk Yaos fort, er erweitert den Opfer-Kult, bringt die Regierung und ihre Organe in Einklang mit den Stellungen gewisser Gestirn-Gruppen, unternimmt alle fünf Jahre Besichtigungsreisen in die Gebiete der Vasallenfürsten, empfängt jedes Jahr einen Teil der letzteren an seinem Hofe, um ihre Regierung zu überwachen, bildet die zwölf Reichsteile, führt ein Strafsystem für Verbrecher ein, und bringt die Man und die I, die das Land Hia bedrängen, sowie die Ti, die Jung und die San Miao zur Unterwerfung. Er verleiht zwar seinem jüngeren Bruder ein Herrschaftsgebiet, schließt aber seinen Sohn, weil er ihm nicht würdig genug erscheint, nach dem Vorbilde Yaos von der Thronfolge aus und „empfiehlt Yü dem Himmel" als seinen Nachfolger, nachdem dieser durch seine gewaltigen Wasser-Arbeiten, durch das Regulieren der Ströme, die Umleitung ihrer Betten, das Aufwerfen von Dämmen, das Niederschlagen der Wälder und die Anlage von Wegen innerhalb von dreizehn Jahren dem Lande eine andere Gestalt gegeben hat. Yü bereist das ganze Reichsgebiet, teilt es in neun große Provinzen ein und bestimmt die Abgaben und Leistungen jeder einzelnen auf Grund ihrer natürlichen Beschaffenheit. Das berühmte und so viel umstrittene Buch *Yü kung*, d. h. „Tribut des Yü", im *Schu king* schildert eingehend die Leistung des chinesischen Heros. Siebzehn Jahre, nachdem Yü „dem Himmel empfohlen ist", stirbt Schun. Yü schafft die große Feudal-Organisation des Reiches in Form eines Systems von konzentrischen Quadraten. „Im Mittelstaate *(tschung pang* oder *tschung kuo)* verleiht er Landgebiete und Sippen-Namen" *(sing, Yü kung* II, 16). „Er bestimmt, daß ein Quadrat von 500 *li* mit der Residenz des Himmelssohnes in der Mitte das Kaiserliche Eigengebiet bilden soll“, 500 *li* außerhalb dieses Gebietes bilden die Gebiete der Lehensfürsten, je ein weiteres Gebiet von 500 *li* ist das „Gebiet der Friedenssicherung“, das „Gebiet der Zwangsbeherrschung“ — davon gehören 300 *li* den I-Barbaren, 200 *li* sind Verbannungsgebiet — und das „Gebiet der Wüste“ — 300 *li* davon gehören den Man-Barbaren, 200 *li* sind wieder Verbannungsgebiet. Yü wollte die Thronfolge in derselben Weise sichern wie seine beiden Vorgänger es getan. Zwar hatte er sich, als Schun gestorben war, zunächst zurückgezogen, um den Thron dem Sohne Schuns zu überlassen, aber die Lehensfürsten des Reiches wandten sich von diesem ab und Yü zu, so daß also der Wille des Himmels sichtbar wurde. Wie Yao und Schun, so „empfahl“ auch Yü seinen Minister Kao-yao „dem Himmel“ und übergab ihm die Regierungsgeschäfte, aber Kao-yao starb vorzeitig. Darauf „empfahl“ er Yi „dem Himmel“ und übergab ihm die Regierung. Zehn Jahre danach starb Yü. Yi zog sich vor dem tugendhaften Sohne Yüs zurück, aber diesmal wandten sich die Lehensfürsten diesem zu, weil Yi noch nicht lange genug und nicht erfolgreich genug das Reich verwaltet hatte, und sie sprachen: „unser Herrscher ist der Sohn des Kaisers Yü.“ So verblieb das Reich bei dem Sohne des Vorgängers, und damit beginnt die erbliche Thronfolge. Es ist die gleiche Familie, die die Herrschaft behält, die erste Dynastie wird begründet. Ihr Name bleibt der, den Yü als Titel erhalten hat: Schun hatte ihm das Gebiet Hia als Lehen verliehen, darum führt er die Bezeichnung *Hia hou* d. h. Herr von Hia, und diesen Titel erbt der Nachfolger mit, die Dynastie nennt sich das Haus Hia. Sie regiert von 2205 bis 1767 v. Chr. nach der üblichen Chronologie (s. unten). Nicht ohne Kampf vollzieht sich die Begründung. Yüs Sohn K'i (nach Anderen Yü selbst, nach einer dritten Lesart K'is Enkel Siang) hat seine Widersacher, das Fürstengeschlecht von Hu, mit Gewalt niederzuringen. In einer Ansprache an sein Heer beschuldigt er den Herrscher von Hu, daß er „die Gesetze der wirkenden Kräfte hochmütig verachte“, und daß ihm deshalb „der Himmel den Auftrag entzogen habe“. Das Gebiet von Hu lag am Anfang der Ausweitung des Weï-Tales (s. oben S. 7), bei der heutigen Stadt Hu hien, und bildete ein wichtiges Verschlußstück für den Zugang vom Westen und Nordwesten. Zweifellos ist es diese Bedeutung seiner Lage gewesen, die sowohl jetzt, wie später, bei dem Eroberungszuge der Tschou (s. unten) die Kämpfe verursacht hat. Welche Wichtigkeit dieser Vernichtung der Herrschaft von Hu für die Begründung der neuen Kulturmacht Hia in der Überlieferung beigemessen wurde, das zeigt unter anderem die Tatsache, daß dem Ereignis ein besonderes Kapitel in dem (echten) Teile des *Schu king* (das *Kan schi*) gewidmet ist. Nach einer Bemerkung am Ende des 2. Kapitels vom *Schi ki* muß man annehmen, daß die siegreichen Hia ein Mitglied ihrer Familie, einen „Nachkommen des Yü“, als Herrscher in Hu eingesetzt haben. Erst damit schien ihre Macht gesichert. Auf K'i folgt eine Reihe von fünfzehn Kaisern, von denen sehr wenig mehr als der Name berichtet wird. In der Regel folgt auf den Herrscher ein Sohn, aber einmal der jüngere Bruder, später jedoch dessen Neffe, der Sohn des vorletzten Kaisers, so daß damit die Thronfolge wieder an die ursprüngliche Linie kommt. Durch Ausschweifungen und Vernachlässigung der Herrscherpflichten sinkt allmählich die Macht der Hia, die Lehensfürsten verweigern mehr und mehr den Gehorsam, und unter dem letzten Kaiser der Dynastie, Kie, der „die hundert Sippen“ (das Volk) grausam bedrückt, tritt die Katastrophe ein. Die Lehensfürsten wenden sich dem Fürsten von Schang zu, dessen Familie seit ihrem Ahnherrn, genannt Sie, dies Gebiet von Schun zu Lehen hatte; der Fürst T'ien Yi (oder T'ai Yi, s. unten) mit Namen, ein angesehener und mächtiger Fürst, stellt sich an die Spitze der Bewegung gegen die Hia, vertreibt Kie und „besteigt“, nach Ssĕ-ma Ts'iens Worten, „selbst den Thron des Himmelssohnes“. Die Nachkommen der Hia erhalten ein Lehensgebiet. T'ien Yi (oder T'ai Yi), der später den Ehrennamen T'ang oder Tsch'êng T'ang d. h. „T'ang der Siegreiche“ erhält, begründet die nach seiner Lehensherrschaft genannte Schang-Dynastie, für die der Zeitraum von 1766 bis 1122 v. Chr. (s. unten) angesetzt wird. In einer großen Rede an das Volk rechtfertigt T'ang sein Vorgehen. Es ist keine Rebellion, die er zu unternehmen wagt, er fürchtet den *Schang ti* d. h. „den Herrscher in der Höhe“, aber die Verbrechen der Hia zwingen ihn, gegen den Verderber des Volkes zu Felde zu ziehen, und er, „der Eine, wird des Himmels Strafe vollziehen“. Beraten von seinem ausgezeichneten Minister I Yin, führt T'ang seine erfolgreiche Regierung. „Er ändert den Beginn des ersten Monats, wandelt die Farbe der Kleider, stellt die Farbe weiß (d. h. die des Elements Metall nach dem ältesten System) obenan und hält seine Audienzen während der Tageszeit“ (im Gegensatz zu der Zeit vor Sonnenaufgang, wie zu anderen Perioden üblich). Auf T'ang folgt ein jüngerer Sohn, da der Thronerbe T'ai Ting vorher gestorben war, und nach dessen kurzer Regierung ein jüngerer Bruder von ihm; erst nach dessen Tode setzt I Yin den Sohn von T'ai Ting auf den Thron, womit die Thronfolge, was Ssĕ-ma Ts'ien hervorhebt, wieder normal wird. Auf T'ang folgt (nach der orthodoxen Geschichtschreibung, s. unten) eine Reihe von siebenundzwanzig, nach Ssĕ-ma Ts'ien und den „Bambusbüchern“ von neunundzwanzig Herrschern, von denen außer den Namen nicht viel mehr berichtet wird als von denen der Hia-Dynastie. Ssĕ-ma Ts'ien sieht in dieser ungeregelten Thronfolge die Ursache des Verfalles der dynastischen Macht. „Vom Kaiser Tschung Ting ab“ (16. Jahrh.), sagt er, „geriet die gerade Thronfolge (d. h. vom Vater auf den ältesten Sohn der Hauptfrau) in Verfall. Man erhob vielmehr irgend einen unter den jüngeren Brüdern oder Söhnen auf den Thron. Die jüngeren Brüder oder Söhne aber stritten dann zuweilen unter einander um die Nachfolge. In neun Fällen der Erbfolge entstanden dadurch Unruhen, so daß die Lehensfürsten nicht mehr zur Audienz kamen.“ Eine weitere Eigentümlichkeit ist es, daß die Fürsten von Schang, und zwar vom sechsten Vorfahren des Kaisers T'ang in gerader Erbfolge an, eins der Zeichen der Zehner-Reihe im Sechziger-Zyklus (s. unten) — *Kia*, *Yi*, *Ping*, *Ting*, *Mou*, *Ki*, *Kêng*, *Sin*, *Jen*,

Kueï — am Ende ihrer Namen haben; diese Sitte wird durch die ganze Zeit fortgeführt, so lange die Familie den Kaiser-Thron inne hat. Da irgend ein regelmäßiger Wechsel in der Wahl der Zeichen nicht zu erkennen ist, so hat die älteste chinesische Erklärung, die sich im *Pai hu t'ung* findet, einem Werke, das durch die Zusammenarbeit einer großen Zahl von konfuzianischen Gelehrten unter Leitung des Geschichtschreibers Pan Ku (1. Jahrh. n. Chr.) entstanden ist, angenommen, daß dem Namen das zyklische Zeichen des Geburtstages angefügt worden sei. Nach derselben Quelle soll diese Namengebung erst von den Kaisern der Schang-Dynastie eingeführt und nachträglich auf die sechs Vorfahren T'angs ausgedehnt sein. (Die Kaiser-Namen der Schang sind durch archäologische Funde gesichert — s. unten —; sollten die Zeitdaten der Überlieferung also irgend welchen Wert besitzen, so hätten wir hier jedenfalls einen festen Halt für das Vorhandensein des Sechziger-Zyklus). Die Stellung der neuen Dynastie wird durch Unfähigkeit der Herrscher bald untergraben, aber dank dem Ansehen und dem Einfluß I Yin's, der sogar den Kaiser T'ai Kia für drei Jahre verbannt, wird das Verlorene wiedergewonnen. Nach dem Tode dieses treuen Ratgebers sinkt allmählich die Macht der Kaiser, und unter Yung Ki „kamen manche von den Lehensfürsten nicht mehr zum Hofe". Nach einer neuen Blütezeit wird — man erfährt nicht, warum — der Kaisersitz mehrfach verlegt, bis er schließlich unter P'an Kêng (14. Jahrh.) wieder dahin gelangt, wo T'ang ihn einst gehabt hatte, „südlich des Huang ho", wobei dahingestellt bleiben muß, wo der Huang ho damals sein Bett hatte (s. oben S. 8 u. 13). „Fünfmal hatte man den Sitz verlegt und keinen bestimmten Wohnort", sagt der Geschichtschreiber, „da murrte das Volk von Yin untereinander, alle waren erbittert und wollten nicht wieder den Wohnort wechseln", zumal nach dem *Schu king* (Einleitung 9) seit dem Ahnen des Geschlechts, Sie, bis zu T'ang bereits achtmal ein solcher Wechsel stattgefunden hatte. Die Verlegung unter P'an Kêng bringt der Dynastie einen anderen Namen: die Landschaft „südlich des Huang ho" hieß Yin oder auch Yin k'ü, d. h. „die alte Stätte von Yin", und von da ab wird der dynastische Name Schang meist durch Yin ersetzt. An der neuen Residenz gelangten die Yin noch einmal zu größerer Machtentfaltung für ein und ein halbes Jahrhundert, aber von da ab sinkt der Glanz der Dynastie dauernd. Unter Wu Yi (12. Jahrh.) wird aufs neue der Regierungsitz nach „dem Norden vom Huang ho" verlegt, dann folgen noch drei Herrscher, deren Regierung durch ihre Unfähigkeit den Sturz allmählich unabwendbar macht. In dem letzten von ihnen, Sin oder Tschou-sin, hat die Überlieferung eine Sammlung der abschreckendsten Eigenschaften zusammengestellt: körperlich und geistig ungewöhnlich begabt, verwendet er seine Kräfte ausschließlich im Dienste des Bösen. Er ist eitel, falsch, hochmütig, ausschweifend in allen Leidenschaften, verschwenderisch, genußsüchtig, vor allem aber von einer unerhörten Härte und Grausamkeit auch gegen die höchsten Minister und mächtigsten Lehensfürsten. So bildet sich denn unter den erbitterten Großen eine Verschwörung unter Führung des Fürsten von Tschou, des späteren Kaisers Wên wang, die mit Gewalt seine Herrschaft vernichtet, Sin selbst stürzt sich in die Flammen seines brennenden Palastes. Die Tschou übernehmen „den Auftrag des Himmels“ und begründen die nach ihnen benannte Dynastie.

Das ist, in groben Umrissen, der Inhalt der literarischen Überlieferung über die Urzeit und das hohe Altertum in der chinesischen Geschichte. Eine große Anzahl von Einzelheiten und Namen sind hier als belanglos fortgelassen, nur auf einige wenige davon wird noch zurückzukommen sein. Diese Überlieferung ruht auf etwa neun Kapiteln von den echten Teilen des *Schu king*, der ältesten Sammlung mythologisch-geschichtlicher Urkunden, einigen alten Liedern im *Schi king* und drei genealogischen Fürsten-Verzeichnissen, nämlich den beiden vorhin erwähnten, *Wu ti tê* und *Ti hi sing*, und dem jetzt verlorenen, aber durch reichliche Zitate bekannten *Schi pên;* über Alter und Ursprung aller dieser Werke wissen wir mit Sicherheit nichts. Der daraus gewonnene Stoff, ergänzt durch einige in der mündlichen Überlieferung des Volkes fortlebende lokale Legenden, ist von Ssĕ-ma Ts'ien und seinem Vater Ssĕ-ma T'an in den drei ersten Kapiteln des *Schi ki* im 2. und 1. Jahrhundert v. Chr. zusammengestellt worden. Dazu ist dann später das Annalenwerk der „Bambusbücher“, das *Tschu schu ki nien*, gekommen, das zusammen mit mehreren anderen, vermutlich ebenfalls auf Bambustäfelchen geschriebenen Werken, im Jahre 280 oder 281 n. Chr. in einem fürstlichen Grabe unweit der Stadt Sün hien in Ho-nan gefunden wurde und das in seinen Aufzeichnungen bis zum Jahre 299 v. Chr. reicht. Das Werk gibt aber, vielleicht von seiner Chronologie abgesehen, in seiner heutigen Gestalt zu Zweifeln an seiner Echtheit Anlaß. Zeitlich über diese Werke hinaus geht keine erhaltene Aufzeichnung, und auch zur Han-Zeit hatte man, wie eben Ssĕ-ma Ts'ien erkennen läßt, keine weiteren Quellen zur Verfügung. Alles, was die Zeit nach dem 3. Jahrhundert n. Chr. mehr zu erzählen hat, ist somit Erfindung. Und auch das, was die spärlichen Quellen angeben, muß mit schärfster Kritik bewertet werden. Wann das *Schu king* (d. h. seine echten Teile) oder die Lieder des *Schi king*, soweit beide für die älteste Zeit überhaupt in Frage kommen, aufgezeichnet sind, kann nicht einmal vermutet werden. Das Vorhandensein der hierfür nötigen Schriftbilder geht nicht annähernd in eine so hohe Zeit hinauf wie die Überlieferung uns glauben machen will, das beweist, von allem anderen abgesehen, der Zustand der Schriftzeichen auf den der Schang-Zeit angehörenden Schildkrötenschalen und Tierknochen, die im Jahre 1899 in Ho-nan ausgegraben sind (s. unten). Die dort nicht selten anzutreffenden Zusammensetzungen aus sinnangebenden und phonetischen Bestandteilen beweisen zwar, daß die Schrift damals bereits die unterste Stufe ihrer Entwicklung hinter sich hatte, aber mit solchem Schreibmaterial und solchen ungefügen Schriftzeichen, wie sie noch am Ende der Schang-Zeit von den Archivaren und Wahrsagern benutzt wurden, und deren Anzahl eine ganz geringe war, konnten solche Urkunden und solche Lieder-Sammlungen überhaupt nicht hergestellt werden.

Es gehört zu den erwähnten Erfindungen der späteren Zeit, wenn in den geschichtlichen Werken der Chinesen die Konstruktion der Schriftzeichen auf Huang ti oder auf Fu-hi zurückgeführt wird. Die Darstellung der Vorgänge, wie wir sie im *Schu king* finden, selbst wenn ihre Niederschrift weit in die vorkonfuzianische Zeit hinaufreichen sollte, müßte also von deren angeblichem Geschehen durch viele Jahrhunderte, vielleicht sogar durch Jahrtausende, getrennt sein. Solchen Angaben aber käme ein geschichtlicher Wert auch dann nicht zu, wenn sie glaubwürdige oder wenigstens mögliche Dinge berichteten. Wir können mithin den Berichten der literarischen Überlieferung nur insoweit eine Bedeutung beimessen, als sie durch archäologische Funde oder ethnologische Feststellungen bestätigt werden. Das ist indessen bisher nur bei einem verschwindend kleinen Bruchteil der Fall. Wenn, wie vorhin erwähnt, Fu-hi und Nü-kua in der frühesten chinesischen Kunst als Wesen dargestellt werden, deren Körper in einer Schlangenform endigen und unten miteinander verschlungen sind, so zeigt dies, in welchem Lichte die chinesische Vorstellung jene Herrscher der Vorzeit sah. Was man von Huang ti, Schên nung und anderen „Kaisern" berichtet, ist nichts anderes als eine Geschichte der menschlichen Kultur, so wie man sie sich zur Tschou- und Han-Zeit dachte. Die Entstehung dieser Kultur, ja vielleicht die der ganzen Menschheit, verlegte man nach China, von wo aus sich dann beides nach allen Himmelsrichtungen verbreitet hatte, und wo der Kulturquell auch für alle Zeiten blieb. Die Träger dieser Menschheitsentwicklung zu gestalten, mögen alte Volksmythen, dunkle Erinnerungen und freie Phantasie sich zusammengefunden haben. Einige allerdings unsichere Spuren könnten darauf hindeuten, daß jene Entwicklungsträger einer Herrenschicht angehörten, von der in der chinesischen Urzeit der erste Antrieb zur Kulturentwicklung und zur Staatsbildung ausging. Diese Herrenschicht würden wir in den Stammes- oder Sippenverbänden zu sehen haben, d. h. in den Familien oder Stämmen, denen Yü, wie wir sahen (s. oben S. 65), „Landgebiete und Sippennamen verlieh". Vor dieser Zeit, d. h. vor der Entstehung der Hia-Herrschaft, hatten in der Vorstellung der späteren Überlieferung (Ssĕ-ma Ts'ien spricht sich darüber sehr deutlich aus) alle Herrscher „den gleichen Sippennamen und unterschieden sich nur durch die Bezeichnung ihrer Herrschaftsgebiete". Das würde freilich im Widerspruch stehen zu den Angaben in den ältesten Quellen, die schon für die Zeit vor Yü von den *po sing* d. h. „den hundert Stämmen" oder „Sippen" (wobei „hundert" nicht wörtlich genommen werden darf) sprechen, die allem Anschein nach in einem Gegensatz zu den *li min* den Volksmassen (oder nach einer anderen Erklärung: dem „schwarzhaarigen Volk") gestanden haben. Im *Schu king (Yao tien* 2) wird geschildert, wie Yaos Fürsorge sich erstreckt auf die neun Klassen seiner Verwandtschaft, von da auf die *po sing* (vergl. oben S. 65) und von da auf die „zehntausend Staaten", so daß „die *li min* zivilisiert wurden". Ob dann unter den *po sing* die eingewanderten kulturell und wohl auch machtpolitisch überlegenen Stämme zu verstehen sind, unter den *li min* aber, deren Name an die Bezeichnung „Schwarzköpfe“ für das Volk im Babylon des 3. Jahrtausends v. Chr. erinnert (in späterer Zeit erscheint in China auch der Name *k'ien schou* d. h. „die Schwarzköpfe“ für *li min*), die eingesessenen „Barbaren“-Völker, ist eine weitere Frage. Der Unterschied zwischen den *po sing* und den *li min* bleibt noch durch lange Zeiträume hindurch erkennbar, er verschwindet allmählich mit dem letzteren Ausdruck, und der erstere wird zur Bezeichnung des gleichmäßig zivilisierten Gesamtvolkes. Leider können wir aber mit jener eingewanderten Herrenschicht bisher nur als mit einer Hypothese rechnen, und wir dürfen bei der Bewertung der politischen Legenden keinesfalls das einheimische Element unterschätzen. Was es im besonderen mit den „Kaisern“ Yao, Schun und Yü, sowie mit ihren „Ministern“ auf sich hat, haben wir bereits gesehen: es sind ebenfalls Gebilde uralter Volksphantasie, in deren Taten sich Erscheinungen und Vorgänge in der Natur, wirkliche und erdichtete, versinnbildlicht finden, Geschöpfe mythologischer Vorstellungen, die sich in ihrer ursprünglichen Form heute noch bei den Thai-Völkern und auch in lokalen Sagen einzelner Landesteile Chinas erhalten haben (s. oben S. 51 ff.). Vieles ist auf diese Weise bereits erklärt worden, vieles bleibt noch zu erklären, wird aber vielleicht auch noch einmal seine Deutung finden. Alle diese Dinge gehören in das Gebiet der Mythologie und der Volkskunde, können aber keinen Gegenstand geschichtlicher Forschung abgeben. Der kluge und gewissenhafte Ssĕ-ma Ts'ien schließt das erste Kapitel seines Werkes mit den bezeichnenden Sätzen: „Die, welche die Dinge studiert haben, sagen in der Mehrzahl, daß die fünf Kaiser das höchste Ende in der Geschichte bedeuten. Dagegen wird im *Schu king* nur die Zeit von Yao ab behandelt, die verschiedenen Philosophen-Schulen (d. h. die nicht-konfuzianischen) sprechen von Huang ti in einer Form, die gegen die Regeln des richtigen Geschmackes verstößt, und die beamteten Gelehrten finden es schwierig, darüber zu reden.... Ich selbst bin im Westen bis zum Berge K'ung-t'ung (im östlichen Kan-su) gekommen, im Norden über Tscho-lu hinaus (im nördlichsten Tschi-li, etwa am heutigen Siao wu t'ai schan), im Osten bis gegen das Meer, im Süden habe ich den Yang-tsĕ und den Huai-Fluß befahren. Wo immer ich aber mich an die Ältesten der Gegenden wandte, überall sprachen sie alle von den Orten Huang tis, Yaos und Schuns. Gewiß wichen ihre Überlieferungen und Erzählungen sehr von einander ab, im Ganzen aber kamen die der Wahrheit am nächsten, die von den alten Texten nicht abweichen. Ich habe im *Tsch'un-ts'iu* und im *Kuo yü* (s. unten) erkannt, daß die Verzeichnisse *Wu ti tê* und *Ti hi sing* (s. oben S. 63) durchaus deutlich sind. Und ich meine, daß man nicht weiter zu prüfen braucht, um zu der Einsicht zu gelangen, daß alles, was sie darlegen, nicht ohne Bedeutung ist“. Diese Sätze sind in mehrfacher Hinsicht bemerkenswert: einmal zeigen sie, wie jene Mythen und Sagen im 2. Jahrhundert v. Chr. im Volke noch lebendig waren; ferner lassen sie erkennen, daß damals bereits die Umbildung dieser Mythen in weitem Maße von den Geistern

Besitz genommen hatte, in erheblich weiterem als zu der Zeit, wo die „verschiedenen Philosophen-Schulen" noch in so anstößiger Form davon reden konnten, d. h. zwei bis drei Jahrhunderte früher, und schließlich deutet die außerordentlich vorsichtige Ausdrucksweise des Historikers darauf hin, daß er selbst jener Umbildung nicht ohne starke innere Vorbehalte gegenüber stand.

Die Tatsache der Umbildung aber ist ein viel bedeutungsvolleres geschichtliches Moment als die umgebildeten Mythen selbst. Die Umbildung besteht in einer vollkommenen Politisierung der einzelnen Legenden, d. h. an die Stelle der Götter sind Kaiser, an die Stelle ihrer Sendlinge Minister getreten, die von ihnen bekämpften Naturmächte und Ungeheuer, die einer Bewohnbarmachung der Erde wehrten, sind zu Rebellen geworden. Diese ganze Vorstellungswelt zeigt uns den fertigen Staat, und zwar nicht bloß als Mittelstück, sondern als die Welt selbst, der Staat ist die organisierte und geordnete Welt, in der alles nach einem ewig unverrückbaren kosmisch-sittlichen Gesetze geschieht, mag man sich nun einen höchsten Gott als sittlichen Willen hinter dem Gesetze stehend denken, oder das Gesetz selbst als die letzte wirkende Kraft ansehen (beides hat die chinesische Spekulation getan). Dieser Staat hat seinen Herrscher als irdischen Träger jenes universalen Gesetzes, seine Minister mit ihren verschiedenen Verwaltungsabteilungen, der Herrscher verhängt Strafen und gewährt Belohnungen nach festen Normen, er verwaltet die höchsten Kulturgüter wie Ackerbau und Seidengewinnung, Himmelskunde und Opferritus und fördert sie zum Wohle des regierten Volkes, er erhebt Abgaben und Tribute, müht sich um die Sicherheit des Landes und macht die Ordnungsfeinde, die „Rebellen", unschädlich; der höchste Wille aber regelt die Aufeinanderfolge der Herrscher, er bildet Dynastien und schafft, wenn die Fähigkeit der Herrscher für ihren Daseinszweck nicht mehr ausreicht, rechtzeitigen Ersatz. Das Weltbild der Chinesen, so wie es in den ältesten Aufzeichnungen sichtbar wird, zeigt also die Form des geordneten Staates, der mit Weisheit regiert wird, und zur Zeit Ssĕ-ma Tsʿiens war dieses Bild anscheinend im Denken des Volkes so fest geprägt, daß die Welt in einer anderen Form überhaupt nicht mehr vorstellbar war. Die früher besprochenen archäologischen Funde in Nord-China geben einen Anhalt für den wirklichen Kulturzustand jener Urheimat des chinesischen Staates im 3. Jahrtausend v. Chr.: von einem politischen Gemeinwesen mit hochentwickelter Geisteskultur, mit Verwaltungsbezirken größten Umfangs, mit metallgegossenen Dreifüßen und ähnlichen Emblemen Kaiserlicher Macht, wie es die Überlieferung vom Kaiser Yü und seinen Vorgängern berichtet, kann keine Rede sein; nichts berechtigt uns zu der Annahme, daß in jener Zeit auch nur die dürftigsten Anfänge eines wirklichen Staates vorhanden waren. Als aber die ältesten Teile des *Schu king* abgefaßt wurden, muß die Staatsbildung schon sehr weit fortgeschritten gewesen sein, das beweist eben jene fertige Politisierung der alten Mythen. Vom Zeitpunkte der Abfassung aus projizierte man die Gegenwart zurück auf das höchste Altertum und schuf so den Staat des Yao, Schun und Yü. Dieses Projizieren war zweckbewußte Gelehrtenarbeit, nicht Geschichtschreibung, sondern politische Tendenzmalerei. Ihre Anerkennung hat sich durchaus nicht gleich durchgesetzt, das zeigen die Bemerkungen Ssĕ-ma Ts'iens über die „verschiedenen Philosophen-Schulen", d. h. über die zahlreichen Denker der Zeit etwa vom 7. bis 3. Jahrhundert v. Chr., die über das neu geformte Altertum ihre eigenen Ansichten hatten und diese zum Teil (die Schriften aus Lao tsĕs Schule und andere Lehrsysteme geben Beispiele genug dafür) mit bissigem Spotte äußerten. Noch Mêng tsĕ (3. u. 4. Jahrhundert v. Chr.) meint: „Besser überhaupt kein *Schu king* als alles darin zu glauben" (VII, II, 3), und damit weist er sogar auf die Begebenheiten vom Ende der Schang-Dynastie, also auf eine verhältnismäßig späte Zeit hin! Da ist es nicht verwunderlich, daß die „beamteten Gelehrten" unter Ssĕ-ma Ts'iens Zeitgenossen, also die Leute, die pflichtgemäß alles zu glauben hatten, was die Überlieferung verlangte, „es schwer fanden, darüber zu reden". Das wirft ein scharfes Licht auf die Entwicklung in der chinesischen Geschichtsanschauung: von den Dingen vor dem 1. Jahrtausend v. Chr. wußte man am Ende der vorchristlichen Zeit erheblich weniger als man tausend Jahre später zu wissen glaubte, und fünf hundert Jahre vor jenem ersten Termin war man unkundiger über die Begebenheiten im hohen Altertum als es später „die beamteten Gelehrten" sein sollten. Die chinesische Rekonstruktion der Geschichte des Altertums ist immer ausführlicher, immer selbstsicherer, immer tendenziöser geworden, je weiter die Zeit fortschritt und das konfuzianische Dogma sich bildete. Wann diese Rekonstruktion zuerst eingesetzt hat, wissen wir nicht, sie muß aber schon begonnen haben mit der Gründung des Staates und des theokratischen Kaisertums, denn für beide mußte sie ja eben die Grundlagen geben. Es liegt auch nahe, anzunehmen, daß die Erweiterung des Schriftsystems mit ihr zusammenhängt, d. h. daß erst der Ausbau des Staates eine schriftliche Aufzeichnung der politischen Mythen wünschenswert machte und zu dem Zwecke eine Vermehrung der Schriftbilder vorgenommen werden mußte, weil der Bestand dieser letzteren zur Schang-Zeit, wie bereits erwähnt wurde, dafür nicht ausreichend war.

Wie in Wirklichkeit der kulturelle und politische Zustand der Völker war, die im hohen Altertume die riesigen Berg-, Wald- und Sumpfgebiete des heutigen China bewohnten, darüber sind unmittelbare glaubwürdige Nachrichten natürlich nicht vorhanden. Indessen läßt sich Einiges doch aus der ältesten Literatur erschließen, wenn man sie von den Formen der späteren Umdeutung befreit. Man erhält dann untrügliche Beweise dafür, daß diese wilden Stämme nicht anders geartet waren als die Bewohner anderer Weltteile in der gleichen Entwicklungsperiode; sie zeigen das nämliche Bild, das mit stark abgeblaßten Farben noch heute bei den Bergstämmen des Südwestens und den tungusischen Fischern des Nordostens sichtbar ist. In Sippenverbänden lebten die Familien beieinander, der Familienvater oder

der Sippenhäuptling hatte unbeschränktes Recht über Leben und Habe der Seinen. Ob in einem ältesten Zustande der Gesellschaft in der Tat das Mutterrecht, wie manche annehmen, herrschte, weil gewisse Sagen über die Abstammung der Sippen von weiblichen Tieren oder Menschen bei unbekanntem Vater, wie sie in alten Liedern des *Schi king* (z. B. *Ta ya* II, 1, *Schang sung* 4) erwähnt werden, darauf hindeuten könnten, und überdies die Zusammensetzung der Schriftzeichen für einige der ältesten Stammesnamen mit dem Zeichen für „Frau" die gleiche Tatsache erkennen lassen sollen, diese Frage zu entscheiden, reicht das vorhandene Material nicht aus, zudem scheint manches in der chinesischen Gedankenwelt dagegen zu sprechen. Viel wahrscheinlicher dagegen ist die Organisation der männlichen Stammesglieder nach militärischen Beweggründen mit dem Männerhause als Mittelpunkt, jener uralten Ritualstätte, das der Konfuzianismus später zu einem Heiligtum dogmatischer Gelehrsamkeit umgeschaffen hat, und das den fremden Namen *pi-yung* führt. Solche Männerhäuser finden sich bei den Völkerstämmen aller Erdteile und dienen als Sammelräume für die Männer zu den verschiedensten Zwecken. In China scheint das Männerhaus vor allem der Ausgangsort für Kampf und Jagd gewesen zu sein, worauf die Angaben des *Li ki* (Ausgabe Couvreur I, 281) hindeuten. Kriegerischen Sinn verrät auch die große Bedeutung, die dem Bogenschießen schon in der ältesten Literatur beigelegt wird, wie die Lieder des *Schi king* unzählige Male zeigen; auch die Jagd auf wilde Tiere, wie Tiger, Bären, Wölfe , und der Kampf gegen die Stämme im Norden, Westen und Süden (z. B. *Siao ya* I, 8 und III, 5) werden gepriesen, und das *Li ki* (Couvreur I, 468 u. II, 668ff.) schildert eingehend die Übungen der Jugend im Bogenschießen und Speerwerfen. Die Form, die diese Schilderungen unter dem Einfluß der konfuzianischen Bearbeiter erhalten haben, brauchen über die ursprüngliche Gestaltung und Bedeutung der Sache nicht zu täuschen. Wie bei anderen Naturvölkern, so muß auch bei den Bewohnern des ältesten China das Schamanentum, der Zauberer und Beschwörer, seine Rolle gespielt haben, wie aus den Angaben des *Li ki* (I, 261), des *Tschou li* (Ausgabe Biot II, 102ff.) u. a. hervorgeht, wonach diese Schamanen *(wu)* teils Männer, teils Frauen waren. Noch in der Han-Zeit, als man die alten Kulte neu ordnete, glaubte man die Beschwörerinnen nicht entbehren zu können, wie sich unter anderem in der Beschreibung zeigt, die Tung Tschung-schu (2. Jahrhundert v. Chr.) von dem durch ihn erneuerten Regenopfer im 74. Abschnitt seines *Tsch'un-ts'iu fan lu* gibt. Auch auf Totemismus, d. h. auf den Glauben an die Abstammung von Tieren, Pflanzen, Steinen u. a., könnten Sagen wie die von der Geburt des „Kaisers" Yü schließen lassen, dessen Mutter durch eine Sternschnuppe, wie die Zusätze zu den „Bambusbüchern" (III, 1) erzählen, oder durch Verschlucken einer Kornfrucht, wie das *Lun hêng* (1. Jahrhundert n. Chr. Ausgabe Forke, I, 518) erwähnt, schwanger wurde, während die Stammutter der Schang-Kaiser dasselbe durch Verschlucken eines Schwalbeneis (*Lun hêng* a. a. O.) erfuhr. Daß das kultische Ritual

Menschenopfer und vermutlich auch Kannibalismus kannte, scheinen schon die prähistorischen Funde wenigstens im Norden zu erweisen (s. oben S. 46), beides hat sich sogar noch weit in die geschichtliche Zeit hinein erhalten. Vor allen war es der Gott des Erdbodens, zweifellos eine der ältesten Gottheiten der indochinesischen Volkstämme, der Menschenopfer erhielt. „Die mir gehorchen, will ich belohnen vor meinen Ahnen, und die mir nicht gehorchen, will ich töten vor dem Gott des Erdbodens", läßt das *Schu king (Hia schu* II, 5) den Nachfolger von Yü am Ende des 3. Jahrtausends v. Chr. erklären. Auch die Angabe des *Tschou li* (Kap. 35 fol. 9r°), daß „bei den großen Unternehmungen des Staates (d. h. bei Kriegs- u. Jagdzügen) die, die dem Willen (des Fürsten) zuwidergehandelt haben, getötet werden", kann nicht anders als in rituellem Sinne gedeutet werden. Natürlich waren es zunächst Verbrecher und Kriegsgefangene, die als Opfer dienen mußten, und dieser Brauch wird noch für das 7. Jahrhundert v. Chr. belegt durch den Bericht des *Tso tschuan* (zu *Hi kung* 28. Jahr), wonach man im Jahre 632 in der Hauptstadt von Tsin (s. unten) nach dem Siege über den Staat Tsch'u (s. unten) „die Beute darbrachte" (einschließlich der Gefangenen) und „die abgeschnittenen Ohren (der Gefangenen. auch das Abschneiden der Ohren diente rituellen Zwecken, namentlich am Altar des Gottes des Erdbodens) übergab". Andere Meldungen mögen auf noch spätere Zeit hinweisen, und es kann nicht überraschen, wenn die chinesischen Kommentatoren sich bemühen, den oft nur dunklen Andeutungen der Texte eine andere Bedeutung zu geben. Fälle von Kannibalismus kommen, allerdings nur als Ritual- oder Rachehandlungen, in den Texten häufiger vor, und zwar auch in späterer Zeit, Reste haben sich sogar bis auf die Neuzeit erhalten, sie legen den Gedanken an allgemeine Bräuche des Altertums sehr nahe. In Symbolen fortbestehend ist sogar heute noch ein Brauch der Urzeit, der verlangte, daß dem verstorbenen Fürsten oder Familienvater lebende Menschen als Begleiter mit in das Grab gegeben wurden. Wenn man noch in der Gegenwart bei Begräbnissen menschliche Figuren aus Papier verbrennt, so ist dies nichts als ein Überrest jenes grausamen Totenkultes, dem man zwar schon in verhältnismäßig früher Zeit durch Holz-, Stroh- und Lehmfiguren Ersatzstücke gegeben hatte (die Grabfunde der Han-Zeit sind Beispiele dafür), der aber doch in Einzelfällen noch spät in der nachchristlichen Zeit geübt worden ist. Wenn man einer allerdings nicht eindeutigen Stelle des *Li ki* (Couvreur I, 209) glauben darf, so hätte freilich schon Konfuzius — mit einer seltsamen Verwechslung von Ursache und Wirkung — die Verwendung aller Ersatzstücke getadelt, weil sie zur Opferung (hier euphemistisch „Verwendung" genannt) lebender Menschen führen könnten. Und dabei beklagt ein Lied des angeblich von ihm zusammengestellten *Schi king (Kuo fêng* XI, 6) drei hochgestellte Persönlichkeiten, die um 621 v. Chr. dem Fürsten als Begleiter in das Grab folgen mußten.

Das sind einige Wesenszüge des Urchinesentums, die sich heute noch aus dem vorhandenen Material mit einiger Sicherheit gewinnen lassen, und dieses Material — es konnte hier nur angedeutet werden — zeigt zugleich daß die Züge im Volksleben auch noch spät in der geschichtlichen Zeit, zum Teil bis auf den heutigen Tag erkennbar sind. Diese Tatsache allein genügt schon als Beweis, daß wir die Vorstellung aufzugeben haben, als habe es sich in jener Urzeit um einen Gegensatz zwischen Chinesen und „Barbaren" gehandelt, eine Vorstellung die von den chinesischen Literaten immer mit Eifer genährt worden ist, und von der auch die abendländische Forschung nicht hat loskommen können. Dem kulturstolzen Konfuzianer der späteren Zeit war es ein unerträglicher Gedanke, daß seine Vorfahren einst Menschenopfer dargebracht hätten, Kannibalen gewesen wären und statt auf die tugendsamen Künste des Friedens ihren Sinn mehr auf blutige Raub- und Beutezüge gerichtet haben sollten. So behaupteten die chinesischen Archäologen, daß alle diese rohen Bräuche den „Barbaren"-Völkern zukämen und hie und da vielleicht von den höher stehenden Chinesen nachgeahmt seien; auch bei den prähistorischen Funden in Ho-nan und der Mandschurei wurde sogleich die Erklärung laut, daß es sich hier um die Hinterlassenschaft irgend eines barbarischen Nachbarvolkes handeln müsse (s. oben S. 48). In Wahrheit haben wir eben keine Berechtigung, anzunehmen, daß im hohen Altertum ein hochkultiviertes Volk in der Mitte von „Barbaren"-Stämmen gesessen habe, es sei denn, daß man von der Voraussetzung ausginge, es handle sich bei jenem Volke um ein aus dem Westen eingewandertes, wofür aber ein Beweis bis jetzt nicht vorhanden ist. Zuweilen scheint auch bei den späteren Chinesen selbst das Bewußtsein durchzubrechen, daß ihre fernen Ahnen nichts anderes waren, als die übrigen Barbaren-Völker, wenigstens lassen darauf Sätze schließen, wie die folgenden, dem *Li ki* (Couvreur I, 504) entnommenen: „Vor Alters hatten die Kaiser noch keine Paläste und Häuser. Im Winter wohnten sie in Höhlen und im Sommer in Laubhütten wie in Nestern. Sie hatten noch kein Feuer zum Kochen, sondern aßen die Früchte von Bäumen und Sträuchern und das (rohe) Fleisch von Vögeln und Vierfüßlern, sie tranken ihr Blut und verschlangen ihre Federn und Haare mit. Sie hatten weder Hanf noch Seide, sondern kleideten sich in Federn und Felle der Tiere". Diese Schilderung, die Angesichts der noch heute als Wohnstätte benutzten zahlreichen Höhlen in den senkrechten Lößwänden Nord-Chinas, sowie der Bräuche bei den Jäger- und Fischer-Völkern des tungusischen Nordostens durchaus nichts Unwahrscheinliches hat, ist, wie die gesamte Überlieferung, aus welcher Zeit sie auch immer stammen möge, kennzeichnend für die alles politisierende Vorstellung der Chinesen, die sich selbst den Zustand rohesten Wildlebens nicht ohne Staat und „Kaiser" denken kann. Dasselbe dunkle Empfinden von der Art und Herkunft der großen Stammväter läßt eine interessante Stelle in dem *Sin yü* des Lu Kia (Ende des 3. oder Anfang des 2. Jahrh. v. Chr.), soweit der Text echt ist, erkennen. Es heißt dort (Kap. 1 fol. 6r⁰): „Wên wang entstammte den I des Ostens (s. oben S. 38), und der Große Yü kam von den K'iang des Westens" (s. oben S. 36). Hier zeigt sich mehr Verständnis für geschichtliche Wahrheit als bei den Chronisten der späteren Zeit.

Nach den ersten Anfängen der Staatsbildung im chinesischen Altertum sucht unser kritischer Sinn in Wirklichkeit vergeblich. Das Älteste, was wir an dokumentarischen Zeugnissen außerhalb der Überlieferung bisher besitzen, sind wieder archäologische Funde. Im Jahre 1899 wurden in Ho-nan, wenige Kilometer westlich von der heutigen Stadt Ngan-yang hien (Tschang-tê), wo offenbar während der letzten zwei Jahrhunderte der Yin-Dynastie die Hauptstadt gewesen war, eine große Menge von Schildkrötenschalen und Tierknochen-Stücken, sowie geschnitzte Elfenbein-Geräte, einige in Hochrelief dekorierte Bronzen und angeblich auch Nephrit-Stücke gefunden. Die letzteren würden für die Frage der Herkunft von besonderem Interesse sein (vergl. oben S. 45). Die Schildkrötenschalen und Tierknochen waren mit eingeritzten Schriftzeichen archaischen Charakters bedeckt, die noch eine fast reine Bilderschrift und so roh und ungefügig waren, daß die Entwicklung aus der untersten Stufe, dem ursprünglichen einfachen Bilde, nicht allzu lang gewesen sein kann. Der Inhalt, soweit man ihn hat entziffern können, besteht zum größten Teile aus kurzen Orakelsprüchen, daneben aber auch aus genealogischen Verzeichnissen von Namen mit kurzen Bemerkungen dazu. Die Orakel waren offenbar die Antworten der von den Enkeln befragten Ahnen und betrafen vermutlich fürstliche Familien. Was aber das wichtigste war, die Aufzeichnungen enthielten nahezu die sämtlichen Namen der Schang-Herrscher mit ihren zyklischen Zeichen, wie die Überlieferung in den „Bambusbüchern" und dem *Schi ki* sie angibt (s. oben S. 68); nur wenige Verschiedenheiten sind festzustellen, und diese mögen auf Schreibfehlern beruhen. So haben die Knochen für den Namen des ersten Herrschers nicht T'ien Yi wie die literarischen Quellen, sondern allem Anschein nach Ta oder T'ai Yi, die Schriftzeichen für T'ien und für Ta (T'ai) sind kaum von einander zu unterscheiden. Der Name T'ang oder Tsch'êng T'ang für denselben Fürsten findet sich nicht, der Grund ist nicht festzustellen, jedenfalls scheint Ta Yi der eigentliche posthume Ehrenname gewesen zu sein. Von der Reihe der folgenden Herrscher werden weitaus die meisten erwähnt, die Schreibung macht allerdings zuweilen eine leichte Korrektur der überlieferten Namen nötig. Der letzte, der auf den Knochen genannt wird, ist Wên Wu Ting, der T'ai Ting des *Schi ki* und der Wên Ting der „Bambusbücher", der drittletzte der Reihe, der nach den „Bambusbüchern" von 1124 bis 1112 regiert haben muß. Sehr viel später würde also die jüngste Eintragung auf den Knochen nicht anzusetzen sein.

Somit erscheint die Schang-Dynastie und zugleich natürlich ihr Staat gesichert. Darüber hinaus geht unsere Erkenntnismöglichkeit nur mit unsicherem Schritte. Ob und inwieweit wir von einer Hia-Dynastie und einem Hia-Staat sprechen können, muß eine offene Frage bleiben, in ihren Anfängen würde sich diese Dynastie auf alle Fälle völlig im Nebel verlieren. Entstanden sein könnte ihre Macht durch Eroberung der wichtigen Landschaft Hu im westlichen Weï-Becken (s. oben S. 66). Ihr Sturz durch Tsch'êng T'ang hat eine sehr verdächtige Ähnlichkeit mit dem der Schang-Dynastie durch den Fürsten von Tschou, und der Gedanke drängt sich auf, daß die Geschichte der letzteren einfach auf die erstere übertragen ist. Schriftliche Zeugnisse werden wir aus jener Zeit kaum zu erwarten haben, denn wenn das Vorhandensein von Schriftzeichen überhaupt über die Schang-Zeit hinausgeht, so können ihre Form und die Mittel, mit denen sie hergestellt wurden (Einritzung in Knochen oder Holz), wie schon erwähnt, für zusammenhängende Aufzeichnungen unmöglich ausgereicht haben. Ssĕ-ma Ts'ien sagt in seinem Kapitel über das Orakelwesen (Kap. 128), daß „die weisen Herrscher seit dem Altertum immer, wenn sie den Staat gründeten und den Auftrag des Himmels empfingen", die Orakel mit Schildkrötenschale und Schafgarbenstengel befragt hätten. Über Yao und Schun hinaus gebe es keine Erinnerung, aber während der drei Dynastien habe man sich immer nach günstigen Orakelsprüchen gerichtet. Auch die Barbarenstämme, wenn sie auch nicht „die Abstufung von Fürst und Untertan" hätten, wären gewohnt gewesen, auf ihre Art die Zukunft zu ergründen. „Ich habe gehört", fährt er fort, „daß man zur Zeit der Hia- und Yin-Dynastie, wenn man das Orakel zu befragen wünschte, Schildkrötenschalen oder Schafgarben nahm. Nach der Beendigung warf man sie fort, in der Annahme, daß die Schildkrötenschalen, wenn sie aufbewahrt würden, keine Zauberkraft, und die Schafgarbenstengel, wenn sie lange lägen, keine übermenschliche Wirkung mehr hätten. Erst die Wahrsage-Beamten der Tschou-Dynastie pflegten die Schildkrötenschalen und Schafgarbenstengel als Schätze aufzubewahren." Danach hätten wir es nur einem glücklichen Zufall zu danken, daß die Schalen und Knochen in Ho-nan auf uns gekommen sind, und ob wir auf einen zweiten derartigen Zufall rechnen dürfen, der uns über eine Hia-Dynastie Mitteilung brächte, ist sehr unsicher. Immerhin, da uns der Staat der Schang bezeugt ist, müssen wir seine Anfänge am Ende der Zeit suchen, die von der Überlieferung als Hia-Herrschaft bezeichnet wird. Wie und besonders von welchem Stamme er aber zuerst gebildet worden ist, darüber fehlt noch jeder brauchbare Hinweis. Schlimmer noch steht es mit dem der Hia. Was die Überlieferung darüber sagt, ist Phantasie. Sie legt dem Stammvater der Dynastie, Yü, den persönlichen Namen Wên-ming (d. h. etwa „Kulturschaffender Auftrag") bei und führt seinen Stammbaum auf Huang ti zurück. Hia wird von ihr als Landschaftsname, also auch als Volksname angesehen, ebenso hat vielleicht auch der Name Yü selbst als Ortsname zu gelten. Es kann keinem Zweifel unterliegen, daß die ersten Familien- oder Sippen-Namen aus Landschaftsnamen entstanden. Das *Schu king* selbst deutet dies an, wenn es bemerkt, daß Yü „Land- und Sippen-Namen verlieh". Natürlich ist damit über den Namen Hia nichts gesagt. Das Wesen des Hia-Staates, so wie es uns in den ältesten Denkmälern entgegentritt, setzt unverkennbar ein gewisses Maß von kosmischem Gefühl voraus, d. h. das Begreifen der staatlichen Ordnung als eines Teiles der Ordnung des Alls, wie sie sich in dem Wechsel von Licht und Finsternis, von Frühling, Sommer, Herbst und Winter, in dem Wachsen und Abnehmen der Mondscheibe, in der Bahn der Sonne und dem Auf- und Untergehen der Sterne zeigt, ja man wird unbedenklich behaupten können, daß der chinesische Staatsgedanke, genau wie der von anderen Monarchien des asiatischen Altertums, seine Wurzel in der Betrachtung des Kosmos, insonderheit des gestirnten Himmels und der ihm gegenüberliegenden Erde (als Scheibe gedacht) hat. Uralt scheint der Vergleich des Herrschers mit dem Polarstern, um den sich auch im Ptolemäischen System das gesamte Himmelsgewölbe als um den feststehenden Punkt dreht, wenn man den Deutungen der astronomischen Texte des *Schu king* durch die Astronomen Gaubil, L. de Saussure u. a. glauben darf, und Konfuzius' bekannter Ausspruch im *Lun yü* (II, 1), daß der, „der die Regierung durch seine Tugend führt, wie der Polarstern ist, der seinen Platz behält, während alle anderen Sterne sich ehrfurchtsvoll vor ihm neigen", muß vertrauten Vorstellungen begegnet sein. Die Sage, die im *Schi ki* und im *Tso tschuan* erzählt wird, daß Yao die beiden streitsüchtigen Söhne seines Vorgängers Kao-sin nach Schang-k'iu (angeblich in Ho-nan) und Ta-hia (angeblich in Schan-si) verbannte, damit der eine die Opfer an das Sternbild *tsch'ên* (Skorpion), der andere an den *tsan* (Orion) leiten sollte, ebenso die ähnliche von den „Ministern" Hi und Ho, die der „Kaiser" Yao mit der Wartung der aufgehenden und untergehenden Sonne betraut (s. oben S. 52), ferner die vom *Schu king* berichtete und von Ssĕ-ma Ts'ien übernommene Schilderung, wie „Kaiser" Schun die Verhältnisse zwischen den sieben Sternen des Großen Bären feststellte, was im Text als „Regelung der sieben Regierungsabteilungen" bezeichnet wird, und dann der *Hung fan* („Der große Plan") genannte Abschnitt des *Schu king* (der zu den echten Teilen gehört), in dem ein Minister des letzten Schang-Herrschers dem neuen Kaiser der Tschou die alt ererbte Weisheit von den „fünf Elementen", dem Kalender nach Jahren, Monaten, Tagen, den Orakeln mit Schildkrötenschale und Schafgarbe, den atmosphärischen Vorgängen wie Regen, Wind, Sonnenschein und den damit verbundenen Regierungshandlungen darlegt, ein System, das er als „die neun vom Himmel an Yü verliehenen Regeln" (wörtlich Felder) bezeichnet: alles dies und manches Andere, so gering sein unmittelbarer geschichtlicher Wert sein mag, zeigt deutlich, wie die älteste Auffassung vom Staat mit der Naturbetrachtung untrennbar verbunden ist. Vor allem hat die Astronomie, die natürlich nur dem praktischen Zwecke der Ergründung der astralen Einflüsse auf die irdischen Verhältnisse diente, bestimmend gewirkt. Sie verband sich mit alten Volksagen und Mythen und gab so den Antrieb für den Staatsgedanken, wie er vom Altertum her überliefert ist.

Aber die Astronomie stellt uns nun wiederum vor das Problem ihrer Herkunft; war sie im Lande entstanden oder von außen eingeführt? Niemand hat die Frage gründlicher durchforscht als Léopold de Saussure, aber auch er hat seine Auffassungen mehrmals gewechselt und ist schließlich doch nicht zu einem endgültigen Ergebnis gekommen. Während er ursprünglich glaubte, annehmen zu müssen, die achtundzwanzig „Stationen" der Mondbahn seien von China aus nach Indien eingeführt worden, die chinesische Astronomie müsse also die ältere und bodenständigere sein, zumal die vier Sterne, die im *Yao tien* des *Schu king* als in der Mitte der vier Jahreszeiten stehend angesehen werden, in der Tat um 2200 v. Chr., also in annähernder Übereinstimmung mit der Überlieferung, den Himmelsäquator in vier gleiche Quadranten geteilt hätten, änderte er diese Ansicht später und erklärte die Form der indischen Mondstationen doch für die ältere. In seinen letzten Arbeiten kam er dann zu der Überzeugung zurück, daß das System des Mondkreises asiatisches Gemeingut sein müsse, da es sich außer in China und Indien auch in Arabien und Babylon finde. Es beruhe auf der symmetrischen Stellung von zwei Paaren besonders leuchtender Sterne (von denen Arcturus und Wega das eine Paar, η der Hydra und α des Widders das andere sein müsse), die einander annähernd gerade gegenüberstehen müßten. Diese Symmetrie habe bestanden um 4000 v. Chr. Durch die allmähliche Verschiebung in der Stellung der Paare seien dann die Unterschiede in dem Mondkreise der verschiedenen Völker zu erklären. Um 4000 v. Chr. habe aber nur die babylonische Astronomie als die älteste bestanden, sie müsse also die Mutter der übrigen sein. Für die chinesische komme nach der Polarstellung der von den Chinesen als polar bezeichneten Sterne die Zeit vom 27. bis 23. Jahrhundert v. Chr. als Anfang in Betracht. Dazu komme ein zweites Moment. Die astronomische und kosmologische Anschauung der Chinesen teilt, wie erwähnt (s. oben S. 61f.), den Himmel und die Erde in fünf Zonen (*kung* d. h. „Paläste"), von denen die polare oder Kaiserliche in der Mitte ist, die der vier Jahreszeiten mit ihren bestimmenden Gestirnen, wie die Vasallen-Gebiete rings herum liegen; in Bewegung gehalten werden die vier Zonen durch die Wirkung der beiden kosmischen Kräfte *yin* und *yang*, dunkel und hell, kalt und warm usw. Diese Anschauung findet sich auch in Iran als uralte vorzoroastrische Volksreligion, wie gewisse alte mazdäische Überlieferungen in dem mittelpersischen Bundahiš beweisen, dagegen in Babylon nicht oder nicht mehr, wenn nicht etwa eine Spur davon in den sieben Gestirnen, d. h. Sonne, Mond und den fünf Planeten zu erblicken ist. Zunächst hatte de Saussure eine Übertragung von China nach Iran angenommen, änderte dann aber diese Ansicht auf Widerspruch der Iranisten hin und kam auf Grund der Mond-Kreis-Theorie wieder zu der Überzeugung, daß Babylon auch hierfür der Ursprung sein, und das ganze System sich von dort aus über Asien verbreitet haben müsse. Doch waren seine letzten Worte: „Sollte der babylonische Ursprung außer Betracht bleiben müssen, so würde man wieder zu der Hypothese von dem chinesischen Ursprung zurückzukommen haben." De Saussure hat die vorgeschichtlichen Funde von Kan-su und Ho-nan nicht mehr erlebt, anderenfalls würden diese vermutlich seine ohnehin schon mehr und mehr sich festigende Annahme eines fremden

Ursprungs der chinesischen Astronomie zu einer endgültigen gemacht haben. Nachdem eine Verbindung Chinas mit dem Westen im 3. Jahrtausend v. Chr. nunmehr sicher gestellt ist, kann nicht mehr bezweifelt werden, daß auf demselben Wege, auf dem der weit über das Kultur-Niveau der tibeto-birmanischen oder indochinesischen Stämme hinausragende Vasenschmuck aus unbekannten Fernen nach Osten gelangt ist, auch Kulturbestandteile anderer Art wie astronomische oder astrologische Vorstellungen und Deutungen herein gekommen sind. Von wo sie ausgingen, kann hier unerörtert bleiben; die Tatsache, daß sie über ganz Asien verbreitet waren, legt den Gedanken an einen gemeinsamen Ursprungsort nahe. Von größerer Wichtigkeit ist natürlich die Frage nach den Trägern jener höheren Kulturleistungen und ihrer Herkunft. Die Funde zeigen eine Verschmelzung zweier Einflüsse (s. oben S. 46ff.), und wenn wir bedenken, daß sich das Fremde nirgends in Reinheit dauernd durchgesetzt hat, sondern von Anbeginn an, jedenfalls schon in sehr früher Zeit, mit dem Vorgefundenen diese enge Verbindung eingegangen ist, dann aber weit mehr befruchtend, umbildend, veredelnd als verdrängend und neu schaffend gewirkt hat, so erscheint die Annahme berechtigt, daß es sich zahlenmäßig, wenn überhaupt um ein Volk, nur um ein kleines gehandelt haben kann. Darauf deutet schon die Tatsache, daß die erste Staatsbildung nicht in Kan-su, am Eingangstore der fremden Kulturwelle, begonnen hat, sondern in Ho-nan, da, wo der aufnehmende Stamm siedelte. Das fremde Element müßte dann eben den Vorgang begonnen haben, den wir nachher die ganze chinesische Geschichte hindurch beobachten können: wie ein Samenkorn wäre es aufgenommen durch einen besonders empfänglichen Stamm, der seinen Kulturgedanken und Formen erst die völkische Unterlage gegeben und dann das Empfangene weitergebildet und weitergetragen hätte (vergl. oben S. 40f).

Offensichtlich haben sich nun die astronomisch-kosmologischen Anschauungen mit den einheimischen Mythen und den animistischen Vorstellungen des Natur- und Ahnendienstes verbunden und so, wie oben angedeutet, einen kosmologischen oder universalistischen Staatsgedanken geboren. Dieser aber bemächtigte sich der unzweifelhaft vorhandenen Stammes-Organisation — eine solche muß mit Notwendigkeit angenommen werden, wenn man nicht in jenen indochinesischen Völkern halbtierische Wilde sehen will — und entwickelte daraus, wahrscheinlich unter gestirn- und kultkundigen Führern als Trägern einen Staat hierarchischer Art. De Saussure nahm die Zeit zwischen dem 27. und 23. Jahrhundert v. Chr. an, wo die ersten astronomischen Begriffe in China aufgetaucht sein müßten; die Überlieferung legt den Anfang der Hia-Dynastie auf das Jahr 2205 und Andersson, sowie seine archäologischen Berater, setzen das Alter der Kan-su- und Ho-nan-Funde in ihren verschiedenen (sechs) Entwicklungstadien nach Würdigung aller geologischen Umstände der Fundorte und auf Grund der Vergleiche mit den neolithischen Kulturen des Westens in die Zeit zwischen 3500 und 1700 v. Chr. So werden wir hinsichtlich der Entstehung des Staates auf den Zeitpunkt geführt, den die Überlieferung als den Beginn der ersten Dynastie, d. h. der Herrschaft der Hia ansieht. Natürlich dürfen wir mit dem Worte Staat, das nur mangels eines besseren gebraucht wird, nicht moderne Begriffe verbinden. Es handelt sich dabei nicht um ein territorial begrenztes, nach bestimmten Ordnungen regiertes Gebiet, sondern wohl um nicht viel mehr als um eine durch fremde Einflüsse zu Stande gekommene Theorie, an die man die wirklichen Verhältnisse anzupassen versucht, und die man allmählich durch die erwähnte „Politisierung" der alten Mythen und Legenden zu festigen strebt. Während bis dahin lediglich eine freie Häuptlingswahl innerhalb der Sippenverbände bestanden hatte, kommt nunmehr eine feste Erbfolge in demselben Herrschergeschlecht auf, und der „Kaiser" fühlt sich als irdisches Gegenstück zu dem polaren Mittelpunkt am Himmel. Es ist nicht unmöglich, daß die entstehende Erbfolge mit der zunehmenden Bedeutung des Ahnendienstes zusammenhängt, jenem zweiten staatsbildenden Moment, das sich dem ersten, dem Natur- und Himmelsdienst, als gleich stark und innerlich verwandt zur Seite stellt. Unter dem Einfluß des Ahnendienstes ist dann in späterer Zeit bei der Weiterentwicklung der Theorie der „fünf Elemente" auch die Verbindung der „fünf Kaiser" mit den „Elementen", den „fünf Palästen" am Himmel (s. oben S. 61ff.) usw. vollzogen worden, und zwar sicherlich in bewußter Weise von astrologischen und kosmologischen Gelehrten, die damit die Kaiserliche Gewalt unmittelbar an den Himmel knüpfen wollten. Diese Form des Ahnendienstes setzt aber natürlich die Seßhaftigkeit und somit den Ackerbau voraus, und über dessen Anfänge fehlt bislang noch jede ernsthafte Spur. Es ist möglich, daß der fremde Einstrom auch eine größere Geschicklichkeit in der Bearbeitung des Bodens, sowie bessere Geräte mit hereintrug, und in den fruchtbaren Tälern von Kan-su, wo heute die hinterlassenen Spuren der Fremden aufgefunden werden (s. oben S. 43), ebenso in den nicht weniger günstigen Landschaften am Weï ho und mittleren Huang ho, war gute Gelegenheit, beides zu verwenden und weiter zu bilden. Die Funde in Kan-su wie in Ho-nan sind denn auch an noch deutlich erkennbaren festen Siedlungstätten und auf Friedhöfen in der Nähe davon gemacht worden, also die neolithischen Bewohner dort waren seßhafte Ackerbauer und vielleicht auch Handelsleute. Ein Rätsel bleibt dann auch der geheimnisvolle Name Hia, auf den wir immer wieder stoßen. Bereits früher war die Ansicht eines abendländischen Gelehrten erwähnt, daß es der Name des vom Nordwesten hereindringenden Volkes gewesen sei (s. oben S. 39). Schon in einem der ältesten Teile des *Schu king* kommt das Wort mit unbestimmter Bedeutung vor, aber es bezeichnet das Kulturland im Gegensatz zu den „Barbaren" und daher in der ganzen späteren Zeit „China". Wenn die Überlieferung es zu dem an Yü verliehenen Lehnsgebiete macht, und es nach Ho-nan verlegt, so könnte das nur bedeuten, daß es als das Ursprungsland der chinesischen Kultur gilt. Ob es, ebenso wie der Name Ta-hia (s. oben S. 46), in dem das Wort auch wieder erscheint, ein Fremdwort umschreibt oder rein chinesisch ist, läßt sich heute nicht entscheiden, ebenso wie ja der vorhin erwähnte Name für das regierte Volk, *li min*, bisher eine sichere Erklärung nicht gefunden hat.

Über den vielleicht schon in der Hia-Zeit entstehenden „Staat“ geben uns zwei alte Urkunden eine, allerdings wenig greifbare, Auskunft, die beide in die Sammlung des *Schu king* aufgenommen sind: das *Hung fan* „Der Große Plan“, und das *Yü kung*, „Die Tributleistungen an Yü“. Wann diese Urkunden niedergeschrieben sind, wissen wir nicht; sie müssen alte, mündlich fortgepflanzte Vorstellungen und Begebenheiten wiedergeben, die dann aber bis zur Aufzeichnung (und vielleicht auch noch nachher) manche Umwandlungen erfahren haben werden. Über das *Hung fan* und seinen Inhalt ist das Nötige bereits gesagt (s. oben S. 79). Die spätere Exegese hat in den vielfach dunklen Text die seltsamsten Mysterien hineingeheimnist; was an faßbaren Vorstellungen daraus entnommen werden kann, ist nicht viel. Die „Regeln“ des „Planes“ betreffen meist, wie oben erwähnt, kosmisch-naturalistische Dinge, dazwischen aber nennen sie auch als „die acht Regierungsabteilungen“ (an einer anderen Stelle des *Schu king* waren es sieben, s. oben S. 79): „Nahrung“ (d. h. Ackerbau), „Waren“ (d. h. Handel), „Opfer“ (d. h. Kultus), „öffentliche Arbeiten“, „Unterricht“, „Strafen“, „Gastbesuche“, „Heer“. Auch vom „Pfade (d. h. dem Weltgesetz, s. unten) des Herrschers“ *(wang tao)* mit seinen sittlichen Verpflichtungen ist in einem poetischen Teile die Rede. Man merkt bei alledem schon deutlich die Hand späterer Ergänzung, aber Ackerbau, gleich zuerst genannt, und Handel werden doch zusammen mit dem theokratischen Element in dem neu entstehenden großen Gemeinwesen die Grundlagen gebildet haben. Weit inhaltvoller als das *Hung fan* ist das *Yü kung*. Es beschreibt die großen Strom-Regulierungsarbeiten des Yü, seine Reichseinteilung und seine Festsetzung der Tributleistungen der verschiedenen Völkerschaften (s. oben S. 65f.). Dabei aber gibt es eine Fülle von geographischen Namen und Einzelheiten, die von höchster Wichtigkeit sein würden, wenn man sie alle mit Sicherheit deuten könnte und wenn man wüßte, wann die Beschreibung in ihrer mündlichen und in ihrer schriftlichen Form entstanden ist. Das Buch hat der abendländischen Forschung mehrfach Anlaß zu eingehenden historisch-geographischen Untersuchungen gegeben. Biot (1842) hatte angenommen, daß das *Yü kung* nur eine Darstellung des kolonisierenden Vordringens der Chinesen sei, das sich über Jahrhunderte erstreckt habe, aber dann als die Tätigkeit des Yü allein versinnbildlicht sei, und Richthofen (1877) meint ähnlich, das *Yü kung* beschreibe ein Ländergebiet, das „durch seine geographische Besonderheit klar und deutlich den Weg erkennen ließe, wie seine einzelnen Teile, einer nach dem anderen, von der chinesischen Rasse in ihrer allmählichen Ausbreitung in Besitz genommen seien“. Aber während Biot, obwohl er Yü „den ersten Entdeckungsreisenden der chinesischen Welt“ nannte, das hohe Alter des Buches und damit seinen geschichtlichen Wert bestritt, hielt es Richthofen für eine echte „Reichsgeographie“ der Kaiser Yao und Schun und bemühte sich in seiner scharfsinnigen Art, dies in allen Einzelheiten zu beweisen, indem er die sämtlichen Angaben mit den wirklichen geographischen Gegebenheiten verglich. Den Teil, der die mathematische Organisierung des Reiches nach fünf konzentrischen Quadraten (s. oben S. 65f.) enthält, verwirft natürlich auch Richthofen als „chimärisch". Legge, der Übersetzer des *Schu king*, (1865) richtet sich wie immer so auch hier nach den chinesischen Erklärern; er meint, das *Yü kung* „könne als ein Grund- und Lehensbuch *(domesday book)* von China im 23. Jahrhundert v. Chr. angesehen werden", doch „sei, wie Tschu Hi (12. Jahrh. n. Chr.) sage, vieles von dem, was über die Geographic des Landes angegeben werde, unverständlich". Chavannes (1895) endlich verwarf die Annahme einer Wanderung der Chinesen von West nach Ost als „eine willkürliche Hypothese" und stellte fest, daß das *Yü kung* „einesteils aus einer trockenen Verwaltungs-Geographie und Legenden vom Kaiser Yü bestände, anderenteils aus einer idealen Beschreibung des Reiches, die aus irgend einer alten Utopie herrühren müsse". Die Teilung des Werkes in Geographie und Legenden ist nicht zu bezweifeln. Die geographischen Feststellungen Richthofens sind von größter Bedeutung, aber sie beweisen auch, daß das *Yü kung* nicht bloß erheblich später entstanden sein muß, als er annahm, sondern daß es auch einen viel späteren Zustand des Reiches beschreibt, als den unter einem mythischen Yao und Schun. Das trifft auch dann zu, wenn wir die Geographie des *Yü kung* nicht auf ein chinesisches Reich beziehen — ein solches gab es noch lange nicht —, sondern auf die dem herrschenden Geschlechte bekannte Welt. Das Buch spricht von den neun Provinzen *(tschou)* in die Yü unter Schun das Land *(t'u)* teilte, nämlich: Yü[1]) in der Mitte, südlich vom Huang ho, zu beiden Seiten des Lo-Flusses bis zur Mündung des Weï ho (etwa das südliche Ho-nan), nördlich davon K'i (Schan-si und Nord-Ho-nan), Yen (Tschi-li), Ts'ing (Nord-Schan-tung), Yung (Schen-si und Kan-su); östlich Sü (Süd-Schantung und Kiang-su); südlich Yang (Kiang-su, Nord-Tschê-kiang und Kiang-si), King (Hu-nan und Hu-peï); westlich Liang (Ssĕ-tsch'uan). Es ist ausgeschlossen, daß man vor Beginn der Hia-Zeit von den Gegenden am Yangtsĕ oder gar südlich davon im Norden etwas gewußt hat, geschweige denn sie staatlich organisieren wollte oder konnte; ob es nach Osten zu viel anders war, ist zum mindesten zweifelhaft. Nur nach Westen hin — und gerade hier behält Richthofen mit seiner Erklärung recht — war das Land am weitesten, mindestens bis in das westliche Kan-su hinein, bekannt. Hier handelt es sich keineswegs mehr um „willkürliche Hypothesen", sondern die Anderssonschen Funde zeigen, daß wenigstens bei Beginn der Hia-Zeit, wenn nicht eine Wanderung von West nach Ost, jedenfalls eine Verbindung zwischen dem fernen Westen und Ho-nan bestand. Wenn die Identifikationen der „Provinzen" des *Yü kung* richtig sind — und man wird keinen Anlaß haben, Richthofens scharfsinnige und sachkundige Feststellungen

---

[1]) Geschrieben 豫, während der Name des „Kaisers" Yü 禹 ist.

zu bezweifeln —, dann kann hier nur ein politisch-geographischer Zustand geschildert werden, der erst geraume Zeit nach Begründung des neuen theokratischen Reiches herrschen konnte, also nicht vor etwa 2000 v. Chr., wahrscheinlich aber später. Die Redaktion des *Yü kung* auch in seinen ältesten Teilen, wird also erheblich weiter herabgesetzt werden müssen.

Die Zahl neun der „Provinzen" verdankt ihren Ursprung unzweifelhaft wieder dem kosmischen Grundgedanken der Fünfteilung: die vier um das Mittelstück herumliegenden Zonen sind noch einmal durchgeteilt worden. Dazu kommen die neun Berge, die neun Ströme, die neun Sümpfe u. a. in den „Provinzen". Auch die fünf konzentrischen Quadrate entstammen dieser Anschauung, ebenso wie die acht Regierungsabteilungen des *Hung fan*, bei denen das Mittelstück, die unmittelbare Regierungstelle des Herrschers selbst, unteilbar bleibt, und nicht mitzählt, (die sieben Abteilungen des Kaisers Schun — s. oben S. 79 — beruhen anscheinend auf einer älteren gleichfalls astralen parallelen Anschauung), und schließlich auch die neun Teile des „Großen Planes" selbst.

Sich über den wirklichen Umfang des Reiches der Hia (sofern von einem solchen überhaupt gesprochen werden kann) eine Vorstellung machen zu wollen, ist müßig: dieser Umfang hängt davon ab, wie weit der universalistische und theokratische Staatsgedanke unter den Völkern Wurzel gefaßt hatte, denn nur mit seiner Hilfe ließ sich allmählich der politische Reichsbau aufrichten, der von den Hia in Angriff genommen wurde und in den sich die verschiedenen Landschaften mit ihren Bevölkerungen einfügten. Aber alles das liegt im Dunkel, archäologisches Material wie das aus der Schang-Zeit gibt es nicht, und ob es uns, sofern es gefunden würde, viel Neues über die geschichtlichen Vorgänge sagen könnte, muß man schon im Hinblick auf die vermutlich damals noch nicht vorhandene Schrift bezweifeln. Die Überlieferung erzählt in der späteren Literatur, daß „zu der Zeit, als im Reich der Hia noch die Tugend herrschte, die entfernten Gegenden Zeichnungen von (den dortigen) Dingen (schickten), die Gouverneure der neun Provinzen aber Metall als Tribut lieferten, und man daraus Dreifüße gegossen habe, auf denen jene Dinge abgebildet wurden; alles wurde so dargestellt, und man setzte so das Volk in den Stand, die guten Geister und die bösen zu erkennen". Als dann die Tugend der Hia verfiel, seien die Dreifüße an die Schang-Herrscher übergegangen und von diesen an die Tschou. Eine zuverlässige ältere Quelle, das *Tschou schu* („das Buch der Tschou"), das vermutlich, wenigstens in einzelnen Teilen, noch der vorkonfuzianischen Zeit angehört, berichtet in der Tat, daß der erste Herrscher der Tschou nach seiner Vernichtung des Schang-Hauses die neun Dreifüße habe nach San-wu (?) bringen lassen". Diese Entstehungsgeschichte, die im *Tso tschuan*, einem Werke dunkler Herkunft, vermutlich zum Teil aus der späten Tschou-Zeit, zum Teil noch erheblich späteren Datums, erzählt wird, enthält nichts an sich Unmögliches, obwohl die alten Texte sie nicht kennen, denn die ersten Bronzen, freilich ohne alle Verzierungen, erscheinen bereits unter den spätesten Funden von Kan-su, und daß später auf Bronzevasen der Ahnentempel Urkunden, wie Landübertragungen, Verträge u. dergl. gegossen wurden, ist aus der Schang-Zeit bezeugt. Wenn freilich nachher sich die Legende festgesetzt hat, auf den „neun Dreifüßen des Yü" seien die Darstellungen der neun „Provinzen", also Landkarten, angebracht gewesen, so wird etwas derartiges, wie man sieht, nicht einmal in der chinesischen Überlieferung behauptet. Aber davon abgesehen, würden uns die Dreifüße, sofern sie jemals vorhanden gewesen sind, und erhalten wären, auch nicht allzuviel über die Geschichte jener ersten Zeit des entstehenden Staates zu melden vermögen. Die neun Dreifüße der Hia leben indessen in der gesamten Literatur der späteren Zeiten fort und gelten als das überlieferte Wahrzeichen der Kaiserlichen Macht.

Lassen sich somit über Art und Umfang des Reiches der Hia deutliche Vorstellungen nicht gewinnen, so kann man für die andere Frage, wo dieses Reich seinen Mittelpunkt hatte, eher bestimmte Anhaltspunkte finden. Schon die einfachen geographischen Tatsachen, dann das Verhältnis der Funde von Kan-su zu denen von Ho-nan und schließlich die dem ganz entsprechende Überlieferung weisen uns mit zwingender Notwendigkeit auf das Gebiet, an das sich alles geschichtliche Geschehen in dieser frühesten Zeit, wie auch noch spätere lange Perioden hindurch knüpft: das nördliche Ho-nan, das südliche Schan-si und das östliche Schen-si. Der Weg, den fremde Kulturbringer, nachdem sie die Täler von Kan-su erreicht hatten, nach Osten zu nehmen mußten, d. h. an den nördlichen Abhängen des östlichen Kun-lun oder Si-k'ing schan (s. oben S. 2) entlang, war die Straße, die noch heute durch die Städte Lan-tschou, Ti-tao, Kung-tsch'ang bezeichnet wird, und die dann hinunter in das Tal des Weï, an diesem entlang in die Ebene von Si-ngan und weiter durch das Tor von T'ung kuan und das Tal des Huang ho nach Ho-nan und dem Garten von Huai-k'ing (s. oben S. 24) führt. Die Fundstelle im Gebiet des T'ao ho und an der Straße südlich des Huang ho beweisen, daß hier ein Verkehr sowohl von West nach Ost, als auch von Ost nach West stattgefunden haben muß, denn wir finden die fremden Muster der bemalten Urnen auch in Ho-nan und die Formen der im Osten entstandenen Dreifüße auch in Kan-su (s. oben S. 44f.). Im *Yao tien* des *Schu king* (I, 3, 12) wird der von Yao berufene Helfer Schun von Yü[1]) genannt, ebenso in den „Bambusbüchern". Dieses Yü aber wird von den chinesischen Erklärern von jeher nach dem heutigen P'ing-lu in Schan-si am Huang ho verlegt. Nach den „Bambusbüchern" wohnte Schun bei seinem Tode auf Ming t'iao, einem Bergrücken, den die Chinesen einmütig bei dem Orte Ngan-yi im südwestlichen Schan-si wiederfinden. Yü erhielt als Lehen die Landschaft Hia — so wenigstens will es die spätere Überlieferung —, und die „Bambusbücher" nennen ihn auch „Herr von Hia", dieses Hia aber soll die noch heute so genannte Stadt Yü[2])

[1]) 虞 [2]) 禹

in Ho-nan südwestlich von K'ai-fêng gewesen sein. Vielleicht ist hier indessen der neuere Name das bestimmende Moment gewesen, und da im südwestlichen Schan-si ein Ort Namens Hia liegt, die Hia-Herrscher überdies ihren Sitz bei den eben genannten Ming-t'iao hatten, wo nach dem *Schu king* (Vorwort 12) auch der Endkampf mit T'ang dem Siegreichen (s. oben S. 67) stattfand, so wird man vielleicht mit größerem Recht die Residenz Yüs ebenfalls dorthin verlegen, wo sie auch schon vor ihm gewesen sein soll. Geographische und archäologische Tatsachen weisen also übereinstimmend mit der Überlieferung auf das südwestliche Schan-si, etwa von der Biege des Fên ho bis zum Tal des Huang ho im Süden, da, wo sich heute das große Salzbecken von Kie und das reiche Fruchtgelände von P'u-tschou hinziehen (s. oben S. 7f.), als auf das unmittelbare Herrschaftsgebiet der Hia. Das anstoßende wichtige Weï-Becken (s. oben S. 7) befand sich, wie wir sehen werden, im Besitz eines anderen Volkes. In Süd-Schan-si haben wir also die erste Entstehung des „chinesischen Reiches" zu suchen, d. h. die Bildung jenes „Urvolkes", das, entweder selbst mit fremden Elementen durchsetzt, oder von fremden Kulturbestandteilen befruchtet, von hier aus sein riesiges Kolonisationswerk begann.

Von der sonstigen Geschichte der Hia wissen wir außer den überlieferten Fürsten-Namen nichts. Wenn die Überlieferung, wie Mêng tsĕ (V, 1, $_6$) sie verbreitet hat, erzählt, daß der Sohn Yüs Namens K'i nach den Vorbildern der Vergangenheit die Nachfolge dem würdigen Minister und Helfer seines Vaters habe überlassen wollen, daß aber die Lehensherren den Sohn als ihren Oberherrscher vorgezogen hätten, so sieht dies fast wie eine Entschuldigung aus, mit der das Verhalten des Heroen Yü und seiner Familie gerechtfertigt werden soll, weil es gegen die spätere Lehre verstieß, daß der Würdigste im Reiche Kaiser sein müsse. Die Orthodoxie hat später Mühe gehabt, den Grundsatz der erblichen Thronfolge mit dieser Lehre zu vereinigen. Die Hia haben jedenfalls, wenn die Überlieferung irgend einen Wert hat, durch die Begründung einer Dynastie als Mittelpunkt der kosmischen Reichstheorie mit der Fünfteilung einen festen Ausgangspunkt für die Bildung eines wirklichen Staates schaffen können. Fraglich würde dabei nur bleiben, inwieweit es ihnen gelungen wäre, die benachbarten Stammeshäupter für die Theorie zu gewinnen und sie in die vier Zonen um das Mittelstück herum einzufügen, konkreter ausgedrückt: sie zu abhängigen Lehensfürsten oder wenigstens zu fingierten Vasallen zu machen. Yü selbst gilt zwar, wie wir sahen, schon als Lehensträger von Schun, wie denn überhaupt das Lehenswesen in den ältesten Quellen als zur Zeit Yüs längst bestehend vorausgesetzt wird, aber das besagt natürlich für die geschichtliche Wahrheit nicht mehr als die Lieder des *Schi king*, die Yü mehrfach feiern als den Herrscher, der „das Land teilte und draußen (d. h. außerhalb des „Zentralgebietes") den großen Staaten ihre Grenze steckte" (z. B. *Schang sung* 4). Auch die Tabellen über die Lehensfürsten in den „Annalen der Früheren Han-Dynastie" erklären, daß „die Tschou-Herrscher sich einst bei den achthundert Belehnungen" nach dem Vorbilde der beiden früheren Dynastien, der Hia und der Schang, gerichtet hätten (Kap. 14 fol. 1r⁰), aber das zeigt nur, wie sich zur Han-Zeit der Blick bereits auf das stilisierte Altertum gerichtet hielt. Der vorsichtige Ssĕ-ma Ts'ien meint, „seit der Zeit Schuns und der Hia seien die Tributleistungen und Abgaben geschaffen worden", (Kap. 2 fol. 26r⁰), das sagt jedoch auch noch nichts Bestimmtes über eine eigentliche Belehnung. Die Geschichte des Lehenswesens im chinesischen Reiche liegt in ihren Anfängen im Dunkeln, indessen kann es kaum einem Zweifel unterliegen, daß zunächst die Sippenverfassung, einerseits mit der unbeschränkten Gewalt ihres Ältesten in der Verteilung des Sippenlandes an die Mitglieder unter der Oberherrschaft des letzteren, und andererseits mit dem Gedanken des Mitgenießens aller Sippenglieder die Vorbedingung für die Belehnung schuf. Wir werden diesen beiden Begriffen, Gewalt der Ältesten und Mitgenießen der Verwandten und Helfer in der Geschichte des Lehenswesens immer wieder begegnen. Überdies macht auch die universalistische Reichs-Theorie das Vasallenverhältnis anderer Fürsten zum Zentralherrscher zur Notwendigkeit, und so darf man annehmen, daß es sich mit dieser Theorie, die ja auf den Sippenverbänden fußt, bilden mußte und mit ihrer Erstarkung festigte. Auch in der päpstlichen Weltkirche wird von dem Augenblick an, wo neben der geistlichen auch die weltliche Universalherrschaft beansprucht und ihre Vereinigung vollzogen wird, d. h. unter Innozenz III. (1198—1216), „das Verhältnis der beiden Gewalten vom Gesichtspunkt der Lehensrechte aus bestimmt: der Papst investiert den Gewählten (Kaiser) mit dem Imperium" (vergl. unten). Natürlich konnte dieses Verhältnis weder im Osten noch im Westen ohne Kämpfe erzwungen werden, und das Wenige, was überhaupt über die Hia-Herrschaft gesagt wird, läßt auch solche Kämpfe durchblicken. Wie oben erwähnt (s. S. 66), hatte Yüs Nachfolger K'i den Fürsten von Hu, einem Gebiete, das in die Weï-Ebene westlich von Si-ngan verlegt wird, wegen seines Widerstrebens gegen die Herrschaft zu bekämpfen. In einer Rede an seine Truppen vor „der großen Schlacht" bei Kan, die vom *Schu king* in einem besonderen Kapitel überliefert wird (*Hia schu* 2), begründet der Herrscher seinen Kampf damit, daß der Fürst von Hu „die fünf Elemente verachtet" und daß „der Himmel ihn deshalb vernichten will", d. h. wenn dies überhaupt etwas bedeuten soll, daß er sich in das universalistische Reichsystem nicht einfügen will. Auch über die Miao oder San-Miao, die Man, die I und die Jung (s. oben S. 35ff.) wird im *Schu king* geklagt, daß sie „Hia bedrängen". Wie sich das Verhältnis zu diesen und anderen Völkern gestaltete, und wie das Kolonisationswesen des neuen Volkes sich vollzog, ist früher bereits dargestellt worden (s. oben S. 38ff.). Ebenso haben wir gesehen, wie der Verfall der Hia-Herrschaft vor sich ging, und wie der Sturz erfolgte durch ein anderes Geschlecht, das offenbar das Vertrauen anderer Stämme für sich gewonnen hatte (s. oben S. 67). Dessen Stammvater soll nach dem *Schu king (Schun tien* 17 u. 19) Minister bei Schun gewesen und von ihm den Familien-Namen Tsĕ, „Sohn" erhalten haben und mit der Herrschaft Schang belehnt worden sein. Dieses Gebiet wird von den Chinesen im Südosten von Schen-si, unweit der heutigen Stadt Schang hien gesucht, also in einer Gegend, die etwas abseits von den Siedelungsgebieten der Hia lag. Mehrfach wechselte aber die Sippe den Wohnort, und gegen Ende der Hia-Zeit finden wir sie im südlichen Po, bei der heutigen Stadt Kueï-tê in Honan. Der letzte Herrscher der Hia, Kie, gilt in der Überlieferung als einer der großen Bösewichter der Geschichte, er ist der grausame Bedrücker des Volkes, den der Himmel deswegen verwirft, während T'ang als der Erretter der Massen und Vernichter des Tyrannen in der Erinnerung lebt. Ähnlich wie K'i einst seinem Heere dargelegt hatte, warum er den Fürsten von Hu bekämpfen müsse, so redet T'ang das seine in feierlicher Weise vor und nach dem Kampfe gegen Hia an. Auch diese Reden hat das *Schu king* in zwei besonderen Abschnitten *(T'ang schi* und *T'ang kao)* verzeichnet, von denen allerdings der zweite eine späte Fälschung ist. Beide zeigen indessen, in welcher Form dieser Dynastiewechsel sich dem Chinesentum darstellte. T'ang erklärt, in der ersten (echten) Rede, daß „der Himmel ihm den Auftrag gegeben habe, Hia wegen seiner vielen Verbrechen zu vernichten", anderenfalls würde er, „der kleine Sohn", nicht wagen, „den Umsturz zu unternehmen". „Da aber der Herrscher der Hia die Schuld trägt, und ich den Herrscher in der Höhe fürchte, so wage ich nicht, die Strafe zu unterlassen." Die zweite Rede zeigt bereits die Züge des späteren Dogmatikers der Staatsweisheit. T'ang spricht hier zu seinem Volke, das er anredet als „ihr hundert Sippen der zehntausend Gebiete", und verkündet ihm, wie der Himmel ihn, „den Einen", beauftragt, „den Staaten und Familien den Frieden zu geben", daß aber, wenn in den zehntausend Gebieten eine Schuld gefunden wird, diese Schuld auf ihm liegt. Auch dem „Himmel oben" und dem „göttlichen Herrscher" (d. h. dem Gott der Erde) ist Meldung von dem Geschehenen erstattet. Man sieht, wie hier das Verhältnis des irdischen Herrschers zu dem im Himmel bereits weiter entwickelt erscheint.

Kie soll beim Berge Sung, angeblich in der Nähe der heutigen Stadt P'u-tschou, vernichtend geschlagen und dann über Ming-t'iao nach Santsung, im Südwestlichen Schan-tung, unweit der heutigen Stadt Ts'aotschou, entflohen sein. Über sein Ende wird nichts berichtet, dagegen macht das *Schu king* (Vorwort 13) die Bemerkung, daß T'ang den Altar vom Gott des Erdbodens der Hia zu beseitigen wünschte, ein Sinnbild für die Beendigung ihrer Herrschaft, denn der Gott des Erdbodens, offenbar ein uralter Flur-Gott jeder Sippe, der älter war als die vom Westen her eindringenden neueren Kultelemente, war die Gottheit, die mit dem Eigentümer des Landgebietes verbunden blieb und mit ihm wanderte.

Über die Herrschaft der Schang und ihr Reich wissen wir nicht sehr viel mehr als über die der Hia. Zweifellos ist aber die Staatsbildung, ja die ganze Kulturentwicklung unter ihnen um ein bedeutendes fortgeschritten, auch das Reichsgebiet hat sich erheblich erweitert. Auffallend ist der häufige Wechsel des Wohnortes unter den verschiedenen Fürsten, für den die Veranlassung sichtbar wird. Bei der Begründung seiner Oberherrschaft hatte T'ang im südlichen Po, etwa 25 km östlich vom heutigen Kueï-tê in Ho-nan gewohnt, verlegte dann aber seine Residenz nach dem westlichen Po, wenig östlich von Ho-nan hien. (Einen dritten Ort dieses Namens finden wir als nördliches Po oder King Po ebenfalls in Ho-nan, nordöstlich von Kueï-tê.) Unter Tschung Ting siedelte man nach Ngao, oder Hiao am Huang ho, bei der heutigen Stadt Jung-tsê über, unter seinem Nachfolger nach Siang im nordöstlichen Ho-nan unweit der Stadt Tschang-tê, dann unter dessen Sohn nach Kêng in Schan-si, und zwar ganz im Westen, an der Mündung des Fên ho in den Huang ho, bei der Stadt Ho-tsin, und nach Einigen noch einmal wieder nach Osten, nach Hing, in Tschi-li zwischen den Städten Schun-tê und Tscheng-ting, am Ostabhang der Berge von Schan-si. P'an Kêng zog wieder nach der alten Residenz im westlichen Po, änderte aber ihren Namen in Yin um und verlieh damit auch seiner Dynastie neben dem alten Namen Schang die neue Bezeichnung Yin. Wu Yi endlich kehrte wieder nach dem Norden des Huang ho zurück, angeblich diesmal nach einem Orte nördlich der Stadt Weï-hui, unweit des heutigen K'i. Dort blieben die Schang oder Yin bis zu ihrem Ende. Dieses beständige Herumziehen ist in mehr als einer Hinsicht kennzeichnend für die Zustände der Zeit. Einmal muß das unmittelbare Gebiet des Herrschers, das durch die Orte Tschêng-ting, Tschang-tê, Kueï-tê und die Fên-Mündung angedeutet wird, bedeutend umfangreicher gewesen sein als das der Hia. Im wesentlichen aber lagen dieses Gebiet und sein Mittelpunkt im Osten, am Westrande der Großen Ebene, während die Hia im Westen, in dem Berglande von Süd-Schan-si saßen. Das deutet auf zwei getrennte Volkstämme, und erst die dritte Dynastie hat die Gebiete beider vereinigt. Weiter ersieht man aus dem häufigen Wechsel der „Hauptstadt", daß die Siedelung noch eine recht lose gewesen sein muß, sofern etwa nicht feindliche Bedrängnis diesen Wechsel erzwungen hat. Endlich sollte man meinen, daß auch der Ahnendienst noch nicht die bindende Bedeutung gehabt haben könnte, die er später erweist, aber dem widersprechen die Kultvasen aus den Ahnentempeln der Schang, von denen uns zwar nicht die Originale, aber doch die Abbildungen mit den Inschriften von den chinesischen Archäologen erhalten sind, und die auch künstlerisch einen gewaltigen Fortschritt bedeuten. Sie werden durchaus nicht alle auf echte Originale zurückgehen, aber sie dürfen trotzdem nicht unterschätzt werden, denn auch die Fälschungen müssen wenigstens zum Teil Nachbildungen älterer Originale gewesen sein. Diese Vasen und Dreifüße waren Weihgeschenke an die Ahnen, und die Aufschriften, aus einer sehr altertümlichen Bilderschrift bestehend, geben, soweit sie lesbar sind, entweder nur den Namen des Ahnen an, oder einen kurzen Weihespruch. Die Veranlassung der Widmung ist meist ein glückliches Ereignis, das sich in der Familie zugetragen hat, wie die Verleihung eines Amtes oder einer Auszeichnung oder dergl., und das den Ahnen gemeldet wird oder das man mit Dank ihrem Einwirken zuschreibt. Längere Weiheschriften auf Vasen der Tschou-Zeit lassen darüber keinen Zweifel (vergl. auch oben S. 85). Diese Vasen (neben anderen Bronze-Gefäßen) ebenso wie die Bronze- und Elfenbeinfunde von Ngan-yang hien (s. oben S. 77) sind höchst bedeutungsvolle Kunstleistungen. Sie zeigen durch ihre eigenartige Ornamentik, in der der Kopf eines stilisierten Ungeheuers *(t'ao-t'ie)* und ein mäanderartiges Linien-Ornament am häufigsten wiederkehren, daß hier starke ästhetisierende Kräfte am Werke gewesen sein müssen. Wir müssen aber nach den Kultgefäßen auch das Vorhandensein des Ahnentempels bei den Fürsten und Würdenträgern annehmen, und dieser, so einfach auch seine Form gewesen sein mag, bedingt einen geregelten Kult, der, wenn man von späteren Zeiten zurückschließen darf, mit dem Gott des Erdbodens und sonach mit dem Lande der Familie eng verbunden war, so eng, daß der Ahnentempel und Gott des Erdbodens schließlich gleichbedeutend mit dem Staatsgebiet eines Fürsten waren. Aber gerade unter solchen Umständen dürfte an gemauerte Städte unter den Schang kaum schon zu denken sein. Wir werden nicht fehl gehen, wenn wir uns den chinesischen Staat oder richtiger die chinesischen Staaten jener Zeit als etwas ähnliches vorstellen wie die πόλις, den Stadtstaat der Griechen in der ältesten Periode nach ihrer Einwanderung. Dieser „Staat" war im wesentlichen ein Ackerstaat mit einer festen Siedelung, der πόλις, der „Stadt", als Mittelpunkt. Hier war der Sitz der Verwaltung des Gemeinwesens, der Markt und der Tempel der schützenden Götter, aber der größere Teil der der Polis-Angehörigen wohnte noch draußen auf den ausgeteilten Landfluren. Urwüchsiger noch und darum beweglicher als die πόλις, wenn auch vielleicht schon mit Wall und Graben versehen, muß freilich die chinesische „Hauptstadt" gewesen sein, denn sonst wäre eine solche häufige Verlegung eben nicht denkbar. Allerdings murrt unter P'an Kêng das Volk gegen die Unstätigkeit der Verhältnisse, aber der Herrscher weiß es zu beruhigen, und unter dem neuen Namen blüht sogar die Dynastie noch einmal auf, nach dem sie vorher starke Zeichen des Verfalls aufgewiesen zu haben scheint. Man kann aus alledem trotz des unverkennbaren Fortschritts ersehen, wie urwüchsig und ungefestigt noch die Dinge in dem wachsenden Reiche gewesen sein müssen. Über die eigentliche Verfassung berichten die Quellen nichts, aber daß das Staatswesen auf den Linien weiter entwickelt wurde, wie sie der kosmische Gedanke unter den Hia vorgezeichnet hatte, kann keinem Zweifel unterliegen, dieser Gedanke wird sogar immer mehr die Scheidelinie von Kultur-Volk und Barbarentum, er ist durch seinen stark religiösen Einschlag die werbende Kraft für das Reich gewesen. Die von Ssĕ-ma Ts'ien (Kap. 3 fol. 8 r^0) berichtete regelwidrige Thronfolge vom ersten Drittel der Dynastie ab und die dadurch verursachten Thronstreitigkeiten unter den Söhnen und jüngeren Brüdern (s. oben S. 67), die in blutige Kämpfe ausarteten und die Macht schwächen mußten, sind für die Yin, wie noch oft in der späteren Geschichte Chinas, zum drohenden Verhängnis geworden. Wir werden später noch zahlreiche Beispiele dafür kennen lernen. Welches schließlich der eigentliche Anlaß zum Sturz der Schang-Herrschaft gewesen ist, wird uns zwar berichtet, aber der Bericht hat die nämliche fast typische Form, wie der über das Ende der Hia. Wie einst Kie, so ist auch der letzte Herrscher der Schang, Sin oder Tschou Sin oder auch Schou genannt, ein brutaler, ausschweifender Tyrann, dem die größten Scheußlichkeiten zugeschrieben werden, und der das Volk in unerhörterWeise durch Steuern und Strafen peinigt. Er wird zum willenlosen Sklaven eines launenhaften, blutdürstigen Weibes, der berühmten Ta-ki, die ihn in seinen Wahnsinnstaten bestärkt. Wie einst Kie seinen späteren Überwinder T'ang eingekerkert und dann freigelassen hatte, so setzt auch Tschou [1]) den späteren ersten Begründer der Tschou [2])-Dynastie, den „Gaugrafen des Westens" (s. unten), gefangen und läßt ihn dann nach reichen Geschenken von den Anhängern des Fürsten frei. Hatte dieser letztere durch Eroberungen, namentlich die des unteren Weï-Tales (s. unten), die Macht eines in Südwest-Schen-si ansässigen Geschlechts in bedrohlicher Weise verstärkt, so vollendete der Sohn das Werk des Vaters und ging, nach Osten vorstoßend, gegen die Ebene von Huai- k'ing und den Sitz der Schang bis Weï-hui vor. Die übrigen Fürsten traten auf seine Seite. An der Furt von Mêng am Huang ho südwestlich von Huai-k'ing, wo der Strom die Große Ebene betritt (s. oben S. 7 f.), hielt er eine Versammlung von achthundert Fürsten und eine große Heerschau ab. Dann überschritt er den Strom — nach dem *Schu king* sogleich, nach dem *Schi ki* nach zwei Jahren— und ging bald danach zum endgültigen Angriff auf Schang über. Auf dem Felde von Mu, unmittelbar nördlich von Weï-hui, fand die Schlacht statt, die Soldaten von Schang meuterten zum Teil, und das ganze, angeblich 700 000 Mann zählende Heer wurde in voller Verwirrung zersprengt. Tschou Sin verbrannte sich selbst in theatralischer Weise in seiner Residenz, der Fürst von Tschou nahm davon Besitz. Mit großer Feierlicheit wurde der Altar des Gottes des Erdbodens errichtet, und die Erklärung verkündet, daß „der große Auftrag (den Träger) wechsele, die Yin beseitigt seien, und der klare Befehl des Himmels übernommen würde". Vier Reden des Fürsten von Tschou werden im *Schu king (T'ai schi* und *Mu schi)* überliefert und andeutungsweise auch bei Ssĕ-ma T'sien (Kap. 4) wiedergegeben: eine wurde bei der Furt von Mêng (s. oben S. 8) gehalten, zwei nach Überschreitung des Stromes und eine vor der Schlacht bei Mu. Der Fürst wirft dem Schang-Herrscher vor, daß er „ den Himmel oben nicht ehre", grausamer Handlungen schuldig sei und „die fünf Ewigen" (d. h. die fünf Elemente oder die fünf Tugenden ?) verwirre. Er selbst (der Fürst) habe den Auftrag von seinem Vater übernommen, „dem Herrscher in der Höhe und der großen Erde" (d. h. dem Gott des Erdbodens) geopfert, um nun den Befehl des

[1]) 紂 [2]) 周

Himmels auszuführen. Was das Volk begehre, dem würde der Himmel sicher entsprechen, denn „der Himmel sieht wie mein Volk sieht, und der Himmel hört, wie mein Volk hört". Die Tugenden seines Vaters würden ihm den Sieg verleihen, wie sie auch den Tschou die Freundschaft so vieler Gebiete gewonnen hätten. Die Reden sind in erster Linie an die verbündeten Fürsten gerichtet, und in der letzten von ihnen werden sogar die Namen ihrer Völker genannt; es sind die Stämme der Yung, Schu, Kiang, Mou, Weï, Lu, P'êng und Pu, d. h. Völkerschaften, die wir in Hu-peï und Ssĕ-tsch'uan, vielleicht auch in Kan-su und den tibetischen Grenzlanden suchen müssen, wie denn der Fürst von Tschou sie auch anredet: „Ihr Männer aus dem Westen, weit seid ihr hergekommen". Diese Angaben sind von großer Wichtigkeit und kennzeichnen die politische Lage in ungeahnter Weise: die genannten Völker sind „Barbaren" aus dem Westen und Süden, und wenn sie hier als Bundesgenossen der Tschou erscheinen im Kampfe gegen den „Mittelstaat", so legt dies Schlußfolgerungen hinsichtlich der Herkunft der Tschou nahe, auf die noch zurückzukommen sein wird. Des Weiteren aber läßt die Tatsache erkennen, wie der Staatsgedanke bereits um sich gegriffen hatte.

Im Übrigen haben die Reden, deren Text teilweise zu den zweifelhaften Stücken des *Schu king* gehört, eine verdächtige Ähnlichkeit mit der Rede von T'ang (s. oben S. 89) und in gewissem Maße auch mit der von K'i vor der Schlacht bei Kan (s. S. 88). Wenn man hier nach einem Original suchen will, wird man es vermutlich in den Reden der Tschou finden, die von den „Redaktoren" der ältesten Geschichte mit vielem anderem nach rückwärts übertragen sind, wie denn die ganze Schilderung des Unterganges der Schang offensichtlich für die des Endes der Hia als Vorbild gedient hat.

Die Geschichte der Schang, so spärlich sie ist, zeigt doch zur Genüge, einen wie großen Fortschritt die Entwicklung unter ihrer Herrschaft gemacht hat. Von den Landschaften zu beiden Seiten des Huang ho im südwestlichen Schan-si und nordwestlichen Ho-nan hat das Kolonisationsvolk seine Herrschaft weithin ausgebreitet, so daß sie anscheinend schon Teile der Weï-Ebene mit umfaßt und im Osten bis nach Tschi-li und an die Grenze von Schan-tung, im Süden bis an die von An-hui reicht. Aus den Engen des Huang-ho-Tales hinaus drängt die wachsende Kulturmacht in die Große Ebene hinein, an dem Gebirgslande von Schan-tung sich teilend, um sich in die Niederungen nach Nordost und Südost zu ergießen. Mit dem Volke aber und ihm sogar vorauseilend, wirkt der ethisch-politische Universalismus des Staatsgedankens, den die Verbindung fremder kosmisch-astrologischer Elemente mit einheimisch-naturalistisch-animistischen geboren hat, und der allmählich auch die Heroen der Volksmythen in sein System hineinzieht, indem er ihnen eine politische Gestalt gibt. Die Schang haben sicherlich die Entwicklung dieses Systems um ein gut Stück gefördert, und sie haben ihren Nachfolgern schon deutlich sichtbar die Fundamente des theokratischen Universalreiches hinterlassen, auf dem die Tschou ihren Bau errichten konnten.

Zweiter Teil.
Der universalistische Staat des Altertums.

Erstes Kapitel.

Quellen. Chronologie.
Gründung der Tschou-Dynastie.
Gedanke und Idealform des Universalismus.

Mit dem Ende der Schang-Zeit und dem Emporkommen der Tschou-Macht betreten wir nunmehr festeren geschichtlichen Boden. Die literarische Überlieferung entledigt sich jetzt ihres mythologischen Mantels; zwar fehlt ihr anfangs noch keineswegs der dichterische Zierrat, aber ihre Form zeigt bei innerlich wahrscheinlichen Vorgängen irdische Größenverhältnisse und menschliche Züge. Bei aller Kritik im Einzelnen können wir den Schilderungen dieser Zeit im *Schu king* und in vielen Liedern des *Schi king* als ernsthaften Quellen Vertrauen entgegenbringen; ferner machen die Berichte des *Tschou schu* d. h. „Buch der Tschou", eines Werkes von unbekannter, aber sicherlich (abgesehen von offenbar später eingeschobenen Stellen) alter Herkunft, das Ssĕ-ma Tsʻien bereits benutzt hat, einen glaubwürdigen Eindruck. Dazu kommen noch die „Bambusbücher" mit ihrer zuverlässigen Chronologie und ihrem zweifelhaften Text (s. oben S. 69). Je weiter dann die Zeit fortschreitet, um so ausführlicher werden die Nachrichten. Zwar sind die Annalen der einzelnen Fürstenhöfe jener Periode, die uns vielleicht das anschaulichste und vollständigste Bild der Entwicklung gegeben haben würden, sämtlich und für immer verloren, aber Ssĕ-ma Tsʻien hat doch allem Anschein nach noch Reste davon benutzen können, denn sonst hätte er nicht seine zuweilen recht eingehenden (zuweilen freilich auch sehr lückenhaften) Berichte über die einzelnen Fürstentümer geben können, wenn auch vielleicht mancher davon aus zweiter Hand stammen mag. Außerdem aber hat Konfuzius selbst, dessen Wirken für das Reich von so ungeheurer Bedeutung werden sollte, sich mit den Ereignissen seiner Zeit und der ihm vorausgehenden letzten neun Fürsten-Generationen seines Heimatstaates beschäftigt, soweit der letztere daran Anteil hatte, und das unter dem Namen *Tschʻun-tsʻiu* („Frühling und Herbst" d. h. Annalen) bekannte und uns erhaltene Werk zusammengestellt. Allerdings sind in dieser lediglich aus kurzen Formeln bestehenden Schrift die Ereignisse nicht nach ihrer geschichtlichen Wahrheit und Bedeutung, sondern nach ihrer Verwendbarkeit als Beispiele für ethische Lehrmeinungen aufgeführt worden. Das *Tschʻun-tsʻiu* deckt den Zeitraum von 722 bis 481 v. Chr., d. h. bis zwei Jahre vor dem Tode des Weisen, und diese Spanne hat in der Literatur danach selbst den

Namen Tsch'un-ts'iu-Periode erhalten. Konfuzius' „Annalen" würden uns ihrem sachlichen Inhalte nach unverständlich bleiben müssen, wenn wir nicht durch das sogenannte *Tso tschuan* (etwa „Kommentar des Tso K'iu-ming", einer rätselhaften Persönlichkeit, über die man zu keiner Zeit etwas Sicheres gewußt hat), ursprünglich *Tso schi tsch'un-ts'iu* (d. h. „Tsch'un-ts'iu des Herrn Tso") genannt, in eingehender und oft sehr fesselnder Weise über den geschichtlichen Zusammenhang belehrt würden. Leider ist das *Tso tschuan* von unbekannter und nicht unverdächtiger Herkunft. Es reicht in seinem Inhalt von 722 bis um die Zeit von 468 v. Chr. und ist vielleicht, wenigstens zum Teil und in anderer Form, nicht allzu lange danach entstanden, hat dann aber um die Zeit von Christi Geburt eine Umgestaltung nach bestimmten politischen Tendenzen erfahren. Gleichfalls mit dem *Tsch'un-ts'iu* in Verbindung gebracht und dem geheimnisvollen Tso K'iu-ming zugeschrieben hat die Überlieferung seit der Han-Zeit das *Kuo yü*, etwa „Politische Reden", ein Werk, das (natürlich vom Verfasser erdichtete) Gespräche und Reden von Fürsten und Staatsmännern enthält und für die innere Geschichte der Fürstentümer nicht unwichtig ist. Es handelt außer von dem Kaiser-Staate der Tschou noch von sieben größeren Fürstentümern und deckt ungefähr die gleiche Zeit wie das *Tso tschuan*. Auch die Herkunft dieses Werkes ist dunkel. Die Zeit, die auf die Tsch'un-ts'iu-Periode folgt, heißt vom Ausgang des 5. Jahrhunderts ab bis zum Ende der Tschou-Dynastie im 3. Jahrhundert v. Chr. die „Zeit der kämpfenden Staaten", und von ihr handelt ein Werk, das zwar arm an geschichtlichem Tatsachenstoff, aber reich an ethischen und politischen Erörterungen wandernder Philosophen ist, wie sie kennzeichnend für das zerflatternde Geistesleben jener Zeit sind. Es hat den Titel *Tschan kuo ts'ê* („Pläne" oder „Ratschläge für die kämpfenden Staaten"); auch über seine Entstehung ist nichts bekannt. Endlich besitzen wir noch über die angeblichen staatlichen Einrichtungen der Tschou-Zeit die sehr ausführlichen Angaben der drei großen Ritual-Sammlungen *Tschou li* oder auch *Tschou kuan* d. h. „die Beamten der Tschou" genannt, *Li ki* und *I li*, von denen das *Tschou li* für die Kenntnis des vermeintlichen Organisationsplanes der Tschou bei weitem die wichtigste ist. Dabei darf man aber nicht übersehen, daß das *Tschou li* erst am Ende der vorchristlichen Zeit und zu bestimmten politischen Zwecken zusammengestellt ist (s. unten), und daß es einen Staat schildert, wie man ihn sich damals, als man das „klassische" Altertum, theoretisch und sogar praktisch, rekonstruieren wollte, als den vollkommenen Idealstaat dachte. Daß dieser Staat nie bestanden hat und nie bestehen konnte, ist selbstverständlich; daß er aber in seinen Grundlinien und in seinem Wesen von den Gründern der Tschou-Dynastie so geplant war, wenigstens nicht unmöglich. Wenn deshalb von der Überlieferung das *Tschou li* dem „Herzog von Tschou", dem Bruder des ersten Kaisers der Dynastie, als Verfasser zugeschrieben wird, so darf man dies nicht buchstäblich nehmen: es kann keinem Zweifel unterliegen, daß der Herzog der Führer unter den Gründern des Tschou-Staates war, und daß der Grundplan dieses letzteren im *Tschou li* enthalten ist, aber die in dem Werke bis zum Grotesken durchgeführte Organisation kann nur durch die liebevolle Hingabe eines naiven Theoretikers in einer viel späteren Zeit, vielleicht im 1. Jahrhundert v. Chr., wenn nicht noch später, als politisches Idealgebilde konstruiert worden sein (s. unten). Daraus ergibt sich, daß der Text des *Tschou li* in seiner heutigen Form zwar erst damals niedergeschrieben sein kann, daß aber alte Nachrichten vorhanden gewesen sein müssen, die dem Konstrukteur die Grundlage lieferten. Die beiden anderen Werke, das *Li ki* und das *I li*, verraten gleichfalls oft die Gedankenspielereien einer späteren Zeit. Sie enthalten das außerordentlich verwickelte und verkünstelte System der Ordnungen *(li* und *i)*, die das gesamte öffentliche und private Leben im Staate in festgefügte Formen fassen. Sie beziehen sich allerdings nahezu ausschließlich auf die bevorrechtigten Stände, d. h. die Fürsten und Beamten, während die breite Masse des Volkes meist ganz zurücktritt. Das *Li ki* legt besonderen Wert auf die amtlichen Bezeichnungen der Würdenträger und ihrer Tätigkeit und ist deswegen gleichfalls eine inhaltreiche Quelle für die Organisation des Tschou-Staates. Aber es ist nicht wie das *Tschou li* ein einheitliches Werk, sondern ein systemlos zusammengestelltes Bündel von Schriftstücken, das aus älteren Aufzeichnungen verschiedenen Alters und verschiedener Herkunft, vielleicht auch aus mündlichen Mitteilungen zur Han-Zeit gebildet und im 2. Jahrhundert n. Chr. abgeschlossen wurde. Einheitlicher ist das *I li*, das die Überlieferung auch dem Herzog von Tschou zuschreiben möchte, doch scheint es nur der Rest eines größeren Werkes zu sein, das zu Beginn der Han-Zeit, im 2. Jahrhundert v. Chr., auftauchte, dessen Ursprung aber unbekannt ist. Ssĕ-ma Ts'ien kennt diese Sammlungen natürlich noch nicht, zitiert aber wiederholt aus älteren Dokumenten bei seiner sehr kurzen und selten über allgemeine Betrachtungen hinausgehenden Erörterung der Riten. Von dem vielgestaltigen und stark bewegten geistigen Leben der Tschou-Zeit, namentlich der letzten drei Jahrhunderte, geben die erhaltenen, allerdings meist stark überarbeiteten Schriften der verschiedenen Philosophen-Schulen ein leidliches Bild. Zusammengefaßt zu einer inhaltvollen Darstellung hat dann alles erreichbare Material der vortreffliche Ssĕ-ma Ts'ien, das Werk seines Vaters Ssĕ-ma T'an zu Ende führend, das uns nun als *Schi ki*, etwa „Historische Denkwürdigkeiten" vorliegt. Da die Verfasser im 2. und 1. Jahrhundert v. Chr. lebten, so standen sie der Tschou-Zeit noch verhältnismäßig nahe, von den großen Umwälzungen zu Beginn der Han-Dynastie waren sie selbst noch Zeugen.

Aus diesem Quellen-Material läßt sich ein hinreichendes Verständnis gewinnen für den Aufbau des Tschou-Staates, für die großen Gedanken, die sein Wesen bestimmen, für seine höchst altertümliche Organisation und für das Schicksal, das er hatte und haben mußte. Auch hinsichtlich der Chronologie können wir allmählich mit gesicherten Zahlen rechnen, allerdings bei Ssĕ-ma Ts'ien erst von der Mitte des 9. Jahrhunderts v. Chr. ab, und auch dann kommen noch einige Schwankungen vor, denen aber keine weittragende Bedeutung innewohnt. Vor dieser Zeit indessen weichen die Berechnungen in der Überlieferung beträchtlich von einander ab, und wir können hier zwei chronologische Reihen verfolgen, die erst um das Jahr 841 v. Chr. zusammenlaufen, d. h. in eben dem Jahre, mit dem Ssĕ-ma Ts'ien seine genaue Chronologie beginnt. Es ist notwendig, die Frage noch in Kürze zu klären.

Bereits früher (s. oben S. 61) ist erwähnt worden, daß die Überlieferung ihre Zeitrechnung anknüpft an einen Kaiser Huang ti, der den Sechziger-Zyklus einrichtete, mit dem ursprünglich nur die Tage bezeichnet werden sollten. Dieser Zyklus besteht aus sechzig Doppelzeichen, die durch Verbindung der zehn „Himmelstämme" mit den zwölf „Erdzweigen" gebildet werden. Seine Herkunft, die von den Chinesen längst vergessen ist, kann nur hypothetisch erklärt werden. Die einheimische Gelehrsamkeit will, daß er durch „Erforschung der Natur der fünf Elemente (s. oben S. 61f.) und die Ausdeutung der Stellungen des Großen Bären" gewonnen wurde. Aus diesen orakelhaften Andeutungen läßt sich höchstens so viel entnehmen, daß die beiden Reihen des Zyklus auf physikalischen und astronomischen Anschauungen beruhen. Das weitere bleibt der Kombination überlassen. Vermutlich bildet die Reihe der „zehn Himmelstämme" einen Bestandteil jenes physikalisch-astronomischen Fünfer-Systems, das in den „fünf Elementen" und den fünf Zonen („Palästen") des Himmels seinen Ausgangsort hat, und von dem oben (S. 61) die Rede gewesen ist. Dazu kommt dann das überall wirksame Spiel der beiden kosmischen Kräfte des *yin* und des *yang*, des dunklen und des hellen, kalten und warmen, nördlichen und südlichen, weiblichen und männlichen Prinzips, auf die später noch zurückzukommen sein wird. In jedem der fünf „Paläste" ist ein *yin*- und ein *yang*-Element vorhanden, und diesen zehn „Elementen" entsprechen die zehn Zeichen der Zehner-Reihe, von denen abwechselnd immer eins männlich, eins weiblich ist. Die Reihe der zwölf „Erdzweige" scheint rein astronomischen Ursprungs zu sein. Ihre Zeichen können angesehen werden als die Stationen des jährlichen kosmischen Kreislaufs mit den zwölf Monden und des täglichen mit den zwölf Doppel-Stunden, wie ja ursprünglich die zwölf Zeichen zur Zählung der Tage und Monate gedient haben. Man könnte auch den Ursprung der Zwölfer-Reihe mit den zwölf Stationen des Jupiter-Umlaufs in Verbindung bringen, und Chavannes (*Mém. hist.* III, 653f.) tut dies in der Tat, wie ja auch die zwölf Zeichen zur Zählung innerhalb einer solchen Periode schon in Dokumenten der Tschou-Zeit verwendet werden. Der Jupiter-Umlauf war den Chinesen auch zweifellos schon im hohen Altertum bekannt. Chavannes und L. de Saussure wollen seine Kenntnis sogar in die älteste Zeit, der letztere (Toung Pao Sér. II Bd. IX S. 468 u. 471) vor die Astronomie des 24. Jahrhunderts v. Chr. setzen, indessen ist es wahrscheinlicher, daß die Bezeichnung seiner Stationen durch die Zwölfer-Reihe erst sekundär ist. Als zwölfjähriger Zyklus für chronologische Zwecke ist er jedenfalls erst im 4. Jahrhundert v. Chr. verwendet worden. Man wird bei der Geschichte des Sechziger-Zyklus nicht übersehen dürfen, daß die astronomische Tätigkeit des Huang ti genau in die Zeit verlegt wird, wo die Verbindung mit dem Westen bestand, nicht weit entfernt von dem Datum, das von Biot und L. de Saussure nach den astronomischen Angaben im *Yao tien* des *Schu king* für die dort zu Grunde liegende Stellung bestimmter Sternbilder errechnet wurde, nämlich das Jahr 2357 v. Chr. Die Überlieferung ist also hier nicht ohne Stützen. Nachdem dann die Verwendung der Zeichen des Sechziger-Zyklus auch für die Zählung der Jahre üblich geworden war, haben die späteren chinesischen Chronisten (wir wissen nicht, wann) sie auf den Gesamtverlauf ihrer Geschichte übertragen und dabei, wie früher erwähnt, entweder mit dem Jahre 2697 v. Chr., dem (fiktiven) Jahre der Regierung Huang tis, in dem der Zyklus erfunden worden wäre, oder mit dem Jahre 2637, d. h. mit dem Ablauf von sechzig Jahren danach, den Anfang gemacht. Die Zählung hat sich erhalten, bis in die allerneueste Zeit, so daß wir seit dem Jahre 1924 den 78. resp. den 77. Zyklus haben. Die zwölf „Erdzweige" tragen neben ihren gewöhnlichen zyklischen Bezeichnungen auch noch die Namen von zwölf Tieren; jedes Jahr steht deshalb im Zeichen des Tieres, das zu dem „Erdzweig" in seinem zyklischen Doppelzeichen gehört. Die Frage, wo der Ursprung dieses Tierzyklus zu suchen ist, harrt noch der Klärung. Er wird von den Chinesen nur noch für Wahrsagezwecke u. ä. verwandt.

Da nun der Sechziger-Zyklus erst verhältnismäßig spät auf die Jahresrechnung angewendet wurde, so griff man im Altertum, wenn man die Summe von zwölf Monaten als einen Zeitabschnitt von anderen gleicher Länge unterscheiden wollte, zu anderen Mitteln. Man benannte dieses Mondjahr nach einem besonderen Ereignis, das in seinem Verlaufe stattgefunden hatte, wie die Thronbesteigung oder der Tod des Fürsten, am häufigsten aber zählte man die Jahre nach ihrer Reihenfolge von der Thronbesteigung an, ähnlich wie es auch anderwärts, z. B. im ältesten Ägypten, in Babylon oder in Rom der Fall war. Dieses System der Zählung nach Fürstenjahren ist dann allgemein üblich geworden und auch geblieben, nachdem der Sechziger-Zyklus als Jahresbezeichnung angenommen war. Zur Han-Zeit, in der zweiten Hälfte des 2. Jahrhunderts v. Chr., wurden, lediglich für chronologische Zwecke, die Regierungszeiten der Kaiser oder Teile davon zum ersten Male mit zusammenfassenden „Jahresbezeichnungen" — *nien hao*, — belegt, und dieser Brauch ist bis zum Ende der Monarchie in China im Jahre 1912 geblieben. Das *nien hao* eines Kaisers, wenn auch in der späteren Zeit öfters sein gebräuchlichster Name, ist durchaus zu trennen von seinem persönlichen — *ming* —, der überhaupt nicht gebraucht wird, und von seinem „Tempelnamen" — *miao hao* —, den er erst nach seinem Tode erhält, und der auf seiner Namentafel im Ahnentempel verzeichnet ist. Die Verleihung der Tempelnamen findet sich bereits unter der Schang-Dynastie, wird aber erst viel später die Regel. Daneben kommt, nachweisbar mit Beginn der Tschou-

Zeit, für alle Fürsten die Verleihung eines posthumen Beinamens — *schi hao* — auf, der Bezug auf das Wesen und Verhalten des Verstorbenen haben soll. Er hat in der Regel eine ehrende, zuweilen aber auch eine herabsetzende Bedeutung, wenn der Verstorbene eine besonders schimpfliche Erinnerung hinterlassen hat. Der Beiname wird sehr oft zugleich als „Tempelname" gebraucht, in der späteren Zeit finden sich auch beide zu einem posthumen Namen vereinigt. Der Gebrauch der *nien hao* war natürlcih auch schon zu Lebzeiten der Kaiser üblich. Es ist nicht notwendig, daß ein *nien hao* die ganze Regierungszeit eines Kaisers deckt, viele Herrscher haben die „Jahresbezeichnung" einmal oder mehrere Male geändert. Der Kaiser Wu ti selbst, der im Jahre 140 v. Chr. das System einführte, hat nicht weniger als elf *nien hao* während seiner Regierung bis 86 v. Chr. geführt. Mit Hilfe des Sechziger-Zyklus und der Zahl der Regierungsjahre der Fürsten, wie sie in der Überlieferung aufbewahrt wurde, haben nun die chinesischen Chronisten durch Zurückrechnen von ihrer Gegenwart aus die Chronologie ihrer Geschichte, der wirklichen wie der fiktiven, festgestellt, so daß ein Gerüst entstanden ist von solcher Festigkeit, wie es eben mit diesen Mitteln möglich war. Die Brücke, die von dieser Chronologie zur christlichen Zeitrechnung hinüberführt und damit die erstere für die abendländische Forschung erst mit Leben füllt, ist schmal, aber sicher. Sie hat als Hauptpfeiler die Nachrichten von zwei Sonnenfinsternissen, die sich in den ältesten chinesischen Aufzeichnungen finden. Die eine dieser Nachrichten findet sich im *Schu king* und in den „Bambusbüchern". Das erstere sagt, daß „am ersten Tage des letzten Herbstmonats die beiden (großen) Gestirne (d. h. Sonne und Mond) sich nicht (richtig) im Sternbilde des Skorpion trafen", womit kaum etwas anderes gemeint sein kann als eine Sonnenfinsternis. Nach dem Zusammenhange des Textes fand das Ereignis statt, „als der Kaiser Tschung K'ang (von der Hia-Dynastie) seine Herrschaft angetreten hatte". Ein Jahr wird nicht angegeben. Deutlicher heißt es in den „Bambusbüchern" unter Kaiser Tschung K'ang: „Im 5. Jahre, im Herbst, im 9. Monat, am Tage *kêng-sü* war eine Sonnenfinsternis". Der erste der beiden Texte gehört zu den unechten oder wenigstens zweifelhaften Teilen des *Schu king*, der zweite ist auch nicht unbedingt sicher, da auch die „Bambusbücher" seit ihrer Auffindung nicht unberührt geblieben sind. Die Sonnenfinsternis von Tschung K'ang ist von den Astronom enteils auf 2165 v. Chr. teils auf 2155, teils auf 2007, teils auf 2128 und auf noch verschiedene andere Jahre berechnet worden, außerdem aber sollen nach chinesischen Theorien auch noch die Jahre 1948 („Bambusbücher") und 2159 (orthodoxe Chronologie der Sung-Zeit, s. unten) in Betracht kommen. Dabei darf man nicht außer Acht lassen, daß es sich nur um eine Finsternis handeln kann, die in Ho-nan (denn nur diese Gegend kommt in Frage) sichtbar war und auffallend sein mußte. Mit der zweiten Finsternis steht es besser. Sie wird als ein übles Vorzeichen in einem Liede des *Schi king (Siao ya* IV, 9) erwähnt, das den Verfall des Reiches und die Verderbnis der Regierung unter dem König Yu von der

Tschou-Dynastie (s. unten) beklagt. Yu regierte von 781 bis 771 v. Chr., und die „Bambusbücher" verlegen die Finsternis in das 6. Jahr des Kaisers Yu, und zwar auf denselben Tag wie das *Schi king* nämlich den Tag *sin-mao* des 10. Monats. In der Tat hat nach den Berechnungen der abendländischen Astronomen am 6. September 775 v. Chr. julianischen Kalenders, eine Sonnenfinsternis stattgefunden, die in Schen-si, dem Regierungsitze des Tschou-Kaisers, sichtbar war. Neuerdings ist zwar die Bedeutung dieses Datums für die Chronologie der Tschou von dem berühmten chinesischen Archäologen Wang Kuo-weï (in der Sammlung seiner Aufsätze *Kuan t'ang tsi lin* Kap. 19 fol. 25r⁰) insofern wieder unsicher gemacht worden, als er auf Grund einer Inschrift auf einem zwischen 1862 und 1874 aufgefundenem Kultgefäße es für wahrscheinlicher erklärt, daß das Lied des *Schi king* nicht auf König Yu, sondern, wie der Kommentator der Han-Zeit wollte, auf König Li (841 bis 829 v. Chr., s. unten) zu beziehen sei. Indessen sind die Gründe, die Wang für seine Ansicht beibringen kann, nicht ausreichend. Das Jahr 775 als das Jahr der Sonnenfinsternis wird dadurch ohnehin nicht berührt. Mit diesem Jahre ist jedenfalls ein absolut sicheres Datum gewonnen, ein Ausgangspunkt, von dem man an der Hand der Fürsten-Listen und ihrer Regierungszahlen nicht bloß die chinesische Chronologie verfolgen, sondern ihre einzelnen Daten auch in die christliche Zeitrechnung umsetzen kann. Nicht mit Unrecht hat man deshalb das Jahr 775 (776 v. Chr. bürgerl. Stils) als den Scheidepunkt angesehen, von wo ab die gesicherte Chronologie beginnt im Gegensatz zu der ungesicherten in der Zeit vorher. Tatsächlich können wir aber die gesicherte Chronologie, wie wir sogleich sehen werden, noch um wenigstens 65 Jahre nach rückwärts ausdehnen, d. h. bis zu dem erwähnten Jahre 841 v. Chr. Wir würden diese enge Grenze nicht zu ziehen haben, wenn nicht, wie erwähnt, die Chronologie der Überlieferung selbst in sich uneinig wäre.

Bis zur Han-Zeit, d. h. bis zum Wirken Ssĕ-ma T'ans und seines Sohnes im letzten vorchristlichen Jahrhundert, hat es in China eine bewußte und systematische Chronologie überhaupt nicht gegeben. Das *Schu king* nennt zwar die Aufeinanderfolge der drei Dynastien, die Namen einzelner großer Herrscher und einige wenige Male auch die (höchst unwahrscheinliche oder gar unmögliche) Zahl ihrer Regierungsjahre, aber von einer ernsthaften Datierung fehlt jede Spur. Ssĕ-ma Ts'ien beginnt denn auch sein 13. Kapitel über die ältesten Regenten-Reihen mit den bezeichnender Worten: „Die Nachrichten von den fünf Kaisern (s. oben S. 61 ff.) und drei Dynastien gehen hoch hinauf in der Zeit. Aber bis zum Ende der Yin- (oder Schang-) Dynastie konnten die Fürsten ihre Annalen noch nicht führen (vermutlich weil es an der Schreibkunst mangelte), und erst vom Beginn der Tschou-Zeit ab waren sie dazu leidlich im Stande. Als Konfuzius, den Aufzeichnungen der Archivare folgend, sein *Tsch'un-ts'iu* zusammenstellte, verzeichnete er — wie genau war er darin! — die Anfangsjahre (der Fürsten), die richtigen Jahreszeiten, die Tage und Monate. Was aber das Vorwort zum *Schu king* anlangt, so drückte er sich dort nur allgemein aus ohne Angabe der Jahre und Monate; gewiß gab es einige wenige, aber die meisten fehlten, und so konnte er sie nicht verzeichnen. Was also zweifelhaft war, das überlieferte er als zweifelhaft, — wie vorsichtig war er darin!" Ssĕ-ma Ts'ien hat deshalb seine chronologischen Tabellen so gestaltet, daß er die „fünf Kaiser", danach die Kaiser der Hia- und Schang-Dynastie und schließlich die der Tschou-Dynastie bis zum König Li (9. Jahrh. v. Chr.) einfach mit ihren Namen der Reihe nach aufführt ohne Angabe der Dauer ihrer Regierungszeit, weil „die alten Aufzeichnungen darüber ganz und garnicht übereinstimmen." Dann aber, von dem Jahre ab, wo der König Li vor einem Aufruhr entfloh, und zwei Fürsten gemeinsam die Regentschaft führten, d. h. dem Jahre 841 v. Chr., zeigen die Tabellen jedes einzelne Jahr mit seinem Zeichen des Sechziger-Zyklus nicht bloß von den Königen der Tschou, sondern auch zunächst von dreizehn großen Lehensfürsten des Reiches. Dabei konnte der Geschichtschreiber sich im wesentlichen auf die Angaben des *Tsch'un-ts'iu* stützen, das, wie erwähnt, mit dem Jahre 722 v. Chr., dem 1. Jahre des Herzogs Yin von Lu, beginnt und bis zum Jahre 481, dem 14. Jahre des Herzogs Ngai, reicht. Ssĕ-ma Ts'ien hat diese Tabelle noch um einige Jahre darüber hinaus, bis zum Tode des Königs King im Jahre 476, geführt, dann stellt er in gleicher Weise die Jahre der Könige der Tschou und die der Fürsten von sieben großen Lehnstaaten von 474 bis zum Ende der Ts'in-Dynastie im Jahre 207 v. Chr. zusammen, und schließlich folgen eine Tabelle, die nach Monaten geordnet ist und die Zeit von 209 bis 202 umfaßt, d. h. bis zu dem Jahre, in dem die Fürsten von Han sich den Kaiser-Titel beilegen, und eine weitere bis zum Ende der Periode *t'ai-tschu* im Jahre 101 v. Chr. (s. unten), d. h. bis zur eigenen Lebenszeit des Verfassers. Die Chronisten der späteren Zeiten hatten nichts anderes zu tun als das Werk fortzuführen, eine bei dem Stande des Archivwesens nunmehr mühelose Arbeit.

Allerdings unverrückbar festgelegt war der Grund noch nicht überall von Ssĕ-ma Ts'ien. Seine Chronologie, so kritisch und vorsichtig sie war, hat sich als nicht völlig fehlerfrei erwiesen, indessen stark in's Gewicht fallen diese Fehler nicht. Es würde weit über unsere Aufgabe hinausgehen, wollten wir in die Erörterung dieser Einzelheiten eintreten; es muß genügen, hier kurz die weitere Entwicklung anzudeuten, die in der folgenden Zeit die Chronologie genommen hat. Vorweg bemerkt werden muß, daß die Verschiedenheiten, die andere Chronologien gegenüber der von Ssĕ-ma Ts'ien aufweisen, sich im wesentlichen auf die Zeit vor 841 beziehen, von da ab handelt es sich nur noch um einzelne, nicht allzu bedeutende Abweichungen. Wir haben früher dargestellt (s. oben S. 63), wie in der zweiten Hälfte des 1. Jahrhunderts v. Chr. an den Anfang der (rekonstruierten) chinesischen Geschichte acht Kaiser statt fünf bei Ssĕ-ma Ts'ien gesetzt wurden, das bedingt bereits eine andere Zeitrechnung, da Huang ti, wie wir sahen, nicht ohne weiteres von seiner Stelle entfernt werden konnte; Pan Ku, der Verfasser der Han-Annalen, von dieser neuen Herrscherreihe ausgehend, ergänzte nun Ssĕ-ma Ts'iens zahlenlose Chronologie dadurch, daß er der Hia-Dynastie 17 Herrscher mit 432 Jahren, der Schang-Dynastie 31 Herrscher mit 629 Jahren zuwies. Ferner glaubte er (oder seine Gewährsmänner Liu Hiang und Liu Hin) auf Grund der im *Tsch'un-ts'iu* verzeichneten Sonnenfinsternisse, eine neue Liste der Fürsten von Lu aufstellen zu können, die sich von der Ssĕ-ma Ts'iens unter anderem auch dadurch unterscheidet, daß sie für die Fürsten, die vor der Tsch'un-ts'iu-Periode regierten, 386 Jahre ansetzt, also bis zum Jahre 1108 v. Chr. hinaufgeht, während Ssĕ-ma Ts'iens Angabe mit einem Fürsten weniger (es handelt sich um den Fürsten Po-k'in, den Sohn des Tschou kung, für den Ssĕ-ma Ts'ien — Kap. 33 des *Schi ki* — die Regierungsdauer nicht angegeben hat) auf 998 hinauskommt. Und da vor jener Fürstenreihe nach Pan Kus Rechnung 7 Jahre Regentschaft des Herzogs von Tschou und 6 oder 7 Jahre Herrschaft des ersten Tschou-Königs, Wu wang, von seiner Thronbesteigung ab gelegen haben sollen, so würde die Tschou-Dynastie 400 Jahre vor Beginn der Tsch'un-ts'iu-Periode d. h. 1122 v. Chr., ihren Anfang genommen haben. Dagegen würde sich nach Ssĕ-ma Ts'ien, wenn man mit den Han-Annalen 46 Jahre für die Regierung des von ihm nicht mehr erwähnten Fürsten von Lu vor 998 annimmt, das Jahr 1044 ergeben, und da die Belehnung dieses Fürsten im ersten Jahre der Regierung des Königs Tsch'êng, des Nachfolgers von Wu wang, stattgehabt haben soll, so wäre das Jahr 1044 das erste Jahr des Königs Tsch'êng. Nimmt man dazu die voraufgegangenen sieben Jahre des Wu wang, so würde sich das Jahr 1050 oder 1051 als Beginn der Tschou-Dynastie ergeben.

Um das Jahr 281 n. Chr. wurden nun die „Bambusbücher" aufgefunden, und damit erhielt man plötzlich eine neue, selbständige Chronologie, die mit Huang ti begann und mit dem 16. Jahre des Königs Nan wang von der Tschou-Dynastie, d. h. dem Jahre 299 v. Chr., endete. Sie war weniger zaghaft als Ssĕ-ma Ts'ien und setzte auch den „Kaisern" der Urzeit kühn ihre Regierungsjahre zur Seite. So glaubte man später als erstes Jahr des Huang ti das Jahr 2145 v. Chr., nach anderer Methode 2491 errechnen zu können und setzte danach auch die zyklischen Zeichen in den Text ein. Für die Hia-Dynastie nahm das aufgefundene alte Werk, abweichend von Pan Ku, 17 Herrscher mit 403 Jahren an, für die Schang-Dynastie 30 Herrscher mit 508 Jahren. Was aber für die Gründlichkeit von Ssĕ-ma Ts'iens Rechnung zeugte, war die Tatsache, daß die „Bambusbücher" für das erste Jahr des Königs Tsch'êng dasselbe Datum ergaben wie die Angaben des ersteren, nämlich 1044 und somit 1050 für den Beginn der Tschou-Dynastie. Auch sonst steht die Chronologie der „Bambusbücher" für die älteste Zeit der von Ssĕ-ma Ts'ien sehr viel näher als der bei Pan Ku. Dagegen finden sich in späteren Perioden, namentlich im 5. und 4. Jahrhundert v. Chr., im Laufe der Geschichte der Einzelstaaten, nicht unbeträchtliche Verschiedenheiten zwischen den Daten der „Bambusbücher" und Ssĕ-ma Ts'iens, wobei die Ungenauigkeit anscheinend mehr auf Seiten des letzteren ist. Wie erwähnt, hat aber der Verfasser des *Schi ki* klugerweise von einer gegliederten Chronologie für die früheste Zeit als einem unfruchtbaren Unternehmen überhaupt abgesehen. Die Chronisten der späteren Zeit sind diesem Beispiele nicht gefolgt. Sie haben, gestützt auf die haltlosen „astronomischen" Berechnungen der Han-Annalen, aber ohne sich an alle deren Ergebnisse zu binden, das System noch vervollständigt und vom 11. bis 13. Jahrhundert ab in den großen durch Kaiserliche Verordnung entstandenen Annalen der chinesischen Gesamtgeschichte, dem *Tsĕ tschi t'ung kien*, und seinen Erweiterungen (s. unten) eine Chronologie geformt, die mit der Erschaffung der Welt anfängt und vom Jahre 2637 v. Chr., dem 61., nach Anderen dem 68. Jahre des Kaisers Huang ti, an mit dem Sechziger-Zyklus rechnet, so daß jedes Jahr mit seinen zyklischen Zeichen bedacht wird. Neben dieser allgemein üblich gewordenen orthodoxen Zeitrechnung läuft die der „Bambusbücher". Beide beginnen jetzt mit einer Differenz von 213 Jahren, im Anfang der Tschou-Dynastie ist diese auf 72 Jahre zusammengeschmolzen, mit dem Jahre 841 v. Chr. verschwindet sie ganz; einzelne Daten stimmen auch schon vorher überein. Von da ab läuft die einheitliche gesicherte Chronologie durch die ganze Geschichte. Seit dem Verschwinden der Monarchie und damit der *nien hao* im Jahre 1912 rechnet China die Jahre nach Gründung der Republik. Einzelne abendländisch beeinflußte Schriftsteller haben es auch schon vor jenem Termin nach dem Vorbilde der christlichen Zeitrechnung unternommen, die Jahre „nach" und „vor Konfuzius' Geburt" (479 v. Chr.) zu zählen. Verbreitung gefunden hat dieser Versuch jedoch nicht.

Nach diesen Darlegungen werden alle unsere Jahresdaten vor 841 v. Chr. als unsicher und bedingt anzusehen sein. Wenn wir dabei im allgemeinen der üblichen Chronologie folgen, so geschieht dies nur, weil sie eben die übliche und in allen abendländischen Werken angewendet ist.

Als die Tschou-Fürsten den Schang die Herrschaft entrissen, übernahmen sie ein Staatswesen, das, wie wir im letzten Kapitel sahen, politisch wie kulturell einen großen Fortschritt gegenüber den erkennbaren Formen der Urzeit aufweist. Und die Tschou waren keine unwürdigen Erben ihrer Vorgänger. Ihr Staat gilt der Überlieferung als die Verwirklichung des geheiligten Weltgedankens der Alten. Um so wichtiger wäre es, die Herkunft dieses ruhmvollen Fürstengeschlechtes und seine Vorgeschichte zu kennen, aber leider lassen sich die Fragen danach nur sehr unbefriedigend beantworten. Gewiß berichtet uns Ssĕ-ma Ts'ien eingehend über beides, aber wenn wir vernehmen, daß die Stammutter des Geschlechts, Namens Kiang-yuan, die Gemahlin des „Kaisers" K'u, eines der „fünf *ti*" (s. oben S. 61), war, daß sie schwanger wurde, indem sie in die Fußspuren eines Riesen oder, wie es im *Schi king* (*Ta ya* II, 1) heißt, indem sie „nach ihrem Opfergebet, daß sie nicht ohne Kinder bleiben möge, in die Zehenspur des höchsten Herrn (Gottes) trat", und daß der auf diese Weise gezeugte Sohn K'i den Namen Hou-tsi führte, eine Bezeichnung, die später dem Gott der Feldfrüchte beigelegt wurde, nachdem Hou-tsi unter dem Kaiser Schun der Minister und Lehrer des Ackerbaus gewesen war: so wissen wir, was wir von dieser dynastischen Legende zu halten haben. Was wir aus Ssĕ-ma Ts'iens Angaben aber mit Sicherheit entnehmen können, ist, daß das Geschlecht, das den Sippennamen Ki führte, (durch die Stammutter war es auch der Sippe Kiang zugehörig) im südwestlichen Schen-si saß und dort sich aus den Jung und Ti genannten Völkerschaften (s. oben S. 38) loslöste, um danach erobernd nach Osten vorzudringen. Hou-tsi soll vom Kaiser Schun die Landschaft T'ai auf dem Nordufer des Weï-Flusses bei der heutigen Stadt Wukung zu Lehen erhalten haben, was nichts besagen kann, zumal der Sohn Hou-tsis, Pu-tschu, zu den Jung und Ti entflohen sein soll. Wir müssen eine lange Reihe von Generationen weiter gehen, ehe wir an geschichtlich wahrscheinliche Daten kommen. Der Fürst Tan-fu, auch „der alte Herzog" *(ku kung)* oder später mit dem posthumen Ehrennamen T'ai wang d. h. „der erhabene König" benannt, (s. unten) scheint der Begründer des Ansehens der Familie gewesen zu sein. Er hatte seinen Sitz in Pin, einer Landschaft, die nördlich von dem angeblichen Lehen T'ai um die noch heute so genannte Stadt Pin in Schen-si liegt, mußte aber, wie auch *Mêng tsĕ* (I,2, 15) im 4. Jahrhundert v. Chr. erzählt, vor der Feindseligkeit der Jung und Ti, und zwar, wie er an einer anderen Stelle (I, 2,3) erwähnt, des Volkes der Hün-yü (d. h. „Hunnen", s. unten) nach Süden entweichen und siedelte sich mit „den Seinigen" am Berge K'i an, vermutlich in der Gegend der heutigen Stadt K'i-schan, am nördlichen Ufer des Weï. Und diese Siedelung erhielt den Namen Tschou-yuan, den dann die Dynastie zu einem so berühmten machen sollte. Die Nachricht macht keinen vertrauenerweckenden Eindruck. Der Name Tschou-yuan bedeutet „Plateau von Tschou" oder „Ursprung der Tschou" und sieht aus, als ob er erst in viel späterer Zeit im Rückblick auf die Geschichte des Herrscherhauses erfunden sei. Weder das *Schu king*, noch das *Schi king*, noch Ssĕ-ma Ts'ien kennen ihn, erst bei den Gelehrten vom 4. Jahrhundert n. Chr. ab findet er sich. Indessen brauchen wir nicht zu bezweifeln, daß die Landschaft, wo Tan-fu sich ansiedelte, den Namen Tschou hatte; ob die Familie ihn vorfand, oder mitbrachte, oder was er bedeutet, wissen wir nicht. Ebenso läßt sich über die Herkunft des Geschlechts nichts feststellen. Daß es selbst ein Teil jener Jung und Ti war, vor denen es zurückwich, ist schon von vornherein wahrscheinlich, zudem aber berichtet Ssĕ-ma Ts'ien, daß „der alte Herzog (nachdem er sich am Berge K'i niedergelassen hatte) sich von den Sitten der Jung und Ti allmählich abwandte (oder: die Sitten milderte?), Wall und Graben, Häuser und andere Gebäude baute, und so eine besondere, vom Lande abgetrennte Stadt anlegte; auch daß er die fünf Beamten mit ihren Tätigkeitsbereichen schuf." Das deutet also darauf hin, daß hier ein Staatswesen mit höherer Kultur, mit Ackerbau und Siedelungen entstand, sei es nun, daß der Fürst und „die Seinigen" die Träger dieser Kultur waren, oder daß sie ihnen von außen gebracht wurde. Auch dieser Tschou-Stamm wohnte ja an der großen vom Westen herführenden Straße. Ob nun freilich die Sippe türkischer Herkunft war, wie angenommen worden ist, darüber läßt sich heute ein Urteil noch nicht abgeben, die — übrigens auch noch zweifelhafte — Nachweisung eines oder zweier Worte in der Sprache der Tschou als türkisch reicht dazu bei weitem nicht aus.

Die weitere Entwicklung des Tschou-Gebietes, so wie sie bei Ssĕ-ma Ts'ien erzählt wird, zeigt bei allen ihren sagenhaften Zutaten einige Züge, die für die Entstehung des chinesischen Staates bezeichnend sind. Tan-fu wünschte als seinen Nachfolger seinen jüngsten Sohn Ki-li; im Hinblick auf diese von der Regel abweichende Wahl begaben sich die beiden älteren Brüder, T'ai-po und Tschung-yung, in einigen Quellen Yü-tschung genannt, zu den Man von King, oder, wie die „Bambusbücher" wollen, nach Yüe, d. h. zu den südwärts wohnenden Stämmen (s. oben S. 38 und unten), und zwar, wie die späteren Erklärer angeben, in die Gebiete des heutigen Kiangsu, bei der Stadt Su-tschou, d. h. also in die sumpfigen Niederungen des damals sicher noch vorhandenen südlichen Armes des Yang-tsĕ (s. oben S. 12), wo „sie sich den Körper bemalten und die Haare abschnitten", d. h. mit den Man zusammenlebten. Ein weiterer Bericht meldet, daß sie dort ein neues Fürstentum gründeten (s. unten). T'ai-pos Verhalten ist später von Konfuzius als „der Gipfel der Tugend" gepriesen worden. Der Grund, der Tan-fu zu solcher Regelung der Nachfolge bestimmt hatte, war die Rücksicht auf seinen Enkel, den Sohn Ki-lis, dessen Geburt mit besonders glückbringenden Zeichen verbunden gewesen war. Dieser Enkel, Tsch'ang mit Namen, übernahm auch beim Tode seines Vaters die Herrschaft und wurde der Begründer der politischen Macht der Tschou, wie sein Großvater der ihres kulturellen Ansehens gewesen war. Die Geschichte läßt erkennen, wie eng noch die Beziehungen zwischen den entstehenden neuen Kulturgemeinden am Weï-Fluß und Huang ho und den Völkern ringsum von ihnen waren. Man kann den Hergang nur so verstehen, daß die beiden Brüder über die Südgrenze der Schang-Gebiete, die, wie wir sahen, etwa im heutigen Süd-Ho-nan war (s. oben S. 90), hinaus vordrangen, offenbar, um sich für die entgangene Herrschaft schadlos zu halten. Die Tschou selbst gehörten, wie bereits erwähnt wurde, ursprünglich den Völkern an, die vermutlich auch „den Körper bemalten und die Haare abschnitten", wie denn auch Mêng tsĕ ganz mit Recht, ähnlich wie der Verfasser des *Sin yü* (s. oben S. 76), den Wên wang (d. h. eben den Fürsten Tsch'ang) „einen Mann von den I des Westens" nennt, eben so wie Schun „einen Mann von den I des Ostens". (Wenn das *Sin yü* den Wên wang „den I des Ostens" entstammen läßt, so ist das von keinem großen Belang). Auch Mêng tsĕ zeigt hier mehr Verständnis für den wirklichen Sachverhalt als die späteren Träger der Überlieferung. Tsch'ang vermehrt das Ansehen seines Hauses um ein gewaltiges. Er baut die geordnete Verwaltung in seinen Gebieten weiter aus, zahlreiche Verbindungen verknüpfen ihn mit den Fürsten der Nachbarschaft, viele begeben sich in Abhängigkeit von ihm (ob immer freiwillig, wie der Bericht will, ist zweifelhaft), sein Staat oder wenigstens sein Einfluß wächst nach Osten, Süden, Westen und Norden, was daran sichtbar wird, daß er dem Schang-Kaiser „das Land westlich des Lo-Flusses" im mittleren Schen-si anbietet, daß er Kriegszüge gegen die Jung im heutigen Hu-nan, gegen die Mi-sü im östlichen Kan-su führt, und daß er siegreich im östlichen Schan-si und bei Huai-k'ing im westlichen Ho-nan auftritt. Er führt den ehrenvollen Titel *Si po* d. h. „Gaugraf des Westens" (s. unten) und beginnt schließlich als ebenbürtiger Herrscher neben den Schang-Kaiser Sin Tschou zu treten. Dieser wird gewarnt vor der aufsteigenden neuen Macht, namentlich ist es der Fürst Hu von Tsch'ung der auf die Gefahr darin hinweist. Tsch'ung ist das nämliche Gebiet im westlichen Weï-Becken, das für die Hia-Zeit als Hu bezeichnet wird, und dessen Eroberung für die neue Kulturmacht von so großer Wichtigkeit gewesen war (s. oben S. 66). Ob die dort regierende Familie noch aus den damals eingesetzten „Nachkommen des Yü" bestand, ist nicht feststellbar, jedenfalls war sie aber den Tschou bitter verfeindet. Der Kaiser läßt auf die Warnung hin den Fürsten von Tschou in You-li, einem wenig südlich von der heutigen Stadt Tschang-tê in Ho-nan gelegenem Orte, einkerkern. Diese bereits erwähnte (s. oben S. 92) Episode aus der Vorgeschichte der Tschou ist in der Überlieferung besonders ausgeschmückt worden. Um den Tyrannen Sin Tschou in seiner ganzen Schrecklichkeit zu kennzeichnen, hat die spätere Geschichts-Literatur des 3. Jahrhunderts n. Chr. (Ssĕ-ma Ts'ien weiß noch nichts davon) die Erzählung daran geknüpft, daß der Kaiser den ältesten Sohn des Eingekerkerten habe kochen und das Fleisch in der Suppe dem Vater zum Essen vorsetzen lassen; als der Ahnungslose die Suppe gegessen, habe der Herrscher höhnisch ausgerufen: „wer sagt nun noch, daß der Gaugraf des Westens ein Heiliger sei, wenn er die Suppe von seines Kindes Fleisch ißt und es nicht einmal merkt?" Auf der anderen Seite weiß die Überlieferung zu berichten, daß der Fürst von Tschou die Zeit im Kerker dazu benutzt habe, um den Diagrammen des alten Zauber- und Wahrsagebuches *Yi king*, die Fu-hi einst aus den Fluten des Huang ho erhalten hatte (s. oben S. 64), eine neue Form zu geben, indem er aus den 8 Trigrammen die 64 Hexagramme bildete und jedem von diesen eine deutende Bezeichnung, sowie eine Erklärung beifügte. Ssĕ-ma Ts'ien hält es für geraten, der Erzählung eine Andeutung des Zweifels hinzuzusetzen (wenn man der Auslegung seines Kommentators aus dem 8. Jahrhundert Glauben schenken darf). Der Fürst Tsch'ang von Tschou lebt denn auch in der Überlieferung als einer der großen Heroen des Altertums, er gehört zu den „heiligen Herrschern der Vorzeit" und wird immer mit dem ihm später beigelegten Ehrennamen (s. oben S. 98f.) Wên wang d. h. etwa „der literarische" oder „der kulturschaffende König" bezeichnet. Diese Verleihung von Ehrennamen an verstorbene Fürsten, später auch an andere verstorbene hervorragende Männer, die sich die ganze chinesische Geschichte hindurch erhalten hat, entstammt, soweit sich bisher sehen läßt, der Familie der

Tschou. Ssĕ-ma Ts'ien berichtet ausdrücklich, daß der Wên wang „in rückwirkender Verehrung" seinem Großvater Tan-fu den Ehrennamen T'ai wang „der erhabene König" und seinem Vater Ki-li den Ehrennamen Wang Ki d. h. „der Königliche Ki" beilegte. Das ist die früheste Nachricht dieser Art.

Wie bereits erwähnt (s. oben S. 92), gelingt es den Anhängern des Gefangenen, ihn durch Bestechungen zu befreien. Die Tschou setzen — ein Zeichen der zunehmenden Schwäche der Zentralgewalt — alsbald ihre Eroberungen fort; nicht lange vor seinem Tode gelingt es dem Wên wang, seinen Feind, den Fürsten Hu von Tsch'ung, zu überwältigen und damit offenbar den letzten Riegel nach Süden und Osten zu sprengen. Das Land Tsch'ung, dessen Wichtigkeit wir bereits früher kennengelernt haben, muß zu der Zeit die ganze breite Niederung des Weï-Flusses (s. oben S. 7), um die heutige Stadt Si-ngan bis nach Hu hien im Südwesten umfaßt haben, und es ist klar, daß erst der Besitz dieses Gebietes den Tschou den Weg zur Herrschaft öffnete. Nunmehr wird der Hauptsitz des Staatswesens von K'i schan nach dem Süden des Flusses, eben in das Gebiet von T'schung verlegt, und zwar in die Stadt Fêng, wie der neue Name lautet, etwa 12 km östlich von Hu hien. Verbunden mit dieser scheint schon früh die etwa 15 km östlich davon und etwa ebenso weit südwestlich von der heutigen Stadt Si-ngan gelegene Siedelung Hao gewesen zu sein, die nach dem *Schi king* (*Ta ya* I, 10, 6) allerdings erst von Wên wangs Sohn und Nachfolger zur Residenz ausgebaut worden ist. Sie hat ihren Namen von einem See, der anscheinend später künstlich erweitert worden, heute aber nicht mehr vorhanden ist. Diese Doppelstadt, zu beiden Seiten des kleinen in den Weï mündenden Flusses Fêng schui gelegen, wurde nunmehr für die nächste Zeit der Mittelpunkt der Tschou-Macht, und damit beginnt die lange inhalt- und wechselvolle Geschichte des Gebietes von Si-ngan. Im nächsten Jahre nach dieser Umsiedelung starb der Wên wang.

Sein Nachfolger wurde sein Sohn Fa, weit besser bekannt in der Geschichte unter seinem posthumen Tempelnamen Wu wang d. h. etwa „der kriegerische" oder „der die Gewalt führende König". Als Helfer und Ratgeber aber gesellen sich ihm zu neben dem greisen Berater seines Vaters, Lü Schang, besser bekannt unter seinem Ehrennamen T'ai kung oder T'ai kung wang, sein jüngerer Bruder Tan, gewöhnlich als Tschou kung d. h. „Herzog von Tschou" bezeichnet, und sein Vetter entfernten Grades, Schi, „Herzog von Schao" oder Schao kung genannt, der einer Seitenlinie der Sippe entstammte, nach anderen ein Halbbruder des Wu wang war. Während Lü Schang eine von Sagen umspielte Persönlichkeit ist, die auch bald nach den entscheidenden Ereignissen in der Überlieferung verschwindet, spielen die beiden Herzöge von Tschou und von Schao noch eine überragende Rolle. Eine späte und unsichere Quelle will wissen, daß „Wêng wang, als er den Auftrag (des Himmels) erhielt (d. h. nach Fêng übersiedelte, um die Schang-Herrschaft zu stürzen), die Landschaft Schao mit der alten Stätte von

Tschou am Berge K'i (s. oben S. 104, im südwestlichen Schen-si) zwischen den beiden Herzögen teilte." (vergl. unten S. 129). Danach wäre ihnen das alte Stammland der Tschou als Lehen überlassen worden, während der dritte Bruder Fa beim Vater geblieben wäre. Jedenfalls haben wir in diesen Männern, zusammen mit Wên wang, vielleicht dem bedeutendsten Herrscher des Hauses, der an der Ausführung seiner Pläne nur durch den Tod gehindert wurde, die eigentlichen Gründer des neuen Staates und damit des chinesischen Reiches überhaupt zu sehen. Mit dem Sturz der Dynastie Schang zwischen 1100 u. 1050 v. Chr., d. h. also mit der Vereinigung der von den Hia und den Schang vordem beherrschten Gebiete (vgl. oben S. 90) mit dem neu eroberten Weï-Becken und dem Stammlande der Tschou in Schen-si, hebt die Geschichte des geformten chinesischen Großstaates an.

Sehr bald nach seiner Thronbesteigung bricht Wu wang zu seinem Kriegszuge gegen die Schang auf, nachdem er sich die Unterstützung zahlreicher Fürsten, namentlich von den Völkern des Westens und Südens gesichert hat. Wie früher bereits geschildert ist (s. oben S. 92), rückt er nach Osten südlich vom Huang ho durch das Tor von T'ung kuan vor, überschreitet südwestlich von Huai-k'ing den Strom, bricht in das Kaiserliche Gebiet im Westen der Großen Ebene ein und vernichtet die Schang-Herrschaft im Kampfe bei der heutigen Stadt Weï-hui in Ho-nan, wo sich, seit wenigen Jahrzehnten, die Residenz des Kaisers befand. Die Quellen, namentlich das *Tschou schu*, haben ausführliche Nachrichten über das Verhalten des siegreichen Fürsten in der eroberten Hauptstadt, über die symbolischen Handlungen beim Triumph über den geschlagenen Gegner und über die Feierlichkeiten bei der Aufrichtung der neuen Herrschaft. Hier schimmert noch vieles durch, was an die wilden Sitten der kriegerischen „Barbaren" erinnert, aber auch vieles deutet bereits das Wirken höherer Kulturgedanken an, die Synthese verschiedener Geisteswelten wird sichtbar. Da Wu wang den letzten Herrscher der Schang nicht mehr lebend vorfindet (s. oben S. 92), so schießt er drei Pfeile mit seinem Bogen in den Leichnam (oder das, was nach der Verbrennung des Sin Tschou dafür angesehen wurde), steigt dann vom Wagen herunter und stößt sein Schwert hinein, trennt schließlich mit seiner „gelben" (goldenen?) Streitaxt das Haupt vom Rumpfe und pflanzt es auf eine Stange mit großer weißer Fahne. Ebenso verfährt er mit den Leichen der beiden Frauen des Schang-Kaisers, die sich selbst erhängt haben, und von denen nach einer Glosse im *Tschou schu* die eine die berüchtigte Ta-ki (s. oben S. 92) war; nur schlägt er die Köpfe mit einer „schwarzen" Streitaxt ab und spießt sie auf eine Stange mit kleiner weißer Fahne. Dann wird der Altar des neuen Gottes des Erdbodens (der Tschou-Familie) errichtet zum Zeichen, daß der Herrscher vom Lande Besitz ergriffen hat, und es findet vor dem Altar die große Feier der Verkündigung dieser Besitznahme an „den höchsten Herrscher im erhabenen Himmel" statt, bei der die Herzöge von Tschou und von Schao mit „der großen" und „der kleinen Streitaxt" zu beiden Seiten des Wu wang stehen, während die übrigen Großen wie eine Schutzwache sich anschließen. Dabei werden ein besonderes Weihwasser („Mondwasser"), sowie Stoffe aus Leinen und aus Seide als Opfer dargeboten, und schließlich die Opfertiere geschlachtet. Des weiteren wurden die neun Dreifüße, die Symbole der Kaiserlichen Macht, nach einem anderen dafür bestimmten Orte übergeführt (vergl. oben S. 85f.). Die nächste Regierungshandlung war die Verteilung von Lehen an die jüngeren Brüder und sonstigen Verwandten des Wu wang, sowie an die verdienten Würdenträger und selbst an „die Nachkommen der früheren heiligen Herrscher Schen-nung, Huang ti, Yao, Schun und Yü". Was mit dieser letzten Belehnung gemeint und beabsichtigt sein konnte (vorausgesetzt, daß die Nachricht ernst zu nehmen ist), läßt sich nicht erkennen, sie beweist jedenfalls, daß die legendäre Ausschmückung auch vor der Geschichte der Tschou noch nicht Halt gemacht hat. Am greifbarsten scheint noch die Angabe, daß die Nachkommen des Yü, d. h. der Hia, die Landschaft K'i (das heutige K'i hien, südöstlich von K'ai-fêng in Ho-nan) bekamen. Das unmittelbare Herrschaftsgebiet der Yin in Ho-nan wurde in drei Teile geteilt: Peï, der nördliche, die Gegend vom heutigen K'i hien, nördlich von Weï-hui, wohl mit der alten Hauptstadt bei Tschang-tê, Yung, der südliche, und Weï, der östliche. Davon erhielt der Sohn des entthronten Kaisers Sin Tschou, namens Wu Kêng oder auch Lu-fu, das Gebiet Peï als Lehen, zwei jüngere Brüder des Wu wang, die Fürsten von Kuan und Ts'ai (s. unten), sollten die beiden anderen mitverwalten. Durch diese Teilung des Yin-Gebietes und die damit ermöglichte Überwachung der Yin-Fürsten hoffte man das noch in Unruhe befindliche Volk der Yin für das Reich ungefährlich machen zu können. Der Herzog von Tschou erhielt das Land Lu im heutigen Schan-tung, der Herzog von Schao das Land im heutigen Tschi-li, und der ehrwürdige Berater des Wên wang, der auch dem Wu wang noch zur Seite stand, Lü Schang oder T'ai kung wang, das Land Ts'i in Schantung, drei Lehen von größerer Ausdehnung und Bedeutung. Wir werden auf alle diese Belehnungen noch zurückzukommen haben.

Bereits früher haben wir die Frage nach der Entstehung des chinesischen Lehenswesens erörtert (s. oben S. 87f.) und dabei der Vermutung Ausdruck gegeben, daß die Sippenverfassung die Vorbedingung für die Belehnungen geschaffen und die universalistische Reichs-Theorie die Vasallenverhältnisse notwendig gemacht habe. Auch das, was wir über die Gründung des Tschou-Staates hören, läßt diese beiden Momente erkennen. Wu wang als Sippenältester verteilt das eroberte Land an die jüngeren Mitglieder, sowie an die verdienten Helfer der Sippe und läßt sie mitgenießen. Eine der Hymnen auf Wên wang im *Schi king (Ta ya* I, 1, 2) preist den Ruhm des Geschlechts und sagt: „Des Schicksals Gaben an Tschou werden Wên wangs Söhnen und Enkeln zu Teil, Wên wangs Söhnen und Enkeln im geraden Mannesstamme und in den Zweiglinien für hundert Generationen." Die Erklärung des Kommentators des 2. Jahrhunderts n. Chr. zeigt, was man sich dabei zu denken hatte: „Von den Söhnen und Enkeln Wên wangs waren die erstgeborenen Söhne der Hauptfrau Zentralherrscher, die Söhne der Nebenfrauen Lehensfürsten durch hundert Generationen hindurch.“ Anders ist es mit den Fürsten der Stämme, die den Tschou bei ihren Kämpfen verbündet waren (s. oben S. 93), den Jung und Ti des Westens. Bei diesen Völkern muß die Vorstellung von einem Zentralherrscher bereits wirksam gewesen sein, und unter der Herrschaft dieses Gedankens fügen sie sich der Leitung durch die neue Dynastie. Natürlich war hier das Vasallentum nicht viel mehr als ein Scheinbild, dessen Züge bestimmt wurden durch die wirklichen Machtverhältnisse. Die Fürsten waren und blieben erbliche Beherrscher ihrer Völker, sie sahen aber, soweit sie von den großen Kulturgedanken erfaßt waren, auf den Zentralherrscher als ihren geistigen und rituellen Oberen. Auch in den Zeiträumen vor den Tschou werden die Dinge kaum viel anders gewesen sein, aber unter diesen wurden sie dann, wie das ganze Reichsgebilde, planmäßig geregelt und erhielten ihre rituelle Gestaltung. Das Vasallen- und Lehenswesen wurde ein Teil des theokratischen Systems und somit ein Teil der göttlichen Weltordnung. Was die Überlieferung sonst an Belehnungen aus der Urzeit zu erzählen weiß, ist bedeutungslos, von wirklichen Belehnungen hören wir im Zusammenhange erst bei Gründung der Tschou-Herrschaft. Neben den beiden genannten eigentlichen Wurzeln des Lehenswesens sind es noch Rücksichten der Verwaltungstechnik und der Landessicherheit gewesen, die zu seiner weiteren Förderung beigetragen haben. In dem Maße, wie das wirklich regierte Reichsgebiet wuchs, mußte die Verwaltung, selbst in ihrer losesten Form, schwieriger werden. Die Entfernungen waren zu groß, die Verkehrsmittel zu mangelhaft, als daß von der Hauptstadt aus die Steuer-Verhältnisse, die Ausübung der Rechtspflege, die Sicherung gegen auswärtige Feinde und andere Tätigkeitsbereiche der Regierung hätten überall unmittelbar geleitet werden können. So übergab der Zentralherrscher, abgesehen von den Ländern „draußen“, die ihre Fürsten hatten und nur seiner formellen Bestätigung bedurften, auch die Landgebiete „drinnen“ den Lehensträgern zur Verwaltung; Ordnung zu halten und die Tributsendungen (Abgaben) abzuführen, war die wichtigste Aufgabe, die sie dabei erhielten. Ssĕ-ma Ts'ien berichtet uns von den Erwägungen, die in späterer Zeit nach dem Sturze der Tschou angestellt wurden, ob das Land wieder an Lehensfürsten verteilt werden sollte. Die Ratgeber des Kaisers weisen auf die weite Entfernung großer Gebiete hin und erklären: „Wenn man bei solcher Abgelegenheit keine Fürsten einsetzt, dann hat man kein Mittel, diese Gebiete in Ordnung zu halten“ (*Schi ki* Kap. 6 fol. 12 r°). Oftmals werden die Fürsten bei Erteilung eines Lehens als „Schutzwand“ des Königlichen Hauses bezeichnet, und in einer großen Ode des *Schi king* gibt der Herrscher dem neu eingesetzten Fürsten auch den Auftrag, „das Land im Süden zu schützen“ (*Ta ya* III, 5, 5). Ob den Lehensträgern bestimmte militärische Dienstleistungen auferlegt waren, läßt sich zwar mit Sicherheit nicht nachweisen, ist aber als sehr wahrscheinlich anzunehmen. Schon die Äußerung von Mêng tsĕ (I, 1, I, 4) über „Staaten mit zehntausend Kriegswagen" oder „mit tausend Kriegswagen" oder weniger deutet darauf hin, ebenso die Angabe des *Tschou li* (Biot, I, 221f.) über die Bewohnerzahl der Staaten und die danach festzusetzenden Militär-Kontingente. Wenn man von der Belehnung als von einem „Rechtsvertrag" gesprochen hat, der „den Geber und Empfänger zu Leistung und Gegenleistung verpflichtet", so ist das europäisch gedacht, widerspricht aber dem Geiste der chinesischen Staatsauffassung. Wie alles im alten chinesischen Staate, so beruht auch das Lehensverhältnis auf ethischer und religiöser Grundlage, nicht auf Rechtsätzen einer Verfassung oder eines Vertrages. Die Belehnung war in China ein politischer Auftrag oder ein Gnadenakt der Herrscher, nicht ein Dienst- und Treuvertrag wie im fränkischen Reiche. Sie erfolgte, indem der Kaiser dem zu Belehnenden eine Erdscholle aus dem Altar des Gottes des Erdbodens übergab, die der Belehnte dann in den von ihm zu errichtenden Altar auf seinem Lehen einfügte. Zum Zeichen seines Auftrags erhielt der Lehensträger auch den einen Teil eines durchgeteilten Holzstabes oder Nephritstückes, dessen anderer Teil im Königlichen Archiv blieb. Durch Aneinanderpassen der beiden Stücke konnte jederzeit die Identität des Inhabers festgestellt werden. Dieser uralte Brauch hat sich bis in eine sehr späte Zeit erhalten und ist auch bei Erteilung von Kaiserlichen Aufträgen diplomatischer oder militärischer Art regelmäßig beobachtet worden. Spuren davon finden sich bis in die neueste Zeit bei Pässen, Anweisungen, Bescheinigungen u. a. Schriftstücken. Das Lehenswesen hat in der chinesischen Geschichte eine Rolle von überragender Bedeutung gespielt: in ihm lagen die stärksten Keime der innerpolitischen Entwicklung, und immer ist es auf das engste verflochten geblieben mit den chinesischen Auffassungen von Weltstaat und Universalmonarchie.

Die Übernahme der Herrschaft durch die Tschou bedeutete vor allem eine Zusammenschließung der östlichen Gebiete in Ho-nan und Schan-si mit den westlichen in Schen-si und dem Weï-Becken, eine gewaltige Verstärkung des noch im Entstehen begriffenen Staates. Daß aber diese Übernahme kein leichter Schritt war, haben die Ereignisse der nächsten Jahre bewiesen. Das Geschlecht der Yin war stärker im Volke verwurzelt als die Überlieferung glauben machen will, und wie wenig sicher seines „göttlichen Auftrages" der Wu wang in Wirklichkeit war, das zeigt eine Geschichte, die von dem *Tschou schu* (Abschn. 44) berichtet wird und von Ssĕ-ma Ts'ien teilweise übernommen ist. Leider ist der altertümliche Text so schlecht überliefert und so voller sprachlicher Rätsel, daß nicht alle Einzelheiten verständlich sind. „Als der (Wu)wang die Yin überwunden hatte", heißt es, „wurden die Fürsten der Staaten und die Lehensträger versammelt und stellten ihre Völker vor. Die Berater der Gouverneure von den neuen Landesteilen wurden von dem (Wu)wang in der Umgegend (der Hauptstadt) von Yin empfangen. Dann stieg der (Wu)wang hinauf auf die Höhen von Fên, um hinzublicken auf die Hauptstadt der Schang. Er seufzte lange und sprach: ach, was bedeutet es, wenn man des Himmels Willen nicht entspricht und seinem Befehle nicht folgt, der Tag kommt einmal, wo es sichtbar wird, dessen sollte man immer in Furcht eingedenk sein. Dann begab sich der (Wu)wang nach Tschou (dem Stammlande) und ging von Lu nach K'iu-tschung; bis zum Hellwerden ging er nicht zur Ruhe. Ein junger Diener, der bei ihm war, sagte dies dem Bruder (des Herrschers) Tan (dem Tschou kung). Tan eilte herbei und sagte: schon lange drückt mich die Sorge, warum gehst du nicht zur Ruhe?" Nun schüttet in einer pathetischen Szene Wu wang dem Bruder sein sorgenvolles Herz aus. „Gewiß hat der Himmel die Yin verworfen, aber ich habe außer dem Erfolge unseres Kampfes noch kein Zeichen, daß er uns annimmt, im Gegenteil sind noch gewisse üble Erscheinungen sichtbar, obwohl ich bereits seit sechzig Jahren lebe. Auch hatten die Yin, als sie ihre Herrschaft aufrichteten, eine große Zahl erleuchteter Berater zu ihrer Verfügung, mich aber überwältigen die Sorgen, wie soll ich da zur Ruhe gehen? Ich will des Himmels Willen zur Geltung bringen, mich des Himmels Schutzes versichern und mich auf des Himmels Wohnsitz (d. h. eine Königliche Hauptstadt) stützen, die Bösen will ich strafen, wie ich Schou von Yin bestraft habe, und die Tugend will ich erstrahlen lassen. Tan war in Tränen ausgebrochen, die Tropfen fielen auf seine Kleider, und er vermochte nicht zu antworten. Der Bruder fährt fort: Ein Traum aber hat mir verkündet, daß ich bei meinem Hinscheiden unser Haus noch nicht gefestigt haben werde, und daß ich dich, der du noch jung bist, aber große Weisheit besitzest, damit beauftragen soll, damit du das Werk unserer Ahnen fortsetzest, denn noch haben sie nicht ihren hohen Sitz bei dem Herrscher in der Höhe eingenommen. Wenn aber das Wirken des Herrschers nicht oben bei den Ahnen anknüpft, dann wird auch unten das Volk sich nicht anpassen. Und da ich besorgt bin, daß mein Sohn nach meinem Tode diese Pflicht nicht erfüllen kann, so will ich dich, den Bruder, als Nachfolger einsetzen. Tan geriet in Furcht, und seine Tränen fielen auf seine Hände. Der Kaiser fährt fort: Ich sinne darauf, die Yin zu befrieden, und ich muß mich dabei auf einen Wohnsitz des Himmels stützen, damit ich sie an meine Anordnungen gewöhnen kann. Man braucht den Ort dafür nicht weit zu suchen, der Himmel selbst hat ihn erwählt, und bei solcher Hilfe besteht keine Schwierigkeit. Von der Biegung des Lo-Flusses bis zur Biegung des I-Flusses (s. oben S. 7f.) sind die Wohnsitze eben und ohne natürliche Hindernisse, dort sind die Wohnsitze der Hia. Ich habe das Land in Muße geprüft: wo beide Flüsse, Lo und I, nicht weit entfernt sind (d. h. unweit des Zusammenflusses), da soll der Wohnsitz des Himmels sein."

Der Bericht ist lehrreich in mehr als einer Hinsicht. Zunächst zeigt er, in welchem Lichte man den Herrschaftsantritt der Tschou und ihrer ersten Könige zu einer Zeit sah, als die Dynastie noch regierte, ja als sie vielleicht sogar noch auf der Höhe der Macht war. Er läßt erkennen, wie sehr die Neugründung des Staates in der allgemeinen Empfindung mit religiösen

Momenten durchtränkt war, wie sie des sichtbar werdenden göttlichen Auftrages notwendig bedurfte, wie dieser Auftrag durch die Verdienste der Ahnen mitbedingt war, und wie die Ahnen durch die Erfüllung des Auftrags Gott selbst, dem „Herrscher in der Höhe", zur Seite traten. Nur eine solche Verknüpfung der Dynastie mit der jenseitigen Welt macht sie legitim, sichert ihren Bestand und verpflichtet die Völker zum Gehorsam. Wesentlich für die Verknüpfung ist die Gründung des Herrschersitzes („Wohnsitz des Himmels") mit dem Ahnentempel an einem geweihten Orte. Wu wang leidet unter der Ungewißheit hinsichtlich des göttlichen Auftrags, für den ihm noch die Zeichen zu fehlen scheinen, unter dem Mangel eines würdigen Herrschersitzes für den Ahnentempel zur Erhöhung der Vorfahren, denen er alles verdankt, und unter dem Zweifel, ob er in seinem Sohne, der noch ein Kind ist, während er selbst bereits sechzig Jahre, nach anderen sogar vierundachtzig zählt, einen würdigen Nachfolger haben würde. In dieser Not des Verzagens verläßt er sich auf den jüngeren Bruder, der die Festigung des Reiches übernehmen soll, und bestimmt als Ort für den Sitz der Dynastie die Gegend am Lo-Fluß, die als ehemaliger Sitz der ruhmvollen Hia bereits ihre Geweihtheit als „des Himmels Wohnsitz" erwiesen hat.

Wu wang, der hiernach offenbar mit seinem baldigen Tode rechnete, wurde bald darauf schwer krank. Das *Schu king* hat uns in seinen echten Teilen einen Abschnitt *(Kin t'êng)* aufbewahrt, in dem geschildert wird, wie der Herzog von Tschou, voll Sorge, daß das Reich, das, wie Ssĕ-ma Ts'ien ausdrücklich bemerkt, „noch nicht geeint war", in Gefahr geraten könnte, sich mit einer feierlichen Bitte an die Ahnen wandte, statt seines Bruders ihn abzuberufen und sterben zu lassen, damit „nicht des Himmels herabgelangter hoher Auftrag hinfalle". Das Gebet wurde aufgeschrieben und in einen Behälter gelegt, in dem die Antworten auf Orakelfragen aufbewahrt wurden *(kin t'êng* d. h. „Behälter mit der goldenen Schnur"). Der kranke König wurde alsbald besser und genas. Einige Zeit danach aber starb Wu wang wirklich. Der Bestimmung des Herrschers gemäß übernahm der Herzog von Tschou für den unmündigen Sohn, der den Königsnamen Tsch'êng wang führte, als Regent die Regierung und sandte seinen eigenen Sohn Pa-k'in als Lehensherrn nach Lu (Schan-tung). Seine Befürchtung, daß das Ableben des Herrschers der Anlaß werden könnte zu einer aufrührerischen Bewegung in dem noch immer ungefestigten Reiche, erwies sich als berechtigt. Seine eigenen Brüder, Lehensträger und Mitverwalter in den ehemaligen unmittelbaren Gebieten der Yin in Ho-nan (s. oben S. 109), schwärzten ihn an als Usurpator der Königlichen Macht und erhoben sich gemeinsam mit dem Yin-Fürsten Wu Kêng und im Bunde mit dem Volke der Huai I (s. oben S. 38). Dem Regenten gelang es, die Empörung niederzuwerfen, die unbotmäßigen Lehensfürsten wurden hingerichtet oder verbannt, die Lehen anderweitig verteilt. Was von dem Volke der Yin, das wohl hierbei größtenteils ausgerottet wurde, noch übrig blieb, wurde zusammengefaßt und dem noch jugendlichen Bruder Fêng als Lehensherrn unterstellt, der damit hinfort den Staat Weï[1]) (das heutige K'i hien, nördlich von Weï-hui in Ho-nan) bildete. Für die Ahnenopfer an die Fürstenfamilie der Yin wurde ein Gebiet in Sung (das heutige Schang-k'iu hien oder Kueï-tê im südöstlichen Ho-nan) bestimmt und einem zuverlässigen Nachkommen des entthronten Herrschers, Namens K'i, zu Lehen gegeben. Mit dieser Neuordnung der Ost-Gebiete und der Befriedung der Huai — beides nahm volle fünf Jahre in Anspruch — war das junge Reich der Tschou zunächst fest unterbaut. Nunmehr war endlich die notwendige Ruhe gekommen, um das weitere Vermächtnis Wu wangs hinsichtlich der neuen Hauptstadt auszuführen. Im siebenten Jahre des jungen Königs Tsch'êng wang wurde die Frage in einem feierlichen Kronrate erörtert und entschieden. Bisher war die Doppelstadt Fêng und Hao am Rande des Weï-Beckens (s. oben S. 107) der Sitz der Regierung gewesen, und zwar Hao anscheinend der der Königlichen Familie, wenigstens wird besonders hervorgehoben, daß der Hof sich von dort nach Fêng begab, und der Herzog von Schao (s. oben S. 107f.) Anweisung erhielt, die von Wu wang in Aussicht genommene Gegend am Lo-Fluß nochmals zu prüfen. Dann entwarf der Herzog von Tschou den Plan für die neue Stadt, befragte die Orakel und als die Antwort günstig ausfiel, wurde das Werk begonnen. Etwa 15 km nordöstlich von der heutigen Stadt Lo-yang hien (Ho-nan hien), und zwar am Nord-Ufer des Lo-Flusses, also auch unmittelbar an der großen vom Weï-Becken herüberführenden Straße, entstand der neue Sitz der Dynastie. Er erhielt den Namen Tsch'êng-tschou d. h. „das vollendete Tschou". Diese Stadtgründung, die als ein Staatsakt höchsten Ranges, als die Symbolisierung der neuen Reichsgründung angesehen wird, ist in den Abschnitten *Schao kao* d. h. „Verkündigung des Herzogs von Schao" und *Lo kao* d. h. „Verkündigung von (der Stadt am) Lo" in den echten Teilen des *Schu king* in ihrer ganzen Bedeutung geschildert, während ein besonderer Abschnitt des *Tschou schu* — der 59. —, mit großer Ausführlichkeit die Versammlung und Aufstellung der Fürsten, sowie die Tributgeschenke der Barbaren-Völker, zum Teil mit phantastischen Angaben, beschreibt. Der Abschnitt dürfte zwar nicht zu den alten Teilen des Werkes gehören, aber er zeigt doch auch, welche Wichtigkeit man noch in späteren Zeiten der Stadtgründung beilegte. Nach den Berichten des *Schu king* war es das Volk der Yin, das die Arbeiten am Fluß-Ufer für die Stadt-Anlage ausführen mußte. Eine Angabe des *Tso tschuan* (zu *Huan kung* 2. Jahr), daß „Wu wang bereits nach der Vernichtung der Schang die neun Dreifüße habe nach der Stadt am Lo bringen lassen" (das *Tschou schu* hatte statt dessen einen Ort San-wu genannt — s. oben S. 85), legt den Gedanken nahe, daß dieser erste Herrscher selbst schon angefangen habe, seinen Plan der Stadtgründung auszuführen. Sollte diese Nachricht zutreffen, so müßte natürlich eine würdige Unterbringungsmöglichkeit, vermutlich sogar der von Wu wang so stark vermißte neue Ahnentempel hier vorhanden gewesen sein,

[1]) 衞, zu unterscheiden von dem späteren Weï 魏

obwohl die Kommentare des *Schi ki* versichern, daß der Ahnentempel des Wên wang in Fêng gewesen sei, als die neue Stadt gegründet wurde. Es wird dies noch wahrscheinlicher durch die weitere, auch von Ssĕ-ma Ts'ien (Kap. 40 fol. 8v⁰) übernommene Nachricht des *Tso tschuan* (*Süan kung* 3. Jahr), daß Tsch'êng wang die Dreifüße habe nach Kia-ju bringen lassen. Tu Yü, der Kommentator des *Tso tschuan,* belehrt uns, daß Kia-ju „die heutige Stadt Ho-nan sei, daß Wu wang (die Dreifüße) dort habe hinbringen lassen, und daß Tsch'êng wang endgültig den Ort dafür bestimmt habe"; der Kommentator des 5. Jahrhunderts n. Chr. zum *Schi ki,* dem ein abweichender Text von Tu Yü vorgelegen zu haben scheint, zitiert von diesem die Angabe, daß Kia-ju „westlich vom heutigen Ho-nan hien" (Lo-yang hien) gewesen wäre. Hiernach muß also in der Tat Wu wang bereits mit der Erbauung einer neuen Stadt begonnen haben an einer Stelle, die ein gut Stück südwestlich von der Gründung des Tschou kung, stromaufwärts am Lo-Fluß, etwa 3 km westlich vom heutigen Lo-yang hien lag. Aus Gründen, die man nur vermuten kann — vielleicht war die Lage als nicht günstig erkannt worden, vielleicht aber gaben staatspolitische Rücksichten den Ausschlag, indem die gleich zu erwähnende Neuansiedelung des Yin-Volkes es notwendig erscheinen ließ —, wurde dann unter Tsch'êng wang die eigentliche Stadt weiter flußabwärts angelegt, die deshalb in späteren Werken auch als *Hia tu* d. h. die untere Stadt bezeichnet wird. Mit großen Feierlichkeiten wurde die neue Gründung geweiht: der Regent brachte in Gegenwart des jungen Königs das große Stadtflur-Opfer an Himmel und Erde (s. unten), sowie am Altar des Gottes des Erdbodens dar, dann folgte die Übergabe an den Herrscher, und der Dank des letzteren an den Tschou kung. Der Herzog von Schao an der Spitze der Lehensfürsten übergab die Tributgeschenke und hielt die feierliche Ansprache, in der er den Segen des Himmels für die Dynastie erflehte, und in der deutlich erkennbar wird, daß noch immer ein gewisser Widerstand bei den Anhängern der Yin bestand. So erklärt sich auch die Maßnahme, daß „die Reste des Volkes der Yin" nach Vollendung der neuen Stadtanlage nach hier übergesiedelt wurden; offenbar erwartete man, daß auf diese Weise ihre endgültige und völlige Befriedung erreicht werden könnte. Am Ende wurden die neuen Dreifüße hier aufgestellt, und Tschou kung erklärte den Ort für „den Mittelpunkt des Reiches, zu dem die Entfernung für die Tributbringer aus den vier Himmelsrichtungen von allen Seiten gleich ist"

Die chinesische Geschichtschreibung hat, wie bemerkt, diese Stadtgründung der Tschou von je her als ein Ereignis von höchster Bedeutung behandelt, ja es hat sie gewissermaßen, und nicht mit Unrecht, als den eigentlichen Gründungsakt für den chinesischen Staat angesehen. Um so schwerer ist es zu erklären, daß die Stadt am Lo-Fluß nach all den feierlichen Erklärungen doch nicht zum Sitze des obersten Herrschers gemacht wurde, sondern daß der König nach wie vor im Westen, in Hao, blieb. Welche Gründe hierfür vorgelegen haben, darüber bleiben alle chinesischen Quellen stumm. Schien der Aufenthalt in dem geschützteren und dem Stammlande näheren Gebiete im Weï-Becken sicherer als in den neueroberten östlichen Landen des noch immer aufsässigen Yin-Volkes? Waren es höfische Intriguen, die eine Übersiedelung vereitelten, oder hatten andere besorgniserregende Vorkommnisse den Entschluß verhindert? Wir stehen hier vor einem Rätsel, denn daß bei Wu wang wie bei Tschou kung, den beiden Reichsgründern, der feste Wille bestand, hier am Lo den Sitz des Zentralherrschers zu errichten, ist sicher (Tschou kung hatte noch in seiner Sterbestunde den Wunsch geäußert, in Tsch'êng-tschou beerdigt zu werden), und es müssen sehr gewichtige Umstände gewesen sein, die eine Ausführung dieses Willens durch die Nachkommen, wie sie schon durch das Gesetz der Ehrfurcht geboten war, trotz alledem haben verhindern können. Noch über vier Jahrhunderte ist Hao die Hauptstadt des Tschou-Reiches mit dem alten Ehrennamen Tsung Tschou d. h. „das verehrungswürdige Tschou" oder „das Tschou der Vorväter" geblieben, und nicht nur Wên wang und Wu wang, sondern auch der Herzog von Tschou, Tsch'êng wang und dessen Nachfolger K'ang wang sollen hier noch ihre Grabstätten gefunden haben. Noch heute sind auf dem linken Ufer des Weï-Flusses große Grabhügel vorhanden, die von den Chinesen als die ihrigen erklärt werden. Erst als die Bedrängnisse durch auswärtige Feinde übermächtig wurden, entschloß sich die Dynastie im 8. Jahrhundert v. Chr. zu einer Übersiedelung nach der Stadt im Osten. So hatte der Tschou-Staat von Anbeginn an zwei Hauptstädte, von denen die eine die Wurzel des berühmten Tsch'ang-ngan (Si-ngan) in Schen-si, die andere die des ebenso berühmten Lo-yang d. h. „Nordseite des Lo-Flusses" in Ho-nan geworden ist. Die beiden Städte können als Symbole angesehen werden für die zwei Kultur-Zentren, aus denen der alte chinesische Staat zusammengewachsen ist, das Weï-Tal und das nördliche Ho-nan, das Land der Tschou und das Land der Schang. Von den Städten selbst ist zwar heute keine Erdenspur mehr vorhanden, aber die Überlieferung ihres Ruhmes lebt bis zur Gegenwart in den beiden Namen Tsch'ang-ngan und Lo-yang fort.

Die Stadtgründung hat die Regententätigkeit des Herzogs von Tschou zum Abschluß gebracht. Nachdem er sie sieben Jahre ausgeübt hatte, legte er die Regierung in die Hände des inzwischen herangewachsenen Königs Tsch'êng und „nahm seinen Platz unter den Ministern wieder ein". Die alles überragenden Verdienste dieses Mannes haben ihn später nicht davor geschützt, daß er zeitweilig das Opfer von Intriguen und Verleumdungen am Hofe wurde, und zwar in einem Maße, daß er flüchten und in dem Lande Tsch'u am mittleren Yang-tsĕ in Hu-peï, dem Gebiete eines jener „Barbaren"-Stämme, die den Raum zwischen dem Yang-tsĕ und dem Ts'in ling einnahmen (s. oben S. 38f.), Unterkunft suchen mußte. Der dortige Landesfürst gehörte zu denen, die durch den Herzog in ein freundschaftliches Lehensverhältnis zu den Tschou gebracht worden waren (s. unten). Die Wühlereien fanden ihr Ende durch eine zufällige Entdeckung des Königs, die ihn über die Gesinnung des Herzogs aufklärte. Während einer schweren Krankheit des jungen Herrschers hatte der Regent sich selbst den Geistern der Ahnen als Ersatz für den anscheinend dem Tode verfallenen dargeboten und, wohl einem uralten Brauch der Selbstverstümmelung folgend, seine Nägel abgeschnitten und in den Fluß geworfen. Die feierliche Anrufung hatte er aufschreiben und ebenso wie einst das Gebet um Errettung seines Bruders Wu wang (s. oben S. 113) in dem Archive niederlegen lassen. Tsch'êng wang genas von seiner Krankheit und nach der Flucht seines Oheims entdeckte er in dem Archiv das Gebet. Von bitterer Reue ergriffen, rief er den Herzog zurück, und sein Vertrauen war von nun ab nicht mehr zu erschüttern. Seine Verehrung steigerte sich noch, als nach dem Tode des Herzogs beim Ausbruch eines furchtbaren Unwetters die Orakelbehälter geöffnet wurden und dabei das Gebet für Wu wang zum Vorschein kam. Die Geschichten mögen stark ausgeschmückt oder ganz als Legenden zu betrachten sein, zumal die Angaben des *Schu king* und des *Schi ki* darüber stark von einander abweichen, jedenfalls wird in der späteren Zeit keine Episode des Altertums häufiger als Vorbild angeführt als die uneigennützige Regentschaft des Tschou kung für den unmündigen König. Sicher bleibt auch soviel, daß schon unter Tsch'êng wang, also gleich nach der Begründung der Dynastie, die Eifersucht und das Intriguantentum unter den Familienmitgliedern (die Brüder des Herzogs werden als die Hauptanstifter aller Zettelungen genannt) rege wurden, wie sie später sowohl im Geschlechte der Tschou, wie bei allen anderen Herrscherhäusern so unendlich oft den Frieden des Landes und der Dynastien untergraben haben. Sicher bleibt aber auch, daß der Herzog von Tschou noch bis an sein Ende hohe Verehrung genossen und unablässig am Aufbau des Staates gewirkt hat. Der König Tsch'êng wang bestimmte, daß die Nachfolger für alle Zeit berechtigt sein sollten, das Opferritual und die Musik des Zentralherrschers an ihrem Hofe auszuüben, ein Königliches Vorrecht, das (in der Theorie) mit keinem anderen Lehensfürsten geteilt wurde. In der orthodoxen Ueberlieferung ist Tschou kung den großen Heroen der mythischen Vorzeit, Yao, Schun, Yü ebenbürtig zugesellt worden, und von der eigenen Dynastie steht ihm nur Wên wang, kaum Wu wang an religiöser Bedeutung gleich. Auch eine kritische Geschichtsbetrachtung muß, wie bereits gesagt wurde, in diesen drei Männern die Gründer des chinesischen Großstaates sehen, wobei dem Herzog von Tschou die erste Stelle zuzuweisen ist. Wenn auch die leitende Idee dieses Staates lange vorher vorhanden gewesen sein und unter den Schang bereits gewisse organisatorische Formen angenommen haben mag, so zeigt doch erst der Tschou-Staat die wirkliche Durchbildung dieser Formen zu einem festen System. So erklärt es sich, wie früher bereits bemerkt (s. oben S. 95f.), daß die Nachwelt die Verfasserschaft des *Tschou li* allein dem Herzog von Tschou zuschreibt. Er galt den späteren Geschlechtern als der Schöpfer dieses Systems und damit des Staates selbst. Daß von den Späteren selbst viel zu dem System hinzugetragen worden ist, wohl mehr als seinem geschichtlichen Ansehen gut war, haben wir bereits gesehen, aber das Wesentliche darin wird dadurch nicht berührt, und namentlich der Grundgedanke, wie er dem hohen Altertum entstammte, tritt klar und eindeutig überall zu Tage. Neuere archäologische Forschungen haben auch hier wertvolle Belege geliefert. Ob und inwieweit der Gedanke fremden d. h. innerasiatischen Ursprungs ist, bleibt vorläufig für uns verhüllt; daß aber fremde Elemente darin erhalten sind, Elemente die unter den Tschou selbst noch weiteren Zuzug erhalten haben, und daß diese Elemente mit einheimischen Vorstellungen und Kult-Sitten verbunden worden sind, ist sicher, die chinesische Kultur und der chinesische Staat treten eben von Anbeginn an als Synkretismus auf.

Wenn wir nunmehr den Staat des Altertums in seinen Grundzügen und Formen nach dem *Tschou li* und den anderen kanonischen Werken zu beschreiben unternehmen, so ergibt sich aus dem bisher Gesagten, daß wir damit nicht bloß über den Entwicklungstand der beginnenden Tschou-Zeit, sondern über die gesamte Tschou-Zeit hinaus greifen; wir gewinnen aber damit ein Bild von dem Weltstaate, in dem das Chinesentum die Idealform der großen Menschheitsorganisation erblickte, eine Idealform, die seine gesamte Weltanschauung wiedergibt und deren Gebot die ganze chinesische Geschichte bis in unsere Tage hinein als ewiges, unverrückbares Gesetz beherrscht. Unsere Darstellung soll also nicht sowohl einen geschichtlichen Wirklichkeitszustand schildern als vielmehr das gewollte Wesen dessen, was wir als das chinesische Reich bezeichnen. Der Grundriß dieses Reiches ist durch alle Zeiten derselbe geblieben, den einst die frühe Tschou-Zeit aufgezeichnet hat.

Wir haben bereits früher dargelegt (s. oben S. 78f.), wie der chinesische Staatsgedanke seinem Wesen nach kosmisch ist. Er ist geboren aus der außerordentlich starken Naturverbundenheit der chinesischen Seele, einer Naturverbundenheit, die wiederum ihre Wurzeln im Ackerbau, der Ahnenverehrung und der Himmelsbeobachtung hat. Aus diesen drei Momenten erwächst das innige Verhältnis zur fruchttragenden Erde und zum befruchtenden Himmel, dessen Gestirne der Sitz geheimnisvoller Kräfte sind, und auf dessen Wirken die Geister der Ahnen einen Einfluß zu üben vermögen. So fühlte sich im alten China der Einzelne nur als einen organischen Teil des Alls, und aus demselben Empfinden heraus mußte auch die Summe der Einzelwesen, die Menschheit, ein solcher Teil sein. Die Ordnung aber, die man am Himmel in den Bewegungen der Gestirne und den übrigen kosmischen Erscheinungen beobachtete, mußte auch für die Erde und deren Bewohner bindend sein, weil eben das All, von den Chinesen als *t'ien-ti* d. h. „Himmel und Erde“ bezeichnet, eine Einheit war. Man faßte diese Einheit wohl auch als Dreiheit *(san ts'ai)* auf, indem man den Menschen als das verbindende Glied zwischen oben und unten ansah (vergl. oben S. 63), da Himmel und Erde als schaffende Kräfte gleichen Anteil an ihm hatten, und er andererseits auch in seinem Wirken (z. B. beim Ackerbau, dann auch der sittliche Mensch durch sein die Menschen veredelndes Handeln) seine Kräfte den ihrigen zugesellte. Wie aber die Ordnung, das *tao* d. h. „der Weg“, vielleicht ursprünglich nichts anderes als der Weg, die Bahn der Gestirne, am Himmel alle Teile in bestimmten Verhältnissen zueinander hielt, so war die nämliche Ordnung das oberste Gesetz in der menschlichen Gemeinschaft, dem Staate, in dem es, in den *li*, den Riten, verästelt, jedem seinen Platz anwies und sein Handeln vorschrieb. Ein so gedachter Staat konnte nur universalistisch verstanden werden, e i n Herrscher lenkte das Ganze denn wie „der Himmel nicht zwei Sonnen hat, so die Erde nicht zwei Herrscher, die Familie nicht zwei Oberhäupter“ *(Li ki, Fang ki* 5). Das Staats-Gebiet war die Erde, das Volk die Menschheit, der Staat selbst das irdische Gegenstück zu der Welt des Himmels, die gleichfalls einen wohlgeordneten Staat darstellte. Dieser himmlische Staat mit seiner unverrückbaren Regelmäßigkeit und seiner regionalen Gliederung, wie die Astronomie und Astrologie sie erkannt zu haben glaubte, war das Vorbild des irdischen, und andererseits wurden, jedenfalls während der Tschou-Zeit, die menschlichen Einrichtungen des letzteren wieder in die Welt des Himmels hineingesehen. Auch das ist eine Tatsache, die sich in allen alten asiatischen Monarchien findet und die eben mit der ganzen kosmischen Betrachtungsweise zusammenhängt (s. oben S. 78f.). So entspricht dem Polarstern mit den vier Zonen herum die Residenz des Herrschers (auf der Erde im Mittelpunkt, unter dem Polarstern liegend gedacht, vergl. die Erklärung bei der Staatsgründung oben S. 115) mit den Vasallenstaaten herum (s. oben S. 62 u. 80), die von den *ssĕ fang*, den vier Seiten der quadratischen Erdscheibe, umschlossen sind. Unten im Mittelpunkt hat der *ti* oder *huang-ti* (schon in den echten Teilen des *Schu king)*, der „majestätische Kaiser“, der Zentralherrscher, seinen Sitz, auf dem Polarstern der *schang ti* der „Herrscher oder Kaiser in der Höhe“, zugleich höchster Ahnherr des irdischen Herrschers. Drei Sterne in der Nähe des Polarsterns heißen „die drei Berater“ *(san kung*, s. unten), eine Sterngruppe aus dem Skorpion ist „die Regierungshalle“ *(ming t'ang)* usw. Der Himmelstaat heißt *t'ien* „der Himmel“, der irdische *t'ien hia* „das, was unter dem Himmel ist“, ein Ausdruck, der zugleich „das Reich“ und „die Welt“ bedeutet, denn beides deckt einander. Dieses „Reich“ ist eingeteilt in „Staaten“ *(kuo)*, und zwar entspricht dem zirkumpolaren Abschnitt am Himmel der Mittelstaat *(tschung kuo)* auf der Erde, er ist im Anfang das nächste Herrschaftsgebiet des Königs, darin und darum liegen „die zehntausend Staaten“ *(wan kuo)* der Lehensfürsten, die in den fünf konzentrischen Quadraten des Yü (s. oben S. 65) oder in den neun, von denen das *Tschou li* spricht, verteilt sind. Die Vorstellung von dem „Mittelstaate“ erweitert sich in dem Maße, wie Umfang und Art des Reiches wachsen. Die einzige Quelle aller Zivilisation befindet sich im „Mittelstaate", wo der Zentralherrscher, der „den Auftrag des Himmels erhalten hat", die ewigen Sittengesetze der Lebensweisheit den Völkern verkündet. Zu der nächsten Umgebung kommen diese Lehren unmittelbar, zu den entfernter Wohnenden in einer mit dem räumlichen Abstand wachsenden Unvollkommenheit. Gemäß seinem Verhältnis zum Himmel mit dem *schang ti* als seinem höchsten Ahnen führt der Zentralherrscher den Namen „der Himmelssohn" *(t'ien tsĕ)*. Als solcher bringt er, und nur er allein, für das gesamte Menschheitsvolk dem hohen Elternpaare Himmel und Erde die Opfer dar, wie sie in der einzelnen Familie der älteste Sohn den Ahnen darbringt. Denn auch der Staat ist nur eine Familie im Großen, wie die Familie ein Staat im Kleinen ist. Reich, Staaten, Familien so lautet die übliche Aufzählung für die Gesamtheit der menschlichen Gesellschaft, und alle bindet gleichmäßig das Gesetz der Pietät oder Ehrfurcht *(hiao)*. Der Mensch, der dazu ausersehen ist, Träger des göttlichen Auftrags und Vertreter des Menschenvolkes dem Himmel gegenüber, also Vermittler zwischen beiden, Mensch κατ'ἐξοχήν in der Dreiheit Himmel — Erde — Mensch, zu werden, muß der weiseste und tugendhafteste unter allen Menschen sein. „Wer die höchste Tugend besitzt, wird sicher die Berufung erhalten", heißt es *Tschung yung* (XVII,5). Kenntlich gemacht wird dieser Mensch durch seine Taten, durch außerordentliche Erfolge die auf göttliches Wohlgefallen schließen lassen, und durch Verehrung im Volke. „Der Himmel spricht nicht mit Worten", lehrt Mêng tsĕ (V, 1, V, 4), „sondern in Wandel und Erfolg (des zu Berufenden) zeigt er seinen Willen". Eine solche Auswahl schließt natürlich eine dynastische Erbfolge aus, der Würdigste kann unmöglich dauernd derselben Familie angehören. Der Herrscher kann aber helfen, seinen Nachfolger aufzufinden und zu erproben, ihn „dem Himmel empfehlen", wie es in den Texten heißt. Dieser Theorie entspricht die Herrschaft der großen Heroen, Yao, Schun und Yü (s. oben S. 65f.) in der Ueberlieferung, die sich in freier Wahl des Volkes nach einander fanden, ohne verwandt zu sein; die Gründung einer Dynastie nach Yüs Tode ist der erste Fall, wo die Theorie an den Tatsachen scheitert, hier an dem starken Familienbegriff und an der Natürlichkeit des Forterbens im Mannesstamm. Konfuzius wie Mêng tsĕ (V, 1, VI) haben sich in ihrer Dialektik vergeblich bemüht, den Unterschied zu verwischen. Wie Papst Innozenz III. (1198—1216) in einer seiner Predigten über seine Konsekration von sich sagte: „Ich bin in die Mitte gestellt zwischen Gott und den Menschen, diesseits von Gott und jenseits vom Menschen, kleiner als Gott, aber größer als der Mensch", so ist der Zentralherrscher als Mittler zwischen Himmel und Erde nicht bloß der politische Machthaber, sondern auch der geistige, in sich vereinigend, was die katholische Kirche vor Gregor VII. (1073—1085) noch als getrennt ansah, Kaiser und Papst in einer Person. Und da die Lehensfürsten, sowie die Beamten gleichfalls bestimmte Opfer und andere rituelle Handlungen im Auftrage des Himmelssohnes zu vollziehen haben, so kommt auch ihnen priesterliche Eigenschaft zu, der Staat erhält einen hierokratischen oder gar theokratischen Charakter; er wird zur universalistischen Zäsaropapie.

Dieser in seinem Wesen kosmisch-religiöse Begriff des zäsaropapistischen Weltstaates knüpft sich an Gedanken, die uraltes Gemeingut aller großen asiatischen Kulturvölker sind und durch Griechenland tief in die abendländische Welt hineinreichen. Sie sind in den verschiedenen Zonen verschieden entwickelt worden, aber nirgends sind sie so folgerichtig weitergedacht und nirgends in so großem Maßstabe zur Wirklichkeit geformt worden, wie in China. In Griechenland bezeichnet zwar dasselbe Wort (κόσμος) die Ordnung und das Weltall, aber die Staatsidee mit dem νόμος als der absolut guten Lebensnorm, als dem Alle gleichmäßig bindenden, geschriebenen oder ungeschriebenen Gesetz göttlichen Ursprungs, diese Staatsidee ist nie ganz über das Zwerggebilde der πόλις hinausgelangt, das ungefähr den geraden Gegensatz bildet zum Universalstaate der Asiaten; erst in der Stoa erscheint später, sicher unter asiatischem Einfluß, der Gedanke der κοσμοπόλις. Den Weltreichen der Babylonier und Perser, ja selbst dem des großen Makedoniers und auch dem römischen Reiche andererseits fehlte das hohe Ethos, von dem der chinesische Reichs- und Menschheits-Begriff getragen wird, nur der katholischen Weltkirche und dem alten deutschen Kaisertum ist es noch zu eigen. In den außerchinesischen Weltstaaten Asiens war der bloße Machtbegriff so absolut vorherrschend, daß die Staatsethik selbst in der Staatstheorie kaum noch eine kümmerliche Unterkunft fand. Für den Griechen wiederum war alles, was außerhalb seines Sprachgebietes war, Barbarentum, Menschen ohne geistige Bedeutung, mit denen man keine Gemeinschaft hatte und niemals haben konnte. Die chinesische Theorie sah in dem Menschenvolke die kosmisch gesetzte Einheit; seine Teile waren in ihrer Geistesbildung stark verschieden, aber diese Unterschiede waren auszugleichen, und der vom Himmel gegebene Auftrag an den auserlesenen Zentralherrscher, den weisesten unter den Menschen, war eben dieser Ausgleich. Er und seine Umgebung mußten in vollkommener Übereinstimmung mit dem *tao*, hier fast dem griechischen *nomos* entsprechend, leben und handeln, und dieses *tao* war an keine *polis* und an keinen Nationalstaat gebunden, sondern es wirkte grenzenlos, soweit die Erde bewohnt war, nicht durch Gewaltanwendung des Trägers der Macht, sondern durch das stumm redende Beispiel von *li* und *i*, der gesicherten Ordnung und Gerechtigkeit, die allein das Glück der Völker verbürgen. Die *pax* und *justitia* der Römer entsprechen diesen beiden Begriffen der Chinesen, aber sie sind staatsrechtlich schärfer gefaßt bei den ersteren. *Pax* bezeichnet den Herrschaftsbereich, in dem römische Gesetze gelten und römische Richter Recht sprechen, und *justitia* ist nur die Geltung dieser Gesetze. Das natürliche Ziel dieser Entwicklung ist dem Römer die Erzwingung dieser *pax Romana* auf dem Erdkreise, *totum sub leges mittere orbem* heißt es bei Vergil, und *ubique pax, ubique Romanae leges, ubique judices nostri* soll der Kaiser Probus gesagt haben. In der *securitas publica* decken sich der römische und chinesische Ordnungsbegriff, aber die römische *pax* ruht auf den staatlichen Gesetzen, das chinesische *li* auf der Wirkung ethischen Gefühls. Die sittliche Wirkung mußte ausstrahlen von der vollkommenen Persönlichkeit des „Einen“, der im Mittelpunkte steht, in die unbegrenzte Weite hinaus, dann beugten sich die Völker freiwillig und in Demut, weil sie sahen, daß hier der Friede war. „Laß dein eigenes Wollen gut sein“ sagt Konfuzius einem hohen Würdenträger *(Lun yü* XII, 19), „und das Volk wird gut sein. Das Wirken des Gebildeten ist wie der Wind, das Wesen des Ungebildeten gleicht dem Gras; wie der Wind darüber streicht, so wird das Gras sich beugen“, und unter einem echten Herrscher, so lehrt er weiter (XIII, 16), „sind die nahe Wohnenden fröhlich, und die fern Wohnenden kommen“ (sich zu unterwerfen). Dieser „Eine“ aber haftete auch dem Himmel mit seiner Person für solche Wirkung; erwies er sich unfähig, das Glück der Völker zu sichern, so verwarf ihn der Himmel, er ging seiner „Berufung“ verlustig, und ein Besserer trat an seine Stelle. „Des Himmels Auftrag ist nicht dauernd, nur der Fürst, dessen Tugend dauernd ist, behält seinen Thron“ heißt es in einem späten Teile des *Schu king (Hien yu yi tê* 2). Wer freilich bewußt sich außerhalb des *tao* stellte, wer *li* und *i*, Ordnung und Gerechtigkeit, nicht achten wollte, den traf die vernichtende Hand der staatlichen Macht, mochte es ein Einzelner oder ein ganzes Volk sein.

Es ist naheliegend, bei diesem Bilde des chinesischen Idealstaates an die Utopie zu denken, die Platon in seiner *Politeia* gezeichnet hat. Und in der Tat haben zunächst beide das gemein, daß sie nicht als bloße Lehre vom Staat zu werten sind, sondern als System einer Weltanschauung. Bei den Chinesen ist der Staat ein Teil, sogar der wichtigste Teil ihres Weltbildes, zugleich die Gestaltung ihres gesamten Kulturlebens. Wir haben gesehen, wie sie aus dieser Vorstellung heraus den uralten Mythen und Legenden ihrer Völker staatliche Formen gegeben, sie „politisiert“ und zu einem Teil ihrer Staatsgeschichte gemacht haben (s. oben S. 72). Die Überzeugung, daß das Gute auch das Nützlichste ist, weil die Übereinstimmung mit dem *tao* allein das Glück verbürgt, und daß der Herrscher, von dessen Handeln das Glück der Gesamtheit abhängt, deshalb auch der Weiseste sein muß, beherrscht als der große sittliche Gedanke das Ganze. So ist auch für Platon der Staat so wie er sein soll, die Gestaltung der δικαιοσύνη, der Gerechtigkeit als sittlicher Vorbedingung des Glücks, er muß jedem Einzelnen die Möglichkeit geben, seine ἀρετή zu entfalten, jene innere Kraft, die ihm, wie jedem anderen Wesen und der Welt als Ganzem innewohnt und an sich gut ist. Und „wenn nicht entweder“, so heißt es in der *Politeia* (473 D), „die Philosophen Könige werden in den Staaten, oder die zur Zeit so genannten Könige und Machthaber ordentlich und ausreichend Philosophie treiben, und beides in eins zusammenfällt, ... so gibt es kein Ende des Unheils für die Staaten und, wie mir scheint, auch nicht für das ganze Menschengeschlecht". Auch darin besteht eine Gedankengleichheit zwischen beiden Theorien, daß zur vollen Tugend auch das Wissen, d. h. die Kenntnis der ethischen Begriffe und Gesetze gehört, daß diese aber den Massen zunächst vorenthalten sind. „Die Riten *(li)* reichen nicht hinab bis zu dem gemeinen Volke, die Strafen *(hing)* nicht hinauf bis zu den Würdenträgern", heißt es im *Li ki (K'ü li* I, 4, 50), „man kann das Volk anhalten, den rechten Weg zu gehen, aber nicht, ihn zu begreifen", im *Lun yü* (VIII, 9), und für „die Masse ist die Philosophie eine Unmöglichkeit" erklärt Platon (494 A). Beide sind in ihrem Grundgedanken aristokratisch. Aber auf der anderen Seite stehen doch wieder starke Unterschiede. Nicht nur, daß die ganz von der Astrologie bestimmte Staatsordnung der Chinesen, die durch den Ahnendienst hergestellte Verbindung mit dem Himmel und die auf solchen Grundlagen ruhende Religiosität mit ihrem verwickelten Kultus dem griechischen Geiste fremd sind, auch die Familie, bei den Chinesen die eigentliche Keimzelle des staatlichen Organismus, das am festesten gefügte Ergebnis von Ehrfurcht und Gesetz, der bestimmende Begriff des Ganzen, in dem der Einzelne völlig verschwindet, wird bei Platon bewußt aufgelöst, indem die Paarung der Geschlechter nach Maßgabe des Bevölkerungsbedarfs angeordnet und geleitet wird, die Kinder aber sogleich nach der Geburt den Müttern genommen und vom Staate aufgezogen werden. Der Grieche wollte seinen Staat auf die sittlichen Einzelpersönlichkeiten gründen, der Chinese auf die sittliche, aber unpersönliche Gesamtheit. Hier stehen wir vor dem grundlegenden Wesensunterschiede des östlichen und westlichen Geistes. Individualismus und Universalismus, freilich nicht in dem Sinne, wie heute die beiden Begriffe von den westlichen Philosophen in der Lehre vom Staat verstanden werden, kennzeichnen besser als alles andere die beiden Weltanschauungen. Für die abendländische ist der Begriff der Nation als einer natürlich-sittlichen und natürlich-politischen Einheit untrennbar mit dem Staate verbunden, der Staat ist die notwendige Daseinsform dieser Einheit, aber es ist der nationale Individualstaat, der seine eigene Wesensart, seine eigenen Entwicklungsgesetze, seine eigene lebendige Persönlichkeit hat im Gegensatz zu anderen Individualstaaten. Wenn man diese Auffassung, die im deutschen Idealismus von Kant, Fichte, Schelling und besonders von Hegel entwickelt worden ist, im Westen als universalistisch bezeichnet, so sieht man hieran, wie der Begriff des eigentlichen Universalismus mittelalterlicher Art sich im 19. Jahrhundert völlig verflüchtigt hat. Für den individualistischen Staatsbegriff eines Schopenhauer und eines Nietzsche, die beide das Individium als das allein Geltende, als das natürlich Gegebene ansehen, wonach dann der erstere den Staat als eine von den Individuen geschaffene Einrichtung zur Verhütung von Übergriffen Einzelner nimmt, der letztere aber im tiefsten Grunde den Staat überhaupt verneint, für diesen Individualismus fehlt der östlichen Gedankenwelt als Ganzem überhaupt das Verständnis, wenngleich sich Spuren davon, wie wir sehen werden, auch im alten China nachweisen lassen. Im Universalismus des Ostens beherrschen die Begriffe Kosmos und Menschheit die gesamte Staatslehre, es gibt dem Ganzen gegenüber so wenig eine Einzelnation wie eine Einzelpersönlichkeit, und die einheitliche Ordnung bedeutet ebensowohl die alleinige Daseinsmöglichkeit für das All wie für die Menschheit.

Es ist eine wichtige, aber schwer zu beantwortende Frage, wann die hohe Ethik, oder, wie man es auch bezeichnen mag, die Religiosität des staatlichen Weltbildes voll in das Bewußtsein der Völker eingetreten ist. Von den Chinesen wissen wir es nicht. Daß etwa erst Konfuzius oder gar die Philosophen der Han-Zeit die Schöpfer gewesen seien, ist unmöglich, wenn wir nicht auch den ältesten Teilen des *Schu king* und des *Tschou li* jeden Wert absprechen wollen. Vielleicht haben wir im Herzog von Tschou ihren ersten wirklichen Bildner zu sehen. In Griechenland mag es die Zeit zwischen Hesiod (8. Jahrhundert v. Chr.) und Solon (7. Jahrhundert v. Chr.) gewesen sein, wo der Begriff der waltenden Gerechtigkeit sich vom rein Religiösen, von der rächenden Göttin umbildet zu der in den Dingen selbst liegenden Vergeltung, zu der Naturnotwendigkeit, mit der auf jede Schuld die Sühne folgen muß. Vom Staat in das Kosmische erweitert aber wurde der Gedanke der unverrückbaren Gerechtigkeit erst von Anaximander von Milet (Anfang des 6. Jahrhunderts v. Chr.), dessen berühmtes Fragment das ἄπειρον, das „Grenzenlose", statt „des Wassers oder eines der anderen sogenannten Elemente" für „den Anfang und das Grundprinzip alles Seienden" erklärte, also durchaus den chinesischen Begriff des *tao* bildete, ursprünglich ausgehend von einem chemischen Verhältnis wie die chinesische Philosophie von einem astronomischen. Dieses „Grenzenlose" machte der Grieche dann auch zum Prinzip der absoluten Gerechtigkeit, indem er den Kreislauf des Lebens, das Entstehen und Vergehen „als Strafe und Sühne für die Ungerechtigkeit nach dem immanenten Gesetz der zeitlichen Entwicklung" ansah. Hier haben wir wohl die Wurzeln der griechischen Staatsethik zu sehen. In der athenischen Demokratie schwindet dann, besonders nach der Vernichtung der staatlichen Macht durch die Spartaner, der Glaube an das göttliche Weltgesetz, Platon, der Erneuerer der griechischen Staatsethik, zeichnet noch einmal den neuen Staat als Form des alten sittlichen Gedankens, aber wenige Jahre nach seinem Tode sinkt die Selbständigkeit des griechischen Staates unter den Angriffen der makedonischen Eroberer für immer dahin. Platons Gedanken haben weiter gewirkt: Aristoteles, mehr der Wirklichkeit Rechnung tragend als sein großer Lehrer, sieht, ähnlich wie die chinesische Auffassung, im Glück der Gesamtheit, in der „Eudämonie" den Zweck des Staates, der deshalb eine natürliche Notwendigkeit ist, und dessen Begriff älter sein muß als der der Einzelpersönlichkeit. Diese Vorstellungen haben die Grundlage gebildet, auf der sich dann das Weltbild der Stoiker erheben sollte. Deren Lehren aber vom Kosmos als „Haus und Staat des Weltbürgers" (κοσμοπολίτης, Philon), von der „gesamten Welt als einer einzigen Gemeinde, die Götter und Menschen umfaßt" (Cicero) und von dem „Göttlichen Gesetz (νόμος θεῖος), nach dem einem Jeden das ihm Zukommende und auf ihn Fallende zugewiesen wird", (Philon) sie erheben sich von dem engen Polis-Begriff zum unbegrenzten All und sind höchstens noch der Form nach von dem System der Chinesen zu unterscheiden.

Der universalistische Gedanke der Weltherrschaft in diesem allumfassenden Sinne ist, wie schon mehrfach angedeutet wurde, durchaus nicht etwa auf China beschränkt geblieben. Er gehört dem Abendlande so gut an wie dem Morgenlande, und auch seiner zeitlichen Dauer scheint keine Grenze gesetzt zu sein. Nach dem Untergange der asiatischen Weltreiche theokratischen Charakters lebt er mit bezwingender Kraft in dem römischen *imperium orbis terrarum*, zunächst als einem reinen Rechtstaate, dann, nach der Christianisierung, als von Gott bestimmter Weltmonarchie. Das alte deutsche Kaisertum und die römische Papstkirche behaupten ihn danach als ihr Erbteil, und in der letzteren, die in ihren Einrichtungen und in ihrer Terminologie die engste Verwandtschaft mit China zeigt, erhält er sich, wenn auch unter dem Zwang der Verhältnisse schweigend, aber nie verleugnet, bis auf den heutigen Tag. Daneben entwickelt er eine andere Form im zaristischen Rußland, dem Erben des byzantinischen Kaisertums, und das Kalifat im Islam wandelt sich aus einer Leitung der Gemeinde der Gläubigen unter mittel- und vielleicht sogar ostasiatischen Einflüssen später ebenfalls zu einem Weltherrschertum religiös-politischer Art. Die am meisten materialisierte, geschäftsmäßige Gestalt nimmt der Universalismus im großbritannischen *Empire* an. Überall können wir bei genauerem Hinsehen die engsten Parallelen entdecken. China selbst, mehr und mehr abgeschieden von der übrigen Welt und meist auch ohne klares Bewußtsein von ihr, hat an seinem kosmischen Universalismus in reinster Form bis zum Beginn des 20. Jahrhunderts festgehalten, und als Weltanschauung, als Kulturideal des Weltbürgertums, d. h. der übernationalen menschlichen Gemeinsamkeit, ringt der Universalismus auch heute noch im Westen wie im Osten um Geltung. Und doch war niemals eine Zeit, weder hier noch dort, von seiner Verwirklichung weiter entfernt als die heutige.

In China ist die Ethik oder Religiosität des Staatsbegriffes bis zur Auflösung des gesamten Universalismus durch den Geist des Abendlandes niemals (vielleicht jenen verhältnismäßig kurzen Zeitraum ausgenommen, der vom Altertum zum Mittelalter hinüberleitet) jenem Schwanken anheimgefallen, das in Griechenland schließlich ihre Umbildung herbeiführte: sie begann und blieb da, wo die Stoa endete, beim Kosmos und seinem göttlichen Gesetz. Unzweifelhaft ist bei diesen Entwicklungen die räumliche Umwelt nicht ohne Einfluß gewesen. Die Enge der griechischen Zwergstaaten war ein günstiger Boden für politische Parteibildung (wie wir es in unserem eigenen Staate erleben) und damit für die Selbstsucht der Einzelnen. Je mehr aber der Individualismus emporwuchs, um so mehr verfiel der Staat, und je schwächer dessen Kraft wurde, um so stärker entwickelten sich in der Demokratie die zerstörenden Wirkungen des zügellosen Demos. Die Staatsethik ging unter in den widerstreitenden Eigeninteressen der Bürger. Anders in China. In den ungemessenen Landgebieten, für die eine Grenze nur an den Ozeanen zu erkennen war (soweit man im hohen Altertum davon wußte), mit ihrer dünnen Besiedelung, ihren ungeheuren Stromläufen, ihren unübersehbaren Gebirgsmassen und mit ihren ganzen riesigen Raumverhältnissen, hier mußte die Bedeutung des Einzelnen zum Nichts zusammenschrumpfen, nur der Verband konnte hier bestehen, nur eine feste Ordnung Sicherheit in dem Getriebe dieser gewaltigen Natur gewähren. Das Volk aber, das von den Niederungen des Weï und des Huang ho seine Kultur hinaustrug, stieß in allen Himmelsrichtungen zunächst auf Völker, die ihm geistig und organisatorisch unterlegen waren, so wuchs in seinen Nachkommen die Überzeugung heran, daß außer ihnen keinem anderen Teile der Menschheit die Kenntnis der großen sittlichen Lebensgesetze zu eigen sei, daß aber auch diese anderen Teile zu jener Kenntnis zu erziehen seien. So entstand die großartige, durch ihre Einfachheit und Gradlinigkeit imponierende, von hoher Sittlichkeit getragene Idee des Weltkirchenstaates: sie trägt die ernsten, machtvollen Züge der nordchinesischen Landschaft. Freilich war es nur die große Gemeinschaft, die damit ihr charakteristisches Gepräge erhielt, der eigenen Entfaltung der Persönlichkeit verblieb kein Raum, eine Quelle großer Stärke, aber zugleich auch großer Schwäche in der weiteren Entwicklung.

Mögen wir nun die Gründer des Tschou-Reiches als Schöpfer der formulierten universalistischen Theorie ansehen, die Elemente dafür waren, wie wir gesehen haben, lange vor ihnen vorhanden. Die Schang haben sie bereits zusammenfassend entwickelt und wenigstens Teile davon, darunter sicherlich die astronomischen, schon von ihren Vorgängern überkommen, d. h. von den rätselhaften Hia, unter denen die Verbindung mit dem Westen sich vollzog. Darüber hinauszugehen hat der Historiker kein Recht, wir haben gesehen, wie eine viel spätere Zeit hier Legenden und Mythen zu Geschichte umgebildet hat. Aber von einer erstaunlichen Werbekraft muß jener kosmische Staatsgedanke schon im hohen Altertum gewesen sein und, ausgeweitet zur Theorie, hat er fast drei Jahrtausende hindurch die Völker immer wieder in seinen Bann gezogen und darin gehalten; die Träger haben gewechselt und sich gegenseitig die Macht entrissen, aber der Gedanke selbst ist unangetastet geblieben, bis ein neuer Geist ihn entthronte und den politischen Universalismus auch in China als einen Irrtum an der Natur erwies. Zur vollen Wirklichkeit hat die Theorie natürlich niemals werden können, aber nahegekommen ist sie ihrem Ideal zu wiederholten Malen, näher als unter ihren Vätern, den größten Herrschern der Tschou-Dynastie.

Der staatliche Organismus des Tschou-Reiches, so wie er sich in dem Plane des *Tschou li* und im *Li ki* darstellt, wird durch kosmische Zahlen bestimmt. Die wichtigsten dieser kosmischen Zahlen sind: 1 (das All), 3 (Himmel, Erde, Mensch), 5 (die fünf Himmelspaläste), 7 (Sonne und Mond mit den fünf Planeten), 9 (die acht Halbteile der „Paläste" und der einheitliche Mittelteil), 2 *(yin* und *yang)*, 6 (die vier Jahreszeiten mit Himmel und Erde oder *yang* und *yin*). Die ganze folgende Geschichte hindurch läßt sich diese Zahlensymbolik in den Einrichtungen des Staates wie in der Anlage der großen Kultstätten und Herrscher-Paläste wiedererkennen. Der Zentralherrscher führt nicht mehr den Titel *ti*, wie er dem „Kaiser" der Urzeit beigelegt war, sondern *wang*, „König", und das Schriftzeichen dafür, 王, erklärt die chinesische Spekulation als Zusammensetzung aus den drei Horizontal-Strichen für die Dreiheit Himmel, Erde, Mensch und dem verbindenden Vertikal-Strich (vergl. oben S. 120). Der Zentralherrscher hat seinen Sitz in dem ihm unmittelbar unterstellten Herrschaftsgebiete *(wang ki)* des Mittelstaates, außerhalb liegen ringsherum „die zehntausend Staaten" der Lehensfürsten, die sich in unbekannte Wildnis verlieren. Die Zentralregierung besteht, ebenso wie das *Tschou li* selbst, aus sechs Abteilungen (nach dem *Li ki* aus fünf), deren Namen die zu Grunde liegende Anschauung widerspiegeln. Sie heißen: Ministerium des Himmels, der Erde, des Frühlings, des Sommers, des Herbstes, des Winters. Ihre Aufgaben sollen den Gegebenheiten und Vorgängen in der Natur entsprechen. So überwacht das Ministerium des Himmels unter dem *tschung tsai* das gesamte Beamtentum und seine Verwaltung, das der Erde unter dem *ta ssĕ-t'u* sorgt für die Bevölkerung, für die Belehrung über ihre Pflichten und ihre kulturelle Hebung, das des Frühlings unter dem *ta tsung-po* waltet über den kultischen Einrichtungen; wie im Frühling alles neu entsteht, so soll in den Kulthandlungen den spendenden Göttern Dank und Verehrung dargebracht werden. Das des Sommers ist das Kriegsamt unter dem *ta ssĕ-ma*, es sorgt für Ordnung und unternimmt militärische Übungen, sowie Jagdzüge und Expeditionen gegen aufrührerische Elemente; wie der Sommer alles zur Vollendung bringt, so sollen hier Sicherheit und Ruhe hergestellt werden. Das des Herbstes unter dem *ta ssĕ-kou* vollzieht die Strafen für Übeltäter; wie im Herbst das Sterben in der Natur beginnt, so auch die Vernichtung des Bösen. Das des Winters unter dem *ta ssĕ-k'ung* endlich ist das Ministerium der öffentlichen Arbeiten an Stadtmauern und Gräben, Tempeln, Palästen u. ä., wozu der von Landarbeiten freie Winter der Bevölkerung Zeit gewährt. „Das Emporsprießen der Pflanzen im Frühling und ihr Wachsen im Sommer", so erklärt das *Li ki (Yo ki* I, 28), „ist die Güte; das Einsammeln im Herbst und das Verwahren im Winter ist die Gerechtigkeit". An der Spitze eines jeden Ministeriums stehen ein Präsident *(k'ing)* und zwei Vizepräsidenten, unter ihnen eine Schar von besonderen Beamten, deren Tätigkeit sich auf jedes, auch das kleinste, Gebiet staatlicher Betätigungsmöglichkeit erstreckt. Im allgemeinen entsprechen die sechs Ministerien der Tschou den sieben oder acht Regierungsabteilungen des hohen Altertums, die wir aus dem *Schu king* kennen (s. oben S. 79 u. 83). Neben diesen sechs Abteilungs-Ministern hat das Reich noch ein Kollegium von unmittelbaren Ratgebern des Monarchen, die seine nächste Umgebung bilden. Ein solcher „Kronrat“ ist eine ständige Einrichtung des chinesischen Staates geblieben, ja er war für gewöhnlich der eigentliche Träger der ausübenden Regierungsgewalt. Seine Entstehung verliert sich freilich ganz im Dunkeln. In einem unechten, vermutlich ganz späten Teile des *Schu king* (*Tschou kuan* 5f.) wird von den „drei *kung*“ und den „drei *ku*“ neben den sechs *k'ing* gesprochen. Es sind dies: der *t'ai schi* („Groß-Meister“), der *t'ai fu* („Groß-Helfer“), der *t'ai pao* („Groß-Schützer“) und der *schao schi* („Vize-Meister“), *schao fu* („Vize-Helfer“), *schao pao* („Vize-Schützer“). Es heißt von den drei *kung*: „Sie erörtern das *tao*, ordnen die Staaten, gleichen aus das *yin* und das *yang* zur Harmonie“, und von den drei *ku*: „Sie unterstützen die *kung*, die Zivilisation zu verbreiten“. Diese Erklärung verrät wieder deutlich den starken kosmisch-ethischen Grundgedanken, besagt aber sonst nichts. Das *Tschou li* kennt denn auch diese *kung* und *ku* nicht, wohl aber finden sich Spuren davon (die Titel *fu schi*-*t'ai schi*, und *schao schi*) in dem echten Kapitel *Weï tsě* des *Schu king*, wo die Ämter bereits der Schang-Dynastie zugeschrieben werden, und ein anderes gleichfalls echtes Kapitel, das *Li tschêng*, führt als „zu beiden Seiten des Herrschers befindlich“ drei Würdenträger unter anderen Namen, aber wohl mit gleicher Bedeutung auf, die unter den Kaisern Wên wang und Wu wang vorhanden gewesen sind. Außer dem *Schu king* hat auch das *Li ki* an mehreren Stellen z. B. *Wang tschi* 4, ein Abschnitt der allerdings auch erst zur Han-Zeit entstanden ist, Nachrichten darüber. Hier werden als Organe des Zentralherrschers angeführt: die 3 *kung*, die 9 *k'ing* (d. h. 3 *ku* und 6 *k'ing*), die 27 Würdenträger (*ta fu*) und die 81 hohen Räte (*yuan schi*). Die Zahl 3 ist hier das bestimmende Element, und die Aufzählung wird keinen anderen Wert als den einer scholastischen Spielerei haben. Die Tatsache ist aber nicht zu bezweifeln, daß die drei *kung* und drei *ku* zur Tschou-Zeit, wie in allen darauf folgenden Zeitaltern vorhanden waren, und zwar waren sie, wie auch die Aufzählung des *Li ki* beweist, wenigstens teilweise zugleich *k'ing*, Präsidenten von Ministerien. Wir werden also im wesentlichen Ehrentitel darin zu sehen haben, die den nächsten Ratgebern des Königs verliehen wurden. Das *Schu king* bemerkt denn auch an der erwähnten Stelle: „Die Ämter (der drei *kung*) brauchen nicht vollbesetzt zu sein, sondern nur, wenn die Männer dafür vorhanden sind“. Wir haben unzweifelhaft den Anfang des inneren und geheimen Staatsrats vor uns. Über die ursprüngliche Stellung der *kung* herrscht allerdings in den chinesischen Quellen Unsicherheit. Kung-yang (zu *Tsch'un-ts'iu, Yi kung* 5. Jahr) behauptet, nur „die drei *kung* des Himmelssohnes“ und die Nachkommen früherer Kaiser hätten den Titel *kung* geführt, die Fürsten der übrigen großen Staaten aber den Titel *hou* (etwa „Marquis“). Tatsächlich ist aber *kung* (etwa unser „Herzog“) ganz allgemein auch die Bezeichnung der obersten von den fünf Klassen der Lehensfürsten geworden, die, wie die Theorie wollte, in *kung* (Herzog), *hou* (Marquis), *po* (Graf), *tsĕ* (Freiherr), *nan* (Baron) eingeteilt gewesen wären. (Zuweilen werden sie auch wie z. B. bei Mêng tsě, zu drei Klassen zusammengenommen. Die Fünfteilung dürfte eine spätere Erfindung zu Gunsten der kosmischen Zahl fünf sein). Unter der Regierung der Tschou scheinen nun zwei der drei *kung* mit der Überwachung der übrigen Lehensträger betraut gewesen zu sein; diese beiden hatten den Titel *fang po* oder nur *po* (etwa „Gaugrafen", wenn man, wie es im Chinesischen seltsamerweise geschieht, die gleiche Bezeichnung wie die der dritten Klasse der Feudalherren auch im Deutschen beibehalten will), im *Tschou li* werden sie zweckmäßiger als *schang kung* („Ober-Herzog") bezeichnet. Auch die Namen *t'schang po* „der ständige Graf" und *mu* „der Hirt" kommen im *Schu king* dafür vor. Zugleich gilt *mu*, ein bezeichnender und vermutlich sehr alter Name, auch als der oberste Verwalter eines *tschou* (Provinz). Die ersten beiden *po* dieser Art sollen die beiden berühmten Herzöge Tschou kung und Schao kung gewesen sein, die, wie wir sahen (s. oben S. 107f.), nach den Einen das Stammland der Tschou verwaltet haben sollen, während Kung-yang (a. a. O.) und Ssĕ-ma Ts'ien berichten, daß dem ersteren die Gebiete östlich von Schan in Ho-nan (am Südufer des Huang ho, halbwegs zwischen Ho-nan hien und T'ung kuan), dem letzteren die westlich davon zur Aufsicht unterstellt gewesen seien.

Daß es auch unter der Schang-Dynastie bereits eine Art von „Gaugrafen" gab, zeigt die Tatsache, daß der Vater des Tschou kung, wie wir sahen (S. 92), den Titel „Gaugraf des Westens" *(si po)* führte. Es ist aber unmöglich, zu erkennen, welche Bedeutung dieser Stellung zukam. Der Kommentator des *Tschou li* behauptet ebenfalls, daß die *schang kung* eben die drei *kung* des Zentralherrschers gewesen, und zwei davon zu „Gaugrafen" ernannt worden seien. Dem entspricht auch die Angabe bei Ssĕ-ma Ts'ien, daß Schao kung, der „Gaugraf des Westens", einer der drei *kung* gewesen sei (Kap. 3 fol. 11 r⁰ u. Kap. 34 fol. 1 v⁰). Andererseits gibt das *Li ki (K'ü li* II, 2, 7) an, daß „die Vorgesetzten der fünf Minister ebenfalls *po* (d. h. eigentlich „der ältere Bruder") hießen und die Reichsgebiete überwachten", und die Erklärer bemühen sich zu zeigen, daß diese *po* die drei *kung* gewesen seien, die eben die Oberaufsicht über die Zentralregierung sowohl, wie über die Lehensgebiete geführt hätten. Eine solche Verschmelzung ist an sich wenig wahrscheinlich, und in der Tat werden auch an einer anderen Stelle des *Li ki (Wang tschi* II, 2 u. 4) die beiden *po* „zur Linken und zur Rechten" (d. h. für die östliche und die westliche Hälfte des Reiches) neben den drei *kung* getrennt aufgeführt. Wir werden die Frage auf sich beruhen lassen müssen, wie sich denn überhaupt das Bild von der Tschou-Verfassung, sobald man es im einzelnen erfassen will, sofort verwischt; über die leitenden Grundgedanken wird man nur in wenigen Fällen jemals hinausgelangen.

Die alles überragende Stellung des Zentralherrschers gibt das *Tschou li* in einer feierlichen aber mehrdeutigen Formel, die jeden der fünf Abschnitte (der sechste über das Ministerium der „öffentlichen Arbeiten" fehlt in seiner ursprünglichen Form) einleitet. Sie lautet: „Nur der König errichtet die Staaten (oder die Hauptstadt), scheidet die vier Himmelsrichtungen und bestimmt die Stellung (von Fürst und Ministern, oder die Lage der Tempel und Paläste), grenzt ab den Raum in den umwallten Städten und teilt ein den in den Außengebieten, gründet die Aemter und verteilt die Amtspflichten, so daß das Volk seinen Mittelpunkt hat". Die „Scheidung der vier Himmelsrichtungen", d. h. die Bestimmung der vier Kardinalpunkte nach dem Stande der Gestirne zeigt wieder den kosmischen Gedanken, ebenso wie die Opferriten den religiösen zeigen. Das *Li ki* (*Wang tschi* III, 6) bestimmt darüber: „Der Himmelssohn opfert dem Himmel und der Erde, die Lehensfürsten opfern den Göttern des Erdbodens und der Feldfrüchte (ihrer Gebiete), die Würdenträger den fünf Gottheiten (der Tore, des Herdes, usw.). Der Himmelssohn opfert den berühmten Bergen (es sind ihrer vier, später fünf, s. oben S. 13) und großen Strömen des Reiches, die Lehensfürsten opfern den berühmten Bergen und großen Strömen ihrer Gebiete". Die Opfer an Himmel und Erde, die vornehmsten Akte des Staatskultus, die sogenannten „Stadtflur-Opfer" (*kiao*, so bezeichnet, weil sie unmittelbar außerhalb der eigentlichen Stadt dargebracht wurden), sind, wie schon erwähnt, immer ein ausschließliches Vorrecht des Zentralherrschers als des obersten Priesters geblieben, und bis in das 11. Jahrhundert n. Chr. auch in besonders feierlicher Form auf dem Gipfel des Berges T'ai schan in Shan-tung (für den Himmel) und auf dem Liangfu daneben, (für die Erde) vollzogen worden. Nur die Herzöge von Lu als die Nachkommen des Tschou kung hatten, wie wir sahen (S. 117), als besondere Auszeichnung einen Teil daran. Die Lehenstaaten waren ähnlich organisiert wie das Königliche Herrschaftsgebiet, nur daß die Beamten der ersteren denen der letzteren immer an Rang nachstanden, einige von ihnen wurden vom König ernannt. Alle Jahre sollte eine kleine, alle drei Jahre eine große Gesandtschaft an den Königshof gesandt werden, alle fünf Jahre sollten die Fürsten persönlich erscheinen, um Rechenschaft abzulegen, und alle fünf Jahre sollte auch eine Königliche Inspektionsreise durch die Staaten stattfinden. Archivare oder Chronisten, deren Amt mit dem eines Astrologen verbunden war, zeichneten die Vorgänge an den fürstlichen Höfen regelmäßig auf, und diese Chroniken wurden von besonderen Beamten am Königshof überwacht. In diesen Chroniken, die im Ahnentempel der Fürsten aufbewahrt wurden, haben wir den Anfang der chinesischen Geschichtschreibung zu sehen. Die Stellung des Fürsten in einem Lehenstaate war erblich (der Regel nach sollte der älteste Sohn der Hauptfrau dem Vater nachfolgen), aber sie bedurfte immer wieder einer Bestätigung durch den König. Zugleich hiermit mag auch tatsächlich, wenn auch nicht de jure, das Amt erblich gewesen sein, das der Lehensträger etwa bei der Zentralregierung hatte, denn jeder Würdenträger hatte ein bestimmtes Gebiet zu Lehen, das ihn ernährte, so daß Regierung und Besitz sich in den Händen eines Feudal-Adels befanden, dem gegenüber das Volk völlig bedeutungslos war. Eine nicht rechtlich, aber tatsächlich andere Stellung nahmen, wie früher bemerkt (S. 110), die Staaten der einheimischen Fürsten ein, die sich zwar dem großen universalen Reichsgedanken fügten, aber der politischen Oberhoheit des Himmelssohnes mehr in der Theorie als in Wirklichkeit unterstanden. Schon hieraus folgt, daß die Lehenstaaten ganz verschieden in ihrer Bedeutung und Größe sein mußten, zumal die mächtigeren Fürsten wieder Sublehen an ihren Adel und ihre Würdenträger verliehen. Die Gesamtzahl der Staaten auch nur annähernd zu bestimmen ist unmöglich. Der Ausdruck „die zehntausend Staaten", auch ohne wörtlich genommen zu werden, deutet doch auf eine große Anzahl, und diese muß in der Tat auch vorausgesetzt werden. Das *Li ki* (*Wang tschi* I, 8) geht bei einer Uebersicht über die Staaten von den „neun Provinzen", *tschou*, des Yü aus, in die das „Land innerhalb der vier Meere" geteilt war (s. oben S. 84 f.), und von denen die mittelste das eigene Gebiet des Zentralherrschers bildete. Für jede der acht Außenprovinzen berechnet er 210 Staaten verschiedener Größe, für die Innenprovinz 93, so daß im Ganzen 1773 Staaten vorhanden gewesen wären; dabei sind die Sublehen, die unbewohnten Gebiete, und die zum Unterhalt des niederen Adels (*schi*) bestimmten nicht eingerechnet. Es erhellt auf den ersten Blick, daß es sich hier um eine rein theoretische Aufstellung handelt, bei der wieder die kosmische Zahl 3 zu Grunde liegt, die aber irgend welchen geschichtlichen Wert nicht beanspruchen kann. Nicht anders verhält es sich mit der Zahl und dem Umfange der Staaten jeder „Provinz" im *Li ki*: 30 Staaten von 100 *li* (= ca. 60 klm.) Länge an jeder Seite, 60 von 70 *li*, 120 von 50 *li*. Das zeigt nur, wie klein man sich zur Han-Zeit die Staaten dachte. Das *Li ki* (*Wang tschi* II, 2) weiß endlich auch noch von einer anderen Organisation zu berichten, die die Staaten jeder „Provinz" zu Gruppen von je fünf, zehn und dreißig zusammenfaßte, an deren Spitze abermals ein *po* stand; die gesammten 8 Provinzen mit ihren 1680 Staaten wären dann den beiden *fang po* oder „Gaugrafen" unterstellt gewesen. Man sieht an diesen Angaben, wie wenig schon die Han-Gelehrten noch von der wirklichen Verfassung des Tschou-Staates wußten, so daß der freien Spekulation das Feld ungehindert offen stand. Die „neun Provinzen" selbst haben dem *Tschou li* (Kap. 33 fol. 12 v° ff.) zufolge unter den Tschou eine etwas veränderte Form und auch andere Namen erhalten: die Provinz Sü ist mit T'sing nördlich davon vereinigt, ebenso Liang mit Yung im Westen, dafür sind aus Ki im Norden noch zwei neue Provinzen, Ping und Yu, gebildet worden, die übrigen sind geblieben. Ueber die Grenzen im Einzelnen Bestimmtes festzustellen ist unmöglich, so sehr auch die späteren Kommentare darüber unterrichtet zu sein vorgeben. Ein mikrokosmisches Abbild der neun Reichsteile ist das von Mêng tsĕ (s. unten) beschriebene *Tsing*- oder Neunfelder System des Tschou-Staates. Das Ackerland sollte in Abschnitte von je neun Quadraten zerlegt werden nach dem Muster des Schriftzeichens *tsing* 井 = „Brunnen", also in der Form 井. Die acht äußeren Quadratfelder sollten je eins von einer Familie bewirtschaftet werden, während das mittelste Quadrat, das „Gemeinde-Feld“, alle acht Familien gemeinsam bebauen sollten. Die Einkünfte von dem Gemeinde-Felde sollten namentlich zur Deckung der Steuern und Erhaltung gemeinsamer Opferstätten dienen. „So lebten die Sippen in Freundschaft und Frieden mit einander“. (*Mêng tsĕ* III, 1, 3). Dieses System, vielleicht die Stilisierung eines alten Landverteilungsystems ähnlich dem der altgermanischen „Gewannen“, war natürlich ebenso eine Theorie der kosmischen Zahl wie das der neun „Provinzen“ (s. oben S. 85).

Verschwommen und widerspruchsvoll wie die Nachrichten über die Verfassung des Lehensreiches der Tschou sind, so zeigen sie doch genügend deutlich die Anlage des zäsaropapistischen Universalreiches, dessen Einzelheiten man später so liebevoll theoretisch weiter entwickelt hat, daß es zum Vorbilde des wahrhaften, im *tao* des Kosmos ruhenden Staates wurde. Die frühe Tschou-Zeit gehört zum klassischen Altertum Chinas, und niemals hat sich die chinesische Staatslehre von diesem Bilde und seinem Einfluß loslösen können.

Zweites Kapitel.

Entwicklung, Verfall und Ende des Tschou-Reiches.

a. Die frühe Tschou-Zeit. Entstehung der Lehenstaaten.

Das Reich der Tschou, wie es unter Wu wang, Tschou kung und Tsch'eng wang bestand, kann verhältnismäßig nur von bescheidenem Umfange gewesen sein. Den Kern bildeten das Stammland am mittleren und unteren Weï mit dem Regierungsitz in der befestigten Doppelstadt Fêng und Hao, sowie die eroberten Gebiete der Schang (Yin) in Ho-nan zu beiden Seiten des Huang ho und darüber hinaus bis gegen den Huai-Fluss. Dazu kamen dann bekannte, aber nicht botmäßige Außengebiete, die Gegenden, die durch die angrenzenden Teile der Provinzen Yung im Westen, Yen im Norden, Ts'ing im Osten Yang und King im Süden angedeutet werden. Da sich diese Namen alle Zeit hindurch, sei es als Landschafts-, sei es als Städtenamen an derselben Stelle erhalten haben, so werden wir ihnen eine gewisse Wegführung zuerkennen dürfen. Wir erhalten dann, wenn wir die dort entstehenden Staaten (s. unten) wenigstens teilweise schon als zugehörig ansehen wollen, die Grenzgebiete des östlichen Kan-su im Westen, Teile vom mittleren Schen-si und Schan-si, sowie Tschi-li im Norden, das westliche Schan-tung und nördliche Kiang-su im Osten, das mittlere Kiang-su, das nördliche An-hui und vielleicht Teile des nördlichen Hu-peï im Süden. Das Lehensreich griff also, wie es sich aus den geographischen Verhältnissen von selbst ergab, von den langgestreckten, schmalen, zum Teil korridorartigen Niederungen des Weï und Huang ho hinaus in die Große Ebene mit rasch zunehmender Verbreiterung, zerlegte sich somit in einen West- und einen Ost-Teil. Dabei war im Norden das riesige Sumpfgebiet des mittleren und nördlichen Tschi-li, das, ganz anders als heute, durch den im nördlichen Teile des Golfes mündenden Huang ho mit seinen Neben- und Parallelflüssen aufgeschwemmt wurde (vergl. oben S. 4 u. 8), ein natürliches Hemmnis, das nur ganz allmählich zu überwinden war. Im Osten mag man schon in der frühen Tschou-Zeit südlich des Berglandes von Schan-tung bis an das Meer gelangt sein, soweit es das sumpfige Alluvium zuließ, und da im Süden die Große Ebene bis über den Yang-tsĕ hinübergreift, so hat man vielleicht auch von dem großen Strome dort, im heutigen Kiang-su, wo aber die Küste auch erheblich weiter westlich gewesen sein muß, zuerst Kunde erhalten, wenngleich sein vielverzweigtes Mündungsnetz damals noch schwerer zu überblicken gewesen sein muß als heute (s. oben S. 12). Aber dort, an seinem untersten Laufe, wird auch der einzige Punkt gewesen sein, wo das Reich der frühen Tschou bis zum Yang-tsĕ vorstieß. Die Gegenden am Mittellauf waren zweifellos außerhalb davon, das Bergland des Huai-yang schan und des Fu-niu schan (s. oben S. 2) bildeten ein natürliches Grenz- und Uebergangsgebiet, und die Ketten des Ts'in ling im Südwesten hat die Tschou-Macht sicherlich zunächst nicht überschritten. Die naturgegebene Scheidewand zwischen dem nördlichen und südlichen China war auch die zwischen dem Tschou-Reich und dem südlichen „Barbarentum". Die große Ausdehnung, die den „neun Provinzen" von chinesischen geographischen Werken zugeschrieben wird, darf uns über den wahren Sachverhalt nicht täuschen. Die Angaben entstammen teilweise einer viel späteren Zeit, die sich, wie wir wiederholt gesehen haben, vom hohen Altertum ihre eigenen Vorstellungen gemacht hatte, teilweise deuten sie nur die Gegenden an, von denen man wohl mehr oder weniger Kunde hatte, wo auch vielleicht kolonisierende Siedelungen lagen, wo aber die staatliche Macht des Zentralherrschers auch noch nicht einmal in der Theorie hinreichte. Rings umwohnt, ja zu einem großen Teile auch durchsetzt war das Tschou-Land von Völkern, die zwar zu größeren Gruppen zusammengefaßt werden können, wie wir früher gesehen haben, die aber unter einander nach Rasse, Herkunft, Sitten und Sprache völlig verschieden waren. Ob das Zentralvolk der Tschou selbst zu einer dieser Gruppen gehörte, und zu welcher, wissen wir nicht, daß es aber die Stoffe zu seiner weiteren Kulturentwicklung aus ihnen allen zog, ist sicher. Die nicht stärker, sondern immer schwächer werdende, später ganz abreißende Verbindung mit der zentralasiatischen Außenwelt kann sich in dieser Zeit, wenn überhaupt, nur im Nordwesten und Norden vollzogen haben, dagegen kam vom Süden her ein ununterbrochener Strom fremden Volkstums, der einen starken Niederschlag in der Tschou-Kultur hinterlassen hat. Stärkste Bewegung herrschte in den Nord- und Nordwest-Gebieten, wo unablässig kriegslustige Reitervölker entweder miteinander stritten, oder durch die Zugänge von Kan-su im Nordwesten, von Schen-si und Schan-si im Norden, später auch über die Bergpässe im Nordosten hereinbrachen, verwüstend und plündernd für gewöhnlich, zuweilen aber auch mit dem Entschluß, zu bleiben, aufzubauen und zu herrschen. Auch die Tschou selbst sind, wie wir sahen, auf diese Weise in's Land gezogen (vergl. S. 104 f.). Für diese Völker, die immer wieder aus Inner-Asien, aus den endlosen Steppen-, Wüsten- und Waldgebieten nördlich der in Hochplateaus übergehenden Berglandschaften heranfluteten, und die im hohen Altertum als Jung und Ti (s. oben S. 38) benannt werden, treten zur Schang- und Tschou-Zeit mehr und mehr eine Reihe von Bezeichnungen auf, die sämtlich einen Laut Hung oder Hun erkennen lassen und von den Chinesen mit möglichst verächtlichen oder beschimpfenden Schriftzeichen wiedergegeben werden. Schließlich laufen in der letzten Periode der Tschou, vom 5. Jahrhundert ab, alle in den Namen Hu, Hiung-nu oder Hung-nu zusammen d. h. „Hiung"- oder „Hung-Knechte", und besonders unter dieser Bezeichnung spielt das kampffrohe, rastlose Volk, das offenbar der großen türkischen Völkerfamilie angehört, für lange Zeiträume eine schicksalhafte Rolle in der Geschichte Chinas. Es läßt sich heute kaum noch bezweifeln, daß in den verschiedenen chinesischen Namen unser Wort „Hunnen" widerklingt, das Οὖννοι oder Χουννί westlicher Quellen, das Hūṇa der Inder. Die Ueberlieferung, wie sie im *Schi ki* ihren Niederschlag gefunden hat, führt den Ursprung der Hiung-nu auf das Fürstenhaus der Hia zurück, und spätere Quellen wollen wissen, daß ein Sohn des letzten Herrschers der Hia mit den Frauen seines Vaters nach Norden in die Wildnis entfloh und dort nomadisierend lebte, daß dieser also als ein Stammvater der Hiung-nu anzusehen sei. Unmittelbaren geschichtlichen Wert haben solche Angaben natürlich nicht, sie zeigen aber, ebenso wie die über die Herkunft der Tschou, wie die dunklen Vorstellungen von einer engen Verbindung des Kulturvolkes mit den „Barbaren" in der Erinnerung weiter lebten. Ueber den wirklichen Ursprung der Hiung-nu wissen wir nichts; es ist auch zweifelhaft, ob wir in den Trägern des Namens nicht verschiedene Völker zu sehen haben, die sämtlich viehzüchtende Nomaden waren und aus ihrer wald- und steppenreichen Heimat nach Süden in die Siedelungen der Ackerbauer vordrängten, wie ja auch in späterer Zeit der Name Hunnen ein Sammelbegriff für Reitervölker verschiedenster Abstammung geworden ist, ähnlich dem, der sich mit dem Ausdruck Skythen verband. Türkisch aber muß jedenfalls ihr Kern gewesen sein. Von den Kämpfen mit diesen Horden klagen schon Lieder des *Schi king* aus der frühen Tschou-Zeit:

> Uns blieb nicht Haus, nicht Hausgenossen,
> Dieweil die Hien-yün (Hiung-nu) sich ergossen.
> Und Ruh und Rast sind ausgeschlossen,
> Dieweil die Hien-yün sich ergossen.

Und diese Klagen sind viele Jahrhunderte nicht mehr verstummt.

Der Kolonisationsprozeß, wie wir ihn früher geschildert haben (s. oben S. 44 ff), hat unter den Tschou einen gewaltigen Auftrieb erhalten und die Kulturformen des neuen Staates über weite Gebiete getragen. Wie es die natürlichen Verhältnisse bedingten, griff er besonders nach Osten und Süden aus, weil hier die Gegenden des geringeren Widerstandes waren; hier fand sich der fruchtbarste Boden, und hier saßen auch solche kulturfähige Völker, die sich offenbar am willigsten in den Wirkungsbereich des Himmelssohnes einfügten. Die Träger der neuen Lehre von der göttlichen Berufung müssen einzelne Sippen des Herrenvolkes gewesen sein oder auch Angehörige der Fremdvölker selbst, die in den geistigen Bannkreis des letzteren gerieten. Die Staatenbildung machte überall unaufhaltsame Fortschritte.

Wir werden die Staaten des Reiches — die natürlich sämtlich als Lehenstaaten gedacht sind — nach ihrer Entstehung und ihrer Art, wie wir schon früher sehen konnten (s. oben S. 110), in zwei Klassen zu teilen haben: in die „inneren Staaten *(tschung kuo)* d. h. die vom König an Familienmitglieder oder verdiente Würdenträger vergebenen Lehen in den von der höheren Kultur schon stärker erfaßten und von ihren Trägern ausgedehnter besiedelten Gebieten, die dem Zentrum näher lagen, und in die „äußeren“ *(wai kuo)* d. h. die zum Teil erst im Entstehen begriffenen Staaten der anderen Völker, vor allem im Süden, weniger im Westen, die unter ihren eigenen Oberhäuptern standen und immer weit mehr in der Theorie als in der Wirklichkeit Glieder des Reiches waren. Hinsichtlich der Zahl der Staaten in der frühen Zeit der Tschou-Herrschaft haben wir zwar die Zahlentheorien des *Li ki* (s. oben S. 131), aber für die geschichtliche Wahrheit bedeuten diese natürlich nichts. Wie groß die Zahl in Wirklichkeit war, läßt sich mit Sicherheit nicht mehr feststellen, indessen gibt uns Ssĕ-ma Ts'ien doch gewisse Anhaltspunkte, wenigstens für die größeren unter ihnen. In seinem Berichte über die Verteilung der Lehen nach der Eroberung der Hauptstadt der Schang im 4. Kapitel (s. oben S. 109ff.) nennt er zehn Staaten mit Namen, offenbar mit Rücksicht auf die Bedeutung der Belehnten, dann fährt er fort: „die Uebrigen erhielten Lehen, ein Jeder nach seiner Stellung“. Ob unter den letzteren auch die verbündeten Fürsten der Westvölker mit verstanden sind, bleibt ungewiß. Die zehn Staaten waren die folgenden: Kuan, Ts'ai, Tsiao, Tsch'ên, K'i, sämtlich in Ho-nan gelegen, Ts'i, Lu, Tschu in Schan-tung, und Yen und Ki in Tschi-li. Im einzelnen läßt sich über die Lage dieser Lehen noch Genaueres feststellen. Kuan lag westlich von der heutigen Stadt K'ai-fêng, Ts'ai im äußersten Süden der heutigen Provinz Ho-nan, südöstlich von der Stadt Ju-ning, schon an oder in dem Gebiete der Huai-Völker (s. oben S. 38), Tsiao im Westen, im Tale des Huang ho, halbwegs zwischen den heutigen Städten Ho-nan hien und T'ung kuan, Tsch'ên und Ki haben wir im Osten der Provinz zu suchen, ersteres bei der heutigen Stadt Tsch'ên-tschou, letzteres südöstlich von K'ai-fêng. T'si war in Schan-tung, und zwar am Nordrande des Berglandes, etwa bei der heutigen Stadt Tsch'ang-lo hien (Ts'ing-tschou), Lu am Südrande bei der berühmt gewordenen Stadt K'ü-fou, Tschu, im Westen, nordwestlich von der heutigen Stadt Tsi-nan. In Nord-Tschi-li, schon in den Vorbergen der nordöstlichen Umwallung (s. oben S. 3f.), im Nordosten von Peking, lag Yen und wenig südwestlich davon, wo heute die Stadt Peking liegt, Ki. Von den Belehnten waren fünf die angeblichen Nachkommen alter Herrscher: der Fürst von Tsiao sollte von Schên-nung abstammen, der von Tsch'ên von Schun, der von K'i von Yü, der von Tschu von Huang ti und der von Ki von Yao. Die übrigen waren Angehörige der Tschou-Sippe: Kuan und Ts'ai waren in den Händen zweier jüngerer Brüder des Wu wang, Namens Sien und Tu, Ts'i war dem alten Paladin T'ai kung wang (s. oben S. 107 u. 109) anvertraut, der eng mit der Familie verwachsen war, Lu dem Herzog von Tschou und Yen dem Herzog von Schao, vermutlich ein Halbbruder des Wu wang und des Tschou kung. Außer diesen wichtigsten Belehnungen bei Beginn der Tschou-Herrschaft erwähnt aber Ssĕ-ma Ts'ien in den Abschnitten über die Fürstengeschlechter (Kap. 31ff) noch eine

Anzahl anderer. Wu wang hatte noch acht lebende Brüder von derselben Mutter wie er selbst. Zwei davon waren noch Knaben, die anderen sechs erhielten sämtlich nach der Eroberung Lehen. Drei von ihnen, Sien, Tu und der Tschou kung, wurden bereits erwähnt, die übrigen erhielten folgende Gebiete: Ts'ao, im Grenzgebiet der heutigen Provinzen Ho-nan und Schan-tung, südlich von der Stadt Ts'ao-tschou, Tsch'êng, angeblich in West-Schan-tung, nordwestlich von der Stadt Yen-tschou, und Huo, in Süd-Schan-si, am Fên-Fluß nördlich von der Stadt P'ing-yang. Natürlich werden diese Belehnungen nicht die einzigen gewesen sein, die Wu wang vornahm; es fehlen, mit Ausnahme der einen an den T'ai kung wang, alle Belehnungen der Würdenträger, von denen „Jeder nach seiner Stellung Land erhielt". Genannt sind eben nur die wichtigsten, vor allen werden die aufgeführt, die sich zu wirklichen Staaten auswuchsen und in ihren Fürstengeschlechtern forterbten. Nur von ihnen konnte der Geschichtschreiber nach ihren Annalen die Geschichte ganz oder in Bruchstücken feststellen. Viele Lehen sind ohne Bedeutung geblieben oder spurlos wieder verschwunden, ohne daß wir auch nur ihre Namen kennen gelernt haben. Diese Belehnungen Wu wangs sind für uns der erste greifbare und mit Tatsachen belegte Beginn des Lehensystems. Es ist nicht unmöglich, sogar wahrscheinlich, daß das letztere auf ein höheres Alter zurückblickt, aber was darüber aus der Vorzeit berichtet wird, ist, wie bereits gesagt wurde (s. oben S. 110), nebelhaft und daher bedeutungslos. Die Belehnungen zu Beginn der Tschou-Herrschaft lassen aber auch einige wichtige Tatsachen hinsichtlich ihres Wesens und Zweckes erkennen. Wenn dabei die Nachkommen der alten Herrscher bedacht werden, so hängt dies, man mag über diese Nachkommenschaft und ihre Ansprüche denken wie man will, mit der Ahnenverehrung zusammen. Der lebenden Generation lagen die Opfer für die Vorväter ob, und damit diese in würdiger Form vollzogen werden konnten, war Landbesitz mit seinen Einkünften nötig. Diese Notwendigkeit wurde von Jedem anerkannt, und selbst dem vernichteten Feinde wurde in der Regel der daraus hervorgehende Anspruch zugebilligt. Auch die Tschou haben, wie wir bereits sahen (s. oben S. 109 f.), den Nachkommen der Schang ihr Lehen zur Fortsetzung der Ahnenopfer verliehen. Die Frage, warum die Nachkommen der alten Herrscher von den Tschou neu belehnt werden mußten, und warum sie nicht ihre Lehen aus den früheren Dynastien behielten, mag hier unerörtert bleiben. Abgesehen von diesen Pietäts-Lehen kamen die verliehenen Gebiete fast sämtlich in die Hände von Mitgliedern der Königlichen Familie, wie es eben die altüberkommene Sippenordnung verlangte. Endlich bemerken wir, daß die Lehen teils in der Nähe des zentralen Regierungsitzes, also in dem Königlichen Herrschaftsgebiete (s. oben S. 127), teils an der Peripherie des entstehenden Reiches, im Norden, Osten und Süden am Rande der „Barbaren"-Gebiete oder gar darin lagen. Die Belehnungen dienten also offensichtlich der Sicherung des Herrschers und des gewonnenen Staatsgebietes. Damit sehen wir die Elemente deutlich in die Erscheinung treten, die wir früher schon bei unserer Kennzeichnung des chinesischen Lehenswesens kennen gelernt haben: Sippenordnung mit der Ahnenverehrung, universalistische Reichs-Theorie, die im „Himmelssohn" den gottgewollten Eigentümer der Länder sieht, und Landes-Sicherheit (s. oben S. 110). Des weiteren aber zeigen die Belehnungen auch, wie verhältnismäßig eng der Raum noch war, auf dem die neue Kultur sich entwickelte, und wie sie nach den Richtungen vorstieß, die eben angegeben wurden. Wie man mit dem unmittelbaren Herrschaftsgebiete der Yin in Ho-nan verfuhr, haben wir früher gesehen (s. oben S. 111). Die Überlassung des nördlichen Teiles mit der alten Hauptstadt an Wu Kêng, den Sohn des gestürzten Herrschers Sin Tschou, wird von Ssĕ-ma Ts'ien (Kap. 3 fol. 13v°) mit der Absicht begründet, daß der Belehnte die Ahnenopfer zu vollziehen und „die Regierung seines Vorfahren P'an-kêng (s. oben S. 91) fortzuführen in den Stand gesetzt werde". Nach dem Aufstande des Wu Kêng zusammen mit den Fürsten von Kuan und Ts'ai änderte sich die Verwaltung dieser Gebiete, wie wir sahen (s. oben S. 113): die Nachkommen der Yin unter dem vom *Schu king* besonders gefeierten Fürsten K'i von Weï[1]), angeblich einem Halbbruder des letzten Yin-Herrschers, der sich, als er den Sturz der Dynastie kommen sah, vom Hofe zurückzog und später dem Wu wang mit den Opfergefäßen der Familie zu Füßen warf, bekamen das Gebiet Sung im südöstlichen Honan (bei der heutigen Stadt Kueï-tê), aus den drei bisherigen Teilen wurde das Lehensgebiet Weï[2]) im nördlichen Ho-nan gebildet und samt „den Resten des Volkes der Yin" dem Fürsten Fêng von K'ang übergeben, einem der beiden wegen ihrer Jugend vordem nicht lehensfähigen Brüder. Doch erhielt später der Sohn des verbannten Fürsten von Ts'ai die Würde und dann auch den Anteil seines Vaters zurück. Der andere der beiden Brüder, der jüngste von allen, der inzwischen herangewachsene Prinz Tsai, wurde nunmehr mit dem Gebiete von Jen (oder Nan) belehnt, dessen Lage nicht festzustellen ist. Auch der jugendliche Sohn des Wu wang, der Bruder des nun regierenden Kaisers Tsch'êng wang, noch ein Kind beim Tode des Vaters, Namens Yü, erhielt, anscheinend noch vor der Beendigung der Regentschaft des Herzogs von Tschou, ein Lehen, das später das bedeutende Reich Tsin werden sollte. Es lag in Schan-si am Fên ho unweit seiner Mündung in den Huang ho, nordöstlich von der heutigen Stadt Kiang hien in dem Becken von P'ing-yang (s. oben S. 7 u. 36) und hatte den offenbar uralten Namen T'ang, der viel in Verbindung mit dem mythischen Yao genannt wird. Alle die bisher genannten Lehensgebiete sind „innere" Lehen, d. h. sie bilden die „Innen"- oder „Mittelstaaten" *(tschung kuo*, man könnte sie auch als Teile des theoretischen „Mittelreiches" ansehen, der Ausdruck erfährt jetzt seine erste Erweiterung, s. oben S. 119f.). Zehn davon waren in den Händen

---

1) 微　2) 衛

der Mitglieder der engeren Königlichen Familie, zahlreiche andere mögen den weiteren Sippengenossen zugewiesen worden sein. Das Geschlecht der Ki (= Tschou s. oben S. 103f.) hatte seine Wurzeln in breiter Ausdehnung in das eroberte Land gesenkt, und dieser Umstand vor allem hat es ermöglicht, daß dem Stamme trotz aller zerstörenden Einflüsse in der geschichtlichen Entwicklung eine so lange Dauer beschieden war. Das Lied des *Schi king*, das den Ruhm der Tschou-Familie preist, deren Söhne und Enkel „durch hundert Generationen" Zentralherrscher und Lehensfürsten gewesen seien (s. oben S. 109), hat seine volle Berechtigung. Das Reich der Tschou hat seine Vorgänger sowohl durch Organisation wie durch seine Ausdehnung von Anfang an überschattet.

Von den Lehensgebieten verschwinden Tsiao, Tschu, Ki, Tsch'êng und Jen (oder Nan) wieder aus den geschichtlichen Aufzeichnungen, sie sind sehr bald in benachbarten größeren Lehen aufgegangen und haben eine erkennbare Rolle nicht mehr gespielt. Die anderen haben sich zu wirklichen Staaten entwickelt und eine kürzere oder längere, zum Teil höchst inhaltvolle Geschichte gehabt. So sind Ts'i, Lu, Sung und T'ang, das schon unter dem Nachfolger des Yü den viel bekannteren Namen Tsin erhielt, Staatswesen von höchster Bedeutung geworden. Auch Ts'ai, Ts'ao, Tsch'ên, Ki, Huo und Weï haben während der folgenden Jahrhunderte ihre oft recht bewegte Geschichte gehabt. Wichtig, aber leider unlösbar ist die Frage, woher die Namen dieser Gebiete stammen. Sind es alte Landschaftsnamen, die schon in der Zeit vor der Eroberung durch das Herrenvolk in der Sprache der Einwohner vorhanden waren? oder hat das Herrenvolk sie erst eingeführt? sind es Wiedergaben fremder Bezeichnungen oder Laute, oder sind es Worte der Tschou-Sprache? Ssĕ-ma Ts'ien macht bei seiner Aufzählung einige Bemerkungen über die Namen, die leider die Zweifel nicht heben. Er sagt (Kap. 4 fol. 12v⁰): „(Wu wang) belehnte den Schang fu (= T'ai kung wang) mit Ying-k'iu, das den Namen Ts'i erhielt, den Tschou kung mit K'ü-fou, das den Namen Lu erhielt". Vielleicht sind Ying-k'iu und K'ü-fou verderbte Namen aus der Sprache der Huai-Stämme, und Ts'i und Lu solche der neuen Herrscher. Auch die chinesischen Geographen haben über die Namen nachgedacht, aber was die Kommentatoren über diese und die anderen Lehensbezeichnungen zusammenfabeln, verdient sehr wenig Glauben. Ts'i ist der Name eines längst im Huang ho verschwundenen Flusses in Schan-tung (s. oben S. 13); die Annahme liegt nahe, daß er dem Lehen den Namen gegeben hat. Aber Lu soll als Landschaftsname schon unter den „drei Majestäten und fünf Herrschern" (s. oben S. 61ff.) vorhanden gewesen sein! Yen soll ursprünglich den Namen eines Berges gebildet haben, Tsin den eines Flusses, der nach den Einen „südlich vom Gebirge T'ai-hang schan" (s. oben S. 3) zu suchen, (also wohl dasselbe wie der heutige Ts'in schui), nach Anderen aber nur ein anderer Name für den Fluß von P'ing-yang" (zu *Schi ki* Kap. 1 fol. 10v⁰, also der Fên ho) sei. Diese und ähnliche Erklärungen der Namen besagen natürlich nichts.

Weit stärker noch als der machtpolitische Einfluß der Tschou griff ihr kultureller über die eigenen Gebiete hinaus. Im Süden und Südosten, zum Yang-tsě hin und darüber hinaus lagen jene unermeßlichen, von den Huai-Stämmen und tibeto-birmanischen Völkern der Man tsě (s. oben S. 35ff) bewohnten Länder, von denen man im Tschou-Reiche damals, wenn überhaupt, nur spärliche Kunde hatte. Auch im Westen dehnten sich unbekannte oder vielleicht vergessene Gebiete nördlich des Ts'in-ling-Gebirges in die Randländer der Gobi hinein; sie waren zu jener Zeit von Jung-Völkern (s. oben S. 38) bewohnt, die zu den Hiung-nu im Osten oder den Tanguten im Westen von ihnen in Beziehungen gestanden haben mögen, über die uns aber Näheres nicht bekannt ist. Auch von dem Kulturzustande aller dieser Völker wissen wir nichts, aber jedenfalls drangen von der nordischen Herrschaft die bestimmenden Elemente des universalistischen Staatsgedankens mit seinem Ritual zu ihnen, und unter diesen Einflüssen bildeten sich entweder neue Staaten, oder wandelten sich die vorhandenen nach den Vorbildern im Norden um. Die so entstehenden bildeten die andere Klasse, die „äußeren" Lehenstaaten *(wai kuo)*. Sie waren an Umfang des Gebietes, aber nicht immer an politischer Macht den „inneren" um ein vielfaches überlegen und haben natürlich für die Weiterentwicklung des Reiches eine sehr große Bedeutung gehabt. Die langen Fürstenlisten dieser Großstaaten, die uns alle aufbewahrt sind, weisen in ihrem ersten Teile sämtlich die üblichen Legenden auf, sie knüpfen an einen der vorzeitlichen „Kaiser" an und leiten somit ihren Ursprung, mit mehr oder weniger mystischen Zeugungsvorgängen, von den mythischen Schöpfern der chinesischen Kultur her. In das Licht der Geschichte tritt keiner von ihnen vor der Tschou-Zeit.

Eine Ausnahmestellung nimmt der Staat Wu ein, der sich im Südosten an das Innenreich anschloß und der zur Zeit seiner Blüte etwa die heutige Provinz Kiang-su, die südlichen Teile von An-hui, sowie die nördlichen von Tschê-kiang und Kiang-si umfaßte. Seine Bewohner waren ein rassefremdes Volk, sie standen aber durch ihr Fürstengeschlecht dem Tschou-Staate insofern nahe, als dieses gleichfalls der Ki-Sippe angehörte. Wir haben früher gesehen, daß die beiden ältesten Söhne des Tan-fu, des eigentlichen Stammvaters der Tschou, angeblich um ihrem jüngeren Bruder den Platz für die Thronfolge frei zu machen, zu den Man im Süden, im heutigen Kiang-su, die vermutlich ein Thai-Volk (s. oben S. 37) waren, auswanderten und sich dort „den Körper bemalten und die Haare abschnitten" (s. oben S. 105). Der Ältere von beiden, gewöhnlich mit seinem posthumen Ehrennamen T'ai po d. h. „erhabener Ältester" oder „erhabener Graf" oder „erhabener Oheim" genannt, legte sich dort den offenbar einheimischen Namen Kou-wu bei. Er wußte sich bei dem Volke einen Anhang zu verschaffen, wurde „der Fürst von über tausend Familien und bildete mit ihnen (den Staat) Kou-wu", so berichtet die Chronik *Wu Yüe tsch'un-ts'iu* (Kap. 1 fol. 3v°). Nach einigen Jahren, als das Volk sich vermehrt hatte, und wohlhabend geworden war, erbaute man eine befestigte Stadt, die den Namen Ku Wu d. h. das „alte Wu" erhielt und die in der Gegend des heutigen Wu-si, nordwestlich von Su-tschou im südlichen Kiang-su, gelegen haben soll. Die Chronik betont, daß das Volk innerhalb dieses Gebiets, wohl unter dem Einfluß seines Fürsten, Ackerbau getrieben habe. Da T'ai po kinderlos starb, soll sein Bruder Tschung-yung sein Nachfolger und damit Stammvater der Fürsten von Wu geworden sein. Nachdem Wu wang die Herrschaft angetreten, wurde Wu unter die Lehenstaaten aufgenommen und dem inzwischen längst verstorbenen Groß-Oheim der Titel T'ai po von Wu verliehen. Den Namen Wu hat dann der rasch wachsende Staat behalten. Diese Staatsgründung bildet ein gutes Beispiel für die Kolonisation der Tschou-Macht, sie ist sicher nicht die einzige ihrer Art gewesen. Einem anderen Nachkommen des Tschung-yung verlieh Wu wang das Gebiet von Yü, wenig nordwestlich der heutigen Stadt P'ing-lu am Huang ho in Süd-Schan-si, als Lehen, und Ssĕ-ma Ts'ien (Kap. 31 fol. 3r⁰) fügt hinzu, daß „Yü im Mittelreiche lag, Wu aber in (den Ländern der) I und Man", ein Zeichen dafür, wie scharf zwischen der Art der Lehen unterschieden wurde.

Südlich von Wu, durch die heutigen Provinzen Tschê-kiang, Fu-kien und Kuang-tung hindurch, ja vermutlich noch weiter an der Westseite des Golfs von Tongking, d. h. in den ganzen südlichen Küstengebieten saßen die Völkerstämme der Yüe oder, wie der Name in der einheimischen Sprache lauten soll, Yü-yüe. Sie gehörten zweifellos den Annamiten zu, mit denen sie auch gewisse Namen und geschichtliche Erinnerungen gemeinsam haben. Nur der nördlichste Teil dieser weit ausgedehnten Völker ist in den Gesichtskreis der älteren nordischen Herrscher getreten, und auch das erst spät. Die Vorgeschichte, wie sie von Ssĕ-ma Ts'ien (Kap. 41) und dem *Wu Yüe tsch'un-ts'iu* (Kap. 4) erzählt wird, ist völlig phantastisch; sie bezieht sich nur auf das Fürstengeschlecht und sagt über das Volk nichts. Als Stammvater wird Wu-yü genannt, der ein Nachkomme des großen Yü gewesen und von einem Hia-Kaiser mit dem Gebiet von Kueï-ki, bei der heutigen Stadt Schao-hing in Tschê-kiang, westlich von dem Vertragshafen Ning-po, belehnt worden sei, d. h. mit der Stätte, wo der Sage nach Yü einst gestorben sein soll (sein Grab wird noch heute dort gezeigt), nur zu dem Zwecke, damit die Opfer für den großen Ahnen regelmäßig dargebracht würden. Dann schweigt die Überlieferung ganz, und erst vom 6. Jahrhundert v. Chr. an hören wir wieder vom Staate Yüe, und seine Geschichte wird nun für ein halbes Jahrhundert ausgefüllt durch die erbitterten Kämpfe mit dem Nachbarstaate Wu. „Die beiden Staaten haßten und bekämpften sich gegenseitig", sagt Ssĕ-ma Ts'ien (Kap. 41 fol. 1v⁰). Vor dem 6. Jahrhundert scheint das Land den Tschou kaum bekannt geworden zu sein, was bei seiner Lage hinter seinem Todfeinde Wu nicht zu verwundern ist. Damals aber war die Königliche Macht schon stark im Verfall, die Belehnungen waren tief im Werte gesunken, und so hören wir nichts davon, daß

Yüe jemals als Lehenstaat aufgenommen worden wäre, obwohl sich seine Fürsten mit chinesischem Titel schmückten. Wie weit sich die Gebiete der Yüe nach Westen erstreckten, läßt sich nicht erkennen. Vermutlich haben sie sich, vom Süden heraufkommend, an dem Delta-Gebiet des Yang-tsĕ entlang nach Westen durch das sinische Bergland des nördlichen Kiang-si nach der fruchtbaren Ebene am Tung-ting-See (s. oben S. 10) vorgeschoben und sind dabei mit einem anderen vom Westen oder Südwesten vorrückenden Volke, den Tsch'u, zusammengestoßen. Eine andere Annahme will in den Yüe Stammverwandte der Tsch'u sehen und meint umgekehrt, daß die ersteren vom mittleren Yang-tsĕ aus nach Süden und Osten gewandert seien. Von den Chinesen, die das Volk der Tsch'u zur Zeit Tsch'êng wangs näher kennen lernen, wird dies zunächst King genannt. Das Wort bedeutet den stark duftenden Strauch des Mönchspfeffers, und die chinesischen Erklärer behaupten, das Land, das mit diesem Strauche bedeckt gewesen sei, habe ihm den Namen gegeben. King wird bereits als Name einer der neun „Provinzen" genannt, in die Yü einst das Reich geteilt haben soll (s. oben S. 84), und bezeichnet die Gegenden von Hu-peï und Hu-nan. In Hu-peï finden wir denn auch den Sitz der Fürsten von King zu der Zeit, wo sie zuerst in ein erkennbares Verhältnis zum Tschou-Reiche treten, d. h. zur Zeit Tsch'êng wangs. Und zwar wird als Ort dafür Tan-yang angegeben, das für gewöhnlich wenige km südöstlich von der heutigen Stadt Tsĕ-kueï hien, früher (Kueï tschou) am Yang-tsĕ, westlich von dem Vertragshafen I-tsch'ang gesucht wird. Über der frühen Geschichte des Volkes liegt völliges Dunkel. Ssĕ-ma Ts'ien zählt eine lange Ahnenreihe der Fürsten auf, die in der üblichen Weise an einen alten „Kaiser" anknüpft und die vermutlich hergestellt sein wird, als die Kult-Sitten der Tschou anfingen, ihren Einfluß zu üben. Zur Hia- und Schang-Zeit sollen bereits Kämpfe der Kaiser mit den anderen Fürstengeschlechtern der King stattgefunden haben. Als Stammvater der erhaltenen Familien wird ein gewisser Ki-lien genannt, dessen Nachkommen „teilweise im Mittelreich, teilweise bei den Man und I gelebt hätten". Ihre Namen weisen durchweg den Bestandteil *hiung* d. h. „Bär" auf, offenbar die chinesische Übersetzung oder Umschreibung eines einheimischen Wortes. Einer von ihnen, Yü-hiung mit Namen, soll der Sage nach ein Lehrer (?) des Wên wang gewesen sein, und von seinem Sohne sagt Ssĕ-ma Ts'ien (Kap. 40 fol. 2v°), daß „er Wên wang gedient habe". Der Urenkel dieses Sohnes aber wurde von Tsch'êng wang aus Dankbarkeit gegen seinen Vorfahren als Lehensfürst in das Reich aufgenommen (s. oben S. 117), und sein Gebiet war die Gegend bei dem genannten Tan-yang am Yang-tsĕ im Lande der King. Anscheinend handelt es sich nur um einen einzelnen Stamm des großen Volkes, der in den Bereich der Tschou-Kultur geraten war, und dessen Häuptling sich gern mit deren äußeren Abzeichen schmücken ließ. Dieser Vorgang hat sich unzählige Male bei den „Barbaren"-Völkern wiederholt, und gerade die Geschichte dieses Geschlechtes zeigt, welchen Wert man auf einen von den Tschou verliehenen Fürstentitel und die damit verbundene Einreihung in die Klassen der Lehensträger legte. Aus dem kleinen Gebiete von Tan-yang ist durch allmähliche Aufnahme der übrigen Stämme der King und sonstiger Man-Völker in seiner Nachbarschaft der machtvolle Staat Tsch'u entstanden, dessen Name — wir wissen nicht, wann er zuerst aufkommt — ebenso wie King im Chinesischen den Mönchspfeffer bezeichnet. Er hat den Chinesen des Nordens seine ganze Geschichte hindurch als Barbarenland gegolten. Es ist nicht unwahrscheinlich, daß die Miao tsĕ des 14. Jahrhunderts in Tschê-kiang und die scheuen, wenig zivilisierten Yao tsĕ in dem schwer zugänglichen Gebirge des südlichen Hu-nan (s. oben S. 36) letzte Reste der Bewohner von Tsch'u sind, die sich dem Einfluße des „Mittelreichs" nicht gefügt haben.

Dunkel und rätselvoll wie der Süden, aber unendlich viel reicher an Aufschlußmöglichkeiten liegt der Westen in jener Zeit vor uns. Jedoch vergeblich bemühen wir uns, diese Möglichkeiten zu erschließen, wenn wir der Vorgeschichte des großen Lehenstaates nachgehen, der sich im Westen bildete und so tief in das Schicksal des Reiches eingreifen sollte. Die Tschou selbst hatten sich einst vor der Bedrängung durch die Jung und Ti nach dem Süden von Schen-si zurückziehen müssen, und diese Bedrängung muß auch, nachdem sie die Zentralmacht erobert, unablässig fortgesetzt worden sein, nur scheinen die Einbrüche jetzt mehr vom Nordwesten her zu erfolgen, aus dem Tal von Lan-tschou auf den beiden großen Verbindungstraßen über Kung-tsch'ang einerseits und durch das Tal des King-Flusses über P'ing-liang andererseits (s. oben S. 21 u. 24). Darauf deuten jedenfalls die spärlichen Nachrichten, die uns Ssĕ-ma Ts'ien hinterlassen hat, die aber sicher alles sind, was er selbst hat in Erfahrung bringen können. Es sind die Si Jung, die „Jung des Westens", die hier immer wieder andrängen, und im Kampfe mit ihnen entsteht der Staat Ts'in (s. unten), der machtvollste unter den Großstaaten des Tschou-Reiches. Ob die Westvölker, die Wu wang bei seinem Kriegszuge gegen die Schang zu Bundesgenossen hatte (s. oben S. 93), teilweise auch zu diesen Si Jung gehörten, muß dahingestellt bleiben, jedenfalls war sein Vater Wên wang der „Gaugraf des Westens" unter den Schang gewesen und hatte seine kriegerischen, aber offenbar auch zivilisatorischen Unternehmungen bis nach dem östlichen Kan-su ausgedehnt (s. oben S. 106). Nicht unähnlich dem Ursprung der Tschou-Macht scheint nun auch der der Ts'in-Macht insofern gewesen zu sein, als beide die Grundlagen dazu durch ihre amtliche Stellung in den westlichen Grenzgebieten geschaffen haben. Das Fürstengeschlecht von Ts'in führt den Sippennamen Ying, der ihm von Schun verliehen sein soll. Die Angabe hat nicht mehr Wert als die ganze wild-phantastische Vorgeschichte der Familie, die, wie üblich, ihre Abstammung von einem „Kaiser' der Urzeit herleitet. Nicht unwahrscheinlich dagegen klingt es, daß die Ying „dem Reiche der Yin (Schang) Hilfe geleistet hätten" und Lehensfürsten gewesen wären. Sie hätten „bei den Jung des Westens gewohnt und die westliche Grenzmark geschützt". Bei dem Kampfe des Wu wang befanden sie sich daher auch auf der Seite der Schang, „standen dann aber" — wir kennen die dazwischen liegenden Einzelheiten nicht — „später in Gunst bei dem König Tsch'êng wang von Tschou", und zwar soll ihr Oberhaupt, Mêng Tsêng mit Namen, seine Residenz in Kao-lang, angeblich nordwestlich von der heutigen Stadt Yung-ning im Nordwesten der Provinz Schan-si gehabt haben, wohingegen die „westliche Grenzmark" Si tsch'ui — ein feststehender Ausdruck — am Oberlauf des Weï-Flusses in Kan-su, zwischen den Städten Kung-tsch'ang und Ts'in (heute T'ien schui hien) lag, also die große Straße vom Westen her, sicherte. Woher die Sippe der Ying wirklich stammt, ist niemals festgestellt worden, die Fürsten-Namen geben keinen Anhalt. Die Annahme liegt nahe, daß sie einem tibeto-birmanischen Volke angehört, darauf deutet wenigstens ihr frühester nachweisbarer Wohnsitz im (damals) fernen Westen. Ihre unablässigen erbitterten Kämpfe gegen die „Jung des Westens" schon unter den Schang-Herrschern machen es wahrscheinlich, daß ihnen diese hunnischen Völker rassefremd waren. Es wird nicht bloß Unterwürfigkeit gegen die Kaiser der Schang und die Könige der Tschou gewesen sein, daß sie die „westliche Grenzmark schützten". Wenn es zutrifft, daß sie bereits unter den Schang Lehensfürsten waren, wie Ssĕ-ma Ts'ien angibt, so war dies jedenfalls unter den Tschou, auch unter Tsch'êng wang nicht der Fall. Sie müssen einfach die Stellung von Grenzkommissaren gehabt haben; angeblich soll der König Mu wang (s. unten) einem ihrer Sippe, der in seinen Diensten stand, die Stadt Tschao am mittleren Fên ho in Schan-si zu Lehen gegeben haben, wonach sich die Ying auch den Namen Tschao beigelegt hätten. Die Nachricht ist unverbürgt und wenig wahrscheinlich. Jedenfalls erhielt erst unter dem König Hiao, dem sechsten Nachfolger Tsch'êng wangs, am Ende des 10. Jahrhunderts ein Mitglied der Sippe, Namens Feï tsĕ, als „Sub-Lehen" die erwähnte Stadt Ts'in in Kan-su. Hier tritt zum ersten Male der Name Ts'in auf, und sein erster Träger heißt Ts'in Ying. Jetzt nimmt die Bedeutung der Familie und ihres tapferen, kriegsliebenden Anhanges sehr rasch zu, und in der Folgezeit haben die Fürsten von Ts'in eine Stellung inne, ähnlich der der Tschou-Fürsten vor Wu wang: sie haben den Auftrag, wie einst der „Gaugraf des Westens", die Westmark zu schützen, führen den Titel „Großwürdenträger der westlichen Grenzmark" und werden durch ihre siegreichen Kämpfe gegen die „Jung des Westens "immer unentbehrlicher. Im Jahre 770 wird der Fürst Siang mit dem ganzen „Gebiete westlich des Berges K'i" (im südlichen Schen-si, östlich von der heutigen Stadt Fêngsiang, also auch mit Teilen des Stammlandes der Tschou) belehnt und unter die vollen Lehensfürsten aufgenommen. In dem Vorrücken der „Jung des Westens" durch Kan-su und Schen-si im ersten Teile der Tschou-Zeit und vorher haben wir die Ursache zu sehen, daß die Verbindung des „Mittelreiches" mit dem Kulturvolke im fernen Westen, dessen Spuren wir heute zu Tage fördern, (s. oben S. 43ff.) sehr viel spärlicher wird als im hohen

Altertum und dann ganz aufhört. Was noch an Kulturgütern aus einer fremden Welt herankam, gelangte zunächst nach Ts'in, das wie ein Wall schützend, aber auch absperrend diesen Zugang zum Osten beherrschte, und von dessen Beziehungen und Grenzen im Westen wir keine Kenntnis haben. Seine starke Fürstenmacht aber hat diese Lage des Landes auszunutzen gewußt.

Unsere Darlegungen geben uns ein faßbares Bild von der Zusammensetzung des Tschou-Reiches bei Lebzeiten seines Gründers Tschou kung: die von der neuen Dynastie mit dem Zentralvolke beherrschten Gebiete bestehen aus dem unmittelbaren Dominium des Königs mit der Hauptstadt Fêng (bei Si-ngan) im Weï-Becken, dessen Grenzen, wenn sie überhaupt vorhanden waren, sich heute nicht mehr feststellen lassen, darin und darum liegen eine große Anzahl von Lehenstaaten verschiedenster Größe, deren bedeutendste wir genannt haben, und die im wesentlichen in den Händen der Königlichen Familienmitglieder sind; einige von ihnen schützen zugleich die Grenzgebiete im Osten und Norden der Großen Ebene gegen die hier zunächst weniger gefährlichen, aber noch keineswegs angeglichenen Fremdvölker. Im Süden und Westen, zum Yang-tsĕ hin und darüber hinaus, in Kan-su, nördlich von den Bergketten des Ts'in ling und Si-king schan (s. oben S. 2), wo unruhige, zum Teil sehr kriegerische Völker sitzen, sind die vier Großstaaten Wu, Yüe, King (Tsch'u) und Ts'in in der Bildung begriffen. Sie lassen sich gern mit den äußeren Abzeichen der Zugehörigkeit zu dem religiös-kultisch schimmernden Universalreich schmücken, aber die politischen Folgerungen daraus ziehen sie nicht: es sind nur dem Namen nach Lehenstaaten, in Wirklichkeit stehen sie dem Zentralherrscher ganz unabhängig gegenüber, der oft genug auf ihre Hilfe und ihren Schutz, namentlich im Westen, angewiesen ist. Aber die Kulturformen des Nordens dringen mit Handel und Kolonisation auch hier unaufhaltsam vor. Außerhalb eines sichtbaren Zusammenhanges steht noch der Südwesten, d. h. das, was südlich der genannten Bergketten liegt, die südlichsten Teile von Schen-si und Kan-su, sowie Ssĕ-tsch'uan; die gewaltige Scheidewand, die hier die Natur gezogen hat, gewährt keine leichte Verbindung hinüber und herüber. Was noch weiter nach Süden und Südwesten liegt, bleibt eine unbekannte Welt. Das Ganze ist so, daß sich die universalistische Theorie mit ihren konzentrischen, in unbekannten, kulturlosen Fernen verschwimmenden Quadraten (s. oben S. 65f. und 85) wohl herauslesen läßt; alles ist noch unfertig, aber seit dem Regierungsantritt der Tschou stark im Werden, die Linien der künftigen Entwicklung lassen sich unschwer erkennen. Zunächst wird von dem Schöpfer und Lenker der neuen Staatsordnung, dem Tschou kung, die Dynastie in dem kosmisch-religiösen Vorstellungskreise, wie wir ihn früher kennen gelernt haben (s. oben S. 118ff.), fest verwurzelt, in dem sie als die sichtbare Verbindung zwischen der irdischen und der himmlischen Welt hingestellt wird. Das Mittel hierzu liefert der Ahnendienst, und vollzogen wird die Verbindung durch einen feierlichen

Staatsakt. Ssĕ-ma Ts'ien schildert uns denHergang mit kurzen, aber inhaltvollen Worten: „Als der Tschou kung", so sagt er (Kap. 28 fol. 3r⁰), „dem König Tsch'êng wang zur Seite stand (d. h. für ihn die Regierung führte), opferte er beim Stadtflur-Opfer dem Hou-tsi (s. oben S. 103 f.), wobei er ihn dem Himmel zugesellte, und beim Ahnenopfer in der Halle Ming t'ang dem Wên wang, wobei er ihn dem Herrscher in der Höhe zugesellte." Damit wurde die Ahnenreihe der Dynastie, und zwar nicht etwa bloß in ihren mythischen Urahnen, sondern auch in dem wirklichen Vater des ersten Königs, unmittelbar an Gott angeknüpft; Himmel und Herrscher in der Höhe sind nur der naturalistische und der animistischeAusdruck desselben Gottesbegriffs. Indem nun Gott und der Ahnherr die gleichen Opfer gleichzeitig genießen, muß beiden, wenn nicht die gleiche Stellung, so doch der gleiche göttliche Charakter zukommen: „Wên wang steigt auf und steigt nieder, immer zu Seiten des Herrn", singt ein Kultgesang im *Schi king.* Nun war in Wahrheit der irdische Herrscher der „Sohn des Himmels", die Dynastie göttlichen Wesens, die Herrschaft religiös unterbaut. Das ganze Staatswesen hatte den starken theokratischen Grundzug erhalten, der ihm dauernd geblieben ist. Wir können nicht beurteilen, ob diese Vergöttlichung des Herrschers mit allen ihren Folgen, die ja China durchaus nicht allein zu eigen ist, schon in der Zeit vor den Tschou begonnen hat, bewußt und — das dürfen wir wohl annehmen — als Teil der politischen Staatskunst ist sie erst durch die erobernden Tschou durchgeführt worden. Sie ist unzweifelhaft ein starkes Hilfsmittel gewesen bei der weiteren Unterwerfung der Völker und bei der nun weiter um sich greifenden Ausdehnunge des Reiches.

So ist schon die Regierung des Königs Tsch'êng wang ausgezeichnet durch die engere Angliederung der Ostgebiete, d. h. des Hauptteils der Großen Ebene von Süd-Tschi-li bis nahe an den Huai-Fluß im heutigen An-hui, und durch Niederwerfung der Huai-Völker bis nach Schan-tung hinein, sowie der unbekannten Stämme nördlich davon. Im wesentlichen muß das Befriedungswerk noch durch den Tschou kung ausgeführt sein, denn als dieser in Fêng starb, hatte er, einer Angabe im *Schi ki* zufolge, nach Beendigung der Kriege noch die innere Staatsordnung neu geregelt, und zwar, wie es heißt „zur Freude der hundert Sippen". Um sein eigenes Lehen in Schan-tung scheint sich der Tschou kung wegen seiner sonstigen Tätigkeit nicht viel haben kümmern zu können, jedenfalls hatte er schon vor seinem Ableben seinen Sohn Po-k'in dort als Fürsten eingesetzt, und auch dieser war gezwungen, seinen Staat Lu in Kämpfen mit den Huai- und Sü-Stämmen gegen Süden neu aufzubauen. Nach dem Tode seines Vaters wurde zu dessen Ehren ihm und allen seinen Nachfolgern das Vorrecht verliehen, die großen „Stadtflur-Opfer", die nur dem Zentralherrscher vorbehalten waren, gleichfalls darbringen zu dürfen. Die Herzöge von Lu, die sich des Tschou kung immer mit Stolz als des ersten ihrer langen Reihe rühmten, haben dieses kultische Vorrecht stets als ein Zeichen ihrer Ausnahmestellung betrachtet. Nachdem Tsch'êng wang noch die beiden Fürsten von Schao und von Pi, der letztere ein Verwandter der Königlichen Sippe mit einem kleinen Lehen dicht bei der Hauptstadt im Weï-Tal, von dem die Fürsten des späteren Staates Weï[1]) abstammten, mit der Überwachung der Lehensfürsten (s. oben S. 129) beauftragt hatte, starb er, und sein Sohn wurde unter der späteren Bezeichnung K'ang wang sein Nachfolger. Ssĕ-ma Ts'ien weiß von der Regierung dieses Herrschers wie von der seines Vaters nur noch zu berichten, daß „das Reich sich in Frieden und Ruhe befand". Überhaupt werden nunmehr die Nachrichten über das Königshaus während der folgenden Jahrhunderte dürftig. Wir haben über die Vorgänge mancher großen Lehenstaaten bessere Kenntnis als über die am Königshofe. Ssĕ-ma Ts'ien schreibt lediglich einige Sätze aus dem Vorwort des *Schu king* über die angebliche Entstehung der einzelnen Abschnitte und aus dem *Kuo yü* (s. oben S. 95) einzelne moralisierende Reden und Legenden aus, selten nur findet sich einmal eine Bemerkung unabhängig davon. Die Quellen scheinen hier ganz versiegt zu sein. Das Bild, das man hiernach von der Tschou-Herrschaft erhält, kann natürlich nur aus einem groben Umriß bestehen; einige Farben lassen sich den wenigen glaubwürdigen Tatsachen der Berichte und dem äußeren Gang der Entwicklung entnehmen.

Die beiden Nachfolger von K'ang wang, Tschao wang und Mu wang, müssen nach den Legenden, die sich um ihre Persönlichkeiten gebildet haben, große Eroberer gewesen sein, und zwar der erstere nach Süden, der letztere nach Westen hin. Tschao wang soll auf geheimnisvolle Weise bei einem Zuge nach dem Süden am *kiang* d. h. wohl am Yang-tsĕ umgekommen sein, danach hätte es sich also um einen Zug bis tief in die Gebiete der Man-Völker handeln müssen, auch dann, wenn mit dem *kiang*, wie ein Gelehrter des 3. Jahrhunderts n. Chr. will, der Han kiang (s. oben S. 10) gemeint sein sollte. Mu wang vollends ist der Held eines phantastisch ausgeschmückten Zuges nach dem fernen Westen geworden, von dem ein angeblich zusammen mit den „Bambusbüchern" im Jahre 280 oder 281 v. Chr. in einem Grabe gefundenes (s. oben S. 69) kleines fragmentarisches Werk mit dem Titel *Mu t'ien tsĕ tschuan* d. h. „Geschichte des Himmelssohnes Mu" ausführlich Kunde gibt. Das Werk enthält zweifellos alte Bestandteile, ist aber später mit vielen Zusätzen versehen worden. Der tagebuchartige Bericht läßt den König bis zum Kun-lun-Gebirge (s. oben S. 2), zu den Quellflüssen des Huang ho (s. oben S. 6) und zu der rätselhaften Si-wang-mu (wörtlich: „westliche Herrschermutter") d. h. bis in das tibetische Hochland oder das östliche Turkistan vordringen. Es ist natürlich unmöglich, festzustellen, wohin dieser Zug in Wirklichkeit gegangen ist, daß aber irgend eine weitausgreifende Unternehmung der Tschou in die Länder der „Jung-Völker" hinein den wahren Kern des Berichtes bildet, brauchen wir nicht zu bezweifeln (vergl. oben S. 143), zumal auch die „Bambusbücher" unter dem 17. Jahre des Mu wang verzeichnen, daß

[1]) 魏, zu unterscheiden von dem älteren 衛

der Herrscher „einen Zug nach Westen unternahm bis zu den Höhen des Kun-lun und Si-wang-mu sah“, und daß „in demselben Jahre Si-wang-mu an den Königshof kam“, während das *Kuo yü* angibt, daß „Mu wang die K'üan Jung (im Westen) unterwerfen wollte“, daß ihn der Fürst von Ts'ai von diesem Vorhaben abzubringen versucht, er ihm jedoch kein Gehör geschenkt und doch den Kriegszug unternommen habe (Kap. 1 fol. 2r⁰ ff.). Vielleicht haben wir in der später völlig entstellten Westfahrt eine schwache Spur zu sehen von einer noch immer bestehenden Verbindung nach Inner-Asien hin, die wir im hohen Altertum kennen gelernt haben (s. oben S. 45f.), und von der man auf Grund gewisser erstaunlicher Übereinstimmungen in der Astrologie Ost- und West-Asiens schon vor längerer Zeit annahm, daß sie noch im 7. Jahrhundert v. Chr. bestanden haben müsse. Anscheinend hat das dem Westen entstammende Geschlecht der Ying in Kan-su, das später den großen Staat Ts'in schuf, hier eine Vermittlerrolle gespielt (vergl. oben S. 144), denn Ssĕ-ma Ts'ien, der in der Geschichte der Tschou den Bericht des *Kuo yü* über Mu wangs Zug wiedergibt, deutet in seiner Geschichte des Hauses Ts'in noch einmal darauf hin, weil ein Mitglied dieses Hauses Namens Tsao-fu als Wagenlenker, d. h. wohl Führer des Königs, dabei gewesen sei. Es heißt dort (Kap. 5 fol. 3r⁰): (Mu wang) „zog nach dem Westen auf eine Jagdfahrt (im *Mu t'ien tsĕ tschuan* ist auch sehr viel mehr von Jagden die Rede als von kriegerischen Begebenheiten); er hatte solche Freude daran, daß er die Heimkehr vergaß“. Das Ereignis muß jedenfalls von hoher Bedeutung gewesen sein, wenn die Erinnerung daran so kraftvoll bei der Nachwelt weiterleben konnte.

Bis zum Ende der Regierung des Mu wang scheint das Reich der Tschou, was die Macht des Königlichen Hauses anlangt, seine Blütezeit gehabt zu haben, von da ab bereitet sich der Verfall vor. Auf Wu folgt eine Reihe von Herrschern, von denen uns außer den Namen Kung, I,[1]) Hiao (Oheim des vorigen), I,[2]) nichts bekannt ist, außer daß „zur Zeit des Königs I (des ersten) das Königliche Haus mehr und mehr in Verfall geriet“. Unter dem Nachfolger des I wang (des zweiten) von dem uns das *Kuo yü* einige nähere Nachrichten übermittelt, zeigen auch die Ereignisse selbst, wie weit dieser Verfall fortgeschritten ist. Li wang — so lautet sein Tempel-Name — wird in den Reden, die zwei Würdenträger aus seiner eigenen Sippe an ihn halten, um ihn zur Einsicht zu bringen, und die das *Kuo yü* (Kap. 1 fol. 4v⁰ff.) wiedergibt, als ein habgieriger und grausamer Tyrann geschildert, der jedes Wort der Kritik mit Gewalt unterdrückte, soweit seine Macht reichte. Die beiden Ratgeber kündigten den unausbleiblichen Sturz der Dynastie an. Drei Jahre später brach der allgemeine Aufruhr aus, der König wurde gezwungen zu fliehen; er fand Schutz in dem Lehenstaate Tsin in Schan-si,

---

[1]) 懿 [2]) 夷

dessen Fürsten ebenfalls der Sippe der Tschou angehörten (s. oben S. 138), und starb dort im Jahre 828 v. Chr. Während seiner Abwesenheit von der Hauptstadt bildete sich für seinen unmündigen Sohn eine Regentschaft, die nach Ssĕ-ma Ts'ien von den Herzögen von Schao und von Tschou, zwei Mitgliedern der Sippe, geführt wurde. Diese Regentschaft, die vierzehn Jahre währte, führt in den Geschichtswerken den Namen *kung-ho* d. h. „gemeinsame Eintracht", sei es, daß damit die Eintracht zwischen den beiden Regenten gemeint ist, wie die Einen wollen, oder die zwischen den Würdenträgern, wie die Anderen meinen. Dagegen berichten die „Bambusbücher", daß der Regent Kung Ho d. h. Ho (Fürst, *po*) von Kung geheißen habe; das Lehensgebiet Kung wurde dann in Ho-nan bei Weï-hui gesucht. Wir sind heute nicht mehr in der Lage, festzustellen, welche der beiden Lesarten die richtige ist, die von Ssĕ-ma Ts'ien ist die in der Überlieferung allgemein angenommene, aber es ist nicht unmöglich, daß sie in Anlehnung an die sagenhafte Reichs-Verteilung des Wên wang an die beiden Herzöge (s. oben S. 107f.) entstanden ist. Der Zwiespalt zeigt wieder deutlich, mit welcher Unsicherheit wir in den Aufzeichnungen über jene ferne Zeit rechnen müssen. In jedem Falle ist indessen die Bezeichnung *kung-ho* zu einem Ausdruck von hervorragender Wichtigkeit in der chinesischen Geschichte geworden. Wie früher dargelegt worden ist (s. oben S. 96f. u. 100f.), laufen von dem Beginn der Regentschaft ab die beiden chronologischen Reihen zusammen, und setzt Ssĕ-ma Ts'iens genaue Chronologie ein: das erste Jahr *kung-ho* ist das Jahr 841 v. Chr. Zugleich sehen die Chinesen, ohne sachliche Berechtigung, in dieser Bezeichnung einer Zeitperiode das erste *nien hao* (s. oben S. 98f. und unten), d. h. den Vorläufer eines Zeitrechnungssystems, das erst 678 Jahre später in Gebrauch kommt.

Nach dem Tode des Königs Li wurde seinem inzwischen herangewachsenen Sohne von den Regenten die Herrschaft übergeben. Er ist bekannt unter dem Namen Süan wang. Während seiner bis 782 währenden Regierung hat er, offenbar ein sehr tatkräftiger Mann, vieles getan, um die sinkende Stellung seines Hauses wieder zu heben. Die inneren Wirren unter seinem Vater hatten die Barbaren-Völker im Norden, Osten und Süden zu Vorstößen gegen den „Mittelstaat" benutzt. Die Jung (Hunnen ?), die anscheinend durch Schen-si und Schan-si eingedrungen waren, wie schon einmal unter I wang (dem ersten), hatten das Weï-Tal erreicht, und wenn man einem Liede des *Schi king (Siao yo* III, 3) glauben darf, sogar die Hauptstadt Hao überfallen. Die Huai waren gegen die östliche Hauptstadt am Lo-Fluß (s. oben S. 114) vorgerückt, und vom Süden her drangen die Man-Stämme von King (s. oben S. 142f.) vor. Süan wang gelang es, unterstützt von einer Reihe tüchtiger Heerführer, nach umfassenden Vorbereitungen in den Jahren 823 u. 822 in drei siegreichen Kriegszügen, die Jung bis in das Becken von T'ai-yuan in Schan-si (s. oben S. 25) zurückzutreiben, die King-Horden vernichtend zu schlagen und die Huai- und Sü-Stämme bis zum Huai-Flusse zu verfolgen. Im *Schi king (Siao ya* III, 3 u. 4) werden diese Siege des Herrschers und die Taten seiner Feldherren begeistert gepriesen. Aber schon am Ende seiner Regierung sehen wir die Jung wieder plündernd im südlichen Schen-si und auf der Hochebene von P'ing-yang in Schan-si, (s. oben S. 25), ohne daß es gelingt, ihrer Herr zu werden. Der neue Triumph des Tschou-Hauses war von kurzer Dauer, Süan wang hinterließ seinem Sohne und Nachfolger ein Reich, das in unaufhaltsamem Niedergange befindlich und den drohenden äußeren und inneren Gefahren nicht mehr gewachsen war.

b. Verfall der Zentralmacht. Erstarkung der Einzelstaaten. Die Tsch'un-ts'iu-Periode.

Die Ursachen dieses Verfalls waren mannigfacher Art und hätten auch von dem größten Herrscher nicht unwirksam gemacht werden können, weil sie in der natürlichen Entwicklung lagen. Als die großen Herrscher der Tschou ihr Reich schufen, herrschten noch die losen politischen Verhältnisse des hohen Altertums, wie wir sie früher kennengelernt haben. Wên wang, Wu wang, Tschou kung, ihre Mitarbeiter und ihre Nachfolger lebten in den kosmisch-theistischen Vorstellungen ihrer Zeit, sie bildeten unter deren Einfluß ein religiös-politisches System mit einem genau geregelten Ritual aus und paßten dem ihren Staat an, wobei Sippenordnung, Ahnendienst und Ackerbau, also im wesentlichen ethische Elemente, bestimmend waren. Wie einst im Kleinen, so wurde jetzt im Großen das eroberte Land an die Sippenmitglieder und an deren Anhang als Lehen verteilt, der „Himmelssohn“ erhielt durch die im Jenseits endigende Ahnenreihe priesterlichen und halbgöttlichen Charakter, die herrschende Schicht zog aus dem Ackerbau ihre Einkünfte, das Volk als Masse siedelte und schaffte für sie. So glaubte Tschou kung seinen neuen Staat für seine Sippe gesichert zu haben. Aber bei diesen Plänen war die Wirkung nicht berechnet worden, die gerade die Fortentwicklung kultureller Lebensformen auf die menschliche Veranlagung haben muß. Wir sahen, wie sich unter dem Einflusse der vom Zentrum ausstrahlenden Kultur im Süden und Südosten neue Staaten bildeten, deren Bevölkerungen dem nordischen Herrenvolke rassefremd waren. Aber auch die großen Lehen in Tschi-li, Schan-tung, Schan-si und Ho-nan nahmen nach dem Vorbilde des Königstaates feste staatliche Formen an; überall wurden die Einrichtungen denen des letzteren nachgebildet, und die Beherrscher dieser Gebiete fühlten sich nicht bloß mehr als Lehensträger, sondern auch als selbständige Fürsten. Wie vorhin erwähnt, schied die Theorie scharf zwischen dem „Mittelreiche“ *(tschung kuo)* und den „Außenstaaten“ *(wai kuo)*. Das erstere, im Schema des Yü nur das Eigengebiet des Zentralherrschers (s. oben S. 65f.), erweitert sich unter den Tschou zu der ganzen Gruppe von Königstaat und „inneren" Lehen in den genannten (heutigen) Provinzen. Diesem „Mittelreiche", dessen Teile sich fast sämtlich in den Händen der Königlichen Sippe befinden, stehen die halbbarbarischen Stämme des Südens, später auch des Westens als „Außenstaaten" gegenüber. Aber die politische Weiterentwicklung ist in beiden Staatengruppen die gleiche. Mit der zunehmenden „Verstaatlichung" ihrer Gebiete regt sich auch in den Fürsten mitwachsend das naturgegebene Bestreben nach Unabhängigkeit. Die geographischen Verhältnisse förderten dieses Bestreben in unaufhaltsamer Weise. Fast alle Lehenstaaten, die „inneren" und weit mehr noch die „äußeren", hatten die Möglichkeit, ihre Gebiete und ihre Bevölkerungen, zum Teil in fast unbeschränkter Weise, zu vermehren, indem sie die dünn bevölkerten Ländermassen rings herum, wo die Stämme der Huai, der Jung, der Man u. a., wohl meist nomadisierend, saßen, unter ihren kulturellen und politischen Einfluß und schließlich in ihre Botmäßigkeit brachten. Der Kolonisationsprozeß, der im hohen Altertum von dem zentralen Herrenvolke ausgegangen war, wurde hier von einer großen und immer wachsenden Zahl neuer Stellen fortgeführt. Der einzige Staat, für den eine solche Ausdehnungsmöglichkeit nicht bestand, war der Königstaat im Weï-Becken und Huang-ho-Tal: er war auf allen Seiten umlagert von den Gebieten seiner Lehensträger, die über die Peripherie hinausgreifen konnten, während er in der Mitte eingeklemmt lag. So verschob sich das in der Theorie angenommene Verhältnis des Königstaates zu den Lehenstaaten mehr und mehr zu Ungunsten des ersteren: war er als der theoretisch größte und stärkste in dem System gedacht gewesen, so wuchsen nunmehr in Wirklichkeit die realen Machtmittel der letzteren weit über die seinigen hinaus. Gesteigertes Unabhängigkeitsgefühl gegenüber dem Zentralherrscher war die Folge. Gehemmt wurde die Entwicklung einmal dadurch, daß die meisten der großen Lehensträger Mitglieder der Königlichen Sippe waren und somit wenigstens zunächst noch ein gewisses Empfinden der Zugehörigkeit zu der Person des Zentralherrschers hatten, dann aber durch den religiösen Gedanken im System des Universalismus, der dem „Sohn des Himmels" den Abglanz göttlicher Entrücktheit aus der Sphäre menschlicher Gleichstellung verlieh und die natürliche Scheu des Einzelnen vor dem Überirdischen wach hielt. Aber diese beiden Hauptstützen, mit denen Tschou kung seinem Staate den sichersten Halt geben zu können vermeint hatte, erwiesen sich auf die Dauer doch als zu schwach: das Sippenverhältnis, mochte es auch dem wankenden Königshause für längere Zeit noch einen gewissen Halt geben, mußte doch allmählich verblassen, und die Ehrfurcht hielt nicht Stand vor der Kraft einer natürlichen Entwicklung, die der Reichsgründer nicht vorausgesehen hatte. Und wie die beiden Stützen, so zerbrach die ganze Theorie vom Aufbau des Staates an den harten Tatsachen der Wirklichkeit. Die Theorie vom „Himmelssohn" und dem theokratischen Universalismus setzte zunächst als Herrscher einen Weisen in sittlicher wie intellektueller Hinsicht voraus und als Helfer (als solche waren die Lehensfürsten gedacht) Männer von gleichen Eigenschaften oder wenigstens von dem Willen, sie zu erwerben. Diese Voraussetzungen trafen nicht zu und konnten auch bei der dynastischen Erblichkeit in den Staaten nicht zutreffen. Wir haben bereits gesehen, und die Beispiele werden sich häufen, daß Persönlichkeiten den Thron des Herrschers einnahmen, die nicht einmal den Durchschnitt schwacher Menschlichkeit erreichten, und in den Familien der Fürsten war es nicht anders. Der Verfall im Hause der Tschou, den die Geschichtschreiber schon von der Zeit des Königs Tschao an beklagen, hatte dieselben Ursachen, die fast allen chinesischen Dynastien den Untergang gebracht haben: Pflichtvergessenheit, Weiber- und Eunuchenwirtschaft, höfische Intriguen im Kampf um Einfluß und Stellung, Streitigkeiten zwischen den Familienmitgliedern um den Besitz des Thrones, alles verbunden mit zügellosen Gewalttaten. Diese zerstörenden Kräfte, die in der Geschichte Chinas eine so furchtbare Rolle gespielt haben, beschleunigten natürlich den politischen Niedergang. Sie untergruben nicht bloß die reale Machtstellung des Königstaates, sondern unterwühlten auch die religiöse, weil sie den Träger der höchsten Würde in den Augen der Fürsten verächtlich machten. Was also die natürlichen Verhältnisse von der Königlichen Machtstellung noch übrig ließen, das wurde durch die Würdelosigkeit der Herrscher selbst zerstört.

Wann die Selbständigkeitsgelüste der Fürsten zuerst feste Formen zeigen, läßt sich nicht feststellen. Unter I wang (dem zweiten), so heißt es bei Ssĕ-ma Ts'ien (Kap. 20 fol. 3r⁰) „kamen die Fürsten nicht mehr an den Hof und bekämpften sich untereinander". Um die gleiche Zeit, also um die Mitte des 9. Jahrhunderts begann sich das Volk der Tsch'u am mittleren Yang-tsĕ, das früher zu den Freunden der Tschou gehörte, aus eigener Macht zu regen. Unter seinem Fürsten Hiung-k'ü (vergl. zu dem Namen oben S. 142) erfolgte ein Vorstoß nach Norden, vermutlich am Han-Fluß aufwärts bis gegen die heutigen Grenzen von Ho-nan und Schen-si und Yang-tsĕ-abwärts bis Ngo, dem heutigen Wu-tsch'ang. Seinen drei Söhnen aber verlieh der erfolgreiche Führer den gleichen Titel „König", *wang*, den der Zentralherrscher allein zu führen berechtigt war. Und wie zum Hohn fügte er hinzu: „Ich bin ja ein Barbar der Man, ich habe nichts zu schaffen mit den Titeln des Mittelreichs" (a. a. O. fol. 3v⁰). Ob der Zug des Süan wang nach Süden durch diesen Vorstoß und seine Folgen veranlaßt ist, läßt sich nicht nachweisen, ist aber wahrscheinlich. Das Vorgehen des Fürsten von Tsch'u wird indessen nicht das erste seiner Art gewesen sein, wir können annehmen, daß die selbstherrlichen Auflehnungen wider die „Ordnungen" in den „inneren" Staaten begonnen, und die Beispiele dann weiter gewirkt haben. Ssĕ-ma Ts'ien weiß zu berichten (Kap. 37 fol. 2r⁰ff.), daß in dem Staate Weï, der einst dem jugendlichen Bruder des Wu wang zugewiesen war (s. oben S. 138), um das Jahr 812 nach dem Tode des regierenden Fürsten der rechtmäßige Thronfolger von seinem jüngeren Bruder zum Selbstmorde getrieben wurde, daß der letztere dann die Regierung an sich riß und sich selbst den höchsten Fürstentitel *kung* „Herzog“ beilegte. Die Fürsten von Weï waren ursprünglich nur *po* „Grafen“ (3. Rang) gewesen, hatten sich dann unter I wang (dem zweiten) durch Bestechungen den Titel eines *hou* (2. Rang) verschafft und stiegen nun ohne Königliche Mitwirkung in der Rangordnung weiter. Man muß zwischen den Zeilen lesen, wenn der Geschichtschreiber hinzufügt, daß „der Herzog Wu von Weï, weil er in den Kämpfen gegen die Jung sich hohe Verdienste erworben hatte, vom König P'ing wang (770—720) zum Herzog ernannt wurde“. Genau das Gleiche geschah in dem Staate Ts'ao (s. oben S. 137) im Jahre 759. Solche Vorkommnisse, sicherlich nicht die einzigen während einer Zeit, über die wir nur spärliche Berichte haben, waren typisch für das Maß der Achtung, das die politische Ordnung noch genoß. Dazu kamen Machtkämpfe zwischen den Staaten und blutige Thronstreitigkeiten innerhalb der einzelnen Fürstenfamilien, bei denen man den „Himmelssohn“ oft als Teilnehmer der Intriguen beobachten kann, und nicht immer auf der Seite des Rechts. Im 8. Jahrhundert waren solche Familienkämpfe um die Herrschaft in dem Staate Tsin (s. oben S. 138) ausgebrochen und dauerten Jahrzehnte hindurch. Im Jahre 724 wurde der regierende Fürst von einem Verwandten aus einer usurpierenden Nebenlinie ermordet. Aber die Bevölkerung verjagte den Mörder und Usurpator und setzte den jüngeren Bruder (nach Anderen den Sohn) als Fürsten ein. Unterstützt von Truppen aus Nachbarstaaten, kam der Vertriebene im Jahre 718 zurück und griff die Hauptstadt von Tsin an. Der König, wenn der Bericht im *Tso tschuan (Yin kung* 5. Jahr) richtig ist, unterstützte dabei zuerst den Usurpator, dann aber, als er mit diesem selbst in Zwistigkeiten geriet, die andere Seite. Und solche Zweideutigkeiten sind nicht vereinzelt. Der Zustand des Reiches im 8. Jahrhundert zeigte deutlich den Weg, den die Entwicklung nehmen mußte.

Diese Entwicklung wurde um ein gewaltiges Stück vorwärts getrieben durch die Katastrophe, die unter dem Nachfolger Süan wangs, dem König Yu wang, eintrat, und zwar als Folge der Zustände am Hofe, die wir eben bei ihrem Namen genannt haben. Yu wang hatte zur Gemahlin die Tochter eines Fürsten von Schên, der ein kleines Lehen in Ho-nan besaß. Ihr Sohn I-kiu war der rechtmäßige Thronfolger. Eine Haremsdame mit Namen Pao-ssĕ hatte die Leidenschaft des Königs erregt, ihr Sohn sollte mittels Intriguen aller Art zum Thronerben gemacht werden. Allen Bedenken zum Trotz setzte Pao-ssĕ ihren Willen durch, die rechtmäßige Königin wurde ihrer Stellung entsetzt, I-kiu ebenso, Pao-ssĕ trat an ihre Stelle, ihr Sohn an die des letzteren. Der Fürst von Schên, empört über die seiner Tochter angetane Schmach, rief — ein Vorgang, der sich in der späteren Geschichte mehrfach wiederholt hat — „die Barbaren des Westens und die K'üan Jung“ („Hunde-Jung“ vergl. oben S. 134) in's Land und überfiel mit ihnen im Jahre 771 die Hauptstadt Tsung Tschou (s. oben S. 116). Der König und der Sohn von Pao-ssĕ wurden erschlagen, die letztere in Gefangenschaft geführt, die Residenz geplündert und zerstört. Die Umstände, die diesen Überfall möglich machen, und die auch von Ssĕ-ma Ts'ien berichtet werden, sind, selbst wenn sie Erfindung sein sollten, auch als solche bezeichnend für die Zustände. Pao-ssĕ pflegte nie zu lachen. Der verliebte König wollte sie um jeden Preis zum Lachen bringen und verfiel auf die absonderlichsten Mittel, schließlich auch auf dasjenige, das ihm zum Verderben werden sollte. In Folge der vielen Hunnen-Einbrüche hatte man an bestimmten Stellen Brennstoff mit starker Rauchentwicklung aufgehäuft; sobald ein Einfall drohte, wurden die Feuer entzündet, das war das Signal für die Lehensfürsten, mit ihrem Truppenaufgebot zum Schutze herbeizueilen. Yu wang ließ wiederholt die Feuer anzünden, die Fürsten kamen, sie fanden, daß sie genarrt waren, und Pao-ssĕ lachte aus vollem Halse. Aber am Ende wurden die Fürsten des Spieles müde und kamen nicht mehr. So wurden die Signale, als die Feinde nun wirklich herannahten, ebenfalls vergeblich gegeben: die Hilfe blieb aus, und die Katastrophe trat ein. Der Sänger des *Schi king*, der das zügellose Treiben am Hofe beklagt, hatte schon vorher auf die unheildrohenden Zeichen in der Natur, im besonderen auf die Sonnenfinsternis (es ist die berühmte von 775 v. Chr., s. oben S. 99) hingewiesen (*Siao ya* IV, 9) und erbittert sagt er in einem anderen Liede (*Ta ya* III, 10) unter deutlicher Anspielung auf die Pao-ssĕ:

Vom Himmel ward der Aufruhr nicht gesandt,
Vom Weibe kommt er in das Land.
Nicht darf man Zucht und Lehre suchen,
Wo nur sind Weiber und Eunuchen.

Die Folgen, die diese Ereignisse hatten, haben das Schicksal des Hauses Tschou besiegelt. Die herbeigerufenen Jung-Horden ließen sich, nachdem sie ihren Auftrag erfüllt, nicht wieder abschieben, sondern blieben im Lande und hielten das gesamte Stammland der Tschou im oberen Weï-Becken besetzt. Unter Führung des Fürsten von Schên setzten die Lehensfürsten von Tsin, Ts'in, Weï und Tschêng den I-kiu als König ein; er ist bekannt unter seinem Tempelnamen P'ing wang. Um den beständigen Einbrüchen der Jung zu entgehen, verlegte der neue Herrscher im Jahre 770 den Sitz seiner Regierung nunmehr nach der Stadt am Lo-Fluß im Osten, die, wie wir gesehen, bereits unter Tsch'êng wang angelegt, aber bisher nicht bezogen worden war (vergl. oben S. 114ff.). Auch unter dieser Hauptstadt werden wir uns eine Doppelstadt zu denken haben, Wang tsch'êng, die „Königstadt", vermutlich mit stärkeren Befestigungen versehen, und Tsch'êng-tschou oder Hia tu, die „Unterstadt". Die „Bambusbücher" erwähnen, daß der Anhang des getöteten Königs Yu wang einen anderen Sohn von ihm als König ausrief, der im Weï-Tal residierte und als Hui wang überliefert ist. Indessen scheint dieser Nebenkönig bereits nach drei Jahren wieder beseitigt worden zu sein; im Jahre 750 wurde er von dem Fürsten von Tsin getötet. Seit der Übersiedelung des Königs P'ing wang nach Osten bezeichnen die chinesischen Geschichtschreiber die Dynastie auch öfters als „das östliche Tschou".

Das Ereignis leitet die nun rasch fortschreitende Umbildung des Reiches und den völligen Verfall der Königlichen Machtstellung sichtbar ein, der Aufstieg der Macht in den Einzelstaaten hebt in verstärktem Maße an. Es sind nur noch die letzteren, die den Gang der Geschichte bestimmen; ihre Kämpfe und Bündnisse, ihre diplomatischen Intriguen und innerpolitischen Thronstreitigkeiten, reich durchsetzt mit den Taten feiger Hinterlist und blutiger Gewalt, freilich auch mit denen hingebender Treue und todesverachtenden Tapferkeit, füllen nunmehr zum weitaus größten Teile die folgenden Jahrhunderte. Das Königtum wird zum passiven Gegenstand dieses Gewirrs, es lebt nur noch von den Resten des religiösen Nimbus und den Wechselwirkungen der gegenseitigen Eifersucht. Auch größere Herrschergestalten als es die Könige dieses zweiten Teiles der Tschou-Zeit sind, würden dem Gang der Entwicklung auf die Dauer nicht haben wehren können. Wir haben bei der Verteilung der Lehen nach der Eroberung des Schang-Reiches bereits die Gebiete kennen gelernt, die nun wirklich den Namen *kuo* d. h. Staat verdienen, wenn wir diesen Ausdruck mit dem uns geläufigen Inhalte füllen. Neben ihnen wachsen die Staaten der Barbaren-Völker Wu, Yüe, Tsch'u im Süden und das durch die Ereignisse von 770 neu begründete Ts'in im Westen machtvoll empor. Der Fürst Siang von Ts'in, unter dem schon im Jahre 776 die Hauptstadt in die Gegend halbwegs zwischen den heutigen Städten Lung und Fêng-siang im südwestlichen Schen-si verlegt war (vergl. oben S. 144), hatte den Abzug des neuen Königs nach Osten gegen die Jung gedeckt, aber die letzteren aus dem Weï-Becken zu verjagen gelang erst seinem Sohne und Nachfolger Wên im Jahre 750 (nach Anderen 753). Siang wurde zum Dank vom König unter die Lehensfürsten des Reiches aufgenommen und „mit dem Gebiete westlich des Berges K'i" im Weï-Becken belehnt, während der Fürst von Tsin, wenn man den (echten) Abschnitt des *Schu king*, der den Titel „Der Auftrag an den Fürsten Wên von Tsin" *(Wên hou tschi ming)* trägt und die Ansprache des Königs P'ing an ihn enthält, richtig deutet, eine besondere Vorzugstellung unter den Fürsten erhalten hat. Die Herrschaft über ihr neues Lehen mußten sich die Ts'in-Herrscher freilich erst von den Jung erobern, und als dies zwanzig Jahre später geschehen war, gaben sie den Rest des befreiten Stammlandes der Tschou, d. h. das, was östlich vom Berge K'i lag, an den König zurück. Die Annalen des Staates Ts'in machen viel Rühmens aus diesen von seinen Fürsten erlangten Ehren, ein Zeichen, wie hoch sie von ihnen geschätzt wurden. „P'ing wang", so heißt es, „belehnte den Herzog Siang, machte ihn zum Lehensfürsten und gab ihm das Land westlich von K'i, indem er sagte: Die Jung kennen kein Recht, sie haben unsere Gebiete von K'i und Fêng überfallen und geraubt. Die Ts'in waren im Stande, die Jung anzugreifen und zurückzuschlagen, so sollen sie dieses Land behalten. So nahm er die Eidesleistung mit (dem Fürsten) vor und belehnte ihn. Damit erhielt der Herzog Siang zum ersten Male einen Staat, er unterhielt mit den anderen Lehensfürsten Gesandtschaftsverkehr und die Zeremonien des

Geschenke-Austausches und der Staatsbankette". Und vom Herzog Wên (von Ts'in, beide Fürsten, von Tsin und von Ts'in, heißen Wên) heißt es: „In seinem vierten Jahre (762) kam er zum Zusammenfluß des K'ien (eines linken Nebenflusses des Weï, der südwestlich der Stadt Fêng-siang mündet) und des Weï-Flusses und sagte: Hier haben einst die Tschou meinem Vorfahren Ying von Ts'in (s. oben S. 144) das Land zur Nutznießung überlassen, danach haben seine Nachkommen erlangt, daß sie Lehensfürsten wurden." In dieser Gegend, südöstlich von der heutigen Stadt Fêng-siang, wurde daraufhin die neue Hauptstadt angelegt. Dann heißt es weiter von ihm, nach seinem Siege über die Jung: „Er übernahm den Rest des Volkes der Tschou und beherrschte ihn. Sein Gebiet reichte bis K'i; was östlich von K'i war, gab er den Tschou zurück" (*Schi ki* Kap. 5 fol. 5v^{0}f.). Hiernach sollte das Land der Ts'in zu den Staaten des „Mittelreiches" gehören, aber die chinesische Geschichtschreibung hat es trotz allem immer zu denen der „Barbaren" gerechnet. Die Grundlagen seines Machtaufstiegs vor den Toren des „Mittelreiches" waren indessen nunmehr gelegt, ein festgefügter Staat, bewohnt von einem tapferen, stolzen und arbeitsamen Volke, wuchs auf ihnen empor. Die Annalen heben hervor, daß im dritten Jahre des Herzogs Wên (753) „zum ersten Male Archivare eingesetzt wurden, damit sie die Begebenheiten aufzeichneten, und daß große Teile der Bevölkerung zivilisiert wurden" (Kap. 5 fol. 6r^{0}). Zweifellos war Ts'in der stärkste Eck- und Stützpfeiler der chinesischen Kultur gegen das westliche Hunnenland. Selbst von „barbarischer" Herkunft, verfeinerte es die eigene Zivilisation durch die chinesische und blieb noch lange Zeit ein Vermittler zwischen dem „Mittelreiche" und dem fernen Westen. Der Staat Ts'in ist es gewesen, der — wir wissen nicht genau, von welcher Zeit ab — das große Reich des Ostens in Mittelasien bekannt gemacht hat, so daß man ihm dort den Namen Ts'in oder Tschin (Cīna im Indischen) gab, der über die Dauer der Dynastie hinaus in Gebrauch blieb und heute noch in unserem „China" weiterlebt.

Auch im „Mittelreiche" selbst, im unmittelbaren Gebiete des Königs, entstand aus dem Lehen eines Mitgliedes der Königlichen Familie ein neuer Staat, der vier Jahrhunderte hindurch eine nicht unbedeutende Rolle gespielt hat. Ein jüngerer Bruder des Süan wang, mit dem Tempelnamen Huan kung, war im Jahre 806 mit der kleinen Landschaft Tschêng belehnt worden, die östlich von der Hauptstadt am Weï-Fluß, angeblich in dem heutigen Kreise Hua hien in Schen-si lag. Als er wegen der Mißwirtschaft des Yu wang eine Katastrophe als unausbleiblich ansah, wanderte er mit seinem Volke, das ihm sehr ergeben war, nach Osten und ließ sich in der Gegend der heutigen Stadt Sin-tschêng („das neue Tschêng") südwestlich von K'ai-fêng in Ho-nan nieder, nachdem ihm zwei der dortigen Lehensfürsten ein Gebiet dafür überlassen hatten. Huan kung selbst fiel dann 771 im Kampfe gegen die Jung, aber seinem Sohne Wu kung gelang es, das ganze Lehensland jener Beiden an sich zu bringen, und so bildete sich hier der

Staat Tschêng, dessen Fürsten dauernd die Stelle des leitenden Ministers am Hofe innehatten, und der, als seine anmaßende Tyrannei im Jahre 707 gebrochen werden sollte, im Stande war, den Königlichen Truppen eine schwere Niederlage beizubringen. Der König Huan wang selbst, der Enkel und Nachfolger von P'ing wang, wurde verwundet, aber der Fürst von Tschêng hinderte die weitere Ausnutzung des Sieges, weil „es gefährlich sei, den Himmelssohn zu vergewaltigen" (*Schi ki* Kap. 42 fol. 4r⁰). Es kann keine bessere Illustration für den Zustand der Zeit geben als diese Episode.

Der Abschnitt, der nunmehr in der chinesischen Geschichte beginnt, ist eine Zeit werdenden Schicksals. Die universalistische Theorie des Tschou-Staates war durch die gewaltig gewachsenen Ausmaße des Reiches gesprengt, das Mittelstück stand noch, aber nur als symbolische Figur, ohne machtpolitischen Inhalt. Das große Problem: wie kann ein so großes und immer größer werdendes Reich von einer Stelle aus einheitlich regiert werden? steigt herauf und überschattet von nun an die ganze chinesische Geschichte. Mit dem System der Tschou war es, wie die Lage zeigte, nicht zu lösen. So mußte etwas Neues an seine Stelle treten. Die natürliche Entwicklung schien auf dem Wege, dieses Neue zu bilden. Das europäische Mittelalter zeigt uns, wie in Deutschland aus dem Lehensverhältnis der Fürsten bei der Schwäche der Kaiserlichen Macht die Landeshoheit der Territorialstaaten erwuchs, und wie andererseits in England und Frankreich die Königliche Zentralgewalt in erbitterten Kämpfen die Macht der Feudalaristokratie brach. Das Reich der Tschou schien den Weg Deutschlands gehen zu sollen, denn die religiös „gesalbte" Person des „Himmelssohnes" gab keine bessere Gewähr für die Dauer ihrer Stellung als die des Kaisers im „heiligen römischen Reiche deutscher Nation". Das Bild, das uns das Tschou-Reich vom 8. bis zum 3. Jahrhundert bietet, ist in der Tat dem des deutschen Reiches vom 11. Jahrhundert ab nicht unähnlich, noch mehr allerdings gleicht es dem Europa des 19. und 20. Jahrhunderts. Hier wie dort dieselbe Rastlosigkeit im Leben der vielen staatlichen Gebilde, dasselbe Auf und Nieder bauender und zerstörender Kräfte und — was das seltsamste ist — dieselbe bunte Mannigfaltigkeit des geistigen Lebens.

„Zur Zeit des Königs P'ing wang", sagt Ssĕ-ma Ts'ien (Kap. 4 fol. 26v⁰), „verfiel das Haus der Tschou, und von den Lehensfürsten unterjochten die Starken die Schwachen. Ts'i, Tsch'u, Ts'in und Tsin begannen groß zu werden, und die Regierung wurde ausgeübt von den Präsidialfürsten" (*fang po* vergl. oben S. 129, Näheres unten). Man wird zu diesen Großstaaten außer dem Königlichen Gebiete wenigstens noch die früher (s. oben S. 136ff.) genannten Staaten Yen, Lu, Ts'ai Tsch'ên, Ts'ao, Sung, Weï, Tschêng, Wu und Yüe hinzunehmen müssen, wenn man die wichtigsten Ländernamen nennen will, an die sich die Geschichte der nächsten fünf Jahrhunderte knüpft. Jeder dieser Staaten strebt jetzt, sein eigenes Leben zu leben, bis ihn, einen nach dem anderen, das Schicksal des Unterganges erreicht. Es würde weit über unseren Rahmen hinausgehen, wollten wir die Geschichte jedes einzelnen dieser Staaten verfolgen, wenn auch nur in der unvollkommenen Form, wie es das bruchstückweise und ungleich überlieferte Quellenmaterial allein gestattet, wir müssen uns vielmehr darauf beschränken, den Gang der Entwicklung in großen Zügen anzudeuten.

Bestimmt wird die Entwicklung in dieser Zeit, die man wegen der Tatsache, daß sich das *Tsch'un-ts'iu* des Konfuzius, wenn auch in ganz ungeschichtlicher Weise, mit ihr beschäftigt, in ihrem ersten Teile, von 722 bis 481, als „die Tsch'un-ts'iu-Periode" zu bezeichnen pflegt (s. oben S. 94f.), außer von den inneren Zuständen der einzelnen Staaten durch die vorhin erwähnten geographischen Verhältnisse von Peripherie und Mittelstück. Wir werden uns deshalb auch beständig den natürlichen Gegensatz vor Augen halten müssen zwischen den großen Staaten außen: Ts'i im Osten in Nord- und West-Schan-tung, aber weit nach Tschi-li und Ho-nan übergreifend, Tsin im Norden in dem festungsartig umwallten Schan-si (s. oben S. 25) und nach Ho-nan und Schen-si hinreichend, Ts'in im Westen in Schen-si und Kan-su, Tsch'u, Yüe und Wu im Süden am mittleren und unteren Yang-tsĕ in Hu-peï, An-hui und Tschê-kiang, und andererseits den kleinen Staaten innen (von Osten aneinanderschließend): Lu, Sung, Ts'ao, Weï,[1]) Tschêng, Tsch'ên, Ts'ai und eine Reihe anderer, unbedeutenderer, die den Raum westlich von Schan-tung, im wesentlichen die Provinz Ho-nan und Teile von Süd-Tschili ausfüllen; eingeschlossen von diesen und von Tsin war der Königstaat mit der Hauptstadt am Lo-Fluß, ein kleines Landgebiet in Ho-nan, südlich vom Huang ho, kaum bis an den Beginn der Großen Ebene reichend. Die großen peripherischen Staaten, beständig wachsend durch Eroberungen in den Gebieten der Fremdvölker, streben sämtlich dem „Inneren" zu und bemühen sich, die kleineren Staaten dort botmäßig zu machen. Das letzte Ziel dabei ist, den Hochsitz der Kultur am Huang ho in ihre Gewalt zu bekommen, um dann schließlich die kraftlose Dynastie zu beseitigen und selbst den Thron der Universalherrschaft neu zu gründen. Durch Bündnisse und Klientelen bilden sich Machtgruppen, die einander jeden Fortschritt streitig machen. Ein Erfolg der einen ruft sofort die Gegenwirkung bei einer anderen hervor, die kleinen Staaten pflegen dem jeweils mächtigsten anzuhangen und wechseln mit einer erstaunlichen Plötzlichkeit die Politik. Unaufhörlich wandelt sich das Gesamtbild, selten einmal zeigt sich ein Dauerzustand des politischen Gleichgewichts. Neben dem religiösen Unterbau ist es nur die gegenseitige Neutralisierung der Kräfte, die der Dynastie in diesem Zeitraum noch das Scheindasein rettet.

Nach der Katastrophe von 771 geriet der Königliche Hof zunächst völlig unter den bestimmenden Einfluß der Fürsten von Tschêng, die zugleich die leitenden Minister in der Hauptstadt waren. Dadurch wurde die Eifersucht der beiden anderen größeren Nachbarstaaten Weï[1]) und Sung dauernd

---

[1]) 衛

wachgehalten, zumal Tschêng durch ständige Übergriffe in die kleineren Lehensgebiete ringsum seinen Umfang erheblich erweitert hatte. Während Weï sich oftmals gegen die Barbaren im Norden verteidigen mußte, führte die Feindschaft zwischen Tschêng und Sung zu dauernden Kämpfen. Tsin, gleichfalls vielfach im Kampf gegen die Ti-Stämme des Nordens, war zwar im Stande, sein Gebiet im Laufe des 7. Jahrhunderts durch Unterwerfung der Barbaren nach Norden und Westen weit auf das rechte Ufer des Huang ho bis an die Grenzen von Ts'in auszudehnen, wurde aber im Inneren durch lange erbitterte Kämpfe zwischen den legitimen Fürsten und einer Seitenlinie, den Fürsten von K'ü-wu, zerrissen und gehemmt. Kaum in einem anderen Staate hat die Feudal-Aristokratie, ursprünglich fast ganz aus den Mitgliedern der fürstlichen Sippe bestehend, so gewalttätig und damit lähmend auf die politische Machtentwicklung gewirkt wie in Tsin, obwohl gerade hier durch die festungsartige Natur des Landes, sowie durch eine groß angelegte militärische Organisation die Bedingungen dafür besonders günstig waren. Die Macht von Tsin fand ihre Grenze an der von Westen her andrängenden von Ts'in, dessen Fürst Ning im Jahre 714 seine Hauptstadt nach P'ing-yang, etwa 27 km südwestlich der heutigen Stadt K'i-schan im südwestlichen Schen-si (nicht zu verwechseln mit dem heutigen P'ing-yang in Schan-si), verlegt hatte, worauf der Fürst Wu, oder, genauer, sein jüngerer Bruder Tê, da Wu darüber starb, im Jahre 677 an die Stelle der heutigen Stadt Fêng-siang in Schen-si, damals Yung genannt, umgesiedelt war. Vom Süden her hatte sich Tsch'u unter seinem Fürsten Wu wang, dem ersten, der mit chinesischem posthumem Namen und, wie sein Vorfahr (s. oben S. 152), mit dem angemaßten höchsten Herrschertitel *wang* („König") in den Annalen auftritt, im Jahre 706 erobernd das Tal des Han-Flusses (s. oben S. 10) aufwärts vorzuschieben begonnen. Seitdem bedrohte es beständig die kleinen Lehenstaaten in den Grenzgebieten von Ho-nan, und nachdem der ehrgeizige Monarch von 703 ab auch mit den Stämmen des Gebietes Pa, das den südlichen Teil des „Roten Beckens" (s. oben S. 25f.) im östlichen Ssĕ-tsch'uan einnahm, Verbindungen angeknüpft und Bündnisse geschlossen hatte, mußte er auch früher oder später mit Ts'in in Verwicklungen geraten. Ssĕ-ma Ts'ien erzählt (Kap. 40 fol. 5r⁰), wie der König von Tsch'u bei einem seiner Kriegszüge gegen die Staaten des Nordens im Jahre 706 dem König Huang sagen läßt: „Ich bin nur ein Barbar der Man und Yi, aber die Lehensfürsten sind alle im Aufruhr, fallen gegenseitig über ihre Länder her und morden einander. Da ich nun auch meine geringen Waffen trage, so möchte ich die Regierung des Mittelreiches als Vorbild nehmen und bitte das Königshaus, mich durch einen Titel zu ehren". Aber der König lehnte die Bitte ab, was den ehrgeizigen Fürsten mit neuem Zorn erfüllte. „Mein Ahnherr Yü-hiung", erklärte er, „war einst der Lehrer des Wên wang (s. oben S. 142), und wenn der Zentralherrscher meinen Rang nicht erhöhen will, so werde ich mich selbst ehren", und führte nun den gleichen Titel *wang* weiter. Obwohl die Fürsten von

Tsch'u sich längst den Titel aus eigener Machtvollkommenheit beigelegt hatten, wurde doch noch immer, wie dieser Vorgang erkennen läßt, einem Dekret des „Himmelssohnes" besonderer Wert beigelegt. Der Staat Tsch'u muß sich jedenfalls dem chinesischen Kultureinfluß früh und willig hingegeben haben, er hat später zum geistigen Leben der Zeit sein gutes Teil beigetragen. Die „Sinisierung" der Fremdvölker hat, wie dieser Vorgang wieder zeigt, durchweg bei den Spitzen, d. h. den Fürsten begonnen; sie und ihre höfische Umgebung nahmen zuerst die chinesischen Kulturformen an, die Massen der Völker blieben noch lange in ihrem ursprünglichen Zustande, und dieser konnte auch nur in dem Maße weichen, wie chinesische Sprache und Schrift sich verbreiteten (s. unten), eine Entwicklung, die wir auch wieder in der Germanisierung der Elbslaven durch die Deutschen (vergl. oben S. 51) antreffen, die dort freilich ganz andere politische Ergebnisse gehabt hat. Bei dem großen Volke im Süden muß sich die Verbreitung am schnellsten vollzogen haben. Wie zum Trotz gegen die Tschou erhielt der Nachfolger des Wu wang von Tsch'u den zweiten klassischen Titel des Königshauses, Wên wang, und dieser verlegte bei seinem Regierungsantritt im Jahre 689 die Hauptstadt von Tan-yang (s. oben S. 142) stromabwärts nach Ying beim heutigen Kiang-ling hien (früher King-tschou fu) in der Ebene von Hu-peï.

Aus der Not dieser unablässigen Reibungen und Kämpfe wurde im 7. Jahrhundert eine Einrichtung geboren, die von den chinesischen Philosophen und Geschichtschreibern als wider die göttliche Ordnung verstoßend verdammt worden ist, die aber nur ein natürliches Schutzmittel der geplagten Völker und kennzeichnend für die Undurchführbarkeit jener Ordnung war. Da der „Himmelssohn" nicht mehr im Stande war, irgend welche Ordnung zu schützen, so wandte man sich dahin, wo man solchen Schutz am ehesten erwarten konnte, d. h. an den stärksten unter den Fürsten. Der Stärkste aber war zu jener Zeit der Staat Ts'i, der über das größte Heer, die besten Finanzen und den hervorragendsten Staatsmann verfügte. Der letztere, der berühmte Kuan Tschung („Kuan tsĕ") war, soviel wir wissen, der Erste, der planmäßig die natürlichen Hilfsquellen des Landes zum Nutzen des Staates ausbeutete. Diese Hilfsquellen waren in Ts'i Seesalz an der Küste von Schan-tung und Eisen; für beide führte er ein Staatsmonopol ein und brachte auf diesem Wege große Reichtümer in die Kassen der Regierung. Kuan Tschung war der Begründer der Macht von Ts'i. Als nun den miteinander hadernden Staaten in Ho-nan die gemeinsame Gefahr klar wurde, die von Süden, dem aufstrebenden Tsch'u, heraufzog, flüchteten sie unter den Schutz von Ts'i, das zu den Staaten des „Mittelreichs" gehörte und allein im Stande war, der „Barbaren"-Gefahr zu begegnen. Noch war bei den „inneren" Staaten der völkische Gegensatz zu den fremden Stämmen so stark, daß sie sich lieber unter das Joch eines der Ihrigen beugten als unter das eines Fremden. Die Erfahrung hat ihnen bald gezeigt, daß das eine nicht leichter war als das andere, und wir sehen sie in der Folgezeit unbedenklich den Herrn wechseln, sofern anderswo sich besserer Schutz bietet. Das Sicherheitsbedürfnis war stärker als kulturelles Standesgefühl, und je mehr die Lebensformen des „Mittelreiches" sich verbreiteten, um so lebhafter wurde der Verkehr mit den „Außengebieten". Die völkischen Instinkte blieben freilich wirksam, das zeigt sich die folgenden Jahrhunderte hindurch deutlich genug, aber die Machtverhältnisse redeten lauter als die Stimme des Gefühls. Im Jahre 681 versammelten sich unter dem Vorsitz des Fürsten („Marquis") Huan von Ts'i die Vertreter von Sung, Tsch'ên, Ts'ai u. a. und schlossen ein Abkommen, das Ts'i gewisse Schutzrechte sicherte. Auch Lu trat ihm bei, nachdem der Fürst durch sein kluges, von Kuan Tschung angeratenes Verhalten gegen diesen Nachbarstaat das allgemeine Vertrauen erworben hatte. Zwei Jahre später, im Winter 679/78, wurde dann in Küan in West-Schan-tung ein förmlicher Bund geschlossen, dem fast alle „inneren Staaten" angehörten, und dessen Präsident der Fürst von Ts'i war. Sein Zweck war, den Frieden zwischen den Staaten zu sichern, gegen jeden Störer sollte die Macht des Bundes unter der Leitung des Fürsten von Ts'i aufgeboten werden. Der Abschluß wurde in feierlicher Form vollzogen, und ein Abgesandter des Königs Hi wohnte ihm bei. Konfuzius hat diese Gründung des Fürstenbundes in seinem *Tsch'un-ts'iu* (*Tschuang kung* 13., 14. u. 15. Jahr) verzeichnet, und das *Tso tschuan* bemerkt dazu (15. Jahr): „Damit wurde Ts'i als erster Staat Präsidialmacht". Wir erleben damit das über zwei Jahrhunderte dauernde Schauspiel, daß der Zentralherrscher zwar seine religiöse Stellung im Universalreiche bewahrt, aber seine weltliche Macht an den jeweilig stärksten Fürsten abgibt. Man könnte meinen, daß sich hier die gleiche Entwicklung nach unten zu vollziehen schiene, wie einst im 11. Jahrhundert in der Universaltheokratie Papst Gregors VII. und seiner Nachfolger nach oben, wo der Papst als *vicarius dei* den „Himmelssohn", und der deutsche Kaiser als Lehensträger den Präsidialfürsten darstellen konnte. Die Theorie von den zwei Schwertern, dem geistlichen (*spiritualis*) und dem weltlichen (*temporalis* oder *materialis*), dem des Priestertums (*sacerdotium*) und dem des Königtums (*regnum*), die sich zuerst im 11. Jahrhundert findet, und die von den Begründern der päpstlichen Weltstaat-Idee angeknüpft wird an das Wort der Jünger Christi in Lukas XXII, 38 und Jesus' Antwort darauf, zeigt in ihrer Entwicklung in der Tat den umgekehrten Weg wie die von der Stellung des „Himmelssohnes". Während zunächst noch im 11. Jahrhundert die Auffassung der kirchlichen Autoritäten dahin ging, daß die weltliche Macht ebenso vom Himmel stamme wie die geistliche, daß beide einander gleichberechtigt wären und einander ergänzen sollten, wird unter Gregor (1073—1085) dies Verhältnis zu Gunsten der Kirche verschoben: beide Schwerter gehören dem Papst, er übergibt das eine dem Könige, aber dieser hat es „nach Befehl und Erlaubnis" (*ad nutum et patientiam*) des Papstes zur Abwehr der Feinde der Kirche zu gebrauchen. Gregor und seine Nachfolger wollten also das erreichen, was in China von vornherein vorhanden war, was aber jetzt in den älteren und aufgegebenen Status der Kirche verfiel. Indessen haftete doch im chinesischen Geiste die Vorstellung von der unteilbaren Einheit der höchsten irdischen Spitze zu fest, als daß eine solche Weiterbildung hätte Raum gewinnen können. Die Bildung dieser neuen Machtzentren war nichts anderes als ein Erzeugnis der Not, aber ein Fremdkörper in der Theorie des Universalismus; als solcher ist er auch von der chinesischen Staatsethik stets gefühlt und verurteilt worden, obwohl es in der späteren Geschichte auch nicht an Beispielen für eine weniger starre Auffassung fehlt. Die chinesische Bezeichnung für diese Präsidialfürsten oder Hegemonen ist *pa*, ein Ausdruck, der vielleicht erst für den Zweck erfunden ist. Er erinnert sehr an die *po* der alten Zeit, die gleichfalls als Leiter über die Lehensfürsten gesetzt waren (s. oben S. 129), und in der Tat erklärt auch der Kommentar zum *Tso tschuan* aus dem 7. Jahrhundert n. Chr., daß für das Amt die Bezeichnung *pa* oder *po* (= *fang po*) gebraucht werden könne. Die Anwesenheit eines Königlichen Vertreters bei der Fürstenversammlung von Küan läßt die Fiktion erkennen, daß die Ernennung des Fürsten Huan von Ts'i einen Willensakt des „Himmelssohnes" darstelle, für den die Ernennung des Tschou kung durch Wên wang wieder als mißdeutetes Vorbild dienen mußte. Es scheint fast, als habe man das geheiligte Wort *po* nicht durch seine Anwendung auf die neue unheilige Einrichtung profanieren wollen, und als sei deshalb die neue Schreibung erdacht worden. Jedenfalls ist der *pa* durch die Konfuzianer mit dem Makel der ungesetzlichen Machtausübung behaftet worden. „Wer unter Anwendung von Gewalt Menschenliebe vortäuscht, ist ein *pa*", sagt Mêng tsĕ (II, 1, III, 1), „er muß einen großen Staat haben. Wer aber unter Anwendung seiner Tugend Menschenliebe übt, ist ein *wang*, er braucht nicht erst auf seine (staatliche) Größe zu warten. T'ang (der Begründer der Schang-Dynastie) vermochte es mit (einem Gebiet von) 70 *li*, Wên wang mit (einem solchen von) 100 *li*." Wir haben also hier die nämliche Scheidung die u. a. bei Isokrates und Platon zwischen dem τύραννος und dem βασιλεύς gemacht wird. Die chinesische Geschichtschreibung pflegt von „fünf *pa*" zu sprechen und darunter außer Huan von Ts'i (685—643) noch Wên von Tsin (635—628), Mu von Ts'in (659 — 621), Siang von Sung (650—637) und Tschuang von Tsch'u (613—591) zu verstehen. Diese Zusammenstellung ist sachlich falsch, außer Huan von Ts'i und Wên von Tsin ist nur noch Hiao von Ts'in (361—338 s. unten), vielleicht auch Kou-tsien von Yüe zum Präsidialfürsten ernannt worden. Die drei anderen haben allerdings ebenfalls mit verschiedenem Erfolge die Rolle eines Präsidialfürsten zu spielen versucht, trotzdem unterliegt es keinem Zweifel, daß man nur wieder, wie bei den „fünf Kaisern" (s. oben S. 61 ff.), die kosmische Zahl fünf hat einführen wollen. Aus diesem Grunde hat man wohl auch den König Ho-lü von Wu (s. unten) ausgelassen, der mit gleichem Rechte, und den König Kou-tsien von Yüe (s. unten), der mit noch größerem genannt werden könnte. Ihren hohen Aufgaben sind der neue Fürstenbund

und sein Präsidialfürst Huan in sehr unvollkommener Weise gerecht geworden. Sie haben manchen Streit zwischen den Innen-Staaten geschlichtet, so zwischen den alten Gegnern Tschêng und Sung, zahllose Kriegszüge hat das Heer von Ts'i unternommen, die sich im Norden gegen die „Jung der Berge" nördlich von Yen richteten, auch in Tsin, das noch nicht zum Bunde gehörte, soll er Ordnung geschaffen haben. Aber das alles war von kurzer Dauer, und der Hauptzweck, die Sicherung gegen Tsch'u, konnte nur vorübergehend, und auch das nur wegen der dortigen inneren Thronkämpfe erreicht werden. Wohl lediglich um das Vertrauen der immer bedrohten Staaten Tschêng, Ts'ai u. a. zu bewahren, die öfters einem gütlichen Abkommen mit Tsch'u zuneigten, unternahm Huan im Jahre 656 einen Zug gegen den Süd-Staat unter dem Vorwande, im Auftrage des Himmelssohnes wegen ausgebliebener Tributsendungen und sogar wegen des unaufgeklärten Todes des Königs Tschao vier Jahrhunderte früher (s. oben S. 147) Rechenschaft zu fordern. Der König von Tsch'u verhandelte mit den Eindringlingen und wußte den Frieden zu wahren. Aber seine Angriffe gegen die Nordstaaten wurden dadurch nicht aufgehalten, die Bundesglieder wurden irre an der Macht oder an dem Willen von Ts'i, zumal auch dieses es an Übergriffen gegen die Schwächeren nicht fehlen ließ. Die folgenden Jahre zeigen den völligen Verfall des Bundes und das Aufsteigen der Macht von Tsch'u unter seinem tatkräftigen Fürsten Tsch'êng. Die meisten der Innen-Staaten werden zu Vasallen von ihm, einige der kleinsten verlieren ihr Gebiet dabei; im Ganzen bieten sie ein jämmerliches Bild der Uneinigkeit, der Unentschlossenheit und Feigheit. Die Könige, in ihrer eigenen Hauptstadt nicht mehr sicher vor den Angriffen der Thronprätendenten, die sich mit den Jung zu verbünden pflegten, mußten bald bei Ts'i, bald bei Tschêng oder bei Tsin Schutz suchen. Tschuang wang, der Sohn und Nachfolger von Huan wang, war im Jahre 693 nur mit Mühe einem Anschlage eines Verwandten auf sein Leben entgangen, sein Sohn Hi wang hatte den Fürsten von Ts'i die Hegemonie verleihen müssen, Hui wang, der Nachfolger, mußte vor einem der Thronprätendenten flüchten und verdankte nur der Hilfe von Tschêng seine Wiedereinsetzung; es folgte Siang wang, der durch die Vermittlung Kuan Tschungs, des Ministers von Ts'i, im Jahre 648 vor einer Verjagung durch die Jung gerettet wurde. Drei Jahre vorher hatte der Präsidialfürst noch einmal die Fürsten in K'ueï-k'iu (nordwestlich von Kueï-tê in Ho-nan) zusammenberufen, um den allgemeinen Frieden zu beschwören. Der ehrgeizige Monarch schien hier das Äußerste unternehmen zu wollen. Ssĕ-ma Ts'ien berichtet, daß er immer hochfahrender wurde den Fürsten gegenüber, so daß der Vertreter des Königs, der die Versammlung vor ihrem Ende verlassen hatte, dem Fürsten von Tsin, der durch Krankheit zurückgehalten, aber jetzt nach K'ueï-k'iu unterwegs war, den Rat gab, wegen der Anmaßung von Ts'i von einer Teilnahme abzusehen. Der König hatte durch seinen Vertreter den Fürsten Huan von der dem „Himmelssohn" schuldigen rituellen Ehrenbezeugung entbinden lassen. Dieser Schritt war schwerlich freiwillig getan worden, denn Kuan Tschung riet seinem Herrn dringend und mit Erfolg davon ab, ein solches Vorrecht auszuüben, weil er dadurch die ohnehin stutzig gewordenen Fürsten alle gegen sich aufgebracht haben würde. Der Verdacht liegt nahe, daß der Fürst Huan, noch einmal auf der Höhe seiner Macht, den Zentralherrscher der Tschou ganz zu beseitigen und sich an dessen Stelle zu setzen plante. Die Natur selbst machte aber allem Weiteren ein Ende: noch einmal übte er in Tsin, wo nach dem Tode des Fürsten wieder ein Aufruhr herrschte, sein Amt als Schützer des Friedens aus, indem er ein Heer dorthin sandte und gemeinsam mit dem Fürsten Mu von Ts'in den neuen Herrscher einsetzte, dann starb er hochbetagt im Jahre 643. Sein verdienter Minister Kuan Tschung war ihm zwei Jahre im Tode vorausgegangen. Damit fand diese Hegemonie ihr Ende, und gleichzeitig brach der Bund zusammen. In Ts'i brachen blutige Kämpfe zwischen den Parteien um den Thron aus, so daß während der nächsten zwei Monate Niemand Zeit hatte, an eine Beerdigung der in Verwesung befindlichen Leiche des einst so stolzen Fürsten zu denken. Die Staaten begaben sich unter den Schutz von Tsch'u; der Fürst Siang von Sung berief eine Versammlung der Fürsten und lud auch — ein Zeichen der verwandelten Lage — den König Tsch'êng von Tsch'u dazu ein. Der wohlmeinende, aber an Machtmitteln zu schwache Fürst des kleinen Staates, suchte von Tsch'u die Zustimmung dazu zu erlangen, daß er Ts'is Nachfolger als Präsidialfürst würde, und der schlaue Herrscher des Südens erheuchelte seine Genehmigung. „Wenn ein kleiner Staat sich vordrängt beim Eidbunde (der Fürsten), so gibt es ein Unglück", sagte dem Fürsten von Sung warnend sein Minister (*Schi ki* Kap. 38 fol. 12 r⁰), aber die Mahnung blieb unbeachtet. Bei der nächsten Versammlung einige Monate später im Jahre 639 bemächtigte sich der König von Tsch'u des Präsidialkandidaten, ließ ihn dann zwar wieder frei, brach aber bei einer anderen Gelegenheit unmittelbar danach, als der Fürst Siang seine angemaßte Stellung Tschêng gegenüber zur Geltung bringen wollte, in Sung ein, vernichtete dessen Heer und machte das Land zu seinem Vasallenstaate. Siang selbst starb an einer im Kampfe erhaltenen Wunde. So endete der kurze Traum von einer Oberherrschaft, bei dem das Bezeichnendste ist, daß ihr Träger ein Nachkomme der von den Tschou entthronten Schang-Dynastie war (s. oben S. 138), und daß man es selbst unter diesen Umständen nicht einmal mehr für nötig hielt, den Zentralherrscher um seine Ansicht zu fragen. Tsch'u war jetzt die Großmacht, die das Reich bis zum Norden hinauf beherrschte, besonders seitdem selbst der Herzog von Lu, weil ihm kein anderer Ausweg blieb, im Jahre 634 bei ihm Hilfe gegen die Übergriffe seines gewalttätigen Nachbarn Ts'i gesucht hatte.

Nach dem Zusammenbruch der chinesischen (so kann man jetzt im Gegensatz zu den Fremdstaaten im Süden und Westen sagen) Großmacht im Osten wandten sich die von Tsch'u unablässig bedrängten schwachen und in sich selbst auch nicht einigen „Innenstaaten" nach der Seite, von wo ihnen allein noch Hilfe kommen konnte, nach Norden, wo Tsin unter einem weisen Fürsten sich eben zu festigen begann. Seit 679 hatte hier das Fürstengeschlecht von K'ü-wu (s. oben S. 159) nach endlosen Kämpfen durch Mord und Bestechung dem gesetzmäßigen Fürsten die Herrschaft entrissen und durch reiche Geschenke die Investitur vom König Hi erkauft. Aber die blutigen Zwiste unter den Sippengenossen und Aristokraten gingen ungeschwächt weiter und lähmten das Land nach innen und außen. So war endlich im Jahre 636 der Prinz Tsch'ung-ör, der vor dem eigenen Vater hatte zu den Ti-Stämmen fliehen müssen und neunzehn Jahre in der Verbannung und auf ruhelosen Wanderungen in verschiedenen Staaten verbracht hatte, zur Regierung gekommen. Er ist bekannt unter seinem Tempelnamen Wên kung und erscheint wie eine Lichtgestalt in dieser düsteren, bluttriefenden, von Hinterlist und Verrat geschändeten Zeit. Es gelang ihm während der nächsten Jahre, durch kluge Behandlung der Adelsfamilien und durch eigenes sittliches Beispiel, dem zerrütteten Lande eine geordnete Verwaltung und eine starke Armee zu geben. „Er stellte die Regierung wieder her", sagt Ssĕ-ma Ts'ien von ihm (Kap. 39 fol. 19 v°), „und ließ den hundert Geschlechtern Wohltaten zu Teil werden. Er belohnte die, die ihm in die Verbannung gefolgt waren, sowie die verdienten Beamten. Den großen unter ihnen gab er Ortschaften zu Lehen, den kleinen verlieh er ehrenvolle Titel". Eine seiner nächsten Aufgaben, war, den König Siang, der vor den Ti-Stämmen, die ein Halbbruder von ihm in seinem Streben nach dem Throne in die Hauptstadt gerufen hatte, flüchten mußte und nun die Hilfe von Tsin anrief, wieder in die Herrschaft einzusetzen. Der dankbare König ernannte darauf den Fürsten Wên von Tsin im Jahre 635 zum Präsidialfürsten. Als solcher verwandte er nunmehr alle Kräfte darauf, Frieden zu schaffen, und während der kurzen Spanne seines Lebensrestes (er war 62 Jahre alt, als er zur Regierung kam) ist er dabei nicht weniger erfolgreich gewesen als sein Vorgänger in der Würde. Nicht ohne inneres Widerstreben unternahm er die Auseinandersetzung mit Tsch'u. Während seiner Heimatlosigkeit hatte er von dem König Tsch'êng nur Gutes erfahren, nun mußte er gegen seinen Wohltäter die Waffen erheben; indessen die ständige Bedrohung der Innenstaaten machte den Schritt zur gebieterischen Notwendigkeit. Nachdem er Ts'ao und Weï, die zu Tsch'u hielten, wieder zur Botmäßigkeit gebracht, unternahm er es nach großer Vorbereitung, Sung aus den Händen von Tsch'u zu befreien. Verbündet mit Ts'i und Ts'in, gelang es ihm 632, dem Heere des großen Süd-Staates eine vernichtende Niederlage beizubringen. Der erprobte Heerführer von Tsch'u, von seinem Gebieter mit Vorwürfen überhäuft, beging Selbstmord. Damit war die Vorherrschaft von Tsch'u gebrochen, alle Staaten erkannten die Hegemonie von Tsin willig an. In Tsien-t'u (das heutige Yung-tsê zwischen Lo-yang und K'ai-fêng) fand die feierliche Erneuerung des Staatenbundes und zugleich die mit großem Pomp begangene Investitur des Fürsten Wên als Präsidialfürst durch den König Siang statt, der persönlich zu der Versammlung erschienen war. Das kulturgeschichtlich interessante Zeremoniell hierbei entsprach den Vorschriften, die man im *Li ki* (Couvreur I, 713f.) findet und die durch eine Inschrift auf einem Bronze-Dreifuß der frühen Tschou-Zeit bestätigt werden. Fürst Wên übergab dem Himmelssohn die gewaltige Kriegsbeute, und dieser erteilte dem Fürsten sein Mandat. Im *Tso tschuan (Hi kung* 28. Jahr) ist uns die Mandats-Formel aufbewahrt. Sie lautete: „So spricht der Zentralherrscher zu seinem Oheim: voll Ehrfurcht gehorche des Zentralherrschers Befehlen, halte damit die Staaten der vier Himmelsrichtungen in Frieden, richte und beseitige des Zentralherrschers Feinde". Die Schwurformel des Fürsten aber lautete: „Wir alle wollen dem Königlichen Hause dienen und einander keinen Schaden zufügen. Wer aber diesem Eidbunde zuwider handelt, den mögen die strahlenden Götter verderben. Sie mögen machen, daß er sein Volk verliert und nicht im Stande ist, seinen Staat zu fördern. Bis zu den fernsten Enkeln hin soll nicht Alt noch Jung ihm gedeihen". Der Fürst Wên war offenbar ein Mann, der die Würde des Himmelssohnes wenigstens als Fiktion erhalten wollte. Da die Feierlichkeit nicht in der Hauptstadt selbst vollzogen werden konnte oder sollte, hatte man um dieser Fiktion willen in Tsien-tʻu einen Palast für den Kaiser errichtet, wo die Eidesleistung und Investitur stattfanden. Konfuzius hat allerdings ein solches Verfahren später als Verstoß wider die Ordnung verworfen.

Wäre dem Fürsten Wên eine längere Regierung beschieden gewesen, so hätte sich vielleicht der Friede als Ziel des neuen Bundes etwas länger aufrecht erhalten lassen, obwohl für die Herstellung eines Dauer versprechenden Gleichgewichtszustandes alle Vorbedingungen fehlten. Die Staatenbildungen waren noch zu sehr im Fluß, die vorwärtstreibenden Kräfte darin zu stark, die Gegensätze zu groß, die Reibungsflächen zu zahlreich, als daß das natürliche Machtstreben der Staaten schon die ruhigen Formen einer stetigen Politik hätte annehmen können, zumal auch die völkischen Instinkte noch unausgeglichen einander gegenüber standen. Das immer stärker werdende Drängen der großen Fremdstaaten Tschʻu und Tsʻin nach dem Mittelpunkte hin, die dadurch bedingte Gefahr für die Innenstaaten und deren Zerrissenheit unter einander bestimmen auch weiterhin die hin und her zuckende Entwicklung. Ebenso wie Tschʻu hatte auch Tsʻin sich durch Unterwerfung der Barbaren-Stämme in seiner Nachbarschaft — es handelt sich hier besonders um die Gebiete im Quellgebiet des Weï ho und des King ho (s. oben S. 7) bis zur heutigen Stadt Lan-tschou hin — eine breite Machtbasis geschaffen und rüstete sich zum Vormarsch nach Osten. In Erkenntnis der im Süden wie im Westen ständig lauernden Gefahr war Fürst Wên durch kluge Politik bemüht gewesen, Tschʻu und Tsʻin auseinanderzuhalten. Der Herzog Mu von Tsʻin war lange sein Verbündeter gewesen, aber noch bei seinen Lebzeiten erkalteten die Beziehungen in Folge verräterischer Intriguen des Fürsten von Tschêng. Unmittelbar nach seinem Tode im Jahre 628 brachen die Feindseligkeiten aus: Tsʻin rückte, das Gebiet von Tsin schneidend, ostwärts vor und brach in Tschêng und das

Königsgebiet ein. Noch verfügte aber der Sohn des Wên kung, Fürst Siang, über das gute Heer seines Vaters, und so war er im Stande, Ts'in eine schwere Niederlage beizubringen. Aber der Erfolg wirkte sich nicht aus. Vier Jahre später erfolgte ein neuer Einbruch von Ts'in, diesmal unmittelbar in die Gebiete von Tsin auf dem linken Ufer des Huang ho, einige Ortschaften im Südwesten des heutigen Schan-si wurden besetzt, und die Truppen von Tsin wagten einen ernstlichen Widerstand überhaupt nicht zu leisten. Diese Grenzgebiete zu beiden Seiten des Stromes, namentlich das Land bis zum Lo schui (s. oben S. 7) im Westen, das sogenannte Ho-si (nicht zu verwechseln mit dem Ho-si der Han-Zeit, das das Land westlich vom oberen Huang ho, also Kan-su, bezeichnete), bilden nun den Gegenstand dauernder Kämpfe zwischen den beiden Nachbarstaaten. Ts'in konnte seine Macht nicht nach Osten in die erstrebten Niederungen des Huang ho vorschieben, so lange Tsin ihm den Weg versperrte. Was einst das Fürstentum Tsch'ung für den Vormarsch der Tschou gewesen war (s. oben S. 107), das bedeutete jetzt Tsin für den von Ts'in. Es war ein glücklicher Umstand für Tsin, daß sein Bedränger seine Aufmerksamkeit nach zwei Seiten richten mußte. Denn wie im Osten zum Huang ho, so war ihm im Süden zum Han-Fluß und damit zum Yang-tsĕ, wo Tsch'u, wie wir sahen, seine Macht vorzuschieben begonnen hatte, der Ausgang verschlossen. Wenn Ts'in nicht auf jede Weiterentwicklung verzichten wollte, so mußte es früher oder später, auf der einen oder auf der anderen Seite sich gewaltsam den Ausgang aus seiner Festung erkämpfen. Die Wege waren bei der geographischen Gestaltung deutlich vorgezeichnet. Nur wegen dieser doppelten Bindung Ts'ins war es Tsin möglich, die Präsidialstellung, die bei der Machtlosigkeit des Königshauses ohne weiteres forterbte, noch zu halten, obwohl die Bitte der kleineren Staaten um Schutz nur selten wirksam gewährt werden konnte. So schwankten diese beständig in ihrem Anlehnungsbedürfnis zwischen Tsch'u, Tsin und Ts'in, wodurch die Unstetigkeit der politischen Lage noch gesteigert wurde. Tsch'u hatte sich unter der Regierung des tatkräftigen Fürsten Mu von seiner Niederlage durch Tsin rasch erholt, indem es ihm gelang seine Eroberungen nach Norden in die Grenzgebiete von An-hui und Ho-nan auszudehnen. Unter dem Nachfolger des im Jahre 614 gestorbenen Königs Mu, dem berühmt gewordenen König Tschuang (s. oben S. 162), erreichte die Macht des großen Süd-Staates ihren Höhepunkt. Dieser Herrscher ist eine der fesselndsten Erscheinungen unter den Fürsten jener Periode. Während der ersten Jahre seiner Regierung völlig den Genüssen der Tafel und der Liebe ergeben — Ssĕma Ts'ien erzählt, wie er seinen Minister, der ihm Vorhaltungen machen wollte, mit einem Mädchen im linken und einem im rechten Arm lachend empfing und durch einen geistreichen Witz beschwichtigte —, dann aber, mit einem plötzlichen Entschluß sich den Pflichten seiner Stellung zuwendend, schritt er von Erfolg zu Erfolg, erfocht Sieg um Sieg und führte seinen Triumphwagen bis zum Lo-Fluß und der Residenz der Tschou, ja einen Augenblick streckte er seine Hand nach den neun Dreifüßen aus (s. oben S. 85f. u. 114f., *Schi ki* Kap. 40 fol. 8r⁰ f. Er erkundigte sich bei dem Abgesandten des Königs unvermittelt und vieldeutig nach dem Umfang und Gewicht der Dreifüße). Dabei aber zeigte er sich von einer solchen Großmut und Güte seinen besiegten Feinden gegenüber, daß Konfuzius ihn im *Tsch'un-ts'iu* dem Fürsten von Tsin gegenüber als Vorbild hinstellt, den „Barbaren" gegenüber dem „Chinesen". Verschiedene von den kleinen Fürstentümern in Hu-peï und An-hui verleibte er ein, aber die gleichfalls eroberten Staaten Tsch'ên, Tschêng und Sung gab er ihren Fürsten teils aus Mitleid mit ihrem Elend, teils in Folge von Vorhaltungen mutiger Freunde zurück. Tsin konnte gegen diesen als Mensch wie als Feldherr großen Herrscher nicht aufkommen. Als es dem eingeschlossenen Fürsten von Tschêng im Jahre 597 zu Hilfe kommen wollte, wurde sein Heer am Ufer des Huang ho vollkommen aufgerieben. Zwar nicht ernannt, aber durch seine Erfolge geworden war König Tschuang zum Präsidialfürsten, dem gegenüber die Macht von Tsin, die sich auch in den Kämpfen mit Ts'in erschöpfte, mehr und mehr zurücktrat. In den Ts'in-Annalen des *Schi ki* (Kap. 5 fol. 18r⁰) wird geradeheraus gesagt, daß „Tsch'u damals die Präsidialmacht war und die Bundesversammlungen der Fürsten berief". Als Tschuang im Jahre 606 unter den Mauern der Königstadt, wo der machtlose König Ting wang soeben seinen beiden ebenso machtlosen Vorfahren, nämlich seinem älterem Bruder K'uang wang und dessen Vater K'ing wang, dem Sohne Siang wangs, in der Regierung gefolgt war, eine Parade über seine Truppen abhielt, trug er sich zweifellos, wie seine Frage nach den Dreifüßen dem Abgesandten des Königs gegenüber beweist, mit dem Plane, die Würde des Himmelssohnes an sich zu nehmen. Aber als der Gesandte ihn darauf hinweist, daß „die Tugend der Tschou zwar verfallen sei, daß aber der Himmel seinen Auftrag noch nicht geändert habe", wandte er sich ab. König Tschuang von Tsch'u starb 591, einen seiner würdigen Nachfolger erhielt das Land in den nächsten Jahrzehnten nicht. Tsch'u blieb zwar ein mächtiger Staat, aber die Politik seines Rivalen Tsin schuf ihm einen neuen gefährlichen Gegner, der seine Pläne gegen den Norden wesentlich hemmte.

Ein aus Tsch'u wegen seines Zerwürfnisses mit dem obersten Heerführer nach Tsin entflohener Würdenträger, Wu-tsch'ên, begab sich, um Gelegenheit zur Rache an seinem Heimatstaate zu erhalten, im Jahre 584 nach Wu am unteren Yang-tsĕ, im südlichsten Teile des heutigen Kiang-su, und bemühte sich, diesen Staat zu einem kriegstüchtigen Gegner seines großen Nachbarn Tsch'u im Interesse von Tsin heranzubilden. Er unterrichtete die Männer im Gebrauch der Waffen und Kriegswagen und nahm die Leitung der auswärtigen Beziehungen in seine Hände. So erreichte er es, daß Wu unter seinem klugen Fürsten Schou-mêng ein gefestigtes, aufstrebendes Staatswesen wurde und alsbald mit Tsin ein Bündnis abschloss zur Bekämpfung des gemeinsamen Gegners Tsch'u, dessen Ausgreifen nach Osten für Wu ein Hindernis seiner Entwicklung sein mußte. Damit tritt ein neuer bedeutender Machtfaktor in die Geschichte ein: bisher ein wenig beachtetes Barbarenland der Man-Stämme, wird Wu nunmehr durch seine Verbindung mit Tsin in weit wirksamerer Weise in den Bannkreis chinesischer Kultur gezogen, als es durch die sagenhaften Prinzen aus dem Geschlechte der Tschou im hohen Altertume (s. oben S. 140f.) geschehen war. Das Chinesentum hatte am ganzen Yang-tsĕ entlang, von der Mündung bis an die Grenzen von Ssĕ-tsch'uan, festen Fuß gefaßt.

Schou-mêng, der nach dem Vorbilde seines Rivalen von Tsch'u alsbald ebenfalls den Titel „König" annahm, zögerte nicht, von seinen neuen Kenntnissen Gebrauch zu machen. Er brach in das Reich seines großen Nachbarn ein und entriß ihm die in An-hui gelegenen Gebiete, und damit begann eine Reihe mit wechselndem Erfolge geführter Kämpfe der Verbündeten Wu und Tsin gegen Tsch'u, durch die im ganzen die Lage des nordischen Präsidialfürstentums wesentlich erleichtert wurde. Der Fürstenbund unter dem Vorsitze des Fürsten King von Tsin lebte wieder auf, und auf den Bundesversammlungen erscheint nunmehr, zum ersten Male im Jahre 576, auch Wu als Mitglied. Tsins Machtstellung, allerdings mehr in Folge seiner klugen Politik als durch große kriegerische Erfolge, erhob sich noch einmal zu stolzer Höhe, und wenn man eine Bemerkung von Ssĕ-ma Ts'ien (Kap. 39 fol. 31 v⁰) richtig deutet, suchte im Jahre 588 der Fürst von Ts'i, den, nach einer schweren Niederlage bei Ngan in der Nähe des heutigen Tsi-nan in Schan-tung durch die von Lu zu Hilfe gerufenen Bundestruppen, das maßvolle Verhalten des Fürsten King von Tsin, allerdings auf Kosten des vergewaltigten Lu, für den Bund gewonnen hatte, den Präsidialfürsten in mündlicher Besprechung zu bewegen, dem Reiche die neue Dynastie zu geben, oder, wie der Text sagt, den Titel „König" *(wang)* anzunehmen. Fürst King lehnte ab, wohl weil er den Augenblick noch nicht für gekommen erachtete, aber einige der Königlichen Vorrechte, wie die Aufstellung von sechs Heeresabteilungen und die Ernennung von sechs Großwürdenträgern legte er sich zu. Diese hohen Stellungen wurden erblich in den sechs machtvollsten Familien des hohen Adels in Tsin, was dem Staate alsbald zum Verhängnis werden sollte. Auch Ts'in gegenüber blieb Tsin in dieser Zeit erfolgreich: nach einem im Jahre 580 unternommenen vergeblichen Versuche, zum Frieden zu kommen, wurde zwei Jahre später unter Aufgebot der gesamten Bundestruppen ein Feldzug gegen Ts'in unternommen, der mit einer schweren Niederlage des letzteren endigte und in dem die Heere der Verbündeten bis zum King-Flusse tief in das Gebiet von Ts'in vordrangen. Das ganze strittige Gebiet von Ho-si befand sich im Besitze von Tsin, Tsch'u war durch Wu in Schach gehalten, ein Versuch seines Königs Kung, des Nachfolgers des großen Tschuang, mit Hilfe des wieder einmal abtrünnigen Tschêng in Ho-nan einzudringen, wurde blutig zurückgewiesen, die Fürsten, einschließlich dessen von Ts'i, fügten sich unter die Führerschaft des Siegers, Tsin stand wieder auf dem Höhepunkte der Macht.

„Seitdem schüchterte es die Fürsten ein und wünschte dem ganzen Reiche zu gebieten“, sagt Ssĕ-ma Ts'ien (Kap. 39 fol. 32r⁰). Aber die andauernden Kämpfe zwischen Adel und Fürst untergruben im Innern die stolze Machtstellung. Der Herzog Li, der im Jahre 581 auf seinen Vater King gefolgt war, besaß trotz seiner äußeren Erfolge nicht die hohen persönlichen Eigenschaften seines Vaters; er endete 572 unter den Händen einer Schar der rachsüchtigen Aristokraten. Die Tat war der Anfang vom Ende der großen Präsidialmacht. Die folgenden Fürsten kamen nicht mehr auf gegen die Übergriffe der adligen Familien, die mit List und Gewalt, mit Intriguen und Bluttaten untereinander um die Macht stritten und jede äußere Politik lähmten. In anderen Staaten lagen die Dinge nicht viel anders. Wir wissen aus zahlreichen Andeutungen des Konfuzius, wie in seinem Heimatstaate Lu die drei vornehmen Geschlechter Mêng-sun, Schu-sun und Ki-sun, die Nachkommen von drei jüngeren Brüdern des Herzogs Tschuang (693—662), die Regierung des Landes im 6. u. 5. Jahrhundert in den Händen hielten, und daß die Fürsten ihren Anmaßungen und Intriguen machtlos gegenüberstanden.

In dem Maße wie die Macht Tsins sank, wurden die Angriffe von Tsch'u und Ts'in wieder häufiger und erfolgreicher. Zwar gelang es im Jahre 562 auf der Bundesversammlung, einen gemeinsamen Feldzug gegen das bis dahin siegreiche Ts'in zu organisieren, und drei Jahre später drangen auch die verbündeten Truppen wieder bis zum King-Fluß vor, aber einen dauernden Erfolg haben alle derartigen Unternehmungen nicht gebracht. Der Streitgegenstand mit Tsch'u war gewöhnlich der Staat Tschêng, der bald mit dem Südstaate, bald mit Tsin verbündet zu sein vorgab und an Verräterei das Mögliche leistete. Tsch'u wurde durch seine Gegnerschaft zu Wu, sowie durch innere Kämpfe — auch hier waren es Nebenlinien der Fürstenfamilie, deren Machtstreben die Ursache der blutigen Wirren wurde — in seinem Vordringen stark gehemmt, aber die dauernde Eifersucht zwischen ihm und Tsin wegen des Vorrangs gab immer wieder Anlaß zu Feindseligkeiten. Ein im Jahre 546 unternommener Versuch, den gequälten Völkern den Frieden zu geben, über den das *Tso tschuan (Siang kung* 27. Jahr) ausführlich berichtet, ist für die damalige Lage, wie für das hohe Alter der Verkennung geschichtlicher Entwicklungsgesetze so kennzeichnend, daß er trotz seiner völligen Erfolglosigkeit eine genauere Erwähnung verdient. Hiang Sü, ein Minister von Sung, der mit den Staatsmännern von Tsin und Tsch'u persönlich befreundet war, faßte den Entschluß, auf einem allgemeinen Friedenskongresse „den Kriegen zwischen den Fürsten ein Ende zu machen“. Er verhandelte zunächst mit den beiden Großmächten und fand deren Zustimmung. Mit diesem Ergebnis ging er nach Ts'i. Hier machte man Schwierigkeiten, sagte sich dann aber: wenn Tsin und Tsch'u einverstanden sind, und wir ablehnen „so wird man nachher erklären, wir hätten die Abschaffung des Krieges verhindert, und wird uns damit unser Volk entfremden“. Man stimmte also zu, ebenso danach Ts'in. Die kleinen Staaten wurden verständigt, und man versammelte sich in der Hauptstadt von Sung. Das Friedensprotokoll wurde von den Vertretern von Tsin und Tsch'u entworfen; darin war vorgeschlagen, daß die von dem Einen abhängigen Staaten auch dem Anderen huldigen sollten; der König von Tsch'u sollte den Fürsten von Ts'in veranlassen, zur Aussprache nach Tsin zu kommen, der Fürst von Tsin den Fürsten von Ts'i, nach Tsch'u zu gehen. Schließlich ließ man die letztere Bestimmung fallen und einigte sich auf die erstere. Von Anbeginn an lag ein starkes Mißtrauen über der Versammlung, da Tsin und Tsch'u einander mit ständigem Argwohn beobachteten, besonders nachdem sich herausgestellt hatte, daß die Angehörigen von Tsch'u sämtlich bewaffnet waren. Nach dem *Kuo yü* Kap. 14 fol. 7 v⁰ trafen die Vertreter von Tsin ihre Gegenmaßregeln, indem sie ihre Truppen in Bereitschaft hielten. In Folge dessen blieb wenigstens hier der Friede gewahrt. Nach langen Erörterungen begann zwischen den Vertretern von Tsin und Tsch'u der Streit über den Vortritt bei der Schwur-Zeremonie. Tsin beanspruchte ihn, Tsch'u betonte seine von der Versammlung bereits anerkannte Gleichberechtigung und erklärte, es könne keinen Dauer-Anspruch von Tsin anerkennen, ohne seine Unterlegenheit damit einzugestehen. Man vermittelte: Tsin verdanke seine Stellung unter den Fürsten schließlich seiner Tugend, nicht aber seinem Vorsitz; die Präsidialmacht gab also nach, und Tsch'u hatte den Vorrang. So kam das Werk unter großen Schwierigkeiten zu Stande. Nach Abschluß des Friedensbundes erhielt Hiang Sü von seinem Fürsten zur Belohnung ein kleines Lehen. Der Minister Tsĕ-han erklärte darauf: „Die kleineren Staaten sind durch die Militärmacht von Tsin und Tsch'u in Furcht und damit in Ordnung und Eintracht gehalten worden; auf diese Weise hat man den Frieden für sie gesichert. Fällt die Furcht weg, so entsteht der Ehrgeiz, aus dem Ehrgeiz aber kommt die Auflehnung und aus der Auflehnung das Verderben. Wer ist im Stande, die Heere abzuschaffen? Heere hat es von jeher gegeben. Sie schüchtern die Feinde der Ordnung ein und lassen die Tugenden der Zivilisation erstrahlen; die Weisen werden durch sie gefördert und die Unheilstifter beseitigt; Verderben und Gedeihen, Erhaltung und Untergang, Torheit und Klugheit, alles hängt ab von der Heeresmacht. Ihr aber wollt das Heer abschaffen, ist das nicht eine Verblendung?" Hiang Sü lehnte darauf die Belohnung ab und zu seinen entrüsteten Anhängern sagte er: „Tsĕ-han hat Recht, ich rannte in mein Verderben". Die Folge dieses Kongresses war eine Schwächung der Stellung von Tsin, das hinfort seine Rechte als Präsidialmacht mit Tsch'u zu teilen hatte, im übrigen war das Ergebnis kümmerlich: die Großstaaten Ts'i und Ts'in blieben außerhalb der Machtteilung, weil man sie nicht einordnen konnte, das letztere war, wie bei früheren Kongressen, überhaupt nicht vertreten, von den anderen Teilnehmern nahm keiner die Sache trotz ihrer feierlichen Aufmachung ernst, nicht einmal der Veranstalter Hiang Sü, wie wir gesehen haben. Die kommenden Jahre lieferten dafür den unwiderleglichen Beweis. Trotzdem hat der Kongreß von Sung seine Bedeutung, weil er den Fortschritt der Entwicklung beleuchtet. Vom König — es war der willenlose Ling wang, der auf den ebenso willenlosen Kien wang, den Sohn des Königs Ting, gefolgt war — ist bei dem ganzen Vorgang überhaupt nicht mehr die Rede, er galt als das Sinnbild einer praktisch überwundenen Theorie, die Tschou-Dynastie war nur noch ein Kulturbegriff, als Machtfaktor hatte sie aufgehört zu bestehen. Nur das ewig schwankende Gleichgewicht des zwischenstaatlichen Machtverhältnisses hielt das Sinnbild aufrecht. Selbst die Einheitlichkeit des Präsidialmachtgedankens schien aufgelöst zu sein, die Fata Morgana eines „Völkerbundes" mit dem Wahlspruch: „Nie wieder Krieg" hatte keinen Glauben gefunden, und statt des einen großen Reichsbundes hatte man nun zwei anerkannte Gruppen von Staaten, mit Tsin und mit Tsch'u an der Spitze. Wohin die Entwicklung trieb, war noch nicht zu erkennen, daß aber das Tschou-Reich nicht mehr bestehen konnte, war sicher, das Ende konnte nur eine Frage von kürzerer oder längerer Zeit sein.

Es braucht kaum gesagt zu werden, daß alle die wohlklingenden Reden des Friedenskongresses nichts an den Zuständen änderten. Die außenpolitische Handlungsfreiheit von Tsin wurde in Folge der zunehmenden inneren Zerrissenheit immer geringer, sein Rivale Tsch'u schickte sich an, die Erbschaft anzutreten. Im Jahre 541 wurde trotzdem — wir wissen nicht, warum und auf wessen Veranlassung — auf einem neuen Kongreß in Kuo, am Südufer des Huang ho, südöstlich von Huai-k'ing, das Abkommen von Sung neu beschworen. Hier sah man bereits an dem Auftreten des Vertreters von Tsch'u, des Oheims des regierenden Königs, wohin die letzten Absichten des großen Südstaates gingen. Resigniert erklärte der Vertreter von Sung nach dem Berichte im *Tso tschuan (Tschao kung* 1. Jahr): „Die großen Staaten befehlen, die kleinen fügen sich; ich weiß nur, daß ich mich zu fügen habe." Noch während die Versammlung tagte, entriß einer der Großen von Lu einem kleinen Nachbarstaate einen Gebietsteil, so daß der Vergewaltigte in Kuo um Schutz bitten mußte, und ehe das Jahr zu Ende ging, bemächtigte sich der heimgekehrte Vertreter von Tsch'u, ein ehrgeiziger und gewalttätiger Mensch, der Herrschaft, indem er den König, seinen Neffen, ermordete und selbst den Thron bestieg. Er ist als Ling wang in der Geschichte bekannt, und seine Regierung bildet eine Kette von Gewalttaten im Inneren, von Kriegen und Eroberungszügen nach außen bis zu seinem grauenvollen Ende. Im Jahre 538 zeigte er der Präsidialmacht Tsin an, daß er die Bundesfürsten zusammenzurufen wünsche, und in der Tat trat ein Teil des Bundes zusammen, während Tsin, Sung, Lu und Weï sich abseits hielten. Die Folge dieser Spaltung war, daß der König Ling nach einem siegreichen Einfalle in Wu sich der Nordstaaten Tsch'ên und Ts'ai bemächtigte, ihre Fürsten tötete, einen neuen Kriegszug gegen die nördlichen Teile von Wu am Huai-Fluß unternahm, um auch diesen Staat völlig zu vernichten, und sich mit dem Gedanken trug, von den Tschou „die Herausgabe der Dreifüße zu fordern" und danach die Fürsten zu unterjochen. Mitten in diesen Plänen ereilte ihn das Schicksal. Der Sohn eines von ihm ermordeten Würdenträgers in Tsʻai und ein tötlich beleidigter Großer aus dem Staate Yüe, der hier zum ersten Male genannt wird (s. oben S. 141f.), rächten sich, indem sie in Wu und Yüe, sowie in den unterworfenen Staaten von Ho-nan eine Schar von Kämpfern zusammenbrachten und nun, zu allem entschlossen, im Jahre 529 in die Hauptstadt von Tschʻu eindrangen, wo ihnen die gepeinigte Bevölkerung bereitwillig Hilfe leistete. Sie erschlugen den Thronfolger — der König selbst war abwesend — und ernannten einen der Prinzen zum König. König Ling entfloh in die Berge, irrte dort eine Zeit lang herum und starb, von allen verlassen, an Hunger und Erschöpfung. Aber auch damit kam das Land nicht zur Ruhe. Durch Intriguen und Ränke zur Verzweiflung getrieben, beging der neue König Selbstmord, und der Haupträdelsführer, ein naher Verwandter, bestieg den Thron. Als König Pʻing hat er, um seine Verbrechen zu sühnen, sein Möglichstes getan, um der verelendeten und verängstigten Bevölkerung zum Frieden und zur Erholung zu helfen. Das Tschou-Haus war wieder für einige Zeit gerettet, aber die Gefahrenquelle war und blieb das Machtstreben der großen Fremdstaaten im Süden und Westen, das nur durch die völkischen Gegensätze unter ihnen zeitweilig ausgeglichen wurde. Dazu kam, daß der einzige in Betracht kommende Gegenspieler im Norden, Tsin, durch die Kämpfe der großen Adelsfamilien immer mehr gelähmt wurde und offensichtlich in der Auflösung begriffen war. Schon 544 sah man in Wu, wohin die Dinge in Tsin trieben: ein Gesandter des Königs, der die Nordstaaten bereiste, sprach es in Tsin offen aus, daß über kurz oder lang die Herrschaft dort an die drei Familien Tschao, Han und Weï kommen müsse, und 539 fällte ein Gesandter des Fürsten von Tsʻi das gleiche Urteil. Als im Jahre 506 der Fürst von Tsʻai wegen neuer Vergewaltigungen durch Tschʻu bei Tsin um Hilfe bat, wurde zwar eine Bundesversammlung nach Schao-ling in Ho-nan westlich von Tschʻên-tschou einberufen, und ein gemeinsamer Krieg gegen Tschʻu von den Fürsten (das *Tschʻun-tsʻiu, Ting kung* 4. Jahr, zählt 17 auf) und dem anwesenden Vertreter des Königs in Erwägung gezogen, aber Tsin versagte sich, teils aus Furcht vor Tschʻu, teils aus selbstsüchtigen Gründen. Diese Haltung von Tsin machte seiner Präsidialschaft ein Ende, es hatte jede Achtung in den Staaten verloren. Die folgenden Jahrzehnte sind in Tsin von blutigen Kämpfen des Adels untereinander und gegen den Fürsten ausgefüllt; ganze Familien werden ausgerottet, die regierenden Fürsten sind hilflose Werkzeuge der Einzelnen, und das Land befindet sich vollkommen in den Händen der „sechs Würdenträger". Unter diesen Umständen hatte der Süden nahezu freies Spiel, und zwar war es neben Tschʻu auch das erstarkte und von tüchtigen Herrschern regierte Wu, das es von 489 ab unternahm, in den Wirren des Nordens Ordnung zu schaffen. Ein groß angelegter Zug des Königs von Wu, mit dem er die Fürsten von Tsʻi und Tsin vollkommen einschüchterte, führte sein Heer bis nach Schan-tung und auf die Nordseite des Huang ho.

Dort, in Huang-tsch'i, nördlich von K'ai-fêng, auf der Nordseite des Huang ho, versammelte der König Fu-tsch'ai von Wu im Jahre 482 die Fürsten, beanspruchte das von Tsin noch formell gehaltene Präsidium, aber erklärte sich bereit, das Königliche Haus Tschou unangetastet zu lassen. Der Streit zwischen Tsin und Wu um den Vortritt beim Bunde und sein Ausgang werden in den Quellen verschieden dargestellt; die Einen behaupten, Wu habe seinen Willen durchgesetzt, Andere dagegen, bei Tsin sei der Vortritt geblieben. Sehr anschaulich, aber ganz verschieden schildern die beiden dem gleichen Verfasser zugeschriebenen Werke *Tso tschuan (Ai kung* 13. Jahr) und *Kuo yü* (Kap. 19 fol. 7 v°ff.) die Vorgänge. Die dabei angeblich gehaltenen Reden kennzeichnen die politische Lage und die Auffassung der Chinesen und „Barbaren". Nach dem *Tso tschuan* sollen die Vertreter von Wu erklärt haben: „Wir sind im Hause der Tschou die Ältesten" (vergl. zu der Verwandtschaft oben S. 140), und die von Tsin: „Wir sind in der Sippe der Ki die Präsidialfürsten". Also Zugehörigkeit zum Familienverbande gibt das Legitimitätsgefühl. Das *Kuo yü* aber läßt den Fürsten Fu-tsch'ai zur Begründung seiner Ansprüche folgendes sagen: „Vom Himmelssohn ist ein Erlaß da, der besagt: das Haus der Tschou ist gedemütigt und verarmt, die Tributabgaben gehen nicht mehr ein, dem Herrscher in der Höhe (s. oben S. 119 u. 145) und den Göttern kann es nicht mehr opfern; von der Sippe der Ki gibt es keine Hilfe. Tag und Nacht ohne Unterlaß sind die Sendboten zu mir gekommen und haben mir die Meldung davon gebracht, und demütige Bitten sind an die Fürsten gerichtet worden. Aber man sorgt sich heute nicht mehr darum, daß in dem Königlichen Hause kein Friede herrscht. Ruhig verläßt man sich auf die Massen von Tsin, und hält die Jung und die Ti, Tsch'u und Ts'in nicht mehr in Ordnung. Man beachtet nicht mehr das Verhältnis zwischen Älteren und Jüngeren, sondern mit Gewalt unterwirft man die Staaten der eigenen Brüder. Ich wünsche die Rangordnung unserer früheren Fürsten zu bewahren, darüber hinauszugehen wage ich nicht, dahinter zurückzubleiben vermag ich nicht." Darauf antwortet ihm der Minister von Tsin, angeblich im Auftrage des Himmelssohnes, nachdem er ihm vorgehalten, wie die Fürsten von Wu seit Generationen dem Zentralherrscher nicht mehr die schuldige Ehrfurcht erwiesen hätten, weil sie vermutlich zu sehr mit den Süd-Barbaren beschäftigt seien: „Wie sollen unter solchen Umständen nun erst die Süd-Barbaren gegenüber dem Hause Tschou die Ehrfurcht wahren? Auf eurem Lehensbriefe stand geschrieben Graf von Wu, nicht aber König von Wu. Darum wagen die Fürsten, Euch den Dienst zu verweigern, denn die Fürsten haben nicht zwei Herren und im Reiche der Tschou gibt es nicht zwei Könige". Fu-tsch'ai hat seine Pläne nicht weiter verfolgt, aber das mag weniger durch die Rede seines Gegners verursacht worden sein, als durch die Nachrichten aus seinem Lande. Während er im Norden mit seiner Armee sich als Herr des Reiches gebärdete, war der König Kou-tsien von Yüe in Wu eingebrochen (s. unten), hatte den Thronerben getötet und die Hauptstadt besetzt. Fu-tsch'ai blieb nichts übrig als schleunige Rückkehr, und nur durch bedeutende Zugeständnisse gelang es ihm, den Frieden von Yüe zu erkaufen. Es läßt sich annehmen, daß das Bekanntwerden dieser zunächst geheim gehaltenen Ereignisse den Vertretern von Tsin auf der Versammlung dem König von Wu gegenüber den Mut zu ihren zuversichtlichen Reden gegeben hat. Die mit besonderer Erbitterung geführten Kämpfe zwischen den südlichen „Außenstaaten" waren und blieben in dieser Zeit für die durch wilden Parteihaß zerrissenen Nordstaaten mit Tsin an der Spitze die einzige Gewähr gegen ihre Vernichtung. Einem geeinten Süden gegenüber hätten weder sie, noch die Tschou-Dynastie ihren Bestand zu retten vermocht. Zu den beiden in stetem Kampfe um die Macht befindlichen Großstaaten Tsch'u und Wu war nun als dritter Yüe getreten. Wir müssen, um den Zusammenhang zu verstehen, in der Zeit ein Stück zurückgehen.

Während des letzten Viertels des 6. Jahrhunderts war Tsch'u durch die unablässigen und immer erfolgreichen Angriffe von Wu der Vernichtung nahe gebracht. Namentlich unter dem Vorgänger des Königs Fu-tsch'ai, dem König Ho-lü, dem Gründer der neuen Hauptstadt an der Stätte des heutigen Su-tschou, der den Thron durch Ermordung des regierenden Königs Liao erlangt hatte, stieg Wu auf die Höhe seiner Erfolge. Ein durch die Schandtaten des Königs P'ing von Tsch'u vertriebener hochbegabter Höfling Namens Wu Tsĕ-sü (er ist noch heute ein in China volkstümlicher Held) flüchtete zu den Feinden seines Landes nach Wu und hat dort als leitender Staatsmann seine Rache reichlich kühlen können. Beraten von diesem klugen, weitausschauenden Manne, gelang es König Ho-lü im Jahre 506, das ganze Reich Tsch'u zu überrennen, den König Tschao, P'ings Nachfolger, zu verjagen und die Hauptstadt Ying (s. oben S. 160) zu besetzen. Noch an der Leiche des im Jahre 516 gestorbenen Königs P'ing stillte Wu Tsĕ-sü seinen Rachedurst. Aber wie später unter Fu-tsch'ai brach während dieses Eroberungszuges der Fürst Yün-tsch'ang von Yüe, dessen Geschichte bis dahin völlig im Dunkeln liegt, das sich aber in einer gewissen Abhängigkeit von Wu befunden zu haben scheint, plötzlich in das von allen Truppen entblößte Land ein. Gleichzeitig hatte der König von Tsch'u sich an Ts'in um Hilfe gewandt, und tatsächlich entsandte dieses, wohl um den ehrgeizigen Erobererstaat vom unteren Yang-tsĕ nicht als Nachbarn an seine südliche Grenze zu bekommen, ein Heer aus, das den König Tschao zurückführte und die Truppen Ho-lüs vertrieb. Zu diesem Angriff von zwei Seiten gegen Ho-lü kam noch der Verrat seines Bruders und Hauptfeldherrn Fu-kai, der nach Wu zurückkehrte und sich dort zum König ausrief. Es gelang aber der Umsicht Wu Tsĕ-süs, aller Gefahren Herr zu werden; Ho-lü sandte einen Teil seines Heeres gegen Yüe und ließ die Eindringlinge vertreiben, er selbst kehrte zurück in die Hauptstadt und zwang seinen rebellischen Bruder, nach Tsch'u zu flüchten. Aber schon 504 wurde ein neuer Feldzug gegen Tsch'u unternommen, das Gebiet am

Po-yang-See (s. oben S. 10) besetzt, und der König abermals zum Verlassen seiner Hauptstadt gezwungen. Weniger glücklich ging der Strafzug gegen Yüe im Jahre 496 aus, wo eben der berühmt gewordene Fürst Kou-tsien den Thron bestiegen und, um es den beiden anderen „Barbaren"-Fürsten von Tsch'u und von Wu gleichzutun, den Titel „König" angenommen hatte. Südlich von der heutigen Stadt Kia-hing, halbwegs zwischen Schang-hai und Hang-tschou, kam es zur Schlacht, in der mit wildester Leidenschaft gekämpft sein muß. Ssĕ-ma Ts'ien und das *Tso tschuan (Ting kung* 14. Jahr) berichten beide, daß „der König von Yüe drei Reihen todgeweihter Männer dem Heere von Wu entgegengesandt habe, um es zum Kampfe herauszufordern. Vor der Front angekommen, hätten sie sich mit einem Schrei die Kehle durchschnitten." Die Soldaten von Wu seien durch dieses Schauspiel abgelenkt worden, das Heer von Yüe habe die Verwirrung benutzt, um zum Angriff zu schreiten, und habe dem Gegner eine Niederlage beigebracht. Der König Ho-lü selbst wurde durch einen Pfeilschuß verwundet und starb bald darauf an der Wunde; 5 km außerhalb des Nord-Tores der Stadt Su-tschou wird heute noch sein Grab gezeigt, während die Ruhestätten seiner Vorgänger bis zu T'ai po (s. oben S. 140f.) hinauf von der Sage in die Gegend der heutigen Städte Wu-si und Kiang-yin nördlich von Su-tschou verlegt werden, wo sich einst die alte Hauptstadt befand. Ho-lü hatte seinem Sohne Fu-tsch'ai die Rache an Yüe auf die Seele gebunden, und das *Tso tschuan* weiß zu erzählen, daß dieser einen Mann an der Tür seines Palastes aufgestellt habe, der ihm beim Aus- und Eingehen habe zurufen müssen: habt ihr vergessen, daß der König von Yüe Euren Vater getötet hat? und daß er geantwortet habe: ich werde es nicht vergessen. Fu-tsch'ai rüstete mit Macht für seinen neuen Krieg gegen Yüe; Kou-tsien hielt es für das beste, ihm zuvorzukommen, er zog Truppen zusammen, um in Wu einzufallen, aber Fu-tsch'ai erhielt Kunde davon und suchte sofort seinen Gegner auf. Unweit des heutigen Su-tschou schlug er das Heer von Yüe, König Kou-tsien flüchtete mit den Resten nach dem Berge Kueĭ-ki (s. oben S. 141) und verschanzte sich dort. Auf den Rat seines klugen Ministers Fan Li bot er Fu-tsch'ai (zum Schein) seine Unterwerfung an und bestach gleichzeitig den ersten Minister von Wu durch reiche Geschenke. Wu Tsĕ-sü durchschaute das Spiel, er riet dringend ab und wies Fu-tsch'ai auf die Verschlagenheit Kou-tsiens und seiner Minister hin. „Der Himmel hat Yüe in die Hände von Wu gegeben, stimmt nicht zu. Wenn Ihr Yüe jetzt nicht vernichtet, werdet Ihr es später zu bereuen haben." Es war umsonst, Fu-tsch'ai nahm die Unterwerfung an, verzieh Kou-tsien, schloß Frieden und besiegelte damit das Schicksal seines Landes. Kou-tsien, ein außerordentlich stolzer Mann von unbeugsamem Willen, sann unentwegt auf Rache für die Schmach von Kueĭ-ki. Wieder und wieder warnte Wu Tsĕ-sü, er widerriet den Zug nach dem Norden, ehe nicht die Gefahr von Yüe beseitigt sei, Fu-tsch'ai gab seiner Eitelkeit nach, die Ehre, sich auf der Fürstenversammlung als Präsidialfürst feiern zu lassen, lockte ihn mehr als seine Sicherheit und trübte ihm den Blick. Teils um den lästigen Warner loszuwerden, teils durch giftige Verläumdungen betört, ließ sich der König in seiner Verblendung dazu hinreißen, dem Wu Tsĕ-sü den Tod durch eigene Hand zu befehlen. Wu Tsĕ-sü brach in ein bitteres Lachen aus, er erinnerte daran, daß der König wie sein Vater ihm die Rettung ihres Thrones verdankten, und er schloß: „Reißt meiner Leiche die Augen aus und befestigt sie über dem Ost-Tore der Hauptstadt, damit sie den Einzug der Truppen von Yüe sehen können". Im Jahre 485 fiel Wu Tsĕ-sü durch erzwungenen Selbstmord, ein Opfer des Undanks und der Verblendung; als solches lebt er in der Erinnerung aller folgenden Generationen weiter. Kou-tsien frohlockte, als er den Tod seines gefährlichsten Gegners erfuhr; wir haben gesehen, wie er die Abwesenheit des vertrauensseligen Fu-tsch'ai während der Fürstenversammlung benutzte, und wie dieser nur mit Mühe noch einmal den Frieden erkaufen konnte. Vier Jahre nachher, 478, trat die von Wu Tsĕ-sü vorausgesehene Katastrophe ein. Kou-tsien hielt die Zeit für gekommen, nunmehr gegen das völlig erschöpfte und kriegsmüde Wu den entscheidenden Schlag zu führen. Er brach in die Gebiete des verhaßten Erbfeindes ein, vernichtete seine schwachen Streitkräfte und hielt Land und Hauptstadt drei Jahre lang bis 473 unter seinem Schwert. König Fu-tsch'ai warf sich seinem siegreichen Gegner zu Füßen und flehte um Gnade, wie einst Kou-tsien in Kuei-kĭ, auf seine eigene Milde von damals als Beispiel hinweisend. Auch Kou-tsien war großmütig und wollte nachgeben, aber sein Minister Fan Li (nach einer anderen Quelle Kou-tsien selbst) erklärte mit unerbittlicher Logik: „Einst bei den Ereignissen von Kuei-kĭ gab der Himmel Yüe in die Hände von Wu, Wu aber nahm das Geschenk nicht an. Heute gibt der Himmel Wu in die Hände von Yüe, sollte Yüe dem Willen des Himmels zuwiderhandeln?" Aber schließlich siegte das Mitleid in Kou-tsien und er bot seinem vernichteten Gegner ein Landgebiet auf der Insel Tschusan (an der Bucht von Hang-tschou s. oben S. 17) an. Fu-tsch'ai lehnte ab. „Er verhüllte sein Antlitz mit den Worten: ich mag kein Gesicht mehr haben, um Wu Tse-sü anzublicken". Dann durchschnitt er sich die Kehle. Das war das Ende des einst so stolzen und vom „Mittelreich" zum Verbündeten gegen die Barbaren erzogenen Staates. Kou-tsien gab die von Ho-lü und Fu-tsch'ai eroberten Gebiete an ihre ehemaligen Herren von Tsch'u, Sung und Lu zurück, den größten Verläumder Wu Tsĕ-süs aber ließ er samt seiner ganzen Familie hinrichten. Der Staat Wu hatte aufgehört zu bestehen.

Die Vernichtung des großen, auf dem Kongreß von 482 noch so glanzvoll dastehenden Reiches durch einen eben erst auf dem Schauplatze im Süden erscheinenden Barbarenstaat machte auch im Norden einen starken Eindruck. Unmittelbar nach seinem großen Siege zog Kou-tsien nordwärts, und die Innen-Staaten mögen in diesem Augenblick nicht wenig um ihr Schicksal gebangt gaben. Aber Kou-tsien erwies sich als ein Mann von großer Mäßigkeit. Er hielt mit den Fürsten, einschließlich derer von Ts'i und Tsin eine Versammlung in Süd-Schan-tung ab und brachte dem Hause der Tschou seine Huldigungen dar. Der König Yuan wang, der 475 auf seine beiden Vorgänger King wang [1] (544—520) und King wang (519—475) [2] gefolgt war, sandte ihm Auszeichnungen und die Ernennung zum Präsidialfürsten. Lediglich die Furcht nötigte zu diesem unerhörten Verhalten des „Himmelssohnes" gegenüber dem verachteten Barbaren. Es zeigt, wie auch das Ansehen von Tsin völlig gebrochen war, und man war im Norden froh, so glimpflich abgekommen zu sein. Das *Wu Yüe tsch'un-ts'iu*, freilich eine nicht immer zuverlässige Quelle, (Kap. 6 fol. 17 v⁰ ff.) schmückt den Zug des Kou-tsien episch aus, indem es schildert, wie der König auf der Höhe seines Ruhmes in Lang-ya, einer natürlichen Terrasse an der Küste von Schan-tung, südwestlich von der Kiau-tschou-Bucht, einen Aussichtsturm habe erbauen lassen, von wo er auf „das Meer des Ostens" hinblicken konnte, wie er dann eine lange Unterredung mit Konfuzius, dem Weisen aus Lu (Schan-tung), hatte und schließlich zu einem Kriegszuge gegen Ts'in rüstete, weil es, wie immer, der von Kou-tsien einberufenen Fürstenversammlung fern geblieben war, wie der Zug aber aufgegeben werden mußte, weil die Truppen murrten und vor diesem Unternehmen in die unbekannte Ferne Furcht hegten. Die Erzählung knüpft vermutlich an spätere Ereignisse (s. unten) an, aber sie läßt erkennen, wie berühmt die Taten des Kou-tsien geblieben waren, und sie wird auch das richtige treffen, wenn sie mit den Worten schließt: „Seitdem Yüe Wu vernichtet hatte, waren alle Innen-Staaten in Furcht vor ihm".

c. Das Ende. Die Zeit der „Kampf-Staaten".

Der Untergang von Wu und der kurze Triumph von Yüe, wo die Nachfolger von Kou-tsien den großen politischen Aufgaben der Zeit nicht gewachsen waren, bezeichnen das Ende der Tsch'un-ts'iu-Periode und den Übergang zu dem letzten Abschnitt der Tschou-Zeit, dem die späteren Chronisten den recht willkürlich anmutenden Namen „Zeit der Kampf-Staaten" beigelegt haben. Konfuzius hat in seinen von 722 bis 481 reichenden Aufzeichnungen — so haben die chinesischen Geschichtsforscher berechnet — 36 Fürstenmorde und 52 vernichtete Staaten erwähnt; es ist fraglich, ob in der Zeit „der Kampf-Staaten" mehr zu zählen sein würden. Die nächsten Jahrzehnte sind allerdings besonders reich an Bluttaten entfesselter Leidenschaften. Sie werden gekennzeichnet durch den völligen Zerfall des Tsin-Reiches und durch die neue Erstarkung von Tsch'u, so daß der Süden mit seiner stärkeren Macht-Konzentration dem Norden immer mehr überlegen wird. Der Westen, d. h. das geheimnisvolle Ts'in, bleibt

---

[1] 景 [2] 敬

wie bisher noch im Hintergrunde. Es hält sich durch seine natürlichen Grenzen, den Huang ho gegen Osten, die Ketten des Ts'in-ling gegen Süden, geschützt, von allen Zettelungen fern, meidet die Bundesversammlungen und festigt seine Stellung gegen die Hunnen-Völker des Nordwestens. Vor die nach Norden und Westen ausgreifende Macht von Tsch'u hatten sich die Staaten Pa und Schu (im südöstlichen und nordwestlichen Ssĕ-tsch'uan) geschoben, die sich von der Zentralherrschaft völlig unabhängig hielten, aber auch chinesische Fürstentitel angenommen hatten. Selbst die Grenzkämpfe mit Tsin hatten seit der Mitte des 6. Jahrhunderts aufgehört: Tsin war durch seine innere Zerrissenheit kampfunfähig gemacht, und Ts'in, obwohl im Inneren gefestigter, sah seine Zeit zum Vormarsch noch nicht gekommen.

In Tsin waren es vor allen die Familien der „sechs Groß-Würdenträger" (s. oben S. 169), die untereinander und gegen den regierenden Fürsten Ting um Land und Einfluß stritten. In den Jahren von 497 bis 490 durchtobte der innere Krieg in seiner schrecklichsten Form den Staat. Die Familien der großen Lehensträger Sün und Fan waren durch eine Gewalttat eines Angehörigen der Familie Tschao gereizt. Sie griffen ihn an, und er verschanzte sich in seiner Residenz, dem heutigen T'ai-yuan. Aber die Familien waren nicht einmal einig in sich selbst; eine Anzahl der Lehensherren, darunter auch Mitglieder der beiden Familien, verlangten vom Fürsten die Bestrafung beider Parteien, da sie gegen den Frieden des Landes verstoßen hätten. Der schwache Fürst wandte sich mit Waffengewalt gegen die Familien der Beschuldigten, besiegte sie auch und zwang sie zur Flucht, aber nun brach ein Rachekrieg unter den vornehmen Sippen aus, der immer größeren Umfang annahm und selbst ein Eingreifen von Ts'i und Sung veranlaßte. So standen die Familien von Tschao, Weï[1]) und Han gegen die von Tschung-hang und Fan, die Familie Sün war geteilt und stand auf beiden Seiten. Die erstgenannte Gruppe hatte den Fürsten Ting zum Bundesgenossen, die andere den König King. Das Ende war, daß die zweite Gruppe vernichtet wurde, die Überlebenden flohen nach Ts'i, ihre Ländereien fielen an den Fürsten zurück. Aber der Friede blieb nicht lange gewahrt. Im Jahre 458 beschlossen die vier siegreichen und nach Ausrottung der anderen allein noch übrigen Familien Tschao, Han, Weï und der Tschi genannte Zweig der Familie Sün die Teilung der im Jahre 490 eingezogenen Lehensgebiete der Besiegten gegen den Willen des Fürsten Tsch'u, der inzwischen seinem Vater Ting gefolgt war. Er rüstete sich zum Kampfe gegen die vier Gewalthaber, diese kamen ihm zuvor, griffen ihn in offener Empörung an und zwangen ihn zur Flucht nach Ts'i. Auf dem Wege dorthin starb er. Tschi Po, auch Sün Yao genannt, der ehrgeizigste und brutalste von allen Beteiligten, setzte einen Abkömmling aus einer Nebenlinie des regierenden Hauses als Fürsten ein, ein unter dem Namen Ngai bekanntes willenloses

[1]) 魏

Werkzeug in seiner Hand. Tschi Po war der eigentliche Regent des Landes, es war nur eine Frage kurzer Zeit, bis er die Regierung auch formell an sich nahm. Aber die Eifersucht wegen seiner Machtstellung und der Haß wegen seines Hochmutes einigte die drei anderen Familien in Feindschaft gegen den Usurpator. Im Jahre 453, nachdem Tschi Po die Herren von Han und Weï zu einem Kriegszuge gegen Tschao Wu-sü (später unter dem Fürstennamen Tschao Siang-tsĕ bekannt) gezwungen hatte, machte dieser, während er in Tsin-yang, dem heutigen T'ai-yuan, eingeschlossen war, heimlich gemeinsame Sache mit Han und Weï. Die drei Verschworenen überfielen den Verhaßten, erschlugen ihn, rotteten die ganze Familie Sün aus und nahmen ihre Gebiete an sich. Tschao Wu-sü, sein wütendster Gegner, schnitt dem Toten den Kopf ab und ließ sich aus dem Schädel ein Trinkgefäß machen. Nunmehr besaßen die drei Familien Tschao, Han und Weï nahezu das gesamte Reich Tsin, nur ein kleines Gebiet am unteren Fên ho mit der Hauptstadt Kiang blieb im Besitze des Fürsten. Auf den von Tschi Po eingesetzten Fürsten Ngai folgten noch ein paar völlig bedeutungslose Throninhaber, in Wirklichkeit war Tsin in drei neue Staaten aufgeteilt, die ihre Namen nach den genannten Familien führten. Im Jahre 403 wurde der Zustand durch den König Weï-lie, der seit 425 den Thron der Tschou einnahm, als rechtmäßig anerkannt, indem die Beherrscher von Tschao, Han und Weï unter die selbständigen Lehenfürsten des Innenreiches aufgenommen wurden. Die religiöse Symbolik des Himmelssohnes hatte noch immer ihren Wert. Bis zum Jahre 376 haben die Fürsten von Tsin noch als Herrscher ohne Land und Macht bestanden, dann „löschten die Fürsten *(hou)* von Weï, Han und Tschao", wie das *Schi ki* (Kap. 39 fol. 37 r⁰) sagt, „das Fürstengeschlecht von Tsin aus und teilten sein Gebiet in drei Teile. Der letzte Fürst wurde ein gewöhnlicher Bürger, Tsin hörte auf und hatte keinen Ahnenopfer-Kult mehr". Statt des einen Tsin sprechen die Geschichtschreiber nun von den „drei Tsin" *(san Tsin)*.

Die Größe der drei neuen Staaten war eine sehr ungleiche. Weitaus das umfangreichste Gebiet besaß Tschao, dessen Fürstengeschlecht von der Überlieferung auf denselben Stammvater zurückgeführt wird wie das der Ts'in. Schon im Jahre 457 hatte Tschao Siang-tsĕ das im äußersten Norden von Schan-si gelegene Gebiet von Tai (das heutige Ta-t'ung, s. oben S.25), dessen Fürst mit seiner Schwester vermählt war, durch einen hinterlistigen Überfall erobert und dadurch den Besitz der Familie bedeutend erweitert. Das Volk, das die Hochebene von Ta-t'ung bewohnte, muß hunnischer, also wohl türkischer Herkunft gewesen sein; es war ein Reitervolk und den Eroberern jedenfalls rassefremd. Im Süden war ein großer Teil der Besitzungen der ausgerotteten Familie Tschi hinzugekommen. So umschloß der Staat Tschao am Ende des 5. Jahrhunderts ganz Nord- und Mittel-Schan-si von den Pforten des mongolischen Steppenlandes an bis südwärts des Beckens von T'ai-yuan; im Westen muß es wenigstens bis zum Huang ho gereicht haben, während es im Osten, wie die Lage der Hauptstadt zeigt, noch über die

Randgebirge von Schan-si hinaus in die Ebene von Tsch-li hineingriff und Ts'i benachbart war. Von Tsin-yang (T'ai-yuan) war die Hauptstadt im Jahre 424 nach Tschung-mou, wenig südlich von dem heutigen Tschang-tê in Ho-nan, verlegt worden, und seit 386 befand sie sich in Han-tan bei Kuang-p'ing in Tschi-li. Han[1]) und Weï waren kleiner. Han füllte den Südosten von Schan-si aus, es grenzte im Norden an Tschao und reichte im Süden ein gutes Stück über den Huang ho hinüber an die Grenzen von Tschêng, im Osten muß es bis gegen Weï-hui vorgeschoben gewesen sein. Die Hauptstadt war im 6. Jahrhundert in Ho-nan östlich von Huai-k'ing, im heutigen Wu-tschi, dann in P'ing-yang am Fên ho gewesen, später wurde sie nach Yang-ti, dem heutigen Yü, südwestlich von K'ai-fêng, verlegt und 375 nach der Eroberung von Tschêng in dessen Hauptstadt Sin-tschêng. Weï endlich lag im Südwesten von Schan-si, zu seiner Erbschaft gehörte auch das mit Ts'in so heiß umstrittene Gebiet Ho-si jenseits des Huang ho, und auch im Süden muß es über den Strom hinüber und in das Becken des Weï ho hineingereicht haben. Die Hauptstadt war bis 340 in Ngan-yi im südwestlichen Schan-si, dann mußte sie aus Gründen der Sicherheit mehr nach Osten verlegt werden (s. unten). Die Herrscherhäuser von Han und Weï sollen beide zu der Königlichen Sippe der Ki gehört haben. Die Gebiete der drei Staaten schoben sich mithin eng ineinander, und Kämpfe waren schon aus diesem Grunde unausbleiblich. Wie vor dem Jahre 403 sich die drei Tsin in ewiger Unrast untereinander, mit ihren Nachbarn Ts'i, Ts'in und Tschêng und nicht zum wenigsten auch innerhalb der eigenen Familien befehdet hatten, so auch in zunehmendem Maße nachher. Im Jahre 375 wurde Tschêng, selbst durch innere Kämpfe geschwächt, von Han einverleibt, so daß nunmehr ein Ausgleich gegen die überragende Macht von Tschao geschaffen war. Auch in Ts'i fanden seit dem 6. Jahrhundert die blutigen inneren Gewalttaten kein Ende, selbst die Geschicklichkeit und sittliche Größe seines berühmten Ministers Yen Ying im 6. Jahrhundert vermochten den Gang der Dinge nicht zu ändern. Wie in Tsin waren es auch hier die vornehmen Adelsfamilien, die sich um die Herrschaft stritten und das Land nicht zur Ruhe kommen ließen. Die Familie T'ien, ursprünglich Flüchtlinge aus Tsch'ên (s. oben S. 136), hatte seit 481 völlig die Oberhand über die anderen gewonnen, von denen eine nach der anderen ausgerottet wurde. T'ien Tsch'ang setzte den Fürsten gefangen und ermordete ihn. Konfuzius, der seine letzten Lebensjahre in seinem Heimatstaate Lu verbrachte, war darüber so aufgebracht, daß er, wie in seinen „Gesprächen" *(Lun yü* XIV, 22) berichtet wird, seinen Fürsten bat, in Ts'i einzurücken und den Mörder zu bestrafen. Dieser gab ihm die bezeichnende Antwort: „Meldet es den drei Großwürdenträgern" (d. h. den drei beherrschenden Familien, s. oben S. 170). Die drei Großwürdenträger aber lehnten ab. Sie waren bessere Politiker als der Weise, denn das Unternehmen würde vermutlich den Untergang von Lu

---

[1]) 韓

zur Folge gehabt haben. Einige Angehörige des regierenden Hauses folgten noch als nominelle Fürsten unter dem Patronat der T'ien-Sippe, die — ganz entsprechend der Entwicklung in Tsin — den größten Teil des Landes in ihren Besitz brachte, dann wurde im Jahre 408 (nach den „Bambusbüchern", 386 nach Ssĕ-ma Ts'ien, vergl. oben S. 102) T'ien Ho als selbständiger Fürst anerkannt, und wenige Jahre später, 379, fand das unwürdige Schauspiel ein Ende: das Haupt der Familie T'ien wurde „König *(wang)* von Ts'i". Das ruhmvolle Geschlecht des T'ai kung wang (s. oben S. 136 u. 139) war unrühmlich erloschen. Aber das neue Haus wußte noch einmal dem großen Staate zu einer kurzen Machtstellung zu verhelfen.

Auch auf der anderen Seite der Innenstaaten, im Westen, hatte die bisher anscheinend so teilnahmlos gebliebene Großmacht Ts'in sich nunmehr zu regen begonnen. Der Zerfall von Tsin im 5. Jahrhundert eröffnete die Aussicht, die gesperrten Tore nach Osten sprengen zu können. Die entsagende Haltung von Ts'in im 6. und 5. Jahrhundert war nicht immer freiwillig. Weniger zwar als die übrigen Staaten, namentlich Tsin und Ts'i, wurde es durch innere Kämpfe geschwächt, aber frei davon blieb es auch nicht. Wir wissen nicht allzuviel über die Zustände in jener Periode, wenn indessen im Jahre 425 der Herzog Huai von seinen Ministern erschlagen wird, und diese seinen Enkel zum Nachfolger ausrufen, so läßt dies jedenfalls auch auf zeitweilige starke innere Unruhen schließen. Auch die Kämpfe mit den Jung-Völkern im Nordwesten bis gegen das heutige Lan-tschou hin, sowie die ständige Feindschaft mit Tsin einerseits und Tsch'u andererseits wegen der Grenzgebiete zwangen das Land zu ständiger Verteidigungsbereitschaft, bis es stark genug wurde, zum Angriff überzugehen. War im Osten der Streitgegenstand Ho-si, das schützende Flankengelände vom Ausgang aus dem Weï-Becken, ein in seinen südlichen Teilen durch tiefe Löß-Schluchten zerrissenes Gebiet, so war dies im Süden Nan-tschêng, das heutige Hantschung, der Knotenpunkt der ganz wenigen Zugänge aus dem Weï-Tal nach Süden, vor allem der einzigen gangbaren Paßstraße im Nordwesten des Ts'in-ling (s. oben S. 24) auf der einen Seite, der Flußtäler nach Ssĕtsch'uan, sowie im besonderen des hier schiffbar werdenden zum Yang-tsĕ führenden Han-Flusses auf der anderen, also der Schlüssel zum Westen und Süden. Um diese beiden Gebiete gingen die Jahrhunderte währenden Kämpfe mit Tsin und mit Tsch'u, an ihnen hing das Schicksal von Ts'in. Eine Entscheidung in diesen Kämpfen war mit Beginn des 4. Jahrhunderts noch nicht gefallen, noch nicht einmal erkennbar. Von 419 ab war Ts'in im Stande, mehrere Grenzorte von Ho-si nach Vertreibung der Tsin-Truppen gegen den Huang ho zu befestigen, so in der Nähe von Schao-liang (dem heutigen Han-tsch'êng, s. oben S. 7) im Norden und im Gebiet des heutigen T'ung-tschou im Süden. Im Jahre 387 wurde Nan-tschêng erobert. Aber in Folge neuer innerer Thronstreitigkeiten ging alles Gewonnene wieder verloren. Weï, das jetzt die Grenze mit Ts'in hatte, wollte diese endgültig abriegeln und erbaute zu diesem Zwecke eine „Große Mauer" (wie Ssĕ-ma Ts'ien

Kap. 5 fol. 21 v⁰ u. Kap. 44 fol. 7 v⁰ berichtet), und zwar vom Süd-Ufer des Weï-Flusses bei Tschêng, nördlich vom heutigen Hua anfangend, am Lo-Fluß entlang nach Norden bis nördlich von der heutigen Stadt Mi-tschi reichend, wo sie sich an die wichtige Grenzsperre von Ku-yang anschloß. Das ganze Gebiet bis zum Rande des Ordos-Landes (s. oben S. 21) wurde so von Weï besetzt gehalten. Die Gebiete südlich von Han-tschung gehörten den Staaten Pa (östliches Ssĕ-tsch'uan) und Kien-tschung (nordwestliches Hu-nan und östliches Kueï-tschou). Erst mit der Teilung von Tsin und nach der Thronbesteigung des Herzogs Hien 384 und der seines großen Sohnes Hiao 361 in Ts'in begannen die Dinge sich entscheidend zu ändern. Unter diesen beiden hervorragenden Herrschern wurde das ganze Staatswesen von Grund auf reformiert. Der Herzog Hiao suchte an sich zu ziehen was sich an militärischen oder Verwaltungstalenten darbot. Die Bevölkerung, in der Hauptsache wohl hunnisch-türkischen Stämmen angehörend, war tapfer und kriegerisch, aber zugleich auch arbeitsam und willig für staatliche Ordnung. Hiao hat aus diesem Material mit Hilfe auserwählter Männer seine Macht geschmiedet und ihren Namen durch das ganze innere Asien bis nach Indien verbreitet (s. oben S. 156). Vor allem war es der so berühmt gewordene Weï Yang, auch Kung-sun Yang genannt, der die neue Staatsform von Ts'in schuf, und auf den wir noch zurückzukommen haben werden. Er entstammte der fürstlichen Familie des alten Weï-Staates und war auf einen allgemeinen Aufruf des Herzogs Hiao hin nach Ts'in gekommen. Zur Belohnung seiner Wirksamkeit erhielt er später zwei kleine Lehen, eins östlich von der heutigen Stadt Schang hien im südlichen Schen-si, das den Namen Schang hatte, und eins mit Namen Yü im südwestlichen Ho-nan, westlich von der heutigen Stadt Nan-yang (man ersieht hieraus, wie weit bereits die Macht von Ts'in nach Osten vorgeschoben war). Von dem ersteren der beiden Lehen trägt Weï Yang den Titel Schang kün d. h. „Fürst von Schang" oder Schang Yang d. h. „Yang von Schang", unter dem er der Nachwelt bekannt geblieben ist. Schang Yang war Feldherr und Verwaltungs-Genie zu gleicher Zeit, er hat dem Staate seine neue innere Ordnung gegeben und die Eroberung wichtiger Grenzgebiete ermöglicht. In manchen seiner Auffassungen anknüpfend an den ihm wesensverwandten Kuan Tschung (s. oben S. 160 f.), war er frei von den Fesseln der Überlieferung und lehnte die Unwandelbarkeit von Staats-Maximen ausdrücklich ab. So sah sein Staatsbegriff anders aus als der theokratisch-moralische der Tschou: statt auf dem Grundgedanken des ethisch-religiösen Gefühls baute er seine Gesellschaft auf dem des Rechts, der vom Herrscher verordneten Norm auf und danach handelte er. Mit blutiger Strenge unterdrückte er das Räuberwesen und schuf eine vorbildliche Sicherheit im Lande. „Auf den Straßen nahm man nicht auf, was (Andere) verloren hatten, und in den Bergen wohnten keine Räuberbanden mehr" sagt der Biograph des Schang Yang. Die Bevölkerung wurde (angeblich, der Text wird verschieden erklärt) in Gruppen zu fünf und zehn Familien eingeteilt, die alle für ihre

Einzelglieder bei Ungesetzlichkeiten hafteten. Die militärischen Dienstleistungen wurden regelrecht verteilt, Tapferkeit erhielt hohen Lohn, Feigheit strenge Strafe, vor allem aber wurde das Volk zum Ackerbau mit schärfsten Mitteln angehalten, damit die Kräfte des Landes und der Bevölkerung zum Besten des Staates ausgenutzt würden. „Wenn das Land ausgedehnt ist“ lehrt er, „aber nicht beackert wird, so ist das ebenso wie wenn kein Land da wäre; und wenn das Volk zahlreich ist, aber nicht ausgenutzt wird, so ist das ebenso wie wenn kein Volk da wäre.“ Ackerbau und Wehrmacht galten als die Säulen des Staates. Schang Yang führte deshalb eine neue Landordnung mit eingetragenen, fest abgegrenzten Einzel-Grundstücken ein, setzte die Abgaben nach bestimmten Sätzen fest, vereinheitlichte Maße und Gewichte und verlieh angeblich dem Bauern eine freie Verfügung über seine Grundstücke. Das Staatsgebiet wurde verwaltungsmäßig in 31 große Bezirke *(hien)* eingeteilt mit je einem Präfekten an der Spitze. Das Volk murrte zuerst über die unerbittliche Strenge der Gesetze, aber allmählich wurde man der Ordnung froh, und nach Ablauf mehrerer Jahre „waren die Leute von Ts‘in so reich und mächtig, daß der Himmelssohn dem Herzog Hiao Opferfleisch vom Ahnentempel (als Auszeichnung) sandte, und alle Fürsten ihn beglückwünschten“. Schang Yangs System war der erste Vorstoß neuer Begriffe in die universalistische Gedankenwelt der Gründer des Tschou-Reiches und ihrer Vorgänger. Trotz seines offensichtlichen glänzenden Erfolges ist sein Urheber das Opfer seines Werkes geworden. Seine unerbittlichen Gesetze, die sogar vor der Person des Thronfolgers nicht Halt gemacht hatten, wurden nach dem Tode des Herzogs Hiao von dem nun zur Regierung gekommenen Sohne meist aufgehoben, er selbst ward von dem neuen Fürsten und dessen von Rachedurst erfülltem Anhange nach einer langen Jagd auf Leben und Tod in grauenhafter Weise ermordet, seine Familie ausgerottet. Aber ohne Folgen ist das neue System nicht geblieben. Stärkere Hände haben es, wie wir später sehen werden, wieder aufgenommen; auch sie haben zwar den beharrenden Kräften des Altertums später weichen müssen, aber ihre Spuren sind in dem künftigen Staate doch wirksam geblieben.

Wie im Inneren, so war auch auswärts Schang Yangs Tätigkeit von einer kaum unterbrochenen Reihe von Erfolgen begleitet. Nach mehreren Kämpfen mit Weï wurde 352 die „Große Mauer“ durchbrochen und die Hauptstadt Ngan-yi (s. oben S. 181) erobert. In Folge weiterer siegreicher Einbrüche verlegte Weï unter seinem als Wissenschaftsfreund berühmten Fürsten Hui im Jahre 340 seine Hauptstadt nach Ta-liang, dem heutigen K‘ai-fêng, ein Ereignis, das den Staat nunmehr auch unter dem Namen Liang in der Geschichte erscheinen läßt. Damit wurde der Westen tatsächlich an Ts‘in preisgegeben. Die neu gewonnene Stellung erlaubte es Ts‘in nunmehr, auch die Hauptstadt aus dem entlegenen Winkel bei Fêng-siang, wo sie seit der Gründung des Staates im Jahre 762 lag (s. oben S. 156), in das Weï-Becken nach Osten vorzuschieben, und zwar in jene seit dem hohen Altertum erstrebte und umkämpfte Ausweitung, wo heute die Großstadt Si-ngan liegt (s. oben S. 7). Dieser gegenüber, auf der Nordseite des Flusses, eine deutsche Meile östlich von der heutigen Stadt Hien-yang, wurde im Jahre 350 vom Herzog Hiao der neue Regierungssitz erbaut. Er erhielt den Namen Hien-yang d. h. „überall (sowohl in Bezug auf den Fluß wie auf das Gebirge) die yang- (bevorzugte) Seite habend", so benannt, weil die neue Stadt auf der Nordseite des Flusses (also *yang*) und der Südseite der Berge (also auch *yang*) lag. An die Stelle, die von den Tschou einst wegen der Bedrohung durch die Hunnen geräumt werden mußte, rückte Ts'in, der Besieger dieser gefährlichen Feinde, nunmehr nach. Der Tschou-König im Osten aber, der Herrscher ohne Land, Hien wang, mußte selbst in aller Demut zum Triumph der vorrückenden „Barbaren"-Macht beitragen. Im Jahre 344 versammelte der Herzog Hiao, auf der Höhe seiner Siege stehend, die Fürsten in der Stadt der Tschou, und das Jahr darauf wurde ihm die Würde des Präsidialfürsten übertragen, die dritte und letzte Investitur der entweltlichten Tschou-Könige. Aber die Annalen von Ts'in verzeichnen auch, daß 342 der Herzog durch einen seiner Prinzen „an der Spitze eines Heeres" die Fürsten in der Nähe von K'ai-fêng versammeln ließ, und daß dieser danach zur Audienz beim „Himmelssohn" ging. 338 starb der Herzog Hiao. Unter seinem Sohn und Nachfolger Hui erfuhr die glänzende Machtstellung des Staates keine Einbuße. Könige und Fürsten wetteiferten um die Gunst des Herrschers, der dem Schöpfer seiner Macht so übel gedankt hatte. Weï erscheint dem vorwärtsdrängenden Eroberer gegenüber vollkommen wehrlos, um so seltsamer wirkt es, wenn — die Nachrichten gehen allerdings auseinander, und die Chronologie der „Bambusbücher" weicht hier stark von der Ssĕ-ma Ts'iens ab — der Fürst Siang von Weï der (nach Ssĕ-ma Ts'ien), im Jahre 334 auf seinen Vater, den erwähnten Fürsten Hui, gefolgt war, die Fürsten zusammenberuft, und wenn dabei die in schwerstem Daseinskampfe stehenden Territorialherren nichts Besseres wissen, als sich gegenseitig den Titel „König" *(wang)* beizulegen, Siang selbst ihn auch nachträglich noch seinem Vater verleiht. (Nach den „Bambusbüchern" starb der Fürst Hui erst im Jahre 319). Sowohl der Fürst Hui von Weï, wie Hui von Ts'in sollen (die Nachrichten sind zweifelhaft) mit der Annahme der Königswürde auch eine neue Zeitrechnung, zum zweiten Male beginnend mit dem Jahre 1 ihrer Regierung, eingeführt haben. Das Schicksal aber nahm seinen Lauf: 332 wird das ganze östliche Weï-Becken bis zum Huang ho abgetreten, 330 geht nach einer neuen vernichtenden Niederlage des Tsin-Staates das viel umkämpfte Ho-si endgültig in den Besitz von Ts'in über, aber nicht genug damit, wird im folgenden Jahre von den Heeren des West-Fürsten der Huang ho überschritten, das Mündungsgebiet des Fên-Flusses erobert und im Süden ein Teil der großen Straße bis zu dem wichtigen Platze Tsiao, der heutigen Stadt Schên, am Südufer des Huang ho, besetzt, 328 werden die von Weï so sorgsam befestigten Gebiete von Ho-si nördlich bis zum Ordos-Lande abgetreten. Während der folgenden Jahre gehen die Kämpfe gegen die „drei Tsin" unerbittlich weiter; 318 schließen sich die Staaten Han, Tschao, Weï, Yen und Ts'i mit Tsch'u zusammen und verbünden sich mit den Hiung-nu, um einen letzten verzweifelten Versuch zu machen, den furchtbaren Gegner aufzuhalten. Uneinigkeit der Verbündeten machte den Erfolg von vornherein zweifelhaft. Der aus Weï stammende, aber im Dienste von Ts'in stehende, Minister Tschang Yi, der nach Weï übergetreten war, riet dort dringend zur Unterwerfung unter das unbesiegbare Ts'in, fand aber kein Gehör, und so trat die Katastrophe ein: die Heere der Verbündeten wurden tief in Ho-nan, bei der heutigen Stadt Hü, südwestlich von K'ai-fêng zerrieben, ihre Generale gefangen, und — wie der Chronist trocken bemerkt — 82000 Köpfe abgeschlagen. Tschang Yi trat in die Dienste von Ts'in zurück. Weï und Han wurden zu bloßen Schutzstaaten von Ts'in, Han mußte seinen Thronfolger als Geisel ausliefern. Ein Friedensvertrag sicherte die Eroberungen. 325 hielt es auch der Herzog Hui für zweckmäßig, sich den Titel König *(wang)* beizulegen und zugleich damit eine neue Jahreszählung nach Art der Königlichen, beginnend mit dem Worte *yuan* für eins, einzuführen. Der Chronist der Tschou bemerkt dazu bitter: „Danach wurden alle Fürsten zu Königen" *(Schi ki* Kap. 4 fol. 33r⁰). Es ist indessen nach den Quellen nicht mit Sicherheit festzustellen, ob diese Bemerkung berechtigt ist. Nach mehrfachen Angaben der Annalen sollen die Innen-Staaten mit dieser bisher nur von „Barbaren"-Staaten geübten Anmaßung Königlicher Vorrechte dem Fürsten von Ts'in vorangegangen sein, jedenfalls wurde der Titel „König" in den letzten zwei Jahrzehnten des 4. Jahrhunderts von allen größeren Staaten geführt, mit Ausnahme von Tschao, das ihn unter Hinweis auf den beschämenden Gegensatz zwischen Schein und Wirklichkeit ablehnte. Auch für den religiösen Nimbus des Himmelssohnes kam das Ende heran. Der Weg nach Osten lag nunmehr offen für die weiteren Pläne von Ts'in — und diese scheinen schon damals sehr weit gesteckt gewesen zu sein —, ein glücklicher Zufall und seine entschlossene Ausnutzung machte auch den nach dem Süden frei. Die Sage erzählt, daß der König von Schu (in Ssĕ-tsch'uan) selbst, durch die Kunde von Gold ausscheidenden Rindern in Ts'in verlockt, von fünf Riesen seines Landes jene berühmte Kunststraße über die unzugänglichen Ketten des Ts'in ling habe bauen lassen, die heute noch die wichtigste Verbindung zwischen Si-ngan und Ssĕ-tsch'uan bildet (s. oben S. 24). Auf dieser Straße sei dann das Heer von Ts'in in Schu eingerückt. In Wirklichkeit scheint ein zwischen den einheimischen Fürsten von Schu und von Pa ausgebrochener Streit, bei dem gerade das Gebiet von Han-tschung eine Rolle spielte, und ein von Pa an den König Hui von Ts'in gerichteter Hilferuf dem letzteren den willkommenen Anlaß zum Vorgehen geboten zu haben. Im Jahre 316 überschritt sein Heer auf der „Pfeiler-Straße" das Gebirge, brach in Schu ein und annektierte nach der Vernichtung von dessen Streitkräften das Land, unmittelbar danach mußte Pa dasselbe Schicksal über sich ergehen lassen. Wenn man sich auf die Quellen (das *Schu tschi* im *Hua yang kuo tschi* aus dem 4. Jahrhundert n. Chr.) verlassen kann, bestand schon bei den Vorbereitungen zu der Expedition nach Schu in Ts'in der weitere Plan, nach der Eroberung des Gebietes südlich vom Ts'in ling auf dem Han-Fluß gegen Tsch'u vorzugehen. „Erlangen wir Schu", erklärte der Feldherr des Königs, „so bekommen wir Tsch'u; ist Tsch'u vernichtet, so hat man das Weltreich in einer Hand zusammen." Wir haben früher gesehen, wie Tsch'u, die Wichtigkeit des Gebietes von Schu und Pa vielleicht früher erkennend als Ts'in, seine Vorstöße den Han aufwärts unternommen hatte und die beiden Staaten unter seinen Einfluß zu bekommen bemüht war (s. oben S. 159). Der Erfolg war kein dauernder gewesen, um so tatkräftiger sorgte jetzt Ts'in dafür, daß die eroberten Länder trotz weiterer Kämpfe mit Tsch'u fest in seiner Hand blieben: sie wurden dem eigenen Verwaltungsystem eingegliedert, der Sohn des Königs Hui wurde Lehensfürst von Schu, und um der neuen Regierung den nötigen Halt zu geben, wurden 10000 Familien aus Ts'in dorthin übergesiedelt (vergl. oben S. 55). Dann wurden die großen Ortschaften, wie Tsch'êng-tu, ummauert, Handel und Verkehr erhielten Förderung und feste Ordnungen, selbst für Entwässerung des flußreichen Landes durch Anlage von Seen scheint man gesorgt zu haben; kurzum die Herrscher von Ts'in haben in dem von der Natur reich bedachtem Lande ein großes Kulturwerk geleistet (vergl. oben S. 25f.). Das Lehensverhältnis bewährte sich freilich auch an dieser Stelle nicht: boshafte Intriguen, vermeintlicher und wirklicher Hochverrat, schließlich die Sorge vor Unabhängigkeitsgelüsten bewirkten, daß im Jahre 285 die Gebiete eine reine Provinzialverfassung erhielten. Nachdem Ts'in die „drei Tsin" nicht mehr zu fürchten hatte, seine eigene Macht aber durch die Eroberungen in Schen-si, Schan-si und Ho-nan, im Westen durch die der Jung-Gebiete bis über die heutige Stadt P'ing-liang in Kan-su hinaus, im Süden durch die Angliederung der reichen Länder von Ssĕ-tsch'uan um ein gewaltiges vermehrt worden war, mußte das letzte, nun immer sichtbarer werdende Ziel seiner Politik die Auseinandersetzung mit dem großen Nebenbuhler des Südens, mit Tsch'u sein.

Von der völligen Erschöpfung, in die dieser Staat durch die Kämpfe seiner ehrgeizigen Fürsten, die schweren inneren Wirren und die Niederlagen in den Kriegen mit Wu bis zum Ende des 6. Jahrhunderts verfallen war, hatte er sich im 5. Jahrhundert wieder erholt. Unter blutigen Streitigkeiten im Lande hatte der König Hui seit 488 seine Regierung führen müssen, erst 481 traten gesicherte Verhältnisse ein, und 479 war er bereits im Stande, Tsch'ên, dann 447 Ts'ai und 445 K'i, drei kleine Innen-Staaten von Ho-nan, zu annektieren. Auch das große Ts'i fühlte sich jetzt durch den mit neuer Kraft erfüllten Südstaat so bedroht, daß es unter dem Fürsten Süan (455—405) seine Grenze gegen ihn durch eine große Mauer befestigte, die nach den Quellen, die Tschang Schou-tsie (zu *Schi ki* Kap. 40 fol. 31r⁰) anführt, von P'ing-yin am Huang ho (südwestlich von Tsi-nan) nördlich um den Berg T'ai schan herum nach Südosten zur

Meeresküste bei Lang-ya, südlich von der Kiau-tschou-Bucht (s. oben S. 158) lief und etwa 600 km lang war. Solche weit ausgedehnten Grenzbefestigungen durch „Lange Mauern", wie sie im chinesischen genannt werden (vergl. auch oben S. 182f.), d. h. nicht etwa massive Mauern, sondern Erdwälle mit kyklopischen Steinaufschichtungen, müssen in China in der zweiten Hälfte des 5. Jahrhunderts v. Chr. aufgekommen sein, d. h. wohl zu einer Zeit, wo die Nordstaaten von den türkischen Hunnenvölkern durch Vermittlung von Ts'in die Reiterei an Stelle der Kriegswagen als Heeresbestandteil übernahmen. Auch das bekannte Lied im *Schi king (Siao ya* I, 8), das vom „Bau eines Walles im Nordgebiet auf Befehl des Himmelssohnes" singt, dessen Abfassungszeit hoch hinaufgerückt wird, in Wirklichkeit aber nicht bekannt ist, ändert daran nichts. Außer der „Großen Mauer" von Ts'i gegen Tsch'u und der von Weï gegen Ts'in erfahren wir auch *(Schi ki* Kap. 43 fol. 16r⁰) von einer im heutigen Tschi-li, die ein Fürst von Tschung-schan im Jahre 369 gegen Tschao baute. Das Gebiet von Tschung-schan lag an den Ost-Abhängen der Bergzüge von Schan-si etwa mit der heutigen Stadt Tschêng-ting als Mittelpunkt; wo aber die Mauer sich entlangzog, wissen wir nicht. Es ist nicht unmöglich, daß sie an derselben Stelle war, wo heute noch ein zur Hauptmauer senkrecht gestellter Nord-Süd-Zweig westlich von Tschêng-ting an der Grenze von Schan-si entlangzieht. Auch aus Tsch'u wird von einer allerdings kürzeren Grenzmauer *(Schi ki* Kap. 23 fol. 7r⁰) berichtet, die mit den Bergwäldern und dem Han-Strom das Land gegen Ts'in sichern sollte. Nach anderen Angaben *(Kua ti tschi* Kap. 7 fol. 10v⁰) soll sie sich auf der Südseite eines Bergzuges südöstlich von der heutigen Stadt Tschu-schan in Nord-Hu-peï befunden haben und etwa 7 km lang gewesen sein.

Die Vernichtung von Wu durch Yüe 473 erleicherte für Tsch'u die Lage, indem es von den Bedrohungen seines unruhigen Erbfeindes befreit wurde. Yüe war ein weit weniger gefährlicher Nachbar. Der König Kou-tsien, der dem Küstenstaate von Tschê-kiang seine plötzliche Machtstellung verschafft hatte, scheint eine Anomalie unter den Fürsten gewesen zu sein. Von seinen Nachfolgern wie von seinen Vorgängern hören wir außer den Namen fast nichts, nur die „Bambusbücher" verzeichnen einige Tatsachen, die auf innere Kämpfe schließen lassen. Am Ende des 5. Jahrhunderts muß Yüe aber seinen Einfluß noch, vermutlich auf dem Seewege, bis nach Schan-tung ausgedehnt haben, wenigstens wird aus dem Jahre 415 noch von Eroberungen dort berichtet. Auch der König Wu-k'iang, der nach der genannten Quelle im Jahre 357 zur Regierung kam, lag im Kampfe mit Ts'i und „kämpfte mit den Innen-Staaten um die Macht" *(Schi ki* Kap. 41 fol. 7v⁰). Ein von Ts'i abgesandter redegewandter Dialektiker wußte dem „Barbaren" klar zu machen, daß es für ihn weit aussichtsreicher sei, Tsch'u zu bekriegen als die Staaten des Nordens, Wu-k'iang ließ sich überzeugen und richtete seinen Angriff gegen Tsch'u, um nach dessen Besiegung Präsidialfürst zu werden. Das war das Ende von Yüe. Sein Heer wurde 333 vernichtet, der König selbst getötet. Das ganze ehemalige Gebiet von Wu und das Land südwärts bis zur Mündung des Stromes Tschê-kiang, d. h. bis zu der heutigen Stadt Kan-pu an der Hang-tschou-Bucht (s. oben S. 12) kam zu Tsch'u. Das Fürstenhaus von Yüe löste sich auf und fiel wohl in seinen früheren Häuptlingszustand zurück. Die einzelnen Mitglieder besaßen noch ihre Ufergebiete südlich der Bucht, aber sie blieben Vasallen von Tsch'u. Damit war der ganze Süden, d. h. das riesige Yang-tsĕ-Becken von den Grenzen von Ssĕ-tsch'uan bis zum Mündungs-Delta des Stromes in einer Hand. Immer größere Zusammenballungen der Macht vollzogen sich, das Nordreich und das Südreich standen sich drohend gegenüber. Was dazwischen lag, hatte nicht mehr allzu viel zu bedeuten und schwächte sich außerdem selbst durch unablässige Kämpfe und politische Ränke. Seit der Auflösung von Tsin schien jedes Gemeinschaftsgefühl geschwunden zu sein. Ts'i, der mächtigste unter den Innen-Staaten, bedrängte durch seine Übergriffe die anderen, aber die drei Tsin-Staaten, unter denen Weï jetzt meist die Führung hatte, waren untereinander so verfeindet, daß eine Abwehr dagegen so wenig möglich war wie die gegen die großen Außenstaaten. Gegen Ende des 4. Jahrhunderts hebt sich deutlich das Machtdreieck der peripherischen Staaten Tsch'u, Ts'in und Ts'i ab, alles andere sinkt zur Bedeutungslosigkeit herab. Weï (von ihm abhängig das ältere Weï), Tschao, Han liegen unter dem Schwerte von Ts'in, Sung und Lu unter dem von Tsch'u, Yen und auch Lu unter dem von Ts'i. Der weit nach Norden in die damals noch sumpfigen Niederungen von Nord-Tschi-li vorgeschobene Staat Yen (s. oben S. 136) konnte in der Geschichte wenig hervortreten. Seine Kräfte wurden vollauf in Anspruch genommen durch Abwehr- und Kolonisationskämpfe gegen die Hunnen des Nordens und die kriegerischen Stämme des Nordostens, sowie durch die Übergriffe seines mächtigen Nachbars Ts'i. Herzog Huan von Ts'i, der erste Präsidialfürst, war im Jahre 664 dem durch die „Berg-Jung" bedrängten Lande zu Hilfe gekommen und hatte nach Zurücktreibung der Feinde das eroberte Gebiet dem Fürsten von Yen überlassen. Von da ab scheint erst eine Festigung des reinen Kolonialstaates eingesetzt zu haben, indessen sind die Angaben der Annalen über keinen Staat so kümmerlich wie über diesen, so daß wir von seiner Geschichte so gut wie nichts wissen. Die Gebirgsumwallung zog ja für diesen Winkel der Großen Ebene (s. oben S. 3f.) im Norden die natürliche Grenze, und über die Vorberge kann die chinesische Macht auch während der Tschou-Zeit nicht hinausgelangt sein. Dagegen ist die Herrschaft der Fürsten von Yen nach Nordosten am Golf von Liao-tung entlang, vielleicht auch darüber hinweg in das Alluvial-Tal des Liao-Flusses (s. oben S. 18f.) und, zu Lande oder zu Wasser, bis in die Nähe der Grenzen des heutigen Korea vorgedrungen und hat dort (nach Ssĕ-ma Ts'ien Kap. 115 fol. 1r⁰ f.) zur Zeit der Kampf-Staaten (vielleicht am Ausgang des 4. Jahrhunderts) festen Fuß gefaßt. Auch der Eroberer von Tschao-sien, damals der äußerste Nordwesten von Korea in der Gegend des heutigen Pyöng-yang, war ein Angehöriger von Yen, der im Jahre 194 v. Chr. den einheimischen Fürsten vertrieb und sich an seine Stelle setzte (s. unten). Von inneren Wirren und Thronstreitigkeiten ist auch Yen nicht verschont geblieben, sie drohten im letzten Viertel des 4. Jahrhunderts den Untergang des Staates herbeizuführen; im Jahre 314 griff Ts'i ein und besetzte das Land, und während der nächsten zwei Jahre blieb es ganz unter der Herrschaft des großen Nachbarn. Dann aber, unter dem Fürsten Tschao (312—279), erlebte der Staat eine kurze Blütezeit. Der kluge Herrscher verstand es, Männer mit politischem und militärischem Verständnis in seine Nähe zu ziehen und durch eine geschickte Diplomatie das Land innen- und außenpolitisch auf eine bis dahin nicht gekannte Höhe zu bringen. Im Jahre 284 war ihm auch, allerdings mit Hilfe der sämtlichen Gegner Ts'is, ein Triumph über diesen Erbfeind von Yen beschieden, und er hat die Lage gründlich ausgenutzt. Die Truppen von Yen plünderten und verbrannten die Hauptstadt von Ts'i und richteten ein furchtbares Gemetzel unter der Bevölkerung an. Der größte Teil von Schan-tung kam zeitweilig unter die Botmäßigkeit von Yen.

Um diese Zeit muß auch das erfolgreiche Unternehmen gegen die Tung Hu, die „Hunnen des Ostens" durchgeführt worden sein, von dem Ssĕ-ma Ts'ien bei einer anderen Gelegenheit (Kap. 110 fol. 6r⁰) berichtet. „Später", (d. h. nach dem siegreichen Vordringen des Königs Wu-ling von Tschao gegen die Hiung-nu im Jahre 300, s. unten) so sagt er dort, „gab es in Yen einen tüchtigen Heerführer Namens Ts'in K'ai. Er war als Geisel bei den Hunnen gewesen, und diese hatten ihm ihr volles Vertrauen geschenkt. Zurückgekehrt, überfiel er die Hunnen des Ostens, besiegte sie und trieb sie tausend *li* zurück. Jener Ts'in Wu-yang, der später zusammen mit King K'o den König von Ts'in ermorden wollte (s. unten S. 198), war ein Enkel des Ts'in K'ai. Auch Yen baute eine „Große Mauer", die von Tsao-yang (Gegend um die heutigen Städte Huai-lai und Yen-k'ing, östlich von Süan-hua) nach Siang-p'ing (Gegend um das heutige Liao-yang in der südlichen Mandschurei) lief, und bildete die Marken Schang-ku (Gegend um den Paß von Kü-yung kuan zwischen Tsch'ang-p'ing und Huai-lai), Yü-yang (östlich davon, Gegend von Ki und Mi-yün in Nord-Tschi-li), Yu Peï-p'ing (weiter östlich, Gegend um Yung-p'ing in Nordost-Tschi-li), Liao-si und Liao-tung (Gegend westlich und östlich vom Liao-Fluß in der Süd-Mandschurei, vergl. oben S. 14), um die Hu abzuwehren". Yen hat somit das Verdienst, den äußersten Nord-Osten bis auf die Paßhöhe der ersten Ketten in der Gebirgsumwallung der Pekinger Ebene und bis zu der Alluvialebene des Liao-Flusses in das Reich eingefügt zu haben. Aber auf die kurze Zeit des Glanzes folgte schon wenige Jahre später für den Nordstaat der Rückschlag: Yen unterlag dem ersten neuen Ansturme von Ts'i und danach dem von Tsch'u und seinen Verbündeten. Durch einen im Jahre 251 unternommenen Gegenangriff gegen das durch die Kämpfe mit Ts'in geschwächte Tschao verschlimmerte es sein Schicksal: es unterlag selbst diesem Gegner gegenüber und blieb seiner Rache ausgesetzt bis ans Ende. Yen war während dieser ganzen Periode der kraftloseste unter den Staaten.

Die kläglichste Rolle in diesem gewaltigen politischen und kulturellen Umbildungsprozeß während der vier Jahrhunderte nach Entstehung der Präsidialmacht spielt das Königliche Haus der Tschou, auf dessen Verfall wir immer wieder hingewiesen haben. Seine Geschichte ist reine Passivität, es bildet den Gegenstand von Erpressungen, Demütigungen und Ränken der Fürsten und fristet sein Dasein zuletzt nur noch von der Eifersucht der feindlichen Machthaber, die sein Erbe antreten wollen. Es bleibt erstaunlich, daß sich dieses Dasein, selbst in der schattenhaften Form, so lange hat hinziehen können, und nur die beiden öfter erwähnten Momente, die breit verwurzelte Sippenverwandtschaft und die tief eingegrabene religiöse Scheu der Völker machen es erklärbar. Aber mit dem Verfall der Macht von Tsin vollzieht sich auch der von Tschou in beschleunigtem Maße. Der König King, im letzten Viertel des 6. Jahrhunderts, hatte sich gegen die Umtriebe der eigenen Familie nur durch die Hilfe von Tsin halten können, Mordtaten unter den Söhnen des Königs Ting brachten schließlich 441 den König K'ao zur Regierung. Um einem ähnlichen Schicksal wie dem seiner Brüder zu entgehen, mußte er die durch Mord erlangte Herrschaft mit seinem jüngeren Bruder teilen. Schon der König King hatte wegen der Kämpfe in der Hauptstadt die eigentliche Palast-Stadt Kia-ju (s. oben S. 115) aufgegeben und war nach der flußabwärts gelegenen „Unterstadt" oder Tsch'êng-tschou übergesiedelt. Da er sich dort völlig schutzlos fühlte, hatte er im Jahre 510 in Tsin flehentlich bitten lassen, dafür zu sorgen, daß die Stadt neue Mauern erhielte. Er wies darauf hin, wie einst der König Tsch'êng die Fürsten versammelt habe, um die neue Hauptstadt der Tschou zu ummauern, und bat, daß man dies zum Vorbild nehmen möge, damit er vor weiteren Ängsten und Gefahren geschützt werde. Die Fürsten hielten es für besser, die Stadt zu befestigen als beständig das Land zu bewachen, und unternahmen daher das Werk. Es war keine ruhmvolle Erinnerungsfeier für die einstige Stadtgründung unter den großen Herrschern ein halbes Jahrtausend früher. Die verlassene „König-Stadt" überließ K'ao seinem Bruder, der nunmehr den Titel Herzog Huan von Ho-nan erhielt, so daß von jetzt ab Ho-nan die Bezeichnung der Stadt am Lo wird, ein Name, den die heutige Stadt und Provinz behalten haben, während für Tsch'êng-tschou allmählich der Name Lo-yang üblich wird. König K'ao gab der Sache ein besseres Aussehen, indem er seinem Bruder dieselbe Stellung zu verleihen vorgab, die einst der Herzog von Tschou bei seinem Bruder Wu wang gehabt hatte. Das *Tso tschuan* (*Tschao kung* 23. Jahr) spricht freilich schon vom Jahre 519 — wohl die Dinge vorwegnehmend! — von zwei Königen, einem östlichen und einem westlichen. Nach den Annalen der Tschou (*Schi ki* Kap. 4 fol. 32r⁰) dagegen entwickelten sich die Dinge erst allmählich dazu. Der Enkel des Herzogs Huan von Ho-nan, der Herzog Hui, „belehnte (i. J. 426) seinen jüngeren Sohn mit der Landschaft Kung (die heutige Stadt Kung hien am Lo-Fluß nahe seiner Mündung), damit er dem König zur Hand gehe; sein Titel war Herzog Hui von Ost-Tschou".

Daraus darf man schließen, was in späteren Quellen auch ausgesprochen wird, daß der Herzog von Ho-nan seinen Titel in den eines Herzogs von West-Tschou umgewandelt habe. Die Annalen von Tschao (a. a. O. Kap. 43 fol. 16 r°) aber haben die sonst nicht bezeugte Nachricht, daß im Jahre 368 „Tschao gemeinsam mit Han Tschou angegriffen und im Jahre 367 in zwei Teile geteilt habe.“ Mit dieser Teilung waren die Könige eigentlich nur noch priesterliche Schloßherren, sie hatten nicht viel mehr weltlichen Besitz als die Päpste nach dem Verlust des Kirchenstaates. Die Annalen geben denn auch von dieser Zeit ab nur noch die dürre Namenliste der Könige, bis vom König Nan (314—256), dem letzten der Dynastie, berichtet wird, daß „zu seiner Zeit Ost- und West-Tschou die Regierung teilten“, und daß „der König Nan seinen Sitz wieder nach West-Tschou verlegte“ (a. a. O. fol. 33 r° f.). Danach gab er also die Hauptstadt Tsch'êng-tschou wieder auf und ging nach Ho-nan zurück. Die beiden Zwerggebiete von Tschou haben aber während dieser letzten Jahrzehnte ihres Daseins doch noch die Möglichkeit gehabt, sich gegenseitig zu bekämpfen und entgegengesetzte Politik auch Ts'in gegenüber zu betreiben. Unter solchen Umständen kann die Nachricht der Ts'in- und der Tsch'u-Annalen (a. a. O. Kap. 5 fol. 29 r° und Kap. 40 fol. 29 v°) kaum noch überraschen, daß im Jahre 288 Ts'i und Ts'in sich selbst den altehrwürdigen Titel *ti* (Kaiser) der Vor-Tschou-Zeit beilegten, und zwar Ts'i den eines „Kaisers des Ostens“ und Ts'in den eines „Kaisers des Westens“. Vornehmlich in Folge der Haltung des berühmt gewordenen Politikers Su Tai, Ratgebers des Königs von Ts'i, gaben sie die Bezeichnungen allerdings nach etwa einem Monat wieder auf und nannten sich wieder König. Die Anregung war von Ts'in ausgegangen, aber bei der Kürze der chinesischen Angaben sind die wahren Beweggründe nicht zu erkennen. Daß etwa der König von Ts'in die Absicht gehabt habe, die Gesamtmacht des Reiches mit Ts'i zu teilen, ist bei den gewaltigen Erfolgen seiner Waffen im Westen und Süden ganz unwahrscheinlich. Irgend eine fehlgeschlagene List scheint in dem Vorschlage gesteckt zu haben. Jedenfalls bereitete sich das Kommende sichtbar vor.

Am Ende des 4. Jahrhunderts war die Frage nicht mehr, ob die Dynastie sich noch halten könne, sondern, welche von den drei Großmächten ihre Nachfolgerin werden würde. Und auch hierüber schwanden die Zweifel mehr und mehr: Ts'in mit der gewaltigen Festung seines Heimatstaates als Machtbasis, mit den nunmehr geöffneten Ausfalltoren nach Osten und Süden, mit der festen, zentralisierten Verwaltung im Inneren und mit dem tapferen, kriegsgewohnten Heere überragte die Anderen um ein bedeutendes. Die Entscheidung konnte nur dann zu seinen Ungunsten fallen, wenn ihm durch innere Wirren und Thronstreitigkeiten, diese verheerende Pest der großen und kleinen Staaten, die Kraft gelähmt wurde. Daß man in Ts'in unter dem Könige Hui und seinem Nachfolger Wu bereits entschlossen war, die Tschou zu beseitigen, kann nicht bezweifelt werden, darauf deuten schon die ständigen Bemühungen, in Schan-si und Ho-nan immer weiter Fuß zu fassen.

Eine nach dem Tode des ohne Sohn verstorbenen Königs Wu ausbrechende gefährliche Revolution der Prinzen des Herrscherhauses mit den Witwen von Hui und Wu und der Minister im Jahre 305 wurde von dem Vertrauensmanne der Mutter des jungen Königs Tschao-siang in einem Blutbade unterdrückt, in dem auch die Königin Witwe von Hui ihr gewaltsames Ende fand, aber die Ruhe und damit die Zukunft waren gerettet. Die Politik von Ts'in mußte immer darauf gerichtet sein, eine Vereinigung seiner Gegner, vor allem eine solche zwischen Tsch'u und Ts'i zu verhindern. Es hat diese Politik auch mit Geschick und Erfolg geführt und den aufkommenden Bündnissen immer mit den angemessenen Mitteln, sei es der Gewalt oder kluger Diplomatie, zu begegnen gewußt. Holte es zu einem neuen Schlage gegen Tsch'u aus, so hatten Ts'i und die ihm ergebenen kleinen Staaten nichts zu fürchten. Sie wurden durch Versprechungen und territoriale Zuwendungen in Ruhe gehalten, ja wenn es nötig schien, zögerte das stolze Reich nicht, nach der damals üblichen Art einen seiner Prinzen als Geisel zu stellen. Noch 267 finden wir den Thronerben von Ts'in als Geisel in Weï, wo er starb, und der König Tschuang-siang war als Prinz in der gleichen Eigenschaft in Tschao. Ging es im Osten vorwärts, so wurden in Tsch'u freundschaftliche Besuche mit klugen Reden der Versöhnung abgestattet, wie z. B. 313, als Ts'i angegriffen werden sollte und ein Bündnis mit dem Südstaate zu schließen im Begriff stand, oder man vereinbarte mit Tsch'u eine feierliche Heirat wie 293, als Han bekämpft wurde. Es kam wohl auch vor, daß Tsch'u und Ts'in zusammengingen, um Ts'i zu überfallen wie im Jahre 284. In der Tat scheint es uns heute kaum begreiflich, mit welcher Schnelligkeit Bundesverhältnisse mit erbitterten Kämpfen abwechseln. Das Zeitalter wird politisch beherrscht durch die Systeme, die von den Chinesen als „Längs und Quer" (*tsung-hêng*) bezeichnet werden. Es sind Bündnisse, die entweder auf einer Süd-Nord-(Längs) Linie geschlossen werden und die Staaten Tsch'u (Süden), Tschao, Weï, Han, (Mitte) Ts'i und Yen (Norden) umfassen, oder auf einer West-Ost- (Quer-) Linie und die Staaten Ts'in (Westen), Tschao, Weï, Han (Mitte), Ts'i und Yen (Osten) verbinden. Die ersteren richten sich mit Tsch'u gegen Ts'in, die zweiten mit Ts'in gegen Tsch'u. Man sieht, wie durch die Stellung der drei Tsin-Staaten am Kreuzungspunkt reiche Gelegenheit für politische Akrobaten-Kunststücke gegeben werden, und das *Tschan kuo ts'ê* enthält zahlreiche Reden von berühmt gewordenen Staatsmännern und reisenden Weisheitskündern (s. unten), die als Proben ihrer Gewandtheit und Erfindungskunst gelten können. Die Innenstaaten wählen bald die eine, bald die andere Linie, wie ihre eigenen Interessen es vorteilhaft erscheinen lassen, oder wie die Anerbietungen von dem einen oder dem anderen Ende bewertet werden. Der Ausdruck *tsung-hêng* hat einer ganzen politisch-philosophischen Schule den Namen gegeben (*tsung-hêng kia*). Ihre Gründung wird zwei berühmten von zahlreichen Legenden umrahmten Staatsmännern zugeschrieben: Su Ts'in, der bei den Innen-Staaten und bei Tsch'u für die Längs-Linie wirkte, und Tschang Yi, der die Politik Ts'in's auf der Quer-

Linie betrieb. Beide waren Schüler des „Philosophen vom Teufelstal", des Kueï ku tsĕ, der seinerseits ein Schüler des Lao tsĕ (s. unten) gewesen sein soll, und von dem wir trotz des ihm zugeschriebenen und noch erhaltenen kleinen Werkes nichts Sicheres wissen. Es würde weit über unseren Rahmen hinausgehen, wollten wir das Hin und Her der Bündnisse und Gegenbündnisse, der Kämpfe und Überfälle, der Listen und Lockungen in diesen letzten Jahren der Tschou-Zeit schildern. Wenn die Angaben der Quellen auch nur hin und wieder die Wahrheit darbieten — ein gut Teil werden wir als tendenziöse Übertreibungen der späteren Zeit, namentlich mit Bezug auf das Ts'in-Reich, abzurechnen haben — so müssen die Kriege mit einem grauenhaften Blutvergießen geführt worden sein. Die gefangenen Armeen wurden danach restlos niedergemetzelt, die Städte geplündert und verbrannt, die Bevölkerungen, so weit sie am Leben blieben, verjagt oder aus einem Staate in den andern umgesiedelt. Die Länder müssen teilweise nahezu entvölkert gewesen sein, namentlich kann von den vornehmen alten Herrengeschlechtern kaum noch etwas übrig geblieben sein, und die Andeutungen von der allgemeinen Verelendung der Völker, die wir in der zeitgenössischen Literatur finden, werden wir eher als zu maßvoll, denn als übertreibend anzusehen haben.

Der Gang der Ereignisse braucht nur noch kurz angedeutet zu werden. Seitdem T'sin im Jahre 316 festen Fuß in Ssĕ-tsch'uan gefaßt hatte, stand ihm der Weg in das Land seines Hauptgegners Tsch'u offen. Namentlich von dem wichtigen Han-tschung aus konnte die Wasserstraße des Han für die Heere benutzt werden, und in den zahllosen Kämpfen, die sich in den Grenzgebieten von Ho-nan und Hu-peï, am mittleren Yang-tsĕ bei der Hauptstadt Ying unweit des heutigen King-tschou und im östlichen Ssĕ-tsch'uan abspielten, erlitt Tsch'u einen Verlust nach dem anderen. Im Jahre 280 stieß der Feldherr König Tschao-siangs, Ssĕ-ma Ts'o, der Eroberer des Westens, ein Vorfahr Ssĕ-ma Ts'iens, von Lung-si, der Gegend südlich von Lan-tschou, aus mit Schu als fester Basis bis tief nach Hu-nan hinein vor und eroberte das damals wohl kaum noch bekannte Gebiet K'ien-tschung, d. h. die Gegenden westlich vom heutigen Tsch'ên-tschou bis in das nördliche Kueï-tschou, so dem Gegner in die Flanke und den Rücken kommend. Zwei Jahre später fiel die Hauptstadt von Tsch'u, der König K'ing-siang, unter dem der als Dichter so berühmt gewordene Minister K'ü Yuan freiwillig den Tod suchte, mußte fliehen und verlegte seine Residenz nach Tsch'ên-tschou in Ho-nan, dicht an die Grenze von Sung. Ungefähr gleichzeitig mit diesen Unternehmungen im Südwesten begann man mit der endgültigen Eroberung der weiten Gebiete zwischen dem oberen Weï-Tal und dem Huang ho, d. h. des Grenzlandes vom heutigen Kan-su und nördlichen Schen-si. Diese in der großen Huang-ho-Biege liegenden Länder waren von den Hiung-nu-Völkern (den Hunnen) bewohnt, deren Reiterscharen beständig in die Gebiete von Ts'in und Tschao einbrachen. Namentlich ist es der Stamm der I-k'ü zwischen den heutigen Städten K'ing-yang und P'ing-liang in Kan-su, der als Peiniger der Bevölkerung von Ts'in genannt wird. In jahrzehntelangen Kämpfen unter den Königen Hui und Tschao im letzten Drittel des 4. und im ersten des 3. Jahrhunderts wurden die I-k'ü Schritt um Schritt zurückgedrängt, ihre zahlreichen befestigten Orte, die sie angelegt, weggenommen, ihre Länder immer weiter hinauf besetzt. Im Jahre 270 gelang die völlige Vernichtung des Stammes, und nachdem auch Weï zur Herausgabe seiner Besitzungen auf dem rechten Ufer des Huang ho gezwungen war, wurde das gesamte Gebiet in die drei Marken, Lung-si (südlich von Lan-tschou, Gegend um Kung-tsch'ang und Min am T'ao-Fluß), Peï ti („Nordland", Gegend von P'ing-liang und K'ing-yang) und Schang kün (Gegend von Yen-an, Sui-tê und Yü-lin) geteilt und einverleibt, seine Grenze durch eine „Lange Mauer" gesichert. Diese Mauer verlief, wie zum Teil ihre noch im 15. Jahrhundert vorhandenen Reste beweisen, etwa vom Tale des T'ao-Flusses (s. oben S. 6), südlich von derStadt Lan-tschou, wo sie sich vielleicht an die steilen Ketten des Si-k'ing schan (s. oben S. 2) anlehnte, in nordöstlicher Richtung nördlich von der Stadt Kü-yuan, westlich von Sui-tê; dort muß sie an die von Weï erbaute Mauer (s. oben S. 182f.) Anschluß gefunden und dann, nach Norden weiter laufend, etwas südlich von der heutigen Stadt Schên-mu hien ab die Stelle der noch heute dort vorhandenen Mauer eingenommen haben. Die Geschichte der Hiung-nu (*Schi ki* Kap. 110), die über den Bau dieser „Langen Mauer zur Abwehr der Hunnen" (fol. 5v⁰) berichtet, fügt hinzu, daß „der König Wu-ling von Tschao (325—299) seine Sitten änderte und die Kleidung der Hunnen (Hu s. unten) annahm, dann Bogenschießen im Reiten übte (alles, um sich der Natur des Landes und der Kampfart der Hunnen besser anpassen zu können) und danach im Norden den Stamm der Lou-fan und der Wald-Hunnen vernichtete (nach *Schi ki* Kap. 43 fol. 24v⁰ im 26. Jahre seiner Regierung = 300 v. Chr.). Er baute dann eine „Lange Mauer" die von Tai (Gegend von Süan-hua in Nordwest-Tschi-li) an dem Gebirge Yin schan (der Bergzug nördlich der Stadt Kueï-hua tsch'êng oder Kuku hoto) entlang hinab nach Kao-küe („die Hochtürme", nördlich von der großen Huang-ho-Biege an den westlichsten Ausläufern des Yin schan, im Lande der Uratmongolen) lief und die Grenzsperre bildete. Man richtete dort die Marken Yün-tschung (die Gebiete südlich vom Yin schan im nordwestlichen Schan-si), Yen-mên (südöstlich von Ta-t'ung) und Tai ein." Diese Übernahme der Kleidung der Hunnen ist nicht auf Tschao beschränkt geblieben. Sie hat sich allmählich auf das Militär des ganzen Reiches und im Laufe der Jahrhunderte schließlich auf das gesamte Volk verbreitet. Es handelte sich vor allem um den Ersatz des langen losen Gewandes, das die Chinesen bis dahin trugen, durch die kurze, durch einen Gürtel zusammengehaltene Jacke mit Reithosen. Dieser Wechsel war notwendig, wenn man sich statt der schwerfälligen Streitwagen der leichter beweglichen Reiterei, wie die Hunnen sie hatten, für den Kampf bedienen wollte. Ebenso wurde an Stelle des chinesischen Schuhes der hohe Reiterstiefel der Hunnen eingeführt. Dazu kamen später auch bestimmte Schmuckstücke, sowie Waffen und Rüstungen aus Metall. Es kann keinem Zweifel unterliegen, daß die Hunnenkriege während der Han-Zeit (s. unten) das ganze chinesische Kriegswesen, Ausrüstung wie Taktik, völlig umgestaltet haben. Wir werden auch noch Gelegenheit haben, zu sehen, daß der hunnische Einfluß sogar in der chinesischen Kunst wirksam geworden ist. Von 286 ab waren die Kerngebiete von Weï, d. h. das südliche Schan-si (s. oben S. 181), das sogenannte Ho-neï, Gegenstand planmäßiger Angriffe, auch die ehemals zu Han gehörigen und dann von Weï eroberten Gebiete um Huai-k'ing bis tief in die Große Ebene südlich vom Huang ho hinein bei den Städten Tsch'ang-ko und Ju-ning wurden in die Unternehmungen einbezogen, und 275 stand man vor der Hauptstadt Ta-liang (K'ai-fêng), so daß Weï zufrieden sein mußte, durch Abtretung der Bezirke um Huai-k'ing, einschließlich von Wu-tschi, der ehemaligen Hauptstadt von Han, den Frieden erkaufen zu können. Ein Ratgeber des Königs von Weï meinte freilich (nach *Tschan kuo ts'ê* Kap. 24 fol. 5r⁰): „Ts'in durch (Abtretung von) Land befriedigen zu wollen ist Reisig herzutragen, um ein Feuer zu löschen. So lange noch Reisig vorhanden ist, kommt das Feuer nicht zu Ende, und so lange Eure Majestät noch Land haben, kommt das Begehren von Ts'in nicht zur Ruhe." Unaufhaltsam näherte sich die Macht von Ts'in den Grenzen des großen Gegners im Osten, Ts'i, den seine eigenen ehrgeizigen Pläne daran hinderten, die übrigen Innenstaaten zu einem Bunde zusammenzufassen, obwohl doch allen erkennbar gewesen sein muß, welches Schicksal ihnen bevorstand. Im Jahre 286, also bald nach dem von Ts'in gemachten scheinbaren Vorschlage einer Machtteilung, hatte Ts'i gemeinsam mit Weï und Tsch'u einen Rachezug gegen das zwischen ihnen liegende Sung unternommen, das sich unter seinem ausschweifenden Fürsten Yen als neu geschaffenes Königreich im Jahre 318 von den drei Staaten bedeutende Territorien angeeignet hatte; Sung wurde vernichtet, der König getötet, sein Land unter die drei Verbündeten geteilt. Bei den Nachbarstaaten entstand die Überzeugung, daß, wie Ssĕ-ma Ts'ien sagt (Kap. 46 fol. 16v⁰), der König Süan von Ts'i „die Absicht habe, das Haus der Tschou einzuverleiben und selbst Himmelssohn zu werden." Ts'in hatte also in ihm einen mindestens nicht weniger ernsthaften Mitbewerber als in Tsch'u. Zwei Jahre später erfolgte denn auch die bereits erwähnte Niederwerfung von Ts'i durch Ts'in, Tsch'u und Yen, wobei man dem letzteren gestattete, sich für seine langjährige erlittene Unbill eine kurze Genugtuung zu verschaffen (s. oben S. 190).

Nach der starken Schwächung von Ts'i und der Eroberung der Hauptstadt von Tsch'u im Jahre 278 erfolgten nunmehr die entscheidenden Schläge gegen Osten: die drei Tsin-Staaten wurden in harten Kämpfen, namentlich das kriegerische Tschao, zermürbt, ihre Gebiete zerstückelt. Das Jahr 256 sah große Ereignisse. Nach neuen vernichtenden Niederlagen von Han, Tschao und Weï machte der König Nan in West-Tschou (s. oben S. 192), von Angst und Verzweiflung erfaßt, den Versuch, sich mit Hilfe eines Nord-Süd-Bundes gegen Ts'in zur Wehr zu setzen. Ergrimmt ließ der König Tschao-siang sein Heer gegen den Rest des Tschou-Gebietes anrücken. Der verängstigte Fürst wartete den Ausgang nicht ab, er entfloh, warf sich dem König von Ts'in zu Füßen, um seine Vergebung zu erflehen, und bot ihm seinen ganzen Besitz an, der ihm noch geblieben war: 36 Ortschaften mit 30000 Einwohnern. Die folgenden Sätze der Tschou-Annalen (*Schi ki* Kap. 4 fol. 39r⁰ f.) berichten das Ende: „(Der König von) Ts'in nahm die Unterwerfung an und schickte den Herrscher nach Tschou zurück. Der Herrscher von Tschou, der König Nan, starb. Das Volk von Tschou floh nach Osten. Ts'in nahm die neun Dreifüße (s. oben S. 85f. u. 114f.) und die kostbaren Geräte an sich und siedelte den Herzog von West-Tschou nach Tan-hu um (angeblich wenig westlich von der heutigen Stadt Lin-ju hien, früher Ju-tschou in Ho-nan). Sieben Jahre später vernichtete der König Tschuang-siang von Ts'in Ost- und West-Tschou. Ost- und West-Tschou wurden beide in Ts'in einverleibt, d a m i t h ö r t e n d i e O p f e r d e r T s c h o u a u f." Ein kurzes, aber monumentales Schlußwort für die achthundertjährige Regierungszeit der großen Dynastie. Eine unverbürgte Erzählung will wissen, daß Ts'in der neun Dreifüße nicht froh geworden sei: sie seien beim Transport in den Fluß Ssĕ (in Südwest-Schan-tung und Kiang-su, heute ein Teil des Großen Kanals) gefallen und nicht wieder gefunden; Andere meinen, nur ein Dreifuß sei auf diese Weise abhanden gekommen, die übrigen acht aber in den Besitz von Ts'in übergegangen. Jedenfalls sind die Dreifüße seit jener Zeit verschwunden, und auch Schi huang-ti, der sie angeblich hat suchen lassen, soll sie nicht wiedergefunden haben. Das Altertum war in den Fluten versunken.

Die Vernichtung des westlichen Tschou mit dem Sitze des Himmelssohnes machte einen tiefen Eindruck auf die Fürsten; das Jahr 254 verzeichnet die Huldigung des ganzen Reiches, und im folgenden Jahre brachte der König Tschao-siang in der alten Hauptstadt Yung (s. oben S.159) das dem Himmelssohn vorbehaltene Opfer an den „Herrscher in der Höhe" dar (s. oben S. 119f.). Zwei Jahre danach starb er. Sein Enkel, der König Tschuang-siang — sein Sohn war unmittelbar, nachdem er die Herrschaft angetreten hatte, gestorben —, setzte das Werk der Ahnen fort. Selbst die konfuzianischen Chronisten rühmen ihn als einen edlen und gütigen Herrscher, und seine Taten beweisen, daß er auch die Tatkraft und Zielklarheit seiner Vorfahren besaß. In der Tat durfte es nunmehr schon um des endlichen allgemeinen Friedens willen keinen Stillstand mehr geben; was begonnen war, mußte vollendet werden, und wie sich bald zeigen sollte, fehlte noch viel an der Vollendung. Als der noch regierende Fürst von Ost-Tschou neue Zettelungen mit den Fürsten begann, griff der neue König mit eiserner Faust zu. Der Fürst wurde im Jahre 249 hingerichtet, sein Gebiet einverleibt. Aber der Familie wurde ein Landbesitz in Yang-jen bei dem Wohnsitze des Fürsten von West-Tschou zur Fortsetzung der Ahnenopfer überlassen

(s. oben S. 137). Tschuang-siang starb bereits 247. Ihm folgte sein Sohn Tschêng, und erst diesem war es unter langen und schweren Kämpfen beschieden, den von allen Seiten jetzt andrängenden Widerstand zu brechen und die neue Dynastie zu gründen. Fünfundzwanzig Jahre hat es noch gewährt, bis der letzte der Staaten überwältigt war, und damit den gequälten Völkern wenigstens ein vorläufiger Friede kam. Im Jahre 249 hatte Tsch'u es noch unternehmen können, das ihm benachbart gewordene, innerlich längst zerwühlte Lu, dessen machtlose Fürsten mit dem Ruhme ihres großen Ahnen (s. oben S. 146) prunkten, aber lediglich Werkzeuge in den Händen der drei adligen Familien waren (s. oben S. 170), ganz an sich zu nehmen. Der letzte Herzog entfloh und starb als einfacher Bürger in Schantung. Die Familie war damit erloschen. Es war die letzte Erwerbung ihrer Art durch einen der Fürsten. Im Jahre 241 kam noch einmal ein Bund von fünf Staaten, d. h. von Han, Weï, Tschao, Yen und Tsch'u zu Stande, also ein „Längs"-Bund, der den Gang des Schicksals aufhalten wollte. Die Lage wäre nicht ungefährlich gewesen, wenn es Ts'in nicht gelungen wäre, den Minister von Ts'i zu bestechen und außerdem eine große Zahl anderer hochbezahlter Agenten in dem Ostreiche zu unterhalten, die alle den König überreden mußten, sich von dem Bunde fernzuhalten. So war es möglich, die fünf Gegner ihrer stärksten Hilfe zu berauben, und nun fiel einer nach dem anderen unter den Streichen der Heere von Ts'in. Han wurde das erste Opfer. Umsonst hatte es noch versucht, durch die Entsendung eines seiner Prinzen, des berühmt gewordenen Philosophen des Staatsrechtes, Han Feï, (s. unten) an den Hof von Ts'in seine Unabhängigkeit zu retten, im Jahre 230 wurde sein König gefangen, sein Land einverleibt. Zwei Jahre später unterwarf sich der König von Tschao nach tapferer Gegenwehr mit dem größten Teil seines Landes. Aber ein Teil seiner Offiziere, zu weiterem Widerstande entschlossen, entwich nach dem Norden und gründete dort in dem Berglande des nördlichen Schan-si, wohl bis zu dem Becken von Ta-t'ung (s. oben S. 25), unter dem Prinzen Kia von Tschao einen neuen Staat Tai. Dann suchten sie durch das Gebirge von Süan-hua Fühlung mit den Streitkräften von Yen zu bekommen, um den Krieg gegen Ts'in gemeinsam fortzusetzen. Ein von Yen aus unternommener Versuch, den König von Ts'in durch einen beherzten Mann ermorden zu lassen, schlug fehl, der Plan wurde entdeckt, der Mann in grausamer Weise hingerichtet (vergl. oben S. 190). Inzwischen fiel im Jahre 225 Weï, nachdem seine Hauptstadt Ta-liang überschwemmt worden war. Der König wurde gefangen fortgeführt. Nun konnte man sich mit ganzer Kraft gegen Tsch'u wenden; 223 wurde der letzte Widerstand gebrochen, der König gefangen, das ganze Land einverleibt. Auch die beiden verbündeten Nordstaaten Tai und Yen konnten sich bei dem Mangel an Hilfsmitteln nicht lange halten. Die Truppen von Ts'in griffen Yen von der Großen Ebene her an, der König entfloh nach dem fernen Liao-tung, aber man verfolgte ihn auch nach dort und führte ihn in die Gefangenschaft ebenso wie den neuen König Kia von Tai. Im Jahre 222 wurde auch diesen Staaten ein Ende gemacht. Nach dieser Niederwerfung aller vorhandenen Gegner hatte man leichtes Spiel mit dem verblendeten Ts'i, das die gemeinsame Sache so schnöde verraten katte. Ohne Widerstand zu wagen unterwarf sich der König im Jahre 221. Für sein Verhalten bei Ausbruch des Krieges erntete er schlimmen Dank: er begab sich selbst nach Ts'in, wurde dort festgehalten und soll Hungers gestorben sein. Niemand, auch Ts'in nicht, hatte ein solches Ende dieses Staates erwartet.

Der König von Ts'in stand am Ziele seiner Pläne. Außer dem seinigen war kein Staat mehr vorhanden, wenn man von dem kleinen Wei[1]) (dem älteren) absieht, dem man, aus nicht feststellbaren Gründen, noch einige Jahre einen Schein von Selbständigkeit ließ; natürlich kann sein Fürst nur ein Vasall von Ts'in gewesen sein. Eine lange Entwicklung ging mit dem Jahr 221 zu Ende, eine neue Zeit brach an.

d. Das Geistesleben. Die Krisis im Staatsgedanken.

Das Zeitalter der Tschou, das wir an unseren Augen haben vorüberziehen sehen, zeigt neben der katastrophenreichen politischen Entwicklung ein Hervorbrechen und Wirken geistiger Kräfte, das im Hinblick auf das Elend der Lebensverhältnisse besonders erstaunlich ist. Im hohen Altertum, das, geistesgeschichtlich betrachtet, noch um einige Jahrhunderte in die Tschou-Zeit hinein ausgedehnt werden kann, haben wir keine unmittelbaren Spuren geistiger Tätigkeit in den breiteren Schichten der Völker. Daß die Elemente einer im wesentlichen kosmischen Weltanschauung und des daraus hervorgewachsenen universalistischen Staatsgedankens bereits von den Tschou übernommen werden konnten, haben wir früher gesehen (s. oben S. 117f.), aber die weiteren Verzweigungen dieser Weltanschauung und dieses Staatsgedankens, sowie die daraus geformten philosophischen, religiösen, ethischen und ritualen Systeme bleiben noch lange der ausschließliche Besitz ganz kleiner Kreise von Eingeweihten, die sich in der Umgebung der Fürsten befinden (vergl. oben S. 160). Gewisse Teile des *Schu king* und des *Schi king*, vielleicht auch die Hexagramme des *Yi king* und seine Erklärungen geben uns eine Andeutung von dem Geistesleben jener frühesten Zeit, aber ihre Niederschrift in der heutigen Form entstammt schon späteren Generationen. Und das Volk hat, von einigen Liedern des *Schi king* abgesehen, an diesen Erzeugnissen und ihrer Gedankenwelt kaum einen Anteil gehabt. Das Volk war der Gegenstand salbungsvoller Betrachtungen und nutzbringender Regierungsmaßnahmen, aber die Philosophie, die Riten und der religiöse Kult blieben beschränkt auf die Fürsten und vornehmen Herren-Sippen, das Volk lebte in seiner

---

[1]) 衛

eigenen Vorstellungswelt, es hatte seine Mythen und Heroen, seinen Dämonenglauben und, als einzigen allen gemeinsamen Besitz, seinen Ahnendienst. Erst im 7. Jahrhundert beginnen die ersten Spuren einer Wandlung sichtbar zu werden. Einzelne Persönlichkeiten, die vielleicht nicht alle den bevorrechtigten Kreisen angehören, treten als Schöpfer eigener philosophischer Gedankensysteme und als Gründer von Anhänger-Gemeinden (Schulen) in das Licht der Geschichte. Wir vermögen nicht zu sagen, wann und wo ein solches neues Geistesleben überhaupt zuerst seinen Anfang nimmt, da wir schriftliche Aufzeichnungen darüber nicht haben. Wenigstens bis zum Jahre 800 kann das Schriftsystem nur für ganz beschränkte Aufgaben ausgereicht haben, bestimmt nicht für die Niederschrift philosophischer Darlegungen (vergl. oben S. 77); hier war nur mündliche Überlieferung möglich, und selbst die uns erhaltenen Werke, die den Philosophen der späteren Tschou-Zeit zugeschrieben werden, sind, mit Ausnahme der von Konfuzius bearbeiteten kanonischen Bücher (s. unten), fast durchweg erst nachträglich von den Schulen aufgezeichnet worden. Des weiteren bleibt auch völlig dunkel, woher die Samenkörner jenes neuen Geisteslebens gekommen sind. Entstammen sie dem eigenen Boden der chinesischen Völkerseele, oder sind sie von außen hereingetragen, oder stellen sie eine Mischung aus beiden dar? Vielleicht hat die letztere Annahme am meisten für sich, dann bleibt aber die andere Rätselfrage nach dem fremden Ursprungsort und dem Wege von dort. Verbindungen sind vorhanden gewesen von Ts'in nach dem Nordwesten, und Spuren davon finden wir auch in gewissen kultischen Vorstellungen, die von dort ausgehen, ferner in der Astrologie, deren Grundstock nach Bezolds Feststellungen schon vor 1500 v. Chr. und noch zu oder nach der Zeit Assurbanipals (7. Jahrhundert) der babylonischen Sterndeutungslehre entnommen worden ist, sowie vielleicht in der Verehrung der Götter der „Elemente" (vergl. oben S. 61). Diese Umstände machen die Annahme zwingend, daß auch um 600 v. Chr. und später Kultur-Elemente aus Inner-Asien ihren Weg auf der Kan-su-Straße nach China gefunden haben müssen. Ferner können von Schu und Pa aus Fäden nach Südwesten und Westen nach indischen Kulturgebieten gegangen sein, obwohl hier die Geländeschwierigkeiten ein starkes Hindernis sind, (s. oben S. 22). Völlig unbekannt ist der Süden. Wir wissen nicht, wie weit sich die Verbindungen der Volkstämme im Tsch'u-Reiche nach dieser Richtung erstreckten, und ob etwa ein Verkehr über das Meer stattfand; daß wenigstens die Yüe Seefahrer waren, haben wir gesehen (s. oben S. 188). Es bleibt somit in Dunkel gehüllt, welche Nährkräfte zur Tschou-Zeit das chinesische Geistesleben befruchtet haben, sicher ist aber, daß die immer größer werdende Dezentralisation der politischen Macht durch Erstarkung der Einzelstaaten seine Entwicklung und Vermannigfaltigung außerordentlich gefördert hat. Ob und inwieweit man dabei, wie es mehrfach geschieht, allgemein von einer nördlichen und einer südlichen Gedankenrichtung sprechen kann, und ob man besonders den Konfuzianismus als den Ausdruck der ersteren, die Lehren Lao tsĕ's als den der letzteren ansehen kann, ist eine Frage, die bei unserer heutigen Kenntnis kaum schon spruchreif sein dürfte. Die Verschiedenheit der klimatischen, landwirtschaftlichen und Rassenverhältnisse haben zweifellos neben der politischen Trennung gewirkt und lassen die Entstehung mehrerer Kulturzonen durchaus erklärlich erscheinen (vergl. oben S. 57f.). Wir könnten auch sehr wohl in China dieselbe Erscheinung vor uns haben, die wir auch anderswo (z. B. in Ägypten, Mesopotamien, dem Pandschab und Bengalen) beobachten, daß nämlich in dem Gebiet der größen Ströme sich auch zuerst die großen Kulturen entwickeln. In jedem Falle haben wir in den Tschou-Gebieten am Huang ho und den Tsch'u-Gebieten am Yang-tsĕ die beiden wichtigsten Quellgebiete der chinesischen Kultur zu sehen. Nachdem im 7. Jahrhundert die ersten Anfänge neuer Gedankensysteme eingesetzt haben — jedenfalls für uns erkennbar geworden sind —, erfolgt vom 6. und mehr noch vom 5. Jahrhundert ab ein starker geistiger Auftrieb. Natürlich ist es vor allem der in seinem Wesen kosmische Begriff des zäsaropapistischen Weltstaates (s. oben S. 121f.), der zum Gegenstande des neuen Denkens gemacht wird. Er ist in Wahrheit die gestaltete Weltanschauung der Chinesen, in Folge dessen wird alle Philosophie zunächst auf den Staat bezogen. Man erörtert die kosmischen Gesetze und ihr Wirken im Staate, die dadurch bedingten ethischen Forderungen, die Pflichten der Regierenden und Regierten, das Verhältnis des Einzelnen zum Ganzen, dann aber auch die praktische Ausübung der Regierung, Pflege der materiellen Kräfte des Landes, Förderung der Wohlfahrt des Volkes und nicht zum wenigsten, namentlich später in der Zeit der „Kampf-Staaten", die zwischenstaatliche Politik. Aber auch über den Sinn des Lebens wird philosophiert, wobei der kosmische Gedanke immer der Ausgangspunkt ist, über das Wesen des Seins und des Seienden, über die Ethik an sich, über die Gesetze der Logik, und schließlich über zahllose Einzelfragen, die in alle Gebiete hineinreichen. Die Gedankenflut schwillt von der Mitte des 5. Jahrhunderts ab immer stärker an, die Anschauungen werden immer mannigfaltiger, immer gegensätzlicher, immer lebhafter, immer weitere Kreise werden von ihnen erfaßt, kurz ein Geistesleben von einem Reichtum und einer Vielgestaltigkeit blüht während der letzten drei Jahrhunderte der Tschou-Zeit auf, wie es die ganze spätere Geschichte nicht wieder gesehen hat. Je größer das Elend der Zeit wurde, um so mehr scheint die Fülle der neuen Geistigkeit zu wachsen. Es war, als ob bei den verschiedenen Völkern, die im Laufe der Jahrhunderte in den Lichtkreis des Mittelreiches gezogen waren, zahllose Bäche aus dem fruchtbar gemachten Boden hervorgebrochen wären und nun dem einen Sammelbecken zuströmten. Um die einzelnen Denker und Lehrer bilden sich Schulen, die ihre Lehrsysteme von Geschlecht zu Geschlecht mündlich überliefern, weiter entwickeln und zur Geltung zu bringen suchen. Getrieben von diesem Bemühen, oft auch aus Ehrgeiz, Machtstreben oder materiellen Gründen, nicht am seltensten auch von dem Wunsche geleitet, ihre politische

Heilslehre zum Wohle der leidenden Menschheit praktisch zu erproben, ziehen die Politiker und Philosophen von Staat zu Staat, bieten ihre Dienste den Fürsten an und suchen sie unter ihren Einfluß zu bringen Nicht wenige von ihnen sind leitende Minister geworden und haben den Gang der Entwicklung mit bestimmt. Kuan Tschung in Ts'i (S. 160), Shang Yang in Ts'in (s. S. 183f.), Su Ts'in in Tsch'u und den Innen-Staaten (S. 193f.), Su Tai in Tschao und Ts'i (S. 192), Tschang Yi in Ts'in (S. 193), die wir kennen gelernt haben, gehörten alle zu diesen wandernden Trägern der Staatsweisheit. Auch Konfuzius und Mêng tsĕ (s. unten) sind Jahre hindurch nichts anderes gewesen, als reisende Ratgeber, die an den Fürstenhöfen nach Beschäftigung und Einfluß suchten. Wenn man die im *Tso tschuan*, im *Kuo yü* und im *Tschan kuo ts'ê* später aufgezeichneten Reden und Gespräche solcher Staatsmänner liest, wird man an die Rhetoren des griechisch-römischen Altertums und ihre Dialektik erinnert. Als besonders hervorragenden Mäcen dieser wandernden Philosophen schildert Ssĕ-ma Ts'ien (Kap. 46 fol. 12v^0 f.) den König Süan von Ts'i (342—324). Er soll an 76 solcher Persönlichkeiten, darunter einzelne mit berühmten Namen, hohe Würden in seinem Staate verliehen haben. „Wenn sie auch nicht die Regierung ausübten, so pflegten sie doch (deren Fragen) zu erörtern". „Mehrere hunderttausend Gelehrte" sollen sich in Ts'i damals eingefunden haben. Das Eingreifen von Ts'i in die inneren Wirren von Yen im Jahre 314 (s. oben S. 190) soll nach Ssĕ-ma Ts'ien (Kap. 34 fol. 6v^0) auf den Rat keines geringeren als des großen Mêng tsĕ erfolgt sein. Rühmend hervorgehoben wegen seiner Liebe zur Weisheit wird auch der König Tschao von Yen, der nach Beendigung der Besetzung durch Ts'i 311 zur Regierung kam. Er meinte, die Schwäche seines Landes, die eine solche Demütigung ermöglicht habe, durch Pflege der geistigen Güter ersetzen zu können, und rief deshalb eine große Zahl der weisen Männer zu sich, „damit sie die Regierung mit ihm teilten und die Schmach des vorigen Königs tilgten" (Kap. 34 fol. 7r^0).

Die einheimischen Geschichtschreiber von der Han-Zeit ab fassen die geistigen Richtungen der Tschou-Zeit zu sechs, teilweise auch zu neun und zu zehn „Schulen" *(kia)* zusammen, die sich natürlich vielfach berühren, andererseits aber auch in scharfem Gegensatze zueinander stehen. Ein Grundbegriff ist freilich allen diesen Schulen gemeinsam, wie er die Wurzel alles weltanschaulichen Denkens der Chinesen überhaupt ist: der Begriff der kosmischen Ordnung, des *tao*, mit dem wir uns bereits früher eingehend beschäftigt haben (s. oben S. 118ff.). Völlig verschieden sind dann aber die Lehrmeinungen durch die Folgerungen, die sie aus dem *tao* gezogen haben. In der rätselhaften Persönlichkeit des Lao tsĕ, von dem wir nicht wissen, wann er gelebt hat—eine willkürliche Überlieferung setzt ihn in das 6. Jahrhundert und läßt ihn in dem von Tsch'u im Jahre 479 annektierten Staate Tsch'ên (s. oben S. 187) geboren werden —, und in seinem ebenso rätselhaften Werke, dem *Tao-tê king*, d. h. dem „Buche vom Weltgesetz (*tao*) und seinem Wirken (*tê*)" tritt uns zum ersten Male die Lehre vom *tao*, metaphysisch und mystisch gefaßt, im Zusammenhange entgegen. Dieses *tao* ist ein transzendenter Begriff, das Absolute, das reine Sein, dem Logos der Griechen entsprechend. Daß in dem Werke ältere Vorstellungen und Sinnbilder enthalten sind, ist sicher, ob indische Einflüsse hineinspielen, wissen wir nicht, es ist aber weder unmöglich, noch unwahrscheinlich. Wenn Lao tsĕs Nachfolger die Lehren ihres Meisters mit dem mythischen Huang ti (s. oben S. 61) verbinden, so könnte das höchstens beweisen, daß man sich bewußt war, in diesen Lehren aus der Vorzeit ererbte geistige Elemente zu besitzen. Was spätere Geschlechter, besonders in der Zeit nach den Tschou, aus den Lehren Lao tsĕs gemacht haben, ist zumeist eine Sammlung von Mystik, phantasierendem Aberglauben, Magie, Zauberei und Geomantik, in der auch die üppig wuchernde Volksreligion eine Zuflucht gefunden hat. Man hat das Ganze als Taoismus d. h. *tao*-Lehre und seine Anhänger als Taoisten bezeichnet; beide sind nicht ohne Bedeutung für die Weiterbildung des chinesischen Staatslebens geblieben, und wir werden mehrfach Gelegenheit haben, die Spuren ihres Wirkens in der Geschichte zu beobachten. Die völlige Passivität des alten Taoismus, d. h. das Sich-Hingeben an das Walten des kosmischen Seins bedingt auch sein Verhältnis zum Staat. Dieser Taoismus ist anarchisch, er leugnet den Staat nicht, aber er will, daß er ohne regierendes „Machenwollen" ist; das *wu weï* d. h. das „Nicht-machen" soll sein Wesen sein, als Teil des Alls wird ihn auch das *tao* in der Ordnung halten, der er sich nur zu überlassen braucht. „Das *tao* ist ewig ohne Machen und doch wird alles von ihm gemacht. Wenn die Fürsten und der König an ihm festhalten können, dann wird alles sich von selbst bildend vollziehen", heißt es im *Tao-tê king* (37).

Ausgehend von dem gleichen Grundgesetz des *tao* wie die Anhänger des Lao tsĕ, aber im Widerspruch zu ihrem absoluten Negativismus, entwickelt sich die Lehre des Mannes, der mehr als irgendein anderer das chinesische Geistesleben geformt, und dessen Schule vor allen Wesen und Schicksal des Reiches bestimmt hat: Konfuzius. Im Jahre 551 wurde er in der Stadt Tsou im Staate Lu geboren. Der Ort lag etwa 35 km südöstlich der heutigen Stadt Ssĕ-schui hien, östlich von der heutigen Stadt Yen-tschou in Süd-Schan-tung. Ssĕ-ma Ts'ien (Kap. 47 fol. 1 v⁰) sagt, daß die Vorfahren des Konfuzius „Leute von Sung" waren. Im *K'ung tsĕ kia yü* („Gespräche aus der Schule des Konfuzius") ist (Kap. 10 Abschnitt 42) der Stammbaum des Weisen gegeben, der einen Sohn eines Fürsten Siang von Sung, den Bruder des Fürsten Li (Anfang des 9. Jahrhunderts), zum Ahnen des Konfuzius macht. Dessen Nachkomme in der 7. Generation sei nach Lu ausgewandert und der Urgroßvater des Weisen gewesen. Da das Fürstengeschlecht von Sung aus den Nachkömmlingen der Kaiserfamilie der Schang bestand (s. oben S. 114 u. 138), so wäre die Herkunft des Konfuzius ebenfalls auf diese letztere zurückzuführen. Nun ist aber das *Kia yü* in der uns erhaltenen Form ein Werk der nachchristlichen Zeit (vergl. oben S. 64) und

Ssĕ-ma Ts'ien kennt weder einen Fürsten Siang, noch weiß er etwas von einer Verwandtschaft des konfuzianischen Ahnen mit dem Fürsten Li, der nach ihm ein Sohn des Fürsten Min war (Kap. 38 fol. 9r°f.). Die oft wiederholte Angabe, daß Konfuzius dem Kaisergeschlechte der Schang (oder Yin) entstammte, steht also auf sehr unsicheren Füßen; indessen brauchen wir nicht zu bezweifeln, daß seine Vorfahren zu dem in Sung angesiedelten Volke von Yin gehört hatten. Noch im Kindes-Alter siedelte er mit seiner früh schon Witwe gewordenen Mutter nach K'üe-li über; der Name war ursprünglich einem Dorfe in der Nähe der genannten Stadt Tsou eigen, wurde dann aber auch anscheinend auf eine Vorstadt von K'ü-fou, der Hauptstadt von Lu, wenig östlich von Yen-tschou, übertragen, und dieser Ort wurde ihm zur eigentlichen Heimat. Falls Lao tsĕ im 6. Jahrhundert gelebt hat, wäre Konfuzius also sein Zeitgenosse gewesen. Der Name des Weisen war K'ung K'iu, aus dem Familiennamen K'ung mit dem Titel *fu tsĕ* („Meister") hat das Abendland die lateinische Form Konfuzius gemacht. Er war eine Zeit lang Beamter in seinem Heimatstaate, angeblich sogar eine Art von Strafminister. Darauf schloß er sich den wandernden Ratgebern an, zog durch die Länder und bot wie die übrigen den Fürsten seine Dienste an. Wir finden ihn in der Hauptstadt der Tschou, in dem Nachbarstaate Ts'i und in den kleineren Innen-Staaten Weï (dem alten), Tsch'ên, Sung und Ts'ai. Eindruck scheint er mit seinen Lehren nirgends gemacht zu haben, jedenfalls hatte keiner der Fürsten für ihn Verwendung. Nach dreizehnjähriger Wanderung kehrte er mißmutig in die Heimat zurück und lebte dort, lehrend, Schüler um sich sammelnd und mit der Zusammenstellung alter Aufzeichnungen beschäftigt, bis zu seinem Tode im Jahre 479. Weder die Persönlichkeit dieses Mannes, soweit wir uns von ihr ein Bild machen können, noch sein Werk, soweit es uns überliefert ist, trägt, mit allgemein menschlichen Maßstäben gemessen, die Züge wirklicher Größe. An Mannesmut und Tatfreude, an Hingabe und Opferwilligkeit, an Geistesschärfe und Gedankentiefe, an geschichtlichem Verständnis und politischem Weitblick wird er von zahllosen seiner Landsleute bei weitem überragt. Er war ein braver Moralist, von sittlichem Ernst und reinem Wollen, aber vergeblich suchen wir nach einem Zuge heroischer Außergewöhnlichkeit an seiner Person, vergeblich nach einem großen schöpferischen Gedanken in seinem Werke. Völlig gebunden in den kosmischen Anschauungen der alten Zeit, sah er nur die unabänderliche Gleichmäßigkeit des *tao* in der Natur, aber die großen Entwicklungsvorgänge darin ahnte er nicht, und dem entsprechend hielt er das Leben der Völker für einen wohl ausbalancierten Dauerzustand; daß die Geschichte eine niemals rastende Bewegung, eine unablässige Fortentwicklung zu neuen Formen, ein ewiges „Stirb und Werde" ist, erkannte er nicht, obwohl es nicht wenige seiner Zeitgenossen und seiner Nachfahren erkannten. Er sah wohl die wilde Zerfahrenheit seiner Zeit, aber er wußte nicht, was ihr nottat; er glaubte mit seinem Tugendgesäusel die zerrüttete Ordnung wieder zurechtrücken zu können, wozu, wie die Ereignisse bewiesen, nur der Sturmwind der Macht im Stande war. Um so schwerer begreiflich scheint es unter solchen Umständen, wie es möglich war, daß das Wirken dieses Mannes so ungeheure Ergebnisse zeitigen konnte, wie es dies unzweifelhaft getan hat. Das ganze Staats- und Kulturgefüge der chinesischen Welt, ihre sittlichen und politischen Anschauungen, ihre Einrichtungen und Gesetze, ihre Lebensart und ihre Umgangsformen, kurz ihre gesamte geistige Physiognomie sind vom Ende der vorchristlichen Zeit ab bis zur jüngsten Vergangenheit durch die konfuzianische Lehre geformt worden, und zwar zu einer Einheitlichkeit, wie sie im Leben der Völker nicht ihresgleichen hat. Ist es im Angesicht solcher staunenerregenden Wirkungen nicht selbstverständlich, daß man den Mann, von dem sie ausgegangen sind, den Größten aller Zeiten und Völker zuzählen muß, wie es seitens der Chinesen auch immer geschehen ist, und wie es im Abendlande heute mehr denn je geschieht? „Wollen wir die Größe einer historischen Persönlichkeit messen" sagt Georg von der Gabelentz (*Konfuzius und seine Lehre* S. 5), „so sehe ich nur einen zulässigen Maßstab: die Mächtigkeit ihrer Wirkung nach Raum, Zeit und Intensität. Nach diesem Maßstabe ist Confuzius einer der größten Menschen gewesen." Wer sich aber weigert, dieses Urteil anzuerkennen, wie will er das Mißverhältnis erklären zwischen der Durchschnittsgröße des Mannes und der Unermeßlichkeit seines Einflusses? Wir stehen hier in der Tat vor einem der größten Probleme der chinesischen Geschichte, und werden uns damit später noch auseinanderzusetzen haben. Der Gang der Ereignisse selbst wird uns die Lösung angeben; er wird uns auch beweisen, daß jener Maßstab trügen kann.

Vergegenwärtigen wir uns in kurzem die Grundzüge der konfuzianischen Lehre, so wie sie uns in den Aufzeichnungen entgegentritt, die, mit Ausnahme des *Tsch'un-ts'iu*, eines ethisch-politischen Formelbuches, dem die Chronik von Lu zu Grunde gelegt ist, frühestens von Schülern der unmittelbaren Schüler des Weisen, teilweise aber noch später gemacht worden sind, vor allem im *Lun-yü*, den „Gesprächen". Die beste Kennzeichnung seines Wirkens hat Konfuzius danach selbst gegeben. Er sagt: „Ich überliefere, aber ich bilde nichts Neues; mein Glaube ruht auf der Liebe zum Altertum" (*Lun yü* VII, 1). Hier finden wir die beiden Teile, aus denen sich seine Wirksamkeit zusammensetzt, die aber beide die gleiche Wurzel haben: Liebe zum Altertum und Überlieferung seiner Kenntnis. Das ganze Elend seiner Zeit führte Konfuzius mit Recht auf den Verfall der Zentralmacht und die Unbotmäßigkeit der Lehensfürsten zurück, d. h. also auf die Auflösung des von Tschou kung gewollten hierokratischen Universalstaates, dessen bestimmende Gedanken ja schon vom hohen Altertum übernommen sein sollten (s. oben S. 118ff.). Als dieser Staat in seiner Reinheit noch vorhanden war, mußte demnach die Menschheit von aller Wirrnis und aller Verworfenheit der Gegenwart frei gewesen sein. Was konnte es Besseres geben, als alles daranzusetzen, diesen Staat des Altertums wiedererstehen zu lassen, wenigstens beim politischen Handeln sich an ihm zu orientieren?

Wie sah dieser Staat aus? Sein Wesen läßt sich auf eine einzige Formel bringen: er stimmte mit dem *tao* überein. „Wenn im Reiche das *tao* herrscht, so gehen Riten, Musik und kriegerische Unternehmungen vom Himmelssohn aus; wenn im Reiche das *tao* nicht herrscht, so gehen Riten, Musik und kriegerische Unternehmungen von den Lehensfürsten aus (d. h., nur dem Zentralherrscher steht das Recht zu, Unbotmäßigkeiten bei den Völkern mit den Waffen zu strafen, die Lehensfürsten haben Beschwerde zu führen, worauf Abhilfe erfolgt). Wenn im Reiche das *tao* herrscht, so ruht die Regierung nicht in den Händen der Würdenträger (sondern der Fürsten); wenn im Reiche das *tao* herrscht, so redet das niedere Volk nicht (über Regierungsangelegenheiten, die es nichts angehen)" (*Lun yü* XVI, 2). Das *tao* hat als untrennbare Ergänzung das *tê* d. h. seine Wirkensform beim Fürsten, der, wenn er in ihr die Regierung führt, in seiner Unerschütterlichkeit, wie wir früher sahen (s. oben S. 79), dem Polarstern gleicht. Solcher Fürst wirkt nicht durch „Verwaltungsmaßnahmen und Strafen" (a. a. O. II, 3), sondern durch das sittliche Beispiel seiner Person, durch „Nicht-machen". „Der durch Nicht-machen regierte, das war Schun" (XV, 4), der Heros des Altertums (s. oben S. 65). Wir sehen, wie Konfuzius hier auf gemeinsamem Grunde mit Lao tsĕs Schule steht, aber wir bemerken auch schon, wie alsbald die Trennung einsetzt. Das *tao* und das *tê* sind bei Konfuzius etwas anderes als bei Lao tsĕ. Bei diesem ist das *tao* amoralisch, „jenseits von Gut und Böse", Konfuzius' *tao* ist, „moralisiert", der Begriff der Sittlichkeit, die sittliche Weltordnung. Aus dem *tao* ist das *tschi tao*, aus dem λόγος der ὀρθὸς λόγος' geworden. *Tê* bei Lao tsĕ ist das Wirken des *tao* an sich, sein in die Erscheinung treten, ohne Rücksicht auf sittliche Wertbestimmung; *tê* bei Konfuzius ist die Formwerdung der Sittlichkeit, die Tugend, d. h. Wohlwollen, Gerechtigkeit u. a. Lao tsĕ, dem diese andere Fassung der beiden Grundbegriffe bekannt gewesen sein muß, verwirft sie und beruft sich auch auf das Altertum. „Im Altertum", sagt er (*Tao-tê king* 65) „benutzte man das Halten am *tao* nicht dazu, das Volk zu erleuchten, sondern es in Unwissenheit zu lassen". Und (a. a. O. 18): „Als die Beachtung des großen *tao* verfiel, traten Wohlwollen und Gerechtigkeit auf; als Wissen und Klugheit erschienen, entstand die große Künstlichkeit". Konfuzius aber nimmt gerade diese sittliche Erscheinungsform als *tê* und macht sie zur Grundlage seiner Staatsauffassung. Die Tugend wiederum findet ihren sichtbaren Ausdruck in den *li*, den Ordnungen, die das gesamte soziale, politische und religiöse Leben regeln, von dem Verhältnis des Zentralherrschers zum Himmel bis zu dem des geringsten Untertanen zu seinen Mitmenschen, die Beziehungen der Staaten zum Zentralherrscher sowohl, wie die der Staaten unter einander. Die *li* als ein Ausfluß des moralisierten *tao* sind für den Chinesen etwa das, was der νόμος für den Griechen war. Sie halten das ganze soziale Gefüge zusammen und sind als das Hauptwerkzeug der Regierung von der konfuzianischen Schule zu einem so verästelten System entwickelt, daß sie das Verhalten jedes Einzelnen, ob hoch oder niedrig, für jede Lebenslage bestimmen und die Stelle von Gesetzen aller Rechtsgebiete einnehmen. Die letzte Wurzel von ihnen allen ist die „Ehrfurcht" *(hiao)* und ihr Ausgangspunkt die Familie. „Kindliche Ehrfurcht und brüderliche Liebe, sie sind doch fürwahr die Wurzel alles sittlichen Tuns", heißt es im *Lun yü* (I, 2) und: „Unter denen, die in ihrem menschlichen Verhalten kindliche Ehrfurcht und brüderliche Liebe hegen, ist ein Sichauflehnen gegen die höher Stehenden selten; daß aber jemand, der sich nicht gegen die höher Stehenden auflehnen mag, geneigt sein sollte, Aufruhr hervorzurufen, ist unmöglich" (ebenda). Ahnenverehrung und Sippenordnung, die uralten ethischen Eigenheiten des chinesischen Stammes, blicken uns hieraus an. Die konfuzianische Schule hat später in Anwendung der *li* auf die menschliche Gesellschaft ein fünffaches Verhältnis (die kosmische Zahl fünf hat wie in vielen anderen Kategorien der Konfuzianer auch hier ihre Rolle gespielt s. oben S. 61ff. u. 80) des Einzelnen zu seinen Mitmenschen festgestellt: das von Fürst und Untertan, von Vater und Sohn, von älterem und jüngerem Bruder, von Ehemann und Ehefrau, von Freund und Freund. Diese fünf Beziehungen gelten als „die fünf ewigen" (Ordnungen, *wu lun* oder *wu tsch'ang)*. Die gesamte Gedankenwelt des Konfuzius kreist um den Begriff des Universalstaates und ordnet dessen inneren Aufbau. Sie nimmt ihn, eine Hüterin des Erbes früherer Zeiten, natürlich kosmisch: durch den Himmelssohn reichen die nährenden Wurzeln dieses Staates in das Jenseits hinüber, und die Lehren des weisesten unter den Menschen sind die Sprache des „Himmels". Ungewöhnliche, wider die Ordnung des *tao* gehende Naturerscheinungen andererseits sind die Anzeichen, mit denen der Himmel sein Mißfallen kundgibt — hier erkennen wir wieder den kosmischen Gedanken —, sie stellen eine Warnung an den Herrscher dar, daß er außerhalb des sittlichen *tao* ist und Einkehr halten soll. Aber diese Verbindung mit dem Himmel ist auch das einzige metaphysische Element, das die Lehre des Konfuzius enthält, und es unterliegt noch manchem Zweifel, ob sie in diesem Umfange schon von Konfuzius stammt und nicht erst zur Han-Zeit entwickelt worden ist (s. unten). In allem übrigen ist der Konfuzianismus reiner Rationalismus, völlig auf das Diesseits bezogen. Er predigt irdische Sittlichkeit, soziale Pflichten, von denen jeder nach seinem Stande, Alter und Geschlecht durch die *li* sein Teil zugewiesen bekommt. Alles, was darüber hinausgeht, lehnt er ab: „Worüber der Meister nicht sprach", heißt es im *Lun yü* (VII, 20), „waren unnatürliche Erscheinungen, Kraftleistungen, Unruhen und Geister". Und: „Du kannst noch nicht den Menschen dienen, wie willst du den Geistern dienen können? Du kennst das Leben noch nicht, wie willst du den Tod erkennen?" (XI, 11). Der *kün tsĕ*, der „Edle", der „Gebildete", der „Gentleman", oder wie immer man den sehr sonderbaren und bis jetzt nicht befriedigend erklärten Ausdruck übersetzen will, war die Verkörperung dieses Sittlichkeits- und Schicklichkeits-Systems, der Mann, der die staatliche Ordnung tragen und die Masse der *siao jen*, der „Unbedeutenden" leiten sollte. Wie sich der ideale Welt-Staat der Konfuzianer in seinem Wesen darstellt, haben wir früher gesehen (s. oben S. 118ff.). Konfuzius sah diesen Staat im hohen Altertum unter den mythischen „heiligen Herrschern" und im Anfang der Tschou-Dynastie unter Wên wang, Wu wang und Tschou kung verwirklicht, während die Gegenwart eine völlige Verschiebung der Stellungen seiner Glieder, also eine Verletzung der *li*, ein Abirren vom *tao* zeigte. Es muß dahingestellt bleiben, ob Konfuzius an das Altertum, wie er es schilderte, wirklich glaubte, oder ob er es bewußt zurecht stilisierte, um den suchenden Geistern seiner Zeit einen festen Richtpunkt zu geben. Diesem letzten Zwecke seiner Lehre diente auch der andere Teil seines Wirkens, die Überlieferung. Was er an alten Aufzeichnungen erreichen konnte, sammelte er und formte er neu für seinen Zweck. Welchen Umfang diese Aufzeichnungen hatten, und in welchem Zustande sie sich befanden, darüber auch nur Vermutungen auszusprechen, fehlt uns jede Möglichkeit. Bisher hat sich von solchem vorkonfuzianischem Schrifttum auch nicht die leiseste Spur in China angefunden, wir sind also auf das Wenige angewiesen, was uns Ssĕ-ma Ts'ien darüber berichtet. Er erzählt (Kap. 47 fol. 7r⁰), wie Konfuzius, abgestoßen durch die Intriguen und Kämpfe der Adelsfamilien in Lu, „keine amtliche Tätigkeit übernahm, sondern sich zurückzog und das *Schi king*, das *Schu king*, das *Li* (Ritensammlungen) und das *Yo* (Musik) ordnete". Ferner (fol. 22r⁰): „Zur Zeit des Konfuzius war das Haus der Tschou geschwächt, die Riten und die Musik waren verfallen, das *Schi king* und *Schu king* lückenhaft. Er ging daher den Spuren der Riten unter den drei Dynastien (Hia, Schang und Tschou) nach und versah die Berichte des *Schu king* mit einem Vorwort, nach oben hin ordnete er darin die Zeit von Yao und Schun, nach unten setzte er es fort bis zum Fürsten Mu von Ts'in. Er stellte die Ereignisse zusammen und teilte sie ab, dabei sagte er: über die Riten der Hia kann ich reden, freilich K'i (s. oben S. 136) vermag sie nicht mehr aufzuweisen; über die Riten der Yin kann ich auch reden, freilich Sung (s. oben S. 138) vermag sie nicht mehr aufzuweisen .... aber sowohl hinsichtlich der Form wie des Inhalts haben die Tschou jene beiden Dynastien vor Augen gehabt. Und wie schön sind ihre Formen! Ich halte mich also an die Tschou. So stammen die Berichte des *Schu king* und die Zusammenstellungen der Riten von Konfuzius". Über das *Schi king* im besonderen heißt es weiter: „Vor Alters hatte das *Schi king* über dreitausend Stücke. Als es an Konfuzius kam, beseitigte er die Wiederholungen (?) darin und behielt das bei, was zu den Riten und der Gerechtigkeit beitrug ...... Seitdem konnten die Riten und die Musik weiter überliefert werden, so daß der rechte Weg *(tao)* des Zentralherrschers hergerichtet, und die sechs kanonischen Bücher *(leo yi)* vollendet werden konnten." Als die sechs kanonischen Bücher gelten das Ritenbuch, das Musikbuch, das *Schu king*, das *Schi king*, das *Yi king* und das *Tsch'un-ts'iu*. Riten und Musik, die beiden einander ergänzenden wichtigen Werkzeuge der konfuzianischen Staatskunst, sind in dem heutigen Texte des *Tschou li*, und des *Li ki*, das offenbar ein Sammelwerk ist, im wesentlichen mit enthalten, was aber davon in die Zeit des Konfuzius zurückreicht, können wir nicht entscheiden. Das *Yi king*, ein altes kosmologisches Wahrsagebuch mit Erklärungen unbekannter Herkunft (vergl. oben S. 106), hat zur Tschou-Zeit dem Kanon der Konfuzianer noch nicht angehört. Konfuzius hat sich nicht damit beschäftigt, vielleicht es nicht einmal gekannt. Was die Überlieferung davon zu erzählen weiß, ist ganz unglaubwürdig (s. unten). Das *Tsch'un-ts'iu* dagegen mit seiner wunderlichen versteckten Staatsethik stammt ganz von dem Meister selbst. Das *Schu king*, die Sammlung staatspolitischer Schriftstücke mit vielen späteren Fälschungen, sowie das *Schi king*, die Liedersammlung mit Gesängen verschiedenster Art, sind vor allem die Gegenstände von Konfuzius' überarbeitender Tätigkeit gewesen. War diese Tätigkeit so, wie wir nach den Andeutungen des *Schi ki* vermuten müssen, so können wir sie vom Standpunkte der Geschichte aus nicht als segensreich ansehen. Wenn er im *Schi king* nur das beibehalten hat „was zu den Riten und zu der Gerechtigkeit beitrug", so ist zu fürchten, daß es im *Schu king* nicht anders gewesen sein wird. Die Redaktion des *Schi king* hat in der Sammlung eine Anzahl von Liedern einfachster volkstümlicher Art, meist mit erotischem oder naiv stimmungsmäßigem Inhalt, stehen lassen, von denen man schwer begreifen kann, wie sie „zu den Riten und der Gerechtigkeit beitragen" sollen. Die konfuzianische Schule hat indessen diesen Liedern eine moralisierende und politisierende Auslegung zu geben verstanden, die eine höchst groteske Verrenkung des Sinnes darstellt. Wir müssen mit Notwendigkeit annehmen, daß diese Auslegungen schon auf Konfuzius selbst zurückgehen, und danach läßt sich ermessen, wie mit den geschichtlichen Teilen des *Schu king* verfahren sein mag. Die Schule der Reform-Konfuzianer, die sich am Ende des 19. Jahrhunderts um den bekannten K'ang Yu-weï sammelte, steht der literarischen Tätigkeit des Konfuzius anders gegenüber als es die Angaben des *Schi ki* verlangen. Sie sieht in den sechs kanonischen Büchern das eigene und ausschließliche Werk des Konfuzius. Das sei auch, so erklärt sie, bis zur Han-Zeit niemals zweifelhaft gewesen, erst später (ein genauer Zeitpunkt wird nicht genannt, es könnte sich nur um die Zeit des Wang Mang handeln, s. unten) habe man, „weil man die Hofgelehrten (*po schi*, s. unten) habe bekämpfen wollen, den Tschou kung damit in Verbindung gebracht, um diesen dem Konfuzius gleichzustellen". So habe man diesem das *Li* und das *Yo*, ferner das *Schi king* und *Schu king* den alten Herrschern, das *Yi king* dem Fu-hi und Wên wang zugeschrieben und das *Tsch'un-ts'iu* für einen einfachen Annalen-Auszug erklärt. Einer von K'angs unmittelbaren Schülern nennt denn auch die sechs kanonischen Bücher „die Bibel", und zwar die „von Gott inspirierte" Bibel der Chinesen. K'ang selbst behauptet, daß zur Zeit *tschên-kuan* (627 bis 649 n. Chr.) der Tschou kung zum „Heiligen der Vorzeit" erklärt, Konfuzius aber zum „Lehrer der Vorzeit" erniedrigt sei. Mag dem nun sein, wie es wolle, jedenfalls hat das Konfuzianertum mit den moralisierenden Bemühungen seines Meisters den Schleier über der ältesten Geschichte Chinas so verdichtet, daß erst die Neuzeit ihn mit ihrer kritischen Scheere zu zerschneiden unternehmen kann (vergl. oben S. 61). Die Stilisierung des Altertums zum Goldenen Zeitalter mußte jeden Gewaltakt der ohnehin schon schwachen geschichtlichen Überlieferung gegenüber rechtfertigen. Konfuzius hat auf diese Weise das Ideal für sein Volk in die Vergangenheit verlegt, so daß es mit rückwärts gewandtem Haupte durch die Geschichte schreitet, und andererseits hat er seine natürlichen metaphysischen Bedürfnisse unbefriedigt gelassen, indem er es gelehrt hat, die Schranken des vernunftmäßigen Diesseits in der wohlgeordneten Menschheit nie zu übersteigen. Es braucht nicht gesagt zu werden, von wie ungeheurem Einflusse diese beiden Momente für die Geschichte werden mußten.

Ob die Anhängerschaft des Konfuzius sehr groß war, läßt sich nicht feststellen. Die Zahlen, die Ssĕ-ma Ts'ien gibt, nämlich 3000 Schüler und 72 „solche, die persönlich die sechs kanonischen Bücher in sich aufgenommen hatten" (Kap. 37 fol. 23 v⁰), sind, auch wenn sie echt sein sollten, bedeutungslos: 3000 ist ein Mengebegriff, dem wir bei jeder Gelegentheit begegnen. Wu wang hat im *Schu king (T'ai schi* I, 8) 3000 Untertanen, Fürst Wên von Weï (dem alten) im *Schi king (Kuo fêng* IV, 6) 3000 Pferde, König Süans Feldherr ebenda *(Siao ya* III, 4) 3000 Kriegswagen, das *Schi king* bestand aus 3000 Stücken, die *li* zählten 3000 *(Tschung yung* 27) u. a. m., 72 ist eine kanonisch-mystische Zahl: das Jahr hat 72 Abschnitte *(hou)* zu je 5 Tagen, 72 alte Herrscher haben das Himmelsopfer dargebracht, 72 Pfeiler haben die Ballustraden am Altar des Himmelstempels u. a. m. Die Zahlen zeigen uns, wie frühzeitig sich die Legende auch der Person des Konfuzius bemächtigt hat. Die konfuzianische Schule führt schon zur Tschou-Zeit, aber kaum schon zu Lebzeiten des Konfuzius, den Namen *ju kia*, was gewöhnlich mit „Schule der Gelehrten" oder „Literaten" übersetzt wird, obwohl die Herkunft des Ausdrucks nicht klar ist. Ob sie am Ende der Tschou-Zeit einen wirklichen Einfluß ausübte, wird sich schwer feststellen lassen, jedenfalls wird sie von Anhängern der anderen Schulen nicht eben liebevoll geschildert, und was man ihr vorwirft, das stimmt vielfach so mit der Eigenart des Literatentums bis in die neueste Zeit überein, daß man es für richtig halten muß. Yen Ying, der berühmte Staatsmann von Ts'i, der ungefähr von 580 bis 500 lebte, also ein Zeitgenosse des Konfuzius war, wirft in dem Werke, das, wenigstens zum Teil mit Recht, auf ihn zurückgeführt wird, dem Weisen hochfahrendes, pomphaftes Wesen vor; seine Lehre, die man im Laufe einer langen Lebenszeit nicht bewältigen könne, und seine Formen-Systeme, zu deren Studium Jahre nicht ausreichten, nützten dem Volke nichts. Die prunkvollen Begräbnisfeierlichkeiten, die er verlange, ließen vielmehr den Staat verarmen, zu vernünftiger Verwaltung sei er unfähig, aber durch auffallende Tracht und geziertes Wesen suche er den Massen zu imponieren usw. Auch Mo Ti, der große Sozialethiker des 5. Jahrhunderts (s. unten), spricht nicht immer rühmend von Konfuzius, obwohl er ihm in manchen

Dingen sehr nahe steht, wenn man auch das Kapitel (39) des unter seinem Namen gehenden Werkes, das die schärfsten Urteile gegen die Konfuzianer enthält, als spätere Zutat ansehen will. Wie Yen Ying so wirft auch Mo Ti dem Konfuzius politisches Intriguantentum vor, seinen Anhängern aber ihr bombastisches Getue, ihr Schmarotzertum, ihre Unfähigkeit für praktische Arbeit und ihre abgeschmackte Altertümelei. „Der Edle, sagen sie, muß sich kleiden wie die Alten und reden wie die Alten, erst dann ist er ein guter Mensch. Aber das, was man jetzt alt nennt, war doch auch einmal neu, und wer sich damals nach neuer Art kleidete, war also kein Edler. Warum sollen wir denn nun jetzt jenen Nicht-Edlen nachahmen ?" Weitere Gegner der Konfuzianer werden wir noch kennen lernen.

Unter den unmittelbaren Nachfolgern des Konfuzius haben die Lehren des Meisters natürlich eine systematische Weiterbildung erfahren, und vieles davon, namentlich die Ethik mit dem Formen-System der *li*, ist weiter schematisiert worden. Der *kün tsĕ* und seine Steigerungen zum Weisen und Heiligen kamen in schärferen Gegensatz zu den *siao jen*, den „Unbedeutenden", und wenn man das Formen-Gewirr im *Li ki* und *I-li* als Geschöpf der Konfuzianer ansieht, so erhält man einen Begriff von dem Wachstum des von Konfuzius gepflanzten Baumes. Aber durchaus rationalistisch diesseitig blieb das Ganze, dafür wurden das Altertum und die alten Herrscher mit immer strahlenderen Farben geschmückt. Seinen Höhepunkt fand der Konfuzianismus der ausgehenden Tschou-Zeit in Mêng tsĕ oder, latinisiert, Mencius, wie der Name jenes „zweiten Heiligen" *(ya schêng)* gewöhnlich bezeichnet wird, der temperamentvoller als irgend ein anderer der bekannten Geistes-Heroen die Lehre des Meisters verfocht. Er hieß eigentlich Mêng K'o und entstammte einer der drei vornehmen Familien von Lu, deren unheilvolles Wirken wir früher kennen gelernt haben (s. oben S. 170). Er war ein engerer Landsmann von Konfuzius, denn sein Geburtsort war die heutige Stadt Tsou (zu unterscheiden von dem gleichklingenden Namen des Heimatsortes des Konfuzius), südöstlich von Yen-tschou in Süd-Schan-tung, und als seine Lebenszeit werden gewöhnlich die Jahre von 372 bis 289 angegeben. Von seinem Leben wissen wir erheblich weniger als von dem seines Meisters, aber zu den an den Fürstenhöfen herumreisenden Beratern — soviel ist sicher — gehörte er auch. Er war ein scharfer, immer angriffsbereiter Dialektiker, der sich mit Leidenschaft für die rationalistische Staatsethik des Konfuzius einsetzte und deren offenbar recht zahlreich gewordenen Gegnern ebenso stürmisch zu Leibe ging wie den widerstrebenden Fürsten. Die eifernde Unduldsamkeit, durch die sich später die konfuzianische Schule auszeichnet, sehen wir in Mêng tsĕ zuerst verkörpert. Aber er hat auch ihrer Lehre erst die Form gegeben, die sie für die Dauer behalten hat, und die Sammlung seiner Aussprüche und Gespräche haben ihren Platz unter den kanonischen Schriften erhalten. Die Sittenstrenge für jeden Einzelnen betont Mêng tsĕ fast noch stärker als Konfuzius, indem er von dem Grundgedanken ausgeht, daß die menschliche Natur als eine Erscheinungsform des *tao* ursprünglich gut sein muß, und daß diese ursprüngliche Reinheit zu erhalten oder, wenn sie verloren, durch Erziehung wiederzugewinnen ist. Auch der Begriff der Ehrfurcht in den fünf Beziehungen, namentlich der der Kinder zu den Eltern, steht in seiner Ethik obenan, als natürliches Ergebnis des Wohlwollens, der Gerechtigkeit, der Schicklichkeit *(li)* und der Einsicht, die dem Menschen „ebenso wie seine vier körperlichen Extremitäten" angeboren sind (Mêng tsĕ II, 1, 6). Ein besonders großer und bedeutungsvoller Schritt aber über die Anschauungen des Konfuzius hinaus läßt sich bei ihm in seiner Staatsethik erkennen. Die Lehre des Konfuzius von Staat und Gesellschaft hatte den Anschauungen der Zeit entsprechend (s. oben S. 199) zunächst nur die oberste Schicht, d. h. die Fürsten, Würdenträger und Vornehmen im Auge, sie war durchaus aristokratisch. Das gesamte Ritensystem im *Tsch'un-ts'iu*, im *Li ki* und *I-li* kommt lediglich für diese Schicht in Betracht, und die Gesetze der Ethik werden den Massen nur als Weisungen der Staatsgewalt geboten, der Vornehme, *kün tsĕ*, versteht ihren Sinn und führt sie als etwas selbstverständliches aus. „Für die Würdenträger sind die Riten, für das Volk die Strafen" (vergl. oben S. 123). Diese schon früher erwähnte Auffassung kann nicht wundernehmen, wenn man bedenkt, daß zu jener Zeit die Massen zum weitaus größten Teile halb oder garnicht von den Zentren des „Mittelreiches" zivilisierte Barbaren waren. In den großen Reichen Ts'in und Tsch'u waren höchstens die Fürsten und ihre Umgebung mit den Familien der Vornehmen von der chinesischen Lebensform erfaßt, die Völker blieben was sie waren: Ackerbauer oder Jäger, vielleicht sogar zum Teil Nomaden, alle im Banne ihrer eigenen Bräuche und Vorstellungen (vergl. oben S. 160). Selbst in den Innen-Staaten müssen große Teile der Bevölkerung Ti-, Jung-, Huai- usw. Stämme gewesen sein. Die Scheidung zwischen Herrenvolk und Fremdvölkern (s. oben S. 70) klingt bei Konfuzius, namentlich im *Tsch'un-ts'iu*, noch deutlich durch, obwohl auch hier schon zuweilen der Unterschied der Rasse gegenüber dem allgemein gültigen Maßstab der Tugend zurücktritt. Das ist zu Mêng tsĕs Zeit schon erheblich anders geworden. Der im 7. Jahrhundert allmählich einsetzende Prozeß der Bildungserweiterung hatte gerade in der Zeit der „Kampf-Staaten" trotz aller Schrecken einen gewaltigen Fortschritt gemacht. Keiner von allen politischen Lehrern tritt mit solcher Leidenschaftlichkeit für das Volk ein wie Mêng tsĕ, der Aristokrat. „Das Volk ist das Wichtigste (im Staate)", erklärt er (VII, 2, 4), „dann kommen die Götter des Erdbodens und der Feldfrüchte, der Fürst aber ist das Unwichtigste". „Nur wenn der Fürst mit Wohlwollen regiert", sagt er dem Herzog von Lu, „wird das Volk die Oberen lieben", aber seinen Bedrückern zahlt es ihre Grausamkeiten zurück (I, 2, 12). Und zu dem Könige von Ts'i äußert er: „Wenn ein Fürst große Fehler hat, so sollen die Minister, die zu seiner Sippe gehören, ihm Vorhaltungen machen; hört er nicht auf solche wiederholten Vorhaltungen, so sollen sie ihn absetzen" (V, 2, 9). Ja, wenn ein Fürst solche Verbrechen auf sich lädt wie der Kaiser Tschou von der Schang-Dynastie (s. oben S. 92 f. und 108) und dann getötet wird, so ist das kein Fürstenmord, sondern Bestrafung eines Verbrechers (I, 2, 8). Bei solchen Anschauungen ist es selbstverständlich, daß Mêng tsĕ dem Jammerbilde des Tschou-Hauses jedes Recht auf Herrschaft absprach, aber auch von den anderen Fürsten hatte er eine wenig bessere Meinung wegen ihrer schlechten Regierung. Und doch sehnte er einen tugendhaften Träger der Macht herbei, der die Würde des Himmelssohnes an sich nähme. Er dachte vor allem an Ts'i, das unter König Süan wieder zu großer Machthöhe aufgestiegen war (s. oben S. 196). „Es wäre ein leichtes heute", sagt er im Gespräch mit einem vornehmen Anhänger in Ts'i, „die Stellung des Zentralherrschers zu gewinnen. Wenn in Ts'i eine Regierung des Wohlwollens ausgeübt wird, so kann nichts es daran hindern, die Herrscherwürde anzunehmen", dazu bedarf es weder einer Vergrößerung seines Gebietes, noch einer Vermehrung seiner Bevölkerung (II, 1, 1). Und dem Fürsten selbst ruft er zu: „Wie Wu wang einst im Zorn auffuhr und den Völkern des Reiches den Frieden gab (indem er die Schang-Dynastie stürzte), so fahre auch du im Zorn auf und gib den Völkern des Reiches den Frieden" (I, 2, 3). Es ist seltsam, wie klar Mêng tsĕ die Forderung der Zeit erkannte, und wie unzulänglich sein Verständnis für die Mittel war, mit denen sie sich erfüllen ließ. Die „Regierung des Wohlwollens" allein genügte nicht.

Nicht der angenehmste Zug in Mêng tsĕs Persönlichkeit ist der Fanatismus, mit dem er die „vernunftwidrigen Lehren" anderer Schulen bekämpft. Besonders sind es Mo Ti und Yang Tschu, die seinen Zorn erregen und gegen die er sich in ungehemmten Ausdrücken ergeht (III, 2, 9). Er sieht einen vollständigen Zusammenbruch aller Kultur voraus „wenn Yangs und Mos Lehren nicht beseitigt werden, und Konfuzius' Lehre nicht zur Geltung kommt". Nach seinem Schelten zu schließen, müssen beide viele Anhänger im Lande gehabt haben. Yang Tschu vertrat eine völlig negative Art des Eudämonismus und ist zu keinem dauernden Einflusse gelangt, dagegen war Mo Ti, der wahrscheinlich zwischen 480 und 400 lebte, ein Philosoph, der Konfuzius an sittlichem Ernst zum wenigsten gleichkam, an Reichtum und Schärfe der Gedanken ihn aber übertraf, in seiner Lehre übrigens vieles mit ihm gemeinsam hatte. Auch für Mo Ti sind die „heiligen Herrscher" des Altertums die Inhaber der absoluten Wahrheit, ist ihr Staat die vollkommene Organisation der menschlichen Gesellschaft, und ebenso wie Konfuzius hält er Wohlwollen und Gerechtigkeit für die bestimmenden Elemente in der sittlichen Weltordnung. Aber er erweiterte die Herzensgüte zur allgemeinen Menschenliebe in christlichem Sinne und umfaßte damit alle menschlichen Wesen unterschiedslos, ohne Rücksicht auf die fünf Beziehungen der Konfuzianer. Diese unterschiedslose Liebe, die für die Schule des Mo Ti oberstes sittliches Gesetz war, gibt ihrer Lehre einen sozialistischen Zug, aber nicht von moderner Färbung: Mo Ti verlangt, wie Konfuzius, daß die Edelsten im Staate Fürsten und Würdenträger sein sollen, und daß das Volk sich ihren Weisungen zu fügen habe; nicht der Wille der Masse ist entscheidend, sondern der der Oberen, deren Höchster dem „Himmel" verantwortlich ist. Trotzdem ist es gerade die Unterschiedslosigkeit der Liebe, die den Zorn der Konfuzianer hervorgerufen hat, weil sie den Eltern und anderen Familienmitgliedern keine oder wenigstens keine genügende Sonderstellung zuwies und somit an das alles beherrschende Gesetz der Ehrfurcht rührte. Die Abstände der Nahen und Fernen im Aufbau der menschlichen Gesellschaft wurden verwischt, die *li* verloren ihre Bedeutung, der geordnete Staat wurde zum Chaos! Aber auch das pomphafte Wesen der Konfuzianer verurteilte Mo Ti, er wollte Einfachheit und Mäßigkeit der Lebensführung, keinen Prunk und keinen Überfluß in den Gebrauchsgegenständen, keine Kunst in der Natur, alles sollte nur durch Nützlichkeit und Notwendigkeit bestimmt werden. So verwarf er ebenfalls die kostspieligen Begräbnisfeierlichkeiten der Konfuzianer und stand auch ihrer hohen Bewertung der Musik ablehnend gegenüber; zunehmende Verfeinerung der Lebenshaltung führte nach ihm zu hohen Steuern und zur Verarmung des Volkes. Den rechten Staat sah auch er, wie die Konfuzianer, in der Schöpfung der „heiligen Herrscher", zu denen die Heroen der Tschou-Dynastie mit gehörten.

Die Erbitterung mit der sich Mêng tsĕ und die anderen Konfuzianer gegen die Lehren des Mo Ti wenden, ist kennzeichnend für die grundlegende Wichtigkeit, die sie ihrem eigenen wohlabgestuften sozialen System beilegten, das auf der Ehrfurcht beruhte und von den *li* gehalten wurde. Der eigentliche Staatsgedanke, d. h. der vom Begriff des *tê*, der Tugend, beherrschte Universalstaat göttlicher Willensform, wie ihn angeblich das Altertum überlieferte, war beiden Schulen gemeinsam, und um so auffallender erscheint es, daß die Konfuzianer zunächst weit gleichgültiger gegenüber den praktischenDenkern blieben, die diesen Grundbegriff ihres ganzen politischen Gedankensystems mehr und mehr verneinten. Diese lehnten den Maßstab des Altertums für die Gegenwart ab und setzten schließlich an die Stelle des *tê* mit den *li* das *fa* mit den Belohnungen und Strafen, d. h. an die Stelle der Tugend das Gesetz oder das Recht (im juristischen Sinne); man hat diese Rechtslehre deshalb auch später unter dem Namen *fa kia* d. h. Gesetzes- oder Rechtschule zusammengefaßt. Die scheinbare Gleichgültigkeit des Mêng tsĕ aber erklärt sich daraus, daß zu seiner Zeit die Rechtschule als solche noch keine große Bedeutung hatte. Zudem war der Schule der *fa kia*, ehe sie durch die Erfordernisse der praktischen Staatsleitung und die Unduldsamkeit der *ju kia* zu immer schärferer Zuspitzung ihrer Lehren getrieben wurde, vieles mit den Konfuzianern gemein, und Sün tsĕ, einer der einflußreichsten Denker im 3. Jahrhundert v. Chr. (s. unten), stand noch in beiden Lagern. Wenn man aber für gewöhnlich in der Geschichte der Philosophie oder der Religion der Chinesen dem Konfuzianismus den Taoismus gegenüberstellt, so hat das hinsichtlich der im Begriffe des Staates ausmündenden Weltanschauung zur Ts'in-Zeit keine Berechtigung. Hier stehen sich vielmehr Konfuzianismus und Rechtslehre, *ju kia* und *fa kia* in scharfem Gegensatze gegenüber. Die Rechtschule — vielleicht sollte man sie besser die rechts- und staatswissenschaftliche Schule nennen — war keine neue Erscheinung im 4. Jahrhundert, ihre Anfänge reichen weit zurück in das Zeitalter der frühen Tao-Lehre. Man pflegt in Kuan Tschung, dem berühmten Staatsmann von Ts'i im 7. Jahrhundert (s. oben S. 160), den ersten erkennbaren Begründer dieser Gedankenrichtung zu sehen, während man den fast ebenso berühmten Minister Yen Ying von Ts'i im 6. Jahrhundert mit Unrecht den *fa kia* zuweisen will. Von Kuan Tschung aus zieht sich dann eine Reihe von Namen durch die folgenden 4 Jahrhunderte, von denen einige zu den ruhmreichsten jenes Zeitalters gehören. Tsĕ Tsch'an von Tschêng im 6. Jahrhundert, Li K'ueï von Weï (Tsin) im 5. u. 4. Jahrhundert, Schên Pu-hai in Tschêng um 400, Schên Tao in Ts'i, sowie der große Schang Yang in Ts'in im 4. Jahrhundert und endlich der größte und letzte von allen, Han Feï tsĕ, d. h. „der Meister Feï aus Han" im 3. Jahrhundert, sind nur die bekanntesten unter einer weit größeren Anzahl. Sie haben es verstanden, die Staaten, denen sie dienten, stark und blühend zu machen, Kuan Tschung war der Schöpfer der Präsidialstellung von Ts'i, Schang Yang der Begründer der Macht von Ts'in (s. oben S. 183ff.), Tsĕ Tsch'an und Han Feï tsĕ waren selbst von fürstlicher Abstammung. Unschwer läßt sich in der Entwicklung der Rechtschule erkennen, daß ihre Anschauungen aus derselben Wurzel wie die der Taoisten und Konfuzianer hervorgehen, wie sie sich denn auch noch eine Zeit lang dicht bei denen der letzteren halten. Allmählich aber vergrößern sie den Abstand immer mehr, und schließlich treten sie in einen scharfen weltanschaulichen Gegensatz zu ihnen. Kuan Tschung (soweit uns ein Urteil über ihn nach dem seinen Namen tragenden, aber erst Jahrhunderte später zusammengestellten und nur zum kleinsten Teile auf seine Lehren zurückgehenden Werke zusteht) gründet seine Staatstheorie ganz im Einklang mit Lao tsĕ auf das amoralische *tao*: „Wer das Weltreich beherrschen will", heißt es in einem der echten Kapitel (Kap. 1 Abschnitt 2 fol. 4r°), „aber vom *tao* des Himmels abirrt, der kann das Weltreich nicht erlangen; hält er sich an das *tao* des Himmels, dann läuft seine Tätigkeit wie von selbst," also ein Gedanke ganz im Sinne Lao tsĕs. Materielles Wohlbefinden ist für Kuan Tschung wie für alle seine Nachfolger die Vorbedingung der Tugend im Volke, darin berühren sich die *fa kia* durchaus mit den Konfuzianern, namentlich mit Mêng tsĕ, und darum legen sie als Minister ein so großes Gewicht auf Pflege des Ackerbaus und Entwicklung der natürlichen Hilfsmittel der Länder. Auch das Wirken der „früheren Herrscher" und ihre Einrichtungen werden von Kuan Tschung als Vorbilder für Befolgung des *tao* gerühmt, aber schon wird der Gedanke der Wandelbarkeit in der Fortentwicklung hörbar: „Was man im Altertum einen weisen Fürsten nannte, ist nicht der Fürst an sich. Das Gewähren von Belohnungen kann kärglich und kann reichlich, das Aufrichten von Verboten kann milde und kann strenge sein. Auf den Spuren (der Vergangenheit) wandeln braucht nicht durchaus Übereinstimmung zu bedeuten und Abweichung nicht Auflehnung dagegen. Alles wandelt sich nach der Zeit, und alles entwickelt sich nach den Sitten" (Kap. 15 Abschnitt 47, fol. 7r⁰ f.). Auch von dem zweiten grundsätzlichen Unterschiede gegen den Konfuzianismus sehen wir bei Kuan Tschung schon die Keime. Das System der Belohnungen und Strafen, das zwei Eigenschaften der nicht eben hoch bewerteten Menschheit ausnutzt: die Gier nach Gewinn und die Furcht vor Schaden, gilt ihm als wichtigstes Regierungswerkzeug, während Konfuzius es durch das System der *li* ersetzen will. Die spätere konfuzianische Überlieferung lehrt, daß die *li* und die Strafen ihre sogar sozial getrennten Wirkungsgebiete haben, und der Verfasser des *Tso tschuan* läßt im Jahre 635 (*Hi kung* 25. Jahr) den Minister eines kleinen Staates in Ho-nan, gegen den Tsin kriegerische Maßnahmen ergreift, empört ausrufen: „Mittels der Tugend hegt man die (Bewohner der) Innenstaaten, mittels der Strafen schüchtert man die Barbaren der vier Himmelsrichtungen ein". Wir brauchen nicht zu bezweifeln, daß im Altertum eine dünne Herrenschicht ihre eigenen Satzungen hatte, daß aber der Begriff der Strafe überhaupt nur bei Ungebildeten und „Barbaren" anwendbar war, ist erst eine spätere Konstruktion der Konfuzianer. Ihnen waren die *li*, wie erwähnt, die Form gewordene „Tugend" (*tê*) und somit Ausfluß des *tao*; wer die *li* durchbrach und dadurch das *tao* störte, wurde strafbar. Dieser Schutz des *tao* oder der *li* war die einzige Aufgabe, die dem Gesetz (*fa*) mit seinen Strafen von den Konfuzianern zugewiesen wurde, ein positives Recht kannten sie so wenig wie Lao tsĕ, Mo Ti und ihnen verwandte Schulen. Die Rechtschule hat die Unzulänglichkeit dieser Theorien für die Staatsordnung klar erkannt und, je später umso schärfer, bekämpft. Wir bemerken bei Kuan Tschung in den ersten Teilen noch nichts von diesem Gegensatze, erst mit der scharfen Formulierung und übermäßigen Bewertung der *li* durch Konfuzius nimmt er seinen Anfang. Dagegen tritt Kuan Tschung schon mit einer Schärfe, die kein Späterer übertroffen hat, den pazifistischen Anschauungen entgegen, die nachher bei Konfuzius so stark entwickelt sind, und die sich in den ethischen Theorien der Konfuzianer erhalten haben, Anschauungen, die natürlich auch den Lehren Lao tsĕs und Mo Tis wesentlich sind. Konfuzius verurteilt im *Tsch'un-ts'iu* jeden Krieg als eine ungerechte Gewalttat, und Mêng tsĕ bestätigt dies. Ausgenommen sind nur die Strafzüge des Himmelssohnes gegen unbotmäßige Vasallen. „Bestrafung heißt es", lehrt Mêng tsĕ (VII, 2, 2), „wenn der Höchste (d. h. der Zentralherrscher) die unter ihm Stehenden mit Waffen bekämpft, aber feindliche Staaten (der Lehensfürsten) haben einander nicht zu bestrafen". Dagegen erklärt Kuan Tschung (Kap. 1 Abschnitt 4 fol. 11v⁰): „Wenn das Gerede vom Niederlegen der Waffen überhand nimmt, so werden die Schutzwehren (des Landes) nicht mehr gehalten; wenn das Gerede von der allgemeinen Menschenliebe überhand nimmt, so werden Offiziere und Soldaten nicht mehr kämpfen; wenn das Gerede von der Erhaltung des Lebens überhand nimmt, so können Ehr- und

Scham-Gefühl nicht mehr bestehen; wenn das Gerede von persönlichen Interessen und eigener Werthaltung überhand nimmt, so werden die Anordnungen der Herrscher nicht mehr ausgeführt usw." Weit rücksichtsloser, schärfer und folgerichtiger als bei Kuan Tschung finden wir die Staatstheorien der Rechtschule zweihundert Jahre später bei dem anderen großen Staatsmanne, Schang Yang, entwickelt, was sich leicht genug durch das inzwischen zur Geltung gelangte Konfuzianertum erklärt. Wir haben das Wirken dieses „eisernen Kanzlers", des Gründers der Großmachtstellung von Ts'in, bereits früher gewürdigt (s. oben S. 183ff.). Wenn man dem unter dem Namen *Schang tsĕ* gehenden Werke, von dem wir nicht wissen, wann und von wem es geschrieben ist, trauen darf — es ist sehr wohl möglich, daß die Konfuzianer den Text vielfach geformt haben, um ihren erbittertsten Feind bloßzustellen —, so hat sich der große Staatsmann in seinem ungehemmten Radikalismus zu verblüffenden Paradoxen hinreißen lassen. Den Gedanken, daß das Altertum maßgebend für die Gegenwart sei, lehnt er mit Leidenschaft ab. „Die Welt zu regieren gibt es nicht bloß den einen Weg *(tao)*, und was den Staaten nützt, braucht nicht alt zu sein", erklärt er dem Fürsten Hiao von Ts'in (Kap. 1 Abschnitt 1 fol. 1 v⁰), „Riten und Musik, *Schi king* und *Schu king*, Pflege des Guten, Pietät und Bruderliebe, Wahrhaftigkeit und Treue, Reinheit und Unbestechlichkeit, Wohlwollen und Gerechtigkeit, Verurteilung des Kriegsdienstes, Scham zu kämpfen, das sind die sechs (!) Schmarotzertiere im Staate". (Das ganze ist lediglich eine Verurteilung der konfuzianischen Tugendlehre und des konfuzianischen Pazifismus. Ob aber für die Form Schang Yang die Verantwortung trägt, ist sehr zweifelhaft). Dagegen sind Strafen und Belohnungen, d. h. Gesetze, nicht bloß das wichtigste, sondern das einzige Werkzeug der Regierung. Und zwar gilt dabei — hier berührt er sich mit Mo Tis Unterschiedslosigkeit in der Liebe — „kein Unterschied von Rang und Stand", es gibt nur e i n e Strafbestimmung „vom Minister und Feldmarschall bis zu den Würdenträgern und den Massen herunter" (Kap. 4 Abschnitt 15 fol. 3 v⁰). Die Tugend schätzt er auch, aber er nimmt sie in einem anderen Sinne als die Konfuzianer. „Die Strafe", so lehrt er (Kap. 2 Abschnitt 5 fol. 2 r⁰), „bringt Kraft hervor, die Kraft bringt Stärke hervor, die Stärke bringt Ansehen hervor, das Ansehen bringt Tugend hervor, die Tugend entsteht also aus der Strafe". Tugend bedeutet für Schang Yang das, was *virtus* für den Römer einmal bedeuten sollte, d. h. Mannhaftigkeit. Gänzlich in die Irre gerät er freilich mit Schlußfolgerungen wie der folgenden: „Verwendet der Herrscher die Guten (in den Diensten des Staates), so liebt man im Volke die eigenen Verwandten, stützt er sich auf die Boshaften, so liebt man im Volke seine Verordnungen. Die immer zusammenbringen und ausgleichen wollen, das sind die Guten; die aber auseinanderbringen und schulmeistern, das sind die Boshaften. Läßt er die Guten zur Geltung kommen, so bleiben die Übertretungen verborgen, stützt er sich auf die Boshaften, so finden die Übeltäter ihre Strafe. Bleiben die Übertretungen verborgen, so steht das

Volk über dem Gesetze, finden aber die Übeltaten ihre Strafe, so steht das Gesetz über dem Volke. Steht das Volk über dem Gesetze, so gerät der Staat in Wirrnis, steht das Gesetz über dem Volke, so ist die Militärmacht stark. Darum heißt es: eine Regierung mit tugendsamen Leuten muß zu Wirrnissen und schließlich zum Landverlust führen; eine Regierung mit boshaften Leuten muß zur Ordnung und weiter zur Macht führen" (Kap. 2 Abschnitt 5 fol. 1r⁰). Derartige Verstiegenheiten, sofern sie wirklich von Schang Yang stammen und nicht von den „boshaften Leuten" in den Text gebracht sind, könnten nur als eine hitzige Gegenwirkung gegen die Tugendpredigten der Konfuzianer gedeutet werden. Ihren abgerundetsten und geistvollsten Ausdruck findet die Lehre der Rechtschule in den Abhandlungen des Han Feï tsĕ, jenes unglücklichen Prinzen, der, um seinen Heimatstaat zu retten, wie oben erwähnt (s. oben S. 198), an den Hof von Ts'in zu Verhandlungen gesandt wurde. Der König von Ts'in schätzte ihn wegen seiner Staatslehre so hoch, daß er ihn in seine Dienste nehmen wollte. Der erste Minister, Li Ssĕ, ein Studiengenosse des Han Feï tsĕ, von Eifersucht erfüllt, wußte aber seinen Herrn umzustimmen und ihn von der Gefährlichkeit eines solchen Mannes zu überzeugen. Li Ssĕ sandte dem Verhafteten Gift und die Weisung, sich zu töten. So endete im Jahre 233 dieser hochstehende Denker als Opfer eines tragischen Schicksals, dem auch sein Heimatstaat nunmehr erlag. Han Feï tsĕs Werk ist uns erhalten, und zwar dürfte es bis zu einem beträchtlichen Teile von seiner eigenen Hand herrühren, an späteren Zusätzen und Fälschungen fehlt es natürlich nicht. Seine Staatslehre geht von dem amoralischen, „nicht machenden" *(wu weï)*, aber unwiderstehlich wirkenden *tao* Lao tsĕs aus. Wie das *tao* soll der Fürst sein: still, im Verborgenen wirkend, nicht in die Öffentlichkeit tretend, eine geheimnisvolle, unhemmbare Kraft, die man überall fühlt, aber nirgends sieht. Die sichtbar wirkenden Werkzeuge sind die Beamten, die den Willen der großen „inneren" Macht ausführen. „Bei Erfolgen hat der Fürst den Ruhm davon, bei Fehlschlägen haben die Beamten die Schuld daran" (Kap. 1 Abschnitt 5 fol. 9r⁰). Die Stellung des Herrschers ist also uneingeschränkter Absolutismus. Sein Wille findet seinen Ausdruck nicht in Lehrsätzen von Wohlwollen *(jen)* und Gerechtigkeit *(yi)*, von Liebe *(ngai)* und Wohltätigkeit *(hui)*, sowie den danach geformten *li*, sondern in den Verordnungen des Rechts *(fa)*. Diese müssen natürlich den Zeiten angemessen sein; „der Weise unternimmt es nicht, das Alte wiederherzustellen, und macht nicht etwas zum Gesetze, nur weil es immer so war; er erwägt die Dinge seiner Zeit und trifft danach seine Maßregeln" (Kap. 19 Abschnitt 49 fol. 1r⁰). Konfuzius' wie Mo Tis Lehren über die richtigen Wege der Alten werden von ihren verschiedenen Schulen verschieden dargestellt, und jede behauptet, im Besitze der Wahrheit zu sein. „Man kann Konfuzius und Mo Ti nicht wieder zum Leben erwecken und bestimmen lassen, wer recht hat", so wenig wie „man Yao und Schun, von denen beide ihre Lehre entnommen haben, wieder zum Leben erwecken und bestimmen lassen kann, was das richtige ist" (Kap. 19 Abschitt 50 fol. 1r⁰). Das verordnete Gesetz bannt alle Zweifel, gewährt Ordnung und Sicherheit. „Darum, wenn ein erleuchteter Fürst den Staat regiert, haben die Massen ihren Halt (am Gesetz), und die Verfehlungen werden wichtig genommen. Er bewirkt, daß das Volk mittels des Gesetzes gezügelt und nicht mittels einer vorausgesetzten Rechtschaffenheit gehemmt wird" (Kap. 18 Abschnitt 46 fol. 2v⁰). Denn diese Rechtschaffenheit ist dem Menschen durchaus nicht eigen, wie die Konfuzianer glauben, sondern das Gegenteil ist der Fall. „Wenn ein Weiser den Staat regiert, so verläßt er sich nicht darauf, daß die Menschen ihm etwas Gutes erweisen, sondern er trifft Vorkehrungen, daß sie nichts Unrechtes tun können" (Kap. 19 Abschnitt 50 fol. 10v⁰). Das gesamte Wohlergehen des Staates kann eben nur durch das feste System von Belohnungen und Strafen gesichert werden. „Wenn das Gesetz die Norm ist, gibt es wohl zuerst Bitternisse, aber dann folgt ständiger Nutzen; wenn Wohlwollen die Norm ist, eignet man sich heimlich Genüsse an, aber dann folgt die Not" (Kap. 18 Abschnitt 46 fol. 2v⁰ f.). Natürlich verlangt auch Han Feï tsĕ, daß der Wohlstand des Landes mit allen Mitteln gefördert, und für stetige Kriegsbereitschaft gesorgt werde. Ackerbauer und Soldaten sind ihm die wichtigsten Träger des Staates, Kaufleute und Handwerker stehen ihnen nach, und überflüssig sind jene Gelehrten, die „die Grundsätze *(tao)* der früheren Herrscher rühmen, um darauf ihre (Reden von) Wohlwollen und Gerechtigkeit zu gründen, oder mit ihrem Gebahren und ihren Kleidern zu prunken, die ihre Erörterungen und Reden aufputzen, um darin die Gesetze der Gegenwart anzuzweifeln und die Gesinnung des Fürsten unsicher zu machen" (Kap. 19 Abschnitt 49 fol. 7v⁰). Falls es noch zweifelhaft wäre, wer damit gemeint ist, würde es durch die bald darauf folgende Bemerkung klar werden: „Wenn im Staate Friede herrscht, füttert man die konfuzianischen Helden, wenn aber Gefahren drohen, braucht man gewappnete Streiter. Die, die man gefüttert hat, kann man also nicht brauchen, und die man braucht, hat man nicht gefüttert" (ebenda fol. 9v⁰). Han Feï tsĕs scharfe Stellungnahme gegen die Konfuzianer könnte auffallend sein, wenn man bedenkt, daß er selbst aus der konfuzianischen Schule hervorgegangen ist, allerdings aus einem Zweige, dem von den Orthodoxen, die auf Mêng tsĕ als ihren großen Apostel schwören, die Anerkennung versagt wird. Han Feï tsĕ war, ebenso wie der vorhin erwähnte Li Ssĕ, ein Schüler von Sün K'uang (Sün tsĕ) aus Tschao, der im 3. Jahrhundert lebte. Dieser Mann aber, der sich durchaus an die konfuzianische Ethik hielt und den *li* sicher keine geringere Bedeutung beimaß als die Konfuzianer, stand in einer Frage im Gegensatze zu Mêng tsĕ, über die Konfuzius selbst keine deutliche Entscheidung getroffen hatte, in der aber sein unduldsamer Apostel, seinem Temperament entsprechend, eine stark betonte Meinung hatte, nämlich in der Frage der ursprünglichen Art der menschlichen Natur. Mêng tsĕ hielt, wie schon erwähnt (s. oben S. 211f.), mit einer gewissen Leidenschaftlichkeit darauf, daß die menschliche Natur ursprünglich gut sein müsse, während Sün tsĕ lehrte, daß sie böse sei, und daß das Gute erst durch äußere Mittel hineingebracht werden müsse. Diese Streitfrage hat das philosophische Denken der Chinesen noch Jahrhunderte beherrscht, und der Eifer, mit dem man sich ihren Erörterungen hingab, erinnert an den nicht minder eifervollen Kirchenstreit zwischen Augustin und dem britischen Mönche Pelagius über Willensfreiheit und Erbsünde im 4. und 5. Jahrhundert. So ist auch Sün tsĕ, obwohl er einen großen Einfluß im Lehrsystem der Konfuzianer ausgeübt hat, bis in die neueste Zeit eine stark umstrittene Persönlichkeit geblieben. Der 23. Abschnitt des nach ihm genannten Werkes, das zum Teil von ihm, zum Teil von seinen Schülern herrührt, behandelt ausschließlich diese Frage von der Bösartigkeit der menschlichen Natur, und man begreift danach leicht, wie sich Han Feï tsĕs Staatslehre, die den Dingen der Welt in's Gesicht sah, daraus entwickeln konnte. Man braucht nur die folgenden Sätze aus Sün tsĕ sprechen zu lassen. „Die Natur des Menschen ist böse, darum ist es notwendig, daß man Lehrer und Gesetze hat, um sie zu bessern, daß man Riten und Rechtsätze aufstellt, um Ordnung zu halten. Haben die Menschen keine Lehrer und Gesetze, so sind sie abwegig und gefährlich, eine Besserung ist nicht möglich; stellt man keine Riten und Rechtsätze auf, so herrschen Widersetzlichkeit und Wirrnis, Ordnung zu halten ist nicht möglich“ (Teil 3 fol. 21 v°). Man versteht nun auch die Schärfe, mit der sich Han Feï tsĕ gegen die unduldsamen und beschränkten Konfuzianer wendet, die seinen Meister nicht gelten lassen wollten, obwohl keiner die Lehren des Weisen von Lu wärmer verteidigt hatte als er, freilich ohne sich so gegen die Forderungen einer verwandelten Zeit zu sperren wie seine unbelehrbaren Kritiker.

Die Entwicklung der Rechtschule, zu der der Konfuzianer Sün tsĕ selbst mit beigetragen hat, ist ungemein bezeichnend für gewisse umstürzende Vorgänge im chinesischen Geistesleben der späteren Tschou-Zeit. Die kosmisch-universalistische Weltanschauung mit der versittlichten Norm des *tao*, in ihren Grundzügen schon vom Altertum überkommen, hatte von dem Denken der obersten, maßgebenden Schicht so fest Besitz ergriffen, daß es dem praktischen Staatsmanne, der die Unzulänglichkeit dieser Norm in den gewaltig sich weitenden und naturgemäß immer weniger einfach werdenden Verhältnissen in Politik und Staatslenkung erkannte oder wenigstens fühlte, außerordentlich schwer wurde, sich ihrem Banne zu entziehen und einen Weg aus dem sittlich hochwertigen, aber den neuen Forderungen der Zeit nicht gewachsenen Theorien herauszufinden. Kuan Tschung, den wir als den ersten uns bekannten Pfadsucher ansehen müssen, war eine abnorme Erscheinung für das allgemeine Empfinden. Das System der Strafen und Belohnungen ist der erste Versuch, etwas Festeres, Greifbareres an die Stelle einer wohl gefühlten, aber nicht geformten Norm, an die Stelle des dem *tao* entstammenden Naturrechts ein positives Recht zu setzen, obwohl man von einer Klarheit über diesen Begriff zunächst noch weit entfernt ist. Im Hinblick auf die ererbten Denkgewohnheiten darf man die ungeschickten Versuche der Rechtschule, ein neues Mittel für die Befriedigung der staatlichen Lebensnotwendigkeiten zu finden, nicht zu hart beurteilen. Ihre ungefügen Systeme, durch zwangsweise Erziehung der Staatseingesessenen zu Fleiß und Gehorsam, zu Wirtschaft und Kriegsdienst den Staat mächtig und seine Bewohner wohlhabend zu machen, haben sich auch verhältnismäßig rasch weiter entwickelt. Die Überlieferung kannte nur Kriminaljustiz mit barbarischen Strafen, sei es zum Schutze der *li*, sei es für Fälle, die nicht von den *li* erfaßt werden konnten; für private Streitigkeiten genügten den Konfuzianern die *li* als natürliches Recht, sie haben sogar später geschriebene Gesetze mit der Begründung abgelehnt, daß das Volk dadurch streitsüchtig würde, indem es sich auf den Buchstaben berufe. Die Rechtschule aber kämpfte für gleiche Bindung Aller durch feste Rechtsätze auch da, wo nach der Überlieferung die Tugend und die *li* entscheiden sollten. So stieg diesen Suchern allmählich aus dem System der Strafen und Belohnungen der Begriff des positiven Rechts auf, und wie klar dieser erfaßt wurde, das zeigt die ausgezeichnete Definition von Schên Tao, die uns in dem kurzen Bruchstück erhalten ist, in dem einige seiner Aussprüche gesammelt sind. „Das Recht" *(fa)*, sagt er, „kommt nicht vom Himmel herunter und steigt nicht aus der Erde hervor, sondern es entsteht bei den Menschen und paßt sich den Anschauungen *(sin)* der Menschen an" (fol. 11v⁰). Und: „Das Recht ist das, wodurch alle Handlungen im Reiche gleichmäßig bestimmt werden, die gerechteste, unverrückbar bestimmte Norm" (fol. 12v⁰). Nichts anderes sagt die Definition von Han Feï tsĕ (Kap. 6 Abschnitt 20 fol. 1v⁰): „Recht *(yi)* heißt das, was angemessen ist", wobei auch die fünf sozialen Beziehungen der Konfuzianer als etwas angesehen werden, was durch diesen Begriff der Angemessenheit bestimmt wird. Auch daß die Verkündigung den Gesetzen des positiven Rechts wesentlich ist, im Gegensatz zu den *li*, die in der Natur des Menschen sich selbst bemerkbar machen, ist wenigstens von Han Feï tsĕ ausgesprochen worden. „Die Gesetze", sagt er (Kap. 16 Abschnitt 38 fol. 6r⁰ f.), „werden der Reihe nach auf den Register-Tafeln aufgeschrieben, in den Amtsgebäuden ausgehängt und so dem Volke bekannt gemacht". Die Motive *(schu)* freilich — was bei der Auffassung der absoluten Gewalt des Fürsten als alleiniger Quelle aller Gesetzgebung nicht auffallen kann — bleiben der Öffentlichkeit entzogen, sie sind das Geheimnis des Fürsten und in „seinem Busen verborgen".

Die Gegenüberstellung der Gedankengänge von Konfuzianertum und Rechtschule zeigt, daß es sich hier nicht mehr bloß um zwei philosophische Schulen handelt, sondern um zwei Weltanschauungen, die sich allerdings ihrer selbst und ihres Gegensatzes nicht klar bewußt sind. Beiden gemeinsam ist zwar der kosmisch-universalistische Untergrund und auch der darauf ruhende Weltstaatsgedanke, aber während das Konfuzianertum diese Vorstellungen mit einem abstrakt sittlichen Inhalte füllt und sich so einen von der Tugend beherrschten Ideal-Staat schafft, der auf die Wirklichkeit keine Rücksicht nimmt, an einem selbst gebildeten goldenen Zeitalter der Vergangenheit orientiert ist und daher auch immer in den Unvollkommenheiten einer vermeintlich entarteten Gegenwart stecken bleibt, löst sich die Rechtschule von diesem Stamme einer aus den naiven Anschauungen einer längst vergangenen Zeit hervorgewachsenen Theorie allmählich los und bildet, ganz auf den Realitäten der Zeit fußend, den Begriff des Rechtstaates aus, der auf den Gedanken der Macht und des fürstlichen Absolutismus aufgebaut ist. Das Lehenswesen von der Art und dem Umfange der Tschou-Zeit, auch wenn es seine praktische Unvereinbarkeit mit dem Begriffe des einheitlich geordneten Weltstaates nicht durch die tatsächliche Entwicklung dargetan hätte, mußte für diesen absoluten Macht-Staat zum wenigsten ein starkes Hindernis sein: der Lehensfürst mußte entweder von den allgemein bindenden Rechtsätzen des Zentralherrschers mit erfaßt werden, dann war seine Stellung dem Volke gegenüber eine unhaltbare, oder er blieb außerhalb dieser Rechtsätze, dann war das System durchbrochen, und dem Zentralherrscher erwuchsen unvermeidbar selbständige Gegenkräfte. Das Konfuzianertum hatte die Kraft der Überlieferung und die stärkere Betonung des sittlichen Prinzips für sich, die Rechtschule aber den tatsächlichen Erfolg: wo sie zur praktischen Auswirkung gekommen war, d. h. in Ts'i und in Ts'in, waren die Staaten reich, geordnet und machtvoll geworden. Das Konfuzianertum war wirklichkeitsfremd und pazifistisch in einer kampfdurchtobten Zeit, die Rechtschule nüchtern, praktisch und von dem Gedanken durchdrungen, daß nur der Starke sich behaupten könne. Das Konfuzianertum war beharrend, sogar rückschrittlich im wörtlichen Sinne, die Rechtschule aktiv, fortschrittlich, westlichem Denken viel näherstehend als das erstere. Welches von den beiden Gedankensystemen das herrschende werden würde, war die Schicksalsfrage. Es schien nicht unmöglich, daß die Rechtschule, wenn sie sich ungehemmt weiter entwickelte, einmal ganz aus den Vorstellungen des Universalstaates heraustreten und bei abermaliger Zerreißung des Reiches den geschlossenen Individual-Staat bilden konnte. In jedem Falle würde bei einem dauernden Triumph der Rechtschule nicht bloß die weitere Geschichte des Reiches, sondern auch die gesamte chinesische Kultur eine Gestalt gewonnen haben, die völlig verschieden gewesen wären von der, die beide in Wirklichkeit erhalten haben. So sah das 3. Jahrhundert den Anfang einer Krisis im chinesischen Staatsgedanken und damit in der chinesischen Weltanschauung von solcher Tiefe, wie sie nur in unseren Tagen wieder erreicht wird. Das 3. und das 2. Jahrhundert werden „zweier Zeiten Kampfgebiet“: das Altertum ist zu Ende, das Mittelalter kündigt sich an, zwischen beiden liegt der eine große Wendepunkt in der chinesischen Geschichte.

Dritter Teil.

Das Werden der neuen Form. Die Bildung des Einheitstaates und ihre Hemmungen.

Erstes Kapitel.

Der neue Staat der Ts'in und sein Ende.

Wenn wir bisher von dem „Reiche der Tschou“ gesprochen haben, so werden wir jetzt, zurückblickend, erkennen, daß dieses Reich mehr in der Welt der Ideen als in der Wirklichkeit bestand. Das Zeitalter wird beherrscht von dem grandiosen Gedanken des Weltstaates, aber in Wahrheit ist das Ganze eine beschränkte Welt mit einem Staatensystem, kein Staat mit einheitlichem Geltungswillen. Jene verfeinerte, auf kosmisch-universalistischen Gedankengängen beruhende Kultur, die von den Tälern des Weï ho und des Huang ho ausgegangen war, hatte durch einen langsamen Kolonisationsprogreß große Ländergebiete mit rassemäßig ganz verschiedenen Völkern in ihren Bann gezogen, aber politisch war ihre universalistische Theorie Theorie geblieben: sie schuf wohl neue Staaten, aber diese Staaten fügten sich, wenn überhaupt, nur sehr unvollkommen in den Gesamtrahmen ein, die völkischen Instinkte und der einzelstaatliche Machtwille waren zunächst noch viel zu groß, als daß der universalistische Gedanke ohne machtpolitische Trägerschaft ihrer hätte Herr werden können. Immerhin, eine Entwicklung nach dieser Richtung hin vollzog sich doch während der Tschou-Zeit, und zwar gerade durch das Wirken jenes einzelstaatlichen Machtwillens. Das aus dem Lehenswesen hervorgegangene Staatensystem mit seinen zahllosen Absplitterungen und Zwergherrschaften vereinfachte sich zunehmends durch die Bildung von Großmächten, in denen die kleinen Staatengebilde aufgingen, so daß hier im 4. und 3. Jahrhundert v. Chr. ein Gesamtbild entstand, das dem politischen Europa des 19. und 20. Jahrhunderts nicht unähnlich war. Mit der Weiterentwicklung endet dann freilich der Vergleich sehr rasch. Das Hervortreten der Macht von Ts'in im 4. Jahrhundert nach der langen Vorbereitung und inneren Festigung unter den Fürsten Hien und Hiao (s. oben S. 183) erinnert ganz an die preußisch-deutsche Geschichte im 18. und 19. Jahrhundert. Doch auch hier endet der Vergleich plötzlich und völlig mit den Ereignissen von 1870. Die Entwicklung in China ging gradlinig über den

Punkt hinaus, wo sie in Deutschland abbog, während sie im übrigen Europa durch den viel stärkeren staatlichen Einzelwillen schon weit früher zum Ziele gekommen war. Die Vernichtung der sämtlichen Einzelstaaten durch Tsʻin schafft Raum für die neue Form: das Staatensystem verschwindet, der Großstaat mit zentralisiertem Einheitswillen tritt an seine Stelle. Aus dem Material, das durch das kulturelle Wirken der Tschou geschaffen und zubereitet worden ist, fügt der König Tschêng von Tsʻin den neuen Einheitstaat; erst von nun ab können wir in Wahrheit von einem „chinesischen Reiche" im staatlichen Sinne sprechen. Das Jahr 221 v. Chr., in dem der letzte der Staaten, Tsʻi, vernichtet wurde, ist das Geburtsjahr dieses Reiches, das mit Recht den Namen seiner Gründer führt. (s. oben S. 156).

Daß der neue Staat seinem Wesen nach von dem des Altertums verschieden war, geht schon aus der einen Tatsache hervor, daß er ganz von den Lehren der Rechtschule beherrscht war. Zwar aus den Kreisen der universalistischen Anschauungen traten auch seine Gründer nicht heraus, aber die Macht der Überlieferung hatte keine Gewalt mehr über sie, das Altertum mit seinen angeblichen Idealherrschern war für sie abgeschlossen; nicht der Tugendbegriff und das Vertrauen auf die ursprüngliche Gutheit der menschlichen Natur waren die bestimmenden Elemente ihrer Regierung, sondern der Wille des Herrschers und das ihn darstellende Gesetz. Den theokratischen Charakter verleugnete auch ihr Staat nicht, dazu waren seine Herrscher noch zu sehr von uralten asiatischen Empfindungen beseelt, aber das zeigte sich weit stärker in der göttlichen oder wenigstens übermenschlichen Unbeschränktheit ihrer Stellung als etwa in dem Hervorkehren einer hohepriesterlichen Tätigkeit zur Vermittlung zwischen Gott und der Menschheit. Verfassungsgemäß hatte das Reich der Tsʻin nichts mehr von einem Lehenstaate, über die Gefahren, die hierin lagen, hatte die Vergangenheit doch gar zu deutliche Lehren erteilt; die Einrichtungen des Tsʻin-Staates, wie sie von Schang Yang und den großen Herrschern des 4. und 3. Jahrhunderts geschaffen und ausgebaut waren, wurden einfach auf das Gesamtreich übertragen. Dieses Reich war somit ein Beamtenstaat mit straffer Organisation und starker Zentrale, deren Seele wieder der absolute Wille des Herrschers war. Heerwesen und Ackerbau waren die Tragpfeiler, auf denen das Ganze ruhte; festgefügte Ordnung im Innern, Sicherheit des Verkehrs, strenge, aber unterschiedslose Anwendung der Gesetze, Förderung des Wohlstandes, unbedingter Gehorsam von Beamten und Volk, Schutz der Grenzen gegen Einbrüche fremder Horden, das alles machte sein Wesen aus. Alles, was das Konfuzianertum in tugendreichen Theorien predigte, aber nicht zu erzwingen wußte, war hier mit den konkreten Mitteln der Staatsgewalt wenigstens der Verwirklichung nahe gebracht, freilich weniger um ethischen Forderungen eines sittlichen Bewußtseins zu genügen, als vielmehr um der staatlichen Notwendigkeiten willen, die durch den fürstlichen Absolutismus bedingt wurden.

Nachdem König Tschêng das Eroberungswerk seiner Väter zum Abschluß gebracht hatte, säumte er nicht, auf der von ihnen vorgezeichneten Linie beim Ausbau seines Staates unbeirrbar vorwärts zu schreiten. Das Bild, das die Nachwelt von diesem Gründer ihres Reiches geformt und weitergegeben hat, ist das eines teuflischen Ungeheuers. Es gibt keinen Zug des Gemeinen und Schändlichen, des Rohen und Gewalttätigen, des Zynischen und Gewissenlosen, den sie ihm nicht beigemischt hätte; je weiter die Zeit fortschreitet, um so mehr wächst der Herrscher von Ts'in in ihrer Vorstellung zu einem Dämon des Bösen, und die kurze Dauer der Herrschaft seines Hauses erscheint ihr als die Strafe des Himmels für sein fluchwürdiges Werk. Wir werden auf die Frage der Berechtigung oder Nichtberechtigung dieses Urteils noch zurückzukommen haben, schon jetzt aber sei darauf hingewiesen, daß jene Nachwelt von konfuzianischem Geiste erfüllt war, und daß sie deshalb in dem Vernichter des Tschou-Reiches ihren verhaßtesten Gegner sehen zu müssen glaubte. Alle chinesischen Geschichtschreiber, Philosophen und Dichter, mit Ssĕ-ma Ts'ien und seinen Zeitgenossen des 2. und 1. Jahrhunderts v. Chr. beginnend, haben in diesem Geiste von ihm gesprochen, anfangs noch mit gewissen Milderungen und Einschränkungen, dann aber ohne sie, jede folgende Generation die vorherige an Maßlosigkeit überbietend. Diesem Geiste, mit dem in China die Geschichte der Ts'in geschrieben wurde, ist auch die abendländische Wissenschaft durchweg erlegen, so daß sie außer Stande war, der Bedeutung des Ts'in-Staates irgendwie gerecht zu werden. Erst die neueste Zeit beginnt einen Wandel in den Anschauungen zu zeigen, im Abendlande zuerst, dann auch in China selbst, in demselben Maße, wie die Herrschaft des orthodoxen Konfuzianertums über die Geister, hier wie dort, zu weichen anfängt. Wir werden uns bei unserer Darstellung von dieser parteiischen Leidenschaftlichkeit fernzuhalten haben und unser Urteil über die Ts'in-Fürsten vor allem nach den Leistungen formen müssen, die sie vollbracht, sowie nach der Bedeutung, die diese Leistungen für das Chinesentum erlangt haben. Die menschliche Persönlichkeit des großen Reichsgründers im einzelnen zu erfassen, wird uns freilich ebenso wenig möglich sein, wie schon seinen eifernden Widersachern zur Han-Zeit, so sicher sie sich auch in ihrem Wissen gebärden.

Schon die leibliche Herkunft des Königs Tschêng haben die Konfuzianer der späteren Zeit mit einem schimpflichen Makel zu behaften versucht, indem sie willkürliche Behauptungen mit Textfälschungen stützten. Der Vater des Königs, Tsĕ-tsch'u oder auch I-jen genannt, war der nachmalige König Tschuang-siang und, wie bereits erwähnt (s. oben S. 193), in seiner Jugend lange als Geisel in Tschao. Hier trat er in Verbindung mit einem reichen Kaufmann Namens Lü Pu-weï, der ihn, in der Hoffnung auf eine künftige Machtstellung des Prinzen, mit Geldmitteln unterstützte. Lü Pu-weï hatte ein junges Mädchen aus vornehmer Familie in seinem Hause. Der Prinz, von ihrer Schönheit entzückt, erbat sie sich von ihrem Besitzer, und dieser, unwillig zwar, überließ ihm das Mädchen. Sie sei aber, so wollen die Quellen wissen, bereits von Lü Pu-weï schwanger gewesen und habe nach zwölf Monaten den späteren König Tschêng geboren. Diese Geschichte, die den verhaßten Herrscher zu einem Abkömmling eines skrupellosen Händlers mit seiner Konkubine machen will, entbehrt jeden Beweises und muß, da die Zeit der Geburt des Königs (zwischen dem 24. November und 23. Dezember 259 v. Chr.) ebenso wie die der Erwerbung des Mädchens genau bekannt war, zu einer Widernatürlichkeit greifen, um überhaupt möglich zu werden, von allen Unwahrscheinlichkeiten, die ohnedies noch bleiben, ganz abgesehen. Im Jahre 249 war Tsĕ-tsch'u (Tschuang-siang) zur Regierung gekommen, damit brach für Lü Pu-weï die Zeit an, in der er von seinen angelegten Kapitalien die Erträgnisse ernten konnte. Der gerissene Kaufmann wurde Minister, erhielt einen hohen Adelsrang und einen großen Landbesitz bei Lo-yang in Ho-nan. Schon nach zwei Jahren starb Tschuang-siang, und als Knabe von zwölf Jahren mußte der Prinz Tschêng im Jahre 247 die Regierung antreten. Er war naturgemäß zunächst stark unter dem Einflusse seiner Minister und Generale, unter denen auch Lü Pu-weï eine hervorragende Rolle spielte. Indessen muß sich die Tätigkeit dieser plebejischen Kreatur in der Befriedigung ihrer Genußsucht und Eitelkeit, d. h. in Schlemmereien, Weiber-Intriguen, Begünstigungen zahlreicher Klienten und Fütterung schmarotzender Literaten erschöpft haben, denn von einem Einfluß auf die Politik des Landes erfahren wir bei ihm nichts. Seine Eitelkeit veranlaßte die unter seinem Patronat stehenden Schriftgelehrten, ein umfangreiches enzyklopädisches Werk zusammenzustellen, das alle Weisheit seiner Zeit enthalten und Lüs Namen als den des Verfassers tragen sollte. Es bekam den Titel *Lü schi tsch'un-ts'iu*, d. h. „*Tsch'un-ts'iu* (Annalen) des Herrn Lü" eine Bezeichnung, die im Hinblick auf den Inhalt wenigstens des uns überlieferten Werkes völlig sinnlos ist. Der aufgeblasene Pseudo-Verfasser ließ in der Hauptstadt öffentlich verkünden, daß derjenige eine Belohnung von 1000 Goldstücken erhalten würde, der „im Stande sei, ein einziges Schriftzeichen (als fehlend) hinzuzusetzen oder (als überflüssig) wegzunehmen". Natürlich war niemand waghalsig genug, sich zu melden. Aber allzu lange sollte die erkaufte Macht dieses Mannes nicht währen. Im Jahre 238 wurde das ganze schmutzige Treiben Lüs und seiner Spießgesellen bei Hofe aufgedeckt, der junge Monarch griff mit eiserner Hand ein, hob das ganze Nest aus, dessen Nutznießer sogar einen Versuch gewaltsamen Widerstandes machten, und schreckte nicht davor zurück, die ehemalige Geliebte Lü Pu-weïs, seine eigene Mutter, die in die Angelegenheit verwickelt war, in die Verbannung zu schicken. Lü Pu-weï, der eigentlich hingerichtet werden sollte, wurde mit Rücksicht auf sein ehemaliges Verhältnis zu dem Vater des Königs lediglich seiner Ämter enthoben und auf seine Besitzungen in Ho-nan geschickt. Erst als er dort neue Intriguen mit den (damals noch vorhandenen) Fürsten anzettelte, wies der König ihn im Jahre 235 an, seinen Wohnsitz nach Schu (Ssĕ-tsch'uan) zu verlegen. Lü zog es nach dieser neuen Demütigung vor, Selbstmord zu begehen. Nach seinem Tode gewährte der König den sonst nach dem Westen verschickten Teilnehmern an den Wirrnissen der letzten Jahre die Rückkehr in die Heimat. Der Mutter hatte er bereits früher verziehen. Die Art, wie der jugendliche Herrscher sich dieser unsauberen Umgebung an seinem Hofe entledigte, spricht für seine Energie und seine Klugheit, aber nicht für die blutgierige Grausamkeit, die ihm seine konfuzianischen Gegner vorwerfen.

Im Jahre 221, als Ts'i, der letzte der selbständigen Staaten, unterworfen war, zählte König Tschêng 38 Jahre. Nach seinem endgültigen Triumphe und der Vereinigung des Reiches in seiner Hand verlor er keine Zeit, dem neuen Staate die neuen Formen zu geben. In einem feierlichen Erlaß wurden die Minister, nachdem sie auf die Bedeutung des Erreichten und auf „das große Werk der Ordnung des Reiches" hingewiesen waren, mit der Aufgabe betraut, einen angemessenen neuen Herrschertitel in Vorschlag zu bringen. „Denn wenn Unser Titel nicht verändert wird", so heißt es, „ist kein Wort verhanden, das dem vollendeten Werke gerecht wird und (seine Bedeutung) den kommenden Geschlechtern übermittelt." Die Minister zeigten in ihrem Berichte, daß sie die Überlieferung der Geschichte nicht mißachteten. Sie wiesen hin auf die „fünf Kaiser" *(wu ti* s. oben S. 61 ff.) und auf die „drei Majestäten" *(san huang* s. oben S. 63), und da die ersteren keine solche Machtstellung besaßen wie der Herrscher von Ts'in, so schlugen sie als Titel den Namen eines der letzteren vor, und zwar den der „Erhabenen Majestät" *(t'ai huang)*. Der König bestimmte: „Das *t'ai* lehne ich ab, das *huang* nehme ich an, dazu nehme ich den Kaiserlichen Titel *ti* des hohen Altertums; mein Titel sei *huang-ti*, d. h. majestätischer Kaiser". *(Schi ki* Kap. 6 fol. 9 v° ff). So wurde der neue, aber eigentlich sehr altertümliche Titel (vergl. oben S. 119) des Universalmonarchen geschaffen, und der chinesische Kaiser hat ihn seitdem geführt, so lange es einen solchen gab, d. h. bis zum Jahre 1912. Der unter den Tschou so stark kompromittierte Titel *wang* wurde den Prinzen, regionalen Lehensträgern und auswärtigen Fürstlichkeiten überlassen. Gleichzeitig hiermit wurden auch gewisse Ausdrücke für die Selbstbezeichnung des Kaisers und für seine Erlasse festgesetzt, die ebenfalls in der chinesischen Amtsprache verblieben sind bis in unsere Tage. Ein weiterer Erlaß bestimmte, daß die „im mittleren Altertum" (d. h. zur Tschou-Zeit) aufgekommene Sitte, den Verstorbenen „auf Grund ihres Lebenswandels posthume Namen *(schi)* zu verleihen" (s. oben S. 99), zu beseitigen sei, da „auf diese Weise die Söhne ihre Väter und die Untertanen ihre Fürsten kritisierten". „Ich selbst", erklärt der Kaiser, „nenne mich der erste Kaiser *Schi huang-ti* —, die künftigen Geschlechter rechnen weiter nach der Zahl, also zweite Generation, dritte Generation und so fort bis zur tausendsten und zehntausendsten Generation, forterbend ohne Ende". In der Tat sind die Kaiser der Ts'in-Dynastie ausschließlich unter diesen Namen überliefert worden, sie haben keine posthumen Namen und natürlich auch noch keine Jahresbezeichnungen *(nien hao* s. unten).

So war nunmehr dem neuen Reiche die alles beherrschende Spitze gegeben, und nicht bloß in der Theorie, sondern durch einen organischen Verwaltungsaufbau war alles mit dieser Spitze verbunden. Das Reichsgebiet war um ein gewaltiges gewachsen. Es umschloß alles, was während der letzten acht Jahrhunderte durch die Kolonisation der Staaten dem Chinesentume gewonnen war. Ssĕ-ma Ts'ien gibt die Grenzen an, soweit sie bestimmbar waren: im Osten das Meer und das Land Tschao-sien (Nordwestl. Korea), d. h. wohl nur die Alluvial-Gebiete von Liao-tung, das Durchgangsland zu den nordöstlichen Fremdvölkern, das von Yen erobert war (s. oben S. 189), im Westen die tangutischen und tibetischen Grenzgebiete (s. oben S. 36 f.) bis zu den heute unter dem Namen Min schan bekannten Bergzügen des Kun-lun-Systems im östlichen Kuku-nor-Gebiet; das Land war von den Ts'in selbst in harten und langen Kämpfen mit den Jung-Völkern erworben worden. „Im Norden", sagt Ssĕ-ma Ts'ien, „stützte sich das Reich auf den Huang ho als seine Grenzsperre, diese selbst zog sich an dem Gebirge Yin schan entlang bis nach Liao-tung". Yin schan heißen heute die Bergketten nördlich und nordwestlich der Stadt Kueï-hua tsch'êng im nördlichsten Schan-si, südlich von ihm zog sich, wie wir gesehen haben (s. oben S. 195), die vom Fürsten Wu-ling erbaute „Große Mauer" entlang, die in Tschi-li endete. Diese Gebiete, die Marken Yün-tschung, Yen-mên und Tai, waren von Tschao noch kurz vor der Unterwerfung im Jahre 300 erobert worden. Die Mauer von Tschao wurde dann nach Osten bis zum Meere weitergeführt. Im Süden verlief sich das Reich in's Unbekannte: Ssĕ-ma Ts'ien weiß nicht mehr zu sagen als „bis zu den nach Norden sich öffnenden Toren", d. h. nach chinesischer Anschauung bis dahin, wo man „südlich der Sonne" *(ji nan)*, etwa: in der tropischen Zone ist. Ji-nan bezeichnet später Tongking und einen Teil des nördlichen Annam, aber ob mit den „Toren, die sich nach Norden öffnen", dies oder ähnliches gemeint ist, läßt sich nicht bestimmen. Zur Han-Zeit hatte man Kenntnis von Annam und Tongking, und Schi huang-ti hat diese Kenntnis erschlossen, indem er den großen kolonialen Vorstoß unternahm, von dem nachher noch zu sprechen sein wird. Dieser Vorstoß ist aber über das Stromgebiet des Westflusses (s. oben S. 14) kaum hinausgelangt, die Nordostküste des Golfs von Tongking war die äußerste Grenze, und das Gebiet des heutigen Tongking ist davon noch nicht berührt worden. Ssĕ-ma Ts'ien wird von diesen entlegenen und ihm nur dunkel dem Namen nach bekannten Gegenden, den heutigen Provinzen Kuang-tung und Kuang-si, von Tongking und Annam ganz zu schweigen, schwerlich eine klare Vorstellung gehabt haben, und so muß die Frage auf sich beruhen bleiben, welche Länder er bei seinem Ausdruck im Auge gehabt hat. Wir dürfen auch keinesfalls annehmen, daß etwa alles, was zwischen dem Yang-tsĕ und dem Golf von Tongking lag, den Chinesen zu jener Zeit bekannt gewesen sei.

Das weite Hinterland der Staaten Tsch'u und Yüe, deren südliche Grenzen wir niemals kennen gelernt haben, blieb auch weiterhin noch unerforschtes „Barbaren"-Gebiet, aber den Zugang dazu hatte Schi huang-ti eröffnet. Er schob seine Macht bis zum Südmeer vor und nahm alle die fruchtbaren und vermutlich keineswegs kulturlosen Länder südlich des Yang-tsĕ für sein Reich in Anspruch. Abgesehen vom Westen und Südwesten hatte sein Reich hiernach bereits annähernd die Grenzen des heutigen China der „achtzehn Provinzen".

Die Hauptstadt des Reiches, Residenz des Kaisers und Sitz der Zentralregierung blieb Hien-yang, seit 350 die Hauptstadt des Ts'in-Staates (s. oben S. 185). Wie das Verwaltungsystem gestaltet werden sollte, war nicht von vornherein jedem Zweifel entrückt. Die Berater des Kaisers meinten: „Nun sind die Lehensfürsten zum ersten Male vernichtet worden, aber die Gebiete von Yen, Ts'i und King (d. h. Tsch'u, also der peripherischen Staaten) sind weit entlegen, und wenn man nicht Bedacht nimmt, Fürsten einzusetzen, so hat man kein Mittel, sie in Ordnung zu halten. Wir bitten, daß die Söhne der Kaiserlichen Familie dort eingesetzt werden. Möchten Eure Majestät geruhen, dem zuzustimmen" (vergl. oben S. 110). Der Einzige unter den Ministern, der dem widersprach, war Li Ssĕ (s. oben S. 218), und seine Darlegungen über den Untergang des Tschou-Reiches zeigen, wie klar und richtig er die Gefahren des Lehenswesens erkannt hatte. „Die Könige Wên und Wu von der Tschou-Dynastie", so führte er aus, „haben einer großen Zahl von Söhnen und Brüdern, also Angehörigen derselben Sippe, Lehen verliehen (s. oben S. 136ff.). Aber nachher haben sich diese Familienangehörigen einander entfremdet und von einander geschieden, und sie haben einander angegriffen wie Feinde. Die Fürsten töteten und bekriegten einander, und der Himmelssohn von Tschou war nicht im Stande, es zu verhindern. Jetzt sollte man, nachdem alles innerhalb der Meere, dank der übermenschlichen Geisteskraft Eurer Majestät, zu einer Einheit geworden ist, Provinzen *(kün)* und Präfekturen *(hien)* daraus bilden. Die Söhne der Kaiserlichen Familie und verdiente Beamte kann man mit der Ernennung zu Prinzen *(kung)* oder mit der Überlassung von Steuer-Einkünften so reichlich belohnen, daß völliges Genüge geschieht; so wird es leicht sein zu regieren. Wenn im Reiche keinerlei abweichende Meinungen bestehen, dann wird man das Mittel für Frieden und Ruhe haben. Wieder Lehensfürsten einzusetzen, ist nicht angängig". Der Kaiser stimmte dem zu, auch er war sich über die Ursachen der unheilvollen Zustände in den letzten Jahrhunderten klar. „Daß im Reiche allenthalben das Elend herrschte," so erklärte er, „daß Kampf und Streit ohne Unterlaß wütete, das hatte seinen Grund darin, daß es Fürsten und Könige gab. Dank der Hilfe meiner Ahnen habe ich zum ersten Male den Frieden gebracht. Wollte ich nun wieder Lehenstaaten schaffen, so würde das bedeuten, neue Kriegsaat aussäen und das Ende der Ruhe herbeiführen wollen. Wäre das nicht ein Unglück? Was der Minister (Li Ssĕ) vorschlägt, ist richtig“ *(Schi ki* Kap. 6 fol. 12 r⁰f). So wurde das Reich unter Erweiterung des Verwaltungsystems des Tsʻin-Staates (s. oben S. 184) als einheitliches Gebiet in 36 Provinzen *(kün)*, und jede davon wieder in eine Anzahl Präfekturen *(hien)* geteilt. Die Hauptstadt bildete eine Provinz für sich. An der Spitze jeder Provinz stand ein Gouverneur *(kün schou* „Provinzhalter“), die hauptstädtische Provinz wurde von einem besonderen Würdenträger verwaltet, der den überraschenden Titel *neĭ schi*, d. h. eigentlich „Archivar für das Innere“ hatte. Auch das *Tschou li* kennt diesen Beamten schon, aber hier hat er wesentlich andere Obliegenheiten, ein Zeichen, wie gerade die Amtsbezeichnungen im Laufe der Zeit ihre Bedeutung völlig wechseln. Der zu einer Provinz gehörige Heeresteil wurde von einem Provinzialgeneral *(kün weĭ)* befehligt. Das gesamte Militärwesen unterstand dem *tʻai weĭ* oder Kriegsminister. Zugleich wurde von den Tsʻin ein Amt geschaffen, das als der Ursprung einer höchst bedeutungsvollen chinesischen Staatseinrichtung angesehen werden muß, die erst mit der Monarchie im 20. Jahrhundert verschwunden ist. Ssĕ-ma Tsʻien erwähnt nur flüchtig, daß es neben den Gouverneuren und Provinzialgeneralen noch „Inspektoren“ *(kien)* gab, und aus den Han-Annalen, die ausführlichere Nachrichten über die Beamtenorganisation des Tsʻin-Reiches haben (s. unten), lernen wir, daß diese Inspektoren den Titel *kien yü schi* („überwachende Kaiserliche Archivare“) hatten, und daß sie alle Provinzen überwachten“. Wir haben uns sonach unter diesen Beamten eine Art von Kaiserlichen Kommissaren vorzustellen, denen es oblag, die Verwaltung in den Provinzen zu beobachten und dem Herrscher darüber Bericht zu erstatten. Sie sind die Vorläufer der späteren Zensoren (und mittelbar der Gouverneure, s. unten) geworden, deren Tätigkeit immer weiter entwickelt wurde und eine weitverzweigte Organisation in der Bureaukratie herausbildete. Die orthodoxe Geschichtschreibung hat sich bemüht, das wichtige und vielfach so segensreiche Zensorat von dem Makel seines Ursprungs zu befreien, der ihm natürlich von seinem fluchwürdigen Schöpfer her anhaften mußte, indem sie Anfänge davon bereits im Tschou-Reiche hat auffinden wollen; aber da keins der Werke über die Tschou-Verfassung eine Spur davon aufweist, hat sie ihre Zuflucht zu sehr fragwürdigen Mitteln der Umdeutung nehmen müssen. Die *yü schi* der Tsʻin waren bereits hohe Würdenträger mit großem Einfluß und führten deshalb auch den Titel *yü schi ta fu*. Der Name *yü schi* deutet darauf hin, daß sie einmal mit den Archivaren *(schi)*, den Hütern der Staatsdokumente, in Verbindung standen und andererseits der Person des Kaisers *(yü)* beigegeben waren; mit dem Fortschritt des Schriftwesens (s. unten) hat sich das Amt indessen von der Archivar-Tätigkeit ganz losgelöst und nur die Bedeutung des Überwachens der Verwaltung behalten.

Über die sonstige Organisation des Tsʻin-Reiches erfahren wir leider bei Ssĕ-ma Tsʻien nichts. Wollte er nicht darüber berichten, oder durfte er es nicht? Möglich ist beides, aber entscheiden läßt sich die Frage nicht.

Gekonnt hätte er es unzweifelhaft, denn der Han-Staat, in dem er lebte, war verfassungsmäßig im Ganzen noch derselbe, den Schi huang-ti geschaffen hatte. Die Han-Dynastie übernahm die gesamten Einrichtungen des letzteren, und was sie davon allmählich änderte, war unwesentlich; nur mit dem Problem des Lehenswesens fand sie sich, wie wir später sehen werden, auf ihre eigene Weise ab. Vielleicht wollte oder durfte aber der Geschichtschreiber diese Tatsache nicht kenntlich machen zu einer Zeit, wo der Haß gegen den Verächter der Überlieferung seine ersten Orgien feierte, während man die Früchte seiner Schöpfung stillschweigend genoß. Nun enthalten die Annalen der beiden Han-Dynastien genaue Übersichten über deren Staatseinrichtungen, und beide Werke müssen in der Einleitung dazu eingestehen, daß die Han bei Übernahme der Regierung die Einrichtungen der Ts'in beibehielten und dann „nach näherer Prüfung den Erfordernissen der Zeit entsprechend abänderten" (*Ts'ien Han schu* Kap. 19a fol. 3r⁰). Die Beamtenlisten in den Annalen der Früheren Han geben denn auch bei den meisten Behörden an, daß sie von den Ts'in herrühren. Wir können uns also nach diesen späteren Werken ein annäherndes Bild von dem neuen Staatsorganismus machen. Danach wurde die Spitze der Zentralregierung gebildet durch den Herrscher, dem die beiden Staatskanzler (*siang kuo* oder *tsch'êng siang*) „zur Linken" und „zur Rechten" zur Seite waren. Unter ihnen standen eine große Zahl höherer Beamter als eine Art von Ressort-Ministern, obwohl eine scharfe Scheidung zwischen den einzelnen Gebieten nicht überall erkennbar ist. Wir finden einen Kriegsminister (*t'ai weï*), dem vermutlich die Provinzialgenerale unterstanden, einen Justizminister (*t'ing weï*, Li Ssĕ bekleidete zeitweilig dieses Amt) mit zwei Vizeministern „zur Linken" und „zur Rechten", einen General-Inspektor der Verwaltung (*yü schi ta fu*, s. oben), dem ebenfalls zwei Vize-Inspektoren (*yü schi tsch'êng* und *tschung tsch'êng* oder auch *tschung tschi fa*) zur Seite stehen, während eine große Zahl von Inspektoren unter ihnen arbeiten: in der Hauptstadt allein fünfzehn, *schi yü schi* genannt, außerdem für die Provinzen die bereits erwähnten *kien yü schi*. Ferner ist an besonderen Behörden vorhanden: der Haus- (Personal-) Minister (*tsung tschêng*), der die Angelegenheiten der Mitglieder der Kaiserlichen Familie, und der Haus- (Verwaltungs-) Minister (*lang tschung ling*), der die Verwaltung des Palastes besorgt; der Palast-Kommandant (*weï weï*), dem die Palast-Garden unterstehen; der Minister für Riten und Kult der Ahnentempel (*fêng tsch'ang*); der Marschall für die Angelegenheiten der unterworfenen Man- und I-Völker (*tien k'o*) mit einem Stabe von „Reisenden" (*hing jen*, die vermutlich die Gebiete der Fremdvölker zu bereisen hatten) und Dolmetscher (*i kuan*), dazu der „Inspektor der unterworfenen Staaten" (*tien schu kuo*), der gleichfalls die „Unterworfenen der Man- und I-Völker zu betreuen" hat (der Unterschied zwischen beiden Ämtern ist nicht ersichtlich); der Zoll- und Gewerbe-Inspektor (*schao fu*) mit vielen Unterbeamten, deren erste Klasse den

Titel *schang schu* führte, nach dem Kommentar der Han-Annalen (Kap. 19a fol. 9r°) lag ihm die Finanzverwaltung des Kaiserlichen Hofes ob, während der Minister für Ackerbau und Handel *(tschi su neï schi)* die Einkünfte des Staates verwaltete; der Polizeipräsident der Hauptstadt *(tschung weï)* und verschiedene andere. Bemerkenswert ist das Amt „zur Überwachung der Aristokratie" *(tschu tsio tschung weï)*, d. h. der abgesetzten Lehenfürsten und ihrer Familien. Über die Provinzial-Verfassung sind wir ganz unvollkommen unterrichtet. Wir erfahren aus den Han-Annalen nur noch, daß die Präfekturen *(hien)* der Provinzen in größere mit über 10000 Haushaltungen und kleinere mit weniger als 10000 Haushaltungen geteilt waren (ein Zeichen der Spärlichkeit der Bevölkerung). An der Spitze jeder von ihnen stand ein Präfekt (*ling* bei den größeren, *tschang* bei den kleineren). Die Präfekturen setzten sich zusammen aus Kreisen *(hiang)*, in denen für die Han drei Beamte genannt werden: ein Leiter der Verwaltung (*san lao*, der angeblich für die Belehrung der Eingesessenen sorgen soll), ein Richter und Zollerheber *(schi fu)* und ein Polizeikommandant *(yu kiao)*. Die Kreise teilten sich wieder in Unter-Bezirke *(t'ing)* und diese in Dorfgemeinden *(li)*.

In dem neuen Staate ist von der Organisation der Tschou, wie die Übersicht zeigt, nicht viel übrig geblieben. Der Grundgedanke des ersteren ist: ein zentraler Herrscher, dessen Wille unmittelbar, ohne Zwischeninstanz seinen Weg nach außen findet, keine Ministerien, sondern überall nur einzelne Persönlichkeiten, die Ämter aber anscheinend so verteilt oder geteilt, daß ein Beamter den anderen überwachen kann, das Ganze ständig beobachtet durch die überall anwesenden „Inspektoren". Ein Zug vorsichtigen Mißtrauens macht sich bemerkbar, aber er hatte nach den Erfahrungen der Vergangenheit seine volle Berechtigung. Es gereicht nach unseren Auffassungen dem Herrscher nicht zur Unehre, wenn der Geschichtschreiber unter seinen Anklagen gegen Schi huang-ti auch erwähnt, daß „bei den Vorträgen über Staatsgeschäfte die Minister immer nur die fertige Entscheidung entgegenzunehmen hatten, und alle Angelegenheiten im Palast zu Hien-yang ihre Erledigung fanden" (*Schi ki* Kap. 6fol. 24v°). In der Tat blieb nichts außerhalb der Fürsorge des rastlosen Mannes, und man begreift wohl die Verzweiflung eines vielgeplagten Mitgliedes der Umgebung des Gewaltigen, wenn er erklärt: „Alle Geschäfte des Reiches, ob groß oder klein, werden vom Kaiser entschieden. Er mißt die Dokumenten-Massen nach Zentnern (sie waren auf Holztafeln geschrieben), setzt sich für Tag und Nacht ein bestimmtes Pensum; ehe er das Pensum nicht erreicht hat, findet er keine Ruhe, so stark ist seine Begierde nach Macht" (a.a.O. fol. 24 v°f). In den von Jahrhunderte langen Kriegen zerwühlten Ländern führte er Ordnung, Sicherheit und Einheitlichkeit mit Kraft und Strenge durch. Wie es im Ts'in-Reiche seit Schang Yang mit der Unterdrückung des Verbrechertums stand, haben wir früher gesehen (s. oben S. 183). Wenn wir einer Schilderung in den Han-Annalen glauben dürfen, wo ein Sittenprediger des 2. Jahrhunderts v. Chr. in einer Schrift an den

Kaiser auf die Prunksucht der Ts'in hinweist, so muß für den Verkehr, zum mindesten für den amtlichen, in großzügiger Weise gesorgt worden sein. Es heißt dort: „Die Kaiserlichen Straßen durchzogen das Reich nach Osten bis nach Yen und Ts'i, nach Süden bis nach Wu und Tsch'u, sie führten am Ufer des Yang-tsĕ und der Seen hin (man sieht, wo die wirkliche Südgrenze für die Verwaltung war), am Strande des Meeres entlang, soweit man zu sehen vermochte. Sie waren 50 Schritte breit, in einer Breite von 30 Fuß waren starke Seitenwälle aufgerichtet, die außen mit metallenen Stampfern festgestampft, und mit immergrünen Fichten bepflanzt waren. So weit ging der Luxus bei der Herstellung der Kaiserlichen Straßen" (*Ts'ien Han schu* Kap. 51 fol. 2r⁰). Mit sehr dürren Worten bemerkt Ssĕ-ma Ts'ien (a. a. O. fol. 12v⁰): (*Schi huang-ti*) „vereinheitlichte die Gesetze und Bestimmungen, die Maße und Gewichte, die Wagen erhielten gleiche Spurweite, die Dokumente die gleichen Schriftzeichen". Die ungeheure Bedeutung dieser Neuerungen hätte eine bessere Würdigung verdient. Was hier berichtet wird, ist nichts Geringeres als daß Schi huang-ti die Einheitlichkeit der chinesischen Kultur gerettet hat, damit allein aber hat er sich schon ein Verdienst erworben, das nicht bloß dem des Konfuzius, sondern des gesamten Konfuzianismus gleichkommt. Vereinheitlichung der Gesetze, der Maße und Gewichte ist gewiß eine Tat von nicht geringer Wichtigkeit: wer die Verhältnisse im China des 19. Jahrhunderts gekannt hat, wird leicht den chaotischen Zustand ermessen können, der zur Tschou-Zeit in den verschiedenen Staaten geherrscht, und Handel und Verkehr stark behindert haben muß. Die Bedeutung der gleichen Spurweite der Wagen aber wird jeder zu würdigen wissen, der auf den schluchtartigen Lößwegen des nördlichen China (s. oben S. 5) gereist ist. Das alles indessen ist nichts gegenüber der Vereinheitlichung der Schriftzeichen, denn diese Tat hat die technische Grundlage für die gemeinchinesische Kultur geschaffen. Zum Verständnis hierfür muß man sich den Zustand vergegenwärtigen, wie er bis dahin bestand.

Durch die Knochenfunde von Ho-nan (s. oben S. 77) ist unsere Kenntnis der chinesischen Schriftzeichen bis in das 12. Jahrhundert v. Chr. hinaufgerückt worden. Die hier festgestellte Schrift ist zum Teil noch höchst urtümlicher Art, und die Weiterbildung während der folgenden tausend Jahre kann im Verhältnis zu der langen Zeit nicht als eine sehr bedeutende angesehen werden. Die Menge der Zeichen hatte sich wohl stark vermehrt, aber ihre Ungefügigkeit war für ihre Erlernbarkeit und Verwendungsfähigkeit ebenso hinderlich wie das zur Verfügung stehende Schreibgerät. Wir haben aus der Tschou-Zeit, abgesehen von etwaigen Orakelknochen, nur noch Schriftdenkmäler auf Metall (Dreifüße, Vasen und andere Kultgegenstände) und auf Stein, Reste von Inschriftentafeln, angeblich die Steintrommeln von Peking, und auch davon ist sehr vieles von zweifelhafter Echtheit. Aufzeichnungen literarischer Werke oder amtliche Dokumente sind uns nicht erhalten. Wenn man in der ältesten Zeit vermutlich die Zeichen mit einem spitzen Griffel in das Holz oder die Knochen einritzte, so bediente man sich zur Tschou-Zeit (wenigstens vom 9. oder 8. Jahrhundert ab) eines Bambusstäbchens, das in Lack oder Tusche eingetaucht wurde, und malte damit die Zeichen auf Holztäfelchen (bei kurzen Niederschriften) oder auf Bambusstäbe (für umfangreichere Schriftstücke). Noch die ganze Ts'in- und Han-Zeit hindurch waren diese Täfelchen und Stäbe, später neben dem Papier (s. unten) im Gebrauch, wie die am Grenzwall der Han bei Tun-huang im äußersten Nordwesten ausgegrabenen Stücke zeigen. Sie wurden zu Packen zusammengelegt und so kunstvoll mit Riemen oder Seidenschnüren verbunden, daß sie geöffnet und gelesen werden konnten, ohne daß die Verschnürung gelöst zu werden brauchte. Ob die Seide schon in früher Zeit zum Schreiben verwendet wurde, wie manche Chinesen wollen, oder ob dies erst zur Ts'in-Zeit geschah, wie es wahrscheinlicher ist, werden wir schwer entscheiden können; daß sie in jedem Falle sehr viel seltener benutzt wurde, muß man schon mit Rücksicht auf ihren höheren Wert annehmen. Dieses Schreibzeug war zu unbequem, und das von ihm abhängige Schriftsystem zu schwierig, als daß beide für literarische Zwecke in größerem Umfange und in weiteren Kreisen sich hätten einbürgern können. Schon aus diesen Erwägungen heraus erklärt es sich, daß, wie früher erwähnt (s. oben S. 200), die zahlreichen Philosophen-Schulen der späten Tschou-Zeit ihre Lehren meist mündlich überlieferten, und eine Aufzeichnung erst zu einer Zeit erfolgte, als man über bequemere Mittel dazu verfügte. Und wie sahen die Schriftzeichen selbst aus? Man bekommt einen Begriff davon, wenn man die noch heute als Zierschrift verwendeten archaischen Zeichen auf Siegeln, Amuletten und dergleichen betrachtet: es sind höchst umständliche, schwer nachzubildende, stark stilisierte Formen, deren Kenntnis ein besonderes Studium verlangt. Die aus der Tschou-Zeit erhaltenen Schriftzeichen in Inschriften sind denn auch selbst von einheimischen Gelehrten durchaus nicht immer mit Sicherheit zu entziffern, von den Schriftzeichen der Orakelknochen ganz zu schweigen. Was die Lexikographen der Han-Zeit und später über die Geschichte ihrer Schrift zusammengefabelt haben, ist ebenso wertlos wie ihre Kaisergeschichte. Sie pflegen seit dem 1. Jahrhundert n. Chr. die Schriftzeichen in sechs Arten zu teilen: die archaischen Schriftbilder *(ku wên)*, magische Zeichen *(k'i tsĕ)*, die sich unter den ersteren finden, sogenannte „Siegel-Schrift" *(tschuan schu)*, seit der Ts'in-Zeit nach ihrer Abänderung auch als „kleine Siegel-Schrift" *(siao tschuan)* bezeichnet, „Kanzlei-Schrift" *(li schu)*, auch seit der Ts'in-Zeit üblich, „Wickel-Schrift" *(miu tschuan)*, so genannt wegen ihrer fadenartigen Verschlingungen, für Siegelabdrücke gebraucht, „Würmer-Schrift" *(tsch'ung schu)*, nach der Ähnlichkeit mit Würmern so bezeichnet, bei Beglaubigungs-Diplomen u. dergl. benutzt. Wir brauchen auf die Einzelheiten dieser Einteilung nicht näher einzugehen, es genügt, festzustellen, daß zur Tschou-Zeit lediglich die höchst umständlichen Bilder der alten Schriftarten im Gebrauch waren, von den für besondere Zwecke in Einzelstücken verwendeten Zierschriften können wir absehen. Nach einer Angabe des berühmten Han-Glossars *Schuo wên* aus dem Anfang des 2. Jahrhunderts n. Chr. (Kap. 49 fol. 5 v⁰) soll unter dem König Süan (827-782 v. Chr., s. oben S. 149f.) von einem Ober-Archivar Namens Tschou (allem Anschein nach eine Erfindung viel späterer Zeit) die sogenannte „große Siegel-Schrift" *(ta tschuan)* aus der archaischen Schrift gebildet worden sein. Deren Zeichen — es sind nur geringe Proben davon überliefert — waren zwar gefälliger, aber noch schwieriger zu schreiben als die der letzteren. Ihre Einführung hängt vielleicht mit der Verwendung des Bambusstäbchens statt des spitzen Griffels zusammen, wenigstens deutet darauf die größere und gleichmäßigere Stärke der Striche hin. Eine Entwicklung über die *ta tschuan* hinaus hat unter den Tschou nicht stattgefunden und konnte wegen der Mangelhaftigkeit des Schreibgeräts auch nicht stattfinden. Wohl aber stellte sich ein anderer, höchst bedenklicher Zustand ein. Die Han-Annalen (Kap. 30 fol. 14 v⁰f.) berichten: „Im Altertum mußten bei der Herstellung von Schriftstücken überall dieselben Zeichen benutzt werden. Wußte man nicht Bescheid damit, so ließ man (zunächst) eine Lücke und fragte bei den Alten und Erfahrenen. In den Zeiten des Verfalles aber gab es kein Richtmaß für das, was richtig und was falsch war, und jeder folgte seiner eigenen Meinung. . . . So drang der Schaden immer tiefer ein, ohne daß man einen Anhalt hatte". Wir werden als die Ursachen dieser Entwicklung andere Umstände anzunehmen haben als den üblichen Sittenverfall im Gegensatz zu dem gesegneten Altertum. Bei der wachsenden Ausdehnung der unter chinesische Kultur kommenden Gebiete und bei der Bildung von einander unabhängiger großer Staaten mußte mit Naturnotwendigkeit eine Differenzierung der Kulturformen einsetzen, die gewiß einstmals in ihrer Heimat am Weï ho und Huang ho einheitlich gewesen waren, aber nun durch ihre Vermischung mit einheimischen Anschauungen und Bräuchen eine Abwandlung erfuhren und nach der Eigenart der Landesbewohner neue Gestaltungen hervorbrachten. Dazu gehörte natürlich auch die Schrift, die man von dem Kultur-Zentrum erhielt. Je nach den Bedürfnissen der Zeit und des Ortes, nach Veranlagung und Gewohnheit, vielleicht auch nach Besonderheiten des Schreibgerätes wurden die Zeichen den Verhältnissen angepaßt, sie wurden verändert, vereinfacht, einige wurden aufgegeben, viel mehr neue aber kamen hinzu, und da es bei dem Fehlen einer beherrschenden Zentrale „ein Richtmaß für das, was richtig und was falsch war", nicht gab und nicht geben konnte, so entwickelten sich die Schriftsysteme immer weiter auseinander. Und nicht bloß die Schrift, auch die Sprache mußte diese Einflüsse spüren. Wir haben früher gesehen, daß in den Staaten der Tschou ganz verschiedene Völker wohnten, die ganz verschiedene Sprachen redeten (s. oben S. 32ff). Vor allem handelt es sich dabei um die großen „Außenstaaten" Wu, Yüe, Tsch'u und Ts'in, wenn auch in den „Innenstaaten" ebenfalls noch große Teile fremder Völker mit eigenen Sprachen saßen, es braucht nur an die Huai-Völker in Ts'i, sowie an die türkischen und tungusischen Stämme in Tschao und Yen erinnert zu werden. Mit der höfischen Kultur und der Schrift der Zentrale drang natürlich auch deren Sprache in die weiten Gebiete dieser Staaten und Völker ein, aber alles das konnte, wie wir früher sahen (s. oben S. 160), zunächst nur auf die engen Kreise beschränkt bleiben, die sich an die Fürstenhöfe schlossen. Erst allmählich, aber ohne Gewaltmaßnahmen, verdrängte die reichere, mit Schriftzeichen versehene neue Sprache die ärmere schriftlose einheimische Mundart, aber sicherlich nicht, ohne von dem Wortschatze der letzteren manche Bestandteile in sich aufzunehmen, so daß neue Sprachen entstanden, die synkretistisch waren wie die ganze chinesische Kultur und die in den zahlreichen heutigen Dialekten mit ihrer stark differenzierten Aussprache und ihrem zuweilen nicht viel weniger differenzierten Wortschatze ihre sichtbaren Spuren hinterlassen haben (vergl. oben S. 59). Wenn man von den politischen Begleitumständen und der Verschiedenheit der politischen Umbildung absieht, so können wir wiederum die nämliche Erscheinung bei der Germanisierung der Elbslawen durch die Deutschen (s. oben S. 160) beobachten, wo ebenfalls die unzureichende Sprache der Wenden durch die der geistig gehobenen Kolonisatoren beseitigt oder wenigstens gänzlich umgeformt wurde. Das starke Auseinandergehen der Sprachen in den Staaten konnte weder durch die einheitliche Hofsprache, noch durch das einheitliche Schriftsystem verhindert werden, im Gegenteil, beide wurden durch die lebendigen völkischen Kräfte mitgerissen, und so sehen wir zur Tschou-Zeit eine Sprachentwicklung vor uns, die zwar überall auf der gleichen Grundlage der zentralen Kultursprache ruht und durch die alphabetlose Bilderschrift gleichmäßig gebunden wird, die aber immer noch Raum und Kraftverteilung genug besitzt, um in den verschiedenen Staaten ganz verschiedene Wege zu gehen und eigene, einander völlig fremde Sprachen mit verschiedenen Schriftzeichen zu schaffen. Es ist bezeichnend für die sprachlichen Verhältnisse, wenn Mêng tsĕ (III, 1,4) in seiner selbstherrlichen Art einen Lehrer abweichender wirtschaftlicher Anschauungen aus dem Süden als einen „in der Vogelsprache zwitschernden Menschen von den südlichen Man" betitelt. Dieses Auseinanderwachsen der Sprachen wurde natürlich durch die politische Entwicklung in dem Staatensystem der Tschou gefördert. Wir können den gleichen Vorgang mit allen seinen weiteren Möglichkeiten an dem Schicksal der westgermanischen Sprache beobachten. Im Reiche Karls des Großen waren die bayrische, allemannische, oberfränkische Mundart einerseits, die niederfränkische, friesische, angelsächsische, sächsische andererseits in Wort und Schrift von einander geschieden, gemeinsame Schriftsprache war im wesentlichen das Lateinische. In dem sich bildenden Staatensysteme des Mittelalters wurde das Niederfränkische zum Niederländischen, das Angelsächsische zum Englischen, die eigentlich deutschen Mundarten kamen sich nicht nur nicht näher, sondern entwickelten auch ihre eigenen Literatursprachen, so daß zur gegenseitigen Verständigung die Fremdsprache (das Latein) unentbehrlich war. Dieser Prozeß des mundartlichen Auseinanderlebens würde bei dem politischen Verfall Deutschlands weiter fortgeschritten sein, wenn nicht durch die Tätigkeit Luthers aus der kursächsischen Kanzleisprache die deutsche Gemeinschaftsprache hervorgegangen wäre, die den Deutschen selbst ohne eigenen Staat ein Bindemittel für das künftige neue Reich wurde. Diese Gemeinschaftsprache wurde auch durch die Grenzen des Reiches nicht überall abgeschnitten: Teile von Österreich und der Schweiz konnten durch sie in der deutschen Kulturgemeinschaft festgehalten werden, soweit ihre Bevölkerung dem nicht selbst widerstrebte. Der sprachliche Zustand in China am Ende der Tschou-Zeit entsprach dem in der westgermanischen Welt vor dem Auftreten Luthers, nur daß in China wegen der lautlichen Ungebundenheit der Schrift die Gefahr der dauernden Entfremdung noch weit größer war. Wenn man sich vergegenwärtigt, wie von der Urform der *littera Romana* aus die verschiedenen Arten der Majuskelschrift sich entwickelten, die Kapitale, die Unziale und die Kursive, wie dann aus der Unziale wieder die Halb-Unziale und die Minuskelkursive hervorgingen, aus der Halb-Unziale endlich die irisch-angelsächsische Schrift und die karolingische Minuskel, aus der Minuskelkursive die Schriften der Spanier, Italiener und Franzosen, und wenn man bedenkt, daß es sich hier nur um die wenigen Formen des Alphabets handelt, in China aber um die auch damals schon nach tausenden zählenden Bilder, die von der Neigung und Erfindungsgabe jeder Landschaft nach Bedarf verändert und vermehrt werden konnten: dann wird man ermessen können, wie fast bis zur Unabwendbarkeit groß die Gefahr der Zerreißung für die chinesische Kultur in Folge der Auseinanderentwicklung von Sprache und Schrift war. Ähnlich wie in der germanischen Welt die Holländer, Flamen und Engländer ihre eigenen Wege gegangen sind, die Schweiz vielleicht im Begriff dazu steht, so hätten sich in China bei einem Fortgang dieses Prozesses in weit größerem Maßstabe neue Staaten und Völker bilden müssen, die nicht bloß politisch, sondern auch sprachlich und kulturell ohne Zusammenhang miteinander waren. Man vergegenwärtige sich nur einmal das Schicksal Österreichs, das sich mit dem Zusammenbrechen des zentralisierenden deutschen Absolutismus im Jahre 1848 aus einem deutschen Kolonialreich in einen vielsprachigen Nationalitätenstaat umzuwandeln begann. Ebenso wie hier war auch in China die haltende Klammer der starken Zentralmacht weggefallen, die Wirkung mußte dieselbe sein. Man sieht wieder, an welchem entscheidenden Wendepunkte das chinesische Schicksal stand. Ganz anders als im Westen, aber ähnlich wie einst Luther in Deutschland das sprachliche Schicksal bestimmte, griff auch in China eine mächtige Hand in die gesamte Kultur-Entwicklung und damit natürlich auch in die sprachliche ein. Das Glossar *Schuo wên* sagt etwas ausführlicher als die Geschichtswerke (Kap. 49 fol. 6r°f): „Als das Reich in sieben Staaten zerteilt war, hatten die Maßeinheiten der Ackerfelder verschiedene Größe, die Karrenwege verschiedene Spurweite, die gesetzlichen Ordnungen verschiedene Rechtsätze, die Mützen und Kleider verschiedenen Schnitt, die gesprochenen Sprachen verschiedene Töne, die Schriftzeichen verschiedene Form. Als dann Schi huang-ti von Ts'in zum ersten Male das Reich vereinigte, da beantragte der Minister Li Ssĕ, alles einheitlich zu machen und die Schriftzeichen, die nicht mit denen von Ts'in übereinstimmten, abzuschaffen. So verfaßte er das *Ts'ang Kie pien*, der Marschall Tschao Kao das *Yuan li pien*, der Ober-Archivar Hu-wu King das *Po hüe pien*. Sie alle übernahmen die große Siegel-Schrift des Archivars Tschou (s. oben S. 235), verkürzten und veränderten sie hier und dort etwas, und so entstand das, was man die kleine Siegel-Schrift nennt." Unter den drei Werken haben wir uns Verzeichnisse der neuen Einheitschrift vorzustellen, die hinfort im Reiche gelten sollte; erhalten ist uns keins von ihnen. Die neue Schrift war keine wesentliche Verbesserung oder Vereinfachung der bisherigen, wie die Inschriften und einheimischen Sammlungen zeigen, ihre Bedeutung bestand auch weit mehr in ihrer künftigen Alleingültigkeit. Aber man blieb hierbei nicht stehen. Das *Schuo wên* (a.a.O. fol. 12r⁰) berichtet weiter: „Die Kanzlei-Schrift *(li schu)* von Ts'in ist die, die Tsch'êng Miao aus Hia-tu (südlich von der Stadt Si-ngan) auf Befehl Schi huang-tis herstellte". Und der Kommentator erzählt dazu: „Manche sagen, Tsch'êng Miao aus Hia-tu, ein Beamter im Dienste des Strafministeriums, habe sich ein Vergehen zu Schulden kommen lassen, und Schi huang-ti ihn deshalb in Yün-yang (südöstlich von der Stadt Pin in Schen-si) zehn Jahre einkerkern lassen. Im Gefängnis habe er eine Umbildung der großen Siegel-Schrift unternommen, indem er da, wo wenige (Striche) waren, sie vermehrte, da, wo viele waren, sie verringerte, das eckige rund, und das runde eckig machte. Die Schrift sei Schi huang-ti vorgelegt worden, und dieser habe Gefallen daran gefunden. Er habe den Tsch'êng Miao frei gelassen und ihn zum Kaiserlichen Verwaltungs-Inspektor (s. oben S. 230) gemacht. Die durch Kaiserlichen Befehl eingeführte Schrift soll eben die von Tsch'êng Miao erfundene Kanzlei-Schrift *(li schu)* sein". Diese neue Kanzlei- und Reichschrift bedeutete nun aber den ersten wirklichen, und zwar gleich ganz gewaltigen Fortschritt. Sie ist die Mutter des *k'iai schu;* der noch heute im Gebrauch befindlichen Normal-Schrift geworden, die sich von ihr viel weniger unterscheidet als das *li schu* von der noch neben ihm bestehenden „Siegel-Schrift". Diese plötzliche Neubildung der Form ist nur zu erklären durch das Aufkommen eines verbesserten Schreibgeräts. Und das fand in der Tat ebenfalls unter Schi huang-ti statt: an Stelle des Bambusstäbchens erscheint der Haarpinsel, wie er, in wenig veränderter Gestalt, bis auf den heutigen Tag in Gebrauch geblieben ist. Über die Erfindung dieses wichtigen Kulturwerkzeuges ist Sicheres nicht bekannt. Für gewöhnlich wird sie dem berühmten General des Kaisers, dem Erbauer der Großen Mauer, Mêng T'ien, zugeschrieben. Das ist an sich nicht unmöglich, aber nicht quellenmäßig bezeugt. Die Geschichtswerke schweigen aus durchsichtigen Gründen, und das erste Werk, das die Angabe bringt, das *Ku kin tschu*, behauptet zwar, dem 4. Jahrhundert n. Chr. zu entstammen, ist aber vermutlich, wenigstens zum größten Teil, das Erzeugnis einer weit späteren Zeit. Es heißt dort (Kap. 3 fol. 7r⁰f): „Niu Hêng fragte: seit Alters her hat es doch immer Schriftzeichen gegeben, also hat es doch auch Schreibpinsel geben müssen. Nun sagt man allgemein, erst Mêng T'ien habe den Pinsel erfunden, wie steht es damit? Die Antwort lautete: Mêng T'ien hat ihn in der Tat zuerst hergestellt, aber das war der Pinsel von Ts'in. Er machte aus Bambusholz den Stiel, aus Hirschhaaren den Kern (des Pinsels), aus Ziegenhaaren die Umkleidung." Mag nun Mêng T'ien der Erfinder des Haarpinsels gewesen sein oder nicht, mag Tsch'êng Miao die neue Kanzlei-Schrift ersonnen haben oder jemand anders, jedenfalls war die letztere ohne den ersteren nicht denkbar, wie ein flüchtiger Blick auf den Ductus der Zeichen erkennen läßt, und da die Kanzlei-Schrift plötzlich in der Ts'in-Zeit erscheint, so muß ihr die Erfindung des Haarpinsels unmittelbar voraufgegangen sein. Die Regierung Schi huang-tis hat also dem Chinesentum das erste allgemein brauchbare Schreibgerät, die erste allgemein erlernbare gemeinsame Schrift und damit die erste gemeinsame Literatursprache geschenkt, es braucht nicht weiter ausgeführt zu werden, was das für den Aufbau des chinesischen Kultursystems bedeutet hat. Bei der Verranntheit des konfuzianischen Gelehrtentums kann es nicht Wunder nehmen, daß es dem verhaßten Feinde den Ruhm dieser Schöpfung nicht hat lassen wollen: es hat sie mit Schweigen übergangen, wie es im *Schi ki* geschieht, oder es hat sie als etwas Unbedeutendes und Nebensächliches behandelt, wie in dem Literaturbericht der Han-Annalen, oder es hat sie mit Spott übergossen, wie es der Bericht der Kommentatoren des *Schuo wên* hämischerweise tut. In neuerer Zeit, wo man sich der Erkenntnis von der umwälzenden Bedeutung der Neuerungen nicht entziehen konnte, hat man sie für die Ts'in-Zeit einfach abgeleugnet. Die modernen Erklärer des *Tschou li* im 18. Jahrhundert behaupten mit großer Kühnheit, daß der Pinsel *(pi)* schon im Altertum bekannt gewesen und zum Schreiben auf Seide benutzt worden sei, man habe nicht erst auf Mêng T'ien damit zu warten brauchen, und Tuan Yü-ts'ai, ein Erklärer des *Schuo wên* aus dem Anfang des 19. Jahrhunderts, weiß ebenfalls, daß Pinsel und Seide längst vor der Ts'in-Zeit unter den Tschou im Gebrauch gewesen seien. Das moderne Wörterbuch *Ts'ĕ yuan* geht noch einen Schritt weiter und behauptet auf Grund belangloser Angaben aus ganz später Zeit, auch das *li schu* sei bereits zur Tschou-Zeit vorhanden gewesen. Natürlich sind alle diese tendenziösen Verkleinerungsversuche lediglich als solche zu werten. Wenn das Wort *pi*, das heute den Schreibpinsel bezeichnet, bereits in der Tschou-Zeit vorkommt, wie das spätere Gelehrtentum behauptet, so würde damit, selbst wenn die Quellen echt sind, nichts bewiesen werden. Das Wort, das mit dem Zeichen für Bambus geschrieben wird, hat damals eben das Bambusstäbchen bedeutet, das zum Schreiben benutzt wurde, und ist dann auf den Haarpinsel übertragen worden, genau wie das deutsche Wort „Feder“ vom Gänsekiel auf die Stahlfeder übergegangen ist.

Man sieht, wie Schi huang-ti die eroberten Gebiete nicht bloß zu einer vergewaltigten Ländermasse zusammenzwang, wie seine Feinde es darzustellen belieben, sondern wie er sie innerlich zu einem einheitlichen Organismus verband. Nach den Jahrhunderten des Krieges und der Verwüstung schenkte er seinem Reiche endlich den Frieden und mit unbeugsamem Willen wußte er diesen Frieden zu sichern. Nach Niederwerfung des letzten Gegners ließ er sämtliche Waffen im ganzen Reiche einsammeln und einschmelzen. Angeblich soll er daraus Glocken und zwölf riesige Statuen haben gießen lassen, die in Hien-yang aufgestellt gewesen seien. Die Überlieferung, die auch diese Tat wieder auf ihre Weise ausgeschmückt hat, will wissen, daß alle diese Gegenstände im 3. Jahrhundert n. Chr. zu Kupfermünzen umgeschmolzen seien. Einen ebenbürtigen Gegner im Innern hatte der Kaiser nicht mehr. Die fürstlichen Familien nicht bloß, sondern der gesamte Adel und sein Anhang müssen nach dem, was wir früher beobachtet haben (vergl. oben S. 194), nahezu völlig ausgerottet gewesen sein, in den Massen der Völker aber muß eine tiefe Friedenssehnsucht geherrscht haben, und man kann dem jugendlichen Verfasser der „Erörterungen über den Sturz von Ts'in“, Kia Yi (2. Jahrhundert v. Chr.), wohl glauben, wenn er inmitten seiner heftigen Anklagen gegen Schi huang-ti sagt: „Als (nach den langen Zeiten des Elends) Ts'in den Thron bestieg und das Reich regierte, da gab es oben endlich wieder einen Himmelssohn. Das schlichte Volk hoffte, daß es ihm nun vergönnt sei, seine Tage in Frieden zu leben. Niemand gab es, der nicht mit lauterem Sinn voll Ehrfurcht nach oben geblickt hätte. Damals waren alle Voraussetzungen gegeben, daß (der neue Herrscher) ein Verbreiter der Macht, ein Träger des Ruhmes, ein Schirmherr gegen die Not würde.“ Dagegen verlangte die Sicherung der Reichsgrenzen im Westen und Norden weitere Unternehmungen. So lange der Staat Ts'in bestand, hatte er unablässige Kämpfe gegen die Völker der Hunnen im Nordwesten zu führen (vergl. oben S. 156), nun kam noch der Schutz gegen die türkischen und tungusischen Halb-Nomaden, die Hiung-nu und Tung Hu, im Norden und Nordosten hinzu, mit denen bisher Tschao, Yen und Ts'i ihre Nöte gehabt hatten. Mit der endgültigen Befriedung dieser Grenzgebiete, die im Jahre 270 ihren Anfang genommen hatte (s. oben S. 195), wurde der vorhin erwähnte General Mêng T'ien betraut, und diesem gelang es auch, das Reichsgebiet bis unmittelbar an den großen Wüstengürtel heranzuschieben. Über diese wichtige Eroberung, die dem Reiche seine natürliche Grenze gab, berichtet die Geschichte der Hiung-nu (*Schi ki* Kap. 110 fol. 6r^{0} f.) folgendes: „Schi huang-ti befahl Mêng T'ien, mit einem Heere von 100000 Mann im Norden die Hunnen anzugreifen. Er besetzte das ganze Land südlich vom Huang ho und errichtete die Grenzsperre am Strom entlang. Man baute vierundzwanzig (befestigte) Bezirkstädte in der Nähe des Stromes und legte Militärkolonien hinein, um sie zu füllen. Dann baute man eine direkte Straße von Kiu-yuan (im äußersten Nordosten des Ordos-Landes) nach Yün-yang (einem Sommer-Palast des Kaisers nordwestlich von der Stadt Schun-hua in Süd-Schen-si). An den Bergwänden entlang über Schluchten und Abgründe, wo immer man (den Untergrund) herrichten konnte, wurde (eine „Lange Mauer") angelegt, sie maß von Lin-t'ao (Gegend von Min am T'ao-Fluß im südlichen Kan-su) bis Liao-tung über 10000 *li*. Auch jenseits des Huang ho besetzte man die Mitte von Peï-kia am Gebirge Yang schan (in der Nordost-Ecke der Huang-ho-Biege auf der linken Seite des Flusses)". Als Ergänzung gehören hierzu die Angaben Ssĕ-ma Ts'iens an anderer Stelle (Kap. 6 fol. 20v⁰ ff.): „Im 32. Jahre seiner Regierung (215) befahl Schi huang-ti dem General Mêng T'ien, mit 300000 Mann im Norden die Hunnen anzugreifen. Er eroberte das Land südlich vom Huang ho...... Im 33. Jahre (214) vertrieb er die Hiung-nu, dann legte man von Yü-tschung (im Norden des Ordos-Landes) ab, am Flusse entlang nach Osten in der Nähe des Gebirges Yin schan (s. oben S. 195) vierunddreißig befestigte Bezirkstädte an. Am Ufer des Flusses war die Grenzsperre. Auch erhielt Mêng T'ien Befehl, jenseits des Flusses Kao K'üe (s. oben S. 195) und die Mitte von Peï-kia am T'ao-schan-Berge (wohl zu dem Yang-schan-Gebirge gehörig) zu besetzen..... Im 35. Jahre (212) stellte man eine Straße her. Diese Straße ging von Kiu-yuan nach Yün-yang; man durchbohrte Berge und sperrte Schluchten, um sie in gerader Richtung weiter zu führen". Wir bekommen hier eine Vorstellung von dem großartigen Befriedungswerke im Norden. Die Vertreibung der Hiung-nu aus den Gebieten zwischen dem oberen Weï und dem Huang ho, die unter dem König Tschao um 270 bis zu einer Linie von Lan-tschou nach Osten und Nordosten durchgeführt war (s. oben S. 195), wurde in den Jahren 215 bis 212 vollendet, danach die ganze Grenze des stark umdrohten Nordlandes gesichert. Seit dem 4. Jahrhundert müssen die Hiung-nu, viel kriegerischer und offenbar auch viel besser ausgerüstet als die Jung vor ihnen, überall über den Huang ho vorgedrungen sein und auch den großen Zugangsweg von Mittel-Asien her im Nordwesten versperrt haben, jedenfalls dringt auf dem Wege keine Kunde von der Außenwelt mehr herein. Auch Schi huang-ti hat diesen Weg nicht wieder freimachen können, aber er hat den nachfolgenden Geschlechtern die Nord-Grenze des Reiches gewiesen, die sie danach festzuhalten hatten. Diese Grenze wird einheitlich gekennzeichnet durch die berühmte „Große Mauer", deren Errichtung gemeinhin auf Grund der konfuzianischen Legenden als die irrsinnige Idee eines von Größenwahn erfaßten Despoten dem Schi huang-ti zugeschrieben wird. Wir haben bereits wiederholt Gelegenheit gehabt, uns mit den „Langen Mauern" der Chinesen als Befestigung der Grenzen, namentlich im Norden, zu beschäftigen (s. oben S. 182, 188, 190, 195), und wir haben dabei gesehen, daß eine um 270 gebaute Mauer von Ts'in vom T'ao-Tal am Si-k'ing schan nach Norden und Nordosten gegen den Ostarm der Huang-ho-Biege im Nordosten von Schen-si lief, eine Mauer von Tschao nördlich von der Biege am

Yin schan entlang nach der Nordwest-Grenze von Tschi-li, und eine von Yen von der letzteren Gegend bis nach Liao-tung in der südlichen Mandschurei. Diese Grenzbefestigungen hat Schi huang-ti vereinigt und systematisch ausgebaut. Dabei müssen wir von der heute vorhandenen Mauer und ihrem Verlauf nahezu völlig absehen, das Befestigungswerk der Ts'in-Zeit war ein gänzlich anderes und befand sich fast durchweg in ganz anderen Gegenden. Seinen Weg genau zu verfolgen, geben die spärlichen und nicht immer klaren Nachrichten leider keine Möglichkeit. Die Mauer oder der Grenzwall, wie man zutreffender statt des üblich gewordenen Ausdrucks sagen sollte, begann, wie wiederholt gesagt, nördlich von Min im T'ao-Tal und zog bis in die Höhe von Lan-tschou, sperrte also die beiden großen aus dem Weï-Tal heraufführenden Straßen (s. oben S. 24) ab. Wie sie dann weiter verlief, ist nicht festzustellen, am wahrscheinlichsten ist es, daß von hier ab der Huang ho selbst die Grenze wurde, die dann durch Wachttürme und Militärkolonien genügend gesichert war. Da, wo heute die Mauer entlang läuft, von Ning-hia am Süd-Rande des Ordos-Gebietes, in einem nach Norden offenen Bogen, hinüber nach Nordosten zum Ostarm des Stromes, kann der Wall von Ts'in jedenfalls nicht gewesen sein, denn das ganze Land südlich des Stromes, also auch das Ordos-Gebiet war erobert worden, auch befanden sich dort Grenzmarken, die sogar noch im Norden und Nordosten über den Strom hinausreichten. Nicht unmöglich, aber unwahrscheinlich ist es, daß die Mauer das Ordos-Land quer von Südwesten nach Nordosten durchschnitt, wie wir sie auf einer alten in Stein gemeißelten chinesischen Karte in Si-ngan vom Jahre 1043 oder wenig später eingezeichnet finden. Dieser Zeitpunkt ist doch schon zu weit von der Ts'in-Zeit entfernt, als daß die Zeichnung maßgebend sein könnte, es dürfte sich auch hier schon um eine andere Grenzziehung handeln als unter Schi huang-ti. Mit Sicherheit finden wir die Spuren des alten Walles erst im Norden, im Lande der Urat und am Yin schan wieder; hier bestand er zweifellos aus der alten Befestigung von Tschao und im Bogen durch das Bergland von Nord-Schan-si nach Osten ziehend, wurde er am Siao Wu-t'ai schan in Tschi-li an die Mauer von Yen (s. oben S. 190) angeschlossen. Das letzte Stück kam dann nordöstlich von Yung-p'ing in die Nähe der Küste, bog dort nach Nordosten und Osten um und erreichte vermutlich am Liao-Fluß, westlich von Liao-yang sein Ende. Die heutige „Große Mauer", die zu einem beträchtlichen Teile auch ein wirkliches gemauertes Bauwerk von gewaltigen Größenverhältnissen ist, gehört ganz anderen Zeitperioden an und ist je nach den besonderen Bedürfnissen lokal ausgebaut worden. Die Grenzsperre der Ts'in war ein Erdwall, der durch Steinblöcke befestigt und mit Wachttürmen für Signalfeuer (vergl. oben S. 154) versehen war. Sein militärischer Wert kann auch damals nicht groß gewesen sein, aber solange er durch die Militärkolonisten gut bewacht und, wenn nötig, verteidigt wurde, hat er seinen Zweck durchaus erfüllt: während der Zeit Schi huang-tis blieben die Hiungnu nördlich im Steppenlande, aber als nach seinem Tode in China die inneren

Kämpfe wieder ausbrachen (s. unten), kamen sie südwärts zurück, überschritten den Huang ho und brachen von Neuem in Schen-si und Kan-su ein. Die Behauptung, die „Große Mauer" von China habe die Hunnen genötigt, sich nach Westen zu wenden, und sei so die Ursache der Einbrüche in Europa gewesen, ist eine Hypothese, der eine Verwechslung mit der späteren Zeit zu Grunde liegt. Der Zeitraum, während dessen die Hiung-nu durch die Grenzbefestigung an einem Vordringen nach Süden gehindert wurden, war viel zu kurz, als daß sich so weitgreifende Folgen hätten daran knüpfen können. Was die Nomadenvölker zeitweilig von den Grenzen des Reiches fernhielt, war nicht der leicht übersteigbare Wall an sich, sondern der moralische Einfluß dessen, was dahinter stand: die Militärkolonien, das Signalwesen, die geordnete Verwaltung der Grenzgebiete, die guten Zugangstraßen und zuletzt, aber am meisten, das krieggewohnte Heer mit Feldherren wie Mêng T'ien. Erst als die Han-Kaiser ihre Vernichtungskriege gegen die Hiung-nu führten und ihre Macht bis weit nach Mittel-Asien hinein ausdehnten (s. unten), wurden große Teile der Hunnenvölker nach Norden und Westen abgedrängt und brachen in die Steppengebiete zwischen Balkasch- und Aral-See und weiter in Süd-Rußland ein. Schon hierin liegt die große weltgeschichtliche Bedeutung der Machtpolitik der Han. Die Frage, ob Schi huang-ti in der Tat, wie man wohl angenommen hat, bei der Zusammenfügung der nördlichen Befestigungen von dem Gedanken geleitet worden sei, die Grenzscheide eines abgeschlossenen Staates gegenüber anderen Staaten zu ziehen, läßt sich weder ohne weiteres bejahen noch verneinen. Der unmittelbare Anlaß war kein anderer als der, von dem Tschao und Yen beim Bau ihrer Grenzwälle bestimmt wurden: Schutz der in den Grenzmarken siedelnden Ackerbau treibenden Bevölkerung vor den Plünderungen der Nomaden. Und daß für Schi huang-ti sein Staat *der* Staat der Welt, d. h. universalistisch war, das bezeugen, abgesehen von allem anderen, seine hinterlassenen Inschriften (s. unten) deutlich genug. Auch seine Siedlungsunternehmungen nach Süden hin beweisen, daß es hier, wo anscheinend weniger wehrhafte Völker saßen, den Begriff der Grenze für ihn nicht gab, der Nordwall war ihm zunächst nichts anderes als ein Schild, den der Krieger gegen seine Gegner hält, ohne sich dadurch an einen bestimmten Raum zu binden. Aber ob nicht der Ts'in-Staat, der ganz unter dem Einflusse der „Rechtschule" stand, wenn er von längerer Dauer gewesen wäre, durch die Logik seiner Anschauungen und neue geographische Erkenntnisse dahin gebracht worden wäre, die universalistischen Anschauungen aufzugeben, das ist eine Möglichkeit, die bereits früher einmal gestreift worden ist (s. oben S. 222). Sollte also der große Kaiser jenen Gedanken schon in sich getragen haben, so könnte es nur ein dunkles Empfinden gewesen sein. Noch war, aller staatlichen Entwicklung in der Tschou-Zeit zum Trotz, der Begriff des Individualstaates nicht geboren.

Wenn die Legenden der Konfuzianer die Erbauung der „Großen Mauer" Schi huang-ti als eine seiner größten Schandtaten anrechnen und dann beweglich schildern, wie er hunderttausende von Menschen zu der Arbeit gepreßt und viele in den Tod geschickt habe, wie man das Lied gesungen habe: „Wird dir ein Sohn geboren, gibt Acht und hebe ihn nicht auf, Wird dir ein Mädchen geboren, füttere sie und ziehe sie auf, Sie braucht nicht zu sehen, wie am Fuße der Mauer Leichen und Knochen aneinander lehnen" u. ä. m., so wissen wir, was wir davon zu halten haben. Man wird mit Erstaunen fragen, ob denn die früheren Mauerbauten mit weniger Plagen für die Völker verbunden waren, ganz abgesehen von den späteren, deren Ausführung mit Mörtel und gebrannten Ziegeln auf den felsigen Berggraten noch ganz andere Anstrengungen erforderten. Die Verurteilung ungetreuer Beamter zu Frohnarbeiten an der Mauer sollte dem Konfuzianertum nichts Auffallendes sein, das bis zum 20. Jahrhundert die höchsten Würdenträger zu Arbeiten auf den Poststraßen in Turkistan verurteilt hat.

Unmöglich ist es, ein Bild davon zu gewinnen, wie und in welchem Umfange Schi huang-ti sein Reich nach Süden über das Gebiet von Tsch'u hinaus erweiterte. Wir haben bereits darauf hingewiesen (s. oben S. 228f.), daß sich nach der unklaren Angabe Ssĕ-ma Ts'iens die Grenzen dort im Unbekannten verloren. Auch über den schon früher erwähnten Kolonisationsversuch des Kaisers nach Süden (vergl. oben S. 55) sind die Nachrichten sehr spärlich und wenig greifbar. Das *Schi ki* (Kap. 6 fol. 20v⁰) sagt darüber: „Im 33. Jahre (214 v. Chr.) schickte man alle Ausreißer, Herumtreiber, Schmarotzer und Krämer aus, um das Gebiet von Lu-liang zu erobern. Es wurden daraus die Marken Kueï-lin, Siang und Nan-hai gebildet, und verbannte Verbrecher wurden hingesandt, um sie zu bewachen." An einer anderen Stelle (Kap. 113 fol. 1v⁰) erfahren wir noch, daß diese Leute als verbannte Grenzwächter dreizehn Jahre lang an verschiedenen Orten in Yüe zerstreut wohnten, und daß in Nan-hai die beiden Beamten Jen Ngao und Tschao T'o als Militär-Gouverneure eingesetzt wurden. Das ist alles was wir über den bedeutungsvollen Vorgang hören, und in der vorliegenden Form macht die Angabe einen wenig glaubwürdigen Eindruck. Abgesehen von der sonderbaren Ausdrucksweise, scheint es ein unmögliches Verfahren, ein entlegenes, vermutlich noch meist wildes Gebiet lediglich durch derartige ungeeignete Kräfte „erobern" und dann durch Verbrecher bewachen zu lassen. Das *Tsĕ tschi t'ung kien* (11. Jahrh. s. unten) gibt die Zahl der verbannten Verbrecher auf 500000 an, offenbar eine ganz willkürliche Zahl. Das Ganze scheint wieder eine hämische Herabsetzung der gewaltigen Werke des Reichsgründers zu sein. Zweifellos hat Schi huang-ti, vermutlich aus denselben Gründen, die ihn zu dem weiten Vorstoß nach Norden veranlaßten, d. h. um die Ansiedler in Hu-nan vor den Einbrüchen der wilden Südstämme zu sichern, als Erster es unternommen, die chinesische Macht auch weit nach Süden über den ganzen südöstlichen oder maritimen Teil (s. oben S. 3) zu tragen, und zwar bis zum Meere und zu den unzugänglichen Ketten des hinterindischen Gebirgsystems (s. oben S. 18). Von Wichtigkeit ist es, aus den wenigen Landschaftsnamen einen Begriff von den besetzten Gebieten zu erhalten. Statt Lu-liang sagt das *Tsě tschi t'ung kien* Lu-liang in Nan Yüe d. h. dem südlichen Yüe. Die kurze Geschichte des nördlichen Teiles der bis nach Tongking reichenden Yüe-Länder (s. oben S. 141f.) haben wir früher kennengelernt; wenn der Name Lu-liang in der Tat nichts anderes bedeutet als „Räuberland" oder „Gebiet der Hochlandsräuber", wie die Kommentare wollen, so werden wir uns an die anderen Namen zur Erklärung halten müssen. Kueï-lin bedeutet „Wald von Zimmetbäumen" und ist eine von den dort in der Tat sehr zahlreichen Zimmetbäumen hergenommene Bezeichnung der Grenzgebiete von Kuang-si; es ist das heutige Sün-tschou am Zusammenfluß des Hung schui (Si kiang) und des Yü kiang (s. oben S. 14f.). Siang soll nach einem Kommentator die Gegend des heutigen Nan-ning am Yü kiang in Kuang-si bezeichnen, was an sich wahrscheinlicher ist als daß das Gebiet von Ji-nan, d. h. Tongking oder gar fast das gesamte Annam (s. oben S. 228) damit gemeint wäre, wie Andere meinen. Nan-hai d. h. „Südmeer" ist ein bekannter Name für das heutige Kuang-tschou (Kanton). Die Kolonisten würden somit ihre ersten Stützpunkte an drei Plätzen des Hauptstromes gehabt haben. Das *Tsě tschi t'ung kien* fügt noch hinzu: „Die Militärkolonisten wohnten im Gebiet der fünf Bergzüge (Wu ling) mit den Yüe(-Völkern) durcheinander". Die „fünf Bergzüge" werden mit ganz verschiedenen Namen benannt, allgemein bezeichnet der Name die Gebiete des sinischen Systems (s. oben S. 3) südlich von den Gebirgen des mittleren Hu-nan, also das südliche Fu-kien, das südliche Kiang-si, Kuang-tung und Kuang-si. Schi huang-ti ist mithin auch im Süden wie im Norden an die natürlichen Grenzen der Ausdehnungsfähigkeit herangekommen, er hat die Wege gezeigt, auf denen die späteren Dynastien die wirkliche Einbeziehung der Länder durchführen konnten. Die Bevölkerung der Südländer wird nur zum kleinsten Teile aus ihren Wohnsitzen vertrieben sein, und das *T'ung kien* mag schon Recht haben mit seiner Angabe, daß die Kolonisten mit den Eingeborenen durcheinander wohnten. Wir haben früher gesehen, wie in den Provinzen Kuang-tung, Kuang-si und Hu-nan auch heute noch zahlreiche Stämme der Miao tsĕ, Yao tsĕ, Lo-lo u. a. (s. oben S. 35f.) leben, zweifellos die Reste der alten Bevölkerung, soweit sie nicht mit den Ansiedlern verschmolzen und in der chinesischen Kultur aufgegangen ist. Daß Schi huang-tis Kolonisten der Ursprung der „Hakka"-Bevölkerung in Kung-tung und Kuang-si geworden seien, wie in europäischen Werken mehrfach angegeben wird, ist unrichtig: die „Hakka" sind, wie bereits früher gesagt wurde (s. oben S. 55), erst in viel späterer Zeit nach dem Süden gekommen. Im Süd-Westen ist die Macht von Ts'in dagegen nicht mehr über die Eroberungen von 316 in Schu, Pa und K'ien-tschung, d. h. in der nördlichen Hälfte von Ssĕ-tsch'uan, dem nordwestlichen Hu-nan und östlichen Kueï-tschou hinausgekommen (s. oben S. 183 u. 186f.). König Weï von Tsch'u (339—329 v. Chr.) hatte durch den General Tschuang K'iao einen Vorstoß in die Gebiete des südlichen Kueï-tschou zum Oberlauf des Hung schui (s. oben S. 14), damals das Land des

Ye-lang-Stammes, unternehmen lassen, und dieser hatte für seinen Herrn von dem Lande Besitz ergriffen. Er drang dann allmählich weiter vor und gelangte bis zu dem Lande Tien, den südöstlichen Teilen der heutigen Provinz Yün-nan, insbesondere der seenreichen Gegend südlich der gleichnamigen Hauptstadt. Durch die Eroberung von K'ien-tschung durch Ts'in ward ihm der Weg zur Rückkehr versperrt, er blieb im Lande und wurde König von Tien. Auf diese Weise wurden auch jene entlegenen Gebiete den Chinesen bekannt und erhielten wohl auch durch die Vermittlung von Tsch'u ihrerseits die Elemente höherer Kultur. Aber Schi huang-ti hat, wie bemerkt, keinen Nutzen mehr aus diesen Eroberungen seines vernichteten Hauptfeindes gezogen.

Wir haben Schi huang-tis nach den Lehren der Rechtschule gebildeten Staat in seiner ganzen die Vergangenheit um ein gewaltiges überragenden inneren und äußeren Größe kennen gelernt. Die Schicksalsfrage: wie kann dieser nun schon in's Riesenhafte gewachsene Staat einheitlich regiert werden? schien neu beantwortet. Nachdem das System des Lehenswesens als ungeeignet für die Lösung der Aufgabe erwiesen war, hatte sich die straffe Zentralisation des einheitlichen Beamtenstaates ans Werk gemacht, und der beispiellose Erfolg schien ihr Recht zu geben. Wie stand es angesichts dessen mit der Schule der Konfuzianer? Wo blieb die Überlieferung? wo waren die Lehren der „alten Herrscher"? Waren die so selbstsicheren Schüler der *ju kia* widerlegt und verstummt vor so viel Macht und Glanz? Wir betreten mit diesen Fragen ein Gebiet, auf dem auch der letzte Rest sachlicher und gerechter Darstellung aus den chinesischen Berichten entweicht, und wir werden für die Wahrheit wiederum nur die Tatsachen selbst zeugen lassen müssen. In der Überlieferung, und zwar in der abendländischen nicht weniger als in der sie beherrschenden chinesischen, lebt Schi huang-ti als der rohe, brutale Wissenschaftsfeind, als der Verfolger aller Gelehrten, als der Zerstörer der gesamten Literatur. „Er verbrannte die Bücher und ermordete die Konfuzianer" oder, wie es gewöhnlich dafür heißt, „er begrub sie lebendig", so lautet das bis zum Überdruß wiederholte Verdikt der Literaten aller Zeiten. Und in der abendländischen Literatur bildet die „Verbrennung der Bücher" gleichfalls einen fest geprägten Begriff, der alle Furchtbarkeit einer Kultur-Zerstörung in sich schließt. Wir werden diese bis in's Groteske verzerrten Ereignisse auf ihre wahre Bedeutung zurückzuführen haben.

Daß der Kaiser und seine Regierung nicht kultur- und wissenschaftfeindliche Barbaren waren, wie die orthodoxe Überlieferung sie malt, dafür legen ihre bisher erwähnten Leistungen schon reichlich Zeugnis ab. Die Ts'in-Herrscher waren es außerdem, die, soweit nachweisbar, zuerst die Einrichtung des beamteten Gelehrtentums, der sogenannten *po schi*, schufen. Wir wissen nicht, wann damit begonnen wurde, aber unter Schi huang-ti finden wir jedenfalls siebzig solcher *po schi*, und wenn bei Ssĕ-ma Ts'ien zwei Gelehrte, die anscheinend zu ihnen gehörten, sich darüber beklagen, daß sie nicht zu den Staatsgeschäften zugezogen würden, und dann entfliehen (Kap. 6 fol 24v⁰), so braucht das nicht allzu schwer zu wiegen. Welches die Obliegenheiten dieser beamteten Gelehrten waren, läßt sich nicht mehr feststellen, aber, wie sich sogleich zeigen wird, gehörten sie zur Umgebung des Monarchen, vermutlich wird ihnen die Pflege alles dessen, was man damals als Wissenschaft bezeichnete, zur Pflicht gemacht worden sein. Natürlich werden diese Wissenschaften nicht bloß in den Lehren einer bestimmten Schule bestanden haben, wie es in der späteren Zeit der Fall wurde, es fehlt nicht an Anzeichen, daß auch Magie und Zauberei ihre Rolle dabei gespielt haben. Aber auch die Konfuzianer sind nicht zu kurz gekommen dabei; der Minister Li Ssĕ selbst, dessen Verdienste um die neue Schrift wir kennen gelernt haben (s. oben S. 238), war aus der konfuzianischen Schule des Sün tsĕ hervorgegangen, und wie wenig feindselig der Kaiser ihrem „Heiligen" gesinnt war, bewies er durch die Ehrung — was freilich von den orthodoxen Geschichtschreibern verschwiegen wird —, die er gleich nach der Annahme der Kaiserlichen Würde den lebenden Nachkommen des Konfuzius zu Teil werden ließ. Wie das *K'üe-li tschi*, die Chronik von K'üe-li (s. oben S. 204, Kap. 3 fol. 2r⁰), berichtet, „verlieh Schi huang -ti, nachdem er das Reich geeint hatte, dem Nachkommen (des Konfuzius) in der neunten Generation, K'ung Fu, den Titel »Fürst der umfassenden Gelehrsamkeit« *(wên t'ung kün)* im Staate Lu und ernannte ihn zum Staatsrat zweiten Grades *(schao fu)*". Da wir die Nachricht in konfuzianischen Schriften finden, können wir ihr volles Vertrauen entgegenbringen: solche Dinge erfindet man auf der Seite nicht. Um wie viel näher auch die Regierung der Ts'in den Anschauungen der Rechtschule stand, gegen das ethisch-soziale System der Konfuzianer wird sie — das zeigt die Haltung des Kaisers — grundsätzlich nichts einzuwenden gehabt haben, und auch ihr Schrifttum ist mehr als drei Jahrzehnte von Schi huang-tis Herrschaft hindurch unangefochten geblieben. Also von einer brutalen Kulturfeindlichkeit des Kaisers kann auch mit Bezug auf die konfuzianische Schule keine Rede sein. Erst später ändert sich das Bild, als das Konfuzianertum seine Theorien vom Ideal-Staat des Altertums zur offenen Ablehnung des neuen Staates steigert und eine ernste Gefahr für dessen Bestand wird. Ssĕ-ma Ts'ien gibt ein klares Bild von der Lage in seiner Schilderung jenes berühmten Staatsbanketts von Hien-yang im Jahre 221 (Kap. 6 fol. 21v⁰ff.), wo die Vernichtung des konfuzianischen Schrifttums, soweit es im Privatbesitz war, beschlossen wurde. Der Geschichtschreiber, ein Verehrer des Konfuzius und Gegner der Ts'in-Herrschaft, hat die Dinge sicherlich nicht milder dargestellt als sie waren, und doch gibt das, was er sagt, eine völlig ausreichende Erklärung für das Geschehene. Bei dem Bankett waren auch die siebzig *po schi* zugegen, um dem Kaiser zu huldigen. Sie hielten verschiedene Ansprachen, und einer von ihnen, Schun-yü Yüe aus Ts'i, wies auf die lange Dauer der Dynastien der Schang und der Tschou hin und brachte dies mit der Tatsache in Verbindung, daß ihre Herrscher ihren

Söhnen und Brüdern Lehensgebiete überwiesen hätten, um dadurch ihre Macht fester zu verwurzeln (vergl. oben S. 136ff.). Er empfahl dringend, dieses Beispiel nachzuahmen, denn nur eine solche Regierung könne dauern, die sich das Altertum zum Führer nehme. Das hieß mit anderen Worten, den neuen Staat aufzugeben und das Lehensreich unseligen Angedenkens wiederherzustellen. Daraufhielt der Minister Li Ssĕ, der sich früher schon einmal zu dieser Frage geäußert hatte (s. oben S. 229), seine berühmt gebliebene Rede, die so bedeutungsvoll für den Zusammenhang der Lage ist, daß sie wörtlich wiedergegeben werden muß: „Die fünf Kaiser (s. oben S. 61 f.) haben einander nicht wiederholt, und die drei Dynastien einander nicht kopiert. Jeder von ihnen hatte seine eigene Art zu regieren, nicht weil sie einander entgegengesetzt waren, sondern weil die Zeitumstände sich gewandelt hatten. Nun haben Eure Majestät das große Werk geschaffen und den Ruhm für ungezählte Geschlechter erworben, die törichten Anhänger der *ju kia* aber wollen das nicht begreifen. Jener Schun-yü Yüe redet trotz allem von den Dingen der drei Dynastien, wie könnte man die zum Vorbild nehmen? Ehemals lagen die Lehensfürsten im Kampfe miteinander und mit freigebiger Hand luden sie die wandernden Gelehrten (s. oben S. 202) zu sich ein. Jetzt ist das Reich befriedet, Gesetze und Verordnungen gehen von Einem aus, die Familienvorstände im Volke wenden ihre Kraft dem Ackerbau und anderen Arbeiten zu, die Vornehmeren studieren Gesetze und Verordnungen, Regeln und Verbote. Aber die Literaten nehmen nicht die Gegenwart zur Leitung, sondern studieren das Altertum, um so die heutige Zeit herabzusetzen und Zweifel und Unruhe in den Massen zu erregen. Ich will für einen Augenblick vergessen, daß ich den Tod (für meine Offenheit) verdiene, und erkläre: im Altertum war das Reich zerrissen und voll Aufruhr, Niemand war da, der es zu einer Einheit machen konnte, darum taten die Fürsten gleichzeitig nach ihrem Willen. Jene aber machen in ihren Reden das Altertum zum Richtweg und tun damit der Gegenwart Gewalt an; sie machen ein Phrasengepränge und bringen damit Auflehnung gegen die Wirklichkeit; sie preisen das, was sie in ihren Privatstudien treiben und setzen damit herab, was die höchste Stelle eingerichtet hat. Jetzt, wo Eure Majestät das Reich vereinigt, das Schwarze vom Weißen geschieden und die Einheit gesichert haben, da folgen sie ihrem privaten Lehrsystem, tuscheln mit einander, handeln gegen die Gesetze und lehren Andere, dasselbe zu tun. Wenn sie hören, daß eine Verordnung ergangen ist, so erörtert sie jeder Einzelne von ihnen auf Grund seiner eigenen Lehren. Wenn sie im Palaste sind, ist ihr Herz voll Widerspruch, und wenn sie sich draußen bewegen, reden sie auf den Gassen. Den Herrscher zu rühmen gilt ihnen als Streberei, absonderliche Ideen verfolgen aber für Erhabenheit, und so leiten sie die große Masse an, gehässige Gerüchte in die Welt zu setzen. Wenn man unter solchen Umständen nicht für Abhilfe sorgt, muß oben die Autorität des Herrschers sinken und unten die Bildung von Cliquen sich vollziehen. Das zu verhindern, verlangt die Lage. Ich beantrage deshalb: die Archivbeamten sollen alle Annalen mit Ausnahme derer von Ts'in verbrennen; wer immer im Reiche ein Exemplar des *Schi king*, des *Schu king* oder der Lehren der verschiedenen Philosophen-Schulen in seinem Besitz hat, ausgenommen diejenigen, die das Amt eines *po schi* haben, soll diese Schriften dem betreffenden Präfekten oder Polizei-Kommandanten überbringen, damit er sie verbrennt. Diejenigen die es noch wagen, das *Schi king* und das *Schu king* unter einander zu erörtern, sollen öffentlich hingerichtet werden; diejenigen, die auf Grund des Altertums die Gegenwart herabsetzen, sollen den Tod samt ihren Angehörigen erleiden. Beamte, die von solchen Verbrechern Kunde haben, aber sie nicht zur Anzeige bringen, soll dieselbe Strafe treffen wie dieVerbrecher. Wessen Bücher nicht dreißig Tage nach Erlaß dieser Verordnung verbrannt sind, der soll gebrandmarkt und zur Frohnarbeit an die Große Mauer geschickt werden. Nicht vernichtet zu werden brauchen Schriften über Heilkunde, Wahrsagekunst und Landbau. Wenn jemand eine Möglichkeit wünscht, die Gesetze und Verordnungen zu studieren, so sollen die Beamten seine Lehrer sein. Der Kaiserliche Entscheid hierauf", so schließt Ssĕ-ma Ts'ien seinen Bericht, „war: Genehmigt". Zunächst muß hier bemerkt werden: die Legende vom Lebendigbegraben der Konfuzianer verdankt ihr Dasein der falschen Auslegung eines chinesischen Wortes, die auf De Mailla und Legge zurückgeht. Ssĕ-ma Ts'ien (Kap. 6 fol. 25r⁰) erzählt, daß der Kaiser in Folge der erwähnten Flucht der beiden Gelehrten (s. oben S. 246f.) in größten Zorn geraten sei und nach einer ergebnislos verlaufenen Untersuchung „über 460" ihrer Kollegen habe „in die Grube fallen lassen". Der Ausdruck kommt im *Schi ki* öfters vor, er bezeichnet einfach „in die Grube bringen" d. h. töten; jedenfalls kommt ein Lebendigbegraben nirgends in Betracht.

Diese Berichte sind die ältesten und — so dürfen wir hinzufügen — die einzigen, die wir über die Vorgänge haben, alles Weitere ist konfuzianische Erfindung.Es mag dahingestellt bleiben, ob nicht auch Ssĕ-ma Ts'ien schon in seiner ehrlichen Entrüstung übertrieben hat, aber wenn man auch davon absieht, so stellt sich die Bücherverbrennung doch als eine vielleicht unzweckmäßige, aber verständliche und in keinem Falle als eine so folgenschwere dar, wie man noch immer anzunehmen pflegt. Zunächst muß bedacht werden, daß bei dem Zustande des Schreibmaterials zu jener Zeit die Verbreitung des literarischen Schrifttums nur eine ganz geringe gewesen sein kann (s. oben S. 234), daß vielmehr, von den Annalen der Archivare abgesehen, das meiste mündlich überliefert wurde (vergl. oben S. 200). Konnte somit die Verbrennung schon wegen Mangels an Objekten keinen großen Schaden anrichten, so wird diese Möglichkeit noch weiter eingeschränkt durch die Freilassung aller im amtlichen Besitz befindlichen Exemplare — vielleicht ist das sogar der größere Teil gewesen —, und endlich kann auch als sicher angenommen werden, daß, wenn auch nicht gerade in der Hauptstadt, so doch in entlegeneren Gebieten des weiten Reiches manches Schriftwerk der Auslieferung entzogen worden sein wird, wie auch von dem vorhin erwähnten Ältesten der Familie des Konfuzius (s. oben S. 247) berichtet wird, daß er die von seinen Ahnen zusammengestellten Schriften in seinem Hause vermauert habe. Am stärksten könnte sich das Vernichtungswerk bei den Annalen der Einzelstaaten ausgewirkt haben, aber auch hier muß angenommen werden, daß nicht mehr viel zu vernichten war. Mêng tsĕ erwähnt bereits, daß „die Lehensfürsten die archivalischen Aufzeichnungen (zu deren Führung sie ursprünglich verpflichtet waren) beseitigt hätten, weil sie ihnen als abträglich verhaßt gewesen wären" (V, 2, 2). Daß aber die noch vorhandenen Reste auch durch das Edikt nicht zum Verschwinden gebracht wurden, zeigt sich in der früher erwähnten Tatsache, daß Ssĕ-ma Ts'ien vermutlich noch Teile der alten Annalen hat benutzen können (s. oben S. 94). Wie immer man die berühmte „Bücherverbrennung" ansehen mag, es kann nicht bezweifelt werden, daß, wenn sie überhaupt irgend eine Bedeutung für den Bestand und die Überlieferungsmöglichkeit des Schrifttums gehabt hat, eine solche nur ganz gering und vorübergehend gewesen sein kann. Wir werden später sehen, daß die Konfuzianer in der Folgezeit mit ihrer hemmungslosen Übertreibung ganz andere Zwecke verfolgt haben. Die Tötung der 460 Literaten, falls sie wahr ist, würde natürlich eine Ungeheuerlichkeit sein, wenn man einen abendländischen Maßstab anlegt, aber man muß sie eben gerechterweise aus den Anschauungen und Gewohnheiten asiatischer Despoten heraus betrachten, dann verliert sie ihr Wesen als einzig dastehende Abnormität. Die Geschichte des alten Orients hat noch ganz andere Leistungen dieser Art zu verzeichnen. Schi huang-tis Schlag gegen die Konfuzianer war eine notwendige politische Maßnahme, um die Sicherheit des neuen Staates vor einer sehr ernsten Gefahr zu schützen, die offenbar nur darum hatte so groß werden können, weil man bis dahin zu nachsichtig oder zu gleichgültig gegen sie gewesen war. Die konfuzianische Regierung späterer Zeiten hat weit grausamer gegen Verbände, Lehren und Schriften gewütet, die ihr als staatsgefährlich erschienen, als der Gewalthaber von Ts'in.

Den Zustand gesicherten Friedens im Innern und die Höhe unangreifbarer Macht des Reiches nach außen zeigen die Besichtigungsreisen des Kaisers in den Jahren 220 bis 210, die ihn überall bis in die Grenzgebiete hinein führten. Im Jahre 220 finden wir ihn im Westen im mittleren Kan-su am Ende des großen Grenzwalles (s. oben S. 241 f.), die folgenden Jahre im fernsten Osten und Nordosten. Im Jahre 219 besteigt er den altheiligen Berg T'ai schan in Schan-tung (s. oben S. 130), zieht dann am Nordgestade der Halbinsel entlang und sucht das berühmte, von ihm besonders hochgeschätzte und ausgezeichnete Lang-ya (s. oben S. 178) auf, wo er auf der natürlichen Terrasse noch eine künstliche erbauen läßt. Nach Südwesten zu, über den Huai-Fluß und den Yang-tsĕ, sollte die Reise zum Hêng schan, dem heiligen Berge des Südens im südlichen Hu-nan, gehen, aber ein Sturm auf dem Tung-ting-See (s. oben S. 10) verhinderte die Überfahrt, und so kehrte der Kaiserliche Zug durch Hu-peï nach Hien-yang zurück. Auch im nächsten Jahre, 218, wird Lang-ya wieder aufgesucht und der Rückweg durch Süd-Schan-si genommen, während das Jahr 215 den Herrscher im Nordosten sieht, am Golf von Liao-tung, südlich von Schan-hai kuan, von wo er, an der Nordgrenze entlang, durch Schan-si zurückkehrt. Eine Folge dieser Reise dürfte das große Unternehmen des Generals Mêng T'ien zur Sicherung der Grenzen gewesen sein, von dem früher die Rede war (s. oben S. 240f.). Im Jahre 211 und 210 endlich unternahm der Monarch die große Reise nach dem Süden, von der er lebend nicht mehr zurückkehren sollte. Er wandte sich zunächst nach den Gebieten des mittleren Yang-tsĕ in Hu-peï, opferte den Manen von Schun, fuhr den Strom hinunter, kam so in die Gebiete des nördlichen Tschê-kiang, bestieg den Berg Kueï-ki bei Schao-hing, um den Manen des großen Yü (s. oben S. 65f.) zu opfern, der dort der Sage nach gestorben sein soll (auch diese Kulthandlungen des Kaisers zeigen, wie wenig er der von den Konfuzianern so heilig gehaltenen Überlieferung an sich widerstrebte), und kehrte dann nach Norden zurück. Nachdem er sich noch in Lang-ya aufgehalten, setzte er die Reise durch Schan-tung fort, wo er erkrankte. In Tschi-li, unweit der heutigen Stadt P'ing-hiang (östlich von Schun-tê), starb er im Juli oder August des Jahres 210. Schi huang-ti hat zur Erinnerung an diese Reisen eine Reihe von Inschriften auf großen Steintafeln anfertigen und an den ihm wichtigsten der besuchten Orte aufstellen lassen, so in Süd-Schan-tung, auf dem T'ai-schan, an der Nordküste von Schan-tung, in Lang-ya, am Golf von Liao-tung, auf dem Berge Kueï-ki u. a., steinerne Dokumente, die den Ruhm und die Macht des neuen Reiches verkünden und die von Ssĕ-ma Ts'ien und den chinesischen Archaeologen im Wortlaute aufbewahrt und beschrieben worden sind.

Schi huang-ti hat nur ein Alter von 49 Jahren erreicht, aber sein Leben schließt eine Leistung von ungeheuren Ausmaßen ein. Kaum ein Jahrzehnt war ihm beschieden, um das gewaltige Reich neu zu ordnen, eine einheitliche Verwaltung zu schaffen, den Geist des Kampfes um die Macht zu bannen, Frieden und Ruhe im Innern zu sichern, die Grenzen zu festigen, die Einbrüche der nordischen Fremdvölker abzuwehren und dem Geistesleben des Reiches die Möglichkeit leichterer Entwicklung zu geben. Er hat das Glück gehabt, unter seinen Beratern und Heerführern kraftvolle und weitblickende Persönlichkeiten zu finden, aber auch das ist ein Zeugnis für seine eigene staatsmännische Einsicht: nicht jedem Herrscher gelingt es, solche Männer aufzusuchen und richtig zu verwenden. Das Charakterbild des Monarchen selbst zeigt alle jene Züge, die den ganz großen Trägern geschichtlicher Neubildungen eigen sind: Herrscherwille, brutale Rücksichtslosigkeit, unbegrenztes Vertrauen in die eigene Kraft, dabei aber das Bewußtsein großer Ziele und politische Klugheit bei Auswahl der Mittel. Die feineren menschlichen Regungen bei einer Persönlichkeit des alten Orients zu erkennen ist ungemein schwer, meistens unmöglich, weil hier das Typische das Individuelle allzusehr überschattet, die Geschichtschreiber aber viel zu sehr unter dem Druck der Überlieferung oder gewisser kultischer Tendenzen stehen, als daß sie Willens oder im Stande wären, ein wirklich getreues Bild zu zeichnen. Das trifft, wie schon früher bemerkt wurde (s. oben S. 225), in dem Falle des chinesischen Reichsgründers besonders zu, weil die konfuzianische Annalistik aus den dargelegten Gründen nicht nur die Person des Monarchen, sondern auch sein ganzes Werk bis zur Unkenntlichkeit entstellt hat, wobei ihr die Ereignisse der Folgezeit unzweifelhaft eine wesentliche Unterstützung gewährt haben. Daß Schi huang-tis Regierung an Gewalttätigkeiten und vielleicht auch Ungerechtigkeiten nicht arm war, werden wir ohne weiteres zugeben müssen, das war schon durch den ganzen gewaltigen Umsturz der chinesischen Weltordnung bedingt. Namentlich während der letzten Jahre seines Lebens scheint er, wenn man den Berichten Ssĕ-ma Ts'iens und der Übrigen nicht jeden Wert absprechen will, von starkem Mißtrauen gegen seine Umgebung, Argwohn wegen mörderischer Anschläge gegen sein Leben und abergläubischen Vorstellungen aller Art beherrscht gewesen zu sein. Darauf würden die angeblich durch Mauern abgesperrten Straßen deuten, die er benutzte, die durch versteckte Gänge verbundenen zahllosen Paläste in und um Hienyang, die in dem märchenhaften, im Volke noch heute bekannten O-fang kung ihren Mittelpunkt hatten, die strengste Geheimhaltung seines jeweiligen Aufenthaltsortes und die verschiedenen phantastischen Unternehmungen, wie die Aussendung von Jünglingen und Jungfrauen zur Auffindung der Inseln der Seligen im Ostmeer, das Forschen nach dem Unsterblichkeitskraute und die Neigung, sich mit Magiern, Zauberkünstlern und Quacksalbern zu umgeben, wie sie sich besonders in Ts'i an ihn drängten. Hieraus würden sich viele der gemeldeten Schreckenstaten erklären. Freilich wird man nie aus den Augen verlieren dürfen, aus welchen Gesinnungen heraus alle diese Nachrichten geboren sind. Als sicher dürfen wir auch annehmen, daß, wenn Schi huang-ti die Konfuzianer zu seinen Günstlingen gemacht und nach ihren Ratschlägen seine Politik geformt hätte, die Berichte anders lauten würden. Alles was man an den großen Kaisern der nachfolgenden Han-Dynastie, den Erben und Nutznießern der Schöpfungen der Ts'in, gerühmt hat, würde ihm zugeschrieben sein, er würde größer als sie alle dastehen, und sein Werk würde mit dem der Heroen des Altertums zusammen genannt werden. Denn in der Tat können sich nur sehr wenige Herrschergestalten der folgenden zwei Jahrtausende mit ihm vergleichen, und jede Schwäche, die er gehabt, jede Gewalttat, die er begangen haben mag, findet sich, um das vielfache gesteigert, bei zahllosen konfuzianischen Kaisern, ohne daß die Annalistik und das Literatentum deswegen so viel Aufhebens von ihnen gemacht hätte. Niemals sind sich die Träger des konfuzianischen Staates bewußt geworden, wie sehr sie auf den Schultern des großen Herrschers von Ts'in standen. Ein verhängnisvolles Schicksal hat über diesem ruhmreichen Geschlechte und ihrem Werke gewaltet: der frühe Tod des ersten Kaisers und die Unfähigkeit seiner Nachkommen haben dieses Werk nicht zur unmittelbaren Auswirkung kommen lassen und der gesamtchinesischen Geschichte eine neue, plötzliche Wendung gegeben.

Wir übergehen die abstoßenden Erzählungen, die sich an den Tod des Kaisers und an die Überführung der Leiche nach Hien-yang knüpfen, ebenso wie wir die Legenden übergehen, mit denen man seine Bestattung umrahmt, die Schilderungen, die man der unerhörten Pracht seines von ihm selbst erbauten Mausoleums, einer unterirdischen Palaststadt, gewidmet hat. Die Stätte ist im Jahre 1914 von französischen Archäologen besucht und später eingehend von ihnen in Wort und Bild beschrieben worden. Sie liegt 3½ km östlich von der heutigen Stadt Lin-t'ung, auf dem südlichen Ufer des Weï, am Fuße des Li-Berges, nordöstlich von Si-ngan, und wird durch den gewaltigen 60 m hohen Tumulus gekennzeichnet, der die Grabkammern einschloß und der heute noch einen so erhabenen Anblick darbietet, daß, wie die Reisenden versichern, selbst „der mächtige Berg zu einer untergeordneten Rolle verurteilt ist und nur noch eine Umrahmung, einen offenen Windschirm, ein Schmuckstück bildet". Von den mitbeerdigten märchenhaften Schätzen wird kaum noch etwas vorhanden sein, da das Grab aller Wahrscheinlichkeit nach schon bald nach dem Tode des Herrschers geplündert worden ist (s. unten).

Schi huang-tis Nachfolger war sein zwanzigjähriger Sohn, der den Titel Ör schi huang-ti d. h. „Kaiser der 2. Generation" führte. Er hatte einen Mann unbekannter Herkunft, Namens Tschao Kao, angeblich einen Eunuchen, zum Lehrer gehabt, und diese Persönlichkeit, die sich stets in der Umgebung des Prinzen befunden, auch offenbar das Vertrauen des Kaisers genossen hatte, da er der Vorsteher der geheimen Kanzlei war, übte einen schrankenlosen Einfluß über seinen Schüler aus. Dieses Verhältnis sollte zum furchtbaren Verhängnis der Dynastie und des Reiches werden. Tschao Kao wurde, zunächst noch zusammen mit Li Ssĕ, der unmittelbare und ständige Berater des jungen Kaisers, wußte aber allmählich jeden anderen Einfluß zu beseitigen und bekam den Herrscher vollständig in seine dämonische Gewalt. Schlau und jeder Gewissensregung bar, mit dem Neide des Heraufgekommenen gegen alle ererbte Vornehmheit erfüllt, dabei von einem unstillbaren Machthunger besessen, machte diese Kreatur den schwachen und unselbständigen, offenbar auch völlig verängstigten Jüngling, den sein großer Vater niemals zum Thronfolger bestimmt hatte, (nur durch einen Betrug war seine Nachfolge ermöglicht worden) zum willenlosen Werkzeug aller seiner teuflischen Handlungen. Er bestimmte ihn zu den widersinnigsten und aufreizendsten Maßregeln, vor allem auch zu einer wahnsinnigen Ausrottung aller hochgestellten Beamten und selbst der Kaiserlichen Familienmitglieder durch Erfindung todeswürdiger Verbrechen, die mit dem Tode bestraft wurden. Der große Heerführer Mêng T'ien und der ältere Bruder des neuen Kaisers, der eigentlich zum Thronfolger bestimmt war, befanden sich unter den ersten Opfern dieses blutigen Wütens. Li Ssĕ fiel das Jahr darauf, im Gefängnis auf barbarische Weise zu Tode gebracht; seine Mitgefangenen, erprobte Generale, zogen den Selbstmord vor. Diese Schreckensherrschaft eines blutdürstigen Schurken und eines unfähigen Schwächlings konnte nicht lange währen. Der neue Staat bestand erst viel zu kurze Zeit, als daß er in den untereinander so verschiedenen Teilen des Reiches hätte überall Wurzel fassen und eine solche Zerstörung der Zentralgewalt überdauern können. Sobald das Schwinden der letzteren fühlbar wurde, regten sich sofort die gewaltsam niedergehaltenen Triebe zur Einzelstaatlichkeit. Wie stark diese waren, sieht man an der Art ihres Hervorbrechens. Von den alten Fürsten- und Adelsgeschlechtern der Staaten waren nach den Jahrhunderte langen Kriegen und dem blutigen Ende im 3. Jahrhundert (s. oben S. 194) nicht viele Nachkommen mehr übrig, und unter diesen scheint kaum eine Persönlichkeit von überragender Bedeutung gewesen zu sein. Es fehlten also die lebenskräftigen dynastischen Kerne, um die sich politische Neubildungen hätten schließen können. Aber die völkischen Kräfte waren stark genug, um auch ohne das zur Entfaltung kommen zu können. Sie nahmen sich ihre Führer, wo sie sich fanden, und sie fanden sich überall: unter den Beamten, in den Truppen-Abteilungen und selbst in den untersten Volksklassen. Erst allmählich traten einige Abkömmlinge der beseitigten Fürsten, die dem allgemeinen Verhängnis entronnen waren, wieder an's Licht. In Tsch'ên-tschou in Ho-nan, der letzten Hauptstadt von Tsch'u (s. oben S. 194), begann die Bewegung wenige Monate nach der Thronbesteigung des Ör schi huang-ti. Ein Bauernknecht und gewöhnlicher Soldat, Tsch'ên Schêng (auch Tsch'ên Schê genannt), erhob sich mit einer Schar gleichgesinnter Genossen, und bald war seine Macht groß genug, daß er sich zum „König von Tsch'u" ausrufen lassen konnte. Nun zeigte es sich, daß überall der Zündstoff lag: an einem Dutzend Stellen flammte es empor, namentlich in den Staaten des Ostens und Nordens, Herzöge und Könige wurden von ihren Anhängern ernannt, außer Tsch'u bildeten Yen, Tschao, Weï, Han und Ts'i sich neu, dazwischen entstanden Fürstentümer mit weniger berühmten, aber unvergessenen Namen. Ja selbst der alte „Längsbund" *(ts'ung)* von Norden nach Süden (s. oben S. 193) lebte wieder auf und wollte den Kampf vereint gegen den gemeinsamen Feind im Westen führen. Auch der äußerste Süden, die Kolonialgebiete von Kuang-tung und Kuang-si, machten sich unter dem von Schi huang-ti eingesetzten Gouverneur Tschao T'o (s. oben S. 244), dem Nachfolger des verstorbenen Jen Ngao, seines Vorgesetzten, selbständig. Tschao T'o ernannte sich zum König von Nan Yüe. Das Jahr 208 sah das Reich in vollem Aufruhr, und im Jahre 207 war die Lage verzweifelt. Rat- und wehrlos stand das noch eben so gewaltige Ts'in den entfesselten Mächten gegenüber, der bedauernswerte Knabe auf dem Throne war durch seinen schurkischen Mentor der bewährtesten Helfer beraubt worden, und dieser selbst dachte nur darauf, sich und seine eigene Macht in Sicherheit zu bringen. Schon drangen die ersten feindlichen Scharen durch die stark befestigten Pässe in das Weï-Tal ein, die Generale von Ts'in, ohne Hilfsmittel gelassen und immer mit dem Tode bedroht, kämpften noch vielfach mit der ganzen Hingebung, wie die große Überlieferung sie lehrte, aber einen dauernden Widerstand konnten sie unter den Umständen nicht mehr leisten. Tschao Kao verhandelte heimlich mit den Empörern. Der Kaiser, wohl endlich den Ernst der Lage begreifend, wagte es, dem allmächtigen Vormund Vorwürfe zu machen; dieser, von Furcht ob seines eigenen Schicksals gepackt, beschloß mit seinem Familien-Anhange, sich des Monarchen zu entledigen und dann aus dem Chaos für sich zu retten was möglich war. Die Verschwörer drangen in den Palast, der Kaiser flehte vergebens, ihn als einfachen Bürger leben zu lassen, schließlich fiel er, ob durch eigene Hand, oder von den Mördern erschlagen, ist ungewiß. Tschao Kao berief die Minister und Mitglieder der Kaiserlichen Familie und erklärte ihnen, daß die von Schi huang-ti vernichteten sechs Staaten sich neu gebildet hätten, Ts'in sei wieder „ein Königreich wie früher". Damit schien das ganze Werk des großen Herrschers verurteilt, eine kurze Episode bleiben zu sollen, der Zustand der Tschou-Zeit wieder hergestellt zu sein, ein Verbrecher aus der Hefe des Volkes die Entwicklung der Geschichte zu lenken. Indessen die Idee des neuen Staates enthielt doch Kräfte, die stärker waren als alle Unvernunft und Niedertracht, sie überdauerten die Stürme, die zeitweilig die eben geschaffenen Formen zerbrachen, wirkten weiter und fügten die Stücke wieder zusammen.

Tschao Kao erwählte einen Neffen von Ör schi huang-ti, den Sohn seines älteren Bruders, Namens Tsĕ-ying, „das Kind", der ihm für seine Zwecke geeignet erschien, und rief ihn zum König (*wang*, nicht mehr Kaiser), von Ts'in aus. Aber der Erwählte wußte, was ihm bevorstand; als Tschao Kao ihn zur Vorstellung im Ahnentempel abholen wollte, rannte er dem Verräter sein Schwert durch den Leib, dann ließ er seinen gesamten Familien-Anhang ausrotten und vollzog so die tausendfach verdiente Strafe an dem größten Feinde seines Geschlechtes. Aber die Tat brachte dem neuen Herrscher keinen Segen mehr, nur 46 Tage hatte er den Thron inne, dann brach das nicht mehr abwendbare Verhängnis über ihn und das ruhmvolle Haus der Ts'in herein.

Die Jahre 209 bis 202, die den Sturz der Ts'in und die Gründung der neuen Dynastie einschließen, sind eine Zeit furchtbarer Kämpfe, ungeheuerlichster Greuel, aber doch reich an dramatischen Szenen größten Stils, und man versteht wohl, daß sie den chinesischen Dichtern der späteren Zeit Stoff für Romane und Dramen in Fülle geboten haben. Auch die Historiker haben sie mit Legenden oft schauerlicher Art ausgeschmückt, und Ssĕ-ma Ts'ien, der ja den Ereignissen zeitlich noch nicht sehr fern stand, geht hier in seinen Schilderungen oft in's Breite und Romanhafte, man merkt, wie er unter dem Eindruck der noch lange und laut nachhallenden Erinnerung an die Schrecken der jüngsten Vergangenheit steht. Wir können hier nur wieder den Gang der Ereignisse kurz skizzieren. Die auflösende Bewegung im Reiche, die sofort einsetzte, als die Festigkeit der Zentrale verschwand, hatte mit dem Aufstande des Bauernführers Tsch'ên

Schêng im Jahre 209 begonnen. Es war kein Zufall, daß diese Bewegung an die Überlieferung in dem großen Südstaate Tsch'u anknüpfte, wo die Erinnerung an die unterdrückte Eigenstaatlichkeit am stärksten lebte, und wo der Brennpunkt des Gegensatzes der südlichen Rasse zu der nordischen der Ts'in sich befand. Der Wettkampf beider um die Oberherrschaft hatte, wie wir sahen, Jahrhunderte gewährt. Die schlecht bewaffnete und wohl auch schlecht geführte Schar dieses neuen „Königs Yin von Tsch'u" (wie Tsch'ên sich nannte) wurde zwar im folgenden Jahre von dem Heerführer der Ts'in, Tschang Han, einem Manne, der trotz dem Treiben des Tschao Kao mit bewundernswerter Ausdauer sich für die Rettung des sinkenden Schiffes einsetzte, versprengt und aufgerieben, Tsch'ên Schêng selbst getötet, aber die Bewegung kam damit nicht zum Stillstand. Ein General des früheren Tsch'u-Staates, Hiang Liang, dessen Familie seit Generationen im Militärdienste der gestürzten Könige gestanden hatte, war mit seinem Neffen Hiang Yü (oder Hiang Tsi) als Flüchtling nach dem Gebiete des ehemaligen Staates Wu gekommen und hatte sich dort eine einflußreiche Stellung unter der Bevölkerung geschaffen. Beide, Oheim und Neffe, gehörten zu den verwegenen Abenteurern, an denen die Zeit damals reich war. Namentlich Hiang Yü wird als eine ganz ungewöhnliche Persönlichkeit geschildert: ein Riese an Körperlänge mit unheimlicher Stärke und nicht zu bändigendem Tatendrange, war er die geborene Führernatur, herrisch, jeden Widerstand niedertretend, ein Feldherr, der weniger durch Feinheit der Strategie, als durch das Wirken seiner dämonischen Persönlichkeit die Truppen zum Siege führte, dabei von der Wildheit und Grausamkeit eines gereizten Raubtieres, besonders wenn es sich um die Befriedigung seines grenzenlosen Ehrgeizes handelte. Die Überlieferung hat ihm märchenhafte Taten der Tapferkeit und Grausamkeit zugeschrieben. Als die beiden Hiang von dem Unternehmen Tsch'ên Schêngs hörten, beschlossen sie sofort, mit in den Kampf gegen Ts'in einzutreten. Sie erschlugen den Gouverneur von Kueï-ki (in Tschê-kiang), nahmen seine Macht an sich und traten alsbald auf die Aufforderung der Anhänger des vernichteten „Königs von Tsch'u" mit ihrem nicht unbeträchtlichen Anhange den Marsch nach Norden an. Hiang Liang erhielt den Titel eines „Ministers von Tsch'u". Südlich von Kueï-tê in Ho-nan, trat der General Tschang Han den Empörern, die unter sich selbst nicht einig waren, entgegen und zwang sie zur Flucht. Sie sammelten sich im Süden von Yen-tschou in Schan-tung, um zu beraten, was weiter zu tun sei. Hier stieß ein Mann mit seiner Anhängerschar zu ihnen, der gleichfalls, durch das Vorgehen Tsch'ên Schêngs angeregt, die Fahne der Empörung gegen Ts'in erhoben hatte. Er hieß Liu Pang (oder auch Liu Ki) mit Namen und stammte aus der Gegend der heutigen Stadt Fêng, nordwestlich von Sü-tschou im nördlichen Kiang-su. Von niederer Herkunft, hatte er es doch dank seiner Begabung zu dem bescheidenen Amte eines Unterbezirks- (*t'ing* s. oben S. 232) Vorstehers gebracht. Als die Erhebung gegen die Ts'in ausbrach, wurde auch die östlich von Fêng gelegene Bezirkstadt P'eï unruhig;

der dortige Präfekt schwankte, aufgereizt von zwei seiner Untergebenen, Siao Ho und Ts'ao Ts'an, meuterte die Bevölkerung, erschlug ihn, und Liu Pang, wahrscheinlich der Anstifter des Ganzen, wurde sein Nachfolger. Er wird deshalb oft auch als P'eï kung d. h. der Herr von P'eï bezeichnet, ein Titel, der schon den Bräuchen des neuen Staates Tsch'u entstammte. Liu Pang führte mehrere nicht immer glückliche Kämpfe mit den Anhängern der Ts'in, wußte aber doch seine Macht zu vergrößern, und als er hörte, daß Hiang Liang und sein Neffe Hiang Yü mit den Ihrigen nicht weit von P'eï lagerten, ging er zu ihnen und machte gemeinsame Sache mit ihnen. Damit fanden sich die beiden Männer zusammen, die während der nächsten Jahre zuerst als Freunde, dann als Gegner die Lage beherrschen sollten. Der eine, Hiang Yü, der leidenschaftliche Draufgänger, der andere, Liu Pang, der feinere Kopf, klug, verschlagen, maßvoll, aber auch hinterlistig und gewissenlos.

Hiang Liangs Pläne nahmen nunmehr festere Gestalt an. Nach Tsch'ên Schêngs Tode machte man, um die dynastische Anhänglichkeit weiter auszunutzen, den Enkel eines der letzten Könige von Tsch'u, den man inmitten des Volkes auffand, zum legitimen Herrscher: er führte fortan den Titel König Huai von Tsch'u und hatte seine Hauptstadt in Hü-yi, im nördlichen An-hui, am Süd-Ufer des Hung-tsê-Sees (s. oben S. 13). Zunächst mußte Schan-tung, wo sich der Staat Ts'i wieder gebildet hatte, erobert und zum Anschluß gezwungen werden. Dabei kam es auch zu Kämpfen mit dem General Tschang Han, die von Hiang Yü und Liu Pang gemeinsam geführt wurden, und hier erfuhr Hiang Liangs Hauptmacht eine schwere Niederlage, bei der er selbst zu Tode kam. Der König Huai ernannte einen der Generale Hiang Liangs Namens Sung Yi zu seinem Nachfolger, Hiang Yü zum zweiten Befehlshaber, Liu Pang bekam eine Armee für sich. Offenbar war der ständig in Blut watende Riese Hiang Yü seinem eigenen Könige und dessen Beratern unheimlich geworden, während Liu Pang wegen seiner Klugheit mehr geschätzt wurde. Der König Huai hatte mit den Generalen das Abkommen getroffen, daß derjenige von ihnen, der zuerst durch die Pässe in das Weï-Tal eindringen und Ts'in überwältigen würde, König des Landes werden sollte. Sung Yi wurde mit Hiang Yü nach Norden geschickt, um dem neuen Staate Tschao gegen Ts'in zu helfen, Liu Pang erhielt den Auftrag, nach Westen vorzurücken und die Pässe des Huang-ho-Tales zu nehmen. Sung Yi zauderte mit seinem Vormarsch, Hiang Yü wütete bei der Möglichkeit, daß ihm der Siegespreis in Ts'in entgehen könnte; schließlich überwältigte ihn die Leidenschaft, er ging in das Zelt des Oberstkommandierenden und schlug ihm den Kopf ab. Die Generale waren entsetzt, aber niemand wagte mehr, dem rasenden Menschen entgegenzutreten, und der König Huai wußte sich nicht anders zu helfen als daß er Hiang Yü zum Nachfolger Sung Yis ernannte. Der neue Befehlshaber, dem jetzt alles zitternd gehorchte, überschritt sofort den Strom und in schweren Kämpfen in der Ebene des südwestlichen Tschi-li warf er allmählich die Heere von Ts'in zurück, bis er schließlich östlich von Schun-tê dem immer siegreichen Tschang Han gegenüberstand. Im Hinblick auf die hoffnungslose Lage in Hien-yang und die Nutzlosigkeit aller seiner Anstrengungen beschloß der verdiente Heerführer von Ts'in, mit Hiang Yü zu verhandeln. Dieser nahm ihn freundlich auf, verlieh ihm einen hohen Titel und stellte ihn samt seinem Heere in die eigene Streitmacht ein. Und nun ging es durch das Huang-ho-Tal nach Westen. Auf dem Marsche zeigte sich in zunehmendem Maße, daß die Gegensätze zwischen den Soldaten von Ts'in und den übrigen keineswegs ausgelöscht waren, die ersteren begannen über den Verrat Tschang Hans zu murren, die Lage schien gefährlich, und Hiang Yü ließ, um ihr ein Ende zu machen, eines Nachts die Mannschaften von Ts'in überfallen und niedermachen. Über 200000 Menschen sollen bei der Stadt Sin-ngan, östlich von Mien-tsch'i (s. oben S. 42), in dieser Nacht umgekommen sein. Als man an die Paß-Befestigungen kam, fand man sie von Soldaten Liu Pangs besetzt, dieser selbst lagerte mit seinem Heere beim heutigen Si-ngan. Durch kluges Verhalten gegenüber den Offizieren von Ts'in und weitgehende Schonung der Bevölkerung hatte er unter verhältnismäßig geringen Kämpfen im Herbst 207 die Übergabe der Festungen und den Zutritt zum Weï-Tale erreicht. Der König von Ts'in, Tsĕ-ying, hatte ihm die Zeichen seiner Macht überreicht und sich in seine Gefangenschaft gegeben. Liu Pang entließ ihn in Gnaden und enthielt sich einer Plünderung der Stadt Hien-yang, gab allerdings die Paläste seinen Offizieren frei. Das *Schi ki* berichtet gelegentlich der Lebensbeschreibung des Siao Ho (Kap. 53 fol. 2r°, s. oben S. 257), der unter den Ts'in Schreiber gewesen war und sich im Gefolge Liu Pangs befand, über die aus mehr als einem Grunde interessanten Vorgänge wie folgt: „Als der Herr von P'eï nach Hien-yang kam, drangen die Offiziere um die Wette in die Schatzkammern ein, um das Gold, die Seidenstoffe und sonstigen Kostbarkeiten unter sich zu teilen. Siao Ho ging zuerst allein hinein und nahm von den Ministern und Archivaren der Ts'in die Verordnungen und sonstigen Schriften an sich und verwahrte sie. Als dann der Herr von P'eï König von Han wurde (s. unten), machte er Siao Ho zum Minister. Der König Hiang (d. h. Hiang Yü, s. unten) aber, gemeinsam mit den Lehensfürsten, verbrannte Hien-yang und massakrierte die Bevölkerung, dann zog er ab. Der König von Han jedoch erfuhr vermittels der Urkunden alle befestigten Plätze und Grenzsicherungen des Reiches, die Zahl der Bevölkerung und ihre Stärkeverhältnisse; woran das Volk krankte und Not litt, war auf Grund der von Siao Ho erlangten Schriften festzustellen" (Kap. 93 fol. 1v°f.).

Hiang Yü geriet bei der Kunde von Liu Pangs Erfolg in maßlose Wut, als er sich so um den höchsten Preis betrogen sah, und wollte mit seiner weit stärkeren Heeresmacht den Freund und Bundesgenossen sofort vernichten. Nur durch seine Ruhe und Besonnenheit, gepaart mit meisterhafter Verstellung, gelang es Liu Pang, den Wütenden zu beschwichtigen, wobei ihm ein Oheim Hiang Yüs und dessen Freund Tschang Liang, ein erbitterter

Feind der Ts'in und schon aus Rachsucht Anhänger von Liu Pang, wichtige Dienste leisteten. Wenige Tage später, zu Anfang des Jahres 206, war Hiang Yü in Hien-yang, wo er das Meiste unberührt vorfand. An drei Stellen berichtet Ssĕ-ma Ts'ien mit wenigen Worten über das, was nunmehr geschah, und jedesmal erhält man ein neues Bild von dem Furchtbaren. „Er (Hiang Yü) tötete den Tsĕ-ying", heißt es an der ersten Stelle (Kap. 6 fol. 37r⁰), „sowie alle Prinzen und sonstigen Mitglieder der Kaiserlichen Familie der Ts'in, dann massakrierte er die Bevölkerung von Hien-yang, verbrannte die Paläste, führte die Söhne und Töchter in die Gefangenschaft und nahm alle Schätze und Kostbarkeiten an sich. Sämtliche Lehensträger teilten die Beute unter sich". An der zweiten (Kap. 7 fol. 16v⁰) sagt der Bericht: „Die Bevölkerung von Hien-yang ließ er (Hiang Yü) massakrieren, den König Tsĕ-ying, der sich unterworfen hatte, umbringen, die Paläste von Ts'in in Flammen aufgehen, so daß das Feuer drei Monate lang nicht erlosch. Dann nahm er alle Schätze und Kostbarkeiten, sowie alle Frauen des Harems und sandte sie nach Osten". Und an der dritten (Kap. 8 fol. 17r⁰): „Hien-yang und die Paläste der Ts'in wurden verbrannt, alle Lebenden niedergemacht. Wo er (Hiang Yü) seine Schritte hinlenkte, ließ er Leichen und Trümmer zurück. Die Leute von Ts'in verloren jede Hoffnung, aber in ihrer Angst wagten sie nicht, die Unterwerfung zu verweigern". Was mag in dieser grauenvollen Katastrophe an Schätzen der Kunst und Wissenschaft verloren gegangen sein! Alles Schrifttum des Reiches war in Hien-yang aufgesammelt worden, Siao Ho hatte offenbar nur das Regierungs-Archiv an sich genommen, nicht aber das literarische Schrifttum, was ihm das spätere Konfuzianertum übel vermerkt hat. Hier fand also in Wahrheit die „Verbrennung der Bücher" statt, nicht unter Schi huang-ti. Ob das konfuzianische Literatentum auch Hiang Yü, diesen Vernichter der verhaßten Herrlichkeit von Ts'in, zu den Seinigen rechnet? Höchst wahrscheinlich ist bei diesem Holokaust des rasenden Berserkers auch das Mausoleum des großen Kaisers seines Inhalts beraubt worden.

Das weitere Verhalten des Hiang Yü ist kennzeichnend für die unersättliche Herrschgier dieses Mannes, sowie für die staatspolitischen Anschauungen seiner Zeit. Er meldete seine Vernichtung der Ts'in-Herrschaft dem König Huai in der bestimmten Annahme, daß er daraufhin die Ernennung zum König von Ts'in erhalten würde. Statt dessen kam die gemessene Antwort: „Man soll nach dem Abkommen (s. oben S. 257) verfahren", d. h. Liu Pang war als der Erstgekommene anzusehen. Hiang Yü ergrimmte wie jedesmal, wenn die Dinge nicht nach seinem Willen gingen, und schritt selbstherrlich zur Tat. Er erklärte seinen Generalen: „Als die Schwierigkeiten im Reiche begannen, setzte man zum Schein die Nachkommen der Fürsten wieder ein, damit man die Ts'in (wirksamer) bekämpfen könne", aber alle Mühen und Kämpfe sind von den Generalen und mir getragen, alle Eroberungen von uns ausgeführt. „Der König (Huai) hat keinerlei Verdienst, daher müssen wir das Land verteilen und als Könige beherrschen"

(Kap. 7 fol. 17r⁰). So wurde denn der König Huai von dem sich allmächtig Fühlenden durch den Titel *Yi ti* d. h. „der gerechte Kaiser" ironisch „geehrt", alle Generale bekamen den Titel *wang* „König" und wurden Lehensfürsten, Hiang Yü selbst ernannte sich zum „Präsidial-König *(pa wang)* von West-Tsch'u" mit der Hauptstadt in P'êng-tsch'êng, dem heutigen Sütschou im nördlichen Kiang-su. (Man sprach zu jener Zeit von einem südlichen Tsch'u d. h. dem alten Stammlande am mittleren Yang-tsĕ in Hupeï, s. oben S. 142, einem östlichen am unteren Yang-tsĕ, dem alten Wu, s. oben S. 189, und dem westlichen im östlichen Ho-nan, dem nördlichen An-hui und dem nordwestlichen Kiang-su, s. oben S. 187). Man sieht deutlich, wie allen das Reichsbild der Tschou (und zwar in der Zeit des Verfalls) als das natürliche und selbstverständliche vorschwebte: der Himmelssohn mit seinem hohen Titel — diesmal die alte Bezeichnung *ti* statt des verbrauchten *wang* —, aber ohne Macht, der eigentliche Machtträger der stärkste Lehensfürst als *pa* (s. oben S. 160ff.), die Lehensfürsten alle mit dem Titel „König" *(wang)*, wie es in der späteren Tschou-Zeit üblich geworden war. Nur der Begriff der Legitimität war bei diesen Bandenführern — denn etwas anderes waren die „Generale" und neuen „Könige" nicht — noch mehr verblaßt als in jener früheren Periode. Damit schien nun in der Tat durch brutale Gewalt die Entwicklung wieder dahin zurückgezwungen zu sein, wo sie um die Mitte des 3. Jahrhunderts abgelenkt war. Das Staatensystem der Tschou mit seinen unausgesetzten Kämpfen um die Macht war wieder erstanden. Aber das Ringen zwischen geistigen und physischen Kräften und wohl auch zwischen dem Norden und dem Süden, das hier um die Wende des Jahres 206 wieder anhob, war noch nicht zu Ende.

Hiang Yü beschloß, wenn er selbst nicht der künftige König von Ts'in sein konnte, daß auch Liu Pang, in dem er jetzt den gefährlichsten Nebenbuhler erkannt hatte, den Preis nicht haben sollte. So wurde denn das Gebiet von Ts'in „innerhalb der Pässe, um jede Möglichkeit einer Wiedererstarkung zu verhindern, in drei Teile (die „drei Ts'in") zerlegt und an die drei Generale von Ts'in gegeben, die sich in Tschi-li dem Heere Hiang Yüs angeschlossen hatten: der tapfere Tschang Han bekam das Gebiet westlich von Hien-yang als „König von Yung", von den beiden anderen der eine das Gebiet östlich von Hien-yang bis zum Huang-ho, als „König von Sai", der dritte das Nordgebiet in Schen-si als „König von Ti". Liu Pang aber wurde mit einem Lande bedacht, von dem man annahm, daß es mit seiner Kolonialbevölkerung ihm unüberwindliche Schwierigkeiten schaffen würde, nämlich mit den erst spät von Ts'in eroberten Gebieten von Pa und Schu (s. oben S. 186f.), nebst dem am oberen Han gelegenen öfters erwähnten Han-tschung (s. oben S. 194), also mit Ssĕ-tsch'uan und dem südwestlichen Schen-si. „Pa und Schu", erklärte Hiang Yü, „sind ebenfalls Gebiete innerhalb der Pässe", so daß also Liu Pang auch damit sein Recht wurde. Zuversichtlich erwartete man, daß zwischen den drei Ts'in-Fürsten des Weï-Gebietes und Liu Pang sehr bald Streitigkeiten ausbrechen würden, so daß dieser an allen etwaigen weiteren Plänen gehindert würde. Als Titel wurde ihm die Bezeichnung „König von Han" verliehen, da er in Han-tschung seinen Sitz hatte. Der so berühmt gewordene Name entstammt also dem nach dem Han-Flusse benannten Grenzgebiete von Ssĕ-tsch'uan. Im übrigen setzte Hiang Yü die „Könige" ab oder ein oder schickte sie von einer Gegend zur anderen, als ob sie seine Beamten wären, und ganz, wie es seinen persönlichen Machtinteressen entsprach; nur die alten Landesnamen blieben als fester Bestand in dem ständigen Wechsel, aber ihre Gebiete wurden sämtlich in mehrere Teilstaaten mit zum Teil neuen Namen zerlegt.

Es ist auffallend und scheint nicht für die staatsmännische Einsicht des Hiang Yü oder, wie er jetzt heißt, des Königs Hiang zu sprechen, daß er, anstatt den Sitz der Ts'in mit Feuer und Schwert zu zerstören, nicht selbst in der natürlichen Festung des Weï-Tales blieb und dort als Nachfolger der gestürzten Dynastie die Regierung übernahm, wie es Liu Pang unzweifelhaft beabsichtigt hatte und getan haben würde, wenn er sich der Macht des gefährlichen Diktators gewachsen gefühlt hätte. Von dort aus war jedenfalls die Herrschaft über das Reich am ehesten zu gewinnen. Es muß dahingestellt bleiben, ob Hiang Yü etwa fürchtete, durch eine weitere Mißachtung des Kaisers Huai die Landesherren gegen sich aufzubringen — obwohl er sich durch derartige Bedenken sonst nicht beunruhigen zu lassen pflegte —, oder ob er einfach auf den brennenden Trümmerfeldern nicht bleiben mochte — was bei seiner triebhaften Natur näher liegt — (Ssĕ-ma Ts'ien gibt beide Beweggründe an), kurzum er zog nach seiner Neuverteilung des Reiches an seine Generale und Günstlinge nach Osten ab. Liu Pang empfand das ihm angetane Unrecht tief und durchschaute auch die Absicht Hiang Yüs, aber er war zu klug, um nicht die Vergeblichkeit eines Widerstandes in diesem Augenblicke einzusehen; er schwieg und hoffte auf die Zukunft. Ohne weiteren Verzug begab sich der neue König von Han nach seinem abgelegenen Staate, er überschritt den Ts'in ling auf der berühmten „Pfeiler-Straße" von Wu-ting kuan (s. oben S. 24 u. 186) und ließ danach, um sich im Rücken zu sichern, die kunstvollen Holzgalerien und Brücken verbrennen. Er war beraten von dem in der Geschichte dieser Zeit berühmt gewordenen Han Sin, einem Emporkömmling, der ursprünglich in den Diensten der beiden Hiang gewesen, dann aber zu Liu Pang hinübergewechselt war, als Feldherr, wie als schlauer Diplomat in gleicher Weise sich bewährt hatte und in der kommenden Zeit dauernd an der Seite seines Herrn bis zu seinem bösen Ende blieb. Unter seiner Führung war Liu Pang sich bald weit klarer über die letzten Ziele als sein triumphierender Nebenbuhler. Die Schicksalsfrage, ob das Reich künftig von Süden aus, von Tsch'u, oder vom Norden aus, von den Nachfolgern von Ts'in, regiert werden sollte, stand wieder einmal zur Entscheidung, war aber jetzt noch nicht reif dafür.

Das erste, was der König Hiang als Diktator im Reiche tat, sobald er das Weï-Tal verlassen hatte, war, daß er dem Kaiser Huai eine neue Residenz im äußersten Süden der heutigen Provinz Hu-nan, unweit der Grenze von

Kuang-tung, in dem Bezirk von Tsch'ên anwies, einer Gegend, die damals kaum noch von chinesischer Kultur berührt sein konnte. Aber auch das war nur die Vorbereitung zur endgültigen Beseitigung des nun überflüssig und in Folge von Anzeichen eigener Willensbetätigung sogar lästig gewordenen Schein-Monarchen: zwei von Hiang Yüs Vertrauenspersonen, die in der Nähe als „Könige" eingesetzt waren, erhielten Befehl, den Unglücklichen abzutun, was durch alsbaldige Ermordung geschah. In dem wilden Lande mag sich keine Hand für ihn geregt haben. Aber auch Hiang Yü sollte seiner auf Blut und Schrecken gegründeten Herrschaft nicht froh werden. Noch ehe das Jahr 206 zu Ende ging, begann Liu Pang, die noch ungefestigten Verhältnisse ausnutzend, seinen weiteren Plänen vorzuarbeiten. Nordwestlich von Han-tschung überschritt er das Gebirge westlich vom Ts'in ling (s. oben S. 24), gelangte so unbemerkt in das obere Weï-Tal, überfiel den unvorbereiteten König von Yung (Tschang Han) und schlug seinen Widerstand nieder. Dann überrannte er den Rest der „drei Ts'in" östlich und nördlich von Hien-yang und war so bei Beginn des Jahres 205 Beherrscher des gesamten Landes der Ts'in innerhalb der Pässe, von Lan-tschou in Kan-su bis zum Huang ho im Osten, vom Han-Fluß und dem östlichen Ssĕ-tsch'uan bis zum Ordos-Lande im Norden. Mit dieser Macht im Rücken, schickte er sich an, nach Osten vorzugehen. Hiang Yü fuhr auf, als er diese Kunde erhielt. Weiteres Unheil kam gleichzeitig dazu. Seine Landesverteilung im Norden hatte ein gewaltiges Maß von Unzufriedenheit und Bitterkeit bei den Abgesetzten, Übergangenen und Verschickten hinterlassen, das sich bald in Taten umsetzte. In den Teilstaaten von Ts'i brachen die Kämpfe zwischen den Usurpatoren und ihren Opfern aus, und alsbald stand der ganze Norden in Flammen: die neuen Staaten in Schan-si (Tschao, Han, Weï, Tai u. a.) wurden in die Verwicklungen hineingezogen, und selbst das östliche Ho-nan (Liang) stand, von Ts'i aus erregt, im Aufruhr. Mehrere der streitenden Fürsten suchten Zuflucht bei Liu Pang, andere wurden von ihm unterworfen, und im Frühjahr 205 glaubte er sich mit der Hilfe, die ihm nunmehr geworden, stark genug, um die Macht von Tsch'u d. h. von Hiang Yü brechen zu können. Er rückte nach Ho-nan vor und stand im April bei Lo-yang. Dort erfuhr er von der Ermordung des Kaisers im Süden; geschickt benutzte er diese Gewalttat, um die Fürsten zur Bestrafung des Mörders Hiang Yü aufzurufen, der nunmehr ein Rebell gegen den legitimen „Himmelssohn" geworden war. Der Diktator war bereits von P'êng-tsch'êng aufgebrochen, um in Ts'i, dem Schauplatz der Hauptkämpfe, Ordnung zu schaffen. Er durchzog das ganze Schan-tung vom Süden bis zur Meeresküste im Norden und verwandelte das Land in eine Wüste, die Truppen des Königs von Ts'i wurden verjagt oder niedergemacht, die Städte verbrannt, bei den Bewohnern weder Alter noch Geschlecht geschont. Aber die gepeinigte Bevölkerung fand schließlich den Mut der Verzweiflung, sie rottete sich zusammen, und der Bruder des Königs war im Stande, an der Spitze einer nach zehntausenden zählenden Masse den verhaßten Gewalttäter im südwestlichen Schan-tung in eine nicht ungefährliche Lage zu bringen. Inzwischen war Liu Pang nach Südosten weiter marschiert und hatte von Hiang Yüs verlassener Hauptstadt P'êng-tsch'êng mit allen ihren geraubten Schätzen Besitz genommen. Hiang Yü eilte zurück und brachte dem anscheinend arglos in den Genüssen des Lebens dort schwelgenden Liu Pang eine furchtbare Niederlage bei: sein ganzes Heer wurde aufgerieben, er selbst konnte sich nur mit Mühe und dank einem ausbrechenden Unwetter in Begleitung einer kleinen Schar von Reitern nach Nordwesten zum Huang ho retten, der vielleicht damals schon durch das mittlere Kiang-su zum Meere floß (s. oben S. 8). Dort stand ein Verwandter von ihm mit einer Heeresabteilung und nahm ihn auf. Aber seine Eltern, seine Frau und einige seiner Kinder fielen in die Hände des Siegers, der sie als wertvolle Geiseln behielt. Seine Niederlage beraubte Liu Pang eines großen Teiles seines Anhangs, trotzdem war er im Stande, durch Nachschübe aus Ts'in wieder ein ansehnliches Heer zusammenzubringen und am Huang ho in Ho-nan bei Yung-yang, halbwegs zwischen den Städten K'ai-fêng und Ho-nan, eine befestigte Stellung anzulegen. Hiang Yü griff ihn ohne langes Zaudern an, und eine regelrechte Belagerung mit blutigen Außenkämpfen setzte ein. Der Erfolg war wechselnd, aber schließlich geriet Liu Pang durch Abschneidung der Zufuhr so in Bedrängnis, daß er Hiang Yü einen Vertrag anbot, wonach das Reich zwischen beiden geteilt werden, und Liu Pang die Gebiete westlich von Yung-Yang, Hiang Yü den Rest erhalten sollte. Die Verhandlungen zerschlugen sich, der Kampf ging weiter bis um die Mitte des Jahres 204. Trotz Liu Pangs listiger Anschläge, Uneinigkeit im Heere seines Gegners zu stiften, wurde seine Stellung unhaltbar. Wieder mit Zuhilfenahme einer wenig rühmlichen List gelang es ihm, mit einer kleinen Bedeckung unerkannt aus dem Lager zu fliehen. Er ging zunächst nach Ts'in zurück, sammelte dort aber sofort neue Truppen und zog dann, um Hiang Yü irre zu führen, auf der Paß-Straße von Schang hien (s. oben S. 24) nach Süden. Im südlichen Ho-nan gelang es ihm mit Hilfe eines ihm befreundeten Fürsten, Verstärkungen zu erhalten. Während dessen befestigten seine Generale Yung-yang und das wenig westlich davon gelegene Tsch'êng-kao (das heutige Ssĕ-schui) im Norden auf's neue, knüpften Beziehungen mit Yen und Ts'i an und bereiteten alles für einen neuen Kampf mit Hiang Yü vor. Dieser rückte, wie man vorausgesehen hatte, nach Süden vor, um dort seinen Gegner zu vernichten. Liu Pang aber wich geschickt aus und kehrte nach Norden zurück, wo die erlangte Ruhepause gut ausgenutzt war. Sein nicht zu ermüdender Gegner, der auch im südöstlichen Ho-nan gegen feindliche Truppen hatte kämpfen müssen, folgte im nächsten Jahre (203), überrannte Yung-yang und belagerte Tsch'êng-kao, wo sich Liu Pang befand. Wieder mußte dieser heimlich fliehen; er setzte über den Strom und schloß sich, in der Gegend südlich von Weĭ-hui, den Truppen des Fürsten von Han[1]) und eines Teil-

[1]) 韓

staates von Tschao an, die ebenso wie der Staat Liang (das ehemalige Weï, s. oben S. 184) im Kampfe gegen den Diktator standen. Von zwei Seiten griffen die Verbündeten nunmehr den Gegner an, der König von Liang im westlichen Schan-tung und südlich davon im Gebiete von Tsch'u, Liu Pang im Westen, wo er Tsch'êng-kao wieder nahm und sich in den Bergen bei Yung-tsê festsetzte. Hiang Yü wandte sich von Tsch'êng-kao gegen den Angreifer im Osten und zwang ihn zur Flucht, dann kehrte er um nach Westen, und da Liu Pang in seiner gegenwärtigen Stellung nicht angreifbar war, verschanzte er sich auf den Höhen ihm gegenüber. So lagen sich die Heere Monate lang gegenüber, jeder der beiden zähen Gegner wußte, was auf dem Spiele stand. Die Chronisten haben diese Zeit der höchsten Spannung durch eine Anzahl Anekdoten gekennzeichnet, von denen man nicht weiß, wie weit sie der Wirklichkeit entsprechen. Hiang Yü, der Leidenschaftliche, tobte in dieser erzwungenen Untätigkeit, Liu Pang wartete geduldig, daß sich der Gegner zermürbte. Hiang Yü drohte, er würde den bei ihm befindlichen Vater des Liu Pang, kochen lassen, wenn der Sohn sich nicht ergebe. Liu Pang ließ ihm sagen, für diesen Fall bäte er, ihm eine Tasse von der Brühe zu schicken. Der Rasende ließ sich sein Vorhaben als zwecklos ausreden. Hiang Yü vereinbarte dann eine Unterredung mit Liu Pang und schlug vor, man solle die Entscheidung durch einen Zweikampf zwischen ihnen beiden herbeiführen. Liu Pang erwiderte lachend: „Ich ziehe es vor, mit den Waffen des Geistes zu kämpfen, mit denen der Kraft vermag ich es nicht.“ Außerdem hielt er ihm — so wollen die Chronisten wissen — die ganze Reihe seiner Schandtaten vor, was Hiang Yü so in Wut brachte, daß er auf seinen Gegner schoß. Nur mit Mühe habe dieser sich mit einer schweren Verwundung durch die Flucht retten können. Inzwischen war in Ts'i und Liang der Kampf auf's neue ausgebrochen, die Heere von Tsch'u befanden sich auf der Flucht, die Zufuhr hörte auf, die Lage Hiang Yüs wurde kritisch. Er ließ einen Teil seines Heeres bei Tsch'êng-kao und stürzte sich auf die Feinde im Osten. Während dessen lockte Liu Pang die Truppen von Tsch'u in das zwischen beiden Lagern liegende enge Tal, dann fiel er über sie her und rieb den ganzen Heerhaufen auf. Aber unerwartet stand der gefürchtete Riese, der auf die unheilvolle Kunde herbeigeeilt war, wieder vor den Augen der bei Yung-yang gegen einen General von Tsch'u operierenden Truppen von Han. Entsetzt ergriffen sie die Flucht und strömten zurück in die Befestigungen bei Tsch'êng- kao. Allein Hiang Yüs Truppen waren am Ende ihrer Kraft, Weiteres zu unternehmen vermochten sie vorläufig nicht. Da auch in Ts'i und Liang der Widerstand keineswegs gebrochen war, vielmehr die Lebensmittel-Transporte von Tsch'u ständig durch die Truppen der beiden Fürsten abgefangen wurden, so wurde auch Hiang Yü allmählich friedensreif. Liu Pang schickte einen Vertrauten Namens Lu Kia, der uns später noch beschäftigen wird, zu dem zur Untätigkeit Gezwungenen und verlangte die Herausgabe seines Vaters. Hiang Yü verweigerte sie, aber die Folge war doch die Anbahnung von weiteren Verhandlungen, und in der Tat kam ein Vertrag zu Stande, der den Feindseligkeiten ein Ende machte und das Reich zwischen beiden Prätendenten teilte: der König von Han sollte die westliche Hälfte, von K'ai-fêng an, erhalten, der König von Tsch'u die östliche Hälfte. Die Eltern und die Frau Liu Pangs wurden ausgeliefert. Allem Anschein nach hat Liu Pang niemals die Absicht gehabt, den Vertrag zu halten, vielmehr war das Ganze nur eine neue List des verschlagenen Mannes, um zunächst seine Angehörigen in Sicherheit zu bringen. Es ist möglich, daß er, der sich bisher überall als der Mildere gezeigt hatte und sich weit größerer Zuneigung bei den Fürsten und Völkern erfreute als sein Nebenbuhler, allmählich zu der Überzeugung gelangt war, daß er im offenen Kampfe dem letzteren nie gewachsen sein würde, daß dieser aber wohl ein gewaltiger Feldherr, jedoch unfähig sei, das große Reich geordneten Zuständen entgegenzuführen. Jedenfalls scheute er nicht vor einer Tat schwärzesten Verrats zurück, die durch keine Erwägungen politischer Weisheit zu rechtfertigen ist, und die durch den von Ssĕ-ma Ts'ien (Kap. 7 fol. 28v⁰) berichteten Hinweis eines seiner Ratgeber, daß „jetzt der Augenblick gekommen sei, wo der Himmel Tsch'u verderben wolle", nur noch abstoßender wirkt. Als Hiang Yü im Vertrauen auf den abgeschlossenen Frieden sein Heer zum Teil entlassen hatte und nach Süden unterwegs war, eilte ihm Liu Pang nach, um ihn gemeinsam mit den Fürsten von Ts'i und von Liang zu überfallen und zu vernichten. Aber als er an dem verabredeten Orte bei Tsch'ên-tschou in Ho-nan ankam, sah er sich allein. Hiang Yü war trotz seiner ungünstigen Lage noch immer im Stande, den verräterischen Gegner nach Norden in seine Verschanzungen zurückzujagen; als dieser dann aber im Anfang des Jahres 202 die Fürsten des Nordens durch große Landversprechungen für die gemeinsame Sache neu gewonnen hatte, war das Schicksal des von allen Hilfsmitteln entblößten Hiang Yü entschieden. Die Heere der Verbündeten fielen mordend und plündernd in Tsch'u ein, wurden dort noch durch aufständische Territorialherren verstärkt und stellten den Verfolgten, der sich bei Kai-hia, unweit des heutigen Ling-pi nördlich vom Huai-Fluß in An-hui, verschanzt hatte, zur Schlacht. Umringt von der Masse seiner Feinde, ohne genügende Streitkräfte, sah er, daß kein Entrinnen mehr möglich war, aber er beschloß, sein Leben teuer zu verkaufen. Ssĕ-ma Ts'ien hat in Hiang Yüs Lebensbeschreibung (Kap. 7) die Schlußszene dieses gewaltigen Dramas ergreifend geschildert. Man merkt deutlich, daß er für das Heldentum dieses nie besiegten Kriegers trotz aller seiner grauenvollen Bluttaten eine hohe Bewunderung hat, und er schmückt sein Ende mit einem Pathos aus, wie wir es äußerst selten bei ihm finden. Das treue Roß, die übermenschlichen Schwertstreiche und selbst die geliebte Frau mit einem wehmütigen Abschiedgesange beider, alles, was der kampfdurchtobten Heldensage eigen ist, finden wir in seinem Berichte vereinigt. Nach verzweifelter Gegenwehr läßt er Hiang Yü, aus zehn Wunden blutend, bei Tung-tsch'êng, südlich vom Huai-Fluß, südöstlich von der Stadt Ting-yuan, durch eigene Hand fallen. (An einer anderen Stelle, Kap. 8 fol. 26v⁰), berichtet er, daß Hiang Yü von den Soldaten Liu Pangs getötet wurde). Seine Feinde hatten ihn nicht überwältigen können, nun erschlugen sie sich gegenseitig, als sie sich um seine Leiche rissen.

Nach der Vernichtung Hiang Yüs konnte dem König von Han die Oberherrschaft nicht mehr bestritten werden. Tsch'u unterwarf sich, nachdem der neue Herr dem Berichte zufolge 80000 Köpfe abgeschlagen hatte. Die Fürsten des Nordens waren durch weitgehende Belehnungen zufriedengestellt, die Generale und sonstigen Helfer erhielten Ländereien zur Abfindung, das einzige Gebiet, das widerstrebte, war Lu, das zu Hiang Yü, der selbst den Titel „Herzog von Lu" geführt hatte, in einem näheren Verhältnis der Dankbarkeit gestanden zu haben scheint. Als aber Liu Pang das abgeschlagene Haupt des Nebenbuhlers den Zögernden entgegenhielt, willigten sie in die Unterwerfung ein. Noch im Februar des Jahres 202 traten die Generale und Minister der Fürsten bei Ting-t'ao in Süd-Schan-tung (südöstlich von Ts'ao-tschou) zusammen und baten den König von Han, die Kaiserwürde anzunehmen. Unter den üblichen Formen willigte Liu Pang ein und „bestieg den Thron des huang-ti", d. h. er nahm den neuen Titel des Himmelssohnes an, den Schi huang-ti geschaffen hatte. Der Erbfolgestreit war entschieden, die Han-Dynastie gegründet, eine neue Periode furchtbaren Blutvergießens kam zu Ende. Freilich der Weg der zum Ziele geführt hatte, war mit Gewalt und Schrecken, mit Lüge und Verrat gepflastert.

Wenn man zurückblickt auf den tragischen Untergang des ruhmvollen Hauses der Ts'in und auf all das Furchtbare, das ihm folgte, so wird man sich vom Standpunkte abendländischer Geschichtserfahrung den Worten Kia Yi's (s. oben S. 240) nicht anschließen können: „Wer annektiert und zusammenschließt, wird List und Gewalt bevorzugen, und wer befriedet und ordnet, wird Anpassung und Ausgleichung höher stellen, das will sagen, daß erobern und festhalten nicht die gleichen Methoden fordern. Ts'in aber hat, auch als es die kämpfenden Staaten zersprengt hatte und das gesamte Reich regierte, seine Grundsätze nicht verändert, seine Regierungsart nicht gewandelt, so hatte sein Erobern andere Wirkungen als sein Festhalten. Es fand sich vereinsamt in seiner Herrschaft, darum konnte man seinen Untergang sehr bald erwarten. Hätten die Könige von Ts'in in ihrer Verwaltung sich nach den früheren Generationen gerichtet und wären sie in den Spuren der Yin und der Tschou gewandelt, indem sie ihre Regierung danach formten, so würde, auch wenn später einmal ein zügelloser und anmaßender Herrscher gefolgt wäre, keine solche Katastrophe des Zusammenbruches eingetreten sein". (*Sin schu* Kap. 1 fol. 4r⁰). Das ist in der Tat die chinesische Auffassung die folgenden zwei Jahrtausende hindurch geblieben, wir finden sie in der gesamten Literatur bis in die Jetztzeit hinein wie eine Selbstverständlichkeit wiederholt. Wir haben gesehen, was das Werk der Ts'in in Wahrheit für das Chinesentum bedeutet hat, und wir haben die Ursachen des plötzlichen Sturzes seiner Schöpfer — nicht des Werkes — kennen gelernt: ein unselbständiger Jüngling in den Händen eines verruchten Schurken konnte der gewaltigen Aufgabe, die seiner harrte, nicht gewachsen sein. Aber man wird gerechter urteilen, wenn man die zerstörenden Kräfte nicht bloß in dem Irrsinn derHauptstadt sucht, sondern auch in den natürlichen Gegensätzen der völkischen Elemente des Reiches, in dem Ehrgeiz gewissenloser Bandenführer und in der Raubgier einer rohen, nur halb zivilisierten Bevölkerung. Es zeugt von der Unfähigkeit des konfuzianischen Chinesentums, die wirklichen Kräfte in den geschichtlichen Entwicklungen zu begreifen, wenn es den Herrschern von Ts'in vorwirft, daß sie nicht den Spuren der Yin- und Tschou-Dynastie gefolgt und nicht „den Weg der Tugend" gewandelt seien. Das Schicksal des Tschou-Staates hat uns gelehrt, wo diese Spuren mit Notwendigkeit enden mußten, und die spätere Gechichte, auch die vom Zeitalter Tschu His, wird zeigen, wohin „der Weg der Tugend" die Chinesen und der der „Gewalt" die Fremden geführt hat. Man braucht sich das bekannte Wort nicht zu eigen zu machen, daß ein Staat nur mit denselben Mitteln erhalten werden kann, mit denen er geschaffen wurde, aber das mit Gewalt zusammengeschweißte Reich mit Tugend und den Lehren „früherer Generationen" zu regieren, dazu war die Zeit unter Schi huang-ti noch längst nicht reif. Das Werk der Ts'in ist nicht untergegangen, sondern es ist die Grundlage geworden, auf dem sich das Gefüge des chinesischen Riesenstaates erheben konnte; die großartige Kulturmission, die der Konfuzianismus in der Welt des Ostens erfüllt hat, war nur möglich durch die unerschöpflichen Machtmittel, die ihm das geeinte chinesische Reich immer wieder gewähren konnte, denn im ewigen Kampf der Völker wird die „Tugend" d. h. die Kultur wirkungslos, wenn sie nicht von der „Gewalt" d. h. einem starken Staate getragen wird. Die Ts'in haben den Chinesen diesen Staat gegeben.

Zweites Kapitel.

Entstehung des Han-Reiches. Das Werden des konfuzianischen Staates.

Bald nach dem Anbruch des hier zu behandelnden Zeitabschnittes versiegt die Hauptquelle, aus der wir bisher bei unserer Darstellung geschöpft haben: um das Jahr 85 v. Chr. stirbt Ssĕ-ma Ts'ien, mit dem Jahre 98 v. Chr. endigen seine „Denkwürdigkeiten" (s. oben S. 96), nachdem sie schon eine Weile vorher sehr viel dürftiger geworden sind. Die Annalen des Kaisers King ti sind in unvollkommener Form von zweifelhafter Echtheit, die des Kaisers Wu ti, der von 140 bis 87 v. Chr. regierte, überhaupt nicht mehr darin vorhanden. Mit dem *Schi ki* hat Ssĕ-ma Ts'ien das Muster für die dynastischen Geschichtschreiber gegeben; jede Dynastie hat ihre besondere Chronik, aber je weiter auch die Zeit fortschreitet, keine dieser zum Teil ungeheuer weitschichtigen Sammlungen ist über das Muster hinausgekommen, vielmehr sind die meisten nach Form und Inhalt dahinter zurückgeblieben. Die Han-Zeit ist behandelt in zwei großen Werken, dem schon öfters angeführten *Ts'ien Han schu*, das den ersten Teil bis 24 n. Chr., und dem *Hou Han schu*, das den zweiten Teil bis 220 n. Chr. deckt. Das erstere hat Pan Ku und seine Schwester Pan Tschao zu Verfassern, die beide im ersten nachchristlichen Jahrhundert lebten und bereits von ihrem Vater den Plan des Werkes übernommen hatten, das als eine Fortsetzung des *Schi ki* gedacht war; das zweite stammt zum größten Teile von Fan Ye, der in der ersten Hälfte des 5. Jahrhunderts schrieb; erst im 11. Jahrhundert ist es aber aus anderen früheren Quellen zu der Form vervollständigt worden, in der wir es heute haben. Beide Werke gehören zu den besten und wichtigsten ihrer Art. Neben den dynastischen Chroniken, auf die wir uns bei unserer weiteren Darstellung auch für die späteren Zeiten stützen müssen, werden wir nach Bedarf auch noch einzelne Werke aus der nun rasch gewaltig anschwellenden Literatur heranziehen, darunter das ebenfalls schon wiederholt erwähnte große, lediglich nach Jahreseintragungen geordnete, also recht eigentliche Annalenwerk von Ssĕ-ma Kuang, das *Tsĕ tschi t'ung kien*, das im 11. Jahrhundert entstand. Etwa hundert Jahre später wurde es von Tschu Hi und seinen Schülern völlig umgearbeitet und gekürzt und erhielt den Titel *T'ung kien kang-mu.* Ergänzt durch spätere, im 13. und 14. Jahrhundert hinzugekommene Erweiterungen nach rückwärts, sowie durch sieben Kommentarwerke, zum Teil in Form moralisierender Ausdeutungen, erschien dann das ganze Riesenwerk im Jahre 1707 neu unter dem Titel *Yü pi t'ung kien kang-mu.* Es führt in dieser Form die chinesische Geschichte bis zur Urzeit hinauf, ist aber, ganz wie das *Tsch'un-tsiu* (s. oben S. 94f.), das ihm als Vorbild gedient hat, kein eigentliches Geschichtswerk, sondern ein ethisches Lehrbuch und daher als Quelle nur bedingt und mit Vorsicht zu benutzen, während das *T'ung kien* durchaus zuverlässig ist. Die Angaben über das hohe Altertum sind wertlos.

Wir ziehen gelegentlich beide Texte, sowie die verschiedenen Erklärungswerke aus dem 13., 14. und 15. Jahrhundert mit heran.

a. Neubildung und Ende des Lehenswesens. Der Aufstieg des Konfuzianertums.

Als Liu Pang oder, wie er gewöhnlich genannt wird, Kao tsu oder Kao ti, was eine Abkürzung seines posthumen Tempelnamens (s. oben S. 98f.) T'ai tsu Kao huang-ti ist, im Jahre 202 den Kaiserthron bestieg, waren die Verhältnisse im Reiche noch weit von einer endgültigen Festigung entfernt. Allenthalben regte sich der Widerstand gegen den neuen Gewalthaber, dessen Herkunft aus den untersten Schichten des Volkes nicht dazu beitragen konnte, sein Ansehen zu stützen, zumal seine Persönlichkeit und sein Gebahren offenbar wenig danach angetan waren, diese Herkunft vergessen zu machen. Die ganzen folgenden Jahre bis an das Lebensende des Kaisers sind angefüllt mit unablässigen Kämpfen gegen rebellische Fürsten und Große, sei es, daß es sich um ehemalige Anhänger Hiang Yüs handelt, oder um übermächtig gewordene in den verschiedenen Reichsteilen belehnte Feldherren, Minister oder Abkömmlinge der früheren Fürsten. Unter den letzteren war auch Kao tsus einstiger vertrautester Ratgeber Han Sin (s. oben S. 261). Schon im Jahre 203 hatte dieser nach seiner Eroberung der Gebiete von Ts'i seinen Herrn genötigt, ihn wider seinen Willen zum König von Ts'i zu ernennen. Bald nach der Thronbesteigung entledigte sich der Kaiser dieses gefährlich gewordenen Machthabers, indem er ihn zum König von Tsch'u machte. Schon im folgenden Jahre gingen Gerüchte um von einer geplanten Erhebung Han Sins. Kao tsu kam ihm zuvor, aber nicht mit Gewalt, sondern mit der ihm besser liegenden Überlistung. Er lud die Fürsten auf einer zu diesem Zwecke unternommenen Inspektionsreise zu einer Zusammenkunft im nördlichen Hu-peï ein und dabei bemächtigte er sich des gefährlichen Gegners. Im Hinblick auf das, was er seiner klugen Hilfe verdankte, entzog er ihm nicht völlig seine Gunst, sondern gab ihm einen hohen Titel und behielt ihn am Hofe. Als aber Han Sin mehrere Jahre später angeblich abermals politische Umtriebe in Schen-si begann, ließ ihn in Abwesenheit des Kaisers die allzu tatenlustige Kaiserin samt seinem ganzen Familienanhange hinrichten. Und solcher Episoden gab es nicht wenige. Bald war es das große Ts'i, bald Tai im äußersten Norden, bald das alte Tschao und Han in Schan-si, wo Empörungen niederzuschlagen waren. Auch die Hiung-nu unternahmen wieder ihre Einbrüche im nördlichen Schan-si und fanden Unterstützung durch die dortigen unzuverlässigen Lehensträger. Es ist bezeichnend für die Lage, daß der Kaiser, als in der Residenz im Weï-Tale der neue Palast in großartigem Stile gebaut wurde, unwillig wurde und ausrief: „Überall im Reiche hört man Klagerufe, seit Jahren herrscht das Elend des Krieges, und man weiß noch nicht, ob Erfolg oder Niederlage das Ende sein wird, wie kann man da einen solchen über alles Maß hinausgehenden Palast bauen?" (*Schi ki* Kap. 8 fol. 31 v⁰). Das erinnert an die Zweifel und Sorgen des ersten Tschou-Herrschers, als er von der Regierung Besitz ergriffen hatte (s. oben S. 111 f). Kao tsu hatte zuerst beabsichtigt, die Hauptstadt nicht wieder auf den Trümmerfeldern des Weï-Tales zu erbauen, sondern dauernd im Osten, in Lo-yang zu bleiben. Seine Berater, darunter vor allem der ihm treu ergebene Tschang Liang (s. oben S. 258), rieten ihm dringend hiervon ab, indem sie auf die unvergleichliche Lage des Ts'in-Landes „innerhalb der Pässe" verwiesen. So siedelte denn der Kaiser noch im Jahre 202 nach Westen über, mied aber das zerstörte Hien-yang im Norden des Weï (s. oben S. 185) und wählte zur Hauptstadt einen Platz auf der Südseite des Flusses, etwa 16 km nordwestlich von der heutigen Stadt Si-ngan, also fast gegenüber von dem Hien-yang der Ts'in und wenig nördlich von der alten Residenz Hao der Tschou-Herrscher (s. oben S. 107). Die neue Hauptstadt erhielt den Namen Tsch'ang-ngan, d. h. „ewiger Friede", ein Name, der schon in der Zeit der Ts'in erscheint, aber nur in Titeln, nicht als Ortsbezeichnung nachweisbar ist, der nun aber für lange Zeit eine bis weit nach Inner-Asien hinein reichende ruhmvolle Bedeutung erlangt. In Tsch'ang-ngan erhoben sich die neuen prunkvollen Palastbauten des berühmten Weï-yang kung, und um den Kaiserhof herum wuchs rasch die Großstadt heran.

Der Name der Hauptstadt blieb freilich während Kao tsus Lebzeiten ein bloßer Wunsch für die Zukunft. Es waren nicht nur die beständigen, seine gesamte Regierungszeit ausfüllenden Kämpfe mit aufständischen Vasallen, die den „ewigen Frieden" nicht aufkeimen ließen, sondern Fragen von viel tiefer greifender Art stellten sich der neuen Dynastie der Han gegenüber und wiesen weit mehr auf Streit und Gegnerschaft als auf Frieden. Die Schicksalsfrage: wie soll dies Reich als Reich regiert werden, damit ihm, wenn auch kein ewiger, so doch ein langer Friede gesichert wird (s. oben S. 157), erhob wieder ihr Haupt und verlangte drohend eine Antwort. Was die Vergangenheit lehrte, waren nur negative Hinweise. Das Lehenswesen hatte dem Staate der Tschou den Untergang gebracht, der einheitliche Beamtenstaat mit straffer Zentralisation, den die Ts'in geschaffen, war nach wenigen Jahrzehnten zerschellt (vergl. oben S. 246), welches neue System blieb noch zu erwählen? Für die allgemeine Auffassung, vor allem für die des Konfuzianertums, war es eine Selbstverständlichkeit, daß die neue Dynastie, mit der Katastrophe vor Augen, die der freventlichen Abirrung der Ts'in von den Wegen des Altertums gefolgt war, nunmehr zu diesen zurückkehren würde. Das Reich mußte an die Lehensfürsten zum „Mitgenießen" (vergl. oben S. 88) ausgeteilt werden, der Himmelssohn wieder seine Stellung als Lehrer der Menschheit, als Beauftragter Gottes einnehmen. Welche Ansichten Liu Pang bei seiner Thronbesteigung in der Frage hatte, ist schwer zu sagen; bei seinem Mangel an jeglicher Bildung vielleicht gar keine oder die gleiche, die überall gehört wurde. In der Tat hat er nach seinem endgültigen Siege auch nicht gezögert, an die Nachkommen der alten Fürsten, sowie an seine erfolgreichen Heerführer, Berater und Günstlinge Lehen in verschiedensten Größen auszuteilen oder sie im Besitze ihrer Länder zu belassen. Allerdings trug er auch keine Bedenken, ganz wie vor ihm Hiang Yü (s. oben S. 261), die Fürsten aus einem Lehen in ein anderes zu versetzen, als ob sie lediglich Beamte wären. Aber wenn nicht früher, so muß ihm während der beständigen Kämpfe mit den unbotmäßigen Lehensträgern von Anbeginn seiner Regierung an die Gefahr bewußt geworden sein, die in dem Lehenswesen für die Dynastie lag: neben der Katastrophe der Ts'in stand die der Tschou. Vielleicht deutet sich diese Erkenntnis bereits an in einer Szene, von der Ssĕ-ma Ts'ien (Kap. 8 fol. 27 v^0^ff.) berichtet. Bald nach Übernahme der Regierung, noch in Lo-yang, fragte Kao tsu bei einem Bankett die versammelten Fürsten und Heerführer, warum er nach ihrer Meinung Sieger geblieben, und Hiang Yü unterlegen sei. Zwei der Anwesenden erwiderten, sicherlich im Sinne aller, weil Kao tsu nach jedem Siege dem Sieger das unterworfene Gebiet belassen und so alle „an dem Genuß des Reiches habe teilnehmen lassen". Kao tsu antwortete: „Ihr wißt nur das Eine, aber ihr wißt nicht das Andere. Ich habe die Fähigkeit von Tschang Liang (s. oben S. 270), Siao Ho (s. oben S. 257) und Han Sin (s. oben S. 261) zu benutzen verstanden, darum habe ich das Reich erlangt." Han Sin sollte ihm bald zu einer gefährlichen Enttäuschung werden (s. oben S. 269), aber die beiden Anderen, zusammen mit dem zweiten Helfer, der einst in P'eï den Stein ins Rollen gebracht hatte, Ts'ao Ts'an, haben bis zum Ende treu zu dem Herrscher gehalten und ihn oftmals auf die Notwendigkeit hingewiesen, vor den Lehensträgern auf der Hut zu sein. Tschang Liang scheint allerdings den Legenden zufolge, die sich an seinen letzten Lebensabschnitt knüpfen, im Alter ganz dem Einfluß der Magier (s. unten) erlegen zu sein. Alle diese Berater Kao tsus aber, mit Ausnahme von Tschang Liang, dessen Vorfahren Minister gewesen waren, stammten aus den unteren Volkschichten. Kao tsu hat zunächst versucht, die Macht der Fürsten durch verschiedene Maßnahmen einzuschränken, wie sie der Einzelfall nahelegte. Das große Tsch'u, über das Han Sin gesetzt war, wurde, als dessen hochverräterische Pläne offenbar wurden, in zwei Staaten zerlegt, von denen einer dem Bruder des Kaisers gegeben wurde, das ebenso mächtige Ts'i, das einer der Minister als „östliches Ts'in" bezeichnete, erhielt ein Sohn des Herrschers, das gesamte Gebiet „innerhalb der Pässe", also

Ts'in, behielt der Kaiser als beherrschende Festung in der Hand. Die alten vornehmen Fürstenfamilien von Tsch'u sowie die von Ts'i, darunter die Familie T'ien (s. oben S. 181f), wurden nach dorthin umgesiedelt, da man in ihnen die Träger neuer Unabhängigkeitsgelüste sah. Alle diese Vorkehrungen konnten aber höchstens zeitweilige Sicherheit gewähren; um die Gefahr völlig zu bannen, waren stärkere Mittel nötig, die Schicksalsfrage mußte eine Antwort von grundsätzlicher Bedeutung haben. Kao tsu selbst scheint zu dieser Erkenntnis erst gegen das Ende seines Lebens gelangt zu sein, belehrt einmal durch die Erfahrungen mit den Lehensträgern vom Anfang bis zum Ende seiner Regierung, und dann durch die Weisheit derer, die gerade die leidenschaftlichsten Anhänger des Lehenstaates waren, der Konfuzianer. Wie stand es um die Schule der *ju kia* unter den neuen Verhältnissen? Der Untergang der Ts'in hatte auch die Rechtschule um einen großen Teil ihrer Wirkung gebracht; das furchtbare Ende wurde von den Konfuzianern als die Frucht ihrer unheiligen Lehren gedeutet. Die Konfuzianer waren denn auch die Wortführer bei dem Verlangen nach Rückkehr zum allein rechtmäßigen Lehenstaate des Altertums. Indessen, ihre Predigten verhallen in dem Getöse der Zeit, und Kao tsu insbesondere verschloß seine Ohren vor ihnen. Das *Schi ki* schildert in seinem Kapitel über die Meister der Schule, wie die letztere nach dem endgültigen Siege der Han auflebte, wie sich dann aber ihre Jünger nur „mit Seufzen an ihrem Studium erfreuten, weil der Waffenlärm erdröhnte bei der Befriedung des Reiches, und für die Fragen des Unterrichts keine Muße vorhanden war". (Kap. 121 fol. 3r⁰). In Wahrheit waren Kao tsu die konfuzianischen Literaten nicht weniger widerwärtig als Schi huang-ti. In der Lebensbeschreibung des konfuzianischen Helden Li I-ki, der mit Liu Pang sehr heftige Auftritte hatte, und von diesem mit „Literaten-Bengel" *(schu ju)* angeredet, dann aber einer seiner besten Helfer wurde, werden erbauliche Dinge erzählt. „Der Herr von P'eï (s. oben S. 257) liebte die konfuzianischen Literaten nicht. Nun pflegten Gäste, die zu ihm kamen, den Zeremonien-Hut zu tragen. Wenn aber Literaten mit ihren Hüten zu ihm kamen, so nahm er ihnen diese plötzlich weg und pißte hinein. Auch pflegte er sie im Gespräch mit anderen auf das heftigste zu schmähen, und es gab für die Literaten keine Möglichkeit, ihm Vorhaltungen zu machen". *(Schi ki* Kap. 97 fol. 2r⁰). So ist es nicht zu verwundern, daß Schi huang-tis Erlaß betreffend die Ächtung der konfuzianischen Schriften noch immer zu Recht bestand, und Kao tsu nicht daran dachte, ihn aufzuheben. Aber während seiner letzten Lebensjahre begann der Kaiser unter dem Druck der Ereignisse seine Ansichten zu mildern. Das Verdienst, diese Änderung herbeigeführt zu haben, gebührt vor allem einem Manne, der selbst ein strenger Konfuzianer war, aber schon während der Kämpfe mit Hiang Yü zu den Vertrauten Liu Pangs gehört hatte und trotz aller begreiflichen Hemmungen dem ungebildeten Manne treu blieb, Lu Kia. Die konfuzianische Schule hat allen Anlaß, diesen Mann als einen Begründer ihres Aufstiegs zu feiern.

Lu Kia stammte aus Tsch‘u und hatte sich, wie wohl alle seiner engeren Landsleute, der Bewegung gegen die Ts‘in angeschlossen, und zwar dem maßvolleren Liu Pang. Er gehörte bald zu dessen nächster Umgebung und wurde von ihm vielfach für Aufträge diplomatischer Art verwendet. Welche Rolle er bei den Verhandlungen mit Hiang Yü gespielt hat, haben wir früher gesehen (s. oben S. 264). Den größten Dienst aber sollte er dem Kaiser bei der Befriedung des Reiches durch Lösung einer besonders wichtigen und schwierigen Aufgabe leisten. In den von Schi huang-ti neu erworbenen Kolonialgebieten von Kuang-tung und Kuang-si hatte sich, wie wir sahen (s. oben S. 254), der Militär-Gouverneur der Ts‘in, Tschao T‘o oder, wie er auch oft genannt wird Weï T‘o (d. h. „Gouverneur T‘o“), nach dem Tode seines Herrn selbständig gemacht und nannte sich König von Nan Yüe. Es war keine leichte Aufgabe für die Han, diese entlegenen Gebiete beim Reiche zu halten und die Bildung eines fremden Staates dort zu verhüten. Kao tsu entsandte im Sommer 196 Lu Kia nach dem Süden mit dem Auftrage, den König zu veranlassen, seine Ernennung vom Kaiser entgegenzunehmen und so das Tributverhältnis anzuerkennen. In sehr geschickten Verhandlungen, in denen er den zunächst sehr rauhen König an seine chinesische Herkunft erinnerte und an seinen Stolz auf seine überlegene Kultur gegenüber dem umgebenden Barbarentum appellierte, wußte der kluge Dialektiker den Widerstrebenden tatsächlich zu bewegen, sich den Han zu unterwerfen. Kao tsu war dem heimkehrenden Diplomaten ob dieses Erfolges sehr dankbar und überschüttete ihn mit seinen Gunstbezeugungen, Lu Kia aber benutzte diese Gunst für höhere Zwecke. In seiner Lebensbeschreibung im *Schi ki* wird darüber erzählt (Kap. 97 fol. 7r°f.): „Lu Kia hatte immer wieder auf das *Schi king* und *Schu king* hingewiesen. Kao ti aber schalt ihn und sagte: ich habe meine Erfolge auf dem Rücken des Pferdes erlangt, warum soll ich mich Eures *Schi king* und *Schu king* bedienen? Lu Kia erwiderte: was Ihr auf dem Rücken des Pferdes erlangt habt, meint Ihr, daß ihr das auch auf dem Rücken des Pferdes verwalten könnt?“ Er weist dann auf verschiedene Herrscher des Altertums hin und fährt fort: „Die Ts‘in haben sich unabänderlich auf Strafen und Gesetze verlassen, so haben sie schließlich dem Geschlecht der Tschao (s. oben S. 144) den Untergang gebracht. Wenn vordem die Ts‘in, nachdem sie das Reich geeint hatten, Herzensgüte und Gerechtigkeit (die konfuzianischen Tugenden) gepflegt und die heiligen Herrscher der Vorzeit zum Vorbilde genommen hätten, hättet Ihr dann auch die Herrschaft erlangen können? Kao ti war mißmutig und hatte einen verlegenen Ausdruck. Dann sprach er zu Lu Kia: Versucht doch einmal, mir darzulegen, wodurch Ts‘in das Reich verloren hat, und ich es erlangt habe, was überhaupt das Blühen und den Untergang der Staaten im Altertum herbeigeführt hat. So verfaßte denn Lu Kia eine Schrift in zwölf Abschnitten, in denen er die Ursachen von Gedeihen und Verfall (der Staaten) in großen Zügen darlegte. Jedesmal trug er einen Abschnitt vor, und Kao ti konnte nicht umhin ihn zu loben, die Umgebung aber rief Heil dazu. Man nannte diese Schrift *Sin yü*, d. h. neue Reden". (Ein Werk dieses Namens und mit Lu Kia als Verfasser ist heute noch vorhanden, aber es ist ein Erzeugnis einer späteren Zeit und enthält nur einige Teile, die auf das alte Original zurückgehen mögen). Der Einfluß Lu Kias und anderer Konfuzianer in der Umgebung des Kaisers, wie des unter die Lehensfürsten aufgenommenen Li I-ki, hat sich in der Haltung des Kaisers freilich nur langsam und kaum erkennbar ausgewirkt. Am Ende des Jahres 196 oder im Anfang 195 kehrte er von der Niederwerfung eines aufständischen Lehensfürsten in An-hui zurück und berührte auf dem Wege nach Tsch'ang-ngan auch Lu. Diese Gelegenheit benutzte er, um Konfuzius (vermutlich an seinem Grabe in K'ü-fou, s. oben S. 204) „ein Großopfer", bestehend aus einem Rind, einem Schaf und einem Schwein, darzubringen, eine Kulthandlung von einem Range, wie sie nach dem Ritual dem Gotte des Erdbodens zukam. Es ist nicht mehr festzustellen, ob dieses Opfer wirklich in der neu erweckten Ehrfurcht des Kaisers vor dem Weisen von Lu seine Ursache hatte, ob es lediglich ein Zugeständnis an seine verdienten konfuzianischen Günstlinge darstellte, oder ob es die Einleitung zu einer ganz neuen Politik bildete. Die erste Annahme würde in Widerspruch stehen zu der rauhen und wenig empfindsamen Art des Kaisers, die er sonst verrät; welche der beiden anderen Möglichkeiten die wahrscheinlichere ist, läßt sich, wenn überhaupt, nur aus dem Zusammenhange der Dinge herleiten. Kurz vorher, im 2. Monat (18. März bis 15. April) des Jahres 196, war ein Kaiserlicher Erlaß ergangen, der weit mehr als eine einfache politische Maßnahme oder gar als eine der üblich werdenden moralischen Kundgebungen war; er bezeichnet vielmehr den Beginn eines völlig neuen Regierungsystems, ja einer völlig neuen Staatsordnung, und er ist nichts Geringeres als die Antwort auf die oft erwähnte Schicksalsfrage, der Versuch einer neuen, dritten Lösung. Wegen dieser die ganze Zukunft des Reiches bestimmenden Bedeutung muß das Dokument im Wortlaute hergesetzt werden, so wie es die Han-Annalen (Kap. 1b fol. 16 v°ff.) überliefert haben: „Ich habe gehört", so heißt es dort, „daß unter den Königen keiner größer war als Wên von Tschou (s. oben S. 107), unter den Präsidialfürsten keiner größer als Huan von Ts'i (s. oben S. 161), beide aber haben ihren Ruhm erlangt, indem sie befähigte Männer bei sich aufnahmen. Auch jetzt gibt es im Reiche solche befähigte Männer, warum sollten denn auch Klugheit und Fähigkeiten nur bei den Leuten des Altertums zu finden sein? Das Unglück liegt nur darin, daß der Fürst keine Verbindungen mit ihnen hat, wie sollen unter solchen Umständen die Gebildeten an ihn herankommen? Nun ist es durch die göttliche Macht des Himmels, sowie durch die weisen Männer und hohen Würdenträger entschieden worden, daß ich das Reich regiere, so daß es wie eine einheitliche Familie ist. Mein Bestreben ist auch, daß dies für lange Zeit fortdauern möge, so daß Geschlecht um Geschlecht die Ahnenopfer im Tempel ohne Unterbrechung vollziehen kann. Ziemt es sich aber nicht, daß die befähigten Männer, die gemeinsam mit mir das Reich befriedet haben, auch gemeinsam mit mir in Frieden seine Gaben genießen? Weise Männer und hohe Würdenträger, die entschlossen sind, mir auf meinem Wege zu folgen, will ich ehren und auszeichnen; dem ganzen Reiche verkünde ich hiermit meinen Willen, auf daß er klar erkannt werde. Der General-Inspektor der Verwaltung *(yü schi ta fu*, s. oben S. 231), Tschou Tsch'ang, wird ihn den Staatskanzlern *(siang kuo*, s. oben S. 231) übermitteln, der Staatskanzler, Marquis von Tsan (d. h. Siao Ho, s. oben S. 271), den Lehensfürsten und Königen, die Vize-Inspektoren *(yü schi tschung tschi fa*, s. oben S. 231) den Präfekten der Bezirke: wenn sie Persönlichkeiten kennen, die sie mit Bedacht als Leute mit glänzenden Tugenden bezeichnen können, so sollen sie selbst diese ermuntern und zur Reise (nach der Hauptstadt) ausrüsten. Sie sollen sie zu dem Amtsitze des Staatskanzlers schicken mit Angaben über ihren Lebenswandel, ihre Art und ihr Alter. Wenn solche Persönlichkeiten vorhanden sind, und sie werden nicht gemeldet, so werden die betreffenden Beamten bei Bekanntwerden des Tatbestandes ihres Amtes entsetzt. Alte oder gebrechliche Personen dürfen nicht gesandt werden". Um die Bedeutung dieses Erlasses zu würdigen, muß man sich erinnern, wie die Bildungsverhältnisse bis dahin waren. Wir haben bereits früher erwähnt (s. oben S. 199), daß Kenntnis der Philosophie, der Riten und des religiösen Kultes und damit dieBildungsmöglichkeiten ursprünglich auf die vornehmen Sippen beschränkt waren, daß die breiten Massen des Volkes aber davon unberührt blieben. Mit dem 7. Jahrhundert hatte insofern ein Wandel sich anzubahnen begonnen, als einzelne gelehrte Persönlichkeiten anfingen, Anhänger-Gemeinden zu bilden. Auch diese Persönlichkeiten gingen aber zuerst aus den bevorrechtigten (Adels-) Kreisen hervor, und ganz allmählich erst, mit der zunehmenden „Sinisierung" der Fremdvölker (s. oben S. 160), mag die Bildung, die natürlich rein ethisch-philosophisch war, auch in den außerhalb dieser Kreise stehenden Schichten vereinzelt Zugang gefunden haben. Indessen bedeutete das noch längst keinen Zutritt zu den Ämtern des Staates. Diese waren im Altertum ganz der Umgebung des Fürsten vorbehalten, die Inhaber der höchsten Posten waren zugleich Lehensträger; was es sonst an Beamtentum gab, waren Günstlinge der Fürsten oder der Würdenträger, nicht wenige Ämter waren in vornehmen Familien erblich. Es mag sein, daß in den Staaten der späteren Tschou-Zeit Einzelne durch besondere Umstände aus niedrigen Schichten in den Kreis jener Bevorrechtigten aufstiegen — die beständigen Kriege und das Herumwandern der politischen Weisheitskünder gaben Gelegenheit genug dazu —, aber es blieben immer Ausnahmen, zumal ja von einer geordneten Beamtenlaufbahn in jenen Zeiten noch nicht gesprochen werden konnte. Eine wirkliche Bürokratie wurde erst im Staate der Ts'in geschaffen, und hier hatte sie mit dem Lehenswesen auch dem Beamtentum der Adelsfamilien ein Ende gemacht. Die Han waren gezwungen gewesen, um ihren Anhängern, denen sie die Macht verdankten, den erwarteten Lohn zuzuwenden, das Lehenswesen wieder einzuführen, aber mit den staatlichen Einrichtungen der Ts'in, die sie übernahmen, war dies nicht zu vereinigen, und notwendigerweise mußte das Beamtentum, das im Ts'in-Reiche in der Hauptstadt zentralisiert war, wieder an die Lehensträger entgleiten. Welche Gefahren aber damit für die Stellung des Kaisers verbunden waren, hatte das Schicksal der Tschou gelehrt. Um diesen Gefahren zu begegnen, muß Kaiser Kao tsu oder wer immer sein Ratgeber gewesen sein mag, den Beschluß gefaßt haben, den staatlichen Aufbau auf eine andere Grundlage zu stellen, d. h. an die Stelle der Lehensträger und vornehmen Familien als tragende Schicht die breite Volksmasse zu setzen, mit einem Worte: den Staatsdienst zu demokratisieren, und zwar in der Weise, daß die gesamte Staatsgewalt in der Hand des Kaisers blieb, daß aber für ihre Ausübung die in den Massen des Volkes ruhenden Talente nutzbar gemacht wurden, indem man fähige junge Leute ohne Rücksicht auf ihre Herkunft für den Staatsdienst auswählte und ausbildete. So konnte man hoffen, den Einfluß der Lehensträger in der Verwaltung allmählich zurückzudrängen und durch geeignete sonstige Maßnahmen, wie Übertragung der großen Lehen an die Mitglieder der Kaiserlichen Familie, Zerstückelung der Lehen im Erbgang, Einziehung bei Verfehlungen der Lehensträger, Einschränkung der Befugnisse der letzteren und sorgfältige Überwachung durch Kaiserliche Beamte im Laufe der Zeit das Lehenswesen überhaupt zu beseitigen, zumal ja die Hausmacht der Han „innerhalb der Pässe" eine ganz andere war als die der Tschou in dem kleinen Gebiete in Ho-nan. Der Staat der Ts'in sollte beibehalten, aber das Lehenswesen nicht gewaltsam unterdrückt, sondern organisatorisch beseitigt, und — das war das Neue — die breite Volksmasse an der Erhaltung und Sicherung dieses Staates interessiert werden.

So ist der Erlaß von 196 — ob gewollterweise, mag dahingestellt bleiben — zu einer Gründungsurkunde des neuen chinesischen Staates geworden. Wie stand nun aber das Konfuzianertum zu diesem Wechsel in der Politik? Leider verraten uns die Quellen nichts über die Entstehung des Erlasses. Für die Konfuzianer war das Lehenswesen ein Teil des theokratischen Universalreiches, es gehörte zu den geheiligten Einrichtungen ihres Altertums und damit der göttlichen Weltordnung (s. oben S. 110), also einem Plane, der die Beseitigung dieser Einrichtung anstrebte, können sie unmöglich zugestimmt haben. In dem Erlasse ist auch mit keinem Worte angedeutet, daß die auszuwählenden Kandidaten etwa eine besondere Kenntnis des Altertums, der Lehren der „heiligen Herrscher", des *Schi king* und *Schu king*, kurzum des Lehrgehaltes der konfuzianischen Schule haben müßten. Endlich ist es nicht unwichtig, die beiden in dem Erlasse genannten Würdenträger, Tschou Tsch'ang und Siao Ho, auf ihre Persönlichkeit hin anzusehen. Tschou Tsch'ang war ein kleiner Bezirksbeamter in Liu Pangs Heimat gewesen, hatte sich diesem bei seiner Erhebung angeschlossen und an den Kämpfen gegen Hiang Yü teilgenommen. Seine Lebensbeschreibung (*Schi ki* Kap. 96 fol. 2r⁰ff.) schildert ihn als einen Mann von großer Körperkraft und aufrechtem, furchtlosem Wesen: „ein Mann, stark und fest wie ein Baumstamm", sagt sie von ihm; von literarischen Eigenschaften ist keine Rede. Siao Ho war, wie wir sahen (s. oben S. 257), einer der Führer gewesen, die in P'eï die Erhebung zu Gunsten Liu Pangs gefördert hatten, und hatte dann den letzteren nach Hien-yang begleitet. Die Auswahl, die er bei seiner Übernahme der Kaiserlichen Bibliotheken und Archive getroffen hatte (s. oben S. 258), sprach weit mehr für seine Besonnenheit in Verwaltungsfragen als für literarische Neigungen. Bei beiden Männern kann also Zugehörigkeit zur Schule der Konfuzianer nicht vermutet werden, sie dürften über die letzteren nicht viel anders gedacht haben als ihr Kaiserlicher Herr. Nach alledem haben wir ohne nähere Kenntnis des inneren Zusammenhanges nicht das Recht, das Opfer am Grabe des Konfuzius aus Wahrscheinlichkeitsgründen mit der Einleitung der neuen Politik in Verbindung zu bringen. Wenn der Erlaß trotzdem als Beginn des Machtaufstiegs der Konfuzianer zu gelten hat, so erklärt sich dies aus anderen, später zu erörternden Gründen; Kao tsu hat durch ihn und durch seine Huldigung vor Konfuzius diesen Aufstieg vorbereitet, aber, soweit heute unsere Kenntnis geht, nicht in einer klaren Erkenntnis der Bedeutung des konfuzianischen Literatentums und seiner Lehren. Das Opfer können wir nicht anders deuten als einen Gunstbeweis an den verdienten Lu Kia und die übrigen Konfuzianer in der Kaiserlichen Umgebung. Der Eindruck, den die Vorlesungen des erfolgreichen Diplomaten auf den Kaiser machten, war kein ungünstiger, wenn auch Ssĕ-ma Ts'iens Angaben nicht eben von großer Begeisterung zeugen; aber außer dem Opfer scheint er andere praktische Wirkungen nicht gehabt zu haben, vielleicht hat der bald danach erfolgte Tod des Kaisers sie verhindert. Wang Tsch'ung (1. Jahrhundert n. Chr.) mag schon Recht haben, wenn er in seinem *Lun-hêng* (Kap. 28 fol. 9v⁰) sagt: „Kao tsu wählte aus dem *Sin yü* des Lu Kia im allgemeinen Einiges aus." Die Konfuzianer haben später von dem Opfer sehr viel mehr Aufhebens gemacht als von dem Erlaß. Das *Tsĕ tschi t'ung kien fa ming*, eins der sieben erwähnten Kommentarwerke aus dem 13. Jahrhundert (s. oben S. 268), ist kennzeichnend für die Anschauung der damaligen Zeit. Seit der Verbrennung der Bücher unter den Ts'in, so führt der Verfasser aus (zu Kao huang-ti 12. Jahr, 11. Monat), herrschte die große Wirrnis bis zum Siege der Han. Dann begann Kao ti zu regieren, der vom *Schi king* und *Schu king* nichts wissen wollte und die Konfuzianer verachtete. „Danach aber, als er durch Lu zog, opferte er dem Konfuzius, obwohl es Tage der Kämpfe und Mühen waren. Das *Kang-mu* verzeichnet diese Tatsache besonders, weil man daraus ersieht, daß die göttliche Ordnung in den Herzen der Menschen wohnt, daß sie durch sich selbst besteht und unzerstörbar ist. Wenn das Reich der Han vierhundert Jahre bestanden hat, so war hier die Quelle ihrer Lebenskraft und ihres Herzblutes. Von jenem Zeitpunkte an hat sich die Lehre der *ju kia* allmählich zu ihrem Siegeszuge erhoben.“ Das ist gewiß sehr schön gedacht, aber geschichtlich nicht erweisbar. Für das Emporkommen der konfuzianischen Schule hat der Erlaß von 196 eine weit größere Bedeutung gehabt als das Opfer, von dem wir nicht wissen, wie es von Kao tsu bewertet wurde. Die älteren Geschichtschreiber dachten auch nüchterner darüber, Ssĕ-ma Tsʻien erwähnt das Opfer überhaupt nicht, den Erlaß freilich ebenfalls nicht, die Han-Annalen stellen in einem kurzen Satze einfach die Tatsache fest und kommen nirgends wieder darauf zurück, obwohl sich in dem Kapitel über die Geschichte der konfuzianischen Schule (Kap. 88) eine gute Gelegenheit dafür geboten hätte, dagegen wird der Erlaß im Wortlaute angeführt. Immerhin scheint der von Lu Kia ausgestreute Same nicht völlig unfruchtbar geblieben zu sein, und jedenfalls haben die späteren Kaiser der Han sich bei ihrer Begünstigung der Konfuzianer auf ihren Ahnen und seine Huldigung in Lu berufen können. Die Han-Annalen treffen das Richtige, wenn sie sagen (Kap. 1b fol. 22r⁰): „Kao tsu förderte anfangs die gelehrte Bildung nicht, aber er war von Natur klug und einsichtig, gute Ratschläge verstand er zu befolgen.“

Kao tsu starb im Jahre 195 an einer Pfeilwunde, die er in dem Kampfe gegen den aufständigen König von Huai-nan (An-hui) erhalten hatte. Er hinterließ ein ungefestigtes Erbe, das durch Intriguen am Hofe noch unsicherer gemacht wurde. Um die Lehensfürsten ganz an die nicht bloß religiöse, sondern auch wirkliche Kaiserliche Oberherrschaft zu gewöhnen, war seine Regierung zu kurz gewesen. Er hatte vor seinem Ableben seine Söhne und Getreuen einen Eid schwören lassen, daß hinfort nur Mitglieder der Familie Liu den Titel König erhalten dürften, und daß jeder aus einer anderen Sippe stammende König der gemeinsame Feind Aller sein sollte. Tatsächlich befanden sich auch die Königslehen zuletzt sämtlich in den Händen seiner Söhne, aber zeigte nicht die Geschichte der Familienlehen der Tschou, daß auch darauf für die Dauer kein Verlaß war? Auch der deutsche Kaiser Karl V., gleichfalls der absolutistische Herrrscher eines Weltreiches, legte einst in der letztwilligen Instruktion von 1548 seinem Sohne Philipp an’s Herz, „Vasallen und Untertanen, welchem Volke sie auch angehören möchten, in Treue und Pflicht zu halten“, dabei betonend, daß der Herrscher von mehreren Söhnen umgeben sein müsse, unter denen jede Provinz ihren Gouverneur zu finden habe; gewisse Länder könnten die Regierung von Fremden überhaupt nicht vertragen, man müsse daher stets darauf bedacht sein, diese Regierung jemandem aus der Kaiserlichen Familie zu übergeben.“ Aber auch Kaiser Karl starb in Enttäuschung und Entsagung: sein Gedanke, die Einheit des Universalreiches für die Dauer zu sichern, war unausführbar gewesen. Mit dem Lehenswesen war keine Sicherheit für die Dynastie zu erreichen, und die neue Politik war über den ersten theoretischen Ansatz noch nicht hinausgekommen. Dazu gesellten sich grauenvolle Zustände am Hofe, die durch den Ehrgeiz und die

Ränkesucht der Witwe Kao tsus hervorgerufen wurden, eines machtgierigen und vor keinem Verbrechen zurückscheuenden Weibes, das schon die Frau Liu Pangs in seiner Jugend gewesen war und wie dieser einfachsten Verhältnissen entstammte. Sie gehörte einer Familie Lü an und ist in der Geschichte als Lü hou, d. h. Kaiserin Lü, oder Kao hou, Kaiserin Kao (von Kao ti) bekannt. Schon bei Lebzeiten des Kaisers hatte sie sich oft in gewalttätiger Art in die Regierung eingemischt (vergl. oben S. 269) und nach dem Tode ihres Gemahls entwickelte sie sich zu einer der blutgierigsten und teuflischsten Gestalten, die je den Kaiserhof geschändet haben. Schon bei der Nachfolge Kao tsus zeigte sich ihr unheilvolles Wirken. Sie hatte zwei lebende Kinder, einen Sohn und eine Tochter, außerdem hinterließ Kao tsu noch sieben Söhne von anderen Frauen. Thronfolger war der Sohn von Lü hou, aber er war ein willenschwacher Mensch, und sein Vater wünschte sich den Sohn einer Nebenfrau, den er zum König von Tschao gemacht hatte, zum Nachfolger. Die Lü hou brachte ihren eigenen Sohn zur Herrschaft, und er regierte als Kaiser Hui ti, natürlich ein willenloses Geschöpf in den Händen seiner Mutter. Das erste, was die letztere unternahm, war die Vernichtung ihrer Nebenbuhlerin und ihres bevorzugten Sohnes. Den letzteren ließ sie vergiften, obwohl ihr eigener Sohn mit ihm in innigster Freundschaft lebte, die Mutter in bestialischer Weise zu Tode peinigen. Hui ti, von Ekel erfaßt ob der Schandtaten seiner Mutter, zog sich ganz von der Regierung zurück und überließ die Herrschaft dem entmenschten Weibe. Ihr ganzes Streben ging nun darauf hin, die Mitglieder ihrer eigenen Sippe Lü in alle Stellen der Regierung und in den Besitz aller Lehen von Bedeutung zu bringen, also der schmählichste Verrat an der Lebensarbeit ihres Gatten. Schritt um Schritt verfolgte sie ihr Ziel, indem sie ihre Verwandten mit Auszeichnungen überschüttete. Im Jahre 188 starb der Kaiser Hui ti, vermutlich ein Opfer der Ausschweifungen, denen er sich in seiner Verzweiflung hingegeben hatte. Nach seinem Tode fielen auch die letzten Rücksichten für die Lü hou fort, sie übernahm jetzt als Kaiserin Regentin auch nach außen hin die volle Regierung, ein Vorgang, der von den chinesischen Geschichtschreibern als ungesetzlich gebrandmarkt worden ist. Um auch die Thronfolge selbst an ihre Familie zu bringen, hatte sie dem Hui ti eine Tochter ihrer eigenen Tochter, also seine leibliche Nichte zur Frau gegeben. Da die Ehe kinderlos blieb, mußte die Frau Schwangerschaft vortäuschen, das Kind einer Palastdame wurde untergeschoben, die natürliche Mutter getötet und der Knabe zum Thronfolger erklärt. Nach dem Tode Hui tis wurde dieser Kaiser. Als er aber geistig so weit entwickelt war, daß er die ihm zugetragene Kunde von dem Betrug begreifen konnte, und sich darüber äußerte, ließ ihn die Lü hou an demselben Orte einkerkern, wo einst die Mutter des Königs von Tschao vor ihrem Tode von ihr untergebracht worden war. Ein zusammengerufener Ministerrat mußte wegen unheilbarer Krankheit im Jahre 184 die Absetzung des Kaisers aussprechen, dann wurde dieser auf Geheiß der Regentin umgebracht.

Eine ihrer Kreaturen, die für einen Enkel des verstorbenen Hui ti erklärt wurde, mußte nunmehr als Kaiser fungieren, aber seine Regierung ist überhaupt nicht mehr in die Listen der Archivare aufgenommen worden. Es ist merkwürdig, daß die allgewaltige Frau es noch für geraten hielt, das Scheinbild eines Kaisers aufrecht zu erhalten. Ihre Brüder, Neffen und sonstigen Verwandten wurden allmählich in den Besitz aller einflußreichen Ämter gesetzt, durch hohe Adelstitel ausgezeichnet und mehr und mehr auch mit den großen Lehen ausgestattet, selbst eine Schwester der Regentin erhielt — ein abnormer Vorgang — den Titel eines „Marquis von Lin-kuang". Der Oberbefehl über die Streitkräfte lag ebenfalls in den Händen der nächsten Verwandten, und wo immer es angängig schien, wurden vertrauenswürdige Lehensträger mit Mädchen der Familie Lü verheiratet. So wurde die Kaiserliche Liu-Sippe aus der staatlichen Organisation hinausgedrängt, die Han-Dynastie schien nicht einmal die Lebensdauer ihrer Vorgängerin haben zu sollen. Und auch diesmal kam das Verderben nicht aus der Unbotmäßigkeit der Lehensfürsten, sondern aus dem Pestherde der Haremswirtschaft, dem Fluch der chinesischen Dynastien. Aber zum Glück für die Han lebte die Lü hou nicht lange genug, um ihr Werk genügend sichern zu können. Im Sommer 180 starb sie, angeblich an den Folgen einer Berührung durch ein ihr begegnendes „Wesen, das wie ein azurblauer Hund aussah", und von dem das Orakel erklärte, es sei der Geist des gemordeten Königs von Tschao.

Die Lage bei ihrem Tode war so, daß sie unmöglich von langer Dauer sein konnte. Das von der Lü hou als Kaiser eingesetzte Kind war natürlich bedeutungslos, die Lü-Sippe hatte die Staatsämter und meisten Lehen inne, die Liu-Sippe aber war noch nicht in dem Maße entmachtet, daß sie keinen Widerstand mehr hätte leisten können. Die Lü-Sippe plante anscheinend sofort nach den Leichenfeierlichkeiten, ihre Gegner völlig zu vernichten, die Liu-Sippe erkannte die Gefahr und kam ihr zuvor. In Ts'i saß noch der Enkel von Kao tsu, Liu Siang, bekannt als König Ngai, der seine Stellung der Geschicklichkeit seines Vaters verdankte, der seinerseits das Wohlwollen oder die Duldung der Lü hou durch Landspenden an ihre Tochter erkauft hatte. Zwei Brüder des Königs Liu Siang waren in Tsch'ang-ngan, einer von ihnen, Liu Tschang, war mit der Enkelin eines Bruders der Lü hou verheiratet, so erfuhren sie alle die geheimen Absichten der Lü-Sippe. Sie setzten ihren Bruder in Ts'i in Kenntnis und schlugen ihm vor, mit einem Heere nach dem Westen zu kommen, die Lü-Sippe zu vernichten und selbst den Thron der Han zu besteigen. Der König von Ts'i rüstete ein Heer aus, verstärkte es durch die Truppen eines benachbarten Lehensfürsten aus der Kaiserlichen Sippe, der mit einer Nichte der Lü hou verheiratet war, und schickte sich an, nach Westen vorzudringen. Ein daraufhin von Tsch'ang-ngan aus gegen ihn entsandter Heerführer war den Han loyaler als der Lü-Sippe, er verhandelte mit dem König von Ts'i, beide beschlossen aber, wegen der Unsicherheit der Aussichten vorläufig nichts weiter zu unternehmen. Auch in Tsch'ang-ngan zauderte man. Die Truppen unterstanden zwar dem Oberbefehl der Lü-Sippe, aber ihre Anhänglichkeit an diese war höchst zweifelhaft, auch fand sich unter den Führern keiner, der zu einer entscheidenden Tat fähig und entschlossen gewesen wäre. So konnten die Brüder des Königs von Ts'i erfolgreich durch List und Geschicklichkeit wirken und die Gegner täuschen und verwirren. Liu Tschang, eine entschlossene und mutige Persönlichkeit, wußte sich an die Spitze einer größeren Truppenabteilung zu bringen; mit ihr drang er in den Palast ein, schlug den Widerstand der dortigen Truppen nieder und bemächtigte sich der Gewalt; der hervorragendste Führer der Lü-Sippe, Neffe der Lü hou, wurde getötet. Und nun konnte ein furchtbares Strafgericht an den Usurpatoren vollzogen werden: was an Mitgliedern der Lü-Familie erreichbar war, ob Mann oder Frau, alt oder jung, wurde umgebracht, die Dynastie der Han war gerettet. In Tsch'ang-ngan traten die Minister und Würdenträger zusammen und berieten über die Neuordnung der Dinge. Es lag am nächsten, den Thron dem König von Ts'i als dem leiblichen Enkel Kao tsus anzutragen. Man sah aber davon ab, weil zur Familie seiner Mutter ein als äußerst gefährlicher Intriguant bekannter Oheim des Königs gehörte, von dessen Wirken man eine neue ähnliche Katastrophe befürchten konnte wie die, der man eben entronnen war. So einigte man sich auf den König von Tai (s. oben S. 180), den vierten Sohn Kao tsus, der bei der Entlegenheit und schweren Zugänglichkeit seiner Gebiete im nördlichen Schan-si von den Stürmen der Zeit nicht erreicht worden war. Man sandte eine Deputation zu ihm, die ihn bitten sollte, den Thron seines Vaters einzunehmen. Nach dem üblichen Widerstreben nahm er das Anerbieten an, als Kaiser Wên ti führen ihn die Annalen auf. Der von der Lü hou eingesetzte Schein-Kaiser verließ ohne Widerstreben den Palast; in aller Stille hat er sein Leben beschlossen. Der König Ngai von Ts'i starb gleich im ersten Jahre des neuen Kaisers, so daß auch hier keine gegnerischen Absichten zu befürchten waren.

Während der Episode der Regierungs-Usurpation durch die Lü-Sippe hatte der Ausbau des Han-Reiches kaum Fortschritte machen können, obwohl die Unabhängigkeits-Gelüste der Lehensfürsten jetzt entschieden zurücktreten. Die Tatsache, daß alle bedeutenderen Lehen nach der Unterwerfung und Beseitigung der ehemaligen Fürstenfamilien und ihres Anhangs durch Kao tsu jetzt in den Händen der Kaiserlichen Familienmitglieder waren (vergl. oben S. 271 u. 278), wirkte zunächst noch als Sicherheitsmoment, und die bluttriefende Tyrannei der Lü hou hat jedenfalls für die kurze Zeit ihrer Herrschaft hingereicht, Auflehnungen auch dann nicht hochkommen zu lassen, wenn die Mitglieder der Lü-Sippe in die höchsten Stufen der Lehens-Aristokratie eingeschoben wurden. Auch unter Wên ti, der im Jahre 179 die Regierung begann, hielt das System noch stand, und seine Berater in Tai, als sie sein Zaudern überwinden wollten, konnten ihn mit Recht darauf hinweisen, daß sowohl in der Hauptstadt mehrere der höchsten Stellen sich in den Händen seiner nächsten Verwandten befänden, als auch die mächtigsten unter den Lehensfürsten Mitglieder der Familie wären, so daß eine etwaige Empörung keinerlei Aussichten hätte. Ganz ohne Zwischenfall ist allerdings auch unter Wên ti dieses neue Lehensystem nicht geblieben: einer seiner Neffen, der Bruder des erwähnten Liu Tschang, der König von Tsi-peï geworden war, einem Teile von West-Schan-tung, den schon Hiang Yü von Ts'i abgetrennt hatte, empörte sich, wohl aus Unwillen darüber, daß die Herrschaft nicht an die Familie seines Bruders, des Königs von Ts'i, gekommen war. Aber der Aufstand wurde niedergeschlagen, der ungetreue Neffe eingekerkert. Der König von Nan Yüe, der öfter erwähnte Wei T'o (s. oben S. 273), den Lu Kia einst durch gutes Zureden zur Unterwerfung bestimmt hatte, war durch grobe Ungeschicklichkeiten unter der Kaiserin Lü hou zu einer anderen Haltung getrieben worden. In der berechtigten Besorgnis, von dem Reiche der Han, dem er doch nur lose als äußerer Vasall angehörte, seiner bisherigen Selbständigkeit beraubt werden zu sollen, kam er diesen Plänen zuvor, fiel in das benachbarte Gebiet des Königs von Tsch'ang-scha (das heutige Hu-nan) ein und entriß ihm die Grenzgebiete; zugleich erklärte er sich zum „Kaiser *(ti)* Wu von Nan Yüe". Ein von der Kaiserin ausgesandtes Heer, das ihn zur Unterwerfung bringen sollte, erlag, noch ehe es seinen Bestimmungsort erreichte, dem feucht-heißen Klima des Südens, das die Offiziere und Mannschaften massenweise durch Krankheiten hinwegraffte. Nunmehr stiegen die Macht und das Ansehen des neuen Kaisers derartig, daß er, teils mit Gewalt, teils durch Geschenke, weite Gebiete im heutigen Fu-kien und östlichen Kuang-tung, sowie Tongking und Annam unter seine Botmäßigkeit bringen konnte. Sein Reich, sagt Ssĕ-ma Ts'ien (Kap. 113 fol. 3r°), „erstreckte sich über 10000 *li* von Osten nach Westen, er führte den Kaiserlichen gelben Wagen mit der großen Feder-Standarte und bediente sich der Form der Kaiserlichen Erlasse, so daß sein Staat den gleichen Rang wie das Mittelreich einnahm". So entwickelte sich hier die Möglichkeit, daß der ganze Süden zu einem neuen Reiche wurde, für die Theorie des Universalstaates ein unerträglicher Gedanke. Wên ti begegnete der Lage mit Mitteln seiner eigenen klugen Art. Er rief zunächst die Verwandten des Weï T'o zu sich und gewann sie durch reiche Geschenke und Auszeichnungen, damit sie den Herrscher im Süden entsprechend beeinflussen sollten. Dann besann man sich auf die einstige so erfolgreiche Mission von Lu Kia (s. oben S. 273) und veranlaßte den in Zurückgezogenheit lebenden Vertrauten Kao tsus, noch einmal den gleichen Auftrag zu übernehmen. Diesem gelang es tatsächlich zum zweiten Male, seinen alten Freund zur Aufgabe des Kaisertitels und zur Anerkennung der Oberhoheit der Han zu bewegen. Eine große Gefahr für das Werden des Reiches war abgewendet. Sonst ist Wên tis Herrschaft nicht von innen her beunruhigt worden, und seine Regierung als eine vom Frieden gesegnete Zeit berühmt geblieben.

Er selbst erscheint in den Annalen als ein milder, aber doch auch energischer und kluger Herrscher, anspruchslos für seine Person und bescheiden bis zum Grotesken, wohltätig und nachsichtig gegen seine Untertanen, dabei nicht frei von Aberglauben und Hang zum Mystischen. Nur diese letztere Eigenschaft macht gewisse Vorgänge erklärlich, die kennzeichnend für die Spekulationen der Zeit sind. Im Jahre 166 wandte sich ein in den kosmologischen Wissenschaften offenbar erfahrener Gelehrter Namens Kung-sun Tsch'ên, aus Lu gebürtig, also höchstwahrscheinlich ein Konfuzianer, mit einer Eingabe an den Kaiser, in der er auf die Lehre von den „fünf Elementen" und ihren „Kräften" *(tê* s. oben S. 61 ff.) hinwies und ihre Anwendung beantragte. Die Ts'in hatten durch die „Kraft" des Elements Wasser geherrscht, die Han müßten also, da sie die Ts'in überwunden hätten, durch das Element Erde herrschen. Es müßte also auch der Jahresbeginn und die Farbe der Kleider geändert werden, d. h. an die Stelle von schwarz (Farbe des Wassers) müsse gelb (Farbe der Erde) treten. Das Erscheinen eines gelben Drachen würde seine Angaben bestätigen. Den gleichen Antrag hatte der früher erwähnte jugendliche Gelehrte Kia Yi (s. oben S. 240) gestellt, der, berühmt „wegen seiner Kenntnisse in den Schriften aller philosophischen Schulen", von Wên ti in das Kollegium der Hofgelehrten *(po schi)* berufen war und rasch zu hohen Würden emporstieg. Er war seinen Neigungen nach durchaus Konfuzianer und würde bei seinen glänzenden Gaben vermutlich den Lehren seines Meisters sehr viel schneller die Bahn frei gemacht haben, wenn nicht die Eifersucht der älteren Würdenträger den kaum Zwanzigjährigen vom Kaiserhofe zu entfernen verstanden hätte. Man hatte bisher andere Sorgen in der Regierung gehabt und daher Jahresanfang und Kleiderfarbe der Ts'in beibehalten. Wên ti überließ die Frage seinen Räten zur Begutachtung. Sie erklärten Kung-sun Tsch'êns Gedanken für irrig, es herrsche auch jetzt noch das Element Wasser, wie sich daraus ergäbe, daß der Huang ho seinen „Metall-Deich" *(kin ti)* genannten Damm durchbrochen habe. Nun wurde aber im Jahre 163 (nach Anderen das Jahr darauf) berichtet, daß in Kan-su ein gelber Drache erschienen sei, Kung-sun Tsch'êns Angaben waren also richtig und mußten befolgt werden. Er wurde zum *po schi* ernannt und mit der Ausarbeitung eines neuen Kalenders und einer neuen Kleiderordnung beauftragt. Der Kaiser selbst erklärte in einem Erlaß, daß er in Person das „Stadtflur-Opfer für d i e göttlichen Herrscher in der Höhe" *(schang ti)* darbringen würde, und die Minister meinten dazu, daß ja auch „im Altertum der Himmelssohn im Sommer persönlich das Stadtflur-Opfer an d e n Herrscher in der Höhe dargebracht habe." Nun kennt das Altertum, wie wir früher gesehen haben (s. oben S. 119), nur e i n e n „Herrscher" oder „Kaiser in der Höhe", dem das „Stadtflur-Opfer" *(kiao* s. oben S. 130) dargebracht wurde. Hier aber werden ausdrücklich „d i e Herrscher in der Höhe" genannt, und zwar sind es ihrer fünf, wie aus den folgenden Angaben des *Schi ki* (Kap. 10 fol. 14 v⁰ u. Kap. 28

fol. 18v⁰) hervorgeht, die uns die Entstehung der früher schon eingehender erwähnten Theorie von der Verpersönlichung der „Elemente" und ihre spekulative Weiterbildung zeigen. „Zu jener Zeit (im Jahre 165)", heißt es dort, „im Sommer begab sich zum ersten Male der Himmelssohn nach Yung und brachte in Person das Stadtflur-Opfer den fünf Kaisern *(wu ti)* dar." Aber der neue Kultus erhielt noch festere Formen, und zwar aus einer Veranlassung, die Wên tis Aberglauben erkennen läßt. „Im folgenden Jahre (164)", so berichtet das *Schi ki* weiter, „wurde ein Mann aus Tschao Namens Sin-yuan P'ing, weil er (übernatürliche) Erscheinungen erschaute, vom Kaiser empfangen. Dabei erklärte er, daß nordöstlich von Tsch'ang-ngan eine göttliche Erscheinung gewesen sei, die aus den fünf Farben bestanden und wie die Ritualmütze eines Menschen ausgesehen habe. Jemand sagte dann: im Nordosten ist die Wohnung des göttlichen Glanzes (der Sonne?) und im Westen sein Grab. Vom Himmel ist ein glückliches Vorzeichen herabgesandt, so ziemt es sich, daß den Herrschern in der Höhe eine Opferstätte errichtet werde, damit die Übereinstimmung zwischen dem Zeichen und seiner Aufnahme hergestellt wird. So erbaute man nördlich des Weï-Flusses einen Tempel der fünf Kaiser unter einem gemeinsamen Dache; jeder Kaiser aber hatte eine Halle. Jede Seite hatte fünf Tore, und jedes Tor die zu dem entsprechenden Kaiser gehörige Farbe. Die bei den Opfern verwendeten (Darbringungen) und das Ritual waren wie die auf den fünf Opferstellen von Yung". Bald danach wurde, als der Kaiser auf einer Reise nach Tsch'ang-mên (nordöstlich vom heutigen Lin-t'ung, am Weï, im Nordosten von Tsch'ang-ngan) nördlich der Straße fünf Männer zu sehen glaubte, an der Stelle noch ein „Altar der fünf Kaiser" errichtet. Daß die ganze Lehre von den fünf Kaisern aus Ts'in stammt, jedenfalls hier zuerst auftritt, kann keinem Zweifel unterliegen. Unter dem Jahre 253 v. Chr. berichten die Ts'in-Annalen *(Schi ki* Kap. 5 fol. 32v⁰), daß „der König von Ts'in in Yung persönlich das Stadtflur-Opfer an die Kaiser in der Höhe *(schang ti)* darbrachte". Man wird hier schon von mehreren „Kaisern in der Höhe" sprechen müssen, wenn es zutreffend ist, was die Han-Annalen (Kap. 25a fol. 14v⁰f.) mitteilen. „Als Kao tsu im Jahre 205 von seinem Kampfe mit Hiang Yü nach dem Gebiete innerhalb der Pässe zurückkehrte, fragte er, was unter dem Worte *ti* in der alten Zeit verstanden wurde, als die Ts'in den *schang ti* opferten. Man erwiderte ihm: die vier Kaiser; es hat ein Opfer an den weißen, den grünen, den gelben und den roten Kaiser gegeben. Kao tsu sagte: ich habe gehört, daß es im Himmel fünf Kaiser gibt, warum hat man hier nur vier? Niemand wußte zu antworten. Da sagte Kao tsu: ich weiß es; ich mußte erst kommen, um die Zahl auf fünf zu vervollständigen. Darauf errichtete er auch ein Heiligtum für den schwarzen Kaiser, das die nördliche Opferstätte genannt wurde. Geopfert wurde aber von den Beamten, der Kaiser nahm nicht selbst daran teil. Die alten Opferbeamten der Ts'in, der Oberbeter und Oberschächter, wurden wieder ernannt, entsprechend den alten Ritualvorschriften". Man braucht diese Angaben nicht wörtlich zu nehmen, sie besagen aber soviel, daß Kao tsu den alten Kult von den Ts'in übernahm. Er wird indessen zu keiner großen Bedeutung gelangt sein, bis Wên ti, durch Kung-sun Tsch'ên und Sin-yuan P'ing veranlaßt, ihm dazu verhalf, indem er ihn mit dem alten und wohl in Vergessenheit geratenen *schang-ti*-Kult verband und selbst das Opfer vollzog. Er begab sich dazu sogar das erste Mal nach der alten Opferstätte der Ts'in in Yung, der früheren Hauptstadt, wo die Fürsten von Ts'in seit 677 (s. oben S. 159) residiert hatten, der heutigen Stadt Fêng-siang im westlichen Schen-si, ließ dann aber mehr in der Nähe, am Nordufer des Weï, wenig östlich von Hien-yang, also nordöstlich von Tsch'ang-ngan ein neues Opfergelände für die fünf Kaiser herrichten. Daß die letzteren mit den fünf „Elementen" verbunden waren, geht aus den Reden Kung-sun Tsch'êns mittelbar hervor. Von Dauer ist der Kultus der *wu ti* in dieser Bedeutung nicht geblieben; die spätere Orthodoxie hat die Verbindung mit dem *schang ti* als unzulässig verworfen. „Der Himmel ist eins und nicht mehr" sagt eins der Kommentarwerke des *T'ung kien kang-mu* aus der ersten Hälfte des 14. Jahrhunderts, „aber hier heißt es: die fünf Kaiser, das entspricht nicht dem Altertum.Von dieser Zeit ab (165) sind noch zahlreiche Stadtflur-Opfer auf der fünffachen Opferstätte dargebracht worden; wenn der Verfasser (des *Kang-mu)* schreibt: das erste Mal, so bedeutet das, daß er über den Kaiser bekümmert ist". Welche Wirkungen aber die Lehre von den „fünf Kaisern" auf die chinesische Geschichtsdarstellung gehabt hat, haben wir früher beobachten können (s. oben S. 63f).

Wên tis neue Kultschöpfungen haben sich in Folge seiner Leichtgläubigkeit zu einer Tragikomödie gestaltet. Sin-yuan P'ing, offenbar einer jener zahllosen Magier und Zauberkünstler, die besonders in den nordöstlichen Gebieten (in Ts'i, Yen und Tschao) ihr Wesen trieben (vergl. oben S. 252), ging in seinen mystischen Gaukeleien immer weiter, und der Kaiser wurde vollkommen geblendet. Nach der Einrichtung des Kultes der „fünf Kaiser" erhielt Sin-yuan P'ing den Rang eines hohen Würdenträgers und wurde mit reichen Geschenken bedacht. Die Hofgelehrten *(po schi)* erhielten unter diesen neuen Anregungen Weisung, auf Grund der „sechs kanonischen Bücher" (s. unten) die „Königlichen Satzungen" zusammenzustellen, die, wenigstens dem Titel nach, heute einen Teil der Ritualsammlungen des *Li ki* (s. oben S. 96) bilden. Im Jahre 163 ließ der Magier dem Kaiser einen Nephrit-Becher überreichen mit der Erklärung, daß er ihm durch eine geschaute Erscheinung überkommen sei. Der Becher trug die Inschrift: „Dem Herrscher der Menschen ein ausgedehntes Lebensalter". Und weiter wußte Sin-yuan P'ing zu sagen: „Ich erkenne, daß die (untergehende) Sonne noch einmal zur Mittagshöhe zurückkehrt". Ssĕ-ma Ts'ien fügt hinzu: „Die einen Augenblick stillstehende Sonne kehrte in der Tat zur Mittagshöhe zurück". Der Kaiser, überwältigt von dieser Erscheinung, kehrte nun auch mit seiner Zeitrechnung um und nannte dieses Jahr, das siebzehnte seiner Regierung, das erste, das folgende das zweite usw. Wie wir früher gesehen haben (s. oben S. 186), war der Vorgang nicht ohne Beispiel: auch die Fürsten von Ts'in und von Weï hatten im 4. Jahrhundert eine zweite Zählung ihrer Regierungsjahre begonnen, aber hier lag immerhin in der Annahme der Königswürde ein greifbarer Grund vor, während Wên ti sich von einem Phantom narren ließ. Der Deuter des *Kang-mu* spart denn auch nicht mit seinem Tadel, zumal Wên tis Beispiel einen großen Einfluß ausgeübt hat. King ti, sein Sohn und Nachfolger (156-141), hat seine Regierungszeit zweimal neu zu zählen begonnen, im Jahre 149 und im Jahre 143, so daß hier die Jahreszahlen immer durch den Vorsatz von „früher", „mittel" oder „später" kenntlich gemacht werden müssen. Wir werden später noch häufigere Wechsel finden. Sin-yuan P'ing wurde immer kühner in seinen Verkündigungen. Ssĕ-ma Ts'ien erzählt (Kap. 28 fol. 20r°): „Sin-yuan P'ing sagte: der Dreifuß der Tschou ist im Flusse Ssĕ versunken (s. oben S. 197). Nun ist jetzt der Huang ho über seine Ufer getreten (vergl. oben S. 283) und hat sich mit dem Ssĕ vereinigt. Ich erschaue im Nordosten (von Tsch'ang-ngan) gerade bei Fên-yin (das heutige Jung-ho in Süd-Schan-si, am Huang-ho, südlich vom Fên-Fluß) die Erscheinung einer metallenen Kostbarkeit. Ich meine, das ist der Dreifuß der Tschou, der herauskommen will. Ein Vorzeichen ist sichtbar geworden, geht man (dem Dreifuß) nicht entgegen, so wird er nicht kommen. Darauf schickte der Kaiser einen Abgesandten, der südlich von Fên-yin am Ufer des Huang ho einen Tempel herrichten sollte. Dort beabsichtigte er zu opfern, damit man den Dreifuß der Tschou heraushole." — Aber diese Leistung sollte dem Magier zum Verhängnis werden. Berichte gingen beim Throne ein, daß Sin-yuan P'ing mit seinem Erschauen von Erscheinungen Schwindel treibe. Die Sache wurde untersucht, das Ergebnis war derart, daß der erbitterte Kaiser den Magier mit seiner ganzen Familie bis in die dritte Generation hinrichten ließ. „Seitdem", so schließt Ssĕ-ma Ts'ien seinen Bericht, „kümmerte sich Wên ti nicht mehr um eine Änderung des Jahresbeginns und die Farbe der Kleider, um den göttlichen Glanz und Ähnliches. Nördlich des Weï-Flusses und in Tsch'ang-mên ließ er für die fünf Kaiser durch Opferbeamte zu den entsprechenden Zeiten die Riten vollziehen, er selbst aber ging nicht mehr hin."

Die Episode ist hier eingehender behandelt worden, weil sie lehrreich für die Beurteilung des Geisteslebens der früheren Han-Zeit ist. Wir haben wiederholt zu beobachten Gelegenheit gehabt (s. oben S. 61 und 252), daß sich in den Gegenden des westlichen Schan-tung und südlichen Tschi-li seit langem eine Art mystischer Naturphilosophie entwickelt hatte, die von dem Wirken der „fünf Elemente" ausging, dabei an die kosmologischen Vorstellungen des Altertums anknüpfte (s. oben S. 79 und 118ff.) und, wie jede chinesische Gedankenrichtung, ihre Ergebnisse auf den universalen Staat bezog. Diese Naturphilosophie stützte sich natürlich auch auf den großen Mystiker Lao tsĕ und seine *tao*-Lehre; auch gewisse, auf den mystischen Huang ti (s. oben S. 61) bezogene, heute nicht mehr vorhandene Schriften wurden als Quellen der Weisheit von ihr angeführt. Sie glaubte, durch bestimmte Mittel wie Atemübungen, Medikamente, Askese und Einsiedlertum, in das Wirken des *tao*, d. h. der Naturkräfte eindringen und durch Teilnahme daran überirdische Leistungen vollbringen zu können. So entwickelte sich zur Ts'in- und frühen Han-Zeit dort im Nordosten ein Magiertum (*fang schi*), von dessen Leistungen wir soeben einige kennen gelernt haben, und das sich an die für seine Künste erstaunlich aufnahmefähigen Monarchen herandrängte. Es ist ein merkwürdiges Zusammentreffen, daß um die gleiche Zeit oder wenig früher im Westen die Neupythagoräer ihre Gemeinden bildeten, die, von Kyrene aus angeregt, zuerst in Aegypten (in Alexandria) klösterliche Organisationen schufen. Ihre Lehre ging von dem griechischen Gedanken aus, daß der Mensch „durch asketische Lebensweise und fromme Hingabe des Herzens mit der ewigen, einigen Gottheit (der Μονάς) schon im Diesseits in Verbindung kommen könne." Diese Gedanken verbanden sich mit ägyptischen, jüdischen, babylonischen und persischen Vorstellungen und bildeten so ein Magiertum heraus, das, ganz wie das chinesische, aller geheimen Vorgänge in der Natur kundig zu sein glaubte. Es hat durch rege Propagandatätigkeit seine Lehren zu verbreiten gewußt; schon im Anfang des 2. Jahrhunderts v. Chr. hat es seine Anhänger in Rom, und um die Mitte entsteht als neupythagoräischer Ableger der Orden der Essäer in Palestina. Die Ähnlichkeit mit den Magiern des nordöstlichen China ist in die Augen fallend, aber keine erkennbare Spur führt vom Westen aus in diese weit entlegenen Gebiete.

In derselben Gegend nun, dem benachbarten Lu (Süd-Schan-tung), hatte die konfuzianische Schule ihren Hauptsitz, und sie mußte natürlich mit den Lehren der Magier ebenso in Berührung kommen, wie sie bisher mit der Rechtschule in engste Berührung gekommen war. Diese Berührung hat in einem solchen Maße auf sie eingewirkt, daß ein völlig neues Konfuzianertum entstand. Ebenso wie die Anhänger der *ju kia* die Notwendigkeit eines geregelten Rechts- und Strafsystems, von dem das Altertum angeblich nichts wissen wollte, anzuerkennen gelernt hatten, nahmen sie das, was ihr Meister ausdrücklich abgelehnt hatte, die Metaphysik, Beschäftigung mit Geistern und unnatürlichen Erscheinungen (s. oben S. 207), in sich auf und betrieben es sogar mit großem Eifer und in recht roher Form. Fast unverändert behielten sie dagegen die Sozial-Ethik mit ihren Ordnungen bei. Jener Konfuzianismus der frühen Han-Zeit ist ein Synkretismus, den die spätere Orthodoxie eifrig, aber mit unvollkommenem Erfolge zu reinigen gesucht hat. Insbesondere finden wir das, was sich später als sogenannter Taoismus selbständig weiter entwickelt hat, und das, was die *ju kia* eigentlich lehrte, hier in seltsamer Vereinheitlichung, und Manches, was uns von den Schriften jener Zeit erhalten ist (vor allem die Fragmente Tung Tschung-schus, s. unten), mag, mit dem Maßstabe einer späteren Zeit gemessen, ebensowohl als taoistisch wie als konfuzianisch angesehen werden. Kung-sun Tsch'ên aus Lu und Sin-yuan P'ing aus Tschao (im südwestlichen Tschi-li) sind typische Vertreter der kosmologischen Magie. Beide gehörten vermutlich der konfuzianischen Schule an, jedenfalls entsprechen ihre Gedanken und Vorschläge durchaus dem, was wir sonst in den Schriften dieses frühen Konfuzianertums finden. Beider Wirken wird auch von den Historikern zu einem Zusammenhange mit einander verbunden, und Wên ti läßt auf Grund von Sin-yuan P'ings Anregungen hinsichtlich des Kultes der „fünf Kaiser" nach den sechs kanonischen Büchern *(leo king)* das Ritual aufstellen. Welche Schriften hierunter für gewöhnlich verstanden werden, haben wir früher gesehen (s. oben S. 208). Wir können die Frage hier unerörtert lassen, in welcher Form die Bücher damals aufgezeichnet waren, jedenfalls beanspruchte sie die konfuzianische Schule als ihren Kanon, also auch das zeigt, wie die Lehren der letzteren mit Kung-sun Tsch'êns und Sin-yuan P'ings Ideen in engem Zusammenhange standen. Lange hat diese Verbindung der Konfuzianer mit den Magiern zwar nicht gewährt: als die Leistungen der Zauberkünstler offensichtlich in grobe Betrügereien ausarteten, schieden sich die Wege. Aber vieles ist doch hängen geblieben: das kosmische Element ist durch die Lehre vom *tao* und seiner Bedeutung für die Menschheit, namentlich für den „Himmelssohn", in stärkerem Maße zur Geltung gekommen als bisher, und die Astrologie, die Elementenlehre, die Zahlensymbolik, der Götter- und Geisterdienst haben im konfuzianischen System weiterhin ihre sehr wichtige Rolle gespielt. Ssĕ-ma Ts'ien hat uns eine Geschichte überliefert, die deutlich zeigt, wie gerade in Ts'i im ersten Anfange der Han-Zeit, wohl noch von der Ts'in-Herrschaft her, ein gewisser Gegensatz zwischen den Jüngern des Lao tsĕ und den Konfuzianern bestand; es ist nicht unmöglich, daß gerade der in die Erscheinung tretende Wettbewerb um die Gunst der Fürsten und den Einfluß im Staate die letzteren veranlaßt hat, den Magiern aussichtsvolle Gedanken abzulesen. König von Ts'i war unter Kao tsu dessen ältester Sohn Feï (von einer Nebenfrau), bekannt unter dem posthumen Namen Tao-hui. Ihm stand als Berater und Kanzler der alte Kampfgenosse Kao tsus, Ts'ao Ts'an (s. oben S. 271), zur Seite. „Tao-hui", erzählt Ssĕ-ma Ts'ien (Kap. 54 fol. 6r⁰), „war im *Tsch'un-ts'iu* sehr beschlagen. Ts'ao Ts'an berief alle Vornehmen und Ältesten und fragte sie, wie man das Volk in Frieden nach den alten Sitten von Ts'i leiten könne. Die Literaten *(ju)*, wohl hundert an der Zahl, redeten der eine dies und der andere jenes im Gegensatz zu einander, so daß Ts'ao nicht wußte, woran er sich halten sollte. Nun hatte er gehört, daß in Kiao-si (die Gegend des heutigen Kiao hien und Kao-mi im östlichen Schan-tung) ein gewisser Kai Kung lebe, der wohl bewandert sei in der Erklärung der Lehren von Huang ti und Lao tsĕ. Er sandte einen Boten zu ihm mit reichen Geschenken und bat ihn zu kommen. Als er den Kai Kung empfing, sagte dieser, man solle nur das *tao* pflegen und Reinheit und Frieden schätzen, dann würde das Volk selbst sich leiten. Um diese Reden praktisch zu verwirklichen, zog Ts'ao Ts'an den Präfekten zurück und setzte Kai Kung dafür ein. Das wichtigste in seiner Verwaltung war, daß er die Lehren von Huang ti und Lao tsĕ anwandte. So regierte man Ts'i neun Jahre lang, und in dem Staate herrschte Frieden." Man sieht wieder, wie noch in den ersten Jahrzehnten des 2. Jahrhunderts v. Chr. (Ssĕ-ma Ts'iens Erzählung spielt schon unter Hui ti) die Aussichten der Konfuzianer im Staate noch sehr unsicher waren. Freilich auf die Dauer gewachsen konnte ihnen das Magiertum als Gegner nicht sein. Die weitere Entwicklung läßt das deutlich erkennen.

Das vielgestaltige geistige Leben vom Ende der Tschou-Zeit war zur Han-Zeit erheblich stiller geworden. Sein eigentlicher Trieb, die staatsphilosophische Spekulation, war im Ts'in-Reiche mit seinen festen Staatsformen gegenstandslos geworden, dazu kam, daß die schlimme Kriegszeit für die Neubildung der Schulen keine Muße ließ, und daß auch der Han-Staat, der ja nur die Fortsetzung des Ts'in-Staates war, keinen günstigen Boden mehr dafür abgab. Immerhin, abgestorben waren die verschiedenen philosophischen Richtungen nicht, und gerade die Rechtschule hatte noch einflußreiche Anhänger, wie wir sehen werden; aber ihre alten Gegner, die Konfuzianer, konnten wieder frei das Haupt erheben, sahen sich jedoch eben dem seit der Ts'in-Zeit wild emporwuchernden Magiertum gegenüber. Wie sie sich mit diesem zunächst vertrugen, haben wir gesehen. Je mehr aber die Vertreter von Lao tsĕs Mystik zu Charlatanen wurden, um so mehr wurden ihnen die Konfuzianer mit ihrem gesunden ethischen System überlegen. Dabei kam den letzteren ein gewaltiger Vorteil zu statten, den sie vor allen Anderen voraus hatten: das von Konfuzius überlieferte Schrifttum, d. h. das *Schu king*, das *Schi king*, die Ritensammlungen und das *Tsch'un-ts'iu* (s. oben S. 208f.). Keine einzige der anderen Schulen verfügte über solche Aufzeichnungen als eine bindende Norm, die Konfuzianer allein konnten auf ihre Schrifttafeln hinweisen, auf denen die Weisheit des Altertums sichtbar eingetragen war (vergl. oben S. 200). Es ist leicht zu ermessen, von welcher ungeheuren Bedeutung eine solche Tatsache in der damaligen schriftarmen Zeit sein mußte. Kao tsu hatte, wie wir sahen, das Verbot dieses Schrifttums durch Schi huang-ti nicht wieder aufgehoben, aber wir sahen auch weiter, wie Lu Kias Einfluß nicht ohne Wirkung blieb (s. oben S. 273f.), und unter Hui ti wurde im Jahre 191 die Aufhebung ausgesprochen. Mögen auch die in Hien-yang aufbewahrten Schriftwerke zu Grunde gegangen sein, von den in Privatbesitz befindlichen kamen wenigstens Bruchstücke wieder an's Tageslicht (vergl. oben S. 249f.), das beweist schon der Hinweis auf die „sechs kanonischen Bücher" in Wên tis Anweisung an die Hofgelehrten (s. oben S. 285). Verschiedene Quellen erzählen eine Geschichte, die ein gutes Beispiel für die Auffindung dieser alten Schriftwerke sein könnte, wenn sie Glauben verdiente. Danach soll der König Kung von Lu, ein Sohn des Kaisers King ti, der im Jahre 154 nach dem Aufstande der Fürsten (s. unten) in sein Lehen eingesetzt war, bei einem Erweiterungsbau seines Palastes das Haus des Konfuzius abgebrochen und dabei in einer Mauer mehrere kanonische Bücher in alter Schrift gefunden haben. „Dabei habe man Glockenklang und die Töne von Lauten und Harfen vernommen, so daß man nicht gewagt habe, die Abbruchsarbeiten fortzusetzen.“ Man erinnert sich, daß der von Schi huang-ti geehrte Nachkomme des Konfuzius, K'ung Fu, die von seinem großen Ahnen zusammengestellten Schriften in seinem Hause vermauert haben sollte (s. oben S. 250). Einen vertrauenerweckenden Eindruck macht weder der eine noch der andere Bericht, zumal auch die Quellen selbst nicht einig sind. Die Musikbegleitung zeigt wieder, wie vieles die Konfuzianer von den Magiern angenommen haben. Die Überlegenheit des Konfuzianismus wird sehr bald spürbar, sein Aufstieg unter Wên ti offensichtlich. Die zahlreichen Erlasse dieses Herrschers, die uns Ssĕ-ma Ts'ien überliefert hat, atmen durchaus konfuzianischen Geist. Er schränkt, obwohl den Lehren der Rechtschule durchaus nicht fremd, die grausamen Strafen ein und beruft sich dabei auf die „heiligen Herrscher“ des Altertums, sowie auf die Lehre des *Schi king*. Er klagt sich selbst der mangelhaften Tugend und der Unklarheit in seinen Anordnungen an, er sucht bei unglücklichen oder ungewöhnlichen Ereignissen, wie Überschwemmungen oder Sonnenfinsternissen die Ursache in Fehlern seiner Regierung (vergl. oben S. 207), er will, daß die Regierung der Völker im Weltstaate durch das Beispiel der Tugend geführt wird, wie er denn auch widerstrebende Fürsten durch Geschenke (vergl. oben S. 282) und die Hiung-nu durch Duldsamkeit und Verträge zu gewinnen sucht. „Sein höchstes Ziel“, sagt Ssĕ-ma Ts'ien von ihm (Kap. 10 fol. 17r°), „war, das Volk mittels der Tugend zu reformieren, darum waren die Länder innerhalb der vier Meere reich und blühend, ausgezeichnet durch Ordnung *(li)* und Gerechtigkeit.“ Man sieht hier den gewaltigen Abstand zwischen Wên ti und Kao tsu, die konfuzianische Lehre hatte sich durchgesetzt, sie mußte ihre Träger mit sich ziehen. Allerdings dauerte diese Entwicklung länger als man hiernach hätte erwarten sollen. Der Gedanke liegt nahe, daß die konfuzianischen Literaten durch ihr wiederholt erwähntes bombastisches und anspruchsvolles Gebahren keine Sympathien erwarben, und wir hören auch in jener Zeit von keinem überragenden Manne aus ihren Reihen, der geschickt genug gewesen wäre, die Lage auszunutzen, abgesehen vielleicht von Kia Yi, und der starb als Jüngling. Kung-sun Tsch'ên und Sin-yuan P'ing haben nicht zu ihrem Ansehen beigetragen. Auf Wên ti, der im Jahre 157 starb, folgte sein Sohn mit dem posthumen Namen King ti. Unter ihm machte die konfuzianische Sache keinen Fortschritt, der Geist, der seinen Vater beseelt hatte, war ihm fremd, wenigstens finden wir keine Kundgebungen von ihm, die auf ähnliche Züge hindeuten. Ssĕ-ma Ts'ien entwirft denn auch in seinen Darlegungen über die Geschichte der konfuzianischen Schule kein günstiges Bild von dieser Zeit. „Zur Zeit Wên ti's“, so sagt er (Kap. 121 fol. 3r°), „verwendete man nur in geringem Umfange konfuzianische Gelehrte. Aber Wên ti hatte im Grunde nur Interesse für Fragen des Strafrechts, und was

King ti anging, so nahm er keine Literaten für amtliche Stellen. Die Kaiserin-Witwe Tou (seine Mutter) liebte die Lehren von Huang ti und Lao tsĕ. So mußten sich wohl die Hofgelehrten für Befragung durch die Beamten bereit halten, aber zur Audienz wurden sie nicht zugelassen." Kao tsus Erlaß über die Auswahl tüchtiger Leute aus dem Volke für den Staatsdienst wurde sowohl von Wên ti im Jahre 178 und im Jahre 165, wie von King ti im Jahre 142 erneuert. Beide wiesen die Fürsten und Würdenträger an, „tüchtige Männer auszusuchen, die für die großen Fragen des Staatswesens Verständnis hätten und in den Zusammenhängen der menschlichen Verhältnisse Erfahrungen besäßen, die ehrlich zu reden und rücksichtslos zu kritisieren verständen." Aber die Brücke zu einer bestimmten Schulrichtung war bei dieser neuen Innenpolitik noch nicht geschlagen.

Entscheidend war und blieb für das Schicksal des Reiches — das erkannten die Kaiser der Han mit zunehmender Deutlichkeit — die Frage des Lehenswesens, aber weder Wên ti noch King ti sahen, daß sie eben mit Hilfe des Konfuzianertums am besten zu lösen war. Der Han-Staat übernahm, wie wir früher gesehen haben (s. oben S. 231f.), die Einrichtungen der Ts'in, darunter auch die Einteilung des Reiches in Provinzen *(kün)*. Allerdings finden wir statt der 36 der Ts'in unter Hui ti 62, unter Wên ti 68, später noch größere Zahlen. In dieses System schob sich die gezwungenerweise wieder auflebende Lehensverfassung, das frühe Han-Reich bestand also aus *kün kuo*, d. h. „Provinzen und Staaten", und es ist heute schwer zu erkennen, wie zwischen diesen beiden doch unvereinbaren Systemen eine Abgrenzung im einzelnen möglich war. Es gab zur Zeit der Han an Lehenstiteln nur *wang* und *hou*, „Könige" und „Fürsten", die übrigen (s. oben S. 128f.) waren fortgefallen; den Titel „König" durften nur Mitglieder der Kaiserlichen Familie führen (s. oben S. 278), zu „Fürsten" *(hou)* wurden verdiente hohe Beamte ernannt. Daß dieses neue Lehenswesen nicht mehr dem alten entsprach, geht schon daraus hervor, daß die Lehensträger aus einem Staate in den anderen versetzt wurden, also sehr viel schwerer wieder erbliche Dynastien bilden konnten. Ssĕ-ma Ts'ien sagt in der Einleitung zu einer seiner Tabellen der Lehensträger (Kap. 18 fol. 1 v°) auf seine vorsichtig andeutende, aber doch hinreichend deutliche Art: „Ich habe (die Geschichte von) Kao tsus Belehnungen verdienter Würdenträger gelesen, die Grundsätze untersucht, nach denen diese ihre Lehen erhielten, und die Ursachen, aus denen sie sie verloren, und ich muß sagen: wie verschieden von dem, was man sonst hört". Die Han-Kaiser haben sich mit allen den früher genannten Mitteln (s. oben S. 276) systematisch bemüht, die Macht und Selbständigkeit der Lehensfürsten zu untergraben, auch die eigenen nächsten Verwandten bildeten keine Ausnahme. Alle haben dieses Ziel verfolgt, am rücksichtslosesten King ti. Er stand ganz unter dem Einflusse seines Lehrers Tsch'ao Ts'o, der, ebenso wie Kia Yi, ein homo novus aus dem Volke und wegen seiner Kenntnisse nach dem neuen Verfahren unter Wên ti an den Hof gekommen war. Tsch'ao Ts'o war ein Anhänger der Rechtschule und wußte seinen Schüler und nachmaligen Herrn davon zu überzeugen, daß in dem Lehenswesen eine dauernde Gefahr für die Dynastie läge, und daß nur dessen völlige Beseitigung Sicherheit geben könne. Er arbeitete im Jahre 154 eine Verordnung aus, die den Fürsten Macht und Land nahm, und erregte natürlich den leidenschaftlichen Haß der Betroffenen. Sieben der mächtigsten Fürsten taten sich zusammen, rückten in offener Empörung gegen Tsch'ang-ngan vor und forderten den Kopf von Tsch'ao Ts'o. Der Kaiser, von Schrecken erfaßt und von seinen älteren Verwandten ermahnt, gab seinen Lehrer preis und ließ ihn hinrichten. Aber die Aufrührer gaben sich damit nicht zufrieden, ihre Pläne, auf Wiederherstellung ihrer Selbständigkeit gerichtet, waren von langer Hand vorbereitet, namentlich die Könige von Wu und Tsch'u, also der Süden am Yang-tsĕ, setzten ihren Vormarsch gegen die Hauptstadt fort, und King ti mußte nunmehr doch Gewalt gegen Gewalt aufbieten. Es gelang ihm, die Gegner in kurzer Frist zu besiegen; ihre Truppen wurden begnadigt entlassen, die Könige selbst aber mußten ihre Lehen zu Gunsten jüngerer Verwandten, darunter mehrerer Söhne des Kaisers, aufgeben. King ti, der klar erkannte, wie richtig Tsch'ao Ts'os Ansichten gewesen waren, verfolgte sein Ziel jetzt nur um so tatkräftiger.

Schon seit der Tschou-Zeit hatte sich ein Brauch schließlich zu einer festen staatlichen Einrichtung entwickelt, der äußerst gefährlich für die Selbständigkeit des Zentralherrschers werden mußte: die höchsten Staatsämter wurden gleichzeitig von den Lehensfürsten oder ihren Anhängern und Verwandten übernommen. Die Anfänge davon gehen bis in das Altertum zurück (vergl. oben S. 130 und 157); war diese Übung durch die Verfassung der Ts'in unterbrochen gewesen, so hatte sie sich bei den Han sofort wieder ausgebreitet (s. oben S. 275f.). Auf diese Weise entstand einerseits bei Hofe eine erbliche teils beamtete, teils auch nicht beamtete Feudal-Aristokratie, die mit ihrem Anhange jederzeit einen willenschwachen Monarchen ihren eigenen Interessen dienstbar machen konnte, andererseits aber wurde der ursprüngliche Hauptzweck des Lehenswesens, Sicherung der Gebiete und Regelung der Verwaltung, zu nichte gemacht. Hier griffen die Han-Kaiser um so fester ein, je mehr tüchtige und selbstbewußte Beamte sie mittels der neuen Politik aus dem Volke heraufziehen konnten. Vor allem war es Kia Yi, der bei dem Kaiser Wên ti darauf drang, daß die Fürsten in ihren Staaten blieben, und sich dort persönlich der Verwaltung widmeten. Die Folge war ein Erlaß vom Jahre 179, der bestimmte, daß die Fürsten, die sich zum größten Teile in Tsch'ang-ngan aufhielten, sich in ihre Gebiete zu begeben hätten. Diejenigen, die ein wirkliches Amt bei Hofe hätten und durch besonderen Befehl zurückgehalten würden, sollten ihre erblichen Nachfolger in die Lehen entsenden. Ein Jahr später wurde an den Erlaß erinnert, weil einige der Fürsten „unter Ausflüchten noch nicht abgereist seien"; der Staatskanzler, ein alter Mitkämpfer von Kao tsu, wurde ermahnt, „ein Beispiel zu geben". Er gab sein Amt ab und begab sich in sein Lehensgebiet in

Schan-si. Der Kaiser King ti ließ im Jahre 142 eine Untersuchung anstellen, ob sich die Lehensträger in ihren Gebieten befänden. Als die Regierung King tis zu Ende ging, konnte man von Lehensfürsten im alten Sinne nicht mehr sprechen. Eine Enzyklopädie des 13. Jahrhunderts, das *Wên hien t'ung k'ao* des Ma Tuan-lin sagt, daß die Lehensfürsten und Könige keine Staaten mehr regiert hätten, sondern nur noch Beamte des Kaisers gewesen seien. Unter Wu ti, einem Sohne King tis, der im Jahrr 141 zur Regierung kam, wurde die Politik seiner Vorgänger zu Ende geführt. Hier war es wiederum ein Mann aus dem Volke, und zwar aus den ärmsten Schichten, der ähnlich wie Kia Yi und Tsch'ao Ts'o die Stellung der großen Lehensträger zu untergraben bemüht war. Tschu-fu Yen — so war sein Name — war ein armer Literat aus Ts'i, der sich mit vielerlei Wissenschaften abgegeben, aber von den Konfuzianern gemieden und abgelehnt wurde. Er wußte sich in Tsch'ang-ngan dem Kaiser bemerkbar zu machen und schlug diesem Maßnahmen gegen die Fürsten vor, die denen von Tsch'ao nicht viel nachgaben. Was unter King ti nur in einzelnen Fällen geübt war, wurde unter Wu ti Gesetz. Mit der Begründung eines Schutzes für die jüngeren Söhne und Brüder wurde im Jahre 127 die Erbteilung in den Lehensgebieten verfügt, so daß bei einem Erbfalle das Land immer an alle Söhne verteilt werden mußte. Das war ein starker Eingriff in das bis dahin geltende Sippen-Erbrecht der Fürsten, wie es in der uralten Sippenordnung der Chinesen begründet war. Eine völlige Zerstückelung war natürlich die Folge, und jeder der einzelnen Teile war machtlos gegenüber der Zentralgewalt. Ähnliche Erzwingungen des Individual-Erbrechts zu den gleichen Zwecken und mit dem Deckmantel der Gerechtigkeit sind auch der Geschichte des abendländischen Lehenswesens nicht fremd. Wu ti ernannte auch für jeden der Lehenskönige einen Berater, der über dessen Verhalten zu wachen hatte. Keinem der großen Lehensträger wurde mehr ein wichtiges Amt in der Hauptstadt anvertraut, sondern die Zentralregierung bestand mehr und mehr aus Leuten, die den Bevölkerungen der Provinzen entnommen waren. Tschu-fu Yen war freilich anscheinend kein Mann von solcher Reinheit des Wollens wie seine beiden politischen Vorgänger, sondern förderte, wie seine zahlreichen Gegner behaupten, seine eigenen Interessen, indem er sich von den Söhnen der Fürsten bestechen ließ. Zum Berater beim König von Ts'i ernannt, trieb er diesen durch höchst unsaubere Anklagen zur Verzweiflung und zum Selbstmord. Der König von Tschao unterrichtete den Kaiser von dem (angeblichen) Treiben Tschu-fu Yens, und der ergrimmte Herrscher ließ den bisherigen Günstling samt seiner Familie hinrichten. Es ist eine seltsame Fügung, daß die drei Männer, die am meisten zur Schwächung und schließlichen Beseitigung des Lehenswesens beigetragen haben, alle ein tragisches Ende gehabt haben, während ihr Werk sie überdauerte. Was zur Zeit Tsch'ao Ts'os noch voreilig war, wurde für Tschu-fu Yens Tätigkeit reif: ehe Wu ti starb, war das Lehenswesen, wenn nicht dem Namen, so jedenfalls der Sache nach tot. Das Beamtentum wurde in anderer Weise entlohnt, und aus den Lehensfürsten wurde ein Landadel mit oder ohne Beamtentätigkeit, bis schließlich im Laufe der Zeit auch dieser in der Masse der „gentry“ aufging. Belehnungen blieben auch unter den späteren Dynastien bestehen, aber sie waren etwas völlig Verschiedenes gegenüber der alten Zeit. Mitglieder der Kaiserlichen Familie, vor allem die Söhne des Herrschers, daneben einzelne hochverdiente Beamte bekamen Ländereien, die nicht nach dem Flächeninhalt, sondern nach der Zahl der darauf wohnenden steuerzahlenden Familien gemessen wurden, zur Nutznießung, aber ohne daß diese immer erblich war. Auch diese Gebiete blieben aber natürlich innerhalb der ungeschmälerten Hoheitsrechte der Zentralregierung. Allmählich, etwa seit dem Beginn des 10. Jahrhunderts (dem Ende der T'ang-Zeit), wurden solche Belehnungen ganz auf die Kaiserlichen Prinzen beschränkt. Daneben bestand noch sehr lange (bis in die Mandschu-Zeit, vom 17. Jahrhundert ab) der Brauch, an verdiente Beamte die alten Adelstitel (s. oben S. 128f.) zu verleihen, aber durchweg ohne Landbelehnungen, wenn auch zuweilen noch gewisse Einkünfte damit verbunden gewesen sein mögen. Die Verfasser der Fortsetzung *(Sü)* des *Wên hien t'ung k'ao* von 1586 fassen die Entwicklung in den Worten zusammen (Kap. 206 fol. 1r⁰): „Die Ordnungen des alten Lehenswesens gerieten von der Han-Zeit ab allmählich in Widerspruch zu denen von früher; je weiter die Entfernung vom Altertum wurde, um so mehr veränderte sich das System. Während der verschiedenen Dynastien wurden wohl die Kaiserlichen Prinzen oftmals mit Lehenstiteln bedacht, aber das geschah nur, um einerseits die Zweige der Kaiserlichen Familien zu fördern, und andererseits, um den prinzlichen Häusern Unterhalt zu gewähren.“ Und von den Verleihungen der Adelstitel an hohe Würdenträger aus anderen Familien heißt es: „Das waren nur Auszeichnungen zur Erhöhung des Ansehens, Gnadenakte, aber die ursprüngliche Bedeutung der Belehnungen hatten sie nicht mehr.“ Noch erkennbare Spuren der alten Lehensherrschaft haben sich, wie wir später sehen werden, bis in die neueste Zeit in der Stellung der großen Provinzial-Satrapen erhalten, aber das erklärt sich unschwer aus den geographischen und verwaltungstechnischen Verhältnissen. Das Lehensreich, das Schi huang-ti beseitigt hatte, konnte wohl noch einmal, durch die Not der Zeit begünstigt, ein kurzes Scheindasein führen, aber die Politik der Han-Kaiser hat ihm, und nun für die Dauer, ein Ende bereitet. An die Stelle des Feudal-Adels schob sich allmählich eine neue Schicht als Trägerin staatlicher Macht, die durch den Aufstieg des Konfuzianertums ihre besondere Art erhielt.

Das chinesische Gelehrtentum hat noch lange Zeit hindurch die Frage der Berechtigung oder Nichtberechtigung des Lehenswesens erörtert, für beides sind gewichtige Stimmen laut geworden, eine einheitliche Meinung hat sich nicht ergeben. Ma Tuan-lin (Kap. 265 fol. 1v⁰) faßt die Streitpunkte klar zusammen, wenn er meint, „das ganze läuft auf die Frage hinaus, ob das Reich zu allgemeinem Nutzen *(kung)* oder zu persönlichem Nutzen *(ssĕ)* verwaltet werden soll. Die Einen sagen: Yao, Schun und die drei ersten

Dynastien haben das Reich zu allgemeinem Nutzen verwaltet, indem sie die Lehensfürsten (zum Mitgenießen) einsetzten, darum haben sie dauernden Segen genossen. Ts'in hat das Reich zu persönlichem Nutzen verwaltet, indem es Provinzen und Präfekturen schuf, darum war die Dauer seiner Dynastie nur kurz. Die Anderen sagen: Ts'in hat das Reich zu allgemeinem Nutzen verwaltet, denn das Lehenswesen war die Quelle des Unheils, der Ursprung der Verwirrung, der Fluch der blutigen Thronstreitigkeiten, alles hatte hier seine Ursache. Die Erklärungen Li Ssĕs (s. oben S. 229) sollten als Vorbild für alle Ewigkeit gelten." „Mir scheint es", so erklärt der verständige Verfasser, „nicht angängig, einfach zu sagen, dieses war zu allgemeinem Nutzen und jenes war zu persönlichem Nutzen. Es kommt darauf an, daß die Absicht vorhanden ist, das Reich zu allgemeinem Nutzen zu verwalten, dann kann man das Lehenswesen durchführen oder Provinzen und Präfekturen einrichten; ist solche Absicht nicht vorhanden, und will man dann das Lehenswesen durchführen, so wird man mit ihm ein Werkzeug der Verwirrung schaffen." Die Geschichte selbst hat ihr Urteil über diese Anschauungen gesprochen, wir haben gesehen, wie es lautet.

b. Die Konfuzianisierung des Staates.

Als Wu ti im Jahre 141, dem Todesjahre seines Vaters, zur Regierung kam, war er ein Jüngling von 16 Jahren. Seine vierundfünfzigjährige Regierungszeit bildet den Höhepunkt der Han-Dynastie und die inhaltschwerste Periode der chinesischen Geschichte während ihres gesamten Mittelalters. Sie hat die erste große Machtentfaltung des geeinten Reiches nach außen hin gesehen, und sie hat der Entwicklung des chinesischen Geisteslebens die Richtung gegeben, die sie für die nächsten zwei Jahrtausende beibehalten hat. Dem von Schi huang-ti gegründeten Staate ist unter Wu ti nach Entfernung oder wenigstens Abtötung des Lehenswesens, das als ein Fremdkörper in seiner Beamtenverfassung wucherte, neben der politischen auch die einheitliche geistige Struktur gegeben worden, die sich dann beide zu einer unteilbaren Einheit verschmolzen haben. Wir haben gesehen, daß das in zahlreichen Kanälen hinströmende philosophische Denken vom Ausgange der Tschou-Zeit nahezu versiegt war. Erst ganz allmählich begann während der ersten sechs Jahrzehnte der Han-Zeit das geistige Leben wieder stärker zu pulsieren. Aber seine Formen waren andere geworden als die von ehedem. In die gemessene, wohl immer stark formgebundene Gedankenwelt des Nordens war schon gegen das Ende der Tschou-Zeit vom Süden her, aus dem großen Staate Tsch'u mit seinem hochbegabten, von den nordischen, vielleicht auch anderen Kultureinflüssen früh und stark erfaßtem Volke (s. oben S. 160) ein neues kraftvolles Element eingedrungen. Der unglückliche Minister des Königs K'ing-siang von Tsch'u, der berühmte

K'ü Yuan, der um 277 durch Selbstmord endete (s. oben S. 194), hatte durch seine Lieder, namentlich sein großes in freien Rhythmen gehaltenes Klagegedicht *Li sao* d. h. „In Trübsal versunken" eine ganz neue Literaturgattung geschaffen, und eine Reihe von Dichtern des folgenden Jahrhunderts, zu denen auch der öfter erwähnte Kia Yi und ein Enkel Kao tsus, Liu Ngan, besser bekannt unter dem von seinem Lehen genommenen Namen, Huai-nan tsĕ d. h. „der Meister von Huai-nan", gehören, haben ihn zum Vorbild genommen. Ihre Dichtungen tragen die Bezeichnungen *Tsch'u ts'ĕ* d. h. „Elegien von Tsch'u" und lassen damit ihren geistigen Ursprung erkennen. K'ü Yuans Gedicht zeigt, im Gegensatz zu den einfacheren, natürlichen Formen der alten, meist im Norden entstandenen Literaturwerke, die Lieder des *Schi king* eingeschlossen, eine weit gekünsteltere Sprache mit zahllosen Symbolen und geschichtlichen Anspielungen, ferner aber auch eine unbeherrschte Phantasie, die das Weltall durchfliegt und in schrankenlosen Fabeleien schwelgt. Wir haben bereits gesehen (vergl. oben S. 252 u. 286f.), wie dieses kosmische Phantasieren, anknüpfend an die alte *tao*-Lehre, schon früher auch im Norden heimisch geworden war: in Ts'i, Yen und Tschao, wo schon im 4. Jahrhundert die Elementenlehre ihren Ausgangspunkt gehabt hatte (s. oben S. 61), waren ganze Schulen von Magiern entstanden, die nach den Inseln der Seligen, dem Unsterblichkeitstrank, dem goldmachenden Steine der Weisen u. ä. suchten und auch am Hofe als Verkünder von Huang ti und Lao tsĕ eine große Rolle spielten. Kia Yi hatte sich frei gehalten von diesen Zügellosigkeiten, aber Huai-nan tsĕ ist ein typischer Vertreter jenes neu entstehenden „Taoismus", auf den die von Süden kommenden Einflüsse zweifellos stark mit eingewirkt haben. Neben diesem Magiertum, den „Taoisten", lebte auch die Rechtschule noch und hatte, wie wir beobachten konnten (s. oben S. 291 f.), ihre einflußreichen Anhänger. Diesen beiden Gedankenrichtungen gegenüber hatten die Konfuzianer als dritte Gruppe keinen leichten Stand: die Magier fanden am Hofe immer Gläubige für ihre Wunderkräfte, und die Lehren der Rechtschule schienen den Kaisern Wên ti und King ti bei ihren Bestrebungen hinsichtlich des Lehenswesens und der Festigung des zentralen Macht-Absolutismus sicherlich nicht weniger nutzbringend für ihren Staat als die der Konfuzianer. Jene von Kao tsu eingeleitete und von seinen Nachfogern fortgesetzte Politik der „Demokratisierung" des Staatsdienstes, durch die man die Macht des Feudaladels bei Seite schieben wollte, lag eher auf dem Wege der Rechtschule als auf dem der Konfuzianer, für die das Lehenswesen ein Teil des Ideal-Staates der „heiligen Herrscher", also der göttlichen Weltordnung war. Welche Bildungsideale bei der Auswahl der Kandidaten für den Staatsdienst bestimmend waren, mußte ausschlaggebend werden für das Schicksal der einen oder der anderen Schule. Als Wu ti zur Regierung kam, war eine Entscheidung hierüber noch nicht gefallen. Die Konfuzianer hatten, wie wir sahen (s. oben S. 278f.), Zugeständnisse nach beiden Seiten hin gemacht, und selbst mit der Beseitigung des Lehenswesens hatten sie sich abgefunden. In mehr als einer Hinsicht waren sie der Rechtschule wie den Taoisten gegenüber im Vorteil, und unverkennbar war ihr Aufstieg seit dem Beginn der Han-Herrschaft, aber ausschlaggebend als Schule waren sie nicht. Das änderte sich fast mit dem Augenblicke, als Wu ti den Thron bestieg. Im ersten Jahre seiner Regierung, d. h. 140, erging ein neuer Erlaß, der die Minister, die Fürsten und die Berater (d. h. die Kaiserlichen Kommissare für die Lehensträger) anwies, geeignete Kandidaten für den Staatsdienst auszuwählen. Zu diesem Erlasse aber stellte der Staatskanzler Weï Kuan, ein in hohem Ansehen stehender Würdenträger, der bereits unter Wên ti und King ti gedient hatte und Wu tis Lehrer gewesen war, folgenden Antrag: „Von den ausgewählten Kandidaten für den Staatsdienst beschäftigen sich einige mit den Lehren Schên Pu-hais, Schang Yangs, Han Feï tsĕs, Su Ts'ins und Tschang Yis. Das bringt Verwirrung in die Staatsregierung. Ich bitte, daß alle diese Leute wieder entlassen werden". Der Antrag wurde genehmigt. Damit war die Entscheidung gefallen. Schên Pu-hai, Schang Yang und Han Feï tsĕ waren, wie wir früher sahen (s. oben S. 215ff.), Patriarchen der Rechtschule, Su T'sin und Tschang Yi die Väter jener berüchtigten Bündnispolitik des 4. und 3. Jahrhunderts, die als „Längs- und Quer-System" bekannt war (s. oben S. 193f.). Die Rechtschule war also hinfort ihrer wichtigsten und nahezu einzigen Einflußmöglichkeit beraubt worden. Das bedeutete ihr Todesurteil, und in der Tat verschwindet sie von nun ab aus der Geschichte. Von den Lehren der Taoisten ist in dem Antrage nicht die Rede; wir sahen bereits, daß sie bei Hofe eine Stütze in der Kaiserin Tou, der Großmutter Wu tis (s. oben S. 291), hatten, und wie sich später ergab, war auch der Kaiser selbst ihren Einflüssen durchaus zugänglich. Zudem standen ihnen auch die Konfuzianer selbst innerlich nahe, namentlich der Mann, der jetzt einer ihrer erfolgreichsten Führer wurde und mehr als irgend ein anderer den Grund zu ihrer künftigen Machtstellung legte, Tung Tschung-schu. Was Weï Kuan begonnen, nahm er mit größter Tatkraft auf und führte es bis zum Ende durch. Tung Tschung-schu war die erste Autorität in der Auslegung von Konfuzius' Formelbuch *Tsch'un-ts'iu* (s. oben S. 205) und unter King ti einer der Hofgelehrten *(po schi)*. Gerade dieses Studium hatte ihn den kosmisch-mystischen Gedanken der Taoisten nahe gebracht. Die alte Vorstellung von zwei kosmischen Urkräften, dem *yin* und dem *yang*, dem Weiblichen und Männlichen, dem Dunklen und Hellen, dem Feuchten und Trocknen, Mond und Sonne, Erde und Himmel usw., die anscheinend allen asiatischen Weltgedanken gemeinsam ist, entwickelte er mit einer vor nichts zurückschreckenden Beharrlichkeit zu einem System, das ganz an die taoistische Mystik erinnert. Er sieht das *yin* und das *yang* auch in allen irdischen Beziehungen, in denen des Gesellschaftslebens im Staate, wie in denen des sittlichen Bewußtseins und verwebt auf diese Weise den Staat als Weltorganisation noch enger als bisher mit dem Leben des Kosmos. Insbesondere konstruierte er ein engstes Verhältnis zwischen den Vorgängen in der Natur und der Regierung des Zentralherrschers und betonte die unbedingte Verantwortlichkeit des letzteren für Katastrophen im Wirken der Naturkräfte, Gedanken, denen auch Konfuzius selbst nicht ferngestanden hatte (s. oben S. 207). Als im Jahre 135 der Kaiserliche Ahnentempel abbrannte, war dies für ihn ein Anlaß zu Äußerungen und Warnungen, die ihn auf die Anschuldigung Tschu-fu Yens (s. oben S. 293) hin, dessen Haß er sich durch sein Auftreten zugezogen, fast dem Beile des Henkers verfallen ließen. Er wagte seitdem nicht mehr, seine Ansichten über die Bedeutung solcher Ereignisse allzu deutlich kundzutun.

Der Kaiser Wu ti war trotz seiner Jugend ein von den Verantwortlichkeiten seines hohen Berufs ganz erfüllter Herrscher. Er gab sich über die ungefestigten Zustände des großen Reiches, aus dessen Bau die tragenden Pfeiler der Lehensfürsten entfernt waren, keinen Täuschungen hin. Daß er eine feste Norm, nach der er seine Regierung bilden konnte, am ehesten von den Konfuzianern, den Hütern der Weisheit des Altertums, erhalten würde, scheint von Anbeginn an seine Überzeugung gewesen zu sein. Bei ihnen fand er nicht bloß die sittlichen Grundsätze, auf denen die menschliche, d. h. staatliche Ordnung beruhte, sondern auch — was ihm vielleicht noch wichtiger war — die Begründung für die göttliche Sendung des Herrschers und seine damit verbundene erhabene Stellung im Weltstaate. Aber im Anfange seiner Regierung stieß er mit seinen Neigungen für das alte Ritual der „heiligen Herrscher", so wie es ihm die Konfuzianer darstellten, auf den Widerstand der Kaiserin-Großmutter Tou, und Ssĕ-ma Ts'ien berichtet uns noch am Schlusse seiner Aufzeichnungen (Kap. 12 fol. 2r° und Kap. 28 fol. 20v°), daß die hohe Frau, „die die Lehren der Konfuzianer nicht liebte", zwei von Wu tis Beamten für diese Fragen der Wiederherstellung des alten Rituals, die sich auch darüber geäußert hatten, daß nach dem Ritual Frauen sich nicht um Regierungsgeschäfte kümmern dürften, vor Gericht ziehen ließ, und daß diese sich den weiteren Folgen durch Selbstmord entzogen. Die ergrimmte Kaiserin deutete bei ihrem Vorgehen an, daß in den Bestrebungen dieser beiden Konfuzianer sich die Übeltaten Sin-Yuan P'ings (s. oben S. 284ff.) wiederholten. „Alles was bis dahin erreicht war," so schließt der Historiker, „wurde dadurch vernichtet." Auch Weï Kuan war bereits unmittelbar nach Genehmigung seines Antrages aus dem Dienst entlassen worden; die Gründe sind nicht überliefert, es liegt aber nahe, auch hier einen Willensakt der Kaiserin zu vermuten. Erst als im Jahre 135 die letztere starb, erhielt Wu ti freie Hand für seine kulturpolitischen Pläne. Noch in demselben Jahre wurde T'ien Fên, ein jüngerer Bruder der Verstorbenen, Staatskanzler, und von ihm berichtet Ssĕ-ma Ts'ien (Kap. 121 fol. 3v°), daß „er die Lehren der verschiedenen Schulen von Huang ti und Lao tsĕ, sowie von den Rechtsgelehrten bei Seite schob und mehrere hundert gelehrte Konfuzianer heranzog". Und nun verkündet Wu ti jene berühmten drei Erlasse, mit denen weniger eine Neuordnung der staatlichen Einrichtungen als vielmehr eine Neubildung der gesamten Staats-Ethik eingeleitet wird, und die als grundlegende Dokumente in der Geschichte des konfuzianischen Systems gelten müssen. Der Kaiser erklärt darin, daß er über die Gründe des Verfalls der Dynastien vor ihm lange nachgedacht habe, aber nicht zur Klarheit gelangt sei. Hoher sittlicher Ernst, fester Wille zum Guten und unermüdliche Arbeit nehme er bei zahlreichen Herrschern wahr, und doch habe das alles den Untergang ihrer Familien als Träger des göttlichen Auftrages nicht hindern können. Worin bestünde der geheime Zusammenhang zwischen den Kräften des Weltalls und dem Wirken des Herrschers? Gemessen an den unbefriedigenden Zuständen im Reiche, müsse seine Regierung voller Fehler und Unvollkommenheiten sein. „Das *yin* und das *yang* sind nicht in harmonischer Zusammenwirkung, und üble Ausstrahlungen verstopfen den Gang der Entwicklung". Er mühe sich ab, von allen Fehlern frei zu kommen, aber er sähe nicht, wo und wie er die bessernde Hand anzulegen habe. Der Kaiser fordert dann in jeder der drei Kundgebungen „die Gelehrten und Würdenträger *(tsĕ ta fu)* auf, ohne Rücksicht und in aller Offenheit ihre Meinung darzulegen über das, was in der Regierung geändert werden müsse." Auf diese Erlasse mögen dann zahlreiche Berichte der konfuzianischen Literaten — andere kamen wohl kaum noch in Frage — eingegangen sein; als besonders bedeutungsvoll werden die von Kung-sun Hung, einem Gelehrten, der gleichfalls aus den niedrigsten Volksklassen stammte (er soll in seiner Jugend Schweinehirt gewesen sein), und von Tung Tschung-schu angegeben. Überliefert im Wortlaut sind nur die des letzteren. Aber während Kung-sun Hung zu Amt und Würden aufstieg, hat Tung Tschung-schu, von der Eifersucht Kung-sun Hungs verfolgt, seine Tätigkeit als Kommissar in Kiao-si (im heutigen Kiao-tschou und Kao-mi in Schan-tung) beschließen müssen. Seine drei Denkschriften als Antworten auf die drei Erlasse zeigen ein gutes Bild seines mit taoistischen Elementen durchsetzten Lehrsystems. Er erörtert hier ausführlich den Zusammenhang zwischen kosmischen Vorgängen, irdischen Katastrophen und sittlichen Verfehlungen des Herrschers. Die Quelle aller Weisheit ist ihm das *Tsch'un-ts'iu*, Riten und Musik bilden die Wertmesser der Regierung, der Staat des Altertums, so wie Yao, Schun, Yü, der Herzog von Tschou und die ersten Kaiser der Tschou ihn gestaltet, bleibt das für ewige Zeit gesetzliche Vorbild, die Ts'in-Herrschaft ist eine Abirrung vom Wege, hervorgerufen durch die Irrlehren der Rechtschule, und wenn die Han noch über einen unbefriedigenden Zustand des Reiches klagen müssen, so liegt das daran, daß „das Gift, das die Ts'in hinterlassen, die Spuren ihrer Schandtaten, die sie begangen haben, noch nicht ausgetilgt sind." Das Regierungsystem muß von Grund auf umgebildet, die Gesinnung des Volkes eine andere werden. Zu diesem Zwecke sind die Gelehrten mehr zu fördern als bisher, damit man aus ihnen die tugendhaftesten und tüchtigsten für die Leitung im Staate auswählen kann. Denn der Zustand des Volkes hängt ab von der Bildung der Provinzial-Präfekten; an einer solchen Bildung jedoch fehlt es bis jetzt, weil die Präfekten meistens aus den Ministerialsekretären (der Hauptstadt) hervorgehen, diese aber unter den Söhnen der hauptstädtischen Beamten ausgesucht werden, wobei es nach den Vermögensverhältnissen und nicht nach den Fähigkeiten geht. Um dem abzuhelfen, wird die Einrichtung eines *t'ai hüo*, eines Studien-Systems (s. unten), beantragt. Die besten Kandidaten sollen in den Provinzen durch die hohen Beamten ausgewählt und dort gebildet werden. „Weise Lehrer sollen ernannt werden, damit sie die Anwärter aus dem ganzen Reiche heranbilden; man soll dann diese mehrfachen Prüfungen unterziehen, damit ihre Fähigkeiten auf das höchste gesteigert werden." Die dritte Denkschrift schließt mit folgenden bedeutungschweren Sätzen: „Heute haben die Lehrer ihre verschiedenen Normen *(tao)*, und die Leute ihre verschiedenen Erklärungen. Zahlreiche Schulen gibt es mit verschiedenen Methoden und ungleichen Richtungen, so daß oben keine Möglichkeit besteht, ein einheitliches System festzuhalten, und die Ordnungen und Einrichtungen oftmals sich ändern, unten aber man nicht weiß, woran man sich halten soll. Ich meine daher: alles was nicht in den Abteilungen der sechs kanonischen Bücher *(leo yi*, s. oben S. 208 u. 288) und in den Lehren des Konfuzius enthalten ist, sollte unterbunden und an der Ausbreitung verhindert werden, so werden die falschen und abwegigen Reden zum Verstummen gebracht werden. Dann wird die Ordnung der Gesamtheit einheitlich, das System der Einrichtungen klar sein, und das Volk weiß, wonach es sich zu richten hat."

Diese Kaiserlichen Willenskundgebungen und die Antworten darauf, die wir uns auf einen Zeitraum von wenigstens einem Jahrzehnt verteilt denken müssen, bezeichnen den Weg, den die Entwicklung des chinesischen Staatsgedankens und des gesamten chinesischen Geisteslebens nunmehr zu nehmen beginnt. Tung Tschung-schu eilte dieser Entwicklung voraus, und Wu ti wird sich schwerlich alles das zu eigen gemacht haben, was er in den Denkschriften dargelegt fand. Aber die Folgezeit hat bewiesen, daß der eine große, alles bestimmende Gedanke, der zuerst in Weï Kuans Antrag erscheint, dann in Tung Tschung-schus und gleichzeitig in seines Nebenbuhlers Kung-sun Hungs Reden und Entwürfen immer wiederkehrt, auch beim Kaiser Wurzel geschlagen hat: die Lehre des Konfuzius muß allein den Bildungsinhalt für das Volk bilden, und mit dieser Lehre soll nicht bloß eine bevorzugte Schicht, sondern mit ihrem Geiste muß das ganze Volk, muß der ganze Staat erfüllt werden. Das war das Ziel, dem nun die gesamte Politik der Han zustrebt, und es hat nicht lange gewährt, bis die ersten praktischen Verwaltungseinrichtungen geschaffen wurden, die den Gedanken verwirklichen sollen. Die Person des Kaisers war von den Konfuzianern gewonnen, nun mußte das Beamtentum und das Volk gewonnen werden. Kung-sun Hung hatte in einem Berichte an den ihm sehr wohlgesinnten Herrscher erklärt *(Ts'ien Han schu* Kap. 58 fol. 4r⁰): „Eure Majestät haben wohl den Thron der heiligen Herrscher der Vorzeit, aber nicht deren Volk, und wenn Sie das Volk der heiligen Herrscher der Vorzeit hätten, dann hätten Sie noch nicht deren Beamtentum. So kommt es, daß wohl die (befehlende) Gewalt einheitlich, aber die (ausführende) Regierung verschiedenartig ist. In früheren Zeiten war das Beamtentum auf dem rechten Pfade, darum war das Volk blühend, heute ist das Beamtentum abwegig, darum ist das Volk armselig." (Man sieht, wie weit sich das Konfuzianertum schon von der geschichtlichen Wahrheit entfernt hat.) Was nötig war, war also, daß Beamtentum und Volk richtig erzogen wurden. Im Jahre 124 erfolgte der erste Schritt zur Gründung eines wirklichen Unterrichtswesens. Auf Kung-sun Hungs Antrag wurden den *po schi*, den Hofgelehrten, die bereits im Jahre 136 die Bezeichnung *wu king po schi* d. h. „Hofgelehrte für die fünf kanonischen Bücher" *(Yi king, Schu king, Schi king, Li* einschließlich der Musik, und *Tsch'un-ts'iu)* erhalten hatten und jetzt dem *t'ai tsch'ang*, der Behörde für das Ritual der Ahnentempel und dann für das Ritual überhaupt, angegliedert gewesen zu sein scheinen, fünfzig junge Leute zugewiesen, die als *po schi ti tsĕ* d. h. „Schüler der Hofgelehrten" bezeichnet wurden. Dadurch sollte, wie es im *Schi ki* (Kap. 121 fol. 4r⁰) und in den Han-Annalen (Kap. 6 fol. 10v⁰) heißt, „in den Landgemeinden der Provinzen die Bildung zu Ansehen gebracht, und sollten sittliche wie intellektuelle Fähigkeiten gefördert werden". Diese „Schüler" sollten nämlich von dem *t'ai-tsch'ang*-Amt unter den kenntnisreichsten und tugendhaftesten jungen Leuten in den Provinzen ausgewählt, geprüft und zur Ausbildung einberufen werden. Sie wurden von den *po schi* als *ti tsĕ* ein Jahr lang unterrichtet und dann abermals geprüft. Die erfolgreichen sollten in bestimmte Ämter einrücken, die Namen der vorzüglichsten davon dem Kaiser bekannt gegeben, die als unzulänglich erwiesenen zurückgeschickt werden. Die entstehenden freien Stellen unter den fünfzig sollten in derselben Weise durch neue Kandidaten besetzt werden. Keiner der letzteren durfte weniger als achtzehn Jahre alt sein. Das System hatte den Namen *t'ai hüo* d. h. „hohes Studium". Diese Bezeichnung erhielt später einen konkreteren Inhalt: im Jahre 29 n. Chr., unter der Späteren Han-Dynastie (s. unten), wurde in Lo-yang, der damaligen Hauptstadt, zum ersten Male, wie die Annalen der späteren Han (Kap. 1a fol. 26r⁰) ausdrücklich erklären, eine Studien-Anstalt oder Akademie errichtet, und diese erhielt gleichfalls den Namen *t'ai hüo*. Die verschiedene Bedeutung des Namens ist der Anlaß zu zahlreichen Mißverständnissen geworden. Die Schöpfung Wu tis, zu der zweifellos Tung Tschung-schu in seinen Denkschriften die erste Anregung gegeben hat, ist als die Wurzel anzusehen, aus der sich das System des literarischen Beamtentums und beamteten Literatentums entwickelt hat, als das Fundament, auf dem das Gebäude der konfuzianischen Machtstellung errichtet worden ist. Jetzt war die Brücke zwischen der mit dem Erlaß von 196 eingeleiteten Politik (s. oben S. 274ff.) und der konfuzianischen Schule geschlagen: Maßstab für die Geeignetheit der auszuwählenden Kandidaten des Staatsdienstes wurde die Kenntnis des konfuzianischen Schrifttums, und nur diese allein. Aus dem von Wu ti eingeführtem System des „hohen Studiums" ist in kaum noch unterbrochener Entwicklung im Laufe der

Zeit das großartige, in der Welt einzig dastehende staatliche Prüfungsystem der Chinesen erwachsen, das erst im Jahre 1905 unter dem Drucke der abendländischen Kultur sein Ende gefunden hat. Ungezählte Millionen von Beamten und Gelehrten hat es während seines zweitausendjährigen Bestehens geliefert, und alle hatten denselben konfuzianischen Bildungsgang durchlaufen, alle trugen dasselbe konfuzianische Weltbild in der Seele, alle waren mit demselben konfuzianischen Geiste erfüllt. Jedem Untertanen des Weltreiches war grundsätzlich die gleiche Möglichkeit des Aufstiegs gegeben, aber nur durch die einzige Tür des konfuzianischen Schrifttums; es liegt in der Natur der Dinge, daß der Lerneifer im Volke auf das höchste gesteigert werden mußte, und daß der Gegenstand des Lernens nur eine Wissenschaft sein konnte, die konfuzianische, jede andere war von vornherein zum Verdorren verurteilt. Nicht bloß das Beamtentum und damit der Staat mußten einheitlich konfuzianisch werden, sondern durch den von hier aus wieder zurückstrahlenden Einfluß die ganze geistige Physiognomie des Volkes. Unter dieser Physiognomie traten sogar allmählich die verschiedenen Einzelzüge der so mannigfaltigen Völker des Reiches zurück, derselbe Geist formte sie alle nach einem Bilde, und nur in der Tiefe des Unbewußten lebte noch die natürliche Eigenart der einzelnen Landesteile (vergl. oben S. 58). Gewiß hat es nicht an Gegnern dieser Entwicklung gefehlt, sicherlich haben der fanatische Altertumskult der Konfuzianer, sowie das überspannte Schwelgen in dem Formen-System eines angeblich alten Rituals vielfach Widerspruch gefunden, vielleicht ist dieser Widerspruch sogar stärker gewesen, als wir heute noch feststellen können, da in dem immer konfuzianischer werdenden Staate die Erhaltung gegnerischen Schrifttums mindestens nicht gefördert wurde, aber von irgend welchem nachhaltigen Einflusse sind jene Stimmen nicht mehr gewesen. Wang Tsch'ung, vielleicht der kritischste und unabhängigste Denker, den das mittelalterliche China hervorgebracht hat, zeigt sich in seinem *Lun-hêng*, einer Sammlung meist kritischer Aufsätze, als ein rücksichtsloser Wahrheitsucher und greift zwar nicht Konfuzius, aber die Konfuzianer wegen ihres autoritativen Gebahrens immer wieder an, ja, er sagt von ihren „fünf kanonischen Büchern", die von ihnen selbst zusammengestellt seien, daß „kein Mensch wisse, was daran echt sei" (Kap. 28 fol. 10v°). Aber eine dauernde Wirkung hat auch Wang Tsch'ung nicht erzielt, wir können aus seinen Reden nur entnehmen, daß zu seiner Zeit, im 1. Jahrhundert n. Chr., die verschiedenen philosophischen Schulen teils abgestorben, teils im Absterben waren, vielleicht von den Magiern abgesehen, die eben mit den Konfuzianern vielfach verwandt waren. Die Hemmungen, die der Konfuzianismus in seiner weiteren Geschichte erfahren hat, kamen nicht mehr aus geistigen Gegenströmungen, sondern hatten andere Ursachen.

Die chinesischen Staatsleitungen haben denn auch die von Wu ti betretene Bahn niemals wieder verlassen. Was danach in der politischen Gestaltung folgt, ist nur ein weiterer Ausbau des Systems, alle künftigen Maßnahmen bilden nur Etappen auf dem Wege einer einheitlichen Entwicklung, die sich trotz Hemmungen und zeitweiliger Unterbrechungen immer wieder zu sich selbst zurückfindet. Zahlreich sind die Erlasse der auf Wu ti folgenden Kaiser der Han-Danastie, die sich auf die Auswahl der Kandidaten in den Provinzen, ihre Prüfungen, ihre Ausbildung, auf die Stellung der *po schi* und *po schi ti tsĕ*, die den Han-Annalen (Kap. 88 fol. 6v⁰) zufolge am Ende der Regierung Tsch'êng tis (7. v. Chr.) unter Hinweis darauf, daß Konfuzius 3000 Schüler gehabt habe (s. oben S. 210), auf 3000 vermehrt wurden, ferner auf die Beförderung der *ti tsĕ*, auf die Einrichtungen des konfuzianischen Rituals u. ä. beziehen; sie alle tragen denselben Stempel: bedingungslose Hingabe an die Weisheit des Altertums, an seine (vermeintlichen) Ordnungen und Formen, an die Lehrsätze des Konfuzius und seiner Schüler als an den Ausdruck der unverrückbaren, ewig geltenden Wahrheit. Unter P'ing ti wird im Jahre 3 n. Chr. ein Unterrichtsystem mit Studien-Anstalten und Lehrern in den Provinzen und einzelnen Bezirken geschaffen, wofür ein Vorbild bereits seit langem in Schu (Ssĕ-tsch'uan, s. oben S. 179) bestand, wo ein eifriger Verehrer des Konfuzius, Wên Wong, kurz vor Wu tis Regierung Gouverneur geworden war und ein vollständiges Schulsystem zum Studium des konfuzianischen Schrifttums eingerichtet hatte. Je eifriger und eindringlicher dieses Studium jetzt überall betrieben wurde, um so mehr wurde man darauf bedacht, das alte Ritual und die alten Kultuseinrichtungen, so wie man beides verstand, wiederherzustellen. Dabei war weniger der geschichtliche Sinn bestimmend als das Streben, den Glanz des Altertums zu vermehren und die politische Machtstellung des Literatentums zu verstärken. Einrichtungen vollkommenster Art wurden einem erträumten alten Staate angedichtet, wirklich vorhanden gewesene urwüchsige Bräuche weitgehend umgedeutet. So wurde das aus den alten Ritualen als *pi-yung* bekannte Gebäude, das „Männerhaus" des hohen Altertums, mit dem wir uns früher beschäftigt haben (s. oben S. 74), von den Konfuzianern in ihrem Sinne neu geformt. Der alte Name *pi-yung* ist, wie erwähnt, offenbar nicht chinesisch, sondern entstammt der Sprache eines der kulturell angeglichenen Völker; die Chinesen haben ihn schon früh mit *ling t'ai* d. h. „Terrasse oder Turm der Geister", stellenweise auch mit *ming t'ang* d. h. „Halle der Erleuchtung" wiedergegeben. Nunmehr erklärte man, das *pi-yung* sei eine Stätte gewesen, wo der Sinn der heiligen Bücher erforscht und erklärt wurde. So ergab es sich leicht, daß es mit dem durch Wu ti begründeten *t'ai-hüo*-System verbunden und seine Neuerrichtung verlangt wurde. Die erste Anregung dazu erfolgte schon unter dem Kaiser Tsch'êng ti (32—7 v. Chr.), sie erinnert an die Veranlassung, die zum Kultus der „fünf Kaiser" führte (s. oben S. 283f.), und zeigt wieder, wie eng die Verbindung der Konfuzianer mit dem Magiertum war. „Zur Zeit von Tsch'êng ti," heißt es in den Han-Annalen (Kap. 22 fol. 5v⁰ff.), „fand man in der Provinz Kien-weï (am Unterlauf des Min-Flusses im südlichen Ssĕ-tsch'uan) am Rande eines Gewässers sechzehn

Klangsteine (aufgehängte Steinplatten, die als Musikinstrumente dienten). Die Berater erklärten das für ein glückbedeutendes Zeichen, und Liu Hiang (s. unten) beantragte auf Grund dessen beim Throne, daß man ein *pi-yung* schaffen und Schulen errichten solle, um Riten und Musik zu erklären, die Klänge der Lieder des *Schi king* zu ehren, die Gebärden des Grußes und der Zurückhaltung zu pflegen usw." In Folge der politischen Ereignisse kam aber der Plan erst später zur Ausführung. Liu Hiang selbst starb, der Kaiser gleichfalls, aber als dann Wang Mang, der Altertumschwärmer, zur Macht gelangte (s. unten), fanden alle diese und noch viele andere konfuzianischen Pläne ihre Erfüllung. Im Jahre 3 n. Chr. wurde „auf den Antrag" des allmächtigen Staatskanzlers, wie seine Lebensbeschreibung in den Han-Annalen (Kap. 99a fol. 23r°) berichtet, „die Dreiheit *ming t'ang, pi-yung* und *ling t'ai* als Wissenschaftstätte erbaut", zugleich wurden „zehntausend Wohnungen hergerichtet", in denen die *po schi* und ihre Schüler Unterkunft fanden. In Folge dessen wurde auf die neue Anstalt der Name des Systems *t'ai hüo* übertragen, und sie wurde eine Akademie, die, nach dem dreifachen Namen zu schließen, deren Bedeutungsgleichheit vergessen war, auch kultischen Zwecken diente. Das *pi-yung* oder *pi-yung kung*, „der Palast *Pi-yung*", ist eins der vornehmsten Heiligtümer des konfuzianischen Kultus geblieben. Zwar die eigentliche Studien-Anstalt oder Akademie *(t'ai hüo)* hat man im Jahre 29 n. Chr. wie wir sahen (s. oben S. 301), wieder davon losgelöst, ebenso wie die Wohnstätten der Akademiker, aber es blieb die Stätte, wo der Himmelssohn selbst als Lehrer der Menschheit den um ihn versammelten Literaten die kanonische Lehre zu erklären pflegte. Als stilistischen Rest seines uralten Vorgängers hat das *pi-yung kung* das Wasser-Bassin behalten, das es wie ein Graben umzieht, so daß es an das alte Männerhaus als befestigten Sammelplatz des Stammes erinnert. Das vor und unter Tsch'êng ti entstandene Schulsystem ist tatsächlich der Anfang eines staatlichen Unterrichtswesens in China. Was in der Literatur seit der Han-Zeit von Schulen im Tschou-Staate und sogar im hohen Altertum erzählt wird, soll nur dem Zwecke dienen, alle Neuschöpfungen als Nachbildungen der Werke der „heiligen Herrscher" zu legitimieren, geschichtlich ist es bedeutungslos.

War der Konfuzianismus bis zur Zeit Wu tis eine Staatslehre, wie alle anderen philosophischen Lehrsysteme der Chinesen in höherem oder geringerem Grade es waren, so wurde er durch die Verstaatlichung nunmehr zum Staatsrecht. Und da der Staat in der chinesischen Auffassung ein Ausdruck göttlicher Weltordnung war, also religiösen Charakter trug (s. oben S. 120ff.), so mußte das Staatsrecht Religion sein. Der Konfuzianismus hatte es zwar von Anbeginn an als seine wesentliche Aufgabe angesehen, die religiösen Elemente des Altertums zu bewahren und zu überliefern, aber in seiner neuen Stellung mußte sein System nunmehr selbst zur Religion, und zwar zu der einen, allein rechten, ja allein möglichen Religion werden; der Philosoph und Überlieferer Konfuzius wurde, gewiß nicht in Übereinstimmung mit seinem persönlichen Willen, zum Religionstifter, zum Gottmenschen, zum Gott. Wir werden die einzelnen Phasen dieser Entwicklung in der Geschichte deutlich verfolgen können. Schon Schi huang-ti hatte, wie wir sahen (s. oben S. 247), einen Nachkommen des Konfuzius in der neunten Generation durch einen literarischen Adels-Titel ausgezeichnet, die „Chronik von K'üe-li" *(K'üe-li tschi)* weiß sogar zu berichten, daß zum ersten Male ein Nachkomme in der achten Generation vom König Ngan-hi von Weï (276—243 v. Chr.) in ähnlicher Weise persönlich geadelt worden sei. Gleiche Ehrungen für die Familie werden aus den Jahren 206 und 196/195 unter Kao tsu berichtet. In der Folgezeit, unter den Kaisern Hui ti und Wên ti, hören wir, daß einzelne Nachkommen unter die *po schi* aufgenommen sind, aber alles das sind Auszeichnungen, wie sie zahllosen anderen Familien ebenfalls zu Teil geworden sind. Auch das Opfer des Kao tsu am Grabe des Konfuzius im Jahre 196/95 (s. oben S. 274), abgesehen davon, daß es trotz aller späteren Lobpreisungen der Literaten wahrscheinlich nur als eine Gunstbezeugung für den verdienten Lu Kia zu bewerten ist (s. oben S. 277), war bestenfalls eine ehrende Erinnerungsfeier für einen weisen Mann vergangener Zeiten, eine Kranzniederlegung nach modernen Begriffen. Selbst unter Wu ti änderte sich an diesem Zustande nichts. Allerdings begann jetzt die neue Stellung des Konfuzianismus sich geltend zu machen. Der Kaiser hatte, dem alten Brauche folgend (s. oben S. 137), den Nachkommen der vernichteten Dynastie, in diesem Falle den Tschou, denn die Ts'in zählten als außerhalb der göttlichen Ordnung stehend nicht mit, ein Land-Lehen in Ho-nan mit Fürstenrang gegeben, damit sie dort die Ahnenopfer vollziehen könnten. Yuan ti (48—33) vergrößerte das Lehen und ließ zugleich nach den Nachkommen der Yin (Schang) suchen, damit diese ähnlich bedacht würden. Über zehn Familien wurden ausfindig gemacht, die überall im Reiche verstreut waren und alle ihren Stammbaum auf die Yin zurückführten, so daß keine Möglichkeit bestand, hier eine Familie als gesetzliche Nachfolgerin zu behandeln. Ein armer, sonst unbekannter Literat, K'uang Hêng, richtete nunmehr eine Eingabe an den Kaiser, in der er erklärte — ohne Angabe, auf Grund welcher Quellen —, daß „der in der Herrschaft befindliche Fürst die Nachkommen der beiden früheren Herrscher (Dynastien) erhalten müsse, um die früheren Herrscher zu ehren und die drei Weltherrschaften *(san t'ung)* zu verbinden". (Auch dieser Gedanke von den „drei Weltherrschaften" oder „Gesamtheiten", von dem Kommentator der Han-Annalen Kap. 10 fol. 16r⁰ mit Unrecht als Himmel, Erde, Mensch, gedeutet, beruht auf mystisch-kosmischen Vorstellungen und zeigt die Verbindung der Konfuzianer mit den Magiern). Es müßten also durchaus auch die Yin ebenso wie die Tschou ihr Lehen zur Vollziehung des Ahnendienstes erhalten. Früher hätten die Yin ihr Lehen in Sung gehabt (s. oben S. 114), aber die Fürstenfamilie von Sung sei nach den Lehren des *Tsch'un-ts'iu* als ausgestorben anzusehen, auch sei ein Nachkomme nicht aufzufinden gewesen. Nach dem *Li ki* habe jedoch Konfuzius selbst gesagt, „er sei ein Mann aus Yin" (im heutigen *Li ki* nicht enthalten). Die Familie des Konfuzius sei also die Nachkommenschaft von „T'ang, dem Siegreichen" (s. oben S. 67). Aber auf Yuan ti machten diese Darlegungen keinen Eindruck, er erklärte kurz, „das stimme nicht mit den kanonischen Büchern überein". Indessen beruhigten sich die Literaten nicht dabei. Unter Tsch'êng ti (32—7) nahm ein gelehrter Forscher, Meï Fu, der mehr im Lager der Magier als der Konfuzianer gestanden zu haben scheint — er soll sich nach der Überlieferung in ein unsterbliches überirdisches Wesen *(sien)* verwandelt haben —, die Sache wieder auf und machte dem Kaiser sehr dringliche Vorstellungen. Die Lehre von den „drei Weltherrschaften", die auch Wu wang beachtet habe, indem er die Nachkommen der „fünf Kaiser" erhalten, dann aber besonders die der Yin in Sung, die der Hia in K'i belehnt habe (s. oben S. 109), müsse wieder zu Ehren kommen. Konfuzius sei nach der Deutung des *Tsch'un-ts'iu* durch Ku-liang ein Nachkomme der Yin. „Nach dem *Kung-yang tschuan* müßten aber schon die Söhne und Enkel eines Weisen Landbesitz haben, um wie viel mehr die eines Heiligen, zumal wenn er auch ein Nachkomme der Yin-Herrscher sei." „Jetzt hat Konfuzius keinen Tempel außer in K'üe-li (seiner Heimat), so daß seine Söhne und Enkel wie gewöhnliche Leute aus dem Volke angesehen werden. Daß ein Heiliger nur die Opfer eines gewöhnliches Mannes genießen soll, das ist nicht der Wille des erhabenen Himmels." Aber auch Meï Fu hatte zunächst keinen Erfolg mit seinen Bemühungen, und erst im vorletzten Jahre seiner Regierung entschloß sich Tsch'êng ti, dem anscheinend wiederholten Verlangen nach einer Art Heiligsprecheng des Konfuzius nachzukommen. Im Jahre 8 erfolgte der Erlaß, in dem dargelegt wurde, daß „die Nachkommen der beiden (früheren) Herrscher (Dynastien) erhalten werden müssen, damit die drei Weltherrschaften verbunden werden". Die bisher unterbrochenen Opfer der Yin müßten daher wieder aufgenommen werden. Nun sei unter den Nachkommen dieses Geschlechts keiner würdiger als K'ung Ki (ein sonst unbekannter Nachkomme des Konfuzius). Er würde deshalb hierdurch als Erbe der Yin eingesetzt, mit einem Gebiete von 100 *li* belehnt und zugleich mit dem Titel *Yin schao kia kung* d. h. „Herzog, der der Stolz der Erben von Yin ist". So war das Literatentum auf dem Wege über Ahnendienst und kosmische Zahlensymbolik dazu gelangt, Konfuzius unter die „Heiligen" aufgenommen und als Nachkommen der einen von den klassischen Dynastien anerkannt zu sehen. Allmählich trat aber die Heiligkeit und damit das religiöse Moment stärker in den Vordergrund, und man machte deshalb von der angeblichen vornehmen Herkunft nicht mehr viel Aufhebens. Es hat unter den folgenden Kaisern der Han noch eine ganze Reihe von Verleihungen adliger Titel an die Mitglieder der Familie K'ung gegeben, aber das eigentlich Kultische zeigt sich erst nach Gründung der Unterrichtsanstalten in den Provinzen im Jahre 3 n. Chr. (s. oben S. 303). Bei der Neuordnung des Rituals unter der Späteren Han-Dynastie (s. unten) für das von ihr wieder errichtete *pi-yung* im Jahre 59 n. Chr. wurde für alle Schulen der Provinzen bestimmt, daß — wie es natürlich auch im *pi-yung* selbst geschah — „den heiligen Lehrern Tschou Kung und Konfuzius Opfer dargebracht würden“ *(Han schu* Kap. 14 fol. 6v⁰). Nach der Chronik von Yentschou fu, dem Heimatbezirk der Familie K'ung in Schan-tung, wurde im Jahre 153 n. Chr. für den Heiligen, der „die Geheimnisse des Weltalls erforscht hat und ihr göttliches Wirken kennt“, in seiner Heimat, wohl an Stelle des angeblich schon im Jahre 478 v. Chr. errichteten kleineren Grabtempels, eine größere Kultstätte erbaut, die von einem besonderen staatlichen höheren Beamten überwacht und versorgt wurde. In den vier Jahreszeiten wurden von den Familienältesten regelmäßig Opfer nach einem vorgeschriebenen Ritual gebracht. Auf diesem Wege hat sich die Entwicklung weiter bewegt, ihren Höhepunkt und ihr Ende hat sie erst im 20. Jahrhundert gefunden.

In dem Maße nun, wie die Konfuzianer sich unter Wu ti am Kaiserhofe Gehör zu schaffen vermochten, begannen sie auch ihr seit Schi huang-ti verfemtes Schrifttum wieder zusammenzusuchen. Wir haben bereits gesehen, wie einzelne Teile der Werke wieder zu Tage kamen, die Berichte darüber machen freilich keinen Eindruck der Zuverlässigkeit. Natürlich waren die auf Konfuzius' eigenes Wirken zurückgeführten Schriften die vornehmste Sorge der Bemühungen. In Konfuzius' Hause behauptete man das *Schu king*, das Ritual *(Li ki* oder *I-li ?)*, das *Lun yü* („Gespräche“) und noch andere Werke eingemauert gefunden zu haben (s. oben S. 289f.), in Schan-tung sollte ein neunzigjähriger Greis das *Schu king* in seinem Besitze gehabt haben, Andere wieder, im höchsten Lebensalter stehend, konnten die Lieder des *Schi king* rezitieren, wieder Andere waren Spezialisten im *Yi king* oder im *Tsch'un-ts'iu* und seiner verzwickten Auslegung durch die Kommentare des *Kung-yang tschuan* und *Ku-liang tschuan*, die großen Ritual-Sammlungen (s. oben S. 208f.) mußten in einzelnen Bruchstücken zusammengetragen werden. Vor allem waren es naturgemäß die Gebiete von Schan-tung und Süd-Tschi-li, die alten Staaten von Lu, Ts'i und Tschao, das eigentliche Ursprungsland des Konfuzianismus, wo die Überlieferung in Wort und Schrift am stärksten fortlebte. Unter Wu ti, als die Konfuzianer anfingen, die staatliche Macht zu erobern, setzte ein leidenschaftliches Suchen nach alten Schriften ein, das Gefundene wurde geordnet, entziffert, zusammengestellt, ergänzt und — gefälscht. An die Stelle des Ausdrucks *leo yi* für die sechs kanonischen Bücher (s. oben S. 208, 288 u. 300) in der älteren Zeit tritt jetzt der Sammelbegriff *wu king* oder auch *leo king* d. h. „die fünf (oder sechs) kanonischen Bücher“, die *leo yi* bezeichnen dann in der konfuzianischen Terminologie die „sechs Wissenschaften“, nämlich Ritual, Musik, Bogenschießen, Wagenlenken, Schreibkunst und Astrologie. Jedes der fünf *king* erhielt seine besonderen *po schi* mit zahllosen Gehilfen, die den Text feststellten. Die Form des konfuzianischen Kanons ist im wesentlichen während der einuneinhalb Jahrhunderte der Früheren Han-Dynastie von Wu ti ab entstanden, doch sind beträchtliche Teile, namentlich vom *Schu king*, erst im 3. und 4. nachchristlichen Jahrhundert hinzugekommen. Die „fünf *king*" sind später durch vier andere Schriften vermehrt worden, die angeblich Aussprüche des Konfuzius und Mêng tsĕ (s. oben S. 211f.) enthalten; es sind außer dem *Lun yü* und *Mêng tsĕ* das *Ta hüo* und das *Tschung yung*, zwei kleine Werke unbekannter und verdächtiger Herkunft, die erst der Sammlung des *Li ki* einverleibt worden waren. Diese vier Schriften bilden dann als die *ssĕ schu* („vier Bücher") einen gleichberechtigten Teil des Kanons. Neuere zeitweilige Erweiterungen werden wir später kennen lernen. Wir haben schon öfter erwähnen müssen, wie bedenklich es mit der Echtheit und dem Alter der kanonischen Schriften steht, sofern sie beanspruchen, die Meinungen des Konfuzius wiederzugeben oder gar von ihm herzurühren, und die neuere Kritik bringt immer mehr Beweise dafür. Zu den *king*, den „Kettenfäden" des Gewebes — die eigentliche Grundbedeutung des Wortes —, traten damals die *weï*, die „Schußfäden", d. h. Ergänzungen und Erklärungen der kanonischen Schriften, die sämtlich neu hergestellt waren, aber auch dem Konfuzius zugeschrieben wurden.

Es waren nicht bloß die wirklichen oder vermeintlichen Schriften der konfuzianischen Heroen des klassischen Altertums, die man sammelte, auch nicht bloß die, die damit irgendwie in Verbindung standen, sondern man scheint vielmehr alles, was überhaupt an älterem Schrifttum erreichbar war, ohne Rücksicht auf den Inhalt in der Hauptstadt zusammengebracht zu haben. Die Han-Annalen berichten (Kap. 30 fol. 1 v°f.), daß Wu ti über den schlimmen Zustand des Schrifttums und über den Verfall des Rituals und der Musik sehr bekümmert war. „Man faßte deshalb den Plan, Büchereien zu schaffen und Beamte einzusetzen, die die Bücher auf- oder abschrieben bis hinunter zu den überlieferten Lehren der verschiedenen Philosophen und sie dann in den Geheim-Archiven niederlegten. Zur Zeit Tsch'êng tis (32—7 v. Chr.) erhielt, da die Schriftwerke noch sehr verstreut waren oder ganz fehlten, der Hofmarschall Tsch'ên Nung den Befehl, im ganzen Reiche nach verlorenen Büchern zu forschen. Ferner wurde dem Rat im Hausministerium, Liu Hiang, der Auftrag gegeben, die kanonischen Bücher, die Kommentare dazu, die Schriften der verschiedenen Philosophen und die poetischen Werke zu redigieren, während der Kommandant der Fußtruppen, Jen Hung, die militärischen Werke, der Groß-Astrolog Yin Hien die über Astrologie und Wahrsagekunst, der Hofarzt Li Tschun-kuo die über Heilkunde bearbeiten sollte. Jedes Buch wurde nach Fertigstellung von Liu Hiang in ein Verzeichnis eingetragen, dann machte er einen Auszug aus dem Inhalt und überreichte die Aufzeichnungen dem Kaiser. Als Liu Hiang starb, beauftragte der Kaiser Ai ti (6—1 v. Chr.) dessen Sohn, den Rat am Kaiserlichen Wagen-Amt, Liu Hin, das Werk seines Vaters zu vollenden. Liu Hin faßte die sämtlichen Schriftwerke zusammen, machte eine aus sieben Abteilungen bestehende Sammlung daraus und überreichte diese dem Throne". Von den sieben Abteilungen dieser Sammlung enthielt die erste nur die Titel und Inhaltsangaben der Bücher, die zweite die Literatur der sechs Wissenschaften (s. oben S. 307), die dritte die Schriften der Philosophen, die vierte die poetischen Werke, die fünfte die militärischen, die sechste die über Wahrsagekunst und Astrologie, die siebente die über Heilkunde. Der so entstandene unter dem Namen *Ts'i lio pie lu* d. h. „das Verzeichnis der sieben Abteilungen" bekannte Katalog ist zwar nicht mehr erhalten, aber er bildet wohl im Wesentlichen den Literaturbericht in den Han-Annalen (Kap. 30).

Leider verdienen nun aber von den zahllosen Wiedererweckern der angeblich verlorenen Weisheit des Altertums im Zeitalter der Han durchaus nicht alle ein unbedingtes Vertrauen. Man hat sich nicht darauf beschränkt, die wirklich alten Bruchstücke zu sammeln und daraus, soweit möglich, einen brauchbaren Text zusammenzustellen, sondern man hat diese Bruchstücke nach Gutdünken in einem Maße ergänzt, daß die so entstandenen Werke oft viel umfangreicher geworden sein mögen, als die unverkürzten Originale jemals waren. Auch völlig neue Schriftdenkmäler zu alten Titeln hat man „rekonstruiert" und so eine neue „alte" Literatur aufgebaut, deren Umfang die Tschou-Zeit nie gekannt hat. Das bezieht sich nicht zum wenigsten auch auf die Bücher des Kanons, von denen manche, wie z. B. das *Kung-yang tschuan* und das *Ku-liang tschuan*, große Teile der Riten-Sammlungen u. a. ausgesprochenermaßen jetzt überhaupt zum ersten Male „auf Bambus und Seide" (s. oben S. 234 u. 238f.) niedergeschrieben wurden, während sie bis dahin nur in mündlicher Überlieferung gelebt hatten. Auch das zeigt, auf wie unsicheren Fundamenten der konfuzianische Kanon ruht, und man kann sich kaum des Verdachtes erwehren, daß die „Verbrennung der Bücher" durch Schi huang-ti zur Han-Zeit so maßlos übertrieben wurde, weil man so die eigenen Fälschungen glaubwürdiger und verdienstlicher machen zu können meinte: vor der Zerstörung konnte angeblich höchstens das eine Exemplar bewahrt worden sein, eine Nachprüfung durch ein zweites war nicht möglich. Ganz besonders fruchtbar durch seine Fälschertätigkeit ist Liu Hin gewesen, der als Berater des Umstürzlers Wang Mang (s. unten) in erster Linie von politischen Beweggründen geleitet gewesen zu sein scheint. Er hat es erreicht, daß ein geschichtliches Werk dunkler Herkunft, das *Tso tschuan*, einem Zeitgenossen und Vertrauten des Konfuzius als Verfasser zugeschrieben, dem *Tsch'un-ts'iu* als Kommentar angefügt und so in den Kanon aufgenommen wurde. Die literarischen Fälschungen der Han-Gelehrten sind von den Chinesen aller Zeitalter immer wieder, allerdings in ganz verschiedenem Umfange, hervorgehoben worden, von Wang-Tsch'ung (s. oben S. 302) im 1. Jahrhundert n. Chr., der die Redaktion der Texte als völlig willkürlich bezeichnete, bis zu K'ang Yu-weï im 19. Jahrhundert, der besonders Liu Hins unheilvolle Tätigkeit darstellte.

Es war ein Glück für den Konfuzianismus, daß ihm die Kräfte für seine Machtstellung noch aus anderen Quellen zuströmten als aus seinem Schrifttum. Die eine dieser Quellen lag zunächst in der schrankenlosen Kaiserlichen

Gunst, die er seit Wu ti genoß. Welches waren die Gründe, die die Han-Kaiser, und Wu ti insbesondere, zu ihrer starken Hinneigung zum Konfuzianismus bestimmten? Sie ergeben sich von selbst aus dem, was bisher über die innere Politik der Han gesagt wurde. Für die durch den Erlaß von 196 eingeleitete Demokratisierung des Staatsdienstes mit dem Zwecke, die Macht des Lehensadels zu beseitigen, war die Schule der Konfuzianer schon von Wên ti, weit mehr aber noch von Wu ti als brauchbares Werkzeug erkannt worden. Das von Konfuzius selbst noch ganz aristokratisch gedachte formal-ethische System war von den Späteren, namentlich von Mêng tsĕ und den Seinen, schon stark demokratisch verbreitert worden (s. oben S. 212), und wenn für die Konfuzianer der Gedanke einer weitherzigen Zulassung zum Mitgenuß des Reiches durch den Himmelssohn ein wesentlicher Bestandteil ihrer Weltanschauung war, so wurde diesem Gedanken ja dadurch vollauf Genüge getan, daß sie selbst nunmehr die Mitgenießer werden sollten, indem sie Ämter, Einkünfte und Adelstitel erhielten. (In dem Erlaß von 196 ist dieser Gedanke des Mitgenießens bereits deutlich ausgesprochen). Das Prüfungsystem mit dem in dem konfuzianischen Schrifttum gegebenen Wertmesser war die einfachste und beste Art, die fähigsten Köpfe im Volke herauszufinden. Das aber, was das Konfuzianertum und seinen Kanon so besonders geeignet für die Zwecke der Kaiserlichen Politik machte, war die hohe Bedeutung, die der Zentralherrscher innerhalb seines Lehrsystems hatte: die religiöse Stellung des „Himmelssohnes" als Vermittler zwischen Himmel und Erde, Gott und Menschheit war unschätzbar als Unterbau der Kaiserlichen Macht, nur mußte man dafür sorgen, daß nicht überstarke Lehensfürsten die wirkliche Bedeutung dieser Macht als zweifelhaft erscheinen lassen konnten. Ferner war der Grundbegriff der konfuzianischen Lehre, die Ehrfurcht *(hiao)*, für die Regierung das denkbar geeignetste Werkzeug, das Volk in den Schranken einer festen Ordnung zu halten und jedes Widerstreben als verwerflich erscheinen zu lassen. Die Ehrfurcht war die Wurzel der *li* (s. oben S. 207), und in den *li* als dem System der kultischen Riten fand die erhabene Stellung des Kaisers als des Himmelssohnes ihren starken Ausdruck, während andererseits die *li* als System der Lebensregeln den Einzelnen an die Stelle wiesen, die ihm in der Familie und dann in der Gesamtheit zukam. Die *li* galten als die Gesetze der „heiligen Herrscher der Vorzeit", waren also Ausdruck der Weisheit des Altertums; frevelhafte Verirrung hatte sie lange Zeit hindurch verschüttet, es war die Pflicht der mit dem „Auftrag des Himmels" bedachten Dynastie, sie wieder zur Geltung zu bringen. Wu ti, ein junger, lebhafter, stolzer und prunkliebender Herrscher, übte diese Pflicht nur zu gern, nachdem er ihren Wert für seine Stellung erkannt hatte. „Ich habe gehört, daß man mit den Riten das Volk leitet und mit der Musik seine Sitten veredelt," beginnt ein Erlaß von ihm aus dem Jahre 124 v. Chr. *(Tsʻien Han schu* Kap. 6 fol. 10v⁰), „jetzt aber sind die Riten verfallen, und die Musik ist entartet, darüber bin ich auf das höchste betrübt." Unter ihm entstanden dann wohl auch die großen Sammlungen des *Li ki*, und des *I-li*, deren Bruchstücke teilweise angeblich im Hause des Konfuzius aufgefunden sein sollten (s. oben S. 307). Ein modernes im Jahre 1920 erschienenes chinesisches Geschichtswerk, das *Pai hua pên kuo schi* von Lü Ssĕ-mien, stimmt mit der hier geäußerten Auffassung nicht durchweg überein. Der Verfasser hält (II, 77f.) die Erklärung, die den Grund für das Aufblühen des Konfuzianismus in „seiner Klarstellung des Verhältnisses von Fürst und Untertan" und in „seiner Begünstigung des Absolutismus" sieht, für spätere Konstruktion. Er glaubt, die Entwicklung sei vielmehr umgekehrt: jedes Lehrsystem entwickle sich nach seiner Umgebung; der Konfuzianismus habe zwei Jahrtausende hindurch die Gunst absoluter Herrscher in einem absolutistischen Regierungsystem genossen, es sei also ganz natürlich, daß er in Folge dessen zahlreiche Lehrsätze entwickelt habe, die den Absolutismus begünstigten. Andere Lehrsysteme in gleicher Lage würden dasselbe getan haben. Man könne sogar beobachten, daß in späteren Zeiten Einwendungen gegen die fürstliche Gewalt ihre Begründung vielfach in den Lehren des Konfuzianismus gefunden hätten. Ein anderer Denker des modernen China, Hu Schi, meint in einer 1929 erschienenen Abhandlung über „die Einsetzung des Konfuzianismus als Staatsreligion während der Han-Dynastie", daß die Konfuzianer der Han-Zeit ihre Lehre als „eine religiöse Waffe" benutzt hätten, um den unbegrenzten Absolutismus des Herrschers einzuschränken, indem sie den letzteren der Oberaufsicht durch den Himmel unterstellt hätten. Der erste der beiden Verfasser verwechselt Ursache und Wirkung, der zweite geht von der unrichtigen Voraussetzung aus, daß jene Oberaufsicht des Himmels von Konfuzius selbst noch nicht gelehrt worden sei. Beiden wird es deshalb schwer, nun den Grund dafür anzugeben, warum denn der Konfuzianismus die Gunst der absoluten Herrscher genossen habe. Hu Schi gibt überhaupt keine Erklärung, und Lü Ssĕ-mien meint, die konfuzianische Lehre habe ihren Haupteinfluß auf den Gesellschaftsaufbau ausgeübt. Da der Fürst selbst auch ein Teil in diesem Aufbau sei, so habe er sich mit seiner Gesinnung nicht außerhalb davon halten und, wo alle Glieder der Gesellschaft die Geltung des Konfuzianismus anerkannt hätten, nicht allein ihm widerstreben können. Das ist nicht bloß wenig überzeugend, sondern auch logisch anfechtbar. Einleuchtender ist das folgende: „Was Wu tis Verehrung für den Konfuzianismus anlangt, so wurde dieser Herrscher von demselben Gedanken geleitet, wie Schi huang-ti, als er sagte: Von überall habe ich zahlreiche Schriftgelehrte........ berufen in der Absicht, den allgemeinen Frieden zur Blüte zu bringen (der volle Wortlaut in *Schi ki* Kap. 6 fol. 25r⁰). Wenn ein Mensch das Weltreich regiert, so mag er sich auf militärische Machtmittel stützen, so viel er will, er kann es nicht unversehrt erhalten, wenn er nicht für Bildung sorgt; für Bildung zu sorgen, war aber der Konfuzianismus das wirksamste Mittel. Und ferner: Wu ti von der Han-Dynastie war ein Mann, der Freude hatte an öffentlichem Gepränge. Das Ritual für seine feierlichen Umzüge und seine großen Opfer an Himmel und

Erde aber kannten nur die Konfuzianer", wie denn auch Schi huang-ti schon trotz seiner Verfolgungen die Konfuzianer hierüber hatte befragen müssen. Gegen diese Begründung wird sich kaum etwas einwenden lassen. Indessen darf man nicht übersehen, daß für die Han-Kaiser, Wu ti eingeschlossen, der Konfuzianismus in erster Linie ein politisches System war, ein religiöses nur insofern, als er das theokratische Element in der Theorie des universalistischen Idealstaates besonders wirksam machte. Davon abgesehen, befriedigten die Kaiser ihre metaphysischen Bedürfnisse auf ihre eigene Art, nicht immer zur Freude der Konfuzianer. Den Kultus der kosmischen „fünf Kaiser", den Wên ti sich hatte aufreden lassen (s. oben S. 283ff.), pflegte auch Wu ti, und er begab sich im Jahre 133 v. Chr. sogar wieder persönlich zu diesem Zwecke nach der alten Opferstätte von Yung, obwohl dieser Kultus, wie die Konfuzianer bekümmert festgestellt haben, „nicht dem Altertume entsprach" (s. oben S. 285). Und wie bei Wên ti, so mußten auch bei Wu ti die Literaten ihren Einfluß mit den Magiern teilen, auch wenn deren außerirdische Beziehungen nicht so schwindelhafter Art waren. Wie Wên ti einst von Sin-yuan P'ing, so wurde Wu ti von einem ähnlichen Zauberkünstler mit Namen Li Schao-kün genarrt. Dem Heimatlande des Magiertums, Ts'i, entstammend, hatte dieser Wundermann durch seine alchimistischen Künste viel von sich reden gemacht und war auch um 130 v. Chr. vom Kaiser empfangen und ausgezeichnet worden. Er überredete den Herrscher, „dem Herde zu opfern", d. h. alchimistische Experimente mit Feuer und Schmelztiegel zu machen, dadurch würde er Gold herstellen können, in den daraus gefertigten Trink- und Eßgeräten würde er den Unsterblichkeitstrank bereiten und dadurch im Stande sein, die Insel der Seligen aufzufinden usw. Wu ti hat sich nach Ssĕ-ma Ts'iens Bericht (Kap. 28 fol. 21r°ff.) redlich bemüht, mit Erfolg „dem Herde zu opfern", Gold zu machen und die Insel der Seligen zu finden; Li Schao-kün selbst hatte das Glück, rechtzeitig zu sterben, „aber der Himmelssohn", fügt Ssĕ-ma Ts'ien mit verstecktem Spott hinzu, „glaubte, er habe sich anderswohin verwandelt und sei nicht fort." „Von Yen und Ts'i kamen danach immer mehr Zauberer und Wundermänner und redeten über diese Götter-Sachen". Einem von ihnen, Schao Wêng, der ebenfalls eine Zeit lang des Kaisers Staunen ob seiner Zauberkräfte zu erregen verstanden hatte und reiche Gunstbeweise erfuhr — Manche wollen in ihm den Erfinder des chinesischen Schattenspiels sehen — erging es übler als Li Schao-kün: er hatte ein Seidenstück mit einer Inschrift versehen und es einer Kuh zu fressen gegeben. Darauf orakelte er, daß sich „im Leibe der Kuh etwas Seltsames befände." Man tötete das Tier, fand das Seidenstück, erkannte aber die Handschrift Schao Wêngs. Der Magier mußte seine Kunst mit dem Tode büßen. Auch sonst wird noch manches Seltsame über Wu tis Verkehr mit Göttern und Göttinnen erzählt. Bei dem armseligen religiösen Gehalt des Konfuzianismus war ein solches Schweifen außerhalb seiner Grenzen nicht zu verwundern, der Taoismus hat dem Volke in weitem Maße hier Ersatz geben müssen.

Auf die Einflüsse des Magiertums ist auch jene Einrichtung Wu tis zurückzuführen, die für die chinesische Zeitrechnung so wichtig geworden ist, und die wir bereits früher erwähnt haben (s. oben S. 98), der Gebrauch der *nien hao* oder Jahresdevisen der Kaiser. In dem Kapitel über die Himmelsopfer im *Schi ki* (Kap. 28 fol. 24r⁰) heißt es: „Drei Jahre später (d. h. nach gewissen Vorgängen bei einer Erkrankung Wu tis, wo auch eine Zauberin eine Rolle spielte) wiesen Beamte darauf hin, daß die Regierungsperioden *(yuan)* der Kaiser nach glückbedeutenden Zeichen des Himmels benannt werden müßten, nicht mit den bloßen Zahlen eins, zwei usw. Die erste Periode *(yuan)* erhielt daher die Bezeichnung *kien* (d. h. „Periode der ersten Einrichtung"), die zweite nach einem Kometen, der erschienen war, die Bezeichnung *kuang* (d. h. „Glanz"), die dritte nach einem Tier mit einem Horn, das man beim Stadtflur-Opfer ergriffen hatte, die Bezeichnung *schou* (d. h. „Jagd")." Wir haben früher gesehen, daß bereits Wên ti, als er zu sehen glaubte, daß die untergehende Sonne noch einmal zur Mittagshöhe zurückkehrte, eine neue Regierungsperiode zu zählen anfing, ein Vorgang, der sich auch schon im 4. Jahrhundert einmal abgespielt hatte. King ti hatte dann seine Zählung sogar zweimal erneuert (s. oben S. 286), so daß also unter Wu ti das Zusammenstellen von Jahresperioden während der Regierungszeit, namentlich wenn sie länger dauerte, nichts Neues mehr war. Aber man hatte bis dahin diese Perioden einfach als *yuan* d. h. eigentlich „Anfang" bezeichnet und durch den Zusatz „frühere", „mittlere", „spätere" unterschieden. Von jetzt ab sollten die Perioden Namen erhalten, die nach glückbedeutenden Ereignissen gewählt wurden, ein Brauch, den wir auch vom ältesten Ägypten und von Babylonien her kennen. Die Namen waren zunächst einsilbig gedacht und sollten mit dem Worte „Periode", *yuan*, zusammengesetzt werden. So haben wir unter Wu ti die Perioden *kien-yuan*, *yuan-kuang*, *yuan-schou* u. a. Dabei bedeutet das Wort *yuan* ursprünglich nur das erste Jahr, und zwar nur das des Zentralherrschers, die Lehensfürsten mußten ihr erstes Jahr mit *i* („eins") bezeichnen; *yuan* d. h. „Uranfang", hat für die Konfuzianer eine tiefe mystische Bedeutung, und die Geheimlehre des *Tsch'un-ts'iu* hat sich eingehend mit dieser Mystik und dem damit verbundenen Vorrechte des „Himmelssohnes" beschäftigt (vergl. oben S. 186). Aber schon im weiteren Verlaufe der Regierungszeit Wu tis hat man an dem Brauche nicht mehr festgehalten und zweisilbige Bezeichnungen ohne *yuan* gebildet, z. B. *t'ai-tschu*, *t'ien-han* u. a. Unter den Nachfolgern verschwindet dann allmählich der Begriff *yuan* ganz aus dem Bewußtsein, und wir finden als *nien hao* die verschiedensten Ausdrücke, meistens allerdings mit einer glücklichen Bedeutung. Die Einrichtung der *nien hao* ist bis in unsere Tage eine große Erleichterung für die chinesische Chronologie geblieben, zumal später meistens, seit 1368 immer, eine Devise die ganze Regierungszeit deckte; die *nien hao* haben eine weit größere praktische Bedeutung gewonnen als die posthumen Ehren- und Tempelnamen, man findet sie in neuerer Zeit geradezu als Namen der Kaiser selbst angewendet. Auch Japan hat die *nien hao (nengō)* als Zeitbezeichnungen übernommen und bis heute beibehalten. Die chinesischen Texte sind nicht klar hinsichtlich des wirklichen Beginns der neuen Benennungsart. Die Erkrankung Wu tis trat nach dem *Schi ki* (Kap. 28 fol. 23 v⁰) ein Jahr nach der Hinrichtung Schao Wêngs ein; über diese Hinrichtung macht Ssĕ-ma Ts'ien sehr unbestimmte Zeitangaben, das *Tsĕ tschi t'ung kien* verzeichnet sie unter dem 4. Jahre *yuan-schou* d. h. 119 v. Chr., dann würde also für die Krankheit das Jahr 118 und für den Antrag der Beamten das Jahr 115 anzusetzen sein. Nun berichtet aber Ssĕ-ma Ts'ien weiter, daß im Winter des auf jenen Antrag folgenden Jahres der Kaiser in Yung das Großopfer vollzog. Dieses Opfer fand nach den Han-Annalen (Kap. 6 fol. 18 r⁰) im 10. Monat des Winters des 5. Jahres *yuan-ting* statt, d. h. im Jahre 112, der Antrag wäre also mit dem Jahre 113 zu datieren. Unter demselben Jahre ist ein Opfer auch im *Tsĕ tschi t'ung kien* verzeichnet. Ganz unhaltbar aber ist die Angabe des letzteren unter dem 1. Jahre *yuan-schou* d. h. 122, daß „man in diesem Jahre die Jahresbenennungen nach glückbedeutenden Zeichen des Himmels begonnen habe". Endlich ist es auch auffallend, daß Ssĕ-ma Ts'ien nur die Perioden *kien-yuan*, *yuan-kuang* und *yuan-schou* nennt, während zwischen die beiden letzteren auch noch die Periode *yuan-scho* fällt. Nach alledem muß man annehmen, daß der Beschluß, die Jahresperioden neu zu benennen, im Jahre 113 gefaßt worden ist, daß aber die Benennung, so wie sie noch heute vorliegt, vollständig erst später, vielleicht bei der Kalenderreform im Jahre 104 (s. unten), vielleicht sogar erst nach Ssĕ-ma Ts'iens Tode um 85 v. Chr. oder wenigstens nach Vollendung seines Werkes im Jahre 99 durchgeführt ist, anderenfalls ist die Ungenauigkeit des Geschichtschreibers nicht zu erklären. Dieser Ansicht ist auch eins der der Kommentarwerke des *T'ung kien kang-mu* (unter *yuan-ting* 1. Jahr). Den Han-Annalen zufolge soll im Jahre 116 am Ufer des Fên-Flusses in Schan-si ein Dreifuß aufgefunden sein, und im Jahre 113 an dem gleichen Flusse ein zweiter. (Wenn die Nachricht überhaupt ernst zu nehmen ist, könnte es sich vielleicht um einen Dreifuß handeln, den Sin-yuan P'ing einst hier versenkt hatte, um sein Vorhandensein weissagen zu können (vergl. oben S. 286). Spätere chinesische Quellen vermuten, daß es sich nur um ein einmaliges Auffinden gehandelt habe. Wie dem aber auch sei, der Dreifuß wurde der Anlaß, die Jahresperiode nach *yuan-schou* als *yuan-ting* („Dreifuß-Periode") zu bezeichnen, ein *nien hao*, das mit dem Jahre 116 geltend wurde. Die sechs auf diese Weise zu Stande gekommenen *nien hao* umfassen nun alle je sechs Jahre, von den weiteren fünf, die Wu tis Regierungszeit noch aufweist, umfassen vier je vier Jahre, das letzte, zählt nur zwei, von denen das letzte sein Todesjahr ist. Worauf diese Zahlenspielerei beruht, ist nicht zu ersehen; man hat sie, mit einigen Unregelmäßigkeiten, als Sechser- und Vierer-Reihen bis zum Ende der Früheren Han-Zeit fortgesetzt, dann hat man sie aufgegeben und die *nien hao* ohne magische Beimischung verwendet. Die spätere Orthodoxie hat auch diese

Einrichtung der Han-Kaiser, insbesondere den Mißbrauch des altehrwürdigen mythischen Wortes *yuan*, als widersinnig und gegen die Lehren des Altertums verstoßend gebrandmarkt.

Vielleicht hing es auch mit dieser ganzen Neuordnung der Regierungsperioden und den magischen Neigungen des Kaisers zusammen, daß Wu ti sich williger zeigte als seine Vorgänger, die Frage einer Änderung des Jahresbeginns, des herrschenden „Elementes", der Farbe und der Kleider, wie sie der neuen Dynastie oblag, wieder aufzunehmen. Sie war, wie wir sahen (s. oben S. 283), bereits unter Wên ti von Kia Yi und dann von Kung-sun Tsch'ên angeregt worden, aber in Folge der Betrügereien des Sin-yuan P'ing hatte der Kaiser das Interesse daran verloren. Wu ti, völlig von den kosmischen Vorstellungen erfüllt, in denen seine Machtstellung als Zentralherrscher und der von ihm regierte Weltstaat wurzelten, war durchaus geneigt, den Wünschen seiner Umgebung nach einer Umstellung der kosmischen Ordnung, entsprechend dem Wesen seiner ruhmreichen Dynastie, stattzugeben, Kleider und Farbe richtigzustellen, insbesondere aber, wie es das *Schu king* verlangte, „der Menschheit die Zeiten zu verkünden" *(schou jen schi)*, damit sie die Arbeiten des Ackerbaus danach einrichtete, d. h. kraft seiner gott-menschlichen Mittelstellung den Kalender zu bestimmen. So wurde denn im 7. Jahre *yuan-fêng* (104 v. Chr.), wie das *Hanschu* (Kap. 21a fol. 15v°ff.) eingehend berichtet, zur Bearbeitung dieser Fragen eine Kaiserliche Kommission berufen, der auch Ssĕ-ma Ts'ien als Hof-Archivar und Astrologe angehörte. Sie stellte tiefgehende Untersuchungen astronomisch-mathematisch-mystischer Art an, deren Geheimnisse heute kaum noch ein Uneingeweihter wird ergründen wollen, und kam schließlich zu der Auffassung, daß — wenn ich den Text richtig verstehe — die zyklischen Zeichen „des großen Anfangs" *(t'ai tsch'u)* vor 4617 Jahren (vom Jahre 104 v. Chr. an gerechnet) die nämlichen seien wie die des 7. Jahres *yuan-fêng* (was tatsächlich nicht zutrifft und den Chinesen daher Anlaß zu sehr umständlichen Erörterungen gegeben hat), und daß daher dieses letztere als das 1. Jahr *t'ai-tsch'u* zu bezeichnen sei. Außerdem aber wurde der Jahresanfang, der unter der Hia-Dynastie der dritte astronomische Monat (nach der Winter-Sonnenwende) gewesen war, unter den Yin der zweite, unter den Tschou der erste und danach der zwölfte, nunmehr wieder mit der Hia-Dynastie in Übereinstimmung gebracht, um den mit den Tschou zu Ende gegangenen Kreislauf der „drei Weltherrschaften" *(san t'ung,* die Ts'in zählen wieder nicht mit, vergl. oben S. 305) von neuem zu beginnen, d. h. der dritte astronomische Monat wurde wieder der erste amtliche, zugleich der erste Frühlingsmonat. Dabei wurde bestimmt, um den bisherigen Kalender in den neuen überzuleiten, daß der vorhergehende zwölfte, erste und zweite Monat zu dem neuen Jahre hinzugenommen würden, so daß das 1. Jahr *t'ai-tsch'u* in Wirklichkeit fünfzehn, oder vielmehr, da auch diesmal noch ein Schaltmonat hinzukam, sechzehn Monate zählte. Dieser neue, *t'ai-tsch'u li* genannte, von einem gewissen sonst unbekannten Astrologen

Têng P'ing errechnete Kalender ist nicht mehr verändert worden und (neben dem allmählich sich ausbreitenden abendländischen) auch heute noch im Gebrauch. Die folgenden Dynastien haben den Kreisauf der „drei Weltherrschaften" nicht fortgesetzt. Als Farbe wurde bei dieser kosmologischen Neuordnung Gelb, die Farbe des „Elements" Erde, bestimmt (s. oben S. 283), als kosmische Zahlen die fünf und die neun.

Als Wu ti starb, war die Konfuzianisierung des Staates so weit vollzogen, daß an ein Zurück nicht mehr zu denken war. Was noch fehlte, besorgte hinfort das Prüfungsystem. Es schuf das Beamtentum und Literatentum, die „gentry", und damit senkte es die Wurzeln des Konfuzianismus in das Volk hinab. Denn die „gentry" war keine Geburtskaste, sondern sie stieg unmittelbar aus den Massen auf, blieb mit ihnen verwurzelt, aber beherrschte sie politisch und geistig; sie bildete die „öffentliche Meinung" und bestimmte, was angemessen war und was nicht. Sie wachte über den *li* und ihrer Anwendung und sie sorgte dafür, daß die *li* die Gesamtheit des Volkes in allen ihren Schichten, in allen ihren sozialen Lebensfunktionen gleichmäßig durchdrangen. So wurde aus dem Konfuzianismus ein festes System von Begriffen und Regeln, ein System, das keine Zweifel und keine Kritik erlaubte, sondern unverrückbar und unabänderlich dastand wie ein festes Gerüst, in das der Volkskörper hineingeschoben wurde und dem er sich anpassen mußte. Das gesamte Geistesleben der Völker im Reiche wurde allmählich in eine auf beiden Seiten verschlossene Bahn gezwungen, in der es sich abspielte, und aus der kein Luftzug fremder Gedankenwelten es vertreiben konnte. Wir sehen hier die Lösung des früher berührten Problems, wie das Mißverhältnis zwischen der Durchschnittsgröße des Konfuzius und der Unermeßlichkeit seines Einflusses zu erklären sei (s. oben S. 205). Die Konfuzianisierung des Staates zur Han-Zeit war nicht das posthume Werk des Konfuzius, sondern sie war das Ergebnis einer geschichtlichen Entwicklung, die sich eher entgegen den Anschauungen des Konfuzius als etwa unter ihrer Einwirkung vollzog, der planvollen Zweckmäßigkeitspolitik einer Staatsleitung, die den Lehren des Weisen von Lu innerlich keineswegs nahe stand, und der Kanonisierung eines Schrifttums, das von bedeutenden Gelehrten geschaffen und ausgedeutet wurde, mit dem aber Konfuzius selbst zu einem großen Teile nie etwas zu tun gehabt hat. Dem Konfuzius wurde zugeschrieben, was Generationen von Systematikern ein halbes Jahrtausend nach ihm zusammentrugen, weil es dadurch den Stempel des Altertums, der geheiligten Überlieferung und somit der Legitimität, später sogar der Inspiration erhielt. Es mag auch in der seelischen Natur der Massen begründet sein, daß ein Lehr- und Form-System um so bereitwilliger von ihnen aufgenommen und um so ehrfürchtiger bewahrt wird, je bestimmter und vollständiger es von einer einzigen, in der Phantasie sehr bald vergöttlichten Persönlichkeit als Urheber hergeleitet wird. Man hat die Frage aufgeworfen, ob das konfuzianische System aus dem chinesischen Seelenleben heraus als etwas ihm Wesensgleiches geschaffen worden sei, oder ob es umgekehrt als etwas von außen Kommendes dieses Seelenleben erst nach sich geformt habe. Wir brauchen die Frage nicht zu erörtern; die Geschichte selbst hat bereits die Antwort darauf gegeben: die unter einander völlig verschiedenen Völker der vorkonfuzianischen (d. h. der Vor-Han-) Zeit sind etwas durchaus Anderes als die im Konfuzianismus zusammengeschlossene Kulturgemeinschaft, und diese wieder etwas durchaus Anderes als das Chinesentum der nachkonfuzianischen Gegenwart.

Die gewaltige Leistung des zur Han-Zeit neu geformten Konfuzianismus war die Umbildung der sozialen Ordnung, und gerade hierin hat er sich weit von seinem Gründer entfernt. Die von Konfuzius selbst gelehrte Staatsethik war, wie wir gesehen haben (s. oben S. 212), völlig aristokratisch, wie es im Wesen der damaligen Zeit lag, sie galt nur der obersten Herrenschicht des Adels. Das änderte sich unter den Verhältnissen der Han-Zeit: der soziale Unterschied unter den Fremdvölkern und dem alten Volke der „Innen-Staaten" war bereits verwischt, die allen gemeinsame konfuzianische Bildung beseitigte die letzten Reste davon, wenn auch die ethnischen Unterschiede als natürliche Gegebenheiten noch bestehen blieben. An die Stelle des Geburtsadels trat allmählich die Geistes-Aristokratie und bildete die nähere und weitere Umgebung des Monarchen; jeder Beamte gehörte zu ihr, aber das „törichte Volk" *(yü min)* blieb nach wie vor außerhalb dieses Kreises. Die Demokratisierung des Staatsdienstes, von der wir gesprochen haben (s. oben S. 276), bedeutete keine Demokratisierung des Staates und seiner Verfassung, was so oft irrtümlicher Weise angenommen wird, im Gegenteil, der Absolutismus des Herrschers, der vom Ts'in-Staate übernommen war, wurde schrankenloser als je, und der des Beamtentums nicht minder. Der große Tschu Hi, der Thomas von Aquino der Konfuzianer im 12. Jahrhundert, hat sich darüber einmal sehr deutlich ausgesprochen. Auf die Frage eines seiner Schüler, des Huang Jen-k'ing: „Seit der Umformung des Staates durch Ts'in Schi huang-ti haben die Herrscher der späteren Generationen sämtlich keine Änderung mehr vornehmen können, wie kommt das?" erwiedert er: „Das Regierungsystem der Ts'in erschöpfte sich in dem Gedanken, den Fürsten hoch zu erheben und den Untertan tief herunter zu drücken. Darum wollten die späteren Generationen keine Änderungen vornehmen. Ferner: die drei *huang* hatten den Titel *huang*, die fünf *ti* den Titel *ti* (s. oben S. 63), die drei *wang* (die Gründer der drei ersten Dynastien) den Titel *wang;* Ts'in aber faßte alles zusammen in dem Titel *huang-ti* (s. oben S. 227). Schon um dieser einen Sache willen, wie hätten die späteren Generationen geneigt sein können, eine Veränderung vorzunehmen?" *(Tschu tsě ts'üan schu* Kap. 61 fol. 13v⁰). Nirgends zeigte sich der weite Abstand von Fürst und Untertan, von Beamtentum und Volk deutlicher als im konfuzianischen Kultus. Der Konfuzianismus war, wie wir sahen (s. oben S. 304), Staatsrecht und Religion, und in dieser Religion war der Kaiser der oberste Priester, er vollzog die höchsten Staatsopfer, die Beamten unterstützten ihn dabei oder brachten in den Provinzen selbst die Opfer an geringere Gottheiten dar (s. oben S. 119f. u. 130), aber das Volk blieb außerhalb dieser religiösen Weihen, selbst die Rolle eines Zuschauers zu spielen, war ihm grundsätzlich verboten. Nur die Gesetze der Ehrfurcht, die Ethik des Konfuzianismus, waren jetzt auch ihm bindend, und insofern war der Satz des Altertums: „Die *li* reichen nicht hinab bis zu dem gemeinen Volke" (s. oben S. 123) ungültig geworden. Die aus der Urzeit herstammenden Satzungen von Sippenordnung und Ahnendienst hatten durch das konfuzianische System nun erst recht ihre staatlich geschützte Kraft erhalten, und sie waren in der Tat das Band, und zwar das einzige, das Alle umschloß, vom Herrscher bis zum Geringsten im Volke. Auf den Gesetzen der Ehrfurcht baute sich von nun ab das ganze soziale Gefüge auf, ohne sie war das Gebilde des Weltstaates nicht denkbar. Eins freilich hat der Konfuzianismus, auch als Religion, dem Volke nicht zu geben vermocht: die Befriedigung seiner urmenschlichen metaphysischen Bedürfnisse. Die noch nicht im Verstandesmäßigen verstummte menschliche Seele fragt nach dem Jenseits, aber der Konfuzianismus verweigerte darauf unwirsch die Antwort (vergl. oben S. 207); er schloß nicht bloß das Volk von seinem Kultus aus, sondern gab ihm und selbst denen, die daran teilnahmen, statt des Brotes lebendiger Gottesnähe den Stein einer harten Gesellschafts-Ethik. Die natürliche Folge ist gewesen, daß das Volk seine religiösen Bedürfnisse außerhalb des Konfuzianismus befriedigt hat: es behielt seine eigenen aus der Urzeit stammenden Götter und Geister und schuf sich neue dazu, sei es aus einer naiven Naturbetrachtung heraus, sei es durch Umbildung bewunderter menschlicher Persönlichkeiten zu überirdischen Wesen. Seine Phantasie umrankte dieses Pantheon mit einer bunten Fülle von Geschichten und Vorstellungen und bildete einen eigenen, ebenso bunten Kultus dazu. Sowohl das Magiertum der Tao-Lehrer wie später der eingewanderte Buddhismus (s. unten) haben sich dieser Volksreligion in weitem Maße für ihre Zwecke bedient und haben in ihr die Hauptquelle für ihre Erstarkung gefunden.

Der chinesische Universalstaat, der Staat und Kirche zugleich war, hat durch das Durcheinanderwachsen beider Begriffe eine einheitlichere Prägung, eine größere Festigkeit und eine längere Dauer erhalten als seine Seitenstücke im Westen, das römische Imperium und seine Erben, das alte deutsche Kaisertum und die katholische Kirche (die ihr zweites Jahrtausend noch längst nicht hinter sich hat, vergl. oben S. 125). Gewiß weist auch die Entwicklungsgeschichte des chinesischen Staates schwere Kämpfe und Hemmungen, sogar scheinbares Abbrechen der leitenden Idee auf, aber diese Idee überwindet doch alles, sie findet sich immer wieder zu sich selbst zurück, sie erweist sich als unzerstörbar und triumphiert schließlich über alle Widerstände. Man mag eine entfernte Ähnlichkeit erkennen zwischen der Lage, in der sich Kaiser Konstantin und seine Nachfolger bis zu Theodosius dem Großen im 4. Jahrhundert im römischen Reiche, und der, in der sich Kao ti und seine Nachfolger bis Wu ti im chinesischen befanden.

Beide sahen sich einer geistigen Bewegung gegenüber, mit der sie sich auseinanderzusetzen gezwungen waren, die einen dem Christentum, die anderen dem Konfuzianismus. Beide standen dieser Bewegung innerlich zunächst, wenn nicht ablehnend, so jedenfalls ohne besondere Neigung gegenüber: Konstantin hat sich erst auf dem Totenbette taufen lassen, und seine Nachfolger, namentlich Julian, waren den Christen wenig zugetan, erst Gratian und Theodosius haben die orthodoxe christliche Lehre zur allein berechtigten und geschützten im Staate gemacht; wie die Han-Kaiser zum Konfuzianismus standen, haben wir gesehen. Aber beide waren durch die politischen Verhältnisse genötigt, ihre persönlichen Empfindungen zurückzustellen, das römische Reich wurde christlich, das chinesische konfuzianisch. Hier jedoch endet der Vergleich. Der chinesische Kaiser wurde *pontifex maximus* der Kirche und blieb es, der römische zu Anfang auch, wenn auch ohne den Titel, aber er blieb es nicht. Konstantin und seine ersten Nachfolger waren noch Leiter der Kirche, aber dann entwickelt sich die Kirche für sich, gewiß im Staate und lange von ihm getragen, aber — organisatorisch gesehen — doch neben ihm, bis sie ihm als selbständige, kämpfende, den Vorrang beanspruchende Macht gegenüber tritt. Anders in China: hier waren Kaiser und Papst begrifflich und körperlich eine Person, und während im Westen die Kirche gegen den Zäsaropapismus protestierte, ist dieser in China niemals und von Niemand angezweifelt worden; im Westen zerschellte der Reichskirchengedanke Konstantins beim Zusammenstoß mit der abendländischen Kirchen-Idee, in China gab es keinen solchen Zusammenstoß. Einmal, zur Zeit der Schwächung der Tschou-Macht, vom 7. Jahrhundert v. Chr. ab, bestand die Gefahr, daß die weltliche Macht mit dem „Präsidialfürsten" als Träger sich von der religiösen des „Himmelssohnes" abspaltete (s. oben S. 161f.), aber der Einheitsbegriff saß zu fest im chinesischen Denken, als daß solche Spaltung haltbar gewesen wäre. Weit größer war eine andere Gefahr. Das alte deutsche Kaisertum ist zu Grunde gegangen an dem Aufkommen eines übermächtigen Territorialfürstentums, das aus dem Lehenswesen hervorwuchs, und zwar nicht zum wenigsten in Folge der cluniacensischen Kirchenbewegung vom 10. Jahrhundert ab, die eine Lösung der Kirche von jedem Einfluß der weltlichen Macht anstrebte und in dem verhängnisvollen Konkordat von Worms im Jahre 1122 ihre ersten Früchte erntete. Das dadurch immer selbständiger werdende Dynastentum zwang den Kaiser, bei der Kirche einen Rückhalt zu suchen, dadurch sank seine Stellung in dem Maße wie die der letzteren stieg. Der Universalismus des Kaisertums ist schließlich dem Universalismus des Papsttums erlegen. Die Kaiser der Han-Dynastie dagegen haben durch ihre kluge Politik das Lehenswesen gerade mit Hilfe der „Kirche", d. h. des Konfuzianismus, unschädlich gemacht und schließlich beseitigt. Ohne das wäre es nur eine Frage der Zeit gewesen, daß die Lehensfürsten, ebenso wie in Deutschland, ihnen die Macht aus der Hand genommen und das Reich zersplittert hätten. Das ist eben die unvergleichliche Leistung des Konfuzianismus: er hat ein ethisch-politisches und zugleich religiöses System geschaffen, das alle Teile des riesigen Reiches und alle in ihm wohnenden Völker zu einer Einheit zusammenschloß, und zwar zu einer Einheit, die nicht bloß verfassungsrechtlicher Art war, sondern einen seelischen Zusammenklang darstellte, wie er nirgends, in keinem der übrigen Weltreiche, annähernd zu erzielen gewesen ist. Eine Nation zu bilden hat das System natürlich nicht vermocht, darauf konnte auch nie sein Wille gerichtet sein, denn der Begriff der Nation war ihm wesensfremd wie jedem Universalismus, aber als Form des Universalismus war es so stark, von solcher staatsbildenden und staatswerbenden Kraft, daß auch die fremden Völker, wenigstens vorübergehend, sich seiner Ordnung willig eingefügt haben. So ist der chinesische Weltstaat, alle inneren und äußeren Krisen überwindend, als gewaltiges Kultur- und Machtgebilde durch die nächsten zwei Jahrtausende geschritten: es war der Staat der Ts'in, angefüllt mit konfuzianischem Geiste, zusammengehalten durch das konfuzianische System.

Drittes Kapitel.

Auswärtige Politik. Vorstöße nach allen Richtungen. Hunnenkriege. Neue Welten.

Das territoriale Erbe der Ts'in, das die ganze ungeheure Ländermasse zwischen den Randgebirgen der mongolischen Steppenplateaus und dem Golf von Tongking, wenn auch zum Teil noch in lockerer Angliederung, umfaßte, konnte von den Han zunächst nicht ganz gehalten werden. In den Wirren des Überganges wurde Manches aufgegeben, aber in dem Maße wie ihre Herrschaft sich festigte, gewann die neue Dynastie das Verlorene zurück und noch sehr vieles Neues hinzu. Die von Schi huang-ti erschlossenen Gebiete der heutigen Süd-Provinzen Kuang-tung und Kuang-si (s. oben S. 244ff.), das sogenannte „Südliche Yüe" (Nan Yüe), konnten durch die diplomatische Geschicklichkeit des konfuzianischen Vorkämpfers Lu Kia als Vasallenstaat beim Reiche gehalten werden (s. oben S. 273 und 282), dagegen wurden die einst zu Tsch'u gehörigen, dann von den Ts'in eroberten Länder nordwestlich davon, Pa und K'ien-tschang, d. h. das östliche Ssĕ-tsch'uan, das nordwestliche Hu-nan und das östliche Kueï-tschou, wo die Ts'in bereits eine Provinzialverwaltung eingerichtet hatten (s. oben S. 245), von den Han aufgegeben und durch Schließung der alten Grenzbefestigungen gegen Schu, d. h. gegen die hochkultivierte Ebene von Tsch'êng-tu und das umgebende Gebirgsland (s. oben S. 25f.), völlig abgesperrt. Ganz außerhalb alles Einflusses, ja wohl außerhalb aller Kenntnis blieb zunächst das schwer zugängliche Gebirgsland im äußersten Südwesten, d. h. das südliche Ssĕ-tsch'uan und Yün-nan, wo besonders Tien, Ye-lang (s. oben S. 245f.), und Kiung-tu (das heutige Kiung-lai hien, früher Kiung-tschou in Ssĕ-tsch'uan) als Namen der beherrschenden Staaten genannt werden. Tien lag im südlichen Yün-nan, östlich von dem heutigen See von Yün-nan fu, Ye-lang schloß sich östlich daran und dürfte sich durch ganz Kueï-tschou hindurch erstreckt haben. Beide Staaten waren von Lo-lo-Völkern (s. oben S. 35) bewohnt. Kiung-tu war südlich vom heutigen Tsch'êng-tu. Diese ganze von der Natur so reich bedachte Welt südlich vom Yang-tsĕ mit ihren fremden Völkerschaften (s. oben S. 39), die, abgesehen von dem früher erwähnten Weï T'o (s. oben S. 273), unter ihren einheimischen Häuptlingen standen, war bis zur Zeit Wu tis trotz ihres theoretischen Vasallentums im ganzen für die Herrscher des Nordens eine unbekannte Ferne; nur in den Talebenen des Siang kiang und des Kan kiang vom Tung-ting-See und Po-yang-See aus (s. oben S. 10) zogen sich schmale Keile chinesischer Kultur hinein, die von dem großen Staate Tsch'u nach Süden vorgetrieben waren. Der Name Yüe, den wir zur Han-Zeit für das ganze Land von der Küste von Tschê-kiang und Fu-kien bis hinüber nach Kuang-si und Annam in Geltung finden, gibt, wie wir früher sahen (s. oben S. 141), ein einheimisches Wort wieder; er muß eine ganze Anzahl verschiedener Völker eingeschlossen haben: die Chinesen sprechen von den Pai Yüe, d. h. den „hundert Yüe". Neben dem großen Nan Yüe („Süd-Yüe"), das neben Kuang-tung und Kuang-si, zeitweilig wenigstens, Teile von Annam und Tongking mit umschloß, wird östlich davon Tung Yüe („Ost-Yüe") oder Min Yüe genannt, das die heutige Provinz Fu-kien, vielleicht auch Teile von Tschê-kiang umfaßt haben muß. Später, in den Kämpfen der werdenden Han, finden wir auch in Tschê-kiang, südlich der Bucht von Hang-tschou, einen kleineren Staat mit dem Namen Tung Ou („Ost-Ou", eigentlich der Name der Hauptstadt, das heutige Lin-hai hien, früher T'ai-tschou) oder auch Tung-hai („Ostmeer"), wohl im Gegensatz zu einem in den Han-Annalen gleichfalls erwähnten Si Ou („West-Ou") im südwestlichen Kuang-tuang und Kuang-si und im nördlichen Annam. Die Fürsten von Min Yüe und von Tung Ou sollen nach Ssĕ-ma Ts'ien Nachkömmlinge des im 5. Jahrhundert so berühmten Königs Kou-tsien von Yüe (s. oben S. 174ff. und 188f.) gewesen sein. Nach dem Sturze der Ts'in hatten diese Völker sich freundlich zu den nordischen Han gestellt, da sie eine Gelegenheit erhielten, sich der fremden Herrschaft zu entledigen, Hiang Yü ihnen aber als der Vertreter der Südmacht Tsch'u erschien, die ihnen nicht weniger verhaßt war als vordem Ts'in. Um die Mitte des 2. Jahrhunderts v. Chr. begannen die Dinge sich zu ändern, und die Han wurden veranlaßt, aktiv in die Verhältnisse des Südens einzugreifen, nachdem die zur Zeit der Kaiserin Lü drohende Gefahr glücklich abgewendet war (s. oben S. 281f.). Bei dem großen Aufstande der Fürsten im Jahre 154 (s. oben S. 292) hatte sich der König von Wu um die Unterstützung durch Min Yüe und Tung Ou ebenso bemüht, wie der König von Tschao um die der Hiung-nu im Norden. Die Han aber hatten in Tung Ou Mörder gedungen, die den König von Wu erschlugen. Sein Sohn floh nach Min Yüe und stachelte das Volk zu einem Rachezuge gegen Tung Ou auf. Das kleine Land kam in schwere Bedrängnis und wandte sich an den Kaiser King ti um Hilfe. Dieser bot ein Heer auf, und Min Yüe ließ, ohne es auf einen Kampf ankommen zu lassen, von seinem Gegner ab, die Bewohner von Tung Ou aber, angeblich nur etwas über 40000 Köpfe, wurden auf ihre Bitte in die Gegend zwischen Yang-tsĕ und Huai-Fluß, in das heutige An-hui, umgesiedelt. Aber eine planvolle Südpolitik setzte erst unter dem tatenfrohen Wu ti ein. Im Jahre 135 unternahm Min Yüe, wir wissen nicht, aus welcher Ursache, einen Kriegszug gegen Nan Yüe, und dieses, von friedlicherer Gesinnung erfüllt, wandte sich an seinen Lehensherrn, den Kaiser, um Hilfe. Wu ti ergriff die Gelegenheit zu einer Intervention, nicht ohne Widerspruch seiner Berater, mit Freude — er wird wegen seiner

Kriegspolitik von den Verfassern des *T'ung kien kang-mu* streng getadelt — und sandte ein großes Heer, um in den als begehrenswert erkannten Ländern, von deren Fruchtbarkeit und regem Handelsverkehr man inzwischen Kunde erhalten hatte, die Kaiserliche Macht auf eine festere Grundlage zu stellen. Das Herannahen der Kriegsmacht der Han genügte, um Min Yüe mit Angst und Schrecken zu erfüllen: die Familie des Königs beschloß, den letzteren zu opfern und sich den Han zu unterwerfen. Man schlug ihm den Kopf ab und sandte ihn als beredtes Zeichen an den Oberbefehlshaber des Kaisers. Die Unterwerfung wurde angenommen, der Friede blieb gewahrt, als König von Min Yüe wurde der Bruder des Erschlagenen, der Anführer der Mörder, von den Han eingesetzt und unter ihren Schutz gestellt. Der dankbare König von Nan Yüe, ein Enkel des Weï T'o, schickte seinen Sohn und Thronfolger nach Tsch'ang-ngan, wo er in die Palastgarde eingestellt wurde, ein kulturpolitisches Mittel, dessen sich die chinesischen Kaiser noch oftmals zur Gewinnung fremder Völker bedient haben. Nachdem im Jahre 130 auch der König von Ye-lang (s. oben S. 245f.) durch die Klugheit, Schmeichelei und Freigebigkeit von Wu tis Abgesandten T'ang Mêng, der schon an dem Kriegszuge von 135 beteiligt gewesen war, zur Unterwerfung unter den „Himmelssohn" veranlaßt worden, und dasselbe Mittel auch auf eine Reihe anderer widerstrebender Stämme südlich davon mit Erfolg angewandt war, konnte der Süden, soweit er bekannt geworden war, als befriedet gelten. Im südlichen Ssĕ-tsch'uan, an der Mündung des Min-Flusses, wurde die Provinz Kien-weï angelegt. Noch einmal bedurfte es allerdings eines bewaffneten Einschreitens der Han-Macht in Nan Yüe im Jahre 112, wo durch das herausfordernde und verräterische Verhalten der Königin, einer Chinesin, eine allgemeine Erhebung ausgebrochen war, die den Schutz der Unabhängigkeit des Landes zum Zweck hatte. Die Bewegung wurde durch den General Lu Po-tê rasch niedergeschlagen, das Land eingezogen und in neun Provinzen geteilt. Drei davon lagen im heutigen Tongking und Annam: Kiao-tschi, Kiu-tschen (wovon angeblich Cochin hergeleitet sein soll) und Ji-nan. Der chinesische Handels- und Kolonialgeist erhielt durch die neuen Eroberungen einen starken Anreiz, und die Han-Annalen geben eine gute Schilderung von den Wirkungen. „Da die Gegenden nahe am Meere lagen", heißt es dort (Kap. 28b fol. 39r°), „so gab es einen großen Reichtum an Nashörnern, Elefanten (d. h. Hörnern und Elfenbein), Schildpatt, Perlen, Silber, Kupfer, Früchten und Webstoffen. Die chinesischen Kaufleute trieben Handel dorthin und verdienten große Beträge. Der Mittelpunkt (dieses Handels) war P'an-yü (das heutige Kanton)." Und die andere Seite des Bildes zeigt folgender Satz (a.a.O. fol. 39v°): „Seitdem das Land in Provinzen und Präfekturen eingeteilt war, drangen dort viele chinesische kleine Beamte und Soldaten ein, bemächtigten sich des Landes und bedrückten die Bevölkerung. So kam alle paar Jahre ein Aufstand vor." Die chinesischen Kolonialmethoden waren, wie man sieht, nicht immer sehr zart (vergl. oben S. 49ff.). Weitere Unternehmungen im Süden und Südwesten erfolgten dann im Zusammenhange mit den Vorgängen im Norden.

Dort war die Grenze des Reiches, wie wir gesehen haben (s. oben S. 240ff.), durch den großen von Schi huang-ti ausgebauten Grenzwall von den Nordhängen des Si-k'ing schan in Kan-su bis nach Liao-yang südlich von Mukden festgelegt. In der Huang-ho-Biege war das Reichsgebiet noch über das Ordos-Land hinaus, auf das Nordufer des Huang ho bis an den Fuß des Yin-schan-Gebirges vorgeschoben. Nur im äußersten Nordosten, am Ende des Walles von Liao-tung, hatte die chinesische Macht noch einen zweiten so weit entlegenen Punkt erreicht, und dieser bezeichnete sowohl nach Norden wie nach Osten das Ende. Was jenseits des breiten, flachen Talbodens des Liao-Flusses lag, das waldbedeckte Bergland der Mandschurei und Koreas, befand sich zu Beginn der Han-Zeit noch außerhalb aller staatlichen Unternehmungen und wohl auch aller Kenntnis. Nur an die Küste von Liao-tung scheint, wie die Ausgrabungen der japanischen Archäologen Hamada, Harada u. A. von 1927 bei Pi-tsĕ-wo an der Südküste schließen lassen, schon in den ersten Anfängen der Han-Zeit, d. h. vor Wu ti, ein gewisser Einfluß chinesischer Zivilisation, vielleicht über das Meer von Schan-tung her, vorgedrungen zu sein. In alten Siedelungen tungusischer (?) Stämme dort wurden neben Geräten aus Stein und Knochen, seltsam bemalten Tongefäßen (andere als die im Nordwesten zu Tage gekommenen — s. oben S. 42ff.) u. a. aus der jüngeren Steinzeit auch eiserne Gegenstände und chinesische Münzen gefunden. Die letzteren schreiben die Finder dem Anfang der Han-Zeit und teilweise, aber ohne ausreichenden Beweis, dem Ende der Tschou-Zeit zu. Ob die Bewohner dieser Siedelungen den von Torii weiter im Norden festgestellten Völkern der Tung Hu (s. oben S. 41 u. 47) zuzurechnen sind, muß noch eine offene Frage bleiben.

Die Gebiete nordöstlich der heutigen Pekinger Ebene, am Golf von Liao-tung entlang, waren jedenfalls von den Schan Jung und Tung Hu („östliche Hu" oder Hunnen) bewohnt gewesen, die vielleicht Nachkommen jener Völker des Neolithikums waren, deren Spuren der japanische Archäologe Torii in den Grenzgebieten der Mandschurei und Koreas ausgegraben hat, obwohl man die Tung Hu nicht etwa mit „Tungusen" gleichsetzen darf. Nach Zurückdrängung dieser Völker waren ihre Länder von dem Staate Yen aus im 4. und 3. Jahrhundert besetzt worden (vergl. oben S. 189f.), und Schi huang-ti ist nicht über diese Erwerbungen hinausgekommen. Erst während der Kämpfe nach dem Sturze der Ts'in-Dynastie brachten sich mehrere rebellische Bandenführer und Verbannte aus den nördlichen Gebieten außerhalb des Grenzwalles in Sicherheit und drangen bis in die Wildnis am unteren Yalu (damals Peï schui genannt) vor. Bekannt geworden ist namentlich einer von ihnen, Weï Man aus Yen, der beim Tode Kao tsus als Verbannter an der Spitze einer Schar von Abenteurern nach dem Berichte Ssĕ-ma Ts'iens (Kap. 115 fol. 1 v⁰) „nach Osten außerhalb des Grenzwalles vordrang, den Yalu überschritt und sich in dem von den Ts'in unbewohnt gelassenen Gebiete niederließ". Er machte sich dann zum König des Landes Tschao-sien und hatte seine Hauptstadt in Wang-hien, südwestlich vom heutigen Pyöng-yang im nordwestlichen Korea, am Südufer des Flusses Ta-t'ung kiang. Die Han stellten, wie der Bericht sagt, „im Hinblick auf die Entlegenheit und schwierige Verteidigung des Gebietes den alten Grenzwall von Liao-tung wieder her, so daß er bis zum Peï schui (Yalu) die Grenze bildete". Unter der Kaiserin Lü hou bewog der Gouverneur von Liao-tung den benachbarten neuen König, der seine Herrschaft inzwischen zu beiden Seiten des Yalu ausgedehnt hatte, sich als Vasall des Kaisers einsetzen zu lassen. Die Würde erbte in der Familie des Weï Man fort, aber sein Enkel Yu-k'ü scheint eine selbständigere Haltung angenommen zu haben, als es den Han genehm war. Er erschien nicht zu der verlangten Audienz, hinderte die kleinen Nachbarstaaten an einer Verbindung mit dem Kaiserhofe und machte sein Land mehr und mehr zu einem Sammelplatze für chinesische Flüchtlinge. Der Regierung Wu tis schien die Lage verdächtig, jedenfalls unzulässig. Im Jahre 109 traf eine Kaiserliche Gesandtschaft in Tschao-sien ein und forderte die Unterwerfung des Königs unter den Zentralherrscher. Yu-k'ü verweigerte sie, der Gesandte aber ließ bei seiner Rückkehr aus Rache an der Grenze am Peï schui (Yalu) den ihm zur Begleitung mitgegebenen Würdenträger von Tschao-sien ermorden und flüchtete dann hinter den Grenzwall. Wu ti billigte die feige Tat und ernannte den Gesandten zum Gouverneur von Liao-tung. Bald nach seinem Amtsantritte griff ihn der erbitterte Yu-k'ü mit Waffengewalt an und erschlug ihn. Wu ti war nicht der Mann, die Dinge in diesem Zustande zu lassen; Tschao-sien wurde zu Wasser durch eine von Schan-tung ausgesandte Flotte und zu Lande durch ein Heer von Liao-tung aus angegriffen. Aber der Feldzug mißglückte zunächst vollständig, und auch weiteren Verstärkungen gelang es nicht, den König zu überwältigen und seine Hauptstadt Wang-hien zu erobern. Verhandlungsversuche scheiterten an dem beiderseitigen Mißtrauen. Schließlich brachte auch hier wieder schimpflicher Verrat das Ende. Yu-k'üs eigene Minister, des Kampfes müde, verhandelten im Jahre 108 heimlich mit den Heerführern der Han und ließen ihren König meuchlings ermorden. Yu-k'üs Sohn unterwarf sich, sein Staat wurde aufgelöst und in vier chinesische Provinzen *(kün)* geteilt, die unter Wu tis Nachfolger Tschao ti (86-74) zu zwei zusammengelegt wurden: das südliche Lo-lang mit der Hauptstadt Wang hien (s. oben), südlich vom Yalu, und das nördliche Hüan-tu westlich vom Yalu außerhalb des Grenzwalles, in der heutigen südöstlichen Mandschurei. Ein wenig rühmliches Kapitel in Wu tis Eroberungspolitik war zu Ende.

Die hier nach dem *Schi ki* und dem *Ts'ien Han schu* berichteten Vorgänge bezeichnen den ersten nachweisbaren Anfang der Beziehungen Chinas zu der koreanischen Halbinsel; alles, was aus der Tschou-Zeit und früher darüber berichtet wird, ist Fabelei späteren Ursprungs und geschichtlich bedeutungslos. Nicht viel anders als im Süden waren es auch hier, im äußersten Norden, Abenteurer und Rebellen, die sich eine Stellung unter den fremden Völkerstämmen zu machen verstanden, und so dem chinesischen Reichsgedanken und dem Einfluß der chinesischen Kultur den Boden bereiteten. Ob es Stämme der Tung Hu, oder tungusische Völker, oder beide waren, die das waldige Bergland zu beiden Seiten des Yalu bewohnten, können wir heute nicht mehr erkennen. Eine Anzahl einheimischer Stammesnamen erwähnen die beiden genannten Quellen als Bezeichnungen von Verwaltungsbezirken in den beiden großen Provinzen, aber aus ihrer chinesisch wiedergegebenen Form läßt sich ein Original nicht herauslesen; der bekannteste ist Tschao-sien in Lo-lang, der sich bis heute im chinesischen wie im japanischen (hier Chōsen) als Name für Korea erhalten hat. Er scheint ursprünglich nur einen Stamm auf der Nordseite des Ta-tʻung kiang bezeichnet zu haben und wird dann der Name eines der Unterbezirke in der späteren Provinz Lo-lang, die, wie die Lage der Hauptstadt zeigt, südlich über den Fluß hinübergereicht haben muß. Auch Tschao-sien gibt ein einheimisches Wort lautlich oder vielleicht auch in Übersetzung wieder; ob man berechtigt ist, es durch „Morgenfrische“ zu übertragen, wie es oft geschieht, ist also sehr zweifelhaft. Es ist auch schwer zu sagen, welchem Umstande gerade dieser Name seine Erhaltung und Verbreitung zu danken hat. Ein anderer ebenfalls bekannt gewordener Bezirksname ist Kao-kou-li in Hüan-tu, die Wiedergabe des einheimischen Ko-ku-rye, woraus das europäische Korea entstanden ist. Kao-kou-li lag nördlich von Tschao-sien und den übrigen kleinen Stammesbezirken am mittleren Yalu, seine Hauptstadt befand sich bei dem heutigen Orte Tʻung-kou am Yalu, wenig südlich von der scharfen Wendung des Flusses nach Süden. Die Annalen der Späteren Han (Kap. 115 fol. 5v°) geben eine kurze, aber anschauliche Schilderung von dem auch heute noch wenig bekannten Gebiete: „Es gibt dort viele hohe Berge und tief eingeschnittene Täler; die Menschen müssen sich bei ihren Siedelungen den Bodenverhältnissen anpassen. Feldbau gibt es nur wenig, und er reicht nicht zum Unterhalt der Bevölkerung aus.“ Im Norden schloß sich dann ein Land Fu-yü an, das sich aber gänzlich in's Unbekannte verlor. — Was auf der Halbinsel südlich von Lo-lang lag, war anscheinend rassemäßig, jedenfalls kulturell und politisch, von den Nordstaaten scharf geschieden. Es bestand aus drei Verbänden von kleinen Volkstämmen, gewöhnlich die drei Han[1]) genannt, nämlich Ma Han, Tschʻên Han und Pien-tschʻên Han. Ma Han lag an der Westküste südlich von Lo-lang und reichte im Süden hinunter bis zu den Sitzen der Wo (Japaner), d. h. bis zur Südküste, die beiden anderen Han, unter sich enger zusammenhängend, füllten den Osten der südlichen Hälfte der Halbinsel aus. Einer der Stämme in Ma Han,

[1]) Geschrieben 韓, also vom Namen der chinesischen Dynastie Han 漢 zu unterscheiden.

der von den Chinesen Pai-tsi, koreanisch Pek-tschyeï, japanisch Hiakusai genannt wird, und der angeblich von Tschao-sien her eingewandert sein soll, als Weï Man sich dort zum König machte, erlangte nach der Han-Zeit die Oberhand, so daß der Staat nach ihm genannt wurde. Ebenso wurde aus den Verbänden der Tsch'ên Han und Pien-tsch'ên Han im 3. oder 4. Jahrhundert der Staat Sin-lo, koreanisch Schinra oder Silla, japanisch Shiragi gebildet. Chinesischer politischer Einfluß ist aber hier in der Han-Zeit nicht nachweisbar.

Die von Wu ti eingeleitete Unterwerfungspolitik gegen die entlegenen nördlichen Gebiete hat zum mindesten einen starken chinesischen Kultureinfluß zur dauernden Folge gehabt. Dieser Einfluß hat sich über die gesamte Halbinsel verbreitet und Korea, unbeschadet des Wechsels der politischen Verhältnisse, völlig in die chinesische Kultur-Sphäre hineirgezogen. Wie die Inschrift einer großen Steintafel in T'ung-kou zu Ehren eines Königs von Kao-kou-li zeigt, war die chinesische Schrift und bis zu einem gewissen Grade vielleicht auch die chinesische Sprache zu Anfang des 5. Jahrhunderts in Nord-Korea durchaus bekannt, so daß ihre Kenntnis sicher im 4. Jahrhundert hingelangt sein muß. Des weiteren ist dadurch auch dem Inselreich der Japaner die Bekanntschaft mit dem großen Kultur-Zentrum auf dem Festlande vermittelt worden. Die Han-Kaiser haben versucht, auch diesem ihnen unerreichbaren Lande die Pflicht gegenüber dem Himmelssohne begreiflich zu machen. Die Annalen der Späteren Han (Kap. 115 fol. 12r⁰) berichten von der Verleihung eines Amtsiegels als Zeichen des Vasallen-Verhältnisses durch den Kaiser Kuang-wu ti (25—57 n. Chr.) an den König der Wo und von einer Tribut-Gesandtschaft des letzteren im Jahre 57/58, aber hier hat sich der Anspruch des Weltherrschers niemals in dem erstrebten Sinne verwirklichen lassen. Immerhin ist auch Japan von da ab, und nicht zum wenigsten über die koreanische Brücke, mehr und mehr mit chinesischer Geistigkeit durchtränkt worden. Schrift und Sprache, Sitten und Kultur, Künste und Wissenschaften, Staatsform und politische Einrichtungen sind von ihm nach und nach dem Reichtum des chinesischen Kulturlebens entnommen worden. Allerdings über Kao-kou-li nach Norden und über Lo-lang nach Süden ist die Herrschaft der Han in Korea nie hinausgedrungen, und auch hier war sie nur eine lose, mehrfach bedrohte und unterbrochene, mit dem Ende der Han im 3. Jahrhundert hörte sie bis auf weiteres ganz auf; der ganze Süden und Osten blieb auch zur Han-Zeit völlig unabhängig. Aber wie tief und fest der chinesische Kultureinfluß durch die Politik der Han in Korea eingewurzelt wurde, das zeigen die reichen Funde, die kürzlich durch die japanischen archäologischen Grabungen in Lo-lang, nahe der Provinz Liao-tung am Grenzwall, dem Hauptsitz der chinesischen Verwaltung, zu Tage gefördert worden sind. Von der Hauptstadt Wang-hien wurden Wallreste und viele hunderte von Gräbern am Südufer des Ta-t'ung kiang, süd-süd-westlich von der heutigen Stadt Pyŏng-yang, aufgefunden und geöffnet. Die Ausbeute war eine außerordentliche. Sie umfaßte Schwerter, Speerspitzen und Geräte aller Art aus Eisen und Bronze, Metall-Spiegel, die bekannten runden Scheiben aus Nephrit mit einem Loch in der Mitte, wie sie für kultische Zwecke oder als Belehnungsymbole gebraucht wurden, ferner Vasen, Schalen und Räuchergefäße aus Bronze, Tonkrüge, goldene und silberne Schmuckstücke, Lackschalen in roter und schwarzer Farbe mit Bronzerändern und vieles andere. Zahlreiche Gegenstände zeigen reiche, vorzüglich ausgeführte künstlerische Ausschmückung und lassen auf einen überraschend hohen Stand des chinesischen Kunstgewerbes (denn nur um solches kann es sich handeln) zur Han-Zeit schließen. Genaue Datierungen, besonders auf den Lackschalen, versetzen uns in die glückliche Lage, die Funde mit Sicherheit zeitlich bestimmen zu können. Die Schalen zeigen Jahresdaten von 85 v. Chr., über 23 v. Chr., 16 v. Chr., 8 v. Chr., 3 n. Chr., 45 n. Chr., 52 n. Chr. bis 69 n. Chr. und stammen, den Aufschriften zufolge, aus den Werkstätten von Schu (in Ssĕ-tsch'uan), wo sie für den Kaiserlichen Gebrauch hergestellt waren. Die lange Reise dieser Kunstwerke aus dem fernen Westen über die Hauptstädte Tsch'ang-ngan und Lo-yang zeigt die Verkehrsmöglichkeiten in dem großen Reiche. Man kann aber auch an dem Reichtum der Funde ermessen, welchen Eindruck der Überlegenheit das kolonisierende Herrenvolk auf der anderen Seite der Meeresbucht auf die fremden Völkerstämme gemacht haben muß. Freilich hat die Schwächung der politischen Machtstellung der Han in der nachchristlichen Zeit dadurch nicht wettgemacht werden können. Vom Beginn des 1. Jahrhunderts n. Chr. an wurden die chinesischen Schutzgebiete Liaotung, Hüan-tu und Lo-lang von den Scharen der Wu-huan und Sien-pi, beides Tung-Hu-Völker (so wenigstens muß man annehmen, so lange die unwahrscheinliche Vermutung, daß die Sien-pi Türken seien, nicht bewiesen ist) und Nachbarn der Hiung-nu, ständig bedroht und oftmals verwüstet. Zuweilen gelang es den Gouverneuren noch, an den Angreifern Rache zu nehmen, aber im 3. Jahrhundert reichte die Kaiserliche Macht nicht mehr aus, um die entlegenen Gebiete an der nordöstlichen Einbruchspforte (s. oben S. 18f.) zu halten.

Wichtiger als alle diese Eroberungen im Süden und Nordosten aber wurden die Grenzprobleme, die im Norden und Nordwesten heraufzogen. Die Völker der Hiung-nu, im wesentlichen wohl türkischen Blutes, aber auch vermischt mit iranischen Skythen und Sarmaten, mit allen stolzen und kriegerischen Eigenschaften ihrer Rasse, waren durch die starke Sicherung des Grenzgebietes unter Schi huang-ti vom chinesischen Reiche abgesperrt gewesen, erhielten dann aber durch den Sturz der Dynastie und die darauf folgenden inneren Kämpfe neue Gelegenheiten, ihre Einbrüche nach Süden wieder aufzunehmen. Es traf sich schlimm für das geschwächte Reich, daß gerade damals über die Hiung-nu der gewaltigste Kriegsmann herrschte, den sie bis dahin hervorgebracht hatten. Mao-tun, so wird sein Name von den Chinesen überliefert, während die einheimische Form unbekannt ist, gebot als oberster Herrscher der Hiung-nu über ein Reich, dessen ganze Ausdehnung wir nicht kennen, und über ein Volk, das durch ihn und seine Vorfahren zu gewaltigen militärischen Kraftleistungen erzogen war. Noch ehe die neue Dynastie der Han begründet war, hatten seine Reiterscharen die befestigten Grenzgebiete am Huang-ho-Bogen überrannt und saßen wieder im nördlichen Schan-si und Schen-si, vielfach im Bunde mit den chinesischen Lehensträgern, die sich der Macht der Han zu entziehen suchten (vergl. oben S. 270). Mao-tun führte dann einen vernichtenden Schlag gegen die östlich von den Hiung-nu sitzenden Tung Hu, wodurch seine Macht bis in die östlichsten Teile der Mongolei und das Bergland des Jehol-Gebietes (s. oben S. 3 und S. 324) vorgeschoben wurde. Danach wandte sich der ehrgeizige Eroberer dem Westen, den viel umkämpften Landschaften des Nordwest-Ausganges (s. oben S. 19ff.) in Kan-su zu. Hier saßen mehrere den Hiung-nu wie den Chinesen rassefremde Völker, unter denen, neben den K'iang (s. oben S. 36), das bekannteste und doch rätselhafteste die Yüe-tschi waren, deren Wohnsitze in dem fruchtbaren Alluvium an den Abhängen des Nan schan, etwa von Liang-tschou bis Tun-huang, lagen. In Folge des furchtbaren Blutbades, das Mao-tuns Heere unter ihnen angerichtet, gaben die Yüe-tschi ihr Gebiet in der Nachbarschaft dieses grausamen Feindes auf, sie wanderten nach Westen und setzten durch Eroberungen ihrerseits eine Völkerwanderung in Inner-Asien in Bewegung, die weitreichende Folgen für die Entwicklung in den Diadochen-Ländern am Oxus und in Nord-Indien gehabt hat. So schuf Mao-tun ein Herrschaftsgebiet, das im Süden von den Nordabhängen des Nan schan bis in die Niederungen des Liao-Flusses reichte, dessen Grenzen in den westlichen und nördlichen Steppenländern wir nicht kennen, aber im Norden am Flusse Orkhon und im Westen im westlichen T'ien schan vermuten dürfen, so daß das heutige östliche Turkistan mit Recht seinen Namen trägt. Vielleicht in Nachahmung des chinesischen Kaisers führte der mächtige Herrscher von Inner-Asien den Titel (wenigstens wie die Chinesen ihn verstanden) „Himmelssohn" oder „himmlische Majestät", abgekürzt zu der Bezeichnung *Schan-yü*, einem Worte unbekannter Herkunft, das der Vorläufer des um 400 bei den Avaren (s. unten) aufkommenden und um die Mitte des 6. Jahrhunderts von den T'u-küe (Türken, s. unten) übernommenen Titels Khagan (Khan) war.

Man würde durchaus fehl gehen, wenn man etwa annehmen wollte, daß die Völker der Hiung-nu zur Han-Zeit noch kulturlose Barbaren gewesen wären. Ob und etwa inwieweit sie wirklich die Nachkommen der Jung und Ti des Altertums waren, wie die Chinesen als selbstverständlich annehmen, muß nach dem, was schon früher gesagt wurde (s. oben S. 38 und 134f.), zweifelhaft bleiben, jedenfalls müssen sie, den Berichten der gewiß für sie nicht eingenommenen chinesischen Geschichtschreiber zufolge (s. *Schi ki* Kap. 110 fol. 9r°ff.), im 2. Jahrhundert v. Chr. eine feste staatliche Ordnung mit Beamtentum und einer streng militärischen Verfassung gehabt haben. Unter dem Schan-yü standen zunächst der „linke“ und der „rechte Weisheitsfürst“ — *t'u-k'i*, chinesisch *hien wang* —, danach folgte eine Anzahl von Würdenträgern, die auch immer paarweise, ein „linker“ und ein „rechter“, erscheinen, und von denen jeder eine bestimmte Zahl von Reitern, von zehntausend herab bis „einige tausend“ befehligte. Die „linken“ Fürsten und Würdenträger herrschten in den östlichen Gebieten, d. h. vom nordöstlichen Schan-si bis an die Grenzen von Korea, die „rechten“ in den westlichen, d. h. vom nordwestlichen Schan-si bis zum Lande der Yüe-tschi im nordwestlichen Kan-su. Die Hiung-nu waren ein Hirtenvolk, das in Jurten wohnte und von seinen Viehherden lebte, die seinen wichtigsten Besitz bildeten und weite Räume verlangten. So darf man bei ihnen natürlich nicht den Staat der ackerbauenden und seßhaften Völker erwarten, wohl aber ein starkes Zusammengehörigkeitsgefühl, das die Familien, Sippen, Stämme umschließt und schon durch die Notwendigkeit bedingt ist, Herden und Weideplätze zu schützen. Nicht zum Wenigsten sind es Mangel an Futter oder Verlust der Herden, die das Hirtenvolk zu Eroberungen oder Abwanderungen, jedenfalls aber zu steter Beweglichkeit zwingen. Das Leben der Mongolen in den viehreichen Steppen zwischen Nord-China und Sibirien kann sich auch heute nicht viel unterscheiden von dem der Hiung-nu zur Han-Zeit, nur daß die letzteren sich menschlich sehr viel günstiger ausnehmen als die durch den Lamaismus stark verwandelten, wohl auch rassemäßig anders zusammengesetzten Epigonen. In den Berichten ihrer jahrhundertelangen Feinde erscheinen die Hiung-nu als tapfere, ehrliebende Krieger mit manchen sympathischen und vornehmen Zügen, nicht unähnlich denen der Osmanischen Türken. Man steht im Abendlande noch viel zu sehr unter dem Einfluß der einseitigen und unrichtigen griechisch-römischen Berichte über die asiatischen Völker. Wie wir früher gesehen haben (s. oben S. 195), sind die Chinesen auch nicht zu stolz gewesen, um Kleidung, Bewaffnung und militärische Taktik von den Hiung-nu oder Hunnen zu übernehmen, und ihr Vorbild hat sogar die Kleidung des gesamten Volkes für die Dauer beeinflußt. Neuere Forschungen haben diesen Einfluß auch noch für andere Gebiete wahrscheinlich gemacht. Die eigentümlichen Tiergestalten (*t'ao-t'ie* —vergl. oben S. 91 —, Vogel, Greif, Drache u. a.) in der Ornamentik der Tschou- wie Han-Kunst weisen auffallende Ähnlichkeiten auf mit dem älteren sogenannten „skythischen“ Tierstil in der Zeit vom 6. bis 4. Jahrhundert v. Chr. (vielleicht auch sehr viel früher) und dann mit dem späteren „sarmatischen“ in der Han-Zeit, die beide in Süd-Rußland nachweisbar sind. Sie sind dorthin übertragen von den iranischen Reitervölkern der Skythen und Sarmaten, und dasselbe muß für China angenommen werden. Das alte Tier-Ornament in Süd-Rußland wie das im China der Tschou-Zeit war steif geometrisch gehalten, danach wird es bewegter und naturalistischer. Das alte Tier-Ornament in China, wenn es aus Mittel-Asien eingeführt sein sollte, wird jedenfalls rein chinesisch weiter entwickelt, das neue aber weist deutlich fremde Einflüsse auf. Diese Einflüsse müssen in der Tat derselben Quelle entstammen wie der skythisch-sarmatische Stil in Rußland und Sibirien; vermutlich ist diese Quelle in dem persisch-griechischen Kulturkreise Mittel-Asiens zu suchen. Es können aber nur die Hiung-nu gewesen sein, die jene Kulturelemente zu den Chinesen weiter trugen. Sie brachten ihnen Schmuckgegenstände wie Gürtelschnallen u. ä. mit der neuen Tier-Ornamentik, und die Chinesen ahmten sie nach. Auch die archäologischen Funde der Russen in der Mongolei tun diese Vermittlerschaft der Hiung-nu zwischen der Kultur des Westens und der des Fernen Ostens über jeden Zweifel dar. Nur die Hiung-nu können auch jene eigentümliche Mischkultur und Kunst geschaffen und verbreitet haben, die man mit dem etwas verschwommenen Ausdruck „skythisch" bezeichnet hat, und in der sich Elemente der griechischen Kunst von den Gestaden des Schwarzen Meeres mit altpersischen, chinesischen und eigenen verbanden. Erst im Anfange der christlichen Zeitrechnung scheint diese Kunst ihre volle Entfaltung erlebt zu haben.

Es ist klar, daß diese Großmacht im Norden, wie früher den Staaten der Tschou-Zeit, so auch dem der Han noch weit gefährlicher werden mußte, als die des „Kaisers von Nan Yüe" im Süden (s. oben S. 282). Beide erhoben den Anspruch, dem „Mittelreiche" gleichberechtigt zu sein, und rannten somit wider die göttliche Weltordnung an. Den letzteren konnte man kampflos durch Mittel der Überredung zum Pfade der Tugend zurückführen, bei der ersteren schien dieser Weg weniger aussichtsvoll zu sein, und doch mußte hier ohne Zaudern gehandelt werden, wenn man nicht den ganzen Norden des Reiches verlieren wollte. Schon Kaiser Kao ti hatte im nördlichen Schan-si schwere Kämpfe mit Mao-tun zu führen gehabt, ohne daß eine Entscheidung herbeigeführt worden wäre; chinesische Heerführer befanden sich auf der Seite der Hunnen, und der Kaiser selbst geriet zeitweilig in schwere Bedrängnis, so daß er es geratener fand, sich auf andere Weise mit der Lage abzufinden. Er sandte dem Schan-yü eine Kaiserliche Prinzessin für seinen Harem und „jährlich wurden den Hiung-nu Seidengewebe, Wein, Reis und andere Nahrungsmittel in vereinbarten Mengen geliefert". Das war ein regelrechtes Tributverhältnis, in das sich der Himmelssohn begeben mußte, und wenn der Chronist im *Schi ki* diesen Worten hinzufügt (Kap. 110 fol. 12r°): „so wurde ein brüderliches Verhältnis hergestellt, auf Grund dessen man in Frieden und Freundschaft lebte", so ist das eine sehr mangelhafte Verhüllung des wirklichen Sachverhaltes. Unter der Herrschaft der Kaiserin Lü schickte Mao-tun der Regentin einen Brief voll spöttischer Anzüglichkeiten, in dem er sogar ihrer weiblichen Ehre Zumutungen stellte. (Er ist samt der Antwort der Kaiserin in den Han-Annalen, Kap. 94a fol. 9v°ff. überliefert.) Die Lü hou fuhr zornig auf und wollte an dem Barbaren blutige Rache nehmen, bequemte sich aber schließlich im Hinblick auf die Erfahrungen von Kao ti zu der gleichen Politik der Geschenke wie ihr Gemahl. Vor weiteren Einbrüchen in die Grenzmark blieb sie freilich trotzdem so wenig gesichert wie ihre Nachfolger Wên ti und King ti. Nach seinen großen Eroberungen im Norden, Osten und Westen schrieb Mao-tun im Jahre 176 an den Kaiser Wên ti einen Brief, in dem er sich über Vertragsbrüche der chinesischen Behörden in den Grenzlanden beschwerte, auf seinen Sieg über die Yüe-tschi und die anderen Völker, sowie auf seine nunmehr geeinte Großmacht hinwies und es den Han überließ, ob sie Frieden oder Krieg haben wollten. Nach langen Beratungen am Kaiserhofe entschloß man sich zur Fortsetzung der Politik des erkauften Friedens, wie dies ja auch dem Wesen des Kaisers durchaus entsprach (s. oben S. 290). Die Macht des Schan-yü schien unbesiegbar, man mußte das Nachbarreich bis auf weiteres als eine widernatürliche Erscheinung in seiner Selbständigkeit anerkennen. Indessen früher oder später mußte bei dem Vorwärtsdringen der Hiung-nu einmal die Grenze erreicht werden, jenseits der diese Politik ohne Selbstaufgabe nicht mehr möglich war. Mao-tun starb bald nach jenem Briefwechsel, aber unter seinem Nachfolger Ki-yü (Kiyuk?) änderten sich die Dinge nicht, jedenfalls nicht zum Besseren. Der neue Schan-yü wurde zwar wieder mit einer Kaiserlichen Prinzessin, den üblichen Seidenstücken usw. bedacht, das hinderte aber nicht, daß im Jahre 166 ein Einbruch erfolgte, der, weiter vorstoßend als alle bisherigen, die Dynastie in ernste Gefahr gebracht haben muß. Mit 140000 Reitern, so berichtet das *Schi ki* (a.a.O.fol. 16v°f.), fiel der Schan-yü diesmal im östlichen Kan-su ein und drang in dem ehemaligen Hunnenlande (s. oben S. 194f.) auf der großen Straße über P'ing-liang (s. oben S. 24) zum Weï-Tal vor, wo er bis in die Gegend des heutigen Fêng-siang gelangte, einen Kaiserlichen Palast niederbrannte und unmittelbar die Hauptstadt Tsch'ang-ngan bedrohte. Jetzt mußte man sich zu anderen Mitteln entschließen als Geschenke und zierliche Redewendungen: es wurde mit Eifer gerüstet, eine Heeresmacht aufgestellt und die Hauptstadt durch ein Aufgebot von 100000 Reitern gesichert. Der Schan-yü zog angesichts dieser Maßnahmen seine Truppen aus dem Weï-Tale und den Grenzmarken von Kan-su zurück. Aber im Osten, in Schan-si, ja selbst in dem fernen Liao-tung dauerten die Einbrüche mit Viehraub und Plünderungen auch weiterhin an. Man hatte allmählich erkannt, daß man auf andere Sicherungsmaßnahmen bedacht sein müsse als bisher. Die Vorschläge, die am Hofe gemacht wurden, waren kennzeichnend für die zu Wên tis Zeit bereits von den Konfuzianern stark beeinflußte Denkweise. Kia Yi (s. oben S. 240 und 290f.) steht auch hier im Vordergrunde. In einer Denkschrift, die sich in der von ihm hinterlassenen Sammlung *Sin schu* d.h. „Neue Schriften" (Kap. 4 fol. 1r°ff.) findet, an deren Echtheit, von einzelnen Teilen abgesehen, zu zweifeln kein Anlaß besteht, legt er dar, wie man den an Volkszahl unterlegenen, in der Kultur weit zurückstehenden Hiung-nu durch den Glanz des Han-Reiches und seine geistige Überlegenheit imponieren müsse. Zunächst sollten die von den Hiung-nu überwältigten Völker der Yüe-tschi, der Tung Hu u. a. durch

Geschenke und milde Behandlung gewonnen, an der ganzen Grenze entlang von Lung-si (in Mittel-Kan-su) bis Liao-tung angesiedelt und dort nach chinesischer Ordnung regiert werden. Solche Muster-Siedelungen würden durch ihre Wohlhabenheit und ihren gesicherten Frieden die Hiung-nu anlocken, zeitgemäße Geschenke würden ein Übriges tun, und alsbald würde man die wilden Krieger gezähmt und in den Bannkreis der chinesischen Kultur hereingezogen haben. Ein Hinweis auf die gleichen Methoden der alten Herrscher den Barbarenvölkern gegenüber fehlt nicht. Weniger von diesem Geiste vertrauensseliger Kulturpolitik getragen war die Auffassung Tsch'ao Ts'os (s. oben S. 291f.). Er verlangte in umfangreichen Berichten vor allem eine geeignete Bewaffnung für die chinesischen Truppen, d. h. eine Ausrüstung und Ausbildung, die den Verhältnissen des Hunnen-Landes und der Kampfart der mit ihren Pferden verwachsenen und an das Ertragen von Kälte, Hunger und Durst gewöhnten hunnischen Reiter angemessen sei. An Zahl könnten die Kaiserlichen Heere dem Feinde immer überlegen sein. Aber vor allen Dingen müsse man sich — und hier stimmt er, allerdings unter anderen Gesichtspunkten, mit Kia Yi überein — der schon ganz oder zum Teil unterworfenen Barbaren bedienen, deren Gewohnheiten denen der Hiung-nu gleich seien; sie müsse man auf das beste bewaffnen, tüchtigen chinesischen Heerführern unterstellen und gegen die Hiung-nu in's Feld schicken. Zur Begründung spricht Tsch'ao Ts'o einen Grundsatz aus, der ein Fundamentalgedanke der chinesischen Staatskunst bis in die neueste Zeit geblieben und unzählige Male von ihr mit wechselndem Erfolge angewandt worden ist. „Sich demütigen, um einem Starken zu dienen", heißt es (*Ts'ien Han schu* Kap. 49, wo der ganze Bericht mitgeteilt wird, fol. 10r°), „ist die Art eines kleinen Staates; die Kleinen zusammenschließen, um einen Großen anzugreifen, die eines ehrgeizigen Staates; aber sich der Barbaren bedienen, um die Barbaren anzugreifen, das ist die Art des Mittelreiches". Weiter empfahl Tsch'ao Ts'o für die Zukunft, den Grundgedanken der kolonialen Methoden der Ts'in (s. oben S. 240f. und 244) wieder aufzunehmen, nämlich die Grenzlande nicht durch kostspielige Truppen, sondern durch Siedelungen zu sichern, deren Bewohner Ackerbau trieben und militärisch geübt seien, so daß sie sich selbst zu schützen vermöchten. Aber man sollte dazu nicht, wie unter den Ts'in, Verbrecher und sonstiges übles Gesindel verwenden, die kampfunfähig seien und nur Unruhen anzettelten, sondern ordnungsliebende Leute, die befestigte Wohnplätze anlegten, die Äcker bestellten, in Sippen zusammen lebten und einander unterstützten. Vergünstigungen und Auszeichnungen müßten zur freiwilligen Auswanderung in die Grenzgebiete anregen.

Wir erfahren aus den Quellen nicht, ob diese neue, vom Kaiser gebilligte Grenzpolitik jetzt durchgeführt wurde, aber wir wissen, daß die zuerst von Schi huang-ti angelegten sich selbst erhaltenden Militär-Kolonien, ganz entsprechend den von den Russen gebildeten Kosaken-Dörfern bei der Eroberung von Sibirien, ein sehr wichtiges Werkzeug in der späteren chinesischen Kolonialpolitik in Inner-Asien geblieben sind. Während der weiteren Regierungszeit der Kaiser Wên ti und King ti haben trotz aller schriftlichen Freundschaftsversicherungen und Friedensversprechungen zwischen ihnen und dem Schan-yü noch mehrfach größere Kämpfe mit den Hiung-nu stattgefunden, von den kleineren räuberischen Einbrüchen, namentlich im Huang-ho-Bogen und in Nord-Schan-si, den Hochebenen von Ta-tʻung und Tʻai-yuan (s. oben S. 25) ganz abgesehen, wo bei der Nähe der Hauptstütze der Hiung-nu in dem Berglande des Yin schan (vergl. oben S. 195) immer die Stelle der größten Gefahr war. Zuweilen waren es flüchtige chinesische Würdenträger, wie der rachsüchtige Eunuch Tschung-hang Yüe der als Begleiter der chinesischen Prinzessin unter dem Schan-yü Ki-yü (s. oben S. 332) ins Land gekommen und als Berater der Feinde seiner Heimat dort geblieben war, oder aufständische Lehensträger, wie der König von Tschao bei der großen Erhebung von 154 (s. oben S. 292 u. 322), die selbst um die Hilfe der Hunnen gegen den Kaiser warben. Die Lage wurde insofern für die Chinesen günstiger, als unter den Khanen der Hunnen keiner mehr war, der Mao-tun gleich gewesen wäre, während die Chinesen zur Zeit King tis in der Person des berühmt gewordenen Li Kuang einen Heerführer erhielten, der durch seine Tapferkeit und Umsicht ein Schrecken der Hiung-nu wurde. Er hat sie in zahlreichen Kämpfen besiegt, und vermutlich war es ihm zu danken, daß bis in die Regierungszeit Wu tis hinein größere Feldzüge nicht mehr nötig waren. Auch Wu ti selbst setzte zunächst die Politik seiner Vorgänger fort, durch geschenkte Prinzessinnen und Seidenstoffe wurde die Freundschaft aufrecht erhalten, aber die Raubzüge in die Grenzlande nahmen trotzdem kein Ende. Dabei wird aber auf der anderen Seite auch von einem lebhaften Handel an den Grenzbefestigungen berichtet, der zwischen den chinesischen Kolonisten und den Hunnen trotz aller Kämpfe vor sich ging (*Schi ki* Kap. 110 fol. 19r^{o}f.). Vermutlich handelte es sich vor allem um Seidenwaren, die von den Hiung-nu nach Westen weiter versandt wurden, und an denen die chinesischen Händler gut verdienten. Die Verhältnisse in der Mongolei, in Tibet, in Formosa und den Grenzgebieten der Miao tsĕ und Lo-lo (s. oben S. 50f.) haben noch in der neuesten Zeit ähnliche Bilder geboten. Der neue, ruhmsüchtige Herrscher war indessen nicht der Mann, sich mit diesem Zustande auf die Dauer abzufinden; er erkannte die Notwendigkeit, die Macht der Hiung-nu endgültig zu brechen, und war entschlossen, es zu tun. Aber der Entschluß war rascher gefaßt als ausgeführt. Zunächst baute er, vielleicht Kia Yis Gedanken aufnehmend, seinen Plan auf die Kunde von der Besiegung und grausamen Behandlung der Yüe-tschi durch die Hiung-nu und von deren Verlangen nach Rache. Er ließ nach wagemutigen Männern suchen und beauftragte sie, sich nach dem Lande der Yüe-tschi durchzuschlagen und ihnen ein Bündnis der Chinesen gegen den gemeinsamen Feind vorzuschlagen. Im Jahre 138 brach die Gesandtschaft auf, aber Jahre hindurch verlautete nichts mehr von ihr, sie schien verschollen. So wurde denn, nachdem inzwischen der Süden befriedet war (s. oben S. 322f.), im Sommer 133 ein groß angelegter Feldzug in Nord-Schan-si gegen die Hiung-nu eröffnet. Man wollte den Feind nicht in dem unwegsamen Gelände des Yin schan angreifen, sondern ihn mit dem Schan-yü in das Gebiet innerhalb des Grenzwalles locken und dort mit überlegener Kraft vernichten. Der Plan mißlang völlig, der Kaiser war wütend, hielt, wie üblich, den unglücklichen Vater des Planes verantwortlich, und mußte bis auf weiteres in der Defensive bleiben. Die folgenden Jahre waren ausgefüllt von unablässigen Einbrüchen der Rache heischenden Reiter, so daß schließlich neue militärische Unternehmungen in's Werk gesetzt werden mußten. Man beschloß aber diesmal, den Feind in seinem eigenen Lande aufzusuchen, und zwar auch nicht im Yin schan, sondern weiter nördlich oder nordwestlich, in einer Gegend weit im unbekannten Steppenlande, die man Lung oder Lung tsch'êng (d. h. „die Befestigung von Lung") nannte. Dieses Lung muß, wie man nur mittelbar aus den Quellen erschließen kann, am Ongin-Flusse, an den Randgebirgen der nördlichen Mongolei gelegen haben, während das Hoflager des Schan-yü sich nicht oder nicht mehr im Yin schan, sondern weiter nördlich, vielleicht an der Stätte der späteren großen Mongolen-Residenz Karakorum befand.

Der Entschluß, einen solchen Vorstoß in die unbekannte Ferne zu unternehmen, um einen Feind zu vernichten, dessen wilde Tapferkeit man oft genug zu fühlen bekommen hatte, leitete einen Zeitabschnitt groß angelegter Feldzüge gegen den furchtbaren Gegner des Nordens ein, der fast ein Jahrhundert umfaßte. Mit beispielloser Hartnäckigkeit und ohne Rücksicht auf die ungeheuren Opfer an Menschen und Gütern haben die Han-Kaiser, vor allen Wu ti, ihr Ziel verfolgt, die Herrschaft der Hiung-nu in den Ländern des Nordens und dann auch des Westens bis zu den sibirischen Randgebirgen, den Ketten des T'ien schan und des Pamir für immer zu brechen. Sie haben bei Beginn dieser Unternehmungen nicht geahnt, in welche Fernen sie ihre Kriegszüge führen würden, aber mit jedem einzelnen von ihnen weiteten sich die Aussichten, jede Niederlage trieb zur Vergeltung, jeder Sieg lockte zu weiteren Eroberungen. Wenn irgendwann und irgendwo, so haben die Chinesen im letzten vorchristlichen Jahrhundert gezeigt, daß sie kein unkriegerisches Volk sind, und daß der Pazifismus ihnen erst sehr viel später und ganz allmählich durch das Konfuzianertum eingeimpft worden ist. Gewiß haben sie auch den „Barbaren"-Völkern von Inner-Asien gegenüber viel über Tugend *(tê)* und Menschenpflichten *(jen)* geredet, aber ihre Herrschaft bei ihnen baute sich auf auf dem Gedanken der staatlichen Macht, bedingungslose Unterwerfung und nie schwankender Gehorsam waren die Vorbedingungen eines geordneten Verhältnisses, und mit blutiger Strenge wurde die Erfüllung dieser Bedingungen erzwungen. Gegen den Imperialismus der Han verschwindet der des Schi huang-ti.

Kaiser Wu ti hat den endgültigen Triumph der chinesischen Waffen über die Hiung-nu nicht mehr erlebt, erst im Jahre 36 war ihre gesamte Macht, soweit die Chinesen mit ihr in Berührung kamen, gebrochen (s. unten), aber vorbereitet hat er diesen Triumph weit mehr als irgend ein Anderer. Wir können vom Jahre 128 ab bis zu Wu tis Tode im Jahre 87 etwa neun Feldzüge unterscheiden, an deren Ende die Hiung-nu bereits stark erschöpft waren. Nach den chinesischen Darstellungen müssen hierbei, auch wenn man von den märchenhaften Heldentaten Einzelner absieht, von den Truppen erstaunliche Leistungen an Ausdauer, Hingabe und Entbehrungen aller Art vollbracht worden sein, wodurch allein die Unternehmungen in so gewaltiger Entfernung von den heimischen Stützpunkten ermöglicht wurden. Als dunkler Schatten erscheint dabei neben den üblichen Handlungen der Hinterlist und Verräterei die grausame Undankbarkeit des Kaisers gegen erfolglose Heerführer, die er ohne Prüfung der Verhältnisse für jedes Mißgeschick verantwortlich machte und ohne Rücksicht auf frühere Verdienste unbarmherzig erniedrigte oder umbringen ließ. Mancher seiner Generale zog es nach einer verlorenen Schlacht vor, zu den Hunnen überzugehen und selbst gegen die Heimat die Waffen zu tragen, als sich der Rache des Despoten auszusetzen. Eine ganze Reihe berühmter Namen leuchtet uns aus der Geschichte dieser Hunnenkriege entgegen, und ihre Träger gehören noch jetzt zu den populären Helden chinesischer Dramen und Erzählungen. Nach Li Kuang ist es jetzt besonders Weï Ts'ing, der den Ruhm der Kaiserlichen Waffen unter den Hunnen verbreitet. Er verdankte den Beginn seiner glänzenden Laufbahn den Reizen seiner Schwester, die die Gunst des Herrschers im Harem zu erwerben wußte. Der erste der großen Vorstöße nach Norden erfolgte 128 mit vier Heeren, von denen je eins Li Kuang und Weï Ts'ing unterstand, und die das Yin-schan-Gebirge teils umgehen, teils übersteigen sollten, um dann weiter vorzurücken. Der Erfolg war enttäuschend. Nur Weï Ts'ing soll bis in die Gegend von Lung tsch'êng vorgedrungen sein, die Anderen wurden schon bald nach dem Aufbruch aus Schan-si von den Hiung-nu zurückgetrieben; Li Kuang fiel als Gefangener in ihre Hände, konnte aber entfliehen, nur um daheim zum Tode verurteilt zu werden. Einmal noch konnte er sich vom Henker loskaufen, wurde aber zum gewöhnlichen Soldaten degradiert.

Warnend und scheltend erhob das Konfuzianertum seine Stimme und verlangte Einstellung dieser Kriege gegen die Barbaren. Sein Stimmführer war Tschu-fu Yen (s. oben S. 293); er legte in einer langen Eingabe, die in seiner Lebensbeschreibung in den Han-Annalen (Kap. 64a fol. 16v^{0}ff.) aufbewahrt ist, nachdrücklich dar, daß bei der Eroberung des Hunnenlandes nichts zu gewinnen wäre, und Kriege überhaupt verdammenswert seien. „Die Hia-, Yin- und Tschou-Herrscher hätten derartigen Barbaren auch keinen Tribut auferlegt, sie hätten sie für Tiere erachtet und nicht als Menschen angesehen“, die Han sollten das Gleiche tun. Wu ti verlieh seinem weisen Berater einen höheren Rang und rüstete weiter gegen die Hiung-nu. In den folgenden Jahren wurden unter Weï Ts'ings Leitung mehrere Kriegszüge unternommen, die wieder von Nord-Schan-si ausgingen, sich dann aber nach Westen richteten, die Gebiete des Ordos-Landes bis zum Huang ho säuberten, an dem Strome aufwärts nach Südwesten gingen und das Land bis zum Quellgebiet des Weï-Flusses wieder fest in chinesischen Besitz brachten. Zur dauernden Sicherung wurden im Osten des Ordos-Landes die Grenzprovinz Wu-yuan, im Westen, in der Gegend des heutigen Ning-hia, die Provinz So-fang geschaffen und mit Kolonisten besiedelt. Weit darüber hinaus aber dehnte Weï Ts'ing seine Züge, indem er von So-fang aus den Strom überschritt, durch das Steppenland des Alaschan hinüber in das Tal des Heï ho bei Kan-tschou vordrang und somit auf die große Völkerstraße nach dem Westen (s. oben S. 20) gelangte. Diese ausgedehnten Unternehmungen von 127 und 124, die den Hiung-nu schwere Niederlagen brachten, erweiterten die Kenntnis der Chinesen von der Heimat ihrer Erbfeinde und stärkten die Überzeugung, ihrer Herr werden zu können. Um alle Kräfte dafür frei zu bekommen, wurden selbst die Unternehmungen im Süden und Südwesten, die so bedeutende Handelsmöglichkeiten eröffneten, zunächst abgebrochen (vergl. oben S. 323 u. unten).

Dafür aber stellte sich jetzt ein anderes Moment ein, das an Bedeutung weit über alle Erfolge und Aussichten im Süden wie im Norden hinausragte und schicksalbestimmend für die nächsten Jahrhunderte werden sollte. Die Gesandtschaft, die im Jahre 138 abgesandt war, um mit den Yüe-tschi ein Bündnis gegen die Hiung-nu zu schließen, und die man, da nichts mehr von ihr verlautete, aus dem Gedächtnis verloren hatte, kehrte im Winter 126 zu 125 nach Tsch'ang-ngan zurück. Und was hatte sie nicht erlebt und erfahren! Zwar ein Bündnis mit den Yüe-tschi hatte sie nicht erreichen können, aber sie hatte neue Welten entdeckt, Welten, die bis dahin unfaßbar gewesen waren und die nun das verblüffte Staunen der Zeitgenossen daheim erregten. An der Spitze der Gesandtschaft stand ein einfacher Mann aus Han-tschung (im südwestlichen Schen-si), der einen kleinen Posten im Palaste bekleidete. Er führte den Namen Tschang K'ien, der seitdem zu den berühmtesten der ganzen chinesischen Geschichte gehört. Dem Aufrufe des Kaisers folgend, machte er sich zusammen mit einem Manne der Hu-Völker (s. oben S. 134) Namens Kan-fu und einer Begleitung von etwa hundert Mann auf den Weg nach dem Lande der Yüe-tschi. Da Tschang K'ien durch Kan-su zog, muß man annehmen, daß er das gesuchte Volk noch in seinen alten Wohnsitzen am Nan schan wähnte. Bei den Hiung-nu aber, durch deren Gebiet die Gesandtschaft in jedem Falle hindurch mußte, wurde sie festgehalten und zum Schan-yü (vermutlich im Norden) geführt. Hier erfuhr Tschang, daß die Yüe-tschi „im Norden von den Hiung-nu" wohnten (was tatsächlich nicht richtig war), und daß seine Weiterreise nicht gestattet werden könnte. Über zehn Jahre blieben die Chinesen in Gefangenschaft bei den Hunnen, dann gelang es ihnen zu entfliehen. Tschang K'ien ging, vermutlich am Südhange des T'ien schan entlang, den Spuren der Yüe-tschi nach, und fand sie schließlich, nachdem ihm Leute von Ta-yuan (Ferghana) und K'ang-kü (die Kirgisen-Steppen nördlich vom Syr darja oder Jaxartes) das Geleit gegeben, in den Ländern am oberen Oxus (Amu darja). Hier waren sie gemeinsam mit anderen Völkerstämmen in das griechische Diadochen-Reich Baktrien eingefallen und hatten sich ihre gegenwärtigen Wohnsitze erobert. Sie führten in dem fruchtbaren und hochkultivierten Lande zusammen mit den Tocharern (Ta-hia vergl. oben S. 46) ein behagliches Dasein und waren zu großer Blüte gelangt. Es ist leicht zu verstehen, daß die Yüe-tschi unter diesen Umständen keine Neigung mehr hatten, gegen die Hiung-nu einen Rachekrieg zu beginnen und mit dem weit entfernten Reiche der Han ein Bündnis zu schließen. Tschang K'ien blieb ein Jahr im Lande, dann trat er, ohne seinen Zweck erreicht zu haben, die Rückreise an, allem Anschein nach auf der Südseite des Tarim-Beckens, um hier das Land der Tibeter oder Tanguten (K'iang s. oben S. 36) zu erreichen. Er geriet jedoch abermals in die Gefangenschaft der Hiung-nu, und erst nachdem er über ein Jahr festgehalten war, konnte er sich die beim Tode des Schan-yü ausgebrochenen Unruhen zu Nutze machen und fliehen. Nach dreizehnjähriger Abwesenheit langte er in Tsch'ang-ngan wieder an. Von seinen Begleitern war ihm nur sein treuer Kan-fu noch geblieben, alle anderen hatte er verloren. Tschang K'iens Reise ist eine Leistung, der in der Geschichte wenig Gleichartiges an die Seite zu stellen ist, nicht zum wenigsten was die Wirkungen angeht. Er hatte nicht nur die Oasen-Staaten am Rande des Tarim-Beckens durchreist, sondern er hatte auch jenseits der Wüsten andere große Staaten mit zahlreicher Bevölkerung, mit großen, blühenden Städten, mit lebhaftem Handelsverkehr, mit verfeinerter Kultur und einer eigenen Schrift und Literatur angetroffen, von anderen großen und mächtigen Reichen, wie Indien, Parthien, Babylonien, dem Lande der Alanen u. a. hatte er gehört, kurzum Tschang K'ien hatte eine fremde Welt aufgefunden, er war in den Bannkreis der griechisch-indisch-persischen Kultur geraten, eine Tatsache, die freilich von ihm und seinen Landsleuten noch nicht in ihrer ganzen Bedeutung erfaßt wurde. Man hätte annehmen sollen, daß diese Entdeckung mit allem, was später danach folgte, die ganze chinesische Weltanschauung hätte zum Wanken bringen müssen. Denn wie paßte das alles zu dem von Alters überlieferten Weltbilde mit dem Zentralherrscher als alleiniger Quelle aller Bildung und Zivilisation im Mittelpunkte und den Barbarenvölkern ringsum, bei denen die geistige Finsternis im Verhältnis des wachsenden Abstandes zunahm (s. oben S. 120)? Hier waren hinter den Barbarenländern neue Welten mit eigener Kultur, die unabhängig waren von der Ausstrahlung des Himmelssohnes, die nie etwas von den „heiligen Herrschern" gehört hatten und doch den Chinesen an staatlicher Ordnung gleichstehend waren. Aber die Wirkung, die wir von den neuen Entdeckungen hätten erwarten sollen, ist in dieser Form nicht eingetreten, wenigstens ist sie in der Literatur der Zeit und in der Politik der Folgezeit nicht nachweisbar, es sei denn, daß man die zahllosen Legenden dafür halten wollte, die sich später an Tschang K'iens Reise und die von ihm mitgebrachten Tiere, Pflanzen und andere Gegenstände geknüpft haben. Ob Tschang selbst etwa solche ketzerischen Zweifel in sich getragen hat, wissen wir nicht, der Kaiserliche Hof und das Literatentum hat sie nicht gehabt, offenbar hatte die überhebliche Selbsteinschätzung und das *nil admirari* des Konfuzianertums schon so weit von dem Denken der führenden Schicht Besitz ergriffen, daß diese Zweifel keinen Eingang mehr fanden. Das hat indessen nicht hindern können, daß die nunmehr angebahnte unmittelbare Verbindung mit dem Westen auf nahezu allen Gebieten des chinesischen Geisteslebens hinfort den stärksten Einfluß ausgeübt hat, wovon im Einzelnen noch später zu reden sein wird. Diese Verbindung ist auch in den folgenden Zeiträumen nicht mehr dauernd abgerissen; sie ist zeitweilig unterbrochen gewesen, aber jedesmal von den Chinesen mit allen Mitteln wieder aufgenommen worden.

Zunächst waren es Erwägungen sehr nüchterner praktischer Politik, die Tschang K'ien mit seinem Berichte Kaiser Wu ti unterbreitete. Nach Ssĕ-ma Ts'ien (Kap. 123 fol. 8r°f.) sagte er: „Wie Eure Majestät schon gehört haben, sind Ta-yuan (Ferghana), Ta-hia (Tochara) und An-si (Parthisches Reich) alles große Staaten, in denen es viele seltsame Gegenstände gibt, wo die Bevölkerung feste Wohnsitze hat und etwa die gleichen Gewerbe betreibt wie die von China; ihre Kriegsmacht ist schwach, und man schätzt die Erzeugnisse des Han-Reiches sehr hoch. Im Norden davon liegen der Staat der großen Yüe-tschi und K'ang-kü (Samarkand und die Steppen vom Syr darja) ihre Kriegsmacht ist stark. Indem man durch Geschenke ihre Neigung erlangt, könnte man sie für die Dynastie vorteilhaft nutzbar machen. Wenn man sie so in Wahrheit gewinnt und dann durch Gerechtigkeit festhält, würde man unser Gebiet um 100000 *li* erweitern, und in Ländern, die man erst nach Durchschreitung zahlreicher Sprachzonen erreicht, und in denen völlig verschiedene Sitten herrschen, würde die Ehrfurcht gebietende Tugend (der Dynastie) überall innerhalb der vier Meere zur Geltung kommen". Es war also in erster Linie das Verlangen nach den „seltsamen Gegenständen" der fernen Länder, sowie der Wunsch, chinesische Erzeugnisse dagegen einzutauschen, d. h. Handelsbeziehungen anzuknüpfen, was durch die neue Kunde wachgerufen wurde, gleichzeitig aber stellte sich die Erkenntnis ein, daß diese Staaten schon aus diesem Grunde in den Machtbereich des „Himmelssohnes" kommen müßten. Die Reden von „Gerechtigkeit" und „Tugend" bilden nur die notwendige diplomatische Drapierung, wie sie bis in die modernste Zeit üblich geblieben ist. Tschang K'ien gab auch gleich einen praktischen Plan an, wie man am besten mit den großen Staaten des Westens in Verbindung käme. „Als ich in Ta-hia (Tochara-Baktrien) war", erzählte er, (a. a. O.) „sah ich dort Bambus-Stöcke aus Kiung (in Ssĕ-tsch'uan am Südrande der Ebene von Tsch'êng-tu s. oben S. 321) und Gewebstoffe aus Schu (s. oben S. 179). Auf meine Frage, woher sie diese Dinge bekommen hätten, sagten die Leute von Ta-hia: unsere Leute kaufen sie in Schên-tu (Indien)". Er rechnete nun folgendermaßen: „Nach meiner Berechnung muß Ta-hia von Han 12000 *li* entfernt sein, und zwar in südwestlicher Richtung. Nun liegt Indien wiederum einige tausend *li* südwestlich von Ta-hia, und da sich dort Landeserzeugnisse von Schu finden, so kann es von Schu nicht weit sein. Wenn wir nun Gesandte nach Ta-hia durch das Land der Tibeter oder Tanguten (K'iang) schicken, so ist das gefährlich, weil die Leute dort sie übel behandeln werden; reisen sie etwas nördlicher, so werden sie von den Hiungnu abgefangen. Über Schu dagegen ist der Weg bequemer und kürzer, außerdem gibt es dort keine Räuber". Die Beobachtung, die Tschang K'ien gemacht hat, ist von großer Wichtigkeit. Sie zeigt, daß vermutlich schon seit alter Zeit Verbindungen zwischen Indien und dem chinesischen Südwesten bestanden haben; freilich unmittelbar von Schu (d. h. Ssĕ-tsch'uan) aus, werden diese Verbindungen wegen der großen Geländeschwierigkeiten kaum unterhalten worden sein (vergl. oben S. 200), vermutlich wird man den Weg mehr südwärts zu suchen haben (s. unten). Jedenfalls hätten aber, wie die Stoffe von Schu nach Indien, so umgekehrt andere Dinge von Indien nach Schu und weiter nach Tsch'u und Ts'in gelangen können (vergl. oben S. 186f.), was für die Beurteilung gewisser Erscheinungen im chinesischen Geistesleben nicht ohne Bedeutung ist.

Kaiser Wu ti war begeistert von Tschang K'iens Berichten und von den Aussichten, die sie eröffneten. Trotz der schweren Kämpfe mit den Hiungnu, vielleicht auch gerade derentwegen, in der Hoffnung, im Westen Stützpunkte gegen den innerasiatischen Gegner zum Angriff von beiden Seiten zu gewinnen, beschloß er sofort, die Verbindung mit den Südstaaten des Westens aufzunehmen, zumal ja deren Kriegsmacht schwach und das Verlangen nach chinesischen Waren groß sein sollte. Vier Gesandtschaften wurden gleichzeitig von der nach der Befriedung von Yüe errichteten Provinz Kien-weï (s. oben S. 323) ausgesandt, um die Straße nach Indien aufzusuchen, zwei nach Norden und zwei nach Süden. Keine von ihnen kam an das Ziel, sie wurden sämtlich von den kriegerischen Bergvölkern (s. oben S. 35ff.) angegriffen und zur Rückkehr gezwungen. Die nach Norden auf der Straße Ya-tschou—Ta-tsien-lu (s. oben S. 22) reisenden würden ohnehin entweder durch die Unwegsamkeit der Gebirge am Weiterkommen verhindert oder in die unwirtlichen Gebiete der Si-fan (s. oben S. 36) anstatt nach Indien gekommen sein. Dagegen befanden sich die im Süden vordringenden, die durch Yün-nan reisten, auf dem richtigen Wege, wie sie denn auch erfuhren, daß „über 1000 *li* nach Westen ein Land läge, in dem man auf Elefanten ritte und das Tien Yüe hieße; die Händler aus Schu gingen dort wohl hin, um heimlich ihre Waren zu verkaufen". Sie müssen sich der uralten Handelstraße genähert haben, die von Yün-nan fu über Ta-li nach Birma führt (s. oben S. 22). Aber auch hier traten ihnen die Gebirgstämme der Kun-ming entgegen und versperrten ihnen den Weg. Immerhin, ohne Folgen blieben auch diese Erkundungsreisen nicht: „Indem die Han den Weg nach Ta-hia suchten", sagt Ssĕ-ma Ts'ien (a. a. O. fol. 9r^{0}), „erlangten sie zuerst die Verbindung mit Tien" (Yün-nan, s. oben

S. 321). Da weitere Versuche, durch das Gebiet von Kun-ming hindurchzukommen, ebenfalls an dem Widerstande der Bewohner scheiterten, so mußte vorerst dieser Plan, die Südwest-Straße zu öffnen, aufgegeben werden; erst die große Erhebung in Nan Yüe im Jahre 112 (s. oben S. 323) gab Gelegenheit, auch jenen Bergvölkern die chinesische Macht fühlbar zu machen. „Auf dem Rückmarsche von Nan Yüe (109) hielten die Truppen ein Strafgericht mit dem Fürsten Tsie-lan ab, der die Straße von Tien versperrt hatte, indem sie mehrere zehntausende von Köpfen abschlugen" *(Ts'ien Han schu* Kap. 95 fol. 4r⁰). Aber ob dieser kleine Potentat der Schuldige war, dürfte den Chinesen selbst zweifelhaft gewesen sein, und zwei Jahre später wurde bei einer anderen Straf-Expedition der König von Tien selbst, dessen Reich einen ganz bedeutenden Umfang gehabt haben muß, zur Unterwerfung gezwungen. Da er keinen Widerstand wagte, behielt er seinen Titel, wurde aber Vasall des Himmelssohnes ebenso wie der König von Ye-lang (s. oben S. 323). Noch unter den Han erhielten die Länder dann die chinesische Provinzialverwaltung.

Tschang K'iens Gedanke, Ta-hia vom Süden aus über Indien zu erreichen, ist indessen nicht weiter verfolgt worden, dafür wandte man sich mit um so größerer Energie der Niederwerfung der Hiung-nu zu, die jetzt durch die neuen großen Möglichkeiten im fernen Westen noch weit an Bedeutung gewonnen hatte. Die Verhältnisse von Inner-Asien wurden nun in ihren großen Zusammenhängen unter ganz anderen Gesichtspunkten gesehen: die hunnische Macht erstreckte sich viel weiter nach Westen als man angenommen hatte und fand dort ihre Schranke wahrscheinlich erst an den Reichen der Baktrer und Parther, die Staaten östlich davon lagen unter der Faust des Schan-yü. Das Reich Alexanders des Großen hatte sich aufgelöst, das von dem Arsakiden (An-si) Mithridates geschaffene Partherreich mit Ktesiphon-Seleukia als Hauptstadt erstreckte sich von den Toren Indiens bis zum Persischen Golf und den Sandwüsten Arabiens; Baktrien war den Griechen durch die sogenannten Indoskythen (Yüe-tschi) und andere Völkerstämme Inner-Asiens (darunter die Tocharer?) entrissen und schloß sich, durch die parthischen Eroberungen stark verkleinert, so daß es wohl nur noch die fruchtbare Ebene des Oxus (Amu darja) -Tales umfaßte, im Osten daran. Nordöstlich davon war K'ang-kü im heutigen Samarkand und dem Steppenlande nördlich davon, östlich, am Jaxartes (Syr darja), in Ferghana Ta-yuan. Von K'ang-kü berichtete Tschang K'ien ausdrücklich *(Schi ki* Kap. 123 fol. 4r⁰), daß es „im Süden von den Yüe-tschi, im Osten von den Hiung-nu abhängig sei"; so ist anzunehmen, daß auch Ta-yuan, dessen Reichtümer Tschang K'ien besonders lebhaft schilderte, als unmittelbares Nachbargebiet der Hiung-nu wenigstens unter deren Einfluß war. Gleichzeitig hatte Tschang K'ien mitgeteilt, daß 2000 *li* nordöstlich von Ta-yuan, also am Issyk-kul und im Ili-Becken, das große Volk der Wu-sun wohne; es habe ebenfalls unter den Schrecken der Hiung-nu viel zu leiden gehabt, sei ihnen botmäßig gewesen, habe aber jetzt den durch die chinesischen Siege geschwächten Feinden die Gefolgschaft verweigert. Man solle die Wu-sun durch Geschenke und Überlassung einer Kaiserlichen Prinzessin bewegen, nach Osten vorzurücken und das ihnen entrissene Gebiet wiederzubesetzen, dann würde man die Hiung-nu von beiden Seiten fassen können. „Haben wir erst einmal die Verbindung mit den Wu-sun, dann können wir das westlich von ihnen gelegene Ta-hia (Baktrien) und was sonst dazu gehört, auffordern, unsere auswärtigen Untertanen zu werden“ (fol. 10r°). Der Kaiser billigte diesen Vorschlag und ließ sogleich eine große Gesandtschaft mit Tschang K‘ien an der Spitze ausrüsten. Sie führte reiche Geschenke von Seide und Goldbrokat mit sich, sowie eine Anzahl beglaubigter Hilfsgesandten, die sich in die weiter westlich gelegenen Staaten begeben sollten. Tschang gelangte glücklich in das Land der Wu-sun, fand aber dort wegen der inneren Zerrissenheit des Fürstenhauses wenig Neigung, sich in neue Kämpfe mit dem gefürchteten Gegner einzulassen. Dagegen erreichte er es, daß die Wu-sun die chinesischen Hilfsgesandten nach Ta-yuan, K‘ang-kü, Ta-hia, An-si usw. hingeleiteten und ihm selbst eine Gesandtschaft mitgaben, die im Han-Reiche die Machtverhältnisse studieren sollte. Auch die übrigen Gesandten trafen allmählich wieder ein, zum Teil in Begleitung von Angehörigen der westlichen Staaten, die sich ebenfalls von dem ihnen geschilderten Glanze des Reiches überzeugen sollten. Sie fanden Tschang K‘ien nicht mehr lebend vor, er war etwas über ein Jahr nach seiner Rückkehr gestorben, nachdem er vorher noch zum „Minister für die unterworfenen Völker“, *ta hing ling*, ernannt war. Aber die Verbindung mit dem Westen war endgültig hergestellt und damit ein Fenster geöffnet, durch das das amtliche China zum ersten Male einen Blick in das Getriebe der großen Welt tun konnte, freilich ohne daß der kulturstolze Einsiedler daraus die nötigen Lehren für seine eigene Stellung zog.

Auch militärisch wirkte sich die neue Kenntnis in den hunnischen Kriegen aus. Während bisher der Angriff immer von Nord-Schan-si ausgegangen war, verlegte man jetzt die Hauptbasis nach dem Westen, nach Lung-si im Quellgebiet des Weï-Flusses in Kan-su, wo Weï Ts‘ing die große Straße festgestellt hatte (s. oben S. 336). Während Li Kuang, dem Tschang K‘ien beigegeben war, im äußersten Osten, im heutigen Nordost-Tschi-li operierte, zog im Jahre 121 der jugendliche Ho K‘ü-ping, ein Neffe von Weï Ts‘ing, der seinen Oheim auf mehreren Kriegszügen begleitet und sich dabei durch seine Kühnheit ausgezeichnet hatte, durch das nordwestliche Kan-su, rückte von hier noch weit nach Norden vor und vernichtete durch eine Reihe glänzender Siege die gesamte Westprovinz der hunnischen Macht, so daß sich mehrere von der letzteren abhängige Fürsten mit ihren Völkern den Han unterwarfen. Man bildete danach die Provinzen Wu-weï und Tsiu-ts‘üan in den Gebieten des heutigen Liang-tschou, Kan-tschou und Su tschou (jetzt wieder Tsiu-ts‘üan hien genannt) im nordwestlichen Kan-su. Das chinesische Reich hatte damit nicht bloß das ganze Kan-su, sondern auch einen breiten Gürtel darüber hinaus jetzt fest in der Hand, und damit war die Straße nach dem fernen Westen für die Kaiserlichen Gesandtschaften und Handelskarawanen frei. Der Zug des Ho K'ü-ping ist auch noch dadurch denkwürdig geworden, daß man in dem Gebiete des einen der unterworfenen Stämme in Kan-su, unweit des heutigen Liang-tschou, „eine menschliche Statue aus Gold (oder vielleicht auch mehrere) erbeutete, die der König beim Opfer an den Himmel benutzt hatte" (*Schi ki* Kap. 110 fol. 22v⁰). Angeblich wurde sie in einem Palaste von Kan-ts'üan (bei Kantschou) aufgestellt und Weihrauch vor ihr angezündet. Wenn einige chinesische Kommentatoren sie für buddhistisch erklären, so fehlt für diese Behauptung jeder Beweis. Weniger erfolgreich war die Expedition im Osten, wo Li Kuang, angeblich durch die Schuld Tschang K'iens von den Hiungnu vollständig eingekreist wurde und nur durch seine Unerschrockenheit den Rückweg gewinnen konnte. Tschang K'ien konnte sich eben noch von der Todesstrafe loskaufen, wurde aber seiner Würde entkleidet. Eine Unternehmung größten Ausmaßes erfolgte 119 unter den beiden Feldherrn Weï Ts'ing und Ho K'ü-ping, von denen jeder 50000 Reiter und hunderttausende von Fußsoldaten zur Verfügung hatte. Auch Li Kuang war trotz seines hohen Alters auf seine Bitte zur Teilnahme zugelassen und führte die Vorhut. Da der Westen befriedet war, rückten die Heere wieder von Nord-Schan-si aus, um den Schan-yü, der sich nach dem Nordosten zurückgezogen hatte, selbst in die Gewalt zu bekommen. Die Chinesen trieben die hunnischen Reiter vor sich her und folgten ihnen bis zum Nordrande der Wüste, auf eine Entfernung von mehr als 1000 km. Die Verluste, die den Hiung-nu zugefügt wurden, müssen ungeheure gewesen sein; die letzte Truppe des Schan-yü wurde vernichtend geschlagen, aber ihm selbst gelang es zu entkommen. Li Kuang wurde seines Alters wegen dem östlichen Flügel zugeteilt und kam so nicht in Berührung mit der Hauptmacht des Feindes. Erbittert über diese Zurücksetzung und später von Weï Ts'ing wegen vermeintlicher Fehler noch im Felde zur Rechenschaft gezogen, durchschnitt er sich vor seinen Offizieren mit seinem Schwerte die Kehle. Auch die chinesischen Heere waren dezimiert, als sie zurückkehrten; von 140000 Pferden, die den Grenzwall verließen, sollen kaum 30000 zurückgekommen sein (*Schi ki* Kap. 111 fol. 13v⁰). Weï Ts'ing fand nicht den Dank, den er erwartet hatte, vermutlich hatte Wu ti gehofft, daß ihm der Schan-yü als Gefangener zugeführt würde. Der ruhmreiche Heerführer starb in Zurückgezogenheit im Jahre 106, nachdem der jüngere Ho K'ü-ping schon elf Jahre vor ihm, im Jahre 117, geendet hatte. Sein Grab, ein tumulus mit einem ungesattelten Pferde aus Stein davor, unter dem ein niedergetretener Hiung-nu-Krieger liegt, ist noch heute im Weï-Tale unweit Si-ngan vorhanden. Beide Gegner waren jetzt zu erschöpft, um an weitere Feldzüge denken zu können, Wu tis Kräfte außerdem auch durch die Kämpfe im Süden (s. oben S. 341) und Osten (s. oben S. 325) in Anspruch genommen, von einem Grenzkriege der Tanguten (K'iang) im Kuku-nor-Gebiet ganz abgesehen. So folgte denn eine Zeit des erzwungenen Friedens, die auf beiden Seiten benutzt wurde, um neue Kräfte zu sammeln. Die Hiung-nu hielten sich ganz im Norden in dem Berglande zwischen Urga und dem Baikal-See, Einfälle nach Süden wurden nicht mehr unternommen. Die Chinesen ihrerseits „gingen über den Huang ho und legten von So (im nordwestlichen Schan-si) bis Ling-kü (in Kan-su zwischen Lan-tschou und Liang-tschou, nordwestlich vom heutigen P'ing-fan hien) überall bewässerte Felder an. 50—60000 Menschen an Beamten und Soldaten aßen allmählich das Land auf wie die Raupen die Blätter, bis sie im Norden an das alte Gebiet der Hiung-nu angrenzten" (a. a. O. Kap. 110 fol. 24r⁰f.). Bis an den Südrand der Wüste wurde also das Land durch Militär-Kolonien besetzt und vermutlich auch neu befestigt, wenigstens finden sich in dem Gebiete von P'ing-fan auch heute noch Reste des alten Grenzwalles. Der Schan-yü ließ den Han den Abschluß eines Freundschaftsvertrages anbieten, aber Wu ti forderte nach Beratung mit seinen Ministern Unterwerfung und persönliche Meldung zur Audienz an der Grenze. Der Groß-Khan lehnte mit Entrüstung ab und begann sich zu neuem Kampf zu rüsten. Da ganz Kan-su und selbst die Gegenden darüber hinaus, wie durch Streifzüge festgestellt war, von den Hiung-nu verlassen waren, so wurde die Kolonisation weit nach Norden bis nach Tun-huang, vielleicht schon bis zu der berühmten Ausgangspforte der Grenze, dem „Nephrit-Tor" (Yü mên), am Sumpfgebiet des Su-lo ho oder Bulungir gol (s. oben S. 20) vorgeschoben, und das Land in Provinzen eingeteilt. Die Straße nach Inner-Asien war nunmehr ganz in der Hand der Chinesen, zugleich die Verbindung der Hiung-nu mit den Tanguten unmöglich gemacht. Auf der Höhe seiner Macht stehend, und auf die Unterwerfung des Königs von Nan Yüe hinweisend, „dessen Kopf am Nordtore des Palastes der Han hinge" (s. a. O. fol. 25v⁰), machte Wu ti im Jahre 110 eine Inspektionsreise durch die neuen Gebiete im Norden und sandte dem Schan-yü eine höhnische Botschaft, durch die er ihn aufforderte, entweder zum Kampf an die Grenze zu kommen oder sich dem Himmelssohn zu unterwerfen.

Auch die Beziehungen zu den Oasen-Staaten des Tarim-Beckens und zu denen des fernen Westens konnten jetzt mit stärkerem Nachdruck fortgesetzt und auf die Grundlage gestellt werden, die allein für den Zentralherrscher und seine auswärtigen Vasallen die angemessene war. Der Südweg nach Indien und Ta-hia (Baktrien) von Yün-nan hatte sich zwar als ungangbar erwiesen (s. oben S. 341) — vielleicht hatte man auch allmählich den geographischen Irrtum eingesehen —, aber der nördliche wurde, sobald er im Jahre 121 von der Herrschaft der Hiung-nu losgelöst war (s. oben S. 343), ohne Zögern und mit Eifer benutzt. Der Kaiser trug ein starkes Verlangen nach den gerühmten Schätzen der Westlande, namentlich hatten es ihm die (im Verhältnis zu den chinesischen) großen und schlanken Pferde aus Ta-yuan (Ferghana) angetan, die er durch die Wu-sun kennen gelernt hatte. Auf der anderen Seite wurde von den westlichen Handelsvölkern, ebenso wie von den bisher vermittelnden „Skythen" (Hiung-nu) die chinesische Seide mit Leidenschaft begehrt, so daß hier ein großer Handelsverkehr in Aussicht stand. Gesandtschaften in großer Zahl gingen auf der Straße durch die Provinz Tsiu-ts'üan (s. oben S. 342) nach dem Westen ab, bis weit in das Partherreich hinein, angeblich auch nach Seleukia (Li-kan) am Tigris und T'iao-tschi (am Persischen Golf oder am Mittelmeer ?), verkehrsreichen Städten, deren Namen damals überall genannt wurden, und die sicher auch große Handelszentren waren. Auch Indien, Baktrien und Sogdiana werden besonders erwähnt. Diese Gesandtschaften mögen ursprünglich amtlichen Charakter gehabt haben, aber private Händler schlossen sich ihnen in Scharen an, und schwerlich werden sie durch ihre Zusammensetzung und ihr Auftreten immer dazu beigetragen haben, das Ansehen des fernen Ostreiches zu erhöhen. Die Schilderung, die Ssĕ-ma Ts'ien von der wilden Spekulation gibt, die nun im Warenhandel nach dem Westen einsetzt, und von den Zuständen, die sich als Begleiterscheinungen des Gesandtschaftswesens entwickelten, Dinge, von denen er selbst Augenzeuge war, ist so lebendig und anschaulich und dabei nicht ohne leichten Spott, daß sich ihre Wiedergabe lohnt. „Die Gesandtschaften, die die Pferde von Ta-yuan holen sollten", sagt er (Kap. 123 fol. 11 v⁰), „waren so zahlreich, daß die eine die andere auf dem Wege nicht aus den Augen verlor. Das Personal solcher Gesandtschaften nach dem Auslande bestand, wenn sie groß waren, aus mehreren hundert Leuten, wenn sie klein waren, aus über hundert. Die Austauschwaren, die sie mit sich führten, glichen im allgemeinen denen, die einst der Fürst von Po-wang (Tschang K'ien) gehabt hatte; aber später, als man mehr Erfahrung hatte, wurden sie geringer. Die Zahl der Gesandtschaften, die von Han im Laufe eines Jahres ausgingen, betrug, wenn es viele waren, über zehn, wenn es wenige waren, fünf bis sechs. Wenn sie weit reisten, brauchten sie acht bis neun Jahre, wenn sie weniger weit gingen, einige Jahre bis zur Rückkehr." Und weiter (fol. 12 r⁰f.): „Seitdem der Fürst von Po-wang den Weg in die fremden Länder gefunden und dadurch Ruhm und Ansehen geerntet hatte, wetteiferten Begleitbeamte und Diener mit einander in der Überreichung von Eingaben an den Thron, in denen sie die Wunder der fremden Länder, sowie ihre Gefahren darlegten und baten, als Gesandte ausgeschickt zu werden. Der Himmelssohn aber gab, da wegen der außerordentlichen Entfernung der Länder Niemand dorthin gehen wollte, diesen Darlegungen Gehör und händigte den Antragstellern Beglaubigungschreiben aus. Man forderte niedere Beamte und Leute aus dem Volke (zu diesem Dienste) auf, ohne sie zu fragen, woher sie kamen; eine Menge von Leuten wurden ausgerüstet und abgesandt, um die Reisen zu fördern. Bei der Rückkehr stellte sich dann, wie nicht anders zu erwarten war, zuweilen heraus, daß die Austauschgegenstände gestohlen und so die erhaltenen Weisungen zu nichte gemacht waren. Da dies immer wieder vorkam, so ließ der Himmelssohn die Schuldigen immer wieder mit schweren Strafen belegen; um den Kaiserlichen Zorn zu besänftigen, ließ man sie alles ersetzen. Dann kamen sie wiederum um Gesandtenposten ein. So trieb man die Gesandtenpflichten nicht zum äußersten und nahm die Gesetzesverletzungen leicht. Die Beamten und Diener vergrößerten und verallgemeinerten auch ihre Angaben über die Verhältnisse in den fernen Ländern. Für die Staaten, die als groß bezeichnet wurden, gab man Beglaubigungschreiben (d. h. man ernannte volle Gesandte), für die, die klein genannt wurden, bestellte man Hilfsgesandte; Leute, die zügellose Reden führten und kein Auftreten hatten, wetteiferten, einander nachzuahmen. Die Gesandten, die alle Söhne armer Familien waren, eigneten sich die amtlichen Austausch-Gegenstände an und suchten sie billig zu verkaufen, um so ihren privaten Vorteil aus den fremden Ländern zu ziehen. In den fremden Ländern wiederum wurde man der Gesandtschaften aus Han überdrüssig, deren Mitglieder unkontrollierbare Reden zu führen pflegten. Man bedachte dort, daß die Heeresmacht von Han zu weit entfernt sei, um herankommen zu können, und verweigerte den Gesandtschaften die Nahrungsmittel, um sie in Not zu bringen. Die Gesandten von Han aber kamen so in eine hilflose Lage, sie gerieten in Zorn, und schließlich kam es zu gegenseitigen Kämpfen. Ferner pflegten die Staaten Lou-lan und Ku-schi (am See Lop nor, in den der Tarim mündet), die nur klein waren, aber Durchgangstationen an der Straße (nach dem Westen) bildeten, die Gesandten von Han immer häufiger anzugreifen und zu berauben. Auch regellose Truppen der Hiung-nu überfielen immer wieder die nach den westlichen Ländern reisenden Gesandten. Diese schilderten deshalb die Gefahren der fremden Länder in lebhaften Farben und erklärten, daß die Länder zwar feste Städte, aber nur eine schwache Militärmacht hätten und leicht anzugreifen seien.“ Diese Schilderung läßt einmal durchblicken, daß die neu entdeckte westliche Kultur doch wenigstens eine starke Überraschung für die chinesischen Handelsinstinkte (s. oben S. 59) war, des weiteren aber zeigt sie auch, wie dieser Zug in die Ferne früher oder später zu politischen Verwicklungen führen mußte.

Die Straße nach dem Westen verließ die Grenzprovinz Tsiu-ts'üan (s. oben S. 342) durch die Tore Yü mên und Yang mên, deren ersteres ein gutes Stück westlich des heutigen Ortes Yü mên, wenig nordwestlich von dem heutigen Tun-huang, wahrscheinlich am Südufer des Su-lo ho gelegen haben muß, und teilte sich dann bei dem Sumpfgebiet des alten Salzsees Lop nor in die südliche und die nördliche. Die erstere führte am Südrande des Tarim-Beckens über Khotän und Yarkänd nach Kaschgar und weiter über das Gebirge Ts'ung ling nach Ta-yuan (Ferghana), Baktrien und Parthien, die letztere über Hami, Kutscha, Aksu am T'ien schan entlang nach Kaschgar. Diese beiden Hauptstraßen, später noch eine dritte und verschiedene Querstraßen, die die Wüsten des Tarim-Beckens durchschneiden, gewöhnlich unter dem Namen „Seidenstraßen“ zusammengefaßt, waren zur Zeit Wu tis natürlich noch nicht im einzelnen bekannt, sondern wurden erst im weiteren Verlauf der Jahrzehnte planmäßig erschlossen, durch Brunnen und Proviant gesichert, mit Stationen versehen und unter militärischem Schutz gehalten. Daß sie, wenigstens teilweise, schon lange vor der Han-Zeit vorhanden waren, ist zwar nicht nachzuweisen, aber sehr wahrscheinlich, wenigstens wenn es zutrifft, daß chinesische Seide, wie indische Quellen angeben, schon im 4. Jahrhundert v. Chr. ein Handelsartikel in Indien war, wobei freilich die Möglichkeit bleibt, daß diese ihren Weg von Ssĕ-tsch'uan aus von Süden dorthin gefunden hat (vergl. oben S. 340). Daß der griechische Name *Seres* von *ser* („Seidenraupe") für die Chinesen mit dem chinesischen *ssĕ* d. h. „Seide" in Verbindung steht, wie gewöhnlich angenommen wird, ist auch durchaus nicht sicher. Jedenfalls kann kein Zweifel sein, daß der chinesische Landhandel schon in früher Zeit still seine eigenen Wege über alle Grenzen und Pässe gegangen ist, lange bevor eine amtliche Kenntnis davon sichtbar wird.

Es ist klar, daß bei dem jetzt plötzlich einsetzenden starken Verkehr auf diesen Straßen gerade das Gebiet am Lop nor, also Lou-lan, sowie das nördlich davon gelegene Ku-schi (Turfan-Gebiet) die Schlüssel-Stellung innehatten, und daß auch die Wu-sun am T'ien schan die nördliche Straße beherrschten. Die Klagen der Gesandtschafts-Karawanen über die Raubüberfälle und Mordtaten am Lop nor veranlaßten Wu ti, gegen die beiden Staaten vorzugehen, da man sonst hier dieselbe Verkehrsperre haben würde wie bei den Kun-ming an der Straße im Süden. Nachdem festgestellt war, daß die Hiung-nu aus jenen Gegenden gewichen waren (s. oben S. 344), wurde im Jahre 109 (oder 108) von dem General Tschao P'o-nu Lou-lan angegriffen und sein König gefangen genommen, ebenso Ku-schi zur Unterwerfung gezwungen. Zugleich wurde jetzt die Nordwest-Grenze bis nach Yü mên durch Wälle und Wachttürme mit Garnisonen gegen etwaige Angriffe der Hiung-nu gesichert. Zahlreiche Reste von Schriftstücken aus Holz, zum Teil auch aus Seide und Papier aus der früheren und späteren Han-Zeit (sie decken die Jahre von 98 v. Chr. bis 137 n. Chr.), die in den vom Sand zugedeckten Trümmern des alten Befestigungsystems ausgegraben sind, geben eine Vorstellung von dem Amtsbetriebe und dem bewegten Leben in den Garnisonen. Der Schlag gegen die beiden Oasen-Staaten wirkte weithin durch die Länder am Tarim-Becken. Auch die Wu-sun, mit denen schon Tschang K'ien Verhandlungen wegen eines Freundschaftsvertrages angeregt hatte (s. oben S. 341), kamen jetzt auf die Vorschläge zurück, schickten eine Herde von tausend Pferden und baten um eine Prinzessin zur Heirat mit ihrem König. Mit reichster Aussteuer an Kleidern, Wagen, Beamten, Eunuchen und Dienern versehen, wurde die Prinzessin Si-kün in der Zeit zwischen 110 und 105 nach dem Lande der Wu-sun entsandt. „Sie war die Tochter des Königs Kien von Kiang-tu, galt aber als Kaiserliche Prinzessin", sagen die Han-Annalen (Kap. 96b fol. 2v⁰) ehrlich. Si-kün ist berühmt geworden durch ein formvollendetes Gedicht, das ihr vom Heimweh und der Schwermut in dem fremden Lande eingegeben war und das auch mehrfach in europäische Sprachen übersetzt ist. Solche chinesischen Hofdamen — Si-kün ist, wie schon erwähnt (s. oben

S. 331 f.), nur eine von sehr vielen gewesen — waren sicherlich nicht bloß politische Zweckmäßigkeitsgaben, sondern auch wichtige kulturpolitische Werkzeuge. Die Wu-sun schwankten in ihrer Haltung zwischen den beiden Großmächten der Hiung-nu, ihrer Nachbarn, und der Han, je nachdem die eine oder die andere die stärkere Macht entfalten konnte. Der Schan-yü betrachtete die Annäherung der Wu-sun an die Chinesen natürlich mit großem Unbehagen, und nur die Besorgnis wegen der Überlegenheit seines ihm jetzt viel näher gerückten Gegners hielt ihn von Gewaltmaßregeln gegen die schon länger unbotmäßig gewordenen ab (vergl. oben S. 342). Zwischen dem Kaiser und dem Hunnen-Khan, der damals seinen Sitz noch über den Orkhon hinaus nach Nordwesten in der Richtung auf das Gebiet von Uliasutai verlegt zu haben scheint, gingen wohl in diesen Jahren Gesandtschaften hin und her, aber irgend ein festes Verhältnis wurde damit nicht erreicht. Der Himmelssohn forderte nach wie vor die Vasallenschaft, der Khan lehnte sie entschieden ab und verwies auf die alten Verträge, wonach die Chinesen „Prinzessinnen zu schicken und Seidenstoffe nebst Nahrungsmitteln zu liefern hätten" (*Schi ki* Kap. 110 fol. 26 r⁰f.). Man verweigerte auf beiden Seiten den Gesandtschaften die Heimkehr, beobachtete sich gegenseitig mit Mißtrauen, das Verhältnis blieb im Grunde feindselig wie bisher. Aber noch wagten die Hiung-nu gegen die immer stärker um sich greifende Politik der Han in den Ländern des Tarim-Beckens und darüber hinaus, also in ihrer eigenen bisherigen Machtsphäre, nichts zu unternehmen. Ein Vorfall in Ta-yuan sollte alsbald die chinesische Macht zu weiteren Schritten treiben. Eine Gesandtschaft der Han, die dort mehrere von den berühmten Pferden für den Kaiser kaufen sollte, wurde übel aufgenommen: die Leute von Ferghana, die „übergenug hatten von den Waren aus Han", verweigerten jeden weiteren Verkehr und ließen überdies die zornig heimkehrenden Gesandten an der Ostgrenze abfangen, ermorden und ihrer Waren berauben. Wu ti, empört über diese Vorgänge, glaubte leichtes Spiel zu haben, da man ihm die Macht von Ta-yuan als ganz unbedeutend geschildert hatte. Er sandte den General Li Kuang-li, ebenso wie Weï Ts'ing der Bruder einer begünstigten Haremsdame, im Jahre 104 mit einer völlig ungenügend ausgerüsteten Streitmacht gegen das ferne Land. Den ganzen Weg hatte die Expedition teils mit, teils ohne Erfolg mit den kleinen Oasen-Staaten um Nahrungsmittel zu kämpfen; als man an den Grenzen von Ta-yuan ankam, war der größere Teil der Truppen verhungert oder erschöpft, nach einer schweren Niederlage kam der Rest flüchtend in Tun-huang wieder an. Der Kaiser war wütend wie immer bei solchen Anlässen, keiner der Kämpfer durfte bei Todesstrafe das Tor von Yü mên durchschreiten. Die Minister in Tsch'ang-ngan berieten. Sie alle waren der Meinung, daß man derartige Unternehmungen gegen so weit entfernte Länder aufgeben und alle Kräfte „zur Bekämpfung der Hu" verwenden sollte. Der Name Hu, dem wir zum ersten Male um das Jahr 300 v. Chr. im Staate Tschao begegnen (s. oben S. 195), wird von nun ab häufiger angewandt. Er kann in jener älteren Zeit nur die Hiung-nu bezeichnet haben und muß auch eine von den Umschreibungen des Namens der Hunnen sein (vergl. oben S. 134f.). Auch an dieser Stelle hier ist er als gleichbedeutend mit Hiung-nu anzusehen. Indessen wird er nun allmählich auf alle Völker in Mittel-Asien, einschließlich Indiens übertragen und deckt sich fast mit dem Ausdruck *Si yü* d. h. „die Westlande". Der Kaiser war anderer Meinung als seine Ratgeber. Ssĕ-ma Ts'ien berichtet auf seine Art, bei der man wieder den leisen Spott herauszuhören glaubt (Kap. 123 fol. 16r⁰ f.): „Der Himmelssohn hatte es sich zur Aufgabe gemacht, Yuan zu bestrafen. Yuan war ein kleiner Staat, und wenn es nicht gelang, ihn zu zwingen, so würden Ta-hia und die dazu gehörigen Staaten Han geringschätzen, auch die vorzüglichen Pferde von Yuan würden niemals kommen. Wu-sun und Lun-t'ou (ein kleiner, nicht näher bekannter Staat) würden es leicht haben, die Gesandten von Han in Not zu bringen, und China würde ein Gegenstand des Gelächters für die Ausländer werden". So wurden also neue Kriegsvorbereitungen getroffen, gewaltige Mengen von Waffen und Nahrungsmitteln herbeigeschafft, und die Garnisonen von Tsiu-ts'üan bedeutend verstärkt. Es wurden sogar „zwei Leute zu Pferdebändiger-Generalen gemacht, damit sie nach der Besiegung von Yuan die vorzüglichsten Pferde aussuchten". Wegen ihrer Größe mußte die Streitmacht sich teilen; sie zog wieder unter dem Oberbefehl von Li Kuang-li im Jahre 102 auf der nördlichen und der südlichen Straße zugleich nach Ferghana. Im Tarim-Becken verbreitete sie Furcht und Entsetzen, wo Widerstand geleistet wurde, zwang sie ihn nieder. In der Hauptstadt von Ta-yuan selbst hielt man einen Kampf für aussichtslos; man tötete den König und sandte seinen Kopf an den Oberbefehlshaber, zugleich versprach man so viel Pferde, wie gewünscht würden, und Lebensmittel desgleichen. Li Kuang-li nahm die Übergabe an, er setzte einen als chinesenfreundlich bewährten Würdenträger des Landes als König ein, verpflichtete ihn zu einem Bündnis und trat mit mehreren tausend der ersehnten Pferde den Rückmarsch an. Im Frühling 101 war er wieder in Tun-huang. Der Kaiser war befriedigt von dem Ausgange des Unternehmens und sparte mit den Belohnungen nicht. Vier Jahre hatte dieser Krieg gegen den fernen Westen mit seinen zwei Expeditionen gedauert, und seine Folgen waren außerordentlich. Die Staaten des Tarim-Beckens waren so eingeschüchtert, daß ihre Fürsten freiwillig dem zurückkehrenden Heere Tributgesandtschaften mitgaben und ihre Söhne und Brüder als Geiseln stellten. Diese nunmehr eingeleitete Unterwerfung Turkistans unter die chinesische Oberhoheit war eine gewaltige Leistung der Kaiserlichen Macht der Han. Sie hat die Hilfsmittel des Reiches bis zum äußersten angespannt, und die Bewahrung und der Ausbau der Eroberung tat es nicht minder. Bis weit nach Baktrien und Persien hinein, wohl auch noch darüber hinaus bis nach Syrien und Mesopotamien verbreitete sich der Ruhm des sagenhaften Herrschers im Osten, wenigstens wenn wir der Angabe Ssĕ-ma Ts'iens Glauben schenken wollen, daß nach der Unterwerfung von Ta-yuan „die

Han mehr als zehn Gesandtschaften nach den fremden Ländern westlich von Ferghana sandten, die seltsame Gegenstände holten. Das Gerücht aber verbreitete ihren Ruhm und ihr Ansehen auf Grund der Besiegung von Yuan" (Kap. 123 fol. 19r°f.). Wu ti versäumte auch keine Gelegenheit, den Angehörigen der fremden Länder, die sich an seinem Hofe aufhielten, durch Veranstaltungen großer Feste und Schaustellungen einen starken Eindruck vom Glanz und der Macht seines Reiches zu vermitteln. Ssĕ-ma Ts'ien (Kap. 123 fol. 13v°f.) gibt eine lebendige Schilderung von dem märchenhaften Prunk solcher Feste, zu denen, wie die Han-Annalen (Kap. 6 fol. 24v;) sagen, „innerhalb von 300 *li* alles zum Schauen herbeikam."

Der Schan-yü der Hiung-nu sah seine Macht in demselben Maße schwinden, aber an eine Unterwerfung dachte das stolze Volk so wenig wie früher, wenn auch in Folge der endlosen Kämpfe heimliche Annäherungen einzelner Stämme an die Han jetzt häufiger wurden. Mehrfach fanden wieder kleine Waffengänge auf den alten Kampfplätzen am Yin schan statt, und die herausfordernde Gründung der „Festung zur Entgegennahme der Unterwerfung" *(Schou kiang tsch'êng*, vermutlich an den West-Abhängen des Yin schan) durch die Chinesen im Jahre 104 hatte eine empfindliche Niederlage der chinesischen Kriegsmacht zur Folge. Gesandtschaften wechselten mit neuen Einbrüchen der Hunnen, ein dauerndes Einvernehmen konnte bei der Unvereinbarkeit der Anschauungen nicht zu Stande kommen. Nach der Niederzwingung Turkistans glaubte Wu ti, durch Li Kuang-li auch das nördliche Hiung-nu-Gebiet endlich unterwerfen zu können, und im Jahre 99 entsandte er den ruhmgekrönten Führer mit zwei anderen bekannten Generalen, Kung-sun Ngao und Li Ling, dem Enkel Li Kuangs (s. oben S. 334), zugleich von West-Kan-su, Mittel-Kan-su und dem östlichen Ordos-Lande aus gegen den Feind im Norden. Der Erfolg entsprach nicht den Erwartungen. Über das, was Li Kuang-li und Kung-sun Ngao erreichten, verlautet nichts in den Quellen, Li Ling aber, dem ausgesuchte Truppen aus Tsch'u zugeteilt waren, stieß in dem Berglande am Ongin-Flusse (s. oben S. 335) auf die weit überlegene Hauptmacht der Hiung-nu mit dem Schan-yü selbst. Unter tapferer Gegenwehr zog er sich nach Süden zurück, von den nachfolgenden hunnischen Reitern hart bedrängt. Bis auf etwa 60 km war es ihm gelungen, an die ersten Grenzwälle heranzukommen, als er, durch starke Verluste und Mangel an Pfeilen gezwungen, sich dem Schan-yü ergeben mußte. Die Han-Annalen (Kap. 54 fol. 10v°ff.) haben von diesem Rückzuge eine dramatische Schilderung gegeben. Der Schan-yü behandelte den gefangenen Helden höchst ehrenvoll, er gab ihm seine Tochter zur Gemahlin und machte ihn zu einem hohen Würdenträger. Über zwanzig Jahre lebte er im Hunnenlande bis zu seinem Tode im Jahre 74. Li Ling hatte gute Gründe, nicht in die Heimat zurückzukehren, er wußte, was ihm bevorstand. Wu ti geriet in Wut über seinen Günstling, der lebend in die Hände des Feindes gefallen war. Er befragte unter Anderen auch Ssĕ-ma Ts'ien, der die Stelle des Groß-Archivars bekleidete, um seine Meinung. Freimütig äußerte der große Geschichtschreiber seine Ansicht über die Heldentaten des tapferen Mannes und trat warm für seine Begnadigung ein, auf die er wegen seiner Verdienste ein Recht habe. Der Zornwütige aber sah in jedem Widerspruche nur neuen Verrat und ließ den mutigen Fürsprecher dem Gerichte übergeben. Von ihm wurde er zu der schimpflichen Strafe der Kastration verurteilt. Es mag sein, daß Wu ti seine Tat später bereute, wenigstens blieb Ssĕ-ma Tsʿien in seiner Stellung als oberster Direktor der Kaiserlichen Archive. Der Verfasser des *Schi ki* hat aber diese Mißhandlung, von der er sich ohne weiteres hätte loskaufen können, wenn er die Geldmittel gehabt hätte, niemals verwinden können, und die bittere Stimmung, die man in späteren Teilen seines Werkes öfter antrifft, ist leicht genug zu erklären. Als dem Kaiser verleumderischerweise hinterbracht wurde, daß Li Ling dem Schan-yü Ratschläge für die Kriegführung gegen die Chinesen erteile, ließ er die ganze Familie des für ihn Unerreichbaren ausrotten. Damit war für Li Ling jede Rückkehr unmöglich gemacht. Nicht anders sollte später das Schicksal des Li Kuang-li, des Eroberers von Turkistan, werden. Im Jahre 97 entsandte ihn Wu ti, um die erlittene Schlappe auszugleichen, zusammen mit Kung-sun Ngao und anderen Heerführern, auf getrennten Wegen nach Norden in der gemeinsamen Richtung auf das Dolonkhara-Gebirge bei Urga. Aber auch dieses weit größer angelegte Unternehmen hatte keinerlei Erfolg, abgesehen davon, daß Kung-sun Ngao samt seiner Familie unter Anschuldigung absonderlicher Art hingerichtet wurde. Nachdem, offenbar in Folge beiderseitiger Erschöpfung, wieder eine Zeit der Ruhe eingetreten war, griffen die Hiung-nu ihrerseits im Jahre 91 die Befestigungen von Tsiu-tsʿüan an und überwältigten die dortigen Garnisonen. Notgedrungen sandte Wu ti im Jahre 90 seinen erprobten Feldherrn Li Kuang-li mit einem Heere von 70000 Mann gegen den neu gestärkten Gegner. Der inzwischen stark gealterte Kaiser war jetzt nur mit halbem Herzen bei diesen Unternehmungen, da er in Folge seiner Neigungen zum Okkultismus von einer Art Verfolgungswahn ergriffen war, der ihn überall Hexereien und Zauberkünste argwöhnen ließ, die sein Leben bedrohten. Mit wilder Grausamkeit wütete er gegen alle Verdächtigen und schonte selbst den eigenen Sohn und Thronfolger nicht. Auch Kung-sun Ngao und seine Familie, sowie alle anderen hochgestellten Personen waren diesem Irrwahn zum Opfer gefallen, und als Li Kuang-li im Felde stand, hörte er, daß auch seine Angehörigen der Zauberei angeklagt seien. Er kämpfte mit mehr Tollkühnheit als Erfolg gegen die Hiung-nu, aber schließlich glückte es dem Schan-yü, die völlig erschöpfte Truppe der Chinesen zu überfallen und den Oberkommandierenden samt seiner ganzen Macht gefangen zu nehmen. Li Kuang-lis Familie war dem Blutbade in der Hauptstadt zum Opfer gefallen, er selbst blieb deshalb bei den Hiung-nu und wurde zunächst ebenso wie Li Ling ehrenvoll von ihnen behandelt, fiel dann aber einer Intrigue zum Opfer und endete als Schlachtopfer auf dem Altar der Ahnen.

Am 27. März 87 starb Kaiser Wu ti nach einer vierundfünfzigjährigen Regierung. Der große Historiker, dem er mit so schnödem Undank gelohnt hatte, kann ihn nicht lange überlebt haben, er muß im Jahre 86 oder wenig später gestorben sein. Das Ziel, die Hiung-nu zur Unterwerfung zu zwingen, oder ihre Macht zu vernichten, hat der Herrscher mit dem ehernen Willen, wie schon gesagt wurde, nicht erreicht, und auch seine Nachfolger würden es nicht erreicht haben, wenn ihnen nicht Zwiespalt im hunnischen Reiche und außerdem die Natur selbst zu Hilfe gekommen wären. Schwere Kämpfe und blutige Opfer an Menschen, Tieren und Gütern hat es die folgenden Jahre hindurch noch gekostet, ehe die entscheidende Wendung eintrat, und bis unmittelbar unter die Grenzwälle sind die Reiterscharen noch wiederholt vorgedrungen. Aber im Jahre 78 gerieten die Hiung-nu nunmehr auch mit neuen Gegnern in den Kampf. Ihre Nachbarn auf dem linken Flügel, die Wu-huan, ein Tung-Hu-Volk (s. oben S. 328), hatten die Gräber der früheren Schan-yü geschändet, uud die Hiung-nu brachen zu einem Rachezuge gegen sie auf. Tschao Tsch'ung-kuo, der kluge Feldherr des noch im Knabenalter stehenden Kaisers Tschao ti, erklärte: „Wenn die Man und die I (s. oben S. 38) einander bekämpfen, und man sendet Truppen aus, um sie daran zu hindern, so daß man sie zu Raubzügen und Unruhen veranlaßt, so ist das eine falsche Politik" (*Ts'ien Han schu* Kap. 94a fol. 31 v⁰f. Vergl. oben S. 333). Als aber beide Gegner sich genügend geschädigt hatten, fielen die chinesischen Truppen über die erschöpften Hiung-nu her und brachten ihnen eine vernichtende Niederlage bei. Um die gleiche Zeit, im Jahre 77, wurde auch, allerdings durch eine hinterlistige Gewalttat, das für den Durchgangsverkehr nach dem Westen so wichtige Lou-lan am Lop nor (s. oben S. 347) endgültig unter die Botmäßigkeit der Chinesen gebracht. Als in Folge des Todes des dortigen Königs und sofortigen Eingreifens des Hiung-nu-Khans neue Zweifel an der Oberherrschaft der Han entstanden, zögerte der Regent, der für den unmündigen Kaiser Tschao ti die Regierung führte (s. unten) nicht lange, diese auf seine Art geltend zu machen. Da der neue König sich weigerte, an den Hof zu kommen, schickte der Regent im Jahre 77 einen Heerführer, der schon bei den Unternehmungen gegen Ta-yuan beteiligt gewesen war, Namens Fu Kie-tsĕ, nach Lou-lan mit dem Auftrage, den König zur Rechenschaft zu ziehen. Fu Kie-tsĕ erklärte von vornherein, er würde den König umbringen, „um so den sämtlichen Staaten einen Schrecken einzujagen" (*Ts'ien Han schu* Kap. 70 fol. 1 v⁰). Und er hielt Wort. Mit nur wenigen Kriegern, aber reichen Geschenken an Gold und Seide machte sich Fu Kie-tsĕ auf den Weg und suchte den König von Lou-lan auf. Er verstand es auf listige Art, dessen Begierde nach den mitgebrachten Geschenken zu wecken, und trank dann mit ihm bis zur Ausgelassenheit. Dabei bat er ihn, mit ihm in sein Zelt zu kommen, da er ihm eine besondere Mitteilung machen wolle. Der Ahnungslose folgte dem Gesandten des Himmelssohnes, und während er mit ihm plauderte, stachen den König zwei der Krieger von hinten nieder. Entsetzen erfaßte die Umgebung, Fu Kie-tsĕ aber erklärte in einer Proklamation, der König sei wegen seiner Verbrechen vom Himmelssohne zum Tode verurteilt worden, der Sohn des vorigen Königs, der als Geisel am Kaiserhofe war, müsse als König eingesetzt werden. Darauf kehrte er mit dem abgeschnittenen Kopfe seines Opfers zurück und nahm die reichen Belohnungen seines Herrn entgegen. Der neue König wurde unter dem Schutze der Han eingesetzt und erhielt eine Palastdame zur Frau. Der Name seines Staates wurde danach aus Lou-lan in Schan-schan umgeändert. Es gereicht dem konfuzianischen Zensor des *T'ung kien kang-mu* zur Ehre, daß er diese Art von Diplomatie mit stärksten Worten verdammt. „Man schickte einen Gesandten ab," heißt es im Haupttext, „der den König An-kueï von Lou-lan hinterlistig ermorden sollte", und zwei von den auslegenden Kommentaren (s. oben S. 268) bezeichnen den Vorgang als einen „banditenhaften Anschlag", dessen man sich schämen müßte. In Schan-schan wurde von jetzt ab eine chinesische Garnison und Militär-Kolonie gehalten. Bei dieser fortschreitenden Einkreisung war es den Hunnen nicht mehr möglich, sich im Osten noch zu behaupten; sie begannen nach Westen zu ziehen, gerieten aber als unwillkommene Gäste in die Gebiete der Wu-sun, die jetzt in einem näheren Verhältnis zu den Chinesen standen. Diese baten in Tsch'ang-ngan um Hilfe, und die Regierung dort mußte eine solche, obwohl eben der Kaiser gestorben war, und Süan ti, ein Neffe Tschao tis, gerade den Thron bestiegen hatte, schon deshalb im eigenen Interesse gewähren, weil die Hiung-nu bei ihrem Vordringen nach Westen auch die Staaten Kutscha und Aksu besetzt und damit die nördliche Straße durch Turkistan in ihren Besitz gebracht hatten. Im Jahre 72 rückte ein großes chinesisches Heer aus, um sich mit den Wu-sun zu vereinigen. Die Hiung-nu warteten das Eintreffen nicht ab, sondern flohen mit allem Vieh und sonstigem Besitztum, soweit sie vermochten, so daß für die Truppen nicht viel zu plündern übrig blieb. Indessen war der Zweck des Feldzuges erreicht, die Nordstraße von Turfan ab zunächst wieder in der Hand der Chinesen. Die Hiung-nu waren jetzt in einer Verfassung, daß an wirksamen Widerstand gegen das Han-Reich nicht mehr zu denken war. Selbst ein Rachezug gegen Wu-sun gelang nur unvollkommen, auch die Stämme im Norden vom Tarim-Becken sowie die Wu-huan im Osten fielen jetzt über den ungefährlich gewordenen Gegner her, und zu allem Unglück trat plötzlich ein so kalter und schneereicher Winter ein, daß Menschen und Tiere scharenweise zu Grunde gingen, die einsetzende Hungersnot besorgte den Rest. „Bei den Hiung-nu herrschte allgemeine Verödung und Kraftlosigkeit", sagen die Han-Annalen (Kap. 94a fol. 34r⁰), „die Länder, die ihnen untertan gewesen waren, lösten sich von ihnen, wie morsche Ziegelsteine, Angriffen und Raubüberfällen waren sie nicht mehr gewachsen. Da schickte Han noch über dreitausend Reiter aus, die auf drei Straßen zugleich in das hunnische Land einbrachen und viele tausende von Gefangenen wegführten. Aber die Hiung-nu wagten nicht mehr, Vergeltung zu üben, sie wollten nur noch Frieden, und Kämpfe in den Grenzgebieten kamen nicht mehr vor." Das Schicksal des tapferen Volkes schien besiegelt. Dynastische Zwistigkeiten mit schweren Bluttaten zerrissen das Reich, eine Partei verriet die andere, wenn etwas gegen die Han unternommen werden sollte, und erbitterte Kämpfe der Stämme gegen einander setzten ein. Ein letzter verzweifelter Versuch, neue Bundesgenossen gegen die Han zu gewinnen, schlug fehl. Im westlichen Teile der Provinz Kan-su, vom oberen Huang ho bis zum Kuku-nor-Gebiet, an den Südhängen des Nan schan (s. oben S. 2), also in dem Stromgebiet des Si-ning ho (damals Hung schui genannt) und Ta-tʻung ho (s. oben S. 6), einem wilden Berg- und Steppenlande, saßen die kriegerischen Nomadenstämme der tangutischen Kʻiang oder Si Kʻiang (West-Kʻiang s. oben S. 36). Schon früher hatten die Hiung-nu wiederholt im Bundesverhältnis mit ihnen bei ihren Kämpfen gegen die Chinesen gestanden, obwohl das auf niedriger Kulturstufe stehende Volk wenig Hilfe bot. Die Kʻiang hatten sich durch ihre dauernden Stammeskämpfe für gewöhnlich selbst kampfunfähig gemacht, unter Wu ti waren sie, als man den Grenzwall ausgedehnt und in dem Lande nördlich vom Nan schan Garnisonen und Militärkolonien angelegt hatte (s. oben S. 343f.), nach Westen und Süden abgedrängt. Dadurch wurde natürlich auch die Möglichkeit einer Verbindung mit den Hiung-nu für sie stark eingeschränkt. Während der ersten Regierungsjahre des Kaisers Süan ti aber begannen die Kʻiang wieder nach Norden vorzurücken, sie wanderten in die neue Provinz Tsiu-tsʻüan zwischen dem heutigen Kan-tschou und Su tschou ein und vertrieben die chinesische Bevölkerung. Danach gelang es den in höchster Not befindlichen Hiung-nu, wieder Verbindungen mit ihnen anzuknüpfen, im Jahre 63 schlossen die sämtlichen Kʻiang-Stämme ein Bündnis unter einander und rüsteten sich zu einem Vorstoß zusammen mit den Hiung-nu gegen den gemeinsamen Feind. Der Kaiser wandte sich an den hochbetagten oft erprobten Tschao Tschʻung-kuo (s. oben S. 352), und dem im Kriege wie in den Mitteln einer maßvollen Politik gleich erfahrenen Manne gelang es in den nächsten Jahren (62 bis 60), an der Spitze eines großen, wohl ausgerüsteten Heeres die Kʻiang einzuschüchtern und den Entmutigten schwere Verluste beizubringen. Durch klug angewandte Milde veranlaßte er dann den Hauptteil des Volkes, sich zu ergeben, etwa 13000 waren durch das Schwert und den Hunger umgekommen oder in den Flüssen ertrunken, ein kleiner Rest rettete sich in die Berge. Die jetzt neu gewonnenen Gebiete zwischen dem Huang ho und dem Kuku nor wurden sofort mit den entlassenen Soldaten und mit freigelassenen Sträflingen besiedelt, die Häuptlinge der Kʻiang, soweit sie nicht von den letzteren selbst umgebracht waren, erhielten chinesische Fürstentitel, ihr Volk wurde gleichfalls angesiedelt, und das Land einem Militärgouverneur dem *hu Kʻiang hiao-wei* („Schutzherr der Kʻiang") unterstellt, der im heutigen Lan-tschou seinen Sitz hatte. Das ganze Gebiet führte den Namen Kin-tschʻêng, und neben Lan-tschou wuchs auch als befestigter Verwaltungsplatz der Ort Hung-tschung, das heutige Si-ning, empor. Mehrfach sind die Kʻiang noch gegen die chinesische Herrschaft aufständig geworden, teilweise in Folge brutaler Gewalttätigkeiten der Beamten, aber ihr Land, wenigstens in seinem östlichen Teile, ist seitdem Reichsgebiet geblieben. Nachdem den Hiung-nu auch diese letzte Möglichkeit einer Gegenwehr verschlossen war, bereitete sich das Unvermeidliche vor, im Jahre 60 unterwarf sich der eine der Thronprätendenten mit seinem Volke.

Dieser Vorgang hatte eine sehr bedeutsame Folge. Bisher hatte den Chinesen nur die Südstraße nach dem Westen offen gestanden, während die Nordstraße durch die Hiung-nu unter Kontrolle gehalten worden und daher für die Chinesen nicht ohne weiteres benutzbar gewesen war. Nunmehr eröffnete sich für die letzteren die Aussicht, auch diese allein zu beherrschen. Dazu aber war es notwendig, jetzt, nachdem man das Lop-nor-Gebiet fest in die Hand bekommen hatte, auch das nördlich davon gelegene Turfan-Gebiet stärker zu sichern, das nicht mit Unrecht von den Annalen der Späteren Han (Kap. 118 fol. 5v⁰) als „das Eingangstor zu den Westlanden" bezeichnet wird. Wir haben diese wegen ihres fruchtbaren Weidelandes und wegen ihrer strategischen Wichtigkeit besonders geschätzte Landschaft, die sich vom Südhange des Bogdo ōla bis zum Nordhange hinüberzog, bereits unter dem Namen Ku-schi kennen gelernt (s. oben S. 347); die Annalen der Han bezeichnen sie dann als Kü-schi, vermutlich der einheimische Name des Volkes, von dem wir annehmen müssen, daß es iranischer (soghdischer) Herkunft war. Der General Tschêng Ki erhielt den Auftrag, die Verhältnisse dort neu zu ordnen; er scheint auf ernstlichen Widerstand nicht mehr gestoßen zu sein und konnte seine Aufgabe in der Weise lösen, daß er das Land in acht kleine „Staaten" zerteilte. Davon war der am Südhange des Gebirges gelegene mit der Hauptstadt Yarkhoto, das „vordere Kü-schi", der wichtigste. Hier wurde die chinesische Garnison und Militärkolonie angelegt. Tschêng Ki erhielt den ehrenden Titel P'ing-yuan hou d. h. „Fürst, der die Ferne befriedet hat", und wurde im Jahre 59 der erste „Schutzherr" *(tu-hu)* d. h. General-Gouverneur von Turkistan. Sein Sitz wurde an die nun neu gesicherte Nordstraße gelegt, und zwar zunächst nach Wu-leï zwischen den Orten Kutscha und Kurla.

Zwei Brüder, Ho-han-ye und Tschi-tschi Ku-tu-hou, stritten im Jahre 60 noch bei den Hiung-nu um den Thron des Schan-yü. Der letztere blieb Sieger und besetzte die eigentliche Residenz im Norden (wohl am Orkhon). Ho-han-ye schlug seinen Ratgebern die Unterwerfung unter den Himmelssohn vor. Aber einmütig erklärten diese: „Nein, es war immer die Art der Hiung-nu, Mut und Stärke hoch zu schätzen, Unterwerfung und Knechtschaft zu verachten. Auf Pferdes Rücken kämpfend, haben wir das Reich geschaffen und Ansehen und Ruhm erlangt unter den Völkern, auch jetzt gibt es noch tapfere Krieger unter uns, die zu kämpfen und zu sterben verstehen" *(Ts'ien Han schu* Kap. 94b fol. 3r⁰.). Aber die Not wurde stärker als aller Stolz, man fügte sich in das Unabänderliche, und im Anfang des Jahres 54 erklärte sich Ho-han-ye zum Vasallen des Kaisers. Drei Jahre später erschien er selbst zur Audienz am Hofe; er wurde mit großen Ehren aufgenommen und mit Geschenken überschüttet. Die Chinesen wußten, was dieses Ereignis bedeutete, und sie haben dem in überschwenglicher Weise Ausdruck gegeben.

Von nun ab stand der Khan der Hiung-nu unter chinesischem Schutz, und sein Bruder mußte mit den Folgen rechnen. Dieser zog mit seinen Streitkräften nach Westen ab, brach in die Länder zwischen T'ien schan und Altai, vielleicht auch noch darüber hinaus in das Ili-Becken und die Steppen der Kirgisen am Balkasch-See ein und kämpfte im Bunde mit K'ang-kü erfolgreich mit den Wu-sun. So entstand hier, wo auch Mao-tun schon einmal geherrscht hatte, ein neues Hunnenreich, das unabhängig war von der Kaiserlichen Gewalt, während Ho-han-ye die alte Residenz am Orkhon wieder in Besitz nahm. Es währte nicht lange, bis der chinesischen Verwaltung in Turkistan klar wurde, daß sie auch dieses neue Macht-Zentrum der Hunnen zerstören müßte, wenn China die Herrschaft über Turkistan halten wollte, da der Khan bereits im Begriffe stand, die fruchtbaren Länder im Süden, also Ferghana, Baktrien u. a. zu unterwerfen. Als Tsch'ên T'ang im Jahre 36 von Kaiser Yuan ti, dem Sohne und Nachfolger Süan tis, zum General-Gouverneur von Turkistan ernannt war, befand sich der richtige Mann am richtigen Orte, um diese Aufgabe durchzuführen. Auf eigene Hand, ohne erst die heimische Bürokratie zu befragen, machte er sich ans Werk. „Wenn erst der Hof mit den hohen Würdenträgern den großen Plan berät", sagte er in richtiger Erkenntnis der Verhältnisse in der Hauptstadt (s. unten), „dann wird Niemand von ihnen dafür Verständnis haben, und das Ganze ist verloren" (*Ts'ien Han schu* Kap. 70 fol. 8 v⁰). So rüstete er eine große Armee in den Militär-Kolonien aus, verstärkte sie durch einheimische Truppen und teilte sie in zwei Abteilungen. Die eine rückte über den T'ien schan hinab in das Tal des Naryn zum Issyk kul, die andere stieg über den Terek-Paß bei Kaschgar und zog dann vom Süden heran gegen das befestigte Lager des Schan-yü westlich vom See. Nach einem verzweifelten Kampfe, in dem der an Zahl unterlegene Gegner sich bis zum äußersten wehrte, wurde der Schan-yü überwältigt und getötet, sein Kopf nach Tsch'ang-ngan geschickt. Damit war auch dieser Teil der Hunnen-Macht vernichtet, ein mehr als fünfhundertjähriger Kampf war entschieden, die Herrschaft der Han hatte in Inner-Asien vorläufig keinen ebenbürtigen Gegner mehr, die Staaten des Tarim-Beckens schickten ihre Tributgesandtschaften an den Hof von Tsch'ang-ngan,und die Söhne der Fürsten blieben als Geiseln, zugleich zu ihrer Ausbildung als Werkzeuge der chinesischen Kulturpolitik, in der Hauptstadt. Die von Tsch'ên T'ang auf eigene Verantwortung und ohne Unterstützung durch die Zentralregierung unternommene Tat war ein weltgeschichtliches Ereignis ersten Ranges, denn ohne sie würde sich ein neues gewaltiges Hunnenreich gebildet haben, das nicht nur die Staaten von Turkistan erobert haben, sondern auch dem fernen Westen eine große Gefahr geworden sein würde.

Während der folgenden Jahrzehnte sind die Khane der Hiung-nu, ihrem Versprechen getreu, loyale Vasallen der Han geblieben. Zwar ihrem Antrage, die chinesischen Garnisonen aus den Grenzgebieten zurückzuziehen und ihnen selbst die Verteidigung der letzteren zu übertragen, haben die Kaiser nicht oder wenigstens nicht vollständig stattzugeben gewagt, aber ernstere Zwischenfälle sind nicht mehr erfolgt, bis in der großen durch die Usurpation des Wang Mang (s. unten) herbeigeführten Krise, in Folge grober Ungeschicklichkeiten der Umsturz-Regierung, neue Feindseligkeiten verursacht wurden. In der Zwischenzeit traten viele Hunnen in chinesische Dienste, sie waren als Krieger hochgeschätzt, und nicht wenige von ihnen hatten hohe Posten und Vertrauenstellungen inne; auch manche der türkischen Adelsfamilien gingen im Chinesentum auf und spielten in der späteren Entwicklung noch eine wichtige Rolle. Der Einstrom türkischen Blutes in das nordchinesische Volk sollte nicht unterschätzt werden.

Viertes Kapitel.

Der Staat, seine Verfassung und seine Krise.

Das Reichsgebiet war unter den ersten Han-Kaisern ins Riesenhafte angewachsen. Weitaus das Meiste kam während der langen Regierung von Wu ti (140—87 v. Chr.) dazu. Wir haben im letzten Kapitel gesehen, daß diese ganze Zeit mit Eroberungskriegen nach allen Himmelsrichtungen angefüllt war, denen gegenüber auch die von Schi huang-ti an Größe zurücktreten. Indessen möglich geworden sind die Erwerbungen der Han natürlich erst durch das Werk des letzteren. Nur mit einem Staate, wie die Ts'in ihn geschaffen, konnten diese gigantischen Pläne durchgeführt, diese Kriegszüge über ungezählte tausende von Kilometern unternommen, diese zahlreichen fremden Völker in das chinesische Kultur- und Verwaltungsystem hineingezwungen werden, bis schließlich das ganze Südost- und Mittel-Asien dem Himmelssohn untertan war. Bis nach Tongking hinein im Süden, bis nach Korea, die südliche Mandschurei und die Randgebirge Sibiriens im Osten und Norden, bis zum Ili-Flusse und dem Fuße des Pamir im Westen reichte jetzt die chinesische Macht, ein Gebiet, das auch während der späteren Jahrhunderte nur noch wenig vergrößert werden konnte. Wu ti gebührt das Verdienst, die chinesischen Waffen trotz aller Rückschläge siegreich durch diesen Teil der Welt getragen zu haben; mit einer Großzügigkeit, die keine Bedenken und keine Grenzen anerkannte, hat er seine Pläne entworfen, mit einer Zähigkeit, die durch keine Mahnungen seiner Ratgeber, keine Hindernisse der Natur oder der Menschen erschüttert werden konnte, hat er sie ausgeführt. Wenn wir bisher als die Gründer des chinesischen Reiches Wên wang, Wu wang, Tschou kung und Schi huang-ti kennengelernt haben (s. oben S. 108 u. 224), so werden wir nunmehr Wu ti hinzuzufügen haben. Die ersten drei schufen den Staat, Schi huang-ti die Großmacht, Wu ti das Weltreich. Keiner hat den Gedanken des Universalstaates machtvoller verwirklicht als der große Han-Kaiser. Der Name „Mittelstaat" *(tschung kuo)* erfährt jetzt eine neue große Erweiterung: bezeichnete er zuerst das unmittelbare Herrschaftsgebiet des Zentralherrschers im Lehenstaate (s. oben S. 119), wurde er dann ein Name für die „inneren" Lehensgebiete der Königlichen Sippe im Gegensatz zu den „äußeren" Staaten der rassefremden Fürsten und Stämme (s. oben S. 138 u. 151), so wird nun der ganze von Schi huang-ti geschaffene Einheitstaat zum „Mittelstaat", und die neu entdeckten und unterworfenen Staaten werden die „Außenstaaten" *(wai kuo)*. Gewiß mag es mehr Ehrgeiz, Prunksucht und Machtbegehr gewesen sein, was Wu ti zu seinen immer neuen Eroberungen trieb, als das Bewußtsein, eine göttliche Sendung auszuführen, wie es die konfuzianische Theorie verlangte, aber er verstand unzweifelhaft auch, ebenso wie Schi huang-ti, in großen politischen Zielen zu denken, und war dann, vielleicht noch mehr als dieser, bedenkenfrei in der Wahl der Mittel. In Bezug auf hemmungslose Leidenschaft, Grausamkeit und Ungerechtigkeit erscheint er schlimmer als jener (vergl. oben S. 251f.); trotz all seines Konfuzianisierungseifers persönlich den Zauberkünsten der Magier zugeneigt (s. oben S. 312ff.), auch darin seinem großen Vorgänger gleichend, hat er sich gegen das Ende seines Lebens unter der Herrschaft eines Irrwahns mehr und mehr als ein bluttriefender Despot erwiesen (vergl. oben S. 351); die Art, wie er kurz vor seinem Tode die Frage der Nachfolge seines achtjährigen Sohnes regelte (s. unten), zeigt die ganze Wildheit seines Charakters und seiner Politik. Die konfuzianischen Zensoren aller Zeiten haben ihn wegen seiner unablässigen Kriegszüge — man hat ihm nicht umsonst seinen posthumen Namen Wu ti d. h. „Kriegskaiser" gegeben — und wegen seiner unerhörten Grausamkeit scharf getadelt. „Wu ti hat im Laufe seines Lebens", schreibt der Deuter des *T'ung kien kang-mu* unter seinem Todesjahre, „sehr viele Verirrungen und Sünden begangen. Daß er am Ende seiner Jahre allein stand und sich nur noch auf ein mutterloses Kind stützen konnte, wird dadurch verständlich. Wer liest, was das *Kang-mu* über ihn aufgezeichnet hat, wird dies erkennen". Das ändert aber alles nichts an der Tatsache, daß unter Wu ti das Reich, innerlich gefestigt, äußerlich bewundert und gefürchtet, eine Machtfülle erlangte, wie sie nicht oft in der chinesischen Geschichte wiederkehrt. Seine Regierung bildet, wenn auch nicht den kulturellen, so jedenfalls den politischen Höhepunkt der Han-Zeit, und bis heute noch pflegen die Chinesen, die Konfuzianer vor allen, sich als *Han jen*, „die Leute von Han", ihre Sprache als die *Han hua*, „die Sprache von Han", zu bezeichnen, namentlich wenn sie den Gegensatz zu anderen Völkern wie Mongolen, Mandschus u. a. hervorheben wollen.

Dem konfuzianischen System war durch die Eroberungen der Han eine gewaltige Aufgabe zugewiesen: es mußte die fremden Völker in die universalistische Staatsordnung einfügen, sie mit den gleichen Kulturgedanken erfüllen, ihre völkische Sonderart der großen seelischen Gemeinschaft unterordnen und so das Problem der einheitlichen Regierung in dem riesigen Reiche seiner neuen Lösung zuführen (vergl. oben S. 157, 302 u. 319f.). Der neue Staat selbst ist, wie wir wiederholt erwähnt haben, nicht von den Han, sondern von den Ts'in geschaffen worden (vergl. oben S. 267), und die Han haben die gesamten Einrichtungen der Ts'in übernommen (s. oben S. 231ff.); erst im Laufe der Zeit sind diese weiter ausgebaut und entsprechend den Bedürfnissen der Kolonialpolitik verändert, im wesentlichen militarisiert worden. Unter dem Einfluß des Konfuzianertums erfuhr die Beamtenhierarchie, namentlich in der Hauptstadt, seit Wu ti eine starke Vermehrung, was mit der Entwicklung des Schreibwerks und der Bürokratie zusammenhing. Veränderungen der Namen, die wir unter den Han finden, bedeuten durchaus nicht immer eine Veränderung der Sache, lassen aber meist den konfuzianischen Einfluß erkennen. Festgehalten wird an dem Gedanken, daß die gesamte Staatsgewalt zentralisiert ist beim Herrscher, der den Mittelpunkt des innersten der konzentrischen Kreise oder Quadrate bildet, die nach der alten kosmischen Vorstellung das Reich und seine Ordnung darstellen (s. oben S. 65f.). Dieser innerste Kreis, der „Kronrat", unter den Ts'in von den beiden „Kanzlern" gebildet (s. oben S. 231), besteht unter den Han zunächst aus drei Würdenträgern, dem *ta ssĕ-t'u*, *ta ssĕ-ma* und *ta ssĕ-k'ung*. Neben ihnen finden wir die „drei *kung*" des Altertums wieder, den *t'ai fu*, *t'ai schi* und *t'ai pao* (s. oben S. 128), Bezeichnungen, die aber lediglich Titel gewesen zu sein scheinen. Vielleicht gehörten ihre Träger ebenfalls dem „Kronrate" an, doch werden sie in den Han-Annalen (Kap. 19a fol. 4v⁰) nach den drei vorhin Genannten aufgeführt. Die Namen sind der Hierarchie des Tschou-Staates nach der konfuzianischen Überlieferung entnommen (s. oben S. 126ff.). Der *ta ssĕ-t'u* ist der *tsch'êng siang* der Ts'in, der *ta ssĕ-ma* der *t'ai weï* und der *ta ssĕ-k'ung* der *yü schi ta fu* (s. oben S. 231), daneben bleiben auch die früheren Namen bestehen. Ein äußerer Kreis sind die Ressort-Ministerien, erst vier, dann sechs, gewöhnlich *ts'ao* genannt, die von Ts'in einst aufgelöst und durch einzelne Beamte ersetzt waren, von den Han aber, ebenfalls nach altem Vorbilde, wieder gebildet wurden. Vielfach legte man auch später den von den Ts'in geschaffenen Behörden und Ämtern andere Namen bei, die angeblich im Tschou-Staate oder gar im hohen Altertum vorhanden gewesen sein sollten und zu dem Zwecke aus den entstehenden großen Riten *(li)*-Sammlungen entnommen wurden. So wurde z. B. das *tien k'o*, das Amt für die unterworfenen Barbaren-Völker im Ts'in-Staate, unter King ti, vermutlich wegen seiner damals gesunkenen Bedeutung, umbenannt in *ta hing ling* d. h. Leitung der reisenden (inspizierenden?) Kommissare. Im *Tschou li* werden zwei *ta hing jen* und vier *siao hing jen* aufgeführt, denen gewisse Obliegenheiten im Zeremoniell der Fürstenbesuche zugeschrieben werden, und in denen man das Vorbild des Ts'in-Amtes zu sehen vorgab. Da aber zur Zeit Wu tis das Amt wieder an Bedeutung gewinnen mußte, so gab man ihm den volleren Namen *ta hung lu*, dessen Bedeutung heute nicht mehr verständlich ist. An seiner Spitze stand der *ta hing ling*, dessen Stellung eine Zeit lang, wie wir sahen, Tschang K'ien einnahm (s. oben S. 342). Die *t'ing weï* (Justizminister, es waren ihrer zwei) erhielten im Jahre 144 v. Chr. die Bezeichnung *ta li* nach einem Ausdruck im *Li ki (Yüe ling* IV, 33), ein Name, der dann auch geblieben ist. Das Amt des *fêng tsch'ang*, das unter den Ts'in geschaffen war, und dem die Sorge für den Kult der Ahnentempel oblag (s. oben S. 231), wurde in *t'ai tsch'ang* umbenannt und als eine Fortsetzung des *ta tsung po* der Tschou (s. oben S. 127) angesehen. Dieses Suchen nach Vorbildern für die einzelnen Ämter im Altertum nimmt natürlich in dem Maße zu wie der Konfuzianismus an Einfluß gewinnt; in späteren Jahrhunderten ist es bis zum Grotesken gesteigert. Das *Tschou li* und *Li ki*, die erst spät zusammengestellten Staatshandbücher des Altertums (s. oben

S. 95f.), müssen für jedes Amt, wenn es eine Berechtigung haben soll, das entsprechende Muster liefern, wobei zahlreiche alte Titel entweder völlig erfunden oder erst durch gewaltsame Umdeutung brauchbar gemacht werden. Dem von den Konfuzianern mit Acht und Bann belegten Ts'in-Herrscher durfte unter keinen Umständen der Ruhm gelassen werden, Schöpfer der Staatseinrichtungen zu sein, die nicht bloß von den Han, sondern auch von den späteren Dynastien übernommen waren, sie mußten in jedem Falle als Werke der „heiligen Herrscher" des Altertums nachgewiesen werden. Weiter entwickelt haben die Han das System der Überwachung des Beamtentums; die ersten Anfänge des Zensorats werden sichtbar. Dem *yü schi ta fu* unterstanden zwei hohe Beamte, ein *yü schi tsch'êng* und ein *yü schi tschung tsch'êng*. Der erstere war der Vorsteher der Kaiserlichen Geheimarchive, der letztere hatte etwaige Ungesetzlichkeiten im inneren Dienste zu melden. Im Jahre 7 v. Chr. wurde der *yü schi ta fu* in den *ta ssĕ k'ung* ungewandelt, und der *tschung tsch'êng* zum Präsidenten einer selbständigen Behörde gemacht, die den Namen *yü schi t'ai* erhielt, in allen Bezirken Regelwidrigkeiten rügen und das gesetzliche Strafverfahren überwachen sollte. In dieser Behörde ist nach chinesischer Auffassung der erste Anfang des Zensorats im späteren Sinne zu sehen (vergl. oben S. 230), das denn auch bis in die Neuzeit den Namen *yü schi t'ai* neben der moderneren Bezeichnung *tu tsch'a yuan* getragen hat. Schon im Jahre 106, als der Provinzialverwaltung neue große Gebiete eingefügt waren, wurde von Wu ti ein Amt geschaffen, dessen Träger, *pu ts'ĕ schi* genannt, die Verwaltungen der einzelnen Provinzen *(kün)* im Reiche überwachen sollten (vergl. unten), wobei jedem eine bestimmte Anzahl solcher Provinzen zugewiesen waren. Diese Provinzial-Inspektoren nahmen die Stelle der alten *kien yü schi* der Ts'in ein, die gleiche oder ähnliche Obliegenheiten hatten, waren aber, wenigstens unter den Han, keine ständigen Beamten, sondern wurden nach Bedarf in die Provinzen entsandt. Im Jahre 7 wurden die neuen Inspektoren dem *tschung tsch'êng* unterstellt. Gesondert von ihnen, aber ebenfalls als Organe des *tschung tsch'êng*, wirkten in der Hauptstadt die *schi yü schi*, zunächst zwei, später aber erheblich mehr. Diese Entwicklung zeigt, wie das Zensorat in der Tat äußerlich aus der Verwaltung der Kaiserlichen Archive *(yü schi)* hervorgegangen ist, worauf ja auch die Gleichheit der Namen hindeutet, wie dann aber die Tätigkeit der neuen Behörde eine völlig andere wird. Der Gedanke, das Beamtentum in den Provinzen überwachen zu lassen, stammt von den Ts'in, die Han haben es auf die Zentrale selbst ausgedehnt, so daß schließlich eine Organisation entstand, die sich die Möglichkeit erwarb, die gesamte Verwaltung und Rechtsprechung im Reiche bis zu den höchsten Würdenträgern hinauf zu beobachten und, wenn nötig, ihre Mißgriffe dem Herrscher zur Kenntnis zu bringen; ja sie hat sich in vielen Fällen nicht gescheut, diesen selbst vor ihr Forum zu ziehen und ihm seine Fehler vorzuhalten. Geboren aus dem Mißtrauen des Monarchen, ist die Einrichtung zu einer Macht geworden, deren Bedeutung immer von der moralischen Sauberkeit, dem Mute und der Klugheit ihrer Träger abhing. Der Konfuzianismus hat viele furchtlose Bekenner ihrer sittlichen Überzeugung hervorgebracht, und das Zensorat ist in der inneren chinesischen Geschichte ein Moment von gewaltiger Bedeutung gewesen, eine Schranke für die Willkür der Mächtigen, eine Zuflucht für die Not der Bedrückten. Nicht selten haben aber auch ihm Feigheit, Charakterlosigkeit und sittliche Verderbnis die Stimme erstickt oder der Lüge dienstbar gemacht, das waren die schlimmsten Zeiten im Reiche.

Das Reichsgebiet, d. h. die alten Lehenstaaten, war von den Ts'in, wie wir sahen, in „Provinzen" *(kün)* eingeteilt worden. Da die Han zunächst gezwungen waren, das Lehenswesen wieder einzuführen (s. oben S. 270f.), so laufen unter ihnen zunächst zwei Verfassungsysteme nebeneinander und durcheinander: das feudalistische und das zentralistische, was sich in dem Ausdrucke *kün kuo* d. h. „Provinzen und Staaten" zeigt (vergl. oben S. 291). Wenn auch diese „Staaten" in keiner Beziehung mehr dasselbe waren, wie die des Altertums, so konnten sie doch vorläufig nicht in dem Maße von der Bürokratie beherrscht werden wie die „Provinzen". Da sie indessen Hoheitsrechte (völkerrechtlich angesehen) nicht mehr besaßen, ihre Fürsten vielmehr nur Standesherren waren, die aus den ihnen verliehenen Gebieten die Einkünfte bezogen, so unterstanden sie hinsichtlich ihrer Verwaltung ebenfalls der Überwachung durch die Inspektoren der Zentrale. Wie wir früher gesehen haben, wurden im Laufe der Zeit die Gebiete der „Staaten" immer kleiner, die Vorrechte ihrer Fürsten immer unbedeutender, bis die letzteren nur noch Grundherren waren, die selbst in der konfuzianischen Bürokratie aufgingen; ihre „Länder" wurden den Provinzen eingefügt (s. oben S. 293ff.). Die 36 Provinzen der Ts'in mußten allerdings in Folge der umfangreichen Erweiterungen des Reichsgebietes erheblich vermehrt werden. Ihre Zahl war auf über hundert gewachsen, wechselte aber häufig, weil mehrere zusammengelegt, andere wieder geteilt wurden. An Umfang waren sie natürlich kleiner als die Provinzen der späteren Zeit, eher gleichen sie den „*Tao*-Bezirken" (s. unten) der letzteren. Der hauptstädtische Bezirk war eine Provinz für sich. An der Spitze einer Provinz stand ein *t'ai schou* (Gouverneur oder Präfekt) später *ts'ĕ schi* genannt. Als Wu ti das Amt der *pu ts'ĕ schi* einrichtete, wurden für jeden dieser Inspektoren eine Anzahl von Provinzen zu einem großen Verbande, *pu* (daher der Name *pu ts'ĕ schi)*, zusammengefaßt (vergl. oben S. 361), im ganzen waren es ihrer dreizehn. Entsprechend der chinesischen Auffassung, zur Han-Zeit wie später, daß alles, was zur Hauptstadt, dem Sitze des Himmelssohnes, dem ehemaligen unmittelbaren Herrschaftsgebiete (s. oben S. 127) gehörte, unvergleichlich höher stände, als das, was den „Außengebieten" eigne, hatten die *ts'ĕ schi* einen auffallend niedrigen Rang in der Hierarchie; mit der Zeit aber nahm ihre Bedeutung zu, damit stieg ihr Einfluß und stieg auch ihr Rang. So entwickelte sich nach der Han-Zeit aus dem Zweckverbande des *pu* eine wirkliche Verwaltungseinheit, aus den darin zusammengenommenen *kün* wurde die wirkliche Provinz im späteren Sinne, aus dem *ts'ĕ schi* der spätere Gouverneur der Provinz mit seinem hohen Range. Man sieht, wie Zensorat und Provinzial-Satrapie auf eine gemeinsame Wurzel zurückgehen. Es ist also keine bloße Willkür, daß noch während der letzten Dynastie jeder General-Gouverneur ex officio Präsident, und jeder Gouverneur Vicepräsident im Zensorat war; der Vorläufer beider war eben der Provinzial-Zensor.

Die Einteilung der *kün* in Präfekturen *(hien)*, Kreise *(hiang)*, Unterbezirke *(t'ing)* und Dorfgemeinden *(li)* war bereits erwähnt (s. oben S. 232). Der Titel der „Provinz"-*(kün)* Vorsteher wurde im Jahre 148 v. Chr. in *t'ai schou* umgeändert, der des Gouverneurs vom hauptstädtischen Bezirk, der *neï schi* der Ts'in, im Jahre 104 v. Chr. in *king tschao yin* d. h. „Chef der Hauptstadt". Beide Bezeichnungen sind bis in die neueste Zeit erhalten geblieben, die erstere für die Präfekten der Provinz, die letztere für den einem späteren Provinzial-Gouverneur im Range gleichstehenden Präfekten der Hauptstadt und ihrer Umgebung. Im übrigen ist die eigentliche Zivilverwaltung der Provinzen im Einzelnen erst nach der Han-Zeit entwickelt worden.

Eine große Wichtigkeit und großen Umfang muß bei den unablässigen Kriegen, namentlich des großen Eroberers Wu ti, das Militär besessen haben. Leider wissen wir aber darüber im Einzelnen nichts. Die Quellen geben außer einigen Titeln kommandierender Generale nichts über die organisatorischen und technischen Verhältnisse des Heeres. Vermutlich erschien den konfuzianischen Chronisten das Kriegshandwerk als so verabscheuungswert, daß sie es für unangemessen hielten, sich bei der Darstellung seiner Organe länger aufzuhalten. Gerade zur Han-Zeit hat das Heerwesen, wie früher erwähnt wurde (s. oben S. 195f.), durch die Kriege mit den Hunnen in Ausrüstung und Taktik eine völlige Umgestaltung erfahren, nachdem eine solche in den Nordstaaten schon am Ausgange der Tschou-Zeit als Folge der Kämpfe mit den Reitervölkern eingesetzt hatte. Für die ungeheuer ausgedehnte Grenzbewachung, sowie für die Garnisonen an den Straßen durch Turkistan waren große stehende Heere nötig. Im allgemeinen waren zwar die Truppen angesiedelt (s. oben S. 333f.) und ernährten sich, soweit möglich, durch Landbau selbst, aber die Kriege in den weiten Entfernungen machten daneben auch ein wohlorganisiertes Proviant- und Etappenwesen notwendig. Aus den Berichten über die Hunnenkriege wissen wir, welche ungeheuren Troßmassen die Heere begleiteten, und von den in den Grenzbefestigungen ausgegrabenen Schriftstücken (s. oben S. 347) beziehen sich nicht wenige auf das Verpflegungswesen. Die Heere bestanden außer aus den Siedlern aus angeworbenen Mannschaften, und zwar, wie die Quellen ganz ehrlich zugeben, aus Verbrechern, Abenteurern und „jugendlichen Übeltätern aller Provinzen und Staaten" *(Schi ki* Kap. 123 fol. 12r° u. 15v°). An der Spitze des Militärwesens muß der *ta ssĕ-ma* gestanden haben, wenigstens wurde auf den *t'ai weï* der Ts'in, den Kriegsminister, im Jahre 119 von Wu ti diese Bezeichnung übertragen, für die allerdings auch zeitweilig wieder der alte Name auftritt. Die einzelnen Heeresgruppen wurden von den *tsiang-kün*, Generalen oder Oberbefehlshabern, geführt, die oft noch durch besondere Zusätze zu ihrer Amtsbezeichnung ausgezeichnet wurden, z. B. *p'iao k'i tsiang-kün*, „der auf gelbweißem Pferde reitende General", *Ör-schi tsiang-kün*, „der General von Ör-schi" (eine Stadt in Ta-yuan, Li Kuang-li — s. oben S. 348 — führte den Titel) u. a. Eine besondere Organisation hatte Turkistan. Erst nachdem den Chinesen im Jahre 60 v. Chr. die Gewalt über die beiden Straßen nach dem Westen zugefallen (s. oben S. 355), und damit die Verbindung mit den neuen Gebieten uneingeschränkt hergestellt war, konnte eine einheitliche Gesamtverwaltung eingerichtet werden. An der Spitze stand der *Si-yü tu-hu*, der „Gesamt-Schutzherr für die Westlande", d. h. Generalgouverneur von Turkistan (vergl. oben S. 355). Seinem Schutze waren „die sechsunddreißig Staaten der Westlande" anvertraut. Welche gewaltigen Machtbefugnisse diesem Manne zu Gebote standen, ersieht man daraus, daß er es unternehmen konnte — allerdings ein gefährliches Wagnis —, mit eigenen Mitteln den groß angelegten entscheidenden Feldzug gegen das Hunnenreich zu führen (s. oben S. 356). Dem General-Gouverneur zur Seite stand ein *fu hiao-weï*, Vize-Gouverneur; in den einzelnen Siedelungen und Ackerbaukolonien der weiten Gebiete aber waren Militärgouverneure stationiert, die anscheinend auch die Landwirtschaft leiten und fördern sollten, darauf deutet jedenfalls nach Einigen der sonderbare Titel *wu-ki hiao-weï*, den der im Turfan-Gebiet, auch einem wichtigen Verwaltungs-Mittelpunkte Turkistans, eingesetzte Oberbefehlshaber führte. *Hiao-weï* bezeichnet einen militärischen Befehlshaber, *wu* und *ki* sind zwei Glieder in der Reihe der zehn „Himmelstämme" (s. oben S. 97); die letzteren sind zu je zwei auf die „fünf Elemente" und die „fünf Zonen" (s. oben S. 62) verteilt. *Wu* und *ki* gehören zu dem Elemente Erde und der Mittelzone. *Wu-ki hiao-weï* könnte also der Befehlshaber sein, der, wie es in einem chinesischenTexte heißt, „als Mitte die (Gebiete der) vier Himmelsrichtungen regierend bedeckt" und für die Erde, d. h. den Landbau sorgt. Neben dieser Erklärung, die als die ansprechendste gelten kann, gibt es noch eine Reihe anderer, aber dem Wesen nach ähnlicher. Der Titel, der im Jahre 48 v. Chr. geschaffen wurde, ist ein gutes Beispiel für die kosmischen Anschauungen, die zur Han-Zeit mehr denn je das politische Denken der Chinesen beherrschten. Sonstige in der Verwaltung von Turkistan tätige Beamte mit besonderen Tätigkeitsbereichen können unerwähnt bleiben. Es genüge, zu sagen, daß sie, ihren Amtsbezeichnungen nach zu schließen, sämtlich militärischen Charakter hatten, indessen war eben auch die ganze Zivilverwaltung dort in ihrem obersten Teile militärisch organisiert, wie es den Erfordernissen der Lage entsprach.

Das gesamte Beamtentum war schon im Ts'in-Staate in bestimmte Rangklassen eingeteilt, die einmal abhingen von dem Amte, das der einzelne bekleidete, dann aber auch durch besondere Gnadenakte des Monarchen bestimmt werden konnten, so daß also ein Beamter einer höheren Rangklasse angehören konnte als ihm nach seinem Amte zukam. Es gab zuerst 18, dann 20 solcher Klassen im Ts'in-Staate, und diese wurden von den Han anscheinend unverändert übernommen. Die obersten beiden waren Fürstentitel, die Inhaber des ersten Ranges hatten auch ein Lehensgebiet, in dem sie wohnten. Endlich war das Beamtentum auch nach dem Einkommen, theoretisch in Reismengen ausgedrückt, in 16 Klassen gestaffelt, von 2000 Einheiten beginnend und mit 132 Einheiten endend. Ob diese Angaben mehr bedeuten als bloße Symbole für die Stellung, läßt sich nicht mehr feststellen.

Bei aller Bedeutung, die das Machtstreben und der universalistische Staatsgedanke als treibende Kraft für die innere und äußere Politik der Han-Kaiser gehabt haben mögen (vergl. oben S. 358f.), dürfen doch die rein materiellen Beweggründe nicht übersehen werden, die wenigstens für Wu ti mit bestimmend gewesen sind; dabei hat der Konfuzianismus mit seinem pazifistischen Grundgedanken auf die Anwendung der staatlichen Machtmittel einen sehr geringen Einfluß geübt. Die Sicherung der Grenzen, namentlich im Norden, ist bei der Durchführung der großen Kriege gegen die Feinde des Reiches von ausschlaggebender Bedeutung gewesen, und schließlich haben dann mit der Zunahme der Kenntnis fremder Länder und Völker der Warenhandel und die Siedlungsmöglichkeiten eine immer stärkere Rolle gespielt. Schon in den fruchtbaren Gebieten des Südens hatten beide Momente ihre Anziehungskraft ausgeübt, aber weit stärker wurde diese dann bei der Erschließung des Westens. Hier boten sich ungeahnte Möglichkeiten für den hoch entwickelten Erwerbs- und Handelssinn der Chinesen. Die Pferde von Ta-yuan sind durch den bitteren Spott Ssĕ-ma Ts'iens weit mehr in den Vordergrund gerückt worden, als der geschichtlichen Wahrheit entsprach (s. oben S. 345), viel mehr als das war es die steigende Nachfrage nach chinesischer Seide, die den Hauptreiz schuf. Im Lande der Parther, in Kleinasien und in der Weltstadt Rom wurde die Seide allmählich ein heiß begehrtes Gut, und der Handel mit ihr brachte offenbar reichen Gewinn. Auch Eisen und Felle, sowie Erzeugnisse des chinesischen Kunstgewerbes, wie Lack-, Bronze- und Nephrit-Arbeiten fanden später ihren Weg nach Westen. Zum größten Teile wurde wohl mit Einfuhrwaren wie Wollgewebe verschiedenster Art, Glas, Droguen, Juwelen, Bernstein, Korallen u. a. gezahlt, obwohl Plinius auch den Abfluß des baren Geldes aus dem römischen Reiche nach den Ländern Asiens, Indien, China und Arabien, beklagt. Römische Münzen aus dem 1. bis 3. Jahrhundert n. Chr. sind wiederholt in den nordwestlichen Provinzen Chinas gefunden worden, vermutlich birgt der Erdboden dort noch erheblich mehr davon. Umgekehrt hat man römischen Gräbern in den Rheinlanden Tonwaren und Schalen entnommen, die entweder chinesischen Ursprungs, oder wenigstens von chinesischer Art waren. Auf der anderen Seite aber muß Wu tis auswärtige Politik dem Reiche eine außerordentliche wirtschaftliche Anspannung zugemutet haben, und die Abgaben und Frohnarbeiten mögen dem Volke oft schwerste Lasten auferlegt haben. Wenn man den Angaben des *Tsĕ tschi t'ung kien* Glauben schenken darf, so würde man in der Zeit der Hunnenkriege zu Mitteln bedenklicher Art seine Zuflucht genommen haben, um die leeren Kriegskassen zu füllen. Nach diesem Werke soll im Jahre 123 eine Kaiserliche Verordnung ergangen sein, in der „die Bevölkerung aufgefordert wurde, Adelstitel zu kaufen und in Straffällen sich loszukaufen". Zu diesem Zwecke seien besondere Titel für militärische Verdienste geschaffen worden. Die Han-Annalen wissen von einer solchen Verkündigung nichts, trotzdem ist die Maßnahme an sich nicht unwahrscheinlich, sie würde auch nicht einmal ohne Vorgang sein. Schon unter Wên ti hatte dessen Minister Tsch'ao Ts'o (s. oben S. 291), als der Staat sich in einer finanziellen Notlage befand, ganz im Sinne der Rechtschule empfohlen, vor allem den Ackerbau zu fördern, und zwar dadurch, daß man ihn durch Steigerung der Kornpreise möglichst gewinnbringend gestaltete. Zu diesem Zwecke sollte die Bevölkerung aufgefordert werden, durch Lieferung von Korn an den Staat sich Titel und Straffreiheit bei Gesetzesverletzungen zu kaufen. Dadurch würde eine starke Nachfrage nach Korn einsetzen, die Preise würden steigen, „die Wohlhabenden würden Titel und die Bauern Geld erhalten". Der Kaiser soll diesem Rate auch gefolgt sein. Hier würden wir also die Anfänge des in China niemals wieder verschwundenen Ämterkaufes vor uns haben, und wie es unter Wu ti fester Brauch war, verhängte Strafen, die Todesstrafe nicht ausgeschlossen, durch Aufwendungen in bar, die sich bis zu Brandschatzungen steigerten, abzuwenden oder zu mildern, das hat mancher von den erfolglosen Heerführern ebenso an sich erfahren müssen, wie der unglückliche, weil mittellose Ssĕ-ma Ts'ien.

Wu ti wußte so gut wie seine Vorgänger, von wo dem Reiche die größten Gefahren drohten: der Ehrgeiz mächtiger Territorialherren und Haremsintriguen mit Weiberherrschaft waren die nie versiegenden Quellen des Unheils, wenn sie nicht von mächtiger Hand geschlossen gehalten wurden. Mit brutaler Gewalt hat Wu ti beide unterdrückt: das ehemalige Lehenswesen war tot (vergl. oben S. 292ff.), und die Gefahr einer neuen Regierung „hinter dem Vorhang", wie nach Kao tsus Tode (s. oben S. 278ff.), suchte er auf seine Weise zu bannen. Nachdem sein Sohn und Thronfolger dem Verfolgungswahn des Wüterichs zum Opfer gefallen war (s. oben S. 351), sein anderer Sohn, der König Tan von Yen, sich aber wegen mehrerer Verfehlungen die Kaiserliche Ungnade zugezogen, hatte Wu ti sein Herz an den fünfjährigen Knaben gehängt, den ihm eine Haremsdame, die unter dem Namen Kou-yi (eigentlich die Bezeichnung ihres Palastes, ihr persönlicher Name war Tschao) bekannt geblieben ist, im Jahre 94 geboren hatte. Er machte das aufgeweckte Kind zum Thronfolger, ließ aber gleichzeitig die Mutter umbringen, denn, so rechnete er, „der Knabe ist von zartem Alter und die Mutter jung; so steht zu fürchten, daß das Weiberregiment mit seiner Eigenmächtigkeit und Zügellosigkeit den Staat in Gefahr bringen wird; dagegen muß man bei Zeiten Vorsorge treffen" *(Ts'ien Han schu* Kap. 97a fol. 16v⁰). Als er, wenige Jahre danach, den Tod herannahen fühlte, sah er sich nach Männern um, denen er sein Erbe und die Sorge um den jungen Kaiser anvertrauen könnte. Er wählte Ho Kuang, den Bruder Ho K'ü-pings (s. oben S. 342), Kin-ji-ti, einen ihm treu ergebenen Hunnenfürsten, den Ho K'ü-ping einst als Gefangenen aus Kan-su mitgebracht hatte, und Schang-kuan Kie, einen Mann niederer Herkunft, der sich als Stallmeister das Vertrauen des Kaisers erworben haben soll. Die Wahl ist kennzeichnend für den Tyrannen, der keinem seiner Verwandten, soweit er sie am Leben gelassen hatte, Vertrauen schenkte und nun in Einsamkeit dem Tode entgegenharrte. Wie die Lebensbeschreibung Ho Kuangs in den Han-Annalen (Kap. 68 fol. 2r⁰) erzählt, ließ der Kaiser, unter Benutzung einer überlieferten bekannten Legende aus dem Leben des Konfuzius, für den Minister ein Bild malen, das den Herzog von Tschou darstellte, wie er den jungen König Tsch'êng vor den versammelten Fürsten in den Armen hielt (s. oben S. 113 u. 117), und überreichte es ihm. „Wenn der Knabe als Herrscher eingesetzt sei, solle Ho Kuang die Pflichten des Herzogs von Tschou wahrnehmen". Dann wurden die drei Vertrauten mit den höchsten Ämtern bedacht und mit der unmittelbaren Führung des jungen Herrschers beauftragt. Am nächsten Tage starb Wu ti. Diese dramatischen Szenen, Tod der Kou-yi und Einsetzung der drei Regenten, sind von anderen Chronisten weiter ausgemalt, und das *T'ung kien kang-mu* drückt sein Verdammungsurteil in dem lapidaren Satze aus: „der Kaiser ermordete seine Gemahlin Kou-yi".

Wu tis grausame Sicherungsmaßregeln sind völlig wirkungslos geblieben: gerade was er verhindern wollte, trat in schlimmster Form ein, das Weiberregiment brachte den Staat zum zweiten Male an den Rand des Unterganges. Die ganze Geschichte der Früheren Han-Dynastie während der folgenden hundert Jahre nach Wu tis Tode ist eine einzige fortlaufende Krise, die ihre Wurzeln in Palast-Intriguen hat, unter dem Regiment einer machthungrigen, aber unfähigen Kaiserin ihren Höhepunkt erreicht und mit einer furchtbaren Katastrophe endet. Schon unmittelbar nach dem Ableben des Herrschers machten sich Anzeichen eines Widerstandes gegen die Ordnung der Dinge bemerkbar, der ausging von dem bei der Erbfolge übergangenen König von Yen. Die Zettelungen richteten sich sowohl gegen die Regenten wie gegen den jungen, jetzt achtjährigen Kaiser, der unter dem Namen Tschao ti in den Annalen erscheint. Kin-ji-ti starb bereits im Herbst des Jahres 86. Ho Kuang und Schang-kuan Kie waren durch Heirat ihrer Kinder mit einander verbunden: der Sohn des letzteren hatte die Tochter Ho Kuangs zur Frau bekommen. Die aus dieser Ehe hervorgegangene Tochter wurde als vierjähriges Kind im Jahre 83 dem elfjährigen Kaiser zur Gemahlin gegeben. Ho Kuang, der für einen solchen Plan nicht zu gewinnen war, wurde dabei mit Unterstützung durch eine Kaiserliche Prinzessin überlistet, und dem Erklärer zufolge hat das *Kang-mu* nur deshalb keine ausdrückliche Rüge bei Erwähnung dieser Ehe ausgesprochen, das Urteil soll aber auch schon in der Erwähnung selbst liegen. Aus diesem Verhältnis der beiden Regenten erwuchs eine gefährliche Eifersucht, da Ho Kuang die Zügel fest in der Hand behielt, Schang-kuan Kie und sein weiblicher Anhang bei Hofe aber auf ihre neuen Beziehungen pochten und ihren Anteil an der Regierung verlangten. Mit dieser Palast-Clique verband sich der Thronprätendent Tan von Yen im Jahre 80 zu einem wohldurchdachten Anschlage gegen Ho Kuang. Durch gefälschte Schriftstücke verleumdeten die Verschwörer den Regenten beim Kaiser, aber dieser durchschaute das Spiel, und als dann von ihnen ein neuer Plan gegen das Leben beider durchgeführt werden sollte, kam das Ganze durch Verrat ans Licht. Die sämtlichen Beteiligten, einschließlich Schang-kuan Kies und des Kaiserlichen Schwiegervaters, wurden hingerichtet, die Prinzessin und ihr Bruder, der König von Yen, mußten Selbstmord begehen. Damit war für diesmal die Gefahr abgewendet.

Im Übrigen wirkte Wu tis Herrscherwille noch genügend nach, um das Reich in Frieden zu halten. Der Lehensadel war seiner Macht entkleidet, und das Satrapentum in den Provinzen noch nicht genügend entwickelt, um Selbständigkeitsgelüste zur Tat werden zu lassen. Auch die Erfolge, die während der folgenden Jahrzehnte im Kampfe gegen die Hunnen und in der Sicherung der Zugänge zu den „Westlanden" erreicht wurden (s. oben S. 353ff.), waren nur die Ergebnisse dessen, was vorher geschehen war. Es war der Schatten des großen Kaisers, durch den die Machtentfaltung der Han im Westen wirkte. Aber alles das konnte nicht hinwegtäuschen über die furchtbare Gefahr, die der Fäulnisherd im Inneren des Reiches barg, der Kaiserliche Palast selbst. Hier trieben die Intriguen des Harems und der Eunuchen, Eifersucht, Neid, Machthunger der verschiedenen Cliquen, sowie der politische Ehrgeiz des verwandtschaftlichen Anhanges der Kaiserinnen und sonstigen weiblichen Insassen ihre giftigen Blüten. Von hier gingen die zerstörenden Kräfte aus, die das gewaltige Reich im Innern zerwühlten und früher oder später der Dynastie den Untergang bringen mußten.

Im Jahre 74 starb Tschao ti, zweiundzwanzigjährig, ohne Nachkommenschaft. Ob sein Tod ein natürlicher war, wissen wir nicht, die Quellen schweigen darüber. Wäre Ho Kuang nicht gewesen, der Kampf um die Thronfolge würde schon jetzt zur Katastrophe geworden sein. Von Wu tis Söhnen war nur noch einer übrig, und dieser war wegen seines Lebenswandels schon früher übergangen. Man suchte trotz vielfachen Widerspruches unter den jungen Enkeln, und Ho Kuang veranlaßte die Kaiserin-Witwe — seine eigene dreizehnjährige Enkelin! — den König von Tsch'ang-yi, Liu Ho, als Nachfolger zu berufen. Er war ein leichtfertiger Jüngling und hatte sich nach siebenundzwanzig Tagen bereits als unmöglich erwiesen, so daß er von dem besorgten Regenten wieder entfernt werden mußte. Nunmehr griff man auf die Hauptlinie der Familie zurück und setzte einen Enkel des von Wu ti in seinem Verfolgungswahn einst verstoßenen Thronerben (s. oben S. 351) als Kaiser ein, der unter dem Namen Süan ti in den Listen geführt wird. Er kann nicht über zwanzig Jahre gewesen sein, als er zur Regierung kam, bewies aber eine gesunde Einsicht, indem er Ho Kuang, der die Regentschaft niederlegen wollte, dringend bat, sie bis auf weiteres zu behalten. Aber in der eigenen Familie dieses Wächters der Dynastie fand das unterirdische Intriguenspiel des Hofes wieder einen aufnahmefähigen Boden: die Frau von Ho Kuang hatte noch eine zehnjährige Tochter und sann auf Mittel, diese Tatsache nutzbar zu machen. Im Jahre 71 wurde die Gemahlin Süan tis krank, und die ehrgeizige Mutter glaubte ihre Gelegenheit gekommen. Sie veranlaßte die Ärztin, der Kaiserin Gift zu reichen, und die Unglückliche erlag dem Anschlage auch sofort. Aber die Sache erregte Verdacht, und man erhob Anklage gegen die Ärztin. Ho Kuang, der nichts von dem ahnte, was hinter seinem Rücken vor sich gegangen war, wurde von seiner Frau, die jetzt die Enthüllung des Ganzen fürchtete, in Kenntnis gesetzt. „Er war auf's höchste erschrocken, wollte aber, wie er darüber nachdachte, die Folgen nicht verantworten" — so sagt die Lebensbeschreibung der ermordeten Fürstin (*Ts'ien Han schu* Kap. 97 fol. 24 r^0) — und unterdrückte das Strafverfahren. Im folgenden Jahre wurde Ho Kuangs Tochter zur Kaiserin ausgerufen. Drei Jahre später, im Jahre 68, starb ihr Vater, nachdem er drei Kaisern nach seinen Kräften gedient. Für die Abwehr des heraufziehenden Unheils waren diese Kräfte nicht ausreichend gewesen, das hatten die Vorgänge in seiner eigenen Familie und seine Haltung dabei bewiesen. Er war die letzte der führenden Persönlichkeiten aus der großen Zeit unter Wu ti, aber nicht die bedeutendste. Gewiß mag er das Beste gewollt haben, vermutlich hat er auch, ebenso wie sein erster Herr, den trüben Urquell aller Gefahren für die Dynastie erkannt, aber er hat weder den Mut noch die Kraft gezeigt, die nötig war, ihn zu verstopfen.

Nach Ho Kuangs Tode übernahm Süan ti selbständig die Regierung, und gleich das folgende Jahr lieferte ein neues Kapitel zu der abstoßenden Geschichte des inneren Palastes. Im Jahre 67 wurde der Sohn der vergifteten Kaiserin zum Thronerben erklärt, damit war der Plan von Ho Kuangs Gattin und Verwandten, einst den zu erwartenden Sohn ihrer Tochter als künftigen Kaiser zu sehen, aller Voraussicht nach für immer vereitelt. Nun wagten sich auch die Gerüchte von dem gewaltsamen Tode der früheren Kaiserin an's Licht, man begann über Anmaßungen und heimliche Pläne der Familie Ho zu reden, deren zahlreiche Mitglieder sämtlich in hohe Stellungen gekommen waren, auch an den Regierungshandlungen des verstorbenen Regenten wurde offen Kritik geübt. Die ehrgeizige Witwe griff zur Gegenwehr. Nachdem sie vergeblich versucht hatte, den Thronfolger durch ihre Tochter vergiften zu lassen, rief sie ihre Söhne, Schwiegersöhne und Verwandten zusammen, gestand ihnen, was geschehen war, und forderte sie zum Handeln auf, um die Stellung der Familie zu retten. Eine erregte Szene folgte, die Äußerungen eines der Anwesenden sind kennzeichnend für die wachsende Bedeutung des Literatentums. „Die Scharen von armseligen konfuzianischen Literaten", rief er aus, „die weither gewandert kommen, von Hunger und Kälte geplagt, haben ihre Freude daran, törichte und zügellose Reden (gegen uns) zu führen, und scheuen sich nicht, gehässige Sticheleien über den Regenten anzubringen, dessen Andenken nicht berührt werden sollte. Der Kaiser aber liebt es, mit diesen Konfuzianern sich zu unterhalten, die dann in schriftlichen Eingaben unsere Familie verleumden usw." (*Ts'ien Han schu* Kap. 68 fol. 16v°). Indessen wurde die Lage als so verzweifelt erkannt, daß man beschloß, ihr mit gleichen Mitteln zu begegnen. Die Kaiserin (Tochter von Ho Kuang) sollte die feindlich gesinnten Würdenträger zu einem Feste einladen, dabei sollten sie von den Mitgliedern der Ho-Sippe ermordet werden, dann wollte man den Kaiser beseitigen und den ältesten Sohn Ho Kuangs auf den Thron setzen. Die Verschwörung wurde entdeckt, das Ende war das übliche: soweit die Verschworenen nicht Selbstmord begehen konnten, wurden sie öffentlich hingerichtet, sämtliche Mitglieder der Sippe, auch die entferntesten, teilten das Schicksal, die ganze Familie Ho war ausgerottet. Die Kaiserin wurde abgesetzt und in einem der Paläste interniert, zwölf Jahre später endete sie durch Selbstmord. Belehrt durch die Erfahrungen der Vergangenheit, beschloß Süan ti, das Seinige zu tun, um Leben und Stellung des Thronfolgers zu sichern. Er machte eine Dame des Harems, von der es feststand, daß sie keine Kinder bekam, zur Kaiserin und hoffte, so die Entfaltungsmöglichkeit für weiblichen Ehrgeiz zu beseitigen. Wie Wu ti, so wußte auch er, wo die Gefahren für den Staat und die Dynastie lagen.

Süan ti war kein großer Geist, aber ein wohlwollender Mensch, wenn man nach seinen Edikten urteilen kann, die den breiten Schichten des Volkes mehrfach Erleichterungen zusicherten. Von Bedeutung ist seine Stellung den Konfuzianern gegenüber. Das seit Wu ti entstandene beamtete Literatentum hatte zweifellos seinen Halt in den Kreisen der Gebildeten verbreitert, obwohl auch hier noch keine einheitliche Atmosphäre erreicht war, und manche Würdenträger dem entstehenden System ablehnend oder wenigstens gleichgültig gegenüber standen, wie die Szene in dem Familienrate der Ho-Sippe deutlich erkennen läßt. Und der Kaiser selbst war den Konfuzianern durchaus nicht so ergeben, wie man nach jener Szene vermuten sollte. Die Han-Annalen (Kap. 9 fol. 1v°) haben Äußerungen von ihm aufbewahrt, die auf das gerade Gegenteil schließen lassen. Mehrere seiner Minister warfen ihm in vertraulichem Gespräche vor, daß er in seinen Maßregeln zu hart sei (vermutlich gegen die Beamten) und nicht genug konfuzianische Gelehrte im Dienste verwende. Er erwiderte darauf: „Das Haus der Han hat seine eigenen Gesetze, und es folgt in seiner Regierung dem Systeme der Gewaltherrscher (*pa wang*, s. oben S. 162). Wie sollte man sich auch ausschließlich auf die Lehre von der Tugend stützen können und die Regierung nach der Art der Tschou führen? Zudem verstehen die durchschnittlichen konfuzianischen Literaten auch die Erfordernisse der Zeit nicht, sie lieben es, das Altertum zu rühmen und die Gegenwart herabzusetzen; sie verwischen für die Menschen den Unterschied zwischen Begriffen und Wirklichkeit und verstehen nicht das, woran man sich halten muß. Wie sollte man ihnen die Staatsämter anvertrauen können?“ Und ahnungsvoll fügte er hinzu: „Wer einmal unser Haus in die Wirrnis stürzen wird, das ist der (ganz konfuzianisch gesonnene) Thronfolger.“ Das erinnert an die Unterredung Kao tis mit Lu Kia (s. oben S. 273) und läßt den Schluß zu, daß die Lehren der Rechtschule noch immer nicht ganz vergessen waren. Wie weit die konfuzianische Ethik sich im Volke über das hinaus bereits durchgesetzt hatte, was ohnehin als altes Überlieferungsgut bei ihm lebte, ist schwer zu beurteilen. Die Vorbedingungen für diese Entwicklung, die Bildung des Literatentums und die Herrschaft seines Einflusses, sind damals offenbar noch nicht in genügendem Maße vorhanden gewesen. Immerhin spricht es für seine wachsende Bedeutung, wenn im Jahre 51 dem Throne ein Antrag konfuzianischer Gelehrter unterbreitet wurde, über strittige Punkte hinsichtlich der Texte der „fünf kanonischen Bücher“ eine Kaiserliche Entscheidung zu fällen. Ein Edikt berief eine Versammlung der Literaten in die Bibliothek *Schi-kʻü ko* des Palastes, damit hier alle zweifelhaften Fragen geklärt würden. Zugleich wurde bestimmt, daß „*po-schi* (Hofgelehrte, s. oben S. 301) einzusetzen seien für das *Yi king* nach (der Fassung des) Liang-kʻiu Ho (eines sonst wenig bekannten, wegen seiner Gelehrsamkeit hoch geschätzten Palastbeamten unter Süan ti), für das *Schu king* nach der des älteren und jüngeren Hia-hou (d. h. Hia-hou Schêng und sein Neffe Hia-hou Kien, beide große Gelehrte und Würdenträger unter Süan ti, die aber in scharfem Gegensatze zu einander standen) und für das *Tschʻun-tsʻiu* nach der des Ku-liang (angeblich der Schüler eines Schülers des Konfuzius am Ende des 5. Jahrhunderts v. Chr., vergl. oben S. 307 u. 309)“. Man sieht hier, wie der Kanon im Einklang mit den starken kosmologischen Neigungen der Han-Zeit sich durch Aufnahme des *Yi king* im Gegensatze zum Altertum (vergl. oben S. 208f.) vergrößert hat. Überhaupt zeigen die Schwankungen in der Organisation des staatlichen Kultus während dieser und der folgenden Zeit (vergl. unten), daß die mystischen Lehren der Magier noch einen sehr starken Einfluß hatten, und daß die Konfuzianer gezwungen waren, ihnen weitgehende Zugeständnisse zu machen. Wie ehemals in den Fragen des staatlichen Machtgedankens mit der Rechtschule, so mußte jetzt und noch lange der Konfuzianismus mit Magiern und Taoisten um die Herrschaft im Kultus ringen. Der Gegner war ein völlig anderer, aber ganz gewiß kein weniger mächtiger. Mit jener Unausgeglichenheit hängt auch die früher erwähnte Übung zusammen, nach einer bestimmten Zeitfolge die Jahresbezeichnungen *(nien hao)* zu ändern (vergl. oben S. 314). Während dies unter Tschao ti alle sechs Jahre geschah, war unter Süan ti die Vier die bestimmende Zahl, unter seinen Nachfolgern die Fünf, unter dessen Nachfolger wieder die Vier, bis dann die Regelmäßigkeit in den Wirren der Zeit ihr Ende fand. Die Bezeichnungen wurden von Ereignissen hergenommen, die ihre Gestaltung von der Vorstellungskraft der Magier erhielten, wie das Erscheinen von bestimmten Vögeln im Palast, von

Phönixen, gelben Drachen u. ä. Dem kosmischen Gedanken auch in seinen groteskesten Auswüchsen konnte der Konfuzianismus keinen Abbruch tun.

Auf Süan ti, der im Jahre 48 starb, konnte, dank den getroffenen Vorsichtsmaßnahmen, der seit langem bestimmte Thronerbe folgen, der als Yuan ti bekannt ist. Mit ihm setzt die Entwicklung ein, die unaufhaltsam der Katastrophe zueilt. Er wie seine Nachfolger geraten mehr und mehr in das Intriguen-Gewirr der Kaiserinnen und ihres Familien-Anhanges, bis sie alle Selbständigkeit verlieren und nur noch kraftlose Werkzeuge der ihnen geistig weit überlegenen machthungrigen Cliquen werden; schließlich sind sie nicht einmal das mehr, sondern in zartem Alter stehende Kinder, die nicht ahnen können, zu welchem erlogenen Spiel sie gebraucht werden. Yuan ti war ein wohlerzogener Konfuzianer, und als ihm der zum Zensor ernannte, durch seine Offenheit berühmt gewordene Kung Yü eindringlich den unerhörten Luxus vorhielt, der im Palast getrieben wurde, namentlich die Fülle des Harems mit seinen tausenden von Insassinnen, die nach einem Worte Mêng tsĕs „innen ebenso viele unbefriedigte Weiber wie außen vereinsamte Männer“ zur Folge hätte, ein Zustand, gegen den die Einfachheit des Altertums auf das schärfste absteche: da erklärte der Kaiser wohl seine Zustimmung und ordnete auch an, daß der ganze Palast-Haushalt eingeschränkt werden müsse, aber um jetzt noch eine Besserung herbeizuführen, hätte es einer erheblich stärkeren Persönlichkeit bedurft als Yuan ti war. Das Unheil wucherte weiter, und wenn nicht entschlossene Männer, die fern von der vergifteten Atmosphäre der Hauptstadt waren und sich um die Ränke der Bürokratie nicht kümmerten, wie Tsch'ên T'ang in Turkistan (s. oben S. 356), über der Sicherheit des Reiches an den Grenzen gewacht hätten, so würden sich die äußeren Feinde sehr rasch die inneren Zustände zu Nutze gemacht haben. In einer anderen Frage dagegen, die ebenfalls von Kung Yü in seinen Anklageschriften wider den Luxus angeregt war, ging Yuan ti zu Taten über, und wenn man bedenkt, daß beide fest zu den Lehren der Konfuzianer standen, so beweist ihr Verhalten, wie wenig innerlich gefestigt deren System noch war. Kung Yü hatte lebhaft geschildert, wie die zahllosen pompösen Grabstätten der Kaiserinnen und Haremsdamen nicht bloß ungeheure Geldsummen verschlängen, sondern auch weite Strecken Landes dem Ackerbau entzögen. Die Folge hiervon war, daß eine ganze Anzahl von Mausoleen mit ihrem weiten Kultgelände bei den Palästen aufgegeben, ebenso die Ahnentempel des Lehensadels mit ihren großen Opferstätten verkleinert wurden. Aber Kung Yü ging noch weiter und machte auch vor den Kaisern selbst nicht Halt. Seit Kao ti war die Bestimmung getroffen, daß auch in den Lehensherrschaften Tempel für die verstorbenen Kaiser errichtet werden mußten, die später alle ihre besonderen Namen erhielten, wie T'ai tsu miao, T'ai tsung miao, Schi tsung miao u. a. Aus diesen Bezeichnungen sind erst die späteren häufig wiederkehrenden Tempelnamen hervorgegangen (vergl. oben S. 98). Dieser von den Han-Kaisern zu hierokratischen Zwecken eingeführte Kaiserkult erhöhte natürlich die Aufwendungen an Geld und Land um ein Gewaltiges. Nach den Han-Annalen waren im Jahre 72 nicht weniger als 176 Kaiserliche Ahnentempel im Reiche vorhanden; Kung Yü wies darauf hin, daß im Altertum der Himmelssohn 7 Ahnentempel gehabt habe, daß die Errichtung von Kaiserlichen Ahnentempeln in den Provinzen nicht dem Ritual des Altertums entspräche, und daß das Ganze neu geordnet werden müsse. Yuan ti entschloß sich erst nach Kung Yüs Tode dazu, die Neuerung durchzuführen. Im Jahre 40 ordnete ein Edikt an, daß die Ahnentempel in den Provinzen sämtlich zu beseitigen seien, in der Hauptstadt sollten nicht mehr als vier Generationen der Kaiser besondere Tempel haben, die älteren, mit Ausnahme des Tempels des Gründers, seien abzubrechen, im gegenwärtigen Falle also die Tempel von Hui ti, Schao ti, Wên ti und King ti. Diese Maßnahme, die außer von Kung Yü auch noch von einer großen Zahl anderer konfuzianischer Gelehrter, darunter der Kanzler Weï Hüan-tsch'êng, befürwortet wurde, wäre für den späteren Konfuzianismus eine unerträgliche Pietätlosigkeit gewesen. Die Erklärer des *T'ung kien kang-mu* machen denn auch aus ihrer Ansicht kein Hehl. „Die Han-Zeit nahm es leicht mit ihren Entschlüssen", sagen sie, „Schuld gegen den Ahnentempel wiegt schwer, darum wird das Verhalten hier gerügt." Auch zur Zeit Yuan tis erhob sich starker Widerspruch, und der Kaiser selbst widerrief die Anordnung kurz vor seinem Tode im Jahre 34. „Er fühlte sich seit langem nicht wohl und meinte, daß die Ahnen ihm zürnten", sagt das *Tsĕ tschi t'ung kien*. Yuan ti war nicht der Mann, den kostspieligen Dogmen des Konfuzianismus entgegenzutreten. Das Verhängnis wollte es auch, daß gerade dieser theoretische Bekämpfer der Haremswirtschaft mehr noch als seine Vorgänger den Lügen und Einflüsterungen der Eunuchen zum Opfer fiel und unter dem Einfluß ihrer Verleumdungen gerade diejenigen in seiner Umgebung preisgab, die ihm und seinem Hause am treuesten ergeben waren, darunter sein von ihm hochverehrter Lehrer, der, um einem schlimmeren Schicksal zu entgehen, Selbstmord beging. Und zugleich erhob er unter den Haremsdamen diejenige zur Kaiserin, deren Sippe die Katastrophe für die Dynastie unmittelbar herbeiführen sollte. Es war die Tochter eines vornehmen Geschlechtes, das seinen Stammbaum angeblich bis weit in das Altertum hinaufführen konnte (s. unten), Wang mit Namen. Sie selbst hieß Wang Tschêng-kün (d. h. „die Fürstin der Regierung") und war die Enkelin von Wang Ho, einem berühmt gewordenen Zensor unter Wu ti, dessen Sohn, Wang Kin, ihr Vater war. Der Chronist berichtet von ihm, daß „er die (sittliche) Sauberkeit nicht pflegte, sondern den Wein und die Weiber liebte und zahlreiche Nebenfrauen hatte". Wenn Namen jemals eine Vorbedeutung hatten, so war es hier der Fall: die Yuan hou „die Kaiserin Yuan", wie sie gewöhnlich genannt wird, war in der Tat eine „Fürstin der Regierung", d. h. eine unersättliche Usurpatorin der Herrschaft, vielleicht nicht so sehr für sich wie für ihre Familie. Yuan ti, von dem die Chronisten nur rühmen, daß er die Konfuzianer begünstigt und viel an der Regierung beteiligt habe, hielt sich noch verhältnismäßig unabhängig von seiner Gemahlin, soweit er nicht von den Eunuchen beherrscht war, gegen die selbst die Konfuzianer vergeblich Sturm liefen, aber als nach seinem Tode im Jahre 33 sein und der Yuan hou Sohn Tsch'êng ti im Alter von 18 Jahren den Thron bestieg, begann das Heer der männlichen Verwandten der Kaiserin seinen ungesetzlichen Eroberungszug. Die Geschichte des nächsten halben Jahrhunderts ist im wesentlichen die der Wang-Sippe, die die legitime Kaiser-Familie der Liu aus allen Stellungen der Regierung drängt, sie mit List und Gewalt um die Macht und schließlich um den Thron bringt, bis ein allgemeiner Aufruhr die Usurpatoren hinwegfegt und den Han noch einmal die Möglichkeit gibt, ihr stark überlastetes Staatschiff zum Schwimmen zu bringen. Die erste Tragödie im Hause der Han, die einst von der Lü-Sippe in Szene gesetzt war (s. oben S. 278ff.), wiederholte sich in erweiterter Form. Was Wu ti mit ungeeigneten Mitteln zu verhindern versucht hatte (s. oben S. 366f.), die Regierung „hinter dem Vorhang", das trat in einem Maße ein, wie er es selbst kaum geahnt haben mag. Was auf Yuan ti aber während dieser Zeit an Throninhabern aus dem Hause Liu folgte, war eine Reihe physisch und sittlich zerrütteter jugendlicher Persönlichkeiten, Opfer geschlechtlicher und anderer Ausschweifungen in einer Umwelt von Eunuchen und Haremsweibern, oder aber unmündige Kinder, die man zu Trägern der Kaiserlichen Würde machte, um freies Feld für das eigene Machtstreben zu haben.

Unter Tsch'êng ti lag die eigentliche Regierung in den Händen eines Bruders der Kaiserin Mutter Namens Wang Fêng, und nahezu alle hohen Staatsämter bei der Zentrale, dazu eine große Anzahl vornehmer Lehensherrschaften kamen durch den Willen dieses Mannes, der sich, soweit es angezeigt schien, hinter seiner Schwester versteckte, in den Besitz der Sippenglieder. Eine an den Thron gerichtete Denkschrift des berühmtesten konfuzianischen Gelehrten seiner Zeit, Liu Hiang, also eines Verwandten der Kaiserlichen Sippe, ein Schriftstück, das uns in seiner Lebensbeschreibung erhalten ist (*Ts'ien Han schu* Kap. 36 fol. 6v°ff.), weist mit bewundernswertem Mute auf die Gefahren dieser Lage hin. „Dreiundzwanzig Mitglieder der Familie Wang", erklärt er, „sind in den höchsten Stellungen und umgeben den Kaiser wie Fischschuppen von allen Seiten", „der Generalissimus (Wang Fêng) hat die höchste Regierungsgewalt inne, und fünf andere Brüder der Kaiserin-Mutter sind Fürsten, die mit hochfahrendem, pomphaftem Auftreten Reichtümer ansammeln und Schrecken verbreiten". Der gelehrte Literat, ein typischer Vertreter jener wunderlichen Verschmelzung von konfuzianischem Autoritätsglauben und magischer Mystik, wie sie der Han-Zeit eigen ist, beruft sich auf die heiligen Texte des *Schu king* und *Tsch'un-ts'iu*, auf die Beispiele der späteren Geschichte, ganz besonders natürlich auf die Bestrebungen und das Schicksal der Lü-Sippe, und ebenso auf die unheildrohenden Zeichen in der Natur, in diesem Falle eine Sonnenfinsternis, bei der das *Yin*-Element (der Schatten) das *Yang*-Element (Licht) „aufzehrt", ein Zeichen, daß der Minister *(yin)* den Fürsten *(yang)* verdunkelt. Irgend einen Erfolg haben aber diese sowie ähnliche Erkenntnisse und Warnungen nicht gehabt. Das Verhängnis nahm seinen Lauf. Im Jahre 22 v. Chr. starb Wang Fêng, aber seine Hausmeier-Stellung erbte ohne weiteres fort an seinen Vetter und danach unter dessen Brüdern, bis schließlich der Sohn eines im Hintergrunde gebliebenen Bruders der Yuan hou, Namens Wang Mang, die Würde erhielt, und dieser Mann war berufen, die Katastrophe heraufzuführen. Verhältnismäßig arm gegenüber seinen glänzend auftretenden Vettern, verstand er es durch sein bescheidenes, aber kluges, anscheinend nur dem Studium der konfuzianischen Weisheit zugewandtes Wesen, verbunden mit steter Dienstbereitschaft, das Wohlgefallen seines allgewaltigen Oheims Wang Fêng zu erwerben, indem er ihn während seiner Krankheit zärtlich pflegte. So kam er durch dessen Einfluß an den Hof, stieg dann mit Hilfe seiner einflußreichen Verwandten rasch in der amtlichen Laufbahn, erhielt im Jahre 16 ein Lehen im südlichen Ho-nan, an der Grenze von Hu-peï, und damit den Titel eines Fürsten von Sin-tu. Im Jahre 8 wurde er der regierende Minister, der einst Wang Fêng gewesen war, und nun begann die unbeschränkte Entfaltungsmöglichkeit für die Fähigkeiten dieses ebenso begabten wie gefährlichen Menschen. Die Yuan hou scheint selbst schon früh dem Machtstreben ihrer Brüder und sonstigen Verwandten unterlegen zu sein, jedenfalls hat ihr Neffe Wang Mang, seiner Lebensbeschreibung zufolge, sie völlig seinem Willen gefügig gemacht und den ihrigen, als sie sich schließlich zum Widerstande aufraffte, mit Gewalt gebrochen. Diese Lebensbeschreibung, die in den Han-Annalen drei ganze Kapitel füllt, ist ein sprachlich vielfach schwieriges, aber für die Kenntnis der gesamten kulturellen, staatspolitischen und wirtschaftlichen Verhältnisse jener Zeit ungemein wichtiges Werk, freilich auch ein oftmals erschütterndes Zeugnis für die sittliche Verworfenheit am Hofe der Han.

Der weitere Weg, den Wang Mang wandelte, bis er sein letztes und höchstes Ziel erreicht hatte, zeigt eine erstaunliche Vereinigung von Umsicht, Schlauheit, Zähigkeit, Hinterlist, Grausamkeit und Heuchelei, wie wir sie in dieser Vollendung nur noch in Richard III. von England bei Shakespeare finden, eine Figur, an die auch Wang Mangs Lebensgestaltung und Ende erinnert. Im Jahre 7 starb der Kaiser Tsch'êng ti, vierundvierzigjährig, und hinterließ keine Nachkommen, anscheinend war Unmäßigkeit in Wein und Liebe die Ursache von beidem. Man wählte den Sohn eines Halbbruders von ihm, einen Enkel von Yuan ti, zum Nachfolger, einen achtzehnjährigen Jüngling, der den posthumen Namen Ngai ti erhalten hat. In dem jetzt folgenden erbitterten Kampfe der verschiedenen Kaiserinnen und ihres Familienanhanges um die Macht, der die sechs Jahre der Regierung Ngai tis ausfüllte, erhielt Wang Mang Gelegenheit, durch seine Klugheit und Entschlossenheit den Wangs nach Ausrottung aller Mitbewerber Stellung und Thron zu retten und so die unbegrenzte Dankbarkeit der noch immer als tatsächliche Herrscherin an der Spitze stehenden Yuan hou zu gewinnen. Ngai ti, unter allen Lüstlingen auf dem Han-Throne vielleicht der schlimmste, war bereits im Jahre 1 v. Chr. an seinen Ausschweifungen gestorben, und nach Wang Mangs Willen sein achtjähriger Vetter, später P'ing ti, dafür auf den Thron gesetzt. Die greise Yuan hou — sie war über 70 Jahre alt — übernahm von Neuem auch formell die Regentschaft, überließ aber die Regierung völlig ihrem erprobten Neffen, der nunmehr auch den Titel Ngan Han kung d. h. „der den Han Frieden gebende Herzog" führte. Durch ein groß angelegtes System von Gunsterweisungen schuf sich Wang Mang ein Heer von Anhängern und wurde durch das Wirken seiner Kreaturen ein volkstümlicher Mann, ganz besonders bei den konfuzianischen Literaten, zu denen er sich seinen Neigungen nach selbst rechnete. Eine von dieser Klientel verursachte Massenpetition brachte es zu Stande, daß seine Tochter zur Kaiserin gewählt wurde, die Yuan hou erließ jedes von ihm gewünschte Edikt, von den kultischen Vorrechten des Kaisers spielte er sich eins nach dem andern in die Hände. Wo immer Anzeichen von Widerständen bemerkbar wurden, griff er rücksichtslos ein; in seiner eigenen Familie waren die Empfindungen geteilt, sein Sohn selbst fiel bei einem Versuche, den Usurpator zu warnen, seiner Kühnheit zum Opfer. Und immer höher griff seine Hand hinauf. Einer seiner Sippengenossen legte in einer Eingabe an den Thron dar, wie einst der Herzog von Tschou für den jungen König Tsch'êng wang, als dieser den Namen Ju tsĕ d. h. „Das Kind" führte, die Regentschaft übernommen habe (s. oben S. 113 vergl. auch S. 367). Auch der gegenwärtige Kaiser sei noch in jugendlichem Alter, und somit sei es angemessen, daß „der Herzog von Han die Geschäfte des Himmelssohnes besorge". Und diese Rolle des Herzogs von Tschou spielte Wang Mang als Verehrer des Altertums von jetzt ab wie ein guter Schauspieler mit allen Zutaten weiter. Als P'ing ti bald danach erkrankte, legte er nach dem berühmten Vorbilde ein Schriftstück mit dem Angebot seiner Stellvertretung beim Sterben in „den Behälter mit der goldenen Schnur" nieder (s. oben S. 113 u. 117), das dann später rollengemäß aufgefunden und bekannt gegeben wurde. Aber abweichend von König Wu starb P'ing ti wirklich, und zwar, wie spätere Historiker versichern, an Gift, das ihm Wang Mang in den Wein getan hatte. Jedenfalls starb der allmählich heranwachsende Herrscher dem Thronprätendenten sehr gelegen; ein hilfloses Kind war geeigneter für seine Pläne. Bei P'ing tis Tode, zu Anfang des Jahres 6 n. Chr. standen dreiundfünfzig Urenkel des Süan ti für die Thronfolge zur Verfügung; da sie der gleichen Generation angehörten wie der Verstorbene, so verwarf Wang Mang sie alle und wählte unter den Ur-Urenkeln den jüngsten, einen einjährigen Säugling, der, wie einst der Enkel Schi huang-tis (s. oben S. 255), programmäßig Ju tsĕ ying, „das Kind" genannt wurde. Unter weiteren reichlichen Berufungen auf Tschou Kung wurde Wang Mang in einem Edikt der Yuan hou nunmehr zum „Stellvertretenden Kaiser" *(schê* oder *kia huang-ti)* mit allen Vorrechten und Abzeichen des wirklichen Himmelssohnes ernannt; selbst die Jahresbezeichnungen wurden von dieser Stellvertretung hergenommen. Der „Stellvertreter" zögerte nicht lange mit der Beendigung des Vorspiels. Noch in demselben Jahre wurde „das Kind“ zum Thronfolger degradiert, der Versuch einiger Anhänger der Han, denen sich Mitglieder der Liu-Sippe angeschlossen hatten, in die Hauptstadt einzudringen und die Dynastie zu retten, mißlang, weil mit unzulänglichen Mitteln unternommen, und endlich erfolgte im nächsten Jahre in mystisch theatralischer Form, wenn man den Han-Annalen glauben darf, der Schluß des Ganzen: unter einem geheimnisvollen Brausen vom Himmel erschien in einer Halle des Palastes vor Wang Mang ein „kupfernes Diplom“ mit den Schriftzeichen: „der Himmel verkündet den Kaiser mit diesem Diplom“. So wenigstens meldete der „Stellvertreter“ der Yuan hou, und er fügte hinzu, daß er dieser Berufung Folge leisten müsse und von nun ab Kaiser sei. Weitere überirdische Kundgebungen bestätigten den neuen Herrscher. Das Ganze, soweit man es ernst nehmen muß, wirft wieder ein helles Licht auf die Verschmelzung von Magiertum und Konfuzianismus und auf den günstigen Boden dafür in China zu jener Zeit. Die Lebensbeschreibung der Yuan hou berichtet noch die tragische Schlußszene, wie der Unersättliche der greisen Herrscherin, die jetzt plötzlich den Abgrund sieht, in den sie das Haus der Han hat hineinstoßen helfen, mit Gewalt das Siegel der gestürzten Dynastie entreißen läßt, trotz ihrer flehentlichen Bitte, es als seine Hüterin mit in ihr Grab nehmen zu dürfen. Mit diesem Siegel übernahm Wang Mang die Erbschaft der Han. Er begründete seine eigene Dynastie, der er den Namen Sin d. h. „die Neue“ oder vielleicht „die Erneuerung“ gab; der Name mag auch mit Rücksicht auf das Lehen des einstmaligen „Fürsten von Sin-tu“ (s. oben S. 375) gewählt sein. Das Jahr 9 n. Chr. war das erste der „Dynastie“. „Das Kind“ wurde für abgesetzt erklärt, das Jahr darauf bestimmte ein Edikt, daß die Fürsten und Prinzen der Han einfache Bürger seien.

Dreizehn Jahre nur hat die „Neue“ Dynastie die Herrschaft gehabt, sie verschwand mit dem Untergange ihres Gründers im Jahre 22 n. Chr., aber sie hat, zusammen mit Wang Mangs Kanzlerschaft vorher, Spuren im chinesischen Kulturleben hinterlassen, die bis heute nicht verschwunden sind. Wang Mang hatte sich so in die Rolle des Tschou kung hineingespielt, daß er schließlich das von ihm selbst ersonnene Scheinbild für Wirklichkeit nahm und nur noch in der Vorstellungswelt des Altertums lebte. Er war besessen von dem Gedanken, den Tschou-Staat, der durch die Ts‘in und Han zerstört worden sei, wiederherstellen zu müssen, und zwar in der Form, wie sie damals von der konfuzianischen Renaissance geschaffen wurde, von jenem wirklichkeitsfremden Gelehrtentum, das in den Theorien seines im Werden begriffenen Systems phantasierte, ohne sich durch die Forderungen geschichtlicher Wahrheit stören zu lassen. So wurde Wang Mang zum Romantiker auf dem erschlichenen Throne, und sein Haupthelfer war der hochbegabte, aber von Gewissensbedenken wenig beschwerte Literat Liu Hin, von dessen Tätigkeit bereits früher die Rede gewesen ist (s. oben S. 308f.). Ein Renegat der Familie Liu, hatte er schon zu dem vertrauten

Kreise gehört, der den Usurpator zur Zeit Ngai tis und P'ing tis umgab; ihm lag es ob, wie der Chronist sagt (Kap. 99a fol. 6r⁰), „Wang Mangs Denkschriften und Anträgen die literarische Form zu geben," und nach der Thronbesteigung erhielt er den Titel *kuo schi* d. h. „Lehrer des Staates" — eine in späteren Jahrhunderten oft angewendete Bezeichnung, die hier zum ersten Male erscheint — und wurde eine der „vier Stützen des Thrones" (Kap. 99b fol. 2r⁰). Er und seine Helfer gaben den kanonischen Schriften die Form und die Auslegung, die Wang Mang für seine archaisierenden Gelüste brauchte. Sowohl das *Schu king* in gewissen Teilen, wie das *Schi king* in der Fassung des Mao Tsch'ang, die dem heutigen Texte zu Grunde liegt, ferner das höchst verdächtige *Tso tschuan*, das *Kuo yü* und das *Tschou li* (s. oben S. 69 u. S. 95f.) sind es vor allem gewesen, an denen sich jene Redaktoren zu schaffen gemacht haben, in einem Ausmaße und in einem Sinne, über die verschiedene Ansichten bestehen. In erster Linie stürzte sich der „Erneuerer" *in antiquum* auf das *Tschou li* oder, wie es damals noch hieß das *Tschou kuan* („Beamtentum der Tschou"), das ihm vermutlich Liu Hin in vervollständigter d. h. wohl im wesentlichen neu geschaffener Form vorlegte (vergl. oben S. 95), sowie auf die „Königlichen Ordnungen" *(Wang tschi)* des *Li ki* (Kap. 99b fol. 28r⁰). Danach führte er die alten Ämter und Titel wieder ein, beseitigte den unter den Han eingeführten Titel *wang* („König") für gefürstete Personen und unterworfene Stammeshäupter, um ihn wieder, wie bei den Tschou, für die Kaiserliche Würde zu verwenden, setzte die Grenzen der Provinzen und Lehensgebiete nach den alten Landschaftsnamen fest, erneuerte den Kultus in den Ahnentempeln, an den Heiligtümern von Himmel, Erde, Gott des Erdbodens u. a., sowie das gesamte Ritual nach dem vermutlichen alten Muster (vergl. oben S. 303f.) und ging im Jahre 14 sogar so weit, daß er die ganze Reichseinteilung mit Lehenstaaten und Provinzen, mit „Gaugrafen" und „Hirten", wie sie die Ritualsammlungen den Tschou zuschreiben (s. oben S. 126ff), von Grund auf wiederherstellen wollte. Eine chaotische Verwirrung in der Verwaltung war die Folge. Ein Edikt hob das andere als undurchführbar auf, ein Name löste den anderen ab, bis Niemand mehr wußte, was zur Zeit galt. „Wang Mangs Wesen", so schreibt das *Tsĕ tschi t'ung kien* (unter *schi-kien-kuo* 4. Jahr), „war von einer solchen Rastlosigkeit und Unstetigkeit, daß er keinen Augenklick Ruhe halten konnte. Bei allem, was er unternahm und in Szene setzte, wollte er das Altertum nachahmen, ohne die Erfordernisse der Zeit zu bedenken. Dabei entbehrten seine Anordnungen der Bestimmtheit, die Cliquen seiner Beamten waren verderbt, so daß das ganze Reich seufzte und stöhnte". Und (unter *t'ien-fêng* 1. Jahr): „Wenn er die Namen der Staaten und Provinzen festgesetzt hatte, so wurden sie im nächsten Jahre wieder geändert; bis zu fünf mal wechselte man die Bezeichnungen einzelner Bezirke, und schließlich kehrte man zu den alten zurück". Entsprechend der von Liu Hiang und Liu Hin entdeckten Lehre vom Ursprung der Kaiserlichen Macht (s. oben S. 63), verkündete Wang Mang, daß diese Macht sich von Huang ti über die „fünf Kaiser“ *(wu ti)* auf die Hia und weiter in gerader Linie fortgesetzt habe. „Die Sippe Wang seien die Nachkommen des Schun und entstammten dem Ti K'u, die Liu aber seien Nachkommen des Yao und entstammten dem Tschuan-hü“. Zugleich erhielten seine Vertrauten Adelstitel nach dem Muster der Tschou und wurden ebenfalls zu Nachkommen einzelner unter den *wu ti* erklärt, Liu Hin natürlich zu einem Nachkommen des Tschuan-hü (Kap. 99b fol. 5v^{o}f.). Schließlich arbeitete Wang Mang noch einen Stammbaum für seine Familie aus, der unter Benennung einzelner Zwischenglieder bis unmittelbar auf Huang ti zurückging, und den die Lebensbeschreibung der Yuan hou genau angibt. So war denn die Rechtmäßigkeit der Thronfolge über allen Zweifel dargetan! Es ist lehrreich, zu beachten, wie gerade zur Zeit Wang Mangs und unter seinem Einfluße die konfuzianische Rekonstruktion des Altertums und die Neubildung des Kanons ihren entscheidenden Antrieb erhalten haben, nicht ohne lauten Widerspruch — das muß hervorgehoben werden — des ehrlicheren Teiles des Literatentums. Weitaus das Meiste aber, was hier aus Schwarmgeisterei, politischer Zweckmäßigkeit und literarischer Liebedienerei heraus geschaffen und gefälscht worden ist, hat seinen Platz im chinesischen Geistesleben behalten und ist eherner Bestand in der konfuzianischen Überlieferung für die folgenden Jahrhunderte geblieben. Die Han-Annalen sind eingehend genug, um den Nachweis aller Selbsttäuschungen und Irreführungen jener fruchtbaren Zeitspanne im Einzelnen zu ermöglichen.

Wang Mangs Umbildungs- oder besser Rückbildungseifer versuchte sich mit dem gleichen Radikalismus auch an den wirtschaftlichen und sozialen Zuständen. Durch Edikt vom Jahre 9 n. Chr. verbot er den freihändigen Verkauf von Land, sowie den Handel mit Sklaven, der in Folge der Verarmung der Bauern einen gewaltigen Umfang angenommen zu haben scheint. Der gesamte Grund und Boden des Reiches wurde für „Königsland“ *(wang t'ien)* erklärt, und die alte Landordnung der Tschou, das *Tsing*- oder Neunfelder-System (s. oben S. 131f.) wieder eingeführt. Familien, die nicht mehr als acht erwachsene männliche Mitglieder hatten und über 900 Mou Land (= 1 *Tsing*) besaßen, sollten den Überschuß an ihre Verwandten oder benachbarte Dorfgemeinden abgeben. So sollte die Bildung eines Großgrundbesitzes verhindert werden, und jeder Familienvater wieder sein Land haben. Das Münzsystem, in der Hauptsache aus Kupfer- und Zinn-Münzen bestehend, daneben aber auch Gold, Silber u. a. verwendend, war am Anfang der Han-Zeit völlig verwahrlost. Schi huang-ti hatte als Einheitswert eine runde Kupfermünze mit einem viereckigen Loch in der Mitte im Gewicht von einer halben Unze *(liang)* prägen lassen. Nach der orthodoxen Überlieferung soll diese in der Form nur eine Nachbildung der zur Tschou-Zeit unter King wang (544—520 v. Chr.) geprägten gewesen sein. Indessen ist diese auf das *Kuo yü* (s. oben S. 95) zurückgehende Nachricht nichts weniger als sicher. Die Kenntnis von Münzen der Tschou-

Staaten ist sehr dürftig. Zur Han-Zeit prägte man Münzen in allen „Provinzen und Lehensgebieten", wo immer man das Metall dafür hatte, und zwar stellte man statt der schweren Halb-Unzen-Münzen der Ts'in jetzt eine leichtere her. Unter Wên ti war die Prägung der gesamten Bevölkerung freigegeben; das führte aber zu einer derartigen Überschwemmung der Märkte mit unterwertigen Münzen, daß bald danach eine Einschränkung der freien Prägung nötig wurde. Drakonische Strafen gegen die Falschmünzer hatten keinen Erfolg, in den einzelnen Landesteilen schufen sich die Beamten und Lehensherren immer neue ungesetzliche Reichtümer durch Massen von Münzen ganz verschiedener Werte. Kia Yi schildert in einer seiner überlieferten politischen Denkschriften die Zustände recht anschaulich. „Der Ackerbau liegt darnieder", heißt es dort, „aber die Kupfersammler werden täglich zahlreicher. Pflugschar und Hacke hat man beiseite gelegt, statt dessen beschäftigt man sich mit Schmelztigel und Kohlen (um Münzen zu prägen), und dabei wird des schlechten Geldes täglich mehr, während das vollwertige zusehends verschwindet. Ehrenhafte Menschen werden zu Betrügereien und Gesetzwidrigkeiten getrieben" usw. Die Hunnenkriege Wu tis beanspruchten ungeheure Massen von Lebensmitteln, Heeresgerät und menschlicher Fronarbeit für die Transporte, so daß die Landwirtschaft in Verfall geriet und eine Inflation von Zahlungsmitteln bedenklichster Art entstand. Als Einheitsmünze galt seit dem Jahre 118 v. Chr. die Kupfermünze von 5 *schu* (1 *schu* = $^1/_{24}$ Unze), die man an Stelle der bisherigen von 3 *schu* eingeführt hatte, weil diese wegen ihres geringen Gewichtes leichter nachgemacht werden konnte. Aber auch das erwies sich als Fehlschlag, und so wurde schließlich im Jahre 115 die Münzprägung in den Landesteilen überhaupt verboten und zum Monopol der Zentralregierung erklärt. Nur was aus der Münze im Palast hervorging, durfte in den Verkehr gebracht werden. Wang Mang glaubte den Falschmünzereien auf seine Art begegnen zu können. Noch während seiner Regentschaft unter P'ing ti führte er nach dem angeblichen Muster der Tschou noch drei neue Münzsorten ein, die zum Teil die alte Messerform hatten, und deren höchste aus Gold war mit einem Werte von etwa 250 der alten Fünf-*schu*-Münzen, die ebenfalls im Umlauf blieben. Bald danach wurde auch dieses System wieder geändert, und Zahlungsmittel aus Gold, Silber, Kupfer, Schildkrötenschalen und Muscheln (Kauris?) gelangten zur Einführung. Die Werte der Kupfermünzen lagen zwischen 1 *schu* und 9 *schu*. Die Verwirrung wurde nun grenzenlos, die Bevölkerung hielt sich an die Fünf-*schu*-Münzen der Han, und alle Strafandrohungen und Hinweise auf die Tschou-Einrichtungen fruchteten nichts. „Das Volk stand weinend und jammernd auf Märkten und Straßen" (Kap. 99b fol. 10v^0). Ähnlich wie Schi huang-ti wollte auch Wang Mang Maße, Gewichte, Tonlängen und Zahlenverhältnisse im Reiche einheitlich machen, aber das hierfür von Liu Hin konstruierte System war mit einer magischen Mystik umkleidet, die ein Verständnis heute kaum noch ermöglicht. Für die fünf Teile des Systems: Regelung der Zahlenverhältnisse (mit 3 und 5 als bestimmenden Größen), Harmonie der Töne, Feststellung der Längen, Berichtigung der Gemäße und Ausgleichung der Gewichte waren besondere Normal-Instrumente hergestellt. Das für die Gemäße (Hohlmaße) scheint sich in den Sammlungen des Palastes in Peking erhalten zu haben, wo es im Jahre 1924 aufgefunden wurde. Es ist ein zylindrisches Gefäß aus Bronze, in der Mitte geteilt, mit einer aus 8 Zeichen bestehenden, aber nur noch teilweise lesbaren Inschrift. Das größte Hohlmaß ist oben, das nächst kleinere unten, drei noch kleinere sind in zwei henkelartigen Nebengefäßen zu beiden Seiten des Hauptgefäßes angebracht. Nicht uninteressant sind Wang Mangs Versuche, natürlich auch unter dem Einflusse des *Tschou li*, den Warenmarkt staatlich zu regeln und die staatssozialistischen Theorien dieses Werkes zu verwirklichen. Er wollte auf diese Weise einerseits einen wirtschaftlichen Ausgleich zwischen den bemittelten und unbemittelten Klassen herstellen und andererseits auch die Staatskasse gefüllt halten. So wurden die „sechs Monopole" (*leo kuan* d. h. die „sechs Röhren") eingeführt, nämlich Wein, Salz, eiserne Geräte, Münzwesen und die Ausbeutung von „Bergen und Marschen", die durch staatliche Stellen bewirtschaftet wurden. Die aus dem Verkauf gewonnenen Überschüsse wurden für Kredite an die Bevölkerung verwendet, die Anleihen zu einem Zinsfuß von 3 v. H. im Monat aufnehmen konnte. Anleihen zum Opferdienst wurden zinslos, aber nur für zehn Tage, zu Begräbnisfeiern nur für drei Monate gewährt, für Kredite zur Aufbesserung des Landbesitzes wurden nur Zinsen von 10 v. H. im Jahre verlangt. Um die Marktpreise regulieren zu können, wurden die „Ausgleichsämter" (*wu kün* d. h. die „fünf Ausgleichungen", die Zahl fünf deutet auf die Landesteile der vier Himmelsrichtungen und die Mitte, von wo die Ausgleichung erfolgt) eingesetzt. Sie überwachten je eine große Provinz, darin hatte jeder Präfekt für seinen Bezirk den Durchschnittspreis der lebensnotwendigen Waren, vor allem von Kleidung und Lebensmitteln, für den mittleren Monat jeder Jahreszeit festzustellen, und dieser Preis galt als normal für den Bezirk. Was nicht verkauft wurde, übernahmen die „Ausgleichsämter", und sobald die Preise über die normale Höhe stiegen, wurden diese staatlichen Waren auf den Markt gebracht und drückten die Preise herab. So wenigstens war die Theorie. Dieser im Jahre 10 n. Chr. von Wang Mang unternommene Vorstoß in das empfindliche Getriebe der Volkswirtschaft ist vielleicht der erste seiner Art und erinnert an das berühmte Edikt des Diokletian *De pretiis rerum venalium* von 301, das gleichfalls, und zwar in einer genauen Taxordnung, Höchstpreise für die Güter des Marktes festsetzte. Auch die politische und wirtschaftliche Lage, durch die beide Ereignisse veranlaßt waren, weist bei aller Verschiedenheit gemeinsame Züge auf. Hier wie dort unablässige Kriege mit den drohenden Grenzvölkern, in Folge dessen ein lastendes Militärsystem, das ungeheure Steuern, Sachleistungen und Frondienste verlangte, hier wie dort ein an Zahl aufgeschwollenes, unehrliches und erpresserisches Beamtentum, und hier wie dort eine unaufhaltsame Münzverschlechterung, eine ungeheure Vermehrung der entwerteten Zahlungsmittel und ebensolche Verminderung der Erzeugnisse von Landwirtschaft und Handwerk; dazu in Rom die persönliche Habgier des Kaisers, in China die phantastische Archaisierung des Usurpators. Auch die Ergebnisse sind auf beiden Seiten insofern die gleichen gewesen und mußten die gleichen sein, als sie das Gegenteil der erstrebten Wirkung hatten: in Rom statt der erwarteten Befestigung des wirtschaftlichen Lebens zunehmende Verarmung und stumpfe Ergebenheit, in China statt der Befriedung des Volkes blutige Revolution und Vernichtung der angemaßten Herrschaft. Fesselung der lebendigen Kräfte im Wirtschaftskörper eines Volkes haben noch nie zu seiner Gesundung und Kräftigung beigetragen.

Wang Mang hat seine grundstürzenden Wirtschaftsgesetze selbst noch zurücknehmen müssen. Schon im Jahre 12 wurde im Hinblick auf die wachsende Mißstimmung der Versuch, das Neunfelder-System zu erneuern, aufgegeben, der freihändige Verkauf von Land wieder gestattet. Die Monopol- und Höchstpreis-Politik erwies sich als undurchführbar, das korrupte Beamtentum und gerissene Kaufleute spielten einander in die Hände und sammelten Reichtümer an, während das Landvolk in eine verzweifelte Notlage geriet. Natürlich konnten auch die Beziehungen zu den Außenvölkern nicht unberührt von den Ausschweifungen des Literaten-Wahnes bleiben. Was Wu ti und die klugen Berater seiner Nachfolger mit großen Mühen geschaffen, ein durch Festigkeit und offene Hand gefügtes, durch die ehrfürchtige Bewunderung der Macht und des Glanzes der Han getragenes Vasallenverhältnis der fremden Völker, namentlich der Hiung-nu, geriet durch das törichte Verhalten des Pseudo-Tschou-kung in die größte Gefahr. Allenthalben bei den unterworfenen Völkern schickte er komödienhaft aufgeputzte Gesandte herum und ließ ihren Fürsten ebenso wie den Titel *wang* (s. oben S. 378) auch die ihnen verliehenen Siegel abnehmen und neue mit einer im Range tiefer stehenden Bezeichnung übergeben. Diese Maßnahmen brachten den bei den Völkern des Nordens und Westens ohnehin schon vorhandenen Unwillen über andere Kränkungen des Usurpators zum Überquellen: der Schan-yü der Hiung-nu, der ebenso wie seine Vorgänger seit der Unterwerfung im Jahre 54 v. Chr. (s. oben S. 355f.) den Han ein loyaler Untertan gewesen war, verweigerte dieser „Neuen" Dynastie die Anerkennung, brach wieder wie ehemals in die nördlichen Grenzgebiete von Schen-si ein und erschlug die Beamten und Siedler oder führte sie fort in die Gefangenschaft. Auch die Staaten im Tarim-Becken und nördlich davon wurden aufsässig, unterstellten sich wieder den Hiung-nu, mehrere chinesische Garnison-Kommandanten gingen zu ihnen über, und der General-Gouverneur kam in eine gefährliche Lage. Wang Mang wollte es Wu ti gleichtun, er ließ gewaltige Kriegsvorbereitungen treffen, stellte eine zwölffache Heeresmacht auf (auch hier spielt wieder kosmische Phantasie mit) und ordnete eine Teilung des Hunnengebietes in fünfzehn Teile unter fünfzehn Schan-yü an. Bombastische Erklärungen im Wortlaute der Rede von Kan im *Schu king* (s. oben S. 88) wurden an die Truppen erlassen, aber über die Grenzen hinaus gelangte der in ganz dilettantenhafter Weise inszenierte Kriegszug wegen Mangels an Mitteln nicht. Zum Glück für Wang Mang starb der Schan-yü im Jahre 13, und ein äußerst friedlich gesinnter Halbbruder von ihm wurde sein Nachfolger. Er schloß Frieden mit dem Usurpator, aber die Grenzkämpfe der erbitterten Hiung-nu mit den Chinesen nahmen trotzdem kein Ende. Neue Torheiten und Eingriffe Wang Mangs riefen eine allgemeine Erhebung der Hiung-nu und der „Westlande" hervor, der General-Gouverneur wurde erschlagen, ein gegen die Staaten des Tarim-Beckens entsandtes chinesisches Heer vernichtet, die Hiung-nu besetzten die Grenzgebiete und beherrschten wieder wie ehemals die von den Han unterworfenen Länder Mittel-Asiens. Noch ehe Wang Mangs Herrschaft zu Ende ging, vom Jahre 16 ab, waren, wie die Han-Annalen (Kap. 99b fol. 36r°) sagen, „die Westlande von China losgelöst".

Im Innern stiegen die Verwirrung in der Verwaltung, die Korruption der Beamten, die Raubzüge der Spekulation, die Not und das Elend der gepeinigten Bevölkerung wie eine Wasserflut empor. Es ist bezeichnend für die Kraft- und Führerlosigkeit der Han-Familie, daß sie sich mit ihrem unrühmlichen Schicksal offenbar stillschweigend abgefunden hatte. Ein paar halbherzige, ungeschickte Versuche, die ihr entrinnende Macht wiederzugewinnen, sind von einzelnen Mitgliedern der Liu-Sippe gemacht worden, sie wurden ohne große Schwierigkeiten im Keime erstickt. Weder die unerhörten Demütigungen von Seiten des Usurpators, noch die zahlreiche Anhängerschaft der Dynastie unter den Beamten ließen einen Entschluß zur Tat bei den Entthronten reifen, wie es einst in ähnlicher Lage zweihundert Jahre vorher geschehen war (s. oben S. 280f.). Nicht wenige Mitglieder der Liu-Familie waren gehorsame Gabenempfänger des Usurpators, eins von ihnen, Liu Hin, der führende Geist bei der staatspolitischen Groteske. Der endliche Rückschlag kam nicht von den Vornehmen des Han-Hauses, sondern aus den Tiefen des zur Verzweiflung getriebenen Volkes. In Mittel-Schan-tung brach der Sturm im Jahre 18 los. Der Hunger und die Suche nach Nahrung trieb eine Schar verzweifelter Menschen zusammen, sie unterstellte sich ihren Führern, von denen der bekannteste Fan Tsch'ung wurde, und plünderte das Land wie ein Heuschreckenschwarm. Die Mitglieder der Bande mußten sich, angeblich um immer als solche unterschieden werden zu können (und vielleicht um dadurch an der Desertion verhindert zu sein), die Augenbrauen rot färben, weswegen die ganze Bewegung als die der *tschi meï* d. h. der „roten Augenbrauen" in der Geschichte bekannt geblieben ist. In Tsch'ang-ngan legte man dieser „Hungerrevolte" zunächst keine Bedeutung bei, aber die Bewegung kam während der folgenden Jahre nicht zur Ruhe, alle weisen Lehren des Altertums in den zahlreichen Kundgebungen Wang Mangs versagten, in den verelendeten Provinzen des Ostens schwoll die Zahl der Empörer zu riesigen Massen an, die von der Zentrale entsandten Truppenführer brandschatzten das Land in unerhörter Weise, so daß sie in der Bevölkerung gefürchteter wurden als die Rebellen. Ausrichten konnten die Generale nichts gegen die *tschi mei;* nach einer schweren Niederlage, in der einer der beiden Oberstkommandierenden gefallen war, flüchtete der andere, die ganzen Ost-Provinzen damit preisgebend. Nunmehr kam auch der Liu-Sippe der Mut zurück. Zu Anfang des Jahres 22 wurde den drei Söhnen eines Präfekten im südlichen Ho-nan, Namens Liu K'in, eines Nachkommen des Kaisers King ti in der fünften Generation, durch Wahrsagekünste begreiflich gemacht, daß die Han den Thron wiedererlangen würden, und daß der Augenblick dafür jetzt gekommen sei, wo das Reich sich gegen den Tyrannen Wang Mang erhöbe. Der älteste und tatkräftigste der drei Brüder, Liu Yin, rief seine Verwandtschaft und deren Anhänger zum Kampfe auf, nicht wenige von Wang Mangs Beamten, wohl weniger aus Treue gegen das alte Herrscherhaus, als unter dem Zwange der hemmungslos gewordenen Flut, schlossen sich ihnen an, darunter sogar ein Mitglied der Wang-Sippe, der Gouverneur Wang Tsch'ang in Ho-nan, der einer der Hauptführer des Unternehmens wurde. Beide revolutionären Bewegungen liefen zunächst unabhängig neben einander her, die der Han verfolgte natürlich klarere Ziele. Aber unter den Mitgliedern der Familie herrschte Eifersucht wegen der Anwartschaft auf den zurückzuerobernden Thron, und jedes hatte seinen Anhang. Die einen wollten die Herrschaft dem Liu Yin übertragen, die anderen seinem Verwandten Liu Hüan, einem willenschwachen, gleichgültigen Menschen, der aber gerade wegen dieser Eigenschaft den gut rechnenden Anhängern nützlich schien. Die Partei des letzteren kam den Nebenbuhlern zuvor, sie rief Liu Hüan als neuen Kaiser aus, und Liu Yin machte um des gemeinsamen Zieles willen vorläufig gute Miene zum bösen Spiel, ebenso dessen jüngster Bruder Liu Siu. Gemeinsam rückte man nunmehr mit unzureichenden Kräften nach Westen vor. Wang Mang, in höchster Furcht vor der drohenden Wendung, raffte noch einmal alle verfügbaren Kräfte zusammen und warf sie den Feinden entgegen. In der Nähe der heutigen Stadt Nan-yang in Ho-nan kam es zu einer großen Schlacht, in der Wang Mangs Generale durch die kluge Taktik Liu Sius schließlich geschlagen wurden. Das Schicksal des Usurpators war besiegelt, und seine treuesten Anhänger fingen an ihn zu verlassen. Liu Hin, der sich am meisten in seiner Gunst gesonnt hatte, enthüllte sich als der schnödeste Verräter. Gemeinsam mit anderen Würdenträgern plante er, sich seines Herrn und Gönners gewaltsam zu bemächtigen und sich den Han in Nan-yang zu unterwerfen. Der Anschlag wurde aber vereitelt, und Liu Hin, von Verzweiflung erfaßt, machte zusammen mit seinen Mitverschworenen seinem Leben mit eigener Hand ein Ende. Das konfuzianische Literatentum in seiner übelsten Ausprägung ist in dieser verhängnisvollen Persönlichkeit zur Geltung gekommen, und die Wirkung seines Tuns ist neunzehn Jahrhunderte hindurch spürbar geblieben.

Die Scharen der Han vergrößerten sich nach ihrem Siege um ein gewaltiges. Große Provinz-Satrapen erklärten sich für die angestammte Dynastie und beraubten so Wang Mang weiterer Hilfsquellen. Eine gefährliche Spannung bedrohte aber noch einmal den Triumph der Han. Die Anhänger Liu Hüans waren in Sorge wegen der überragenden Eigenschaften Liu Yins und zwangen ihr willenloses Oberhaupt, den gefährlichen Nebenbuhler unter nichtigen Vorwänden hinrichten zu lassen. Nur der großen Selbstbeherrschung und Klugheit Liu Sius gelang es, mit Rücksicht auf das nahe Ziel eine Spaltung zu verhindern und Liu Hüans Partei zu täuschen. Bei dem weiteren Vormarsche zog ein Teil durch die Niederung von Nanyang nach Lo-yang, ein anderer drang vom Stromgebiet des Han-Flusses aus auf dem Paßwege von Schang hien (s. oben S. 24) über die östlichen Ketten des Ts'in ling nach Tsch'ang-ngan vor. Ernster Widerstand konnte nicht mehr geleistet werden, die Stadt wurde von den Horden der Han geplündert, alle Tempel und Paläste gingen in Flammen auf. Wang Mang starb, wenn man den Nachrichten seiner Lebensbeschreibung (Kap. 99c fol. 31 v^{0}f.) glauben kann, wie er gelebt: als Narr seiner archaistischen Vorstellungen. Er stellte sich in feierlichster Form auf, zitierte die kanonischen Schriften und befragte die Sternbilder, bis ihn die Schwerter seiner Feinde erreichten, seinen Kopf abhieben und seinen Körper zu Stücken zerfleischten.

Nach der Zerstörung von Tsch'ang-ngan sah sich der Sieger im Kampfe vor die gleiche Frage gestellt wie einst Kaiser Kao ti (s. oben S. 270), ob es nicht zweckmäßiger sei, die Hauptstadt nach Lo-yang zu verlegen. Der Wechsel lag um so näher, als Wang Mang, wieder seinen Eingebungen im Tschou-Stil folgend, schon im Jahre 12 durch Edikt die Stadt am Lo-Fluß zur „östlichen Hauptstadt" erklärt hatte. „Als vor Alters", so heißt es in dem wunderlichen Schriftstück, „die beiden Herrscher der Tschou (Wên wang und Wu wang, s. oben S. 107f.) den Auftrag des Himmels erhielten, hatten sie ihren Sitz in der östlichen und der westlichen Hauptstadt (s. oben S. 115 u. 154). Ich will diesem Beispiel folgen und mache deshalb Lo-yang zur östlichen Hauptstadt des Sin-Hauses und Tsch'ang-ngan zur westlichen". Wang Mang hatte dementsprechend Lo-yang mit Kultbauten und Palästen verschönert und auch wiederholt dort gewohnt, die Stadt war deshalb einladender als die Trümmerstätten im Westen, und Liu Hüan, der neue Herrscher, der den Genüssen des Weines und der Liebe weit mehr Neigung entgegenbrachte als der Politik, blieb nach der Eroberung zunächst dort und führte ein lästerliches Leben. Die Herrschaft der Han neu zu gründen, mußte Liu Siu unternehmen. Er hatte schwere Kämpfe im Norden, besonders in Tschi-li zu führen, wo die Wang-Sippe noch großen Anhang hatte; auch die „roten Augenbrauen" unter Fan Tsch'ung waren weit entfernt sich zu unterwerfen, sie beherrschten die östlichen Gebiete und bedrohten Lo-yang, so daß Liu Hüan im Jahre 24 seinen Wohnsitz doch wieder nach dem besser geschützten Tsch'ang-ngan verlegte. Liu Siu, der natürlich nicht für den Trunkenbold Liu Hüan, sondern für seine eigenen Pläne wirkte, hatte mit seinen Getreuen alle Kräfte anzuspannen, um einerseits den geplanten Plünderungszug Fan Tsch'ungs gegen Tsch'ang-ngan und Lo-yang zu verhindern, andererseits die verschiedenen Prätendenten, die sich zu selbständigen Landesherren machten, in Schach zu halten. Im Jahre 25 gelang es Fan Tsch'ung, in Tsch'ang-ngan einzudringen, die *tschi meï* setzten ihren eigenen Kaiser ein, und Liu Hüan ergriff die Flucht. Ein wirres Durcheinander folgte, Liu Hüan ergab sich den Rebellen, und fand bei ihnen gute Aufnahme, wurde dann aber schließlich von einem seiner persönlichen Feinde ermordet. Während dessen war Liu Siu in Tschi-li, wo er sich am Fuße der Grenzgebirge von Schan-si, unweit der heutigen Stadt Kao-yi, aufhielt, im Frühsommer 25 von seinen Generalen zum Kaiser der Han ausgerufen worden, und im Hinblick auf die Zustände im Reiche, namentlich in Tsch'ang-ngan, folgte der bescheidene Mann nach mehrfachem (scheinbarem ?) Widerstreben dem Rufe. Im Herbst wandten sich seine Heerführer gegen Lo-yang, das noch von einem Statthalter Liu Hüans gehalten wurde. Nach kurzer Belagerung übergab dieser die Stadt, und Liu Siu erklärte sie endgültig zur neuen Hauptstadt des Reiches. Er richtete dort die Ahnentempel ein und begründete damit die neue oder besser die Erneuerung der alten Dynastie. Im Gegensatze zu der letzteren heißt sie die „Spätere" oder, nach der Lage der Hauptstadt, die „Östliche Han-Dynastie", während die von Tsch'ang-ngan danach die „Frühere" oder „Westliche" genannt wird. Liu Siu ist unter dem posthumen Namen Kuang-wu ti bekannt.

Mit der Neubegründung der Han-Macht durch den von Kaiser King ti (156—141 v. Chr.) ausgehenden anderen Zweig der Familie Liu geht eine schwere und eigenartige Krisis zu Ende. Wir haben gesehen, wie der phantastische Gedanke des Wang Mang, den Staat der Tschou wiederherzustellen, nur Verwirrung und Unheil auf allen Gebieten zur Folge haben konnte. Wirtschaft und Verkehr wurde ihre natürliche Entwicklungsmöglichkeit geraubt, das Beamtentum zur Heuchelei und Bestechlichkeit gezwungen, die auswärtigen Völker verloren den Glauben an die Kaiserliche Macht, und die Einheit des Reiches geriet in die schwerste Gefahr. Ganz abgesehen von den persönlichen Eigenschaften des gewiß begabten, aber schrankenlos ehrgeizigen und skrupellosen Mannes — es kann nicht alles erfunden sein, was die Chronisten von ihm berichten —, läßt schon jene verhängnisvolle Gedankenverirrung mit ihren oft grotesken Auswirkungen ihn mehr als einen Komödianten denn als einen Politiker erscheinen. Der chinesische Gelehrte Hu Schi wird nicht viel Zustimmung finden, wenn er meint, daß „Wang Mang im Lichte der geschichtlichen Wahrheit als einer der größten Staatsmänner angesehen werden müsse, die China je hervorgebracht habe." „Neunzehn Jahrhunderte hindurch", sagt Hu Schi weiter, „war sein Name verflucht. Kein Geschichtschreiber, so freidenkend er sein mag, hat jemals ein Wort zu seiner Verteidigung gesagt". Daran wird sich auch in Zukunft kaum etwas ändern. Mit Recht heißt es in der Würdigung seiner Persönlichkeit am Schlusse der Lebensbeschreibung in den Han-Annalen (Kap. 99c fol. 34v°): „Wie einst Ts'in das *Schi king* und *Schu king* verbrannte, um seine eigenen falschen Gedanken geltend zu machen, so zitierte Wang Mang die kanonischen Bücher, um mit ihren Worten seine verbrecherischen Reden zu übermalen." Und doch, wenn irgend jemand ihm dankbar sein müßte, so wäre es das konfuzianische Literatentum, das unter ihm seine ersten großen Triumphe gefeiert hat. Wang Mang hat nicht nur die großartigen Bauten für den neu zusammengestellten prunkvollen Opfer-Kult der Ahnen, der Himmel- und Erdgottheiten, der „Heiligen Herrscher" u. a., sowie die Wissenschaftstätten zum Studium der kanonischen Schriften mit ihren „zehntausend Wohnungen" für die Gelehrten und ihre Schüler geschaffen, wie sie einst von Tung Tschung-schu, Kung-sun Hung, Liu Hiang u. a. geplant waren (vergl. oben S. 299ff.), sondern er hat auch den Konfuzianern, die ihm zu schmeicheln wußten und seinem theatralischen Gebahren Vorschub leisteten, einen fast unbegrenzten Einfluß gewährt. Nur in der Atmosphäre von Wang Mangs Hofe konnte ein Liu Hin mit seiner Clique gedeihen, konnten ihre vom Magiertum stark beeinflußte astrologische Mystik, ihre Ausdehnung der „Elementen"-Lehre mit den kalendrischen Schwärmereien, ihre in Urweltzeiten hinaufreichenden Kaiser-Genealogien (s. oben S. 61f.), ihre chronologischen Phantasien (s. oben S. 101f.), ihr ganzes bis ins kleinste ausgearbeitetes Ritualgebäude des Altertums mit unerhörter Kühnheit aufgebaut werden. Und um diese luftigen Gebäude zu stützen, ergänzte oder erfand man mit gleicher Kühnheit die literarischen Belege (vergl. oben S. 378). Dabei aber ist das merkwürdigste und verhängnisvollste die Tatsache, daß alle jenen Fälschungen und Kommentierungen, die später noch zahlreiche Nachahmungen gefunden haben, erhalten geblieben sind, und im Laufe der Jahrhunderte eine kaum noch angezweifelte Stellung als echte Schriftstücke des Altertums gefunden haben; der konfuzianische Kanon hat hier im wesentlichen seine heutige Gestalt oder wenigstens die Grundlinien erhalten, auf denen er sich entwickelt hat. Darin aber liegt die Dauerwirkung der Periode von Wang Mangs Herrschaft; sie hat trotz ihrer Kürze ein Gewaltiges beigetragen zur Formung und Stärkung des konfuzianischen Systems, wie es unter Wu ti seinen Ausgang genommen hatte. Es ist fraglich, ob es ohne diese Stärkung dem Eindringen der fremden Geisteselemente gewachsen gewesen wäre, denen es sich zur Zeit der Späteren Han gegenüber gestellt sah.

Fünftes Kapitel.

Aufbauende und zerstörende Kräfte. Auflösung des Han-Reiches.

Der Thron, auf den man Liu Siu (Kuang-wu ti) erhoben hatte, bestand zunächst nur in der Theorie, die wirkliche Herrschaft mußte erst erobert werden. Nicht nur daß die Horden der „Roten Augenbrauen" unter Fan Tsch'ung in Tsch'ang-ngan saßen, wo sie nach dem Tode Liu Hüans einen anderen Sproß der Familie Liu, der den Spottnamen Liu P'ên-tsĕ d. h. „die Kruke" führte und bis dahin mit seinen Brüdern die Kühe gehütet hatte, zum Kaiser ausriefen, sondern auch in den Provinzialsatrapen, die sich bei Beginn der Revolution als loyale Untertanen der Han gebärdet hatten (s. oben S. 384), wuchsen bei der Auflösung der Zentralmacht die Selbständigkeitsgelüste, und die Großstaaten von ehemals begannen wieder aufzuleben. Weï Ngao, ein Beamter aus dem südöstlichen Kan-su und ehemaliger Klient von Liu Hin, hatte sich, angeblich im Namen der Han, den gesamten Nordwesten mit seinen wichtigen Durchgangstraßen und Grenzbefestigungen bis nach dem fernen Tun-huang (s. oben S. 344) unterworfen und trieb dort seine eigene Politik. In Ssĕ-tsch'uan hatte sich der Gouverneur Kung-sun Schu ein eigenes Reich geschaffen, das bis in das südliche Schen-si hineinreichte und Tsch'êng-tu zur Hauptstadt hatte; im Gefühle seiner Unangreifbarkeit nannte er sich zuerst König von Schu (s. oben S. 179), dann sogar „Kaiser" *(ti)* und schließlich ging er im Jahre 34 zum Angriff auf das obere Weï-Tal in Kan-su vor, offenbar um die Herrschaft der Han zu beseitigen. In Tsch'u am Yang-tsĕ saß schon seit dem Ausbruch der Revolution wieder ein König, ebenso in Liang (im östlichen Ho-nan), auch Ts'i entstand wenige Jahre danach wieder als Königtum in Schan-tung. Einer nach dem anderen von den zahlreichen Machtjägern, die zum Glück für den Kaiser keineswegs unter einander einig waren, mußte niedergerungen oder sonst zur Unterwerfung gebracht werden. Kuang-wu ti erwies sich auch weiterhin als ein umsichtiger und maßvoller Herrscher, und das Waffenglück blieb ihm hold wie bisher. Die „Roten Augenbrauen" verließen das völlig verwüstete und kahl geplünderte Tsch'ang-ngan und zogen mit „der Kruke" nach Osten ab. Der Kaiser ging ihnen von Lo-yang aus entgegen, und es gelang ihm, teilweise mit Gewalt, teilweise durch Überredung, die ohnehin desorganisierten Banden zu unterwerfen und zu zerstreuen. „Die Kruke" lieferte das Staatsiegel ohne Widerstreben aus. Die Kämpfe gegen die anderen Potentaten waren ernster und langwieriger. Ts'i mußte durch Kuang-wu tis erfolgreichen Feldherrn Kêng Yen in blutigen Schlachten gegen einen zähen Gegner erobert werden, und der Kampf gegen den Westen endete erst im Jahre 36, nachdem Weï Ngao im Jahre 33 gestorben, sein Sohn und Nachfolger Weï Tsch'un im folgenden Jahre in Kan-su bei Kung-tsch'ang vernichtend geschlagen und zur Unterwerfung gezwungen war. Kung-sun Schus Heere wurden von Fêng Yi, einem der treuesten Helfer Liu Sius, in der gleichen Gegend, sowie von Wu Han in Ssĕ-tsch'uan, südlich von Tsch'êng-tu, aufgerieben. Kung-sun Schu selbst fand in der Schlacht unter den Mauern seiner Hauptstadt im Jahre 36 den Tod. Wu Han ließ, wie der Bericht in den Annalen (*Hou Han schu* Kap. 43 fol. 23 v°) sagt, in der Stadt Tsch'êng-tu ein furchtbares Blutbad anrichten; Kung-sun Schus Familie wurde ausgerottet, die Bevölkerung massakriert, die Stadt den Soldaten zur Plünderung und Zerstörung überlassen. Kuang-wu ti war empört über diese Roheit und drückte Wu Han seine schärfste Mißbilligung aus. Aber das Befriedungswerk war mit diesem blutigen Teile des Dramas beendet, wenigstens soweit das eigentliche Reichsgebiet in Frage kam.

Wenn es noch einmal gelang, den schwankenden und zum Teil schon eingestürzten Reichsbau zu stützen und wieder standfest zu machen, so war das Mittel dazu nicht der Einheitsgedanke des Konfuzianismus, dessen ethisch-politisches System noch längst nicht stark genug zum tragen war, auch die Anhänglichkeit an die Familie der Han im Reiche erwies sich, wie die Widerstände bis in die eigene Sippe der Liu hinein dartaten, als ungenügend, die Bedeutungslosigkeit der letzten Schattenkaiser hatte das Thronrecht der Dynastie sehr zweifelhaft gemacht. Auch nach einer alles überragenden Persönlichkeit, die durch ihre eigene Größe die verzweifelte Lage gemeistert hätte, suchen wir in dieser Zeit vergeblich: Kuang-wu ti war ein kluger und durch eine gewisse Herzensgüte sympathisch wirkender Führer, aber wir vermögen weder einen großen Feldherrn, noch einen großen Staatsmann in ihm zu sehen, die bescheidenen Verhältnisse, in denen er aufgewachsen war, mögen der Entwicklung solcher Eigenschaften nicht eben günstig gewesen sein. Was die Befriedung schließlich ermöglichte, war zunächst das allgemeine Elend, in dem Wang Mangs Herrschaft endete, und das die Sehnsucht nach der entthronten Dynastie, unter der man immerhin bessere Tage gesehen hatte, ständig mehr wachrief. Die Han waren kein an großen Männern reiches Geschlecht, aber anderwärts im Reiche war es zu diesem Zeitpunkte nicht anders, und so wurde es auch einer Persönlichkeit zweiten Ranges möglich, an die Oberfläche zu kommen und sich dort zu halten. Für Kuang-wu ti war die Zugehörigkeit zu der „berufenen" Familie, wenn er auch einem Seitenzweige entstammte, ein hilfreiches Moment von starker moralischer Bedeutung, und unter seinen Gegnern war keiner, der ihm an staatsmännischem Blick oder an soldatischen Eigenschaften weit genug überlegen gewesen wäre, um diesen seinen Vorsprung wettzumachen. Die Chinesen sind hinsichtlich des Legitimitätsgedankens beharrlicher gewesen als es die konfuzianische Staatstheorie von ihnen verlangte.

Aber der innere Auflösungsprozeß war natürlich nicht ohne Wirkung auf die Außenländer und ihr Verhältnis zur Zentrale geblieben. Im Süden waren die von Wu ti neu geschaffenen Provinzen von Nan Yüe (s. oben S. 323) zu Wang Mangs Zeit unter ihren Gouverneuren völlig selbständig geworden. Als indessen Kuang-wu ti die Regierung übernommen hatte, schickten im Jahre 29 die den Han treu gebliebenen Satrapen unter der Leitung des Gouverneurs von Kiao-tschi, einer der am weitesten nach Süden gelegenen Provinzen die das heutige nördöstliche Tongking umfaßte, freiwillig Gesandtschaften mit Tributlieferungen an den Hof in Lo-yang. Zahlreiche chinesische Verbannte hatten sich bereits in den Gebieten des heutigen Kuang-tung, Kuang-si und Tongking niedergelassen und wurden dort Verbreiter chinesischer Zivilisation. Die letztere hatte dann in den Gouverneuren von Kiao-tschi und von Kiu-tschen (im nördlichen Annam), Si Kuang und Jen Yen, dieser ein gelehrter Konfuzianer, besonders tatkräftige Stützen. „Sie lehrten die Leute den Ackerbau, gaben ihnen den Schnitt für Hut und Schuhe (d. h. für chinesische Kleidung), führten zum ersten Male die Verlobungsitten ein, lehrten sie geregelte Heiratsbräuche kennen, richteten Schulen ein und lenkten die Bevölkerung durch Riten und Gerechtigkeit" (*Hou Han schu* Kap. 116 fol. 7 r⁰). Das Konfuzianertum betrieb seine zivilisatorische Arbeit in immer wachsendem Umfange. Offenbar geriet es aber damit in einen Gegensatz zu den Interessen der einheimischen Stammesfürsten, denn nur so sind die folgenden Ereignisse zu erklären. Im Jahre 40 entrollten zwei „mit männlicher Tapferkeit ausgerüstete" Frauen, (wie die Chronisten berichten) die beiden Schwestern Tschêng Ts'ê und Tschêng Ör, die Töchter eines Fürsten, von denen die erstere mit dem Sohne eines anderen Fürsten vermählt war, in Kiao-tschi, wo sie in Zwiespalt mit dem Gouverneur geraten waren, das Banner des Aufruhrs. Sie verjagten die chinesischen Beamten, vermochten die benachbarten Stämme der Man im südwestlichen Tongking, nördlichen Annam und südlichen Kuang-tung mit sich zu reißen, und Tschêng Ts'ê erklärte sich zur Königin von Kiao-tschi.

Der Kaiser entsandte den General Ma Yuan mit einem Heere und einen Admiral mit einer Flotte nach Süden, aber der Kampf gegen die beiden Amazonen war durchaus kein leichter. Der Flottenbefehlshaber erlag in Kuang-tung einer Krankheit, und Ma Yuan hatte dessen Streitkräfte mit zu übernehmen. Hunderte von Kilometern mußte er sich den Weg durch die waldigen Gebirge bahnen, im Frühling 42 geriet er mit dem Gegner zusammen, aber der Sieg war zum wenigsten kein vollständiger; erst im Anfang des Jahres 43 gelang es ihm, sich in dem schwer zugänglichen Gelände der beiden Schwestern zu bemächtigen. Er ließ sie, wie üblich, hinrichten und sandte die Köpfe als Trophäen nach Lo-yang. Im Herbst des folgenden Jahres erst kehrte er in die Hauptstadt zurück, nachdem er fast die Hälfte des Heeres durch Krankheit (vermutlich Sumpffieber) verloren hatte. Auch Ma Yuan scheint im Süden einen starken zivilisatorischen Einfluß ausgeübt zu haben. Seine Lebensbeschreibung in den Han-Annalen gibt eine anschauliche Beschreibung von der Art, wie die chinesischen Eroberer neben der „Befriedung" durch Kopfabschlagen die gewonnenen Gebiete durch Organisation zu halten suchten. Auch Ma Yuan führte natürlich das chinesische Verwaltungsystem ein, wo es noch nicht bestand, aber außerdem schuf er auch noch andere Verbesserungen zu Gunsten der Bevölkerung und im Interesse der chinesischen Herrschaft. „In den Gegenden, durch die er zog," heißt es (*Hou Han schu* Kap. 54 fol. 10r^{0}f.), „richtete er Provinzen (*kün*) und Präfekturen (*hien*) mit befestigten Plätzen für die Verwaltung ein. Er ließ Wassergräben zur Bewässerung des Landes anlegen, um so der Bevölkerung zu nützen. Punkt für Punkt legte er in einem Berichte mehr als zehn Fälle dar, in denen die Gesetze von Yüe (vergl. oben S. 322) mit denen von Han im Widerspruch standen, dann erklärte er den Leuten von Yüe eingehend die alten Bestimmungen (wie die Han sie verstanden wissen wollten), um sie damit in Ordnung zu halten. Von dieser Zeit ab folgte man bei den Lo Yüe (anscheinend ein Stammesname) dem Beispiel des Generals Ma." Lokale Chronisten jener südlichen Gebiete von Kuang-tung und Tongking, die freilich einer viel späteren Zeit angehören, wissen auch zu erzählen, wie Ma Yuan, den Kupferreichtum des Landes ausnutzend, in Tongking oder gar in Annam an den äußersten Grenzen des Reiches kupferne Pfeiler aufstellen ließ, wie er die Felltrommeln der Eingeborenen durch große Bronzepauken ersetzte, die an verschiedenen Punkten des Landes aufgestellt wurden, wie er die Bronzewaffen der Eingeborenen einschmelzen und daraus außer den Pfeilern und Pauken auch bronzene Schiffe (!) und sonstige Geräte herstellen ließ u. ä. Aus diesen in das Legendenhafte schweifenden Nachrichten dürfen wir jedenfalls soviel entnehmen, daß die Chinesen die reichen Kupferschätze für ihre Zwecke ausbeuteten, und daß Ma Yuan als Eroberer und Organisator des äußersten Südens noch lange eine volkstümliche Person geblieben ist.

Erheblich schwieriger war die Lage im Westen und Norden. Wang Mangs verständnislose Torheiten hatten, wie wir früher sahen, die Auflehnung der Hiung-nu gegen die chinesische Macht neu belebt, und das Tarim-Becken war damit dieser Macht entglitten (s. oben S. 383). Kuang-wu ti stand den Dingen völlig fremd gegenüber und hatte weder die Muße noch die Mittel, sie zu meistern, und doch hätte die Lage vielleicht weniger schlimm zu werden brauchen als sie durch die politische Verständnislosigkeit des Kaisers und die Ungeschicklichkeit seiner Ratgeber wurde. Nachdem die Hiung-nu die Ohnmacht des Han-Reiches erkannt hatten, gingen sie mit Erfolg daran, ihre alte Stellung in Mittel-Asien wiederzugewinnen. Es gelang ihnen rasch, die Staaten der „Westlande" wieder unter ihre Herrschaft zu bringen, und die Grenzgebiete im Norden waren, wie ehemals, den Plünderungen schutzlos preisgegeben, Jeder militärische Widerstand von China war ausgeschlossen. Allerdings wußte das gefesselte Machtgefühl der chinesischen Vertreter in Turkistan sich für seine Zwecke alsbald anderer Mittel zu bedienen. Der damals mächtigste und, wie es scheint, blühendste

Staat im Tarim-Becken war Yarkänd (chinesisch So-kü) am Südwest-Rande der großen Wüste. Sein Fürst war als Geisel in Tsch'ang-ngan gewesen, als ein großer Bewunderer chinesischer Kultur zurückgekehrt und den Han auch während der kritischen Zeit ergeben geblieben. Yarkänd allein widerstand den Hiung-nu, von den chinesischen Agenten und Befehlshabern an der Grenze beraten und unterstützt. Der König Hien unterwarf während Kuang-wu tis Regierung die benachbarten Staaten und gelangte zu einer Machtfülle, die sich selbst den Hiung-nu überlegen fühlte und ehrgeizige Pläne für weitere Eroberungen im Westen entwarf. Aber Hien blieb zunächst ein ergebener Vasall der Han. Wiederholt wurde er — und die übrigen Staaten schlossen sich ihm an — in Lo-yang vorstellig, um die Han zu veranlassen, ihre Macht wieder auszuüben und zum Zeichen dessen wieder einen „Schutzherrn" (s. oben S. 364) einzusetzen. Allem Anschein nach waren die Lasten, die den Staaten von den Hiung-nu und vermutlich auch von Yarkänd selbst auferlegt wurden, schwerer als die der Chinesen, jedenfalls war die Lage in Mittel-Asien so, daß ein Wiedereintreten der Han in die Herrschaft dort dringend verlangt wurde. Aber Kuang-wu ti, „im Hinblick darauf, daß das Reich eben erst befriedet war, und er keine Zeit hatte, sich mit auswärtigen Dingen zu beschäftigen, lehnte alles ab," so sagen die Han-Annalen (*Hou Han schu* Kap. 118 fol. 1 v⁰). Im Jahre 41 bat der König Hien durch einen besonderen Gesandten auf's neue um die Ernennung eines Schutzherrn. Er stand damals bereits auf beträchtlicher Machthöhe, und sein Plan war zweifellos, die Würde für sich selbst zu erlangen. Kuang-wu ti überlegte mit seinen Ministern, die offenbar nicht mehr Verständnis für die große Politik des Reiches hatten als er selbst, und ernannte den König Hien zum „Kaiserlichen Schutzherrn (General-Gouverneur) der Westlande". Der Gouverneur in dem Grenzgebiete von Tun-huang (s. oben S. 346) warnte dringend vor diesem Schritte: „einem Barbaren darf man eine so große Machtvollkommenheit nicht übertragen, außerdem würde man die Staaten veranlassen, jede Hoffnung auf uns fallen zu lassen" (a. a. O. fol. 14 r⁰). Der Rat war richtig, aber er kam zu spät. Ein Kaiserliches Edikt sprach dem König die eben verliehene Würde wieder ab, und als der Gesandte das bereits verliehene Siegel nicht wieder herausgeben wollte, nahm man es ihm gewaltsam ab. So fügte man zu dem ersten Fehler einen zweiten. Hien war empört über die ihm angetane Schmach, er legte sich jetzt den Titel Schan-yü bei und setzte sein Eroberungswerk in verstärktem Maße fort. In höchster Not sandten achtzehn Staaten im Jahre 45 ihre Söhne als Geiseln nach Lo-yang, und diese „baten unter strömenden Tränen und mit dem Haupte die Erde berührend um die Entsendung eines Schutzherrn". Der Kaiser blieb unerbittlich: „das Mittelreich sei eben erst befriedet, das nördliche Grenzgebiet noch nicht unterworfen" (a. a. O.). Die Fürstensöhne wurden, mit Geschenken bedacht, zurückgesandt. König Hien, der nunmehr sah, daß von den Han keine Ansprüche mehr zu erwarten waren, ließ die letzte Rücksicht fallen und setzte seine Oberherrschaft an die Stelle der chinesischen.

Er verlangte von dem König von Schan-schan (s. oben S. 353) am Lop nor, daß er die Straße nach China sperre, und als dieser sich weigerte, überzog er ihn mit Krieg und vernichtete seine Streitmacht. Auch von den übrigen Staaten überwältigte er einen nach dem andern, bis nach Ta-yuan und K'ang-kü (s. oben S. 337f.) jenseits des Alai-Gebirges streckte er seine Hand aus. Vergeblich flehte der König von Schan-schan zum letzten Male in Lo-yang um Ernennung eines Schutzherrn, Kuang-wu ti erklärte unwillig: „Man kann jetzt keine Gesandte mit großen Heeren hinausschicken. Wenn die Kräfte der Staaten mit ihren Gelüsten nicht Schritt halten, dann mögen sie im Westen und Osten, im Süden und Norden bleiben wo sie wollen" (a. a. O. fol. 14v°). Das war ein endgültiger Verzicht auf die Herrschaft jenseits der Grenzwälle, die Han schienen ihre Rolle als Universalherrscher aufgegeben zu haben.

Es ist möglich, daß Kuang-wu tis Entsagung in Wahrheit ein Akt weiser Mäßigung war, jedenfalls könnte die nachfolgende Entwicklung sie so erscheinen lassen: was durch sie versäumt war, holte die Gunst der Umstände später nach. Einstweilen wurde aber die Lage immer bedrohlicher, und zwar besonders im Norden und Nordosten, wo das Reichsgebiet selbst einen immer stärkeren Druck der vordringenden Reitervölker auszuhalten hatte. Es waren nicht mehr bloß die Hiung-nu, die, in Erinnerung an vergangene Zeiten, ihre Plünderungszüge wieder aufnahmen, sondern jetzt schlossen sich auch ihre nach Süden und Westen drängenden Nachbarn, die Wu-huan und Sien-pi (s. oben S. 328), an. Bis tief nach Schan-si und Tschi-li hinein drangen die Scharen der Hiung-nu und Wu-huan, während die Sien-pi die Gebiete von Liao-tung im Nordosten brandschatzten. Der im Süden so erfolgreich gewesene Ma Yuan versuchte sich gegen die nordischen Feinde umsonst, und vielleicht wäre die Dynastie in eine neue Gefahr geraten, wenn eben nicht die Gunst des Schicksals ihr zu Hilfe gekommen wäre. Im Jahre 46 brach in Folge mehrjähriger Dürre und ausgedehnter Heuschreckenplage in weiten Gebieten des Steppenlandes eine furchtbare Hungersnot aus, der (nach den Annalen Kap. 119 fol. 3r°f.) bei den Hiung-nu mehr als die Hälfte der Menschen und Tiere erlagen. In der wohl unbegründeten Furcht, daß die Chinesen nunmehr an ihnen Rache nehmen würden, boten sie den letzteren Frieden und Freundschaft an. Kuang-wu ti zeigte sich versöhnlich, aber die anderen Gegner, die benachbarten Wu-huan, waren weniger friedfertig: wie ehemals in einer Zeit ähnlicher Not (s. oben S. 353) fielen sie über die Hiung-nu her und machten nieder, was sie erreichen konnten. Blutige Zwistigkeiten innerhalb der hunnischen Stämme selbst besorgten den Rest, und ebenso wie hundert Jahre früher (s. oben S. 355) teilte sich das Volk der östlichen Hiung-nu nochmals: die einen zogen ab nach Norden, „mehrere tausend *li*", vermutlich in die Gebiete nördlich vom Altai, die anderen unter einem von ihnen erwählten Fürsten, der, ein Enkel jenes Ho-han-ye, der sich einst den Han unterworfen, ebenfalls wieder diesen Namen annahm, blieben im Süden, in den Gebieten nördlich des Huang-ho-Bogens, und stellten sich „für ewige Zeiten als Knechte zur Bewachung der nördlichen Grenzgebiete“ zur Verfügung. Der Ho-han-ye führte den Titel „Schan-yü des Südens“, und von diesem Jahre 48 ab „gab es die nördlichen und südlichen Hiung-nu“. Die Regierung der Han aber ließ in allen Grenzprovinzen die Garnisonen und Grenzwachen einziehen, und die Wu-huan hielt man ruhig, „indem man sie mit Geschenken bedachte“ (Kap. 120 fol. 3v⁰). So war denn der Norden notdürftig befriedet. Wir sahen früher, daß die Besitzungen in Nord-Korea sich ruhig verhielten, und Kuang-wu ti sogar angeblich Tributgesandtschaften von den Wo jen, den Japanern, empfing (s. oben S. 327). Eine aufständische Bewegung in Wu-ling und den Gebieten des Yuan kiang (in Hu-nan, südwestlich vom Tung-ting-See, s. oben S. 10) rief noch einmal im Jahre 48 den greisen Ma Yuan ins Feld. Er brachte den Gegnern (vermutlich Miao-tsĕ-Stämmen, s. oben S. 35f.) zwar Niederlagen bei, erlag aber bei der Verfolgung dem Fieber, ebenso wie ein großer Teil seines Heeres. Erst im Winter 49 konnten die Reste erschöpft zurückgeführt werden, nachdem man durch eine List die Aufständischen zur Unterwerfung gebracht hatte.

Noch eine Reihe von Jahren, über den im Jahre 57 erfolgten Tod Kuang-wu tis hinaus, hielten sich im Norden die Hiung-nu, Wu- huan und Sien-pi selbst in Schach, und ebenso die Staaten des Westens, an denen China, zweifellos schon unter den Wirkungen des konfuzianischen Pazifismus, zur Zeit sein Interesse aufgegeben hatte. Der König Hien von Yarkänd, der die Han längst aus seiner politischen Rechnung ausgeschaltet hatte (s. oben S. 392), setzte seine Eroberungen fort, bis er schließlich in dem östlich benachbarten Yü-tʻien (Khotän) die Grenze seines Ehrgeizes fand. Im Jahre 60 wurde der von ihm dort eingesetzte Gouverneur erschlagen, und als er seinen Sohn mit einem großen Heere, das er aus den verschiedenen Staaten zusammengebracht hatte, gegen die Stadt entsandte, erlitt dieser eine schwere Niederlage. Das gleiche Schicksal wurde ihm selbst bei einem zweiten Zuge zu Teil, wobei er sich nur mit Mühe nach Yarkänd zurückretten konnte. Der König von Khotän aber fiel bei der Verfolgung seines Gegners durch einen Pfeilschuß. Man machte nun einen Neffen des Gefallenen, einen Mann mit dem chinesischen Namen Kuang-tê, zum Könige. Dieser, obwohl er eine Tochter des Königs Hien zur Frau hatte, setzte den Kampf gegen Yarkänd fort, zumal diesem jetzt auch von den Hiung-nu und anderen Staaten des Tarim-Beckens zugesetzt wurde. Durch Verrat von Hiens eigenen Ministern und schnöden Wortbruch des Kuang-tê fiel der König von Yarkänd im Jahre 61 in die Hände seines Feindes, sein Staat wurde von Khotän annektiert, er selbst dorthin überführt und später getötet. Nunmehr wandten sich aber die Hiung-nu gegen den neuen Gewalthaber, sie belagerten Khotän, und Kuang-tê sah sich gezwungen, in ein Tributverhältnis zu ihnen zu treten, zumal auch Schan-schan durch Unterwerfung mehrerer Staaten ein sehr beachtlicher Nebenbuhler geworden war. In dieser Zeit nun, als die Staaten Mittel-Asiens in dauernden Kämpfen sowohl unter einander, als auch mit den Hiung-nu standen, griff als neuer Machtfaktor das wiedererwachte außenpolitische Interesse der Han in die Entwicklung ein.

Kuang-wu tis Sohn und Nachfolger, der Kaiser Ming ti, wandelte zunächst in den gleichen Bahnen kühler Gleichgültigkeit gegenüber den innerasiatischen Dingen wie sein Vater. Aber schließlich zwangen ihn doch die Ereignisse zum Eingreifen. Mit den Einbrüchen der Sien-pi und Wu-huan fand man sich die Jahre hindurch in der Weise ab, daß man die einen gegen die anderen hetzte, die nördlichen Hiung-nu, die in Folge der Zustände im Tarim-Becken wieder nach Süden vorgestoßen waren, ließ man durch die an der Grenze angesiedelten südlichen abwehren, gegen Angriffe der Tanguten (K'iang) im Westen wußte man sich mit eigenen Mitteln zu schützen. Im Jahre 64 schlug der nördliche Schan-yü, vermutlich durch die Aussicht auf guten Gewinn veranlaßt, „in der Absicht, Handelsverbindungen anzuknüpfen, den Abschluß eines Freundschaftsvertrages vor" (Kap. 119 fol. 9 v⁰), und Ming ti, in der Hoffnung, daß dann die Plünderungen ein Ende nähmen, ging darauf ein. Leider wurden aber dadurch wieder die südlichen Hiung-nu mit Mißtrauen und Abfallsgedanken erfüllt, und die Gefahr bestand, daß die Chinesen auf diese Weise wieder eine Vereinigung der getrennten Brüder herbeiführen würden. Trotz des Vertrages wurden denn auch in den folgenden Jahren die weiten Gebiete von Kan-su durch groß angelegte Plünderungszüge der nördlichen Hiung-nu in Verbindung mit den von den Staaten des Tarim-Beckens gestellten Soldaten schwer heimgesucht, „so daß", wie die Schilderung sagt, „die Stadttore auch am Tage geschlossen bleiben mußten" (Kap. 118 fol. 1 v⁰). Nunmehr mußte man sich in Lo-yang doch zum Handeln entschließen. Es sieht wie eine Erklärung *post festum* aus, wenn die Annalen sagen: „der Kaiser wollte den Spuren Wu tis folgen, die Hiung-nu angreifen und die Verbindung mit den Westlanden wiederherstellen" (Kap. 53 fol. 12 r⁰). Ob Ming ti so weit ausgreifende Pläne hatte, mag dahingestellt bleiben, jedenfalls wurde im Jahre 72 eine große kriegerische Unternehmung beschlossen und vorbereitet, um Sicherheit vor den Einbrüchen der nördlichen Hiung-nu zu schaffen. Die Leitung sollte der bis dahin in Ungnade befindliche Palast-Offizier Tou Ku übernehmen, der Nachkomme eines Bruders der Kaiserin Tou (s. oben S. 291) und Neffe eines ehemaligen Gouverneurs in Kan-su; da er in dessen Begleitung gewesen war, so schrieb man ihm eine gewisse „Erfahrung in Grenzlandfragen" zu. Es wurde ein großes Heer aufgestellt, das der Lebensbeschreibung des Tou Ku zufolge im Wesentlichen aus Truppen der Tanguten (K'iang), der südlichen Hiung-nu, der Wu-huan und Sien-pi bestand. Die Aussicht auf Beute war bei diesen *socii* der Chinesen entschieden stärker als das Rassegefühl. Im Frühjahr 73 rückte das Heer aus, und damit begann ein Unternehmen, das, wie einst unter Wu ti, Jahre hindurch die chinesische Macht weiter und weiter zog, bis sie ihre größte Ausdehnung erreichte, die ihr in Inner-Asien jemals beschieden gewesen ist, um dann mit dem Verfall im

Inneren des Reiches ebenso wieder abzusinken. Man eroberte das Gebiet von Hami (I-wu-lu), überschritt die Ausläufer des Bogdo ōla und brachte dem Fürsten von Hu-yen, dem südlichen Stamme der nördlichen Hiung-nu, am See Barkul eine schwere Niederlage bei. Der Erfolg war in erster Linie einem Manne zu danken, der als Unterführer bei dem Heere war und hier zum ersten Male aus dem Dunkel einer armen Herkunft und unbedeutenden Stellung in das Licht der Geschichte tritt, um dann als einer der größten Baumeister am chinesischen Reiche seinen Namen mit unsterblichem Ruhme zu bedecken: Pan Tsch'ao. Er war ein jüngerer Bruder von Pan Ku, dem Verfasser der Annalen der Früheren Han (s. oben S. 268), und durch diesen, der sich die Gunst des Kaisers Ming ti erworben hatte, dem Herrscher für eine Beamtenstellung empfohlen worden. Pan Tsch'ao wird nun der leitende Geist der gesamten Wiedereroberung Inner-Asiens, die im Range höher stehenden Generale des Feldzuges, Tou Ku und der tapfere Kêng Ping, verblassen zu Nebenfiguren. Nach einem Siege bei Hami und am Barkul wurde Pan Tsch'ao in die Westlande geschickt, um die Staaten dort dem Einflusse der Hiung-nu zu entziehen. Durch sein tollkühnes, immer alles auf's Spiel setzendes Auftreten gelang es ihm, den König von Schan-schan, dann auch dessen Nebenbuhler, den König Kuang-tê von Khotän, der damals den ganzen Süden des Tarim-Beckens beherrschte (s. oben S. 394), einzuschüchtern, und selbst in dem fernen Su-lê (Kaschgar) und in K'ueï-tsĕ (Kutscha) einen neuen Begriff von der Macht der Han herzustellen. Inzwischen war es auch Tou Ku und Kêng Ping gelungen, das wichtige Kü-schi (Turfan s. oben S. 355) den Hiung-nu zu entreißen. Nunmehr, im Jahre 74, konnten auch wieder ein General-Gouverneur („Schutzherr") und im Turfan-Gebiet die Militär-Gouverneure *wu-ki hiao-weï* (s. oben S. 364) eingesetzt werden, „nach fünfundsechzigjähriger Trennung war die Verbindung mit den Westlanden wiederhergestellt", sagen die Han-Annalen (Kap. 118 fol. 2r⁰) triumphierend.

Es hat noch großer Anstrengungen, vieler Kämpfe und unablässiger Aufmerksamkeit bedurft, um die chinesische Macht in Turkistan zu festigen und zu halten. Zweifellos wäre die Regierung in Lo-yang nicht im Stande gewesen, das Werk dort durchzuführen, wenn nicht Pan Tsch'aos reiche Erfahrung, sein allmählich vorsichtiger gewordenes, aber immer gleich festes, mannhaftes Auftreten, sein sofortiges Erfassen jeder Lage, seine Unerschöpflichkeit im Auffinden neuer Mittel und vor allem sein zähes Ausharren in den Zeiten der Not und gegenüber dem Unverstande der heimischen Bürokratie zur Verfügung gestanden hätten. Schon im Jahre 75 drohte alles Gewonnene wieder verloren zu gehen. Während Pan Tsch'ao im Westen war, griffen die Staaten Yen-k'i (Kara-schahr) und K'ueï-tsĕ (Kutscha) den neuen „Schutzherrn" an, erschlugen ihn und schlossen die beiden Militärgouverneure in ihrer Residenz im Turfan-Gebiet ein. Durch diese Entwicklung ermutigt, schlossen sich die nördlichen Hiung-nu und das „hintere Kü-schi" (am Nordhange des Bogdo ōla, s. oben S. 355) den

Verbündeten an, die Macht der Han schien wieder dem Erlöschen nahe. Der um diese Zeit erfolgende Tod des Kaisers Ming ti vereinfachte die Lage nicht, zumal sein Nachfolger und Sohn Tschang ti „nicht geneigt war, das Mittelreich arm und schwach zu machen um der Barbaren willen“. Indessen überwog doch die Rücksicht auf die Not des Augenblicks. Im Jahre 76 zog der Gouverneur von Tsiu-ts‘üan (Su-tschou) in Kan-su, Tuan P‘êng, aus, brachte den Verbündeten eine schwere Niederlage bei und befreite die Belagerten von Turfan. Aber in Lo-yang wollte man von weiteren Abenteuern in Turkistan nichts wissen, der Posten des Generalgouverneurs blieb wieder unbesetzt, die Militärgouverneure wurden zurückgerufen, die Garnisonen im Hami-Gebiet eingezogen. Die Hiung-nu besetzten daraufhin sofort das Land wieder. Pan Tsch‘ao aber saß in Kaschgar und Khotän, von den Einwohnern beider Städte um ihrer Sicherheit willen flehentlich gebeten, sie nicht zu verlassen. Ganz auf sich angewiesen, blieb der mutige Vorkämpfer der chinesischen Macht die nächsten Jahre auf seinem Posten, mit dem von ihm selbst dort ausgehobenen Truppen notdürftig zwischen den feindlichen Staaten von Su-lê (Kaschgar), K‘ueï-tsĕ (Kutscha) K‘ang-kü, (Samarkand) Yü-tien (Khotän) und Ku-mo (Aksu) den Frieden und über allen wenigstens den Schein einer Oberherrschaft der Han wahrend. Um die Gleichgültigkeit gegen die innerasiatische Politik in Lo-yang zu überwinden, richtete er im Jahre 78 eine ausführliche Denkschrift an den Kaiser, in der er die ganze Lage in ihrer geschichtlichen Entwicklung darlegte. Er wies hin auf die Wichtigkeit, die eine Beherrschung der Staaten im Tarim-Becken für die Mattsetzung der Hiung-nu habe, denen man damit „den rechten Arm abhaue“; „mittels der Barbaren die Barbaren angreifen, sei aber immer der beste Plan“ (vergl. oben S. 333). Auch sei der Boden im Westen, namentlich in So-kü (Yarkänd) und Su-lê (Kaschgar), außerordentlich fruchtbar und dürfte nicht mit der wüsten Gegend zwischen Tun-huang und dem Lop nor verglichen werden. Man könne dort Garnisonen halten, die sich selbst erhielten und keine Kosten verursachten. Er habe sich fünf Jahre lang in seiner Verlassenheit gehalten, bäte aber nun, die Minister zu veranlassen, daß sie der Lage und der Ehre des Reiches Rechnung trügen. Es ist auffallend, daß in dieser Denkschrift, die uns, allerdings wohl nur bruchstückweise, in den Han-Annalen (Kap. 77 fol. 5r°ff.) aufbewahrt ist, mit keinem Worte von den Handelsmöglichkeiten oder von der kulturellen Bedeutung des Westens gesprochen wird, es handelt sich immer nur um die ethisch-religiöse Forderung des Universalismus: die Staaten sind im Aufruhr wider den Himmelssohn, „wenden sich aber jetzt alle von da ab, wo die Sonne untergeht, dem veredelndem Einflusse (des Herrschers) zu“, müssen also befriedet werden. Vielleicht hat man die eigentlich politischen Stellen in Pan Tsch‘aos Bericht fortgelassen, aber dann zeigt auch das, wie die Ideologie des Konfuzianismus bereits alle anderen Beweggründe zu überschatten anfing.

Pan Tsch‘aos Denkschrift hatte die gewünschte Wirkung. Der Kaiser Tschang ti sandte mehrmals militärische Verstärkungen, allerdings in recht bescheidenem Umfange — einmal tausend, das andere Mal 800 Mann, meist freigelassene Verbrecher und Abenteurer —, und Pan Tsch'ao blieb zumeist auf seine Geschicklichkeit angewiesen, mit der er, die gegenseitigen Feindschaften ausnutzend, aus den Staaten selbst seine Streitkräfte bezog, um alle, auch die westlich des Gebirges Ts'ung ling (bei Kaschgar) gelegenen, wie K'ang-kü und das Land der Yüe-tschi (s. oben S. 337f.), in Abhängigkeit zu erhalten. Pan Tsch'aos Wirken und Kämpfen erinnert an den Begründer der russischen Macht am Stillen Ozean, Murawiew, der um die Mitte des 19. Jahrhunderts in stetem Kampfe gegen die Gleichgültigkeit und Verständnislosigkeit der Petersburger Regierung dem Kaiser Nikolaus I. die Besetzung des Amurgebietes abtrotzte. Beide Männer hatten ihre schlimmsten Gegner in der Bürokratie des eigenen Landes.

Zum Glück für den einsamen Kämpfer im Westen gelang es nun aber seinem Gesinnungsgenossen Kêng Ping (s. oben S. 396), ihm im Osten in die Hände zu arbeiten. Dieser wies in der Hauptstadt darauf hin, daß sich augenblicklich im Norden die Hiung-nu, Wu-huan und Sien-pi mit Leidenschaft bekämpften, und daß man diese Lage ausnutzen müsse. „Die Barbaren mit Barbaren bekämpfen, gereicht unserer Regierung zum Vorteile", lehrte auch er in seinem Berichte (Kap. 119 fol. 13 v⁰). So wurde denn im Jahre 89, als der unmündige Kaiser Ho ti, ein Sohn von Tschang ti, den Thron bestiegen hatte, und seine Adoptivmutter, die Kaiserin Witwe Tou, die Gemahlin Tschang tis, die Regierung für ihn führte, ein Heer gegen die nördlichen Hiun-gnu gesandt, von dem der südliche Schan-yü die Hauptmacht stellen mußte. Den Oberbefehl führte Tou Hien, ein Großneffe von Tou Ku (s. oben S. 395) und Bruder der Kaiserin Regentin, ein ehrgeiziger Mann, der das Unternehmen lediglich als ein Mittel ansah, um seine eigenen weitgehenden Pläne zu fördern, aber der leitende Geist war Kêng Ping, auch Pan Ku, der Geschichtschreiber und Bruder Pan Tsch'aos, befand sich in seiner Begleitung. In den Bergen nördlich der Wüste erlitt der nördliche Schan-yü eine schwere Niederlage, Tou Hien nahm ihm große Mengen von Vieh ab und verfolgte den fliehenden noch ein Stück weiter nach Norden. Dort ließ er „über dreitausend *li* von der Grenze entfernt", eine Stein-Inschrift setzen, die seinen Ruhm verkündete. Dieser Sieg ermöglichte es Tou Hien im nächsten Jahre, das ganze Gebiet von Hami und Turfan wieder botmäßig zu machen, und damit erfuhr nun auch Pan Tsch'aos Stellung eine gewaltige Verstärkung. Keiner der Staaten wagte jetzt noch Widerstand zu leisten, und im Jahre 91 wurde der verdiente Mann zum Generalgouverneur mit dem Sitze in Kutscha ernannt, gleichzeitig hielten die Militär-Gouverneure *(wu-ki hiao-weï)* im „vorderen" (südlichen) Teile des Turfan-Gebietes wieder ihren Einzug, wo sie in einem befestigten Lager mit dem chinesischen Namen Kao-tsch'ang pi d. h. „die Umwallung des hohen Gedeihens" residierten (vergl. oben S. 355). Die folgenden Jahre wurden eine Zeit furchtbarster Not für die nördlichen Hiung-nu. Unablässig von ihren grausamen Feinden, den Wu-huan und Sien-pi, sowie von ihren südlichen Stammesgenossen und den Chinesen gejagt und massakriert, ihres Viehes beraubt und von Hunger und Kälte gepeinigt, baten sie wiederholt bei den Han um Frieden und gelobten Unterwerfung, aber auch das wurde ihnen erbarmungslos verweigert. Mehrere der Stämme, und vermutlich die besten, zogen, wie einst vor 150 Jahren ihre Stammesgenossen (s. oben S. 356), nach einer neuen Niederlage mit dem nördlichen Schan-yü im Jahre 91 nach Westen ab, „man weiß nicht wohin", wie die Han-Annalen sagen (Kap. 119 fol. 14 v⁰), nach den Kirgisen-Steppen von K'ang-kü (s. oben S. 337 f.), wie eine spätere Quelle, das *Weï schu* (Kap. 102 fol. 10 r⁰), angibt. Ein Teil von ihnen, der nicht weiter konnte, blieb im Norden von K'ueï-tsĕ (Kutscha) zurück und bildete dort das neue Volk Yüe-pan. Was am Barkul-See wohnen blieb, unternahm zwar unter seinem neuen Schan-yü noch einzelne Kriegszüge, aber als gefährlicher Gegner kamen die Hunnen für die Chinesen vorläufig nicht mehr in Betracht.

In den letzten Jahren des 1. Jahrhunderts stand die chinesische Macht in Inner-Asien auf dem Höhepunkte. „Mehr als fünfzig Staaten hatten Geiseln (am Hofe) und waren in Botmäßigkeit. Staaten wie T'iao-tschi und An-si (die Euphrat und Tigris-Länder und das parthische Reich der Arsakiden), sowie andere, die bis an die Küste des Meeres reichten, weiter als 40000 *li* entfernt, sandten durch mehrere Sprachgebiete hindurch ihre Tribute" (Kap. 118 fol. 2 v⁰). Man mag diese verschwommenen Angaben, denen sehr unklare Vorstellungen zu Grunde liegen, mit allem Vorbehalt aufnehmen, wir wissen aus späteren Beobachtungen, daß die Chinesen, befangen in ihren universalistischen Anschauungen, jede Gruppe von Händlern, die Waren zum Tausche brachten, als Tributgesandtschaft auszugeben pflegten. Mit T'iao-tschi, das lautlich Antiochia wiedergeben kann, ebenso wie An-si(k) Arsak wiedergibt (vergl. oben S. 345), werden Länder des fernen Westens gemeint sein, von deren Hauptstädten, oder Herrschern man viel Glänzendes gehört hatte, die man aber geographisch nicht bestimmen konnte, wie man denn auch von dem Meere nicht wissen kann, ob der Persische Golf oder gar das Mittelmeer darunter verstanden wurde. Immerhin läßt die Schilderung doch den ungeheuren Einfluß ahnen, den sich das Reich der Han durch den asiatischen Kontinent hindurch erworben hatte. Der Gründer und Träger dieses Einflusses aber war der ruhmvolle General-Gouverneur Pan Tsch'ao. Um seine Kenntnis von den sicher auch ihm viel gerühmten Reichen des Westens zu erweitern, schickte er im Jahre 97 einen seiner Beamten Namens Kan Ying auf eine Erkundungsreise dorthin. „Er gelangte nach T'iao-tschi (wohl an der Ost-Küste des Persischen Golfs) und kam durch An-si (persischer Teil von Parthien) an das Gestade des westlichen Meeres, von wo man nach Ta-ts'in (hier wohl eine Bezeichnung für das Zweistromland oder auch für das große Reich des Westens, Rom) hinsehen konnte" (Kap. 118 fol. 21 v⁰). Die eingeborenen Perser, die Kan Ying führten, mögen ihm am Ost-Ufer des Persischen Meeres gesagt haben, daß jenseits davon Ktesiphon oder auch das Römerreich liege, von dessen Ausstrahlungen nach Asien auch Pan Tsch'ao gehört haben mußte, ohne sich im Hinblick auf sein sinozentrisches Weltbild dabei etwas Richtiges denken zu können, oder ohne im Stande zu sein, sich darüber Rechenschaft zu geben, daß Ta-ts'in und An-si sich auf dasselbe beziehen mochten. Kan Ying hat in Folge der Schilderungen von den Gefahren der Seefahrt, mit denen ihn seine Begleiter erschreckten, die Überfahrt nicht gewagt, sondern ist mit recht verworrenen Nachrichten zu Pan Tsch'ao zurückgekehrt. Die Chinesen aber sind nachweislich nie wieder bis zu Kan Yings Reiseziel, geschweige denn darüber hinaus gelangt. Ta-ts'in (alte Aussprache Tai-ts'un) entspricht lautlich dem Namen der großen Stadt am Tigris, die mittelpersisch Ṭasfūn hieß und von den Griechen in Anlehnung an einen Personennamen Ktesiphon genannt wurde. Wie in vielen anderen Fällen wurde dann auch hier von den Chinesen der Name der Hauptstadt auf das Land übertragen: Ta-ts'in bezeichnete ein großes Reich im Westen, von dem man Näheres nicht wußte. Ihrer Gewohnheit gemäß blieben die Chinesen auch hier bei dem einmal angenommenen Namen, mochte sein Inhalt sich verschieben, so oft er wollte. Ta-ts'in ist später auch durch Li-kan (lautlich Seleukia) den anderen Teil der Doppelstadt am Tigris, und durch Fu-lin (lautlich Rūmija, ein Stadtteil von Seleukia, Rom) ersetzt worden. Beide Weltreiche, Rom und Han, haben sich in Parthien vielleicht einen Augenblick gegenüber gestanden, ohne es zu ahnen.

Bis zum Tode des Kaisers Ho ti im Jahre 104 hat die Machtstellung des Reiches in Inner-Asien unbestritten angehalten. Im Jahre 100 konnte Pan Tsch'ao nach 31 jähriger Tätigkeit in den „Westlanden" (so sagt seine Lebensbeschreibung) um seine Abberufung bitten. Sie wurde ihm unter großen Ehrungen gewährt, 102 im Herbst traf er in Lo-yang ein, schon einen Monat später ereilte ihn der Tod im Alter von siebzig Jahren. Ein altes Brust- (oder Blasen ?) -leiden raffte ihn dahin. Als Pan Tsch'ao seinen Posten verließ, bat ihn sein Nachfolger Jen Schang um einen guten Rat. Der erfahrene Kolonialpolitiker sagte ihm: die chinesischen Beamten außerhalb der Grenzen sind nicht gerade die besten Söhne unseres Volkes, und die Barbaren haben ihre Eigenheiten, denen man Rechnung tragen muß. „Eine Regierung, die allzu kleinlich ist, wird nicht die Zuneigung ihrer Untergebenen gewinnen. Man muß großzügig und weitherzig sein, man muß kleine Fehler übersehen und sich nur an die großen Gesichtspunkte halten. Jen Schang äußerte nach der Abreise Pan Tsch'aos zu seiner Umgebung: Ich habe immer geglaubt, daß Herr Pan über außergewöhnliche Methoden verfügen müsse, aber was er mir jetzt gesagt hat, sind Banalitäten" (Kap. 77 fol. 14r⁰). Drei Jahre später war Turkistan in hellem Aufruhr.

Auf den dringenden Hilferuf Jen Schangs wurde der später wegen seiner Erfolge noch oft genannte Liang K'in im Jahre 106 mit tangutischen und anderen fremdstämmigen Truppen nach dem Westen entsandt. Er schlug sich mit den Streitkräften der Staaten herum, ohne eine wirkliche Entscheidung zu erreichen. Die Umgebung des unmündigen Kaisers Ngan ti, eines Enkels Tschang tis, d. h. vor allem die Kaiserin Regentin Têng (s. unten), beschloß deshalb im Jahre 107, um der beständigen Unbequemlichkeiten ledig zu werden, die „Westlande" wieder aufzugeben. „Die Gebiete seien schwer zu erreichen und weit entfernt, beständig gäbe es Aufstände dort, und die Kosten für die Beamten und Militär-Kolonien seien unbegrenzt" (Kap. 77 fol 19 r⁰). So wurden denn die Posten des „Schutzherrn" und der Militär-Gouverneure wieder abgeschafft, die Truppen zurückgerufen, die Militär-Siedelungen aufgelöst. Pan Tsch'ao schien in der Tat der einzige Träger der ganzen mittelasiatischen Politik gewesen zu sein. Zu allem Unglück traten auch noch die Tanguten (K'iang), vielleicht aus denselben Ursachen wie die Staaten im Tarim-Becken, in den Aufstand und überschwemmten die gesamten Provinzen des heutigen Kan-su gerade in dem Augenblick, als Liang K'in und die zurückgerufenen Beamten in Tun-huang eintrafen. Die Lage war ernst, aber es gelang dem unerschrockenen Liang, sie allmählich zu meistern, doch hatte er während der folgenden Jahre Mühe genug, die ständig wiederholten, teils bis in das untere Weï-Tal vorgetragenen Angriffe der K'iang abzuwehren, zumal sich ihm im Jahre 109 auch noch die der Wu-huan und selbst der südlichen Hiung-nu in Schan-si zugesellten. Die letzteren, bisher den Han immer treu ergeben, waren angeblich durch Chinesen unter Hinweis auf die elende Lage des Volkes „östlich der Pässe" (Ho-nan) aufgewiegelt worden; sie waren bis in das Becken von T'ai-yuan (s. oben S. 25) vorgedrungen, und die chinesischen Befehlshaber befanden sich als Belagerte in einer gefährlichen Lage, bis auch hier Liang K'in im folgenden Jahre Hilfe brachte und den Schan-yü zur Unterwerfung nötigte. Die Bürokratie in Lo-yang hat auch diesen tapferen und verdienten Heerführer wegen angeblicher Eigenmächtigkeit, in Wirklichkeit wohl aus Neid auf seine Erfolge, zu Falle gebracht: er wurde in's Gefängnis geworfen und hätte vermutlich sein Leben dort geendet, wenn nicht ein neuer Einfall der Tanguten im Jahre 112, der sogar die Hauptstadt bedrohte, seine Ankläger so in Schrecken gesetzt hätte, daß sie ihn aus dem Kerker holten und gegen die Eindringlinge schickten. Er starb aber, noch ehe er das Weï-Tal erreicht hatte, vermutlich in Folge der erlittenen Mißhandlungen. Jen Schang gelang es dann, die K'iang zu vertreiben.

Aber während einsichtsvolle Männer mit ganzer Hingabe draußen sich mühten, Sicherheit und Macht des Reiches zu wahren, wühlten im Innern bereits wieder jene zerstörenden Kräfte, die, nach der langen und schweren Krise kaum gebändigt, den Palast von neuem zu einer Brutstätte des Lasters und des Verderbens machten und das gesamte Staatswesen mit Verfall und Untergang bedrohten. Unter solchen Umständen war eine planmäßige äußere Politik nicht mehr zu erwarten. In dem Maße, wie die Macht der Han im Tarim-Becken brüchig wurde, drangen die nördlichen Hiung-nu, die inzwischen neue Kräfte gesammelt hatten, nach Süden und Osten vor, brachten die Staaten in Abhängigkeit und plünderten die Grenzgebiete. Im Jahre 119 verlangte der Gouverneur von Tun-huang dringend Maßregeln gegen die Hiung-nu im Tarim-Becken. Man legte eine neue, ganz unzulängliche Garnison nach Hami, nach wenigen Monaten wurde sie samt dem Turfan-Gebiet von den Hiung-nu überrannt, die Staaten am Lop nor baten um Hilfe, und der Gouverneur von Tun-huang warnte dringend vor weiterer Untätigkeit. Die Kaiserin-Regentin beriet mit ihren gelehrten Würdenträgern, und man zog dabei den Sohn Pan Tsch'aos zu, Pan Yung, der, wie sein Biograph sagt, „von Kindheit an das Wesen seines Vaters hatte" (Kap. 77 fol. 14v⁰). Die ganze Frage der „Westlande" wurde grundsätzlich erörtert. Es ist bezeichnend, daß jetzt nicht mehr von den Pferden von Tayuan und den sonstigen Schätzen des Westens (s. oben S. 344) die Rede ist, sondern nur die Frage der Sicherheit vor den Hiung-nu die Beratungen beherrscht. Das Konfuzianertum war, wie von jeher (s. oben S. 336), für Aufgabe der Beziehungen zu den fernen „Barbaren"-Ländern, weil sie unnütz und kostspielig seien. Außerdem riefen sie nur Konflikte und Kämpfe mit den Hiung-nu hervor, denen die Staaten sich unterworfen hätten. Schanschan am Lop nor, das jetzt um Hilfe bitte, würde sich eines Tages auch wieder den Hiung-nu zuwenden. Pan Yung erklärte dem gegenüber: wenn man durch Überlassen der „Westlande" an die Hiung-nu diese beruhigen und von weiteren Plünderungen abhalten könnte, so sei ein solcher Schritt gewiß zu empfehlen. Aber leider sei das Gegenteil der Fall: in den „Westlanden" hätten die Hiung-nu ihre Haupthilfsquellen, aus ihnen bezögen sie ihren Proviant, ihre Soldaten und ihre Pferde; überließe man ihnen diese, so gebe man ihnen auch die Provinzen des Westens preis. Dabei fiel eine Bemerkung von Pan Yung, die ein trübes Licht auf die Zustände in den Grenzgebieten wirft. Die Würdenträger fragten ihn, ob er sich verbürgen wolle, daß die Hiung-nu die Grenzgebiete nicht mehr heimsuchen würden. Er erwiderte: „China hat jetzt Gouverneure (in den Grenzgebieten) eingesetzt, damit sie in den Provinzen und Präfekturen das Verbrecher-, Räuber- und Banditenwesen unterdrücken. Wenn die Gouverneure im Stande sind, sich dafür zu verbürgen, daß keine Räuber und Banditen mehr aufkommen, dann will ich mich mit meinem Kopfe verbürgen, daß die Hiung-nu unsere Grenzgebiete nicht mehr heimsuchen" (Kap. 77 fol. 16r⁰). Man bekommt hier eine Vorstellung davon, wie Verrat der Chinesen den Hiung-nu ihre Einbrüche erleichterte. Aber andererseits warnte Pan Yung auch vor übereilten Maßnahmen: kein großer Kriegszug, wie der Gouverneur von Tun-huang ihn beantrage, man sei dazu nicht vorbereitet und solle die Schwierigkeiten nicht unterschätzen. So beschloß man denn noch weniger als Pan Yung verlangte: man verstärkte die Garnisonen von Tun-huang um 300 Mann und ernannte einen Vize-Militärgouverneur mit dem Sitze ebenda, während Pan Yung auch eine Garnison für den Lop nor verlangte als den Punkt, der die Straßen im Norden und Süden beherrsche. An der Gesamtlage wurde durch diese Halbherzigkeit wenig geändert, die Hiung-nu bedrohten im Bunde mit den Turfan-Staaten auch weiterhin die Provinzen des Westens, bis im Jahre 123 der Gouverneur von Tun-huang auf neue Maßnahmen drang. Diesmal fand er Unterstützung bei einem energischen Palastbeamten, Tsch'ên Tschung, einem Manne, der, seiner Lebenbeschreibung zufolge, „wohlbewandert in der Gesetzeskunde" war und einen großen Einfluß besaß (Kap. 76 fol. 10v⁰), anscheinend auch nicht zu den orthodoxen Konfuzianern gehörte. Er wies darauf hin, daß halbe Maßregeln sehr viel teurer zu stehen kommen würden als sofortige ganze. Wenn man die Hiung-nu gewähren ließe, so würden ihnen die ganzen Hilfsquellen der Staaten zur Verfügung stehen, sie würden sich mit den K'iang (Tibetern) verbinden und dann über die Grenzprovinzen herfallen. „Dann aber werden wir keine Möglichkeit mehr haben, im Innern die Leiden von Beamten und Volk zu mildern und außen die Barbaren in Ehrfurcht zu halten". „Barbaren aber kann man nur durch Furcht in Unterwürfigkeit halten, nicht durch Kultur veredeln" (Kap. 118 fol. 4v⁰). Das stimmt schlecht zu dem Auftrag an den „Himmelssohn", die Welt zu erleuchten. Pan Yung wurde nun zu einer Art Gouverneur *(tschang schi)* der „Westlande" ernannt mit dem Sitz in einer neu anzulegenden Garnison in Luktschun, südlich von dem früheren Lager von Kao-tsch'ang (s. oben S. 398). Pan Tsch'aos Sohn tat sein Bestes, um das Erbe seines großen Vaters wiederherzustellen. Es gelang ihm, mehr durch Klugheit als durch Gewalt, für die ihm die Mittel fehlten, nicht bloß Kü-schi (Turfan) und Schan-schan, sondern auch Kutscha, Aksu u. a. zu gewinnen und mit deren Hilfe die Hiung-nu zu schlagen, insbesondere das Turfan-Gebiet vor ihnen zu sichern. Noch einmal schien für eine kurze Zeit die Macht der Han wenigstens im Tarim-Becken wiederhergestellt. Aber bald ereilte auch Pan Yung das Geschick aus den Händen einer undankbaren und unfähigen Regierung. Bei einem Unternehmen gegen den noch widerstrebenden Staat Yen-k'i (Karašahr), zwischen Luktschun und Kutscha, im Jahre 128 sollte er mit dem Gouverneur von Tun-huang gemeinsam vorgehen. Er erreichte sein Ziel etwas später als der letztere, so daß dieser allein die Stadt einnahm. Das war Grund genug, den Mann, der unter schwierigen Verhältnissen am erfolgreichsten gewesen war, abzuberufen und in's Gefängnis zu werfen. Er wurde allerdings später von Kaiser Schun ti begnadigt, starb dann aber wohl an den Folgen. Es ging unaufhaltsam bergab mit der Machtstellung und dem Machtwillen der Han. Noch einmal, im Jahre 131, wurde nach Hami eine Garnison gelegt, weil bei der Fruchtbarkeit des Bodens die Hiung-nu von dort ihre Vorräte zu entnehmen pflegten, aber im Ganzen „ging seit der Periode *yang-kia*" (des Kaisers Schun ti, 132—135), wie der Chronist sagt, „das Ansehen der Dynastie mehr und mehr zurück; die Staaten wurden anmaßend und lässig (China gegenüber), sie vergewaltigten und bekämpften sich wechselseitig unter einander" (Kap. 118 fol. 5r⁰). Man suchte sich der Hiung-nu zu erwehren, so gut man es vermochte, entscheidende Siege scheinen aber nicht mehr erfochten zu sein, sonst würden die Kämpfe sich nicht immer wiederholt haben. Von einem angeblichen

Triumph der chinesischen Waffen über die Hiung-nu und den Fürsten von Hu-yen (s. oben S. 396), den der Gouverneur von Tun-huang, P'eï Tsch'ên, im Jahre 137 bei Barkul davongetragen hat, berichtet eine Inschrift auf einem Steine, den der Sieger zur Erinnerung in einer Kapelle bei dem See Barkul hat aufstellen lassen und den man 1757 entdeckte. Die Chronisten haben das Ereignis nicht der Aufzeichnung für wert befunden. Bis gegen 190 haben sich die Kämpfe und Bestrebungen der Chinesen im Tarim-Becken noch hingezogen, dann aber schwindet wohl auch der letzte Schatten der einstigen Macht, das wankende Reich konnte kaum noch sich selbst, geschweige denn seine Außengebiete halten. Die Nachrichten über diese Zeit sind äußerst spärlich, in den trostlosen Zuständen der Heimat schien alles Interesse für Inner-Asien untergegangen zu sein. Dazu kam, daß die Bedeutung der innerasiatischen Handelstraßen um die Mitte des 2. Jahrhunderts anfing zurückzugehen, weil man im Westen den Seeweg kennen lernte und benutzte. In ihrer Beschreibung des Landes Ta-ts'in berichten die Han-Annalen (Kap. 118 fol. 10v⁰): „Der König dieses Landes wünschte immer, mit Han in Gesandtschaftsverkehr zu treten, aber An-si (Parthien) wollte mit ihm Handel in Seidenstoffen aus Han treiben, darum verhinderte es, daß er eine unmittelbare Verbindung (mit China) herstellte. Aber im 9. Jahre der Periode *yen-ki* des Kaisers Huan ti (d. i. 166 n. Chr.) schickte der König An-tun von Ta-ts'in Gesandte, die von außerhalb der Grenzen von Ji-nan (Tongking oder nördliches Annam, s. oben S. 228) kamen und Elfenbein, Rhinozeros-Hörner und Schildpatt darbrachten. So wurde die erste Verbindung zu Stande gebracht. Was diese Leute an Tribut brachten, enthielt keine ungewöhnlichen Kostbarkeiten, es scheint deshalb, daß die Schilderungen (von dem Lande) übertrieben sind". Man hat in dem An-tun den römischen Kaiser Marcus Aurelius Antoninus gesehen, der von 161 bis 180 regierte, und unter dem in dem Kriege gegen die Parther von 162 bis 165 von Avidius Cassius Ktesiphon und Seleukia erobert wurden. Indessen muß man die Meldung der Han-Annalen auf ihre wahre Bedeutung zurückführen. Natürlich hat der römische Kaiser nie daran gedacht, eine Tributgesandtschaft nach China zu schicken, sondern Seidenhändler aus den syrischen Städten wollten vermutlich mit dem Seidenlande unmittelbar in Verbindung kommen anstatt durch die verteuernde Vermittlung der Parther, in deren Lande außerdem Kriegszustand herrschte, und haben deshalb als wagemutige Geschäftsleute die Reise unternommen. Überdies bestand nach Angabe derselben Han-Annalen (Kap. 118 fol. 12r⁰) regelmäßige Verbindung zwischen Indien und Ta-ts'in, so daß die Kaufleute vielleicht hier ihren Ausgangspunkt für die Reise nach dem Osten nahmen. Sie werden ihre Waren in Indien oder gar erst in Tongking gekauft — beide Länder waren reich daran (vergl. oben S. 323) — und sie dann als Tributgeschenke des Antoninus ausgegeben haben, um dafür um so reichere Geschenke an Seidenstoffen einzutauschen. In diesem Punkte die Chinesen zu täuschen war nicht schwer. Von Wichtigkeit aber ist an dem Berichte, daß er das eifrig festgehaltene Monopol der Parther bei dem Seidenhandel erkennen läßt; überdies zeigt auch er, wie das Partherreich und Ta-ts'in, die hier scharf getrennt sind, in den verschwommenen Vorstellungen der Chinesen ganz durcheinander gehen (vergl. oben S. 399f.). Endlich aber ersehen wir auch daraus, daß hier im Süden, vielleicht schon seit längerer Zeit als man im Norden wußte, eine Verbindung über See mit dem Westen bestand, die ihren östlichen Endpunkt in dem alten Kattigara des Ptolemäus hatte, das vermutlich in der Nähe des heutigen Haiphong an der Küste von Tongking gelegen war.

Durch die Beziehungen zu der iranisch-indisch-hellenistischen Kulturwelt ist die Zeit der östlichen Han von ungeheurer Bedeutung für das chinesische Geistes- und Wirtschaftsleben geworden, ihre Spuren sind nicht wieder verschwunden in der späteren Geschichte. Jetzt erst beginnt die unter Wu ti von Tschang K'ien erschlossene Verbindung (s. oben S. 337ff.) sich recht auszuwirken, jetzt erst werden neben den neuen politischen Formen auch die anderen modernen Züge sichtbar, die das Mittelalter vom Altertum unterscheiden. Über Handel, Wirtschaft und Verkehr unterrichten uns die chinesischen Quellen der frühen Zeit zu ungenau und einseitig-binnenwirtschaftlich, als daß wir ein Bild davon im Einzelnen gewinnen könnten. Aber es ist klar, daß schon durch den Seidenhandel und die dafür gelieferten fremden Waren der Handel bei der besonderen Begabung der Chinesen einen starken Antrieb erhalten mußte (vergl. oben S. 344ff. u. 365f.). Das Gleiche gilt von der Landwirtschaft und dem Fruchtbau, denen die Bekanntschaft mit neuen Nutzpflanzen zu Gute kommt: die Weintraube, der Granatapfel, der Safran, Bohnen, Luzerne, der Nußbaum, um nur einiges zu nennen, sind von Mittel-Asien eingeführt worden, die Baumwollstaude folgt dann als wichtigste Gabe in viel späterer Zeit (im 9. oder 10. Jahrhundert) nach. Volkstümliche Überlieferung pflegt alles dies und vieles Andere Tschang K'ien zuzuschreiben, natürlich haben sich die zahlreichen fremden Pflanzen erst im Laufe einer längeren Zeit nach China verbreitet. Deutlicher sichtbar sind die neuen Kräfte und ihre Wirkungen auf geistigem Gebiete. Zwar das eigentliche philosophische Denken war bereits zu stark durch den Konfuzianismus gefesselt, um sogleich für die fremden Elemente aufnahmefähig zu sein, hier treten die Wirkungen erst später ein, aber die beiden anderen Gebiete des geistigen Lebens, Kunst und Religion, empfangen eine unermeßliche Befruchtung. Die Plastik der Chinesen im Altertum, d. h. im wesentlichen die Bronzekunst, die Töpferei und die Nephrit-Schnitzerei zur Tschou-Zeit und weiter bis in das 2. Jahrhundert v. Chr., zeigt in ihren Formen und Ornamenten einen ganz gleichmäßigen, streng konventionellen Charakter mit immer wiederkehrenden geometrischen Figuren und fast bis zur Unkenntlichkeit stilisierten Tiergestalten, gewöhnlich dem *t'ao-t'ie*, auch Drachen und Greifen oder Phönixen (vergl. oben S. 91). Hier tritt nun zur Han-Zeit ein plötzlicher starker Wandel ein. Die Tiere werden naturalistischer, und zu den vorhandenen treten neue, so das Pferd, und zwar in bewegter Haltung, trabend und sich bäumend, Vögel, sitzend oder fliegend, Löwen, Hunde und schließlich auch der Mensch selbst. Dazu kommen — zum Teil allerdings erst in erheblich späterer Zeit, lange nach den Han — lebhafte Arabesken, Blätter- und Weintrauben-Muster auf Vasen und Bronze-Spiegeln, kurzum ein völlig neues Leben ergießt sich in die bis dahin so streng konventionelle Formenwelt. Es ist nicht zu verkennen, daß hier fremde, zumeist persische und griechische Vorbilder gewirkt haben. Auch die Bildnerei in Stein, Ton und Nephrit bekommt einen völlig anderen, freieren, bewegteren, individualistischeren Charakter. Die kapellenartigen Vorbauten vor den Grabstätten der Würdenträger, die anscheinend auch erst zur Han-Zeit aufkommen und dann allmählich wieder verschwinden, sowie die Steinpfeiler am Eingang von Kultstätten, zeigen Flachreliefs, die, soweit sie deutbar sind, Darstellungen aus der Mythologie und den Geschichtslegenden, von Konfuzius und Lao tsĕ mit ihren Schülern, von häuslichen Szenen, von der Jagd u. a. wiedergeben sollen. Weihrauch-Gefäße einer besonderen Art aus Bronze, Ton und Nephrit mit der Darstellung eines Berges auf dem Deckel, sowie Vasen aus Ton mit Relief-Bändern, die Jagdszenen, Tiere und schießende Reiter zeigen, lassen auf fremde Einflüsse schließen. Nichts von allen diesen Dingen ist aus der Vor-Han-Zeit bekannt, wenn auch das Ganze natürlich immer noch chinesischen Geist atmet, und sich überlieferten Formen des Altertums angleicht. Die Chinesen haben eben zu jeder Zeit in dem von außen Übernommenen ihr eigenes Wesen zur Geltung gebracht. Wir haben früher bereits gesehen (s. oben S. 330f.), daß in der älteren Zeit wichtige Kunst- und Kulturelemente des Westens durch die schweifenden Hiung-nu übermittelt wurden; als aber dann die Chinesen in unmittelbare und engere Beziehungen zu den Staaten der „Westlande" traten, schöpften sie selbst an dem Strome der fremden Kultur, und dieser Strom ergoß sich allmählich immer breiter in ihre von den Konfuzianern umhegten Gefilde. Mehr als durch alles Andere geschah das durch die von Indien durch Mittel-Asien herüberflutende religiöse Bewegung, den Buddhismus.

Seit dem sogenannten dritten buddhistischen Konzil von Pātaliputra im Jahre 245 v. Chr. begann die Missionstätigkeit der Śramaṇas in den außerindischen Ländern. Sie zogen nach Süden und nach Norden, gelangten nach Hinterindien und nach Ceylon, überstiegen die Pässe des Himalaya und verbreiteten ihre Lehre in Kaschmir, in den kleineren Staaten des Gebirges, in den Ländern der indoskythischen Könige und jenseits in den Staaten des Tarim-Beckens, wo namentlich Khotān ein Mittelpunkt der neuen Gemeinde wurde. Jetzt erst wurde der Buddhismus aus einem philosophischen Systeme Indiens zu einer Weltreligion, allerdings unter starken Veränderungen und Erweiterungen seines Lehrgehalts. Im Tarim-Becken kam er mit den Hiung-nu und der sich vortastenden Macht des Han-Reiches in Berührung und wurde dadurch weiter nach Osten getragen, er fand seinen

Eingang nach China und damit ein ungeheures Feld seines Wirkens. Über diese älteste Periode der Ausbreitung des Buddhismus wissen wir leider nichts, auch die chinesischen Quellen versagen völlig. So sind wir auch außer Stande, mit irgend welcher Sicherheit zu sagen, wann und wie die Lehre des Buddha zuerst in China bekannt geworden ist. Man pflegt den Ursprung davon gewöhnlich einem Traum des Kaisers Ming ti (58—75) zuzuschreiben, der im Jahre 61 (andere Quellen geben 64) im Schlaf „einen Menschen aus Gold" erblickte. Die Traumdeuter erklärten, „im Westen gäbe es einen Gott, der Buddha genannt würde" und der „die Farbe von gelbem Gold" habe (Kap. 118 fol. 12 v°). Der Kaiser soll danach eine Gesandtschaft nach Indien geschickt haben, die Näheres über die Lehre Buddhas erkunden sollte. Andere (buddhistische) Quellen wissen dann noch, daß die Gesandtschaft im Jahre 67 (nach Anderen 64) zurückkehrte, zwei Śramaṇas, sowie heilige Schriften und Statuen auf einem weißen Pferde mitbrachte usw. In Lo-yang soll im Anschluß daran das „Kloster des weißen Rosses" (nach anderen Quellen auch noch ein zweites) errichtet sein, und die Han-Annalen bemerken, daß „man seitdem in China Bilder und Statuen herstellte". Es ist selbstverständlich, daß auf solche Weise keine fremde Religion eingeführt werden kann, und das Einzige, was die Geschichte erkennen läßt, ist, daß der Buddhismus zu jener Zeit längst in China bekannt gewesen und Anhänger gehabt haben muß. Das läßt sich nun in der Tat auch nachweisen, und die Chinesen selbst haben schon die Einführung des Buddhismus weit über die Zeit Ming tis hinausgeführt. Die Gesandtschaft von 61 — von dem Traume ganz abgesehen — wird, sobald man sich der damaligen Zustände im Tarim-Becken erinnert (s. oben S. 394 ff.), sogleich, wenn nicht zu einer Unmöglichkeit, so doch zur allergrößten Unwahrscheinlichkeit. Die Kämpfe zwischen Yarkänd und Khotän, zwischen Schan-schan und den Nachbarstaaten, zwischen ihnen allen und den Hiung-nu bis zum Eingreifen der Chinesen unter Tou Ku und P̣an Tsch'ao im Jahre 73 würden eine solche Gesandtschaft schwerlich haben zum Ziel kommen lassen. Die Annalen der Späteren Han erwähnen denn auch die Gesandtschaft nur flüchtig in dem Kapitel von den „Westlanden"; ihr Verfasser, der im 5. Jahrhundert schrieb (vergl. oben S. 268), verzeichnet die damals verbreitete Erzählung, wie sie ihm zu Ohren gekommen war. Zahlreiche andere, meist buddhistische Quellen, davon mehrere älter als die Annalen, aber keine über das Ende des 2. Jahrhunderts zurückreichend, haben den Bericht gleichfalls, und zwar mit zunehmender Ausschmückung durch Einzelheiten, je jünger das Datum ist. Es kann keinem Zweifel unterliegen, daß der Traum und die Gesandtschaft des Ming ti eine Legende sind, die frühestens am Ende des 2. Jahrhunderts entstanden und bis zum 5. Jahrhundert mehr und mehr vervollkommnet und mit übernatürlichen Vorgängen ausgeschmückt ist. Auf der anderen Seite beruht auch die Angabe einer viel späteren Quelle, der Annalen der Weï-Dynastie, die im 6. Jahrhundert entstanden sind, daß „man zuerst durch Tschang K'ien von Buddhas Lehre gehört habe"

(Kap. 114 fol. 1 v⁰), auf einer an sich nicht unwahrscheinlichen Vermutung. Tschang K'iens Berichte, soweit sie überliefert sind, enthalten aber keine Andeutung vom Buddhismus. Die in buddhistischen Schriften auftretende Erzählung von Śramaṇas, die bereits im Jahre 217 v. Chr. mit Sūtras nach Hien-yang gekommen und von Schi huang-ti in's Gefängnis geworfen seien, ist natürlich Legende. Daß die von Ho K'ü-ping im Jahre 121 v. Chr. in Kan-su erbeutete goldene Statue den Buddha darstellte, wie manche chinesische Kommentatoren behaupten (s. oben S. 343), ist ebenfalls unbeweisbar. Recht haben aber trotzdem die Annalen der Weï-Dynastie, wenn sie weiter sagen, daß man auch vor der Zeit Ming tis „in China von Buddhas Lehre gehört, aber nicht daran geglaubt habe". Zwei Nachrichten sind es, die geschichtliche Glaubwürdigkeit besitzen und die Kenntnis des Buddhismus in China in einer früheren Zeit beweisen. Im Jahre 2 v. Chr., also zu der Zeit, wo Wang Mang unter dem unfähigen Ngai ti (s. oben S. 375) bereits allmächtig war, „erhielt einer der *po schi ti tsĕ* (s. oben S. 301) Namens King Lu (auch King Hien und Ts'in King genannt) von einem Gesandten des Königs der Yüe-tschi, (s. oben S. 337 f.) mündlich überlieferte Sūtras des Buddha". So berichtet das *Weï lio*, eine zwischen 239 und 265 entstandene Chronik, die uns aber nur durch umfangreiche Zitate in dem um 429 erschienenen Kommentare zu dem in der zweiten Hälfte des 3. Jahrhunderts von Tsch'ên Schou verfaßten Geschichtswerke *San kuo tschi* („Geschichte der drei Staaten" s. unten) teilweise erhalten ist (*San kuo tschi*, *Weï tschi* Kap. 30 fol. 29 v⁰). Leider ist der Text, der auch in eine Reihe anderer Werke übergegangen ist, so verschieden, so unsicher und so mehrdeutig überliefert, daß nicht einmal sicher zu entscheiden ist, ob es sich um eine Gesandtschaft zu den Yüe-tschi oder von den Yüe-tschi handelt. Im Hinblick auf die Zustände, die damals am Kaiserhofe in Tsch'ang-ngan herrschten, ist die letztere Lesart die wahrscheinlichere. Jedenfalls liegt kein Anlaß vor, an der Tatsache zu zweifeln, daß eine Übermittlung von Sūtras an die Chinesen zu jener Zeit stattgefunden hat, und es ist auch nicht ausgeschlossen, daß die Geschichte von Ming tis Gesandtschaft auf einer Verwechslung mit dieser früheren beruht. Ming ti war durch das Wirken Pan Tsch'aos der Wiedereroberer des Westens geworden (s. oben S. 395 f.), es ist nicht zu verwundern, daß sich die Einführung des Buddhismus später mit seiner Person verband. Die andere Nachricht findet sich in der Lebensbeschreibung von Ying, Prinzen von Tsch'u (*Hou Han schu* Kap. 72 fol. 5 v⁰ f.). Danach erging im Jahre 65 ein Edikt des Kaisers Ming ti, daß die zu Tode Verurteilten sich durch Lieferung von Seidenstoffen loskaufen könnten (vergl. oben S. 366). Auch der Prinz, der wegen Rebellion verurteilt war, wollte hiervon Gebrauch machen. Der Kaiser aber lehnte seine Gaben als unnötig ab, indem er erklärte: „Der Prinz von Tsch'u pflegt die geheimnisvollen Lehren von Huang ti und Lao tsĕ zu rezitieren und ehrt die Tempel Buddhas". Er habe keine Veranlassung, sich schuldig zu fühlen, und solle daher seine Sühnegaben zurückhalten, „damit er zur Unterstützung der Upāsakas (Laien-Anhänger Buddhas) und Śramaṇas beitragen kann". Aus dieser ganz beiläufigen Mitteilung ergibt sich also, daß im Jahre 65 n. Chr. bereits buddhistische Mönche, vielleicht sogar Tempel und Gemeinden in Mittel-China, d. h. im heutigen Kiang-su, vorhanden waren; zur Herbeiführung dieses Zustandes reicht die Zeit von 2 v. Chr. ab aber kaum aus. Wir werden also die Einführung des Buddhismus in China, wenn auch nicht bis in die Zeit Wu tis, wie manche Chinesen wollen, so sicherlich um 70 bis 100 Jahre über Ming ti hinaufrücken müssen. Über seine weitere Verbreitung und Organisation unter der Späteren Han-Dynastie wissen wir zwar nicht viel, aber immerhin genug, um sagen zu können, daß beides beträchtliche Fortschritte gemacht haben muß. Wenn man auch annehmen mag, daß die buddhistischen Mönche zur Zeit des Prinzen Ying von Tsch'u durchweg Ausländer waren, so sagen uns doch andere Quellen, daß mindestens in der zweiten Hälfte des 2. Jahrhunderts n. Chr. unter den Upāsakas und Śramanas auch Chinesen waren. Aus der Zeit des Kaisers Ling ti (168—189) kennen wir sogar einen mit Namen. Ein junger Literat, unter dem Namen Mou tsě bekannt, aus dem heutigen Kuang-si stammend, hatte sich um das Jahr 190 nach Tongking zurückgezogen, war Buddhist geworden und verfaßte einige Jahre danach eine Verteidigungschrift der neuen Lehre in Form eines Dialogs mit einem konfuzianischen Gegner, der auch mehrfach auf die Lehren und Übungen der Magier hinweist. In der Schrift wird, namentlich von Seiten des Gegners, natürlich auch von den Bräuchen der Śramaṇas gesprochen. Es wird getadelt, daß sie sich das Haar abscheren, obwohl doch Niemand seinen Körper beschädigen soll, den er unbeschädigt von seinen Eltern bekommen hat. Dann heißt es aber auch: „Die heutigen Śramaṇas lieben den Wein und den Likör, oder sie hegen Frauen und Kinder, oder sie erwerben billig und verkaufen teuer und verüben Täuschungen und Betrügereien" (was natürlich wider die Ordnung ist). Die Mönche müssen also schon recht zahlreich gewesen sein, und sicherlich waren sie, namentlich die wider die Ordnung lebenden, nicht alle Ausländer. Daß in Lo-yang buddhistische Klöster waren, bezeugt sogar die Anekdote von Ming tis Gesandtschaft, außerdem aber sehen wir aus der buddhistischen Literatur, daß dort in der zweiten Hälfte des 2. Jahrhunderts n. Chr. ein reges buddhistisches Leben herrschte, das in dem Kloster Hü-tsch'ang ssĕ seinen Mittelpunkt hatte. Hier hatte der berühmte An Schi-kao, ein „Parther", vermutlich iranischer Herkunft, der von 148 bis etwa 170 in China tätig war, mit einer ganzen Reihe Śramaṇas eine förmliche Schule gebildet, in der man bereits mit der Übersetzung der heiligen Schriften in das Chinesische begann. Das berühmte „Sūtra der 42 Abschnitte" dagegen, das älteste schon im Jahre 166 erwähnte buddhistische Sūtra in China (s. unten), das wahrscheinlich einen Auszug aus verschiedenen indischen Schriften darstellt und zur Belehrung der chinesischen Proselyten verfaßt wurde, scheint in Mittel- oder Süd-China entstanden zu sein, worauf wenigstens seine Unbekanntheit in Loyang hindeutet. Man sieht aus alledem, daß schon im 1. Jahrhundert im Norden wie am Yang-tsĕ und vielleicht auch im äußersten Süden buddhistische Kleriker mit ihrem chinesischen Anhange wirkten. Das legt den Gedanken nahe, daß ebenso wenig wie der Zeitpunkt des ersten Eindringens auch der Weg, auf dem es sich vollzog, als feststehend angenommen werden kann. Es ist durchaus nicht notwendig, nicht einmal wahrscheinlich, daß die buddhistischen Missionare nur von Mittel-Asien hereinkamen, sie können sehr wohl auch aus Indien auf dem längst bekanntem Wege durch Birma und Yün-nan (s. oben S. 339f.) oder auf dem Seewege über Tongking nach Süd- und Mittel-China gelangt sein.

Seine volle Bedeutung hat der Buddhismus in China natürlich erst lange nach der Han-Zeit erlangt. Immerhin hat er sehr früh angefangen, denkende Geister anzuregen und die Blicke nach Gebieten außerhalb der Reichweite der Konfuzianer und taoistischen Magier zu lenken. Noch trat er freilich zu wenig hervor, um die einheimische Entwicklung stören zu können, und wir hören noch nichts von ernstlichen Kämpfen, obwohl die Schrift von Mou tsĕ sie bereits anzukündigen scheint, aber später hat er die erbitterte Feindschaft beider gründlich zu spüren bekommen. Trotz alledem haben indessen Konfuzianismus wie Taoismus bei ihrer innerlichen und äußerlichen Auseinandersetzung mit ihm sehr vieles von seiner Gedankenwelt sowohl wie von seinen äußeren Formen übernommen. Freilich hat auch die indische Lehre sich der neuen Umwelt weitgehend angepaßt und dadurch in ihrem Wesen von Grund auf gewandelt: der chinesische Buddhismus ist etwas völlig Anderes geworden als der indische. Das gesamte chinesische Geistesleben wiederum hat eine ungeheure Befruchtung von ihm empfangen, es gibt kaum ein Gebiet, das unberührt von ihm geblieben wäre: Religion und Philosophie, die Künste der Plastik, Malerei und Architektur, Länderkunde und Sprachwissenschaft, wirtschaftliche und soziale Anschauungen, allen hat er seine tiefen Spuren eingeprägt, die sich bis in die neueste Zeit erhalten haben. Die Herrschaft des konfuzianischen Staatsgedankens und das Weltbild des religiös-politischen Universalismus hat der Buddhismus nicht zu zerstören vermocht, aber beim Ausbau des Kirchenstaates hat er, wenn auch im Grunde immer ein Fremdkörper, auf das stärkste mitgewirkt.

Während des Restes der Han-Zeit hat sich freilich das Konfuzianertum über die Nebenbuhler noch nicht zu beklagen gehabt. Kuang-wu ti war trotz seiner zuweilen sichtbar werdenden Gläubigkeit gegenüber den Weissagungen der Magier ein Gönner der Konfuzianer. Die Annalen berichten von ihm, daß er es sich angelegen sein ließ, die während der Unruhen entstandenen Schäden an Schrifttum und Kultus wieder zu beseitigen. „Als Kuang-wu das Reich wieder aufgerichtet hatte", heißt es (Kap. 109a fol. 1 r°), „zeigte er große Liebe für die kanonischen Lehren. Er war noch nicht von seinem Kriegswagen herabgestiegen (d. h. er hatte noch nicht die Waffen aus der Hand gelegt), da befragte er bereits die Literaten um Belehrung. Er bemühte sich, in dem lückenhaften Schrifttum die verloren gegangenen Texte wieder zu ergänzen. Die Gelehrten des ganzen Reiches waren meist mit ihren Büchern und Schriften entflohen und hatten sich in Wäldern und Sümpfen versteckt; nun kamen sie sämtlich, mit ihren Schriftwerken beladen, und sammelten sich scharenweise in der Hauptstadt." Zwar von den Archaisierungs-Phantasien Wang Mangs hielt er sich frei, aber die von dem Usurpator eingeführten kultischen Riten übernahm er (s. oben S. 378f.), und eine seiner ersten Regierungshandlungen war es, das Kollegium der „Hofgelehrten für die kanonischen Bücher" *(wu king po schi*, vergl. oben S. 301 u. 371) wieder zu erneuern. Im Jahre 29 erfolgte dann die bereits früher erwähnte Gründung der konfuzianischen Studien-Anstalt, oder was immer man unter dem *t'ai hüo* verstehen will (s. oben S. 301 u. 304), in Lo-yang. Auch die Gruppe *ming t'ang*, *pi-yung* und *ling t'ai* (s. oben S. 303f.) entstand Ende 56 neu, doch hat Kuang-wu ti selbst, der unmittelbar danach starb, keine Kulthandlungen mehr darin vollzogen. Die Annalen (Kap. 1b fol. 23r°) berichten, sicherlich nicht ohne Absicht gleichzeitig mit dieser Gründung, die Tatsache, daß der Kaiser „dem Reiche (die Bedeutung der) Orakelsprüche verkündet habe", ein Verfahren, daß die scharfe Mißbilligung der Konfuzianer gefunden hat. Wie Kuang-wu ti seine Achtung vor der Orthodoxie mit der Neigung zu den taoistischen Magiern verband, so sein Sohn und Nachfolger Ming ti mit der zum Buddhismus (s. oben S. 408). Er vollzog in feierlicher Form die Opfer-, Gebets- und sonstigen Handlungen (auch die Zeremonie des Bogenschießens gehörte dazu, vergl. oben S. 74) in den drei neuen konfuzianischen Kultstätten, deren Bedeutung im Einzelnen noch klarzustellen ist, und nahm zum Schluß im *pi-yung* den Thronsitz ein, um dann, wie die Annalen (Kap. 109a fol. 2r°) angeben, „selbst (die heilige Lehre) den konfuzianischen Gelehrten zu erklären, die die kanonischen Schriften in den Händen hielten und über die Schwierigkeiten fragten. Die Literaten, die um die Brücken und Tore (s. oben S. 304) herumstanden und sahen und lauschten, zählten nach Zehntausenden". Diese symbolische Handlung, die den Himmelssohn als Lehrer der Menschheit darstellt, wird hier im Jahre 59 zum ersten Male erwähnt. Der verwickelte Kultus der Konfuzianer, der namentlich seit Wang Mang alle Lebensformen, zunächst der Literaten, dann aber immer weiterer Kreise, bis auf die Kleidung und Körperhaltung in seinen Bann zieht und beherrscht, hat gerade während des ersten Teiles der Späteren Han seine feste Grundlage erhalten. Demgegenüber hat sich der allgemeine Unterricht in der kanonischen Lehre und das damit verbundene Prüfungsystem (s. oben S. 301f.) durchaus nicht in dem gleichen Maße entwickelt. Die Gründe, die einst Kao tsu und die anderen Herrscher der Früheren Han bewogen hatten, das System zu schaffen und zu fördern, d. h. der Kampf gegen das Lehenswesen (vergl. oben S. 274ff. u. 300f.), mögen damals ihre Stärke bereits verloren gehabt haben, jedenfalls hören wir von keinen besonderen Erneuerungen und Erweiterungen. Die wenigen Edikte der Kaiser Ho ti (89—105), Ngan ti (107—125), Schun ti (126—144), Tschi ti (146), Ling ti (168—189) und Hien ti (190—220) geben zwar immer wieder Anweisungen über Auswahl und Prüfung der Kandidaten, aber man erkennt daraus mehr die Mißstände, die eingerissen waren, als den ernsten Entschluß einer Förderung. Offenbar war bei der Anstellung der Kandidaten nicht mehr die Tüchtigkeit, d. h. Kenntnis des Kanons, ausschlaggebend, sondern der Eintritt in den Staatsdienst wurde durch Familienbeziehungen oder durch Bestechung erlangt. Klagen über das beständig wechselnde Beamtentum, das für die Sorgen und Nöte des Volkes keinen Sinn hatte, waren die Folge. Ein Bericht des Hofkammer-Vorstehers *(schang schu ling)* Tso Hiung an den Kaiser Schun ti und dessen Äußerungen darauf geben ein Bild davon. Auch mit den kanonischen Schriften selbst war es zur Zeit der Späteren Han noch immer nicht so bestellt wie es den Konfuzianern wünschenswert erschien. Seit der ersten großen Revision von *Schi-k'ü ko* unter Süan ti im Jahre 50 v. Chr. (s. oben S. 371) waren in den Texten beim Abschreiben und Auswendiglernen neue Abweichungen eingetreten, zahlreiche Fehler und zweifelhafte Lesarten hatten sich eingeschlichen, und über die Auslegung wurden die verschiedensten Ansichten laut. So wurde denn unter Hinweis auf die Versammlung von *Schi-k'ü ko* eine neue Revision beantragt, und Kaiser Tschang ti berief im Jahre 79 die Literaten in die später berühmt gewordene Halle *Pai-hu kuan* zur Prüfung und Festsetzung der Texte, damit „diese den künftigen Geschlechtern für ewige Zeiten zur Richtschnur dienten" (Kap. 78 fol. 3r°). Das Ergebnis dieser Arbeiten wurde von dem Geschichtschreiber Pan Ku (s. oben S. 268) in einem großen Werke, dem *Pai-hu t'ung*, niedergelegt, das im Wesentlichen heute noch erhalten ist. Aber auch diese neue „Festsetzung" blieb unwirksam, man stritt nach wie vor über Sinn und Text, ein Zeichen, wie wenig gefestigt das konfuzianische System im Einzelnen noch war. Die Hüter der Überlieferung griffen deshalb zu wirksameren Maßnahmen. Die Han-Annalen (Kap. 90b 8v°f.) berichten darüber: „Die kanonischen Schriften hatten vom Zeitalter der Heiligen einen weiten Abstand erhalten, ihre Texte waren voll von Fehlern, die Durchschnittsliteraten hatten sie völlig vergewaltigt, so daß die spätere Wissenschaft in Zweifel und Irrtümer geriet. Unter Hinweis auf diese Zustände beantragte der Archiv-Sekretär Ts'ai Yung gemeinsam mit fünf anderen Beamten (Namen und Titel sind aufgezählt) im Jahre 175, daß die Texte der sechs kanonischen Bücher richtig gestellt werden möchten. Der Kaiser Ling ti genehmigte es, und Ts'ai Yung schrieb nunmehr die Texte selbst auf Steintafeln und ließ sie durch Steinmetzen einmeißeln. Diese Tafeln wurden außerhalb des Tores der Studien-Anstalt aufgestellt. Die späteren Gelehrten und die nachfolgende Wissenschaft nahmen von da ab sämtlich diese Texte als die maßgebenden an. Seitdem die Steintafeln aufgestellt waren, kamen täglich auf mehr als tausend Wagen Leute, die die Texte durchsehen und Abreibungen davon machen wollten, so daß sie die Straße versperrten." Nach dem *Lo-yang ki*, einer Geschichte von Lo-yang, sollen es im Ganzen 46 Steintafeln gewesen sein, auf denen die kanonischen Bücher eingegraben waren, und zwar das *Schu king*, das *Tschou li*, das *Yi king*, das *Tsch'un-ts'iu* mit dem *Kung-yang tschuan*, das *Li ki* und das *Lun yü* (vergl. oben S. 208f. u. 307f.); seltsamerweise fehlt dabei das *Schi king*. Diese Herstellung der steinernen Texte hat weitreichende Folgen gehabt, und zwar nicht bloß für die orthodoxe Überlieferung des Kanons, sondern für das Schrifttum überhaupt. Wenn Ts'ai Yung auf den Gedanken kam, die Texte in Stein zu meißeln, und das Literatentum davon Abdrücke herstellte, so hat höchst wahrscheinlich das (damals noch nicht sehr alte) Siegel und seine Verwendung dazu den Antrieb gegeben. Noch zur Tschou-Zeit hatten zur Beglaubigung von Staatsakten der durchgeteilte Holzstab oder das zerschnittene Nephrit-Stück gedient (s. oben S. 111). Erst mit dem Beginn der Ts'in-Zeit tritt an deren Stelle das Siegel aus Metall oder Nephrit mit Siegelschrift, das in eine weiche Ton-Masse gedrückt wurde. Schi huang-ti hatte das erste Staatsiegel, und daß die Han es von ihm übernommen haben, konnten wir bei früheren Gelegenheiten beobachten (vergl. oben S. 327 u. 377). Ähnlich wie von den Siegeln konnte man jetzt Abdrücke von den Texttafeln nehmen; daß dies etwa zunächst auch mit Ton geschah, ist nicht anzunehmen, man würde auf diese Weise auch nur Texte in Spiegelschrift erhalten haben und hätte mit diesen einen zweiten Abdruck herstellen müssen. Da im Jahre 175 bereits das neu erfundene Papier vorhanden war (s. unten), so wird man dieses dazu verwendet haben,indem man es anfeuchtete und in der bekannten Weise den „Bürsten-Abzug" oder „die Abreibung" herstellte; auf dieses Verfahren deutet auch die Ausdrucksweise in der obigen Stelle der Annalen. Die Chinesen haben, gewiß nicht mit Unrecht, hierin den ersten Anstoß zum Blockdruck gesehen, der sich dann — wir wissen nicht, wann zuerst, aber lange vor der Erfindung des Buchdrucks im Westen — in China entwickelt hat, wie denn auch die Abdrücke mit dem Siegel auf Papier, die besonders für buddhistische und taoistische kurze Gebets- oder Zauberformeln gebraucht wurden, zum Blockdruck hingeführt haben.

Aber alle diese Vorstufen des Buchdrucks sind doch erst zur Weiterentwicklung durch die Erfindung befähigt worden, die ureigenstes Geistesgut der Chinesen und vielleicht die wertvollste Gabe ist, die sie dem Westen übermittelt haben, das Papier. Wir haben früher gesehen, daß man während der Tschou- und Ts'in-Zeit und während des größten Teiles der Han-Zeit auf Holz und Bambus, daneben auf Seide schrieb (s. oben S. 234). Die letztere war der beste, aber auch der teuerste Stoff, auf ihr allein konnte die bei den Konfuzianern aufkommende Schönschreibkunst sich auswirken, und viele von den Literaturwerken mögen auf Seidenrollen niedergeschrieben sein. „Man schrieb es auf Bambus und Seide" heißt es oft in den Annalen der Han. Es ist nur natürlich, daß man beim Anwachsen der literarischen Tätigkeit nach einem Stoffe suchte, der die Eigenschaften der Seide, d. h. Glätte, Biegsamkeit und Leichtigkeit, mit der Billigkeit des Bambus vereinigte, zumal für den zur Ts'in-Zeit erfundenen Haarpinsel (s. oben S. 238f.) ein solcher Stoff am besten geeignet war. Wahrscheinlich hat man auch zu Beginn der christlichen Zeitrechnung eine besondere Seidenart oder ein ihr ähnliches Erzeugnis zum Schreiben benutzt, darauf deutet wenigstens die Tatsache, daß das Schriftzeichen für Papier, das sich bis heute erhalten hat (*tschi* 紙), mit dem Radikal „Seide“ 糸 (vergl. auch unten) zusammengesetzt ist. Aber eine wirkliche Lösung der Aufgabe erfolgte nach der chinesischen Überlieferung erst im Jahre 105, wo das eigentliche Papier entstand. Und zwar wird die Erfindung einem Palastbeamten Namens Ts'ai Lun zugeschrieben, der sich aus niedrigster Stellung — er war Eunuch und gehörte der Schar der Palastwächter an — unter dem Kaiser Ho ti in Folge seiner technischen Geschicklichkeit zu immer höheren Posten hinaufarbeitete; im besonderen hatte er „die Herstellung von Schwertern mit geheimen Eigenschaften und sonstigen Geräten zu überwachen“. Seine Lebensbeschreibung in den Han-Annalen (Kap. 108 fol. 5r⁰) fährt dann fort: „Von Alters her nahm man für Schriftstücke vielfach Bambustafeln, die man zusammenband. Die Verwendung von Seidenstücken dafür nannte man *tschi* (d. h. „Papier“ s. oben) -Bereitung. Aber die Seidenstücke waren zu teuer, und die Bambustafeln zu schwer, beide also für die Leute nicht bequem. So faßte Ts'ai Lun den Plan, aus Baumrinde, Hanf, Lumpen und Fischnetzen *tschi* (Papier) zu bereiten. Im Jahre 105 berichtete er dem Kaiser darüber, und dieser lobte seine Fähigkeiten. Seitdem wurde das Papier allgemein gebraucht, und im ganzen Reiche nannten es Alle Papier des Ts'ai Lun“. Dem Erfinder ist wenig Dank geworden. Er wurde in eine der zahllosen Weiber-Intriguen bei Hofe verwickelt und endete durch Selbstmord. Die Verwendung seines Papiers aber verbreitete sich im inneren China rasch, allerdings blieben Holz und Seide noch lange daneben im Gebrauch; aus Turkistan sind noch Schriftstücke aus Holz vom 4. Jahrhundert, stellenweise (am Lop nor) sogar vom 8. oder 9. Jahrhundert erhalten (vergl. oben S. 347). Schon im 8. Jahrhundert wurde durch chinesische Kriegsgefangene die Herstellung von Papier den Arabern in Samarkand bekannt (s. unten) und danach weiter nach dem Westen verbreitet. Es ist selbstverständlich, daß sich nun durch die neue Ausrüstung gewaltige Möglichkeiten für die literarische Entwicklung eröffneten, freilich nicht bloß für die Konfuzianer, sondern auch für ihre Mitbewerber und Gegner, die Buddhisten und die Magier. Sie haben alle davon Gebrauch gemacht, jeder auf seine Art.

Zunächst freilich ertranken alle diese Möglichkeiten in der Flut des Elends, die sich über das Reich ergoß und die alles fortriß, was sich auf den Gebieten des politischen, wirtschaftlichen und geistigen Lebens in Folge der Verbindung mit anderen Kulturwelten zu entwickeln begann. Die Quellen der zerstörenden Kräfte entströmten, wie schon mehrfach angedeutet (vergl. oben S. 401), dem Palaste, wo wiederum die Eunuchen- und Weiberwirtschaft mit allen Folgen ihr Wesen trieb. Hatte es aus der ersten, durch den Namen Wang Mang bezeichneten Krise noch einmal eine Rettung gegeben, so nahm diesmal das Verderben seinen Lauf bis zur Katastrophe, der endgültigen Vernichtung der Dynastie und der Auflösung des von Schi huang-ti, Kao tsu und Wu ti geschaffenen Reiches.

Das Unheil begann bereits unter Ho ti (89—105), einem Sohne Tschang tis und Enkel Ming tis. Die Adoptivmutter des erst zehn Jahre alten Kaisers entstammte jener Familie Tou, die schon zweiundeinhalb Jahrhunderte früher einmal den Han eine energische, den Konfuzianern so wenig wohlgesinnte Kaiserin gegeben hatte (s. oben S. 291). Einer ihrer Brüder war, wie früher erwähnt (s. oben S. 398), der ehrgeizige Tou Hien, der im Kampfe gegen die Hiung-nu Ruhm und Einfluß erlangt hatte. Seine Schwester führte für den unmündigen Herrscher die Regentschaft, und ihr Anhang, allen voran Tou Hien, bemächtigte sich allmählich aller hohen Ämter. Die Geschichte der Wang-Familie schien sich wiederholen zu wollen. Aber Ho ti war willensstärker als einst der Kaiser P'ing ti (s. oben S. 376). Als er von den heimlichen Plänen der Tou-Sippe in Kenntnis gesetzt wurde, ließ der vierzehnjährige Knabe (es mag dahingestellt bleiben, wie weit er selbst der Handelnde war) alle ihre Mitglieder in der Hauptstadt festnehmen. So weit sie nicht hingerichtet wurden, schickte man sie nach Verlust ihrer Ämter in ihre Heimat zurück. Tou Hien gehörte zu den letzteren, mußte dann aber dort Selbstmord begehen. Die Kaiserin-Mutter, die dadurch in Mitleidenschaft gezogen war, starb in der Haft im Jahre 97. Zugleich mit Tou Hien fiel sein Günstling Pan Ku, der Geschichtschreiber. Er starb im Kerker, sein Werk, die Annalen der Früheren Han, wurde von seiner Schwester Pan Tschao[1]) vollendet. Der Anstifter des ganzen Strafgerichts war ein Eunuch, Tschêng Tschung, der vermutlich mehr aus persönlicher Gegnerschaft als aus dynastischem Interesse den Kaiser von der Gefahr unterrichtete. Die Folge war, daß Ho ti ihm nunmehr seine volle Gunst zuwandte, und daß ein Abglanz davon auf alle Eunuchen fiel. „Seitdem begann der Anstieg des Einflusses der Eunuchen und damit das Unheil im Hause der Han", sagt das *T'ung kien kang-mu schu fa*. In der Tat ist das, was nun folgt, eine Tragödie von wahrhaft grotesken Formen. Was wir bereits am Ende der Früheren Han kennen gelernt haben, wiederholt sich hier, nur daß zu dem Machtstreben der Kaiserinnen, den Intriguen ihrer Sippenglieder, den Anschlägen der Würdenträger die Ohrenbläsereien der Eunuchen kommen. Im Kindesalter stehende Kaiser sind die Gegenstände des Kampfes Aller gegen Alle, das Opfer ist der Staat. Man staunt über die Blindheit, die voll Leidenschaft dem Abgrund zutaumelt. Es ist zwecklos, bei dem abstoßenden Schauspiel länger zu verweilen als der Zusammenhang erfordert. Ho ti starb mit 27 Jahren, sein Sohn (Schang ti) war ein Säugling, für den seine Mutter, die Kaiserin Têng, die Regierung führte. Wenige Monate nachher verschied das Kind, und sein Vetter Ngan ti folgte ihm als zwölfjähriger Knabe ebenfalls unter der Kaiserin Têng (vergl. oben S. 401). Die letztere weist sympathische Züge auf, vermag aber die Umtriebe ihrer Sippengenossen im Palaste auch nicht zu hindern. Als sie im Jahre 121 stirbt, wird die Têng-Sippe aus ihren Stellungen vertrieben, ihren Platz nimmt alsbald die

[1]) Tschao 昭, nicht mit ihrem Bruder Tsch'ao 超 (s. oben S. 396) zu verwechseln.

Sippe Yen ein, aus der die Gemahlin Ngan tis stammt. Diese war kinderlos, daher wird der Sohn einer Palastdame als Thronerbe adoptiert, die Mutter ermordet. Ngan ti stirbt, 31 Jahre alt, im Jahre 125 auf einer Reise nach dem Süden. Man fürchtet die Rache des seiner Mutter beraubten jetzt elfjährigen Thronerben und schiebt einen Enkel Tschang tis, ein kleines Kind, an seine Stelle. Er stirbt nach wenigen Monaten, die Partei des Thronerben unter Führung der Eunuchen überfällt Nachts die Yen-Sippe, macht sie nieder und setzt ihren Schützling auf den Thron, der als Schun ti bis 145 regiert. Das Spiel geht weiter, nur die Personen wechseln. Schun ti hinterläßt einen Sohn von zwei Jahren, die Mutter übernimmt die Regierung, ihre Brüder und Neffen, Glieder der Familie Liang, stehen ihr zur Seite. Das Kaiserliche Kind (Tsch'ung ti) stirbt 146, ein anderes, acht Jahre alt, Urenkel von Tschang ti, wird an seine Stelle gesetzt (Tschi ti), der Bruder der Regentin, Liang Ki, läßt es wegen Unbotmäßigkeit im folgenden Jahre vergiften. Man wählt einen dritten Inhaber des Thrones, diesmal einen fünfzehnjährigen Knaben (Huan ti), gleichfalls einen Urenkel Tschang tis. Mit dem Tode der Regentin im Jahre 150 sinkt die Macht der Liang-Sippe, obwohl eins ihrer Mitglieder Gemahlin von Huan ti ist, und die Brüder der Regentin durch geeignete Haremsdamen ihren wankenden Einfluß stützen. Der Kaiser erfährt von ihren Intriguen und beauftragt die Eunuchen mit der Rache. Die ganze Liang-Sippe wird ausgerottet. Unter Huan ti beginnt der Widerstand der Konfuzianer gegen die Machtstellung der Eunuchen sich zu regen, namentlich sind es die beiden Gelehrten Li Ying und Tu Mi, die Führer in dem erbitterten Kampfe um das Ohr des Kaisers sind. Der Erfolg ist schwankend, aber schließlich triumphieren die Eunuchen. Als Huan ti im Jahre 167 kinderlos stirbt, wird von seiner Gemahlin, der Kaiserin Tou, einer Angehörigen der gleichen Familie, die unter Tschang ti und Ho ti ihre Rolle gespielt hatte (s. oben S. 415), zusammen mit ihrem Vater Tou Wu ein Ur-Urenkel Tschang tis, ein zwölfjähriger Knabe (Ling ti), zum Nachfolger gewählt. Die Regierung führen die Kaiserin und ihr Vater. Beide sind zunächst den Konfuzianern gewogen und machen sie zu ihren Beratern, ein Bund der Literaten zur Bekämpfung der Eunuchen bildet sich, aber letzteren gelingt es durch Verdächtigungen aller Art, Mißtrauen zu säen, das sich sogar zwischen die Kaiserin und ihren Vater stellt. Die gegenseitigen Beschuldigungen gehen weiter, blutige Gewalttaten folgen, schließlich artet im Jahre 169 das Ganze zu einem furchtbaren Gemetzel zwischen den kämpfenden Parteien in den Räumen des Palastes und danach auch außerhalb in der Hauptstadt aus. Den Eunuchen gelingt es durch List und Grausamkeit, die Gegner zu überwältigen, die ganze Familie Tou wird ausgerottet oder verbannt, Li Ying und Tu Mi nebst einer großen Schar ihrer Anhänger und Gesinnungsgenossen werden hingerichtet oder enden durch eigene Hand. Ganze Proskriptionslisten der Konfuzianer werden aufgestellt und hunderte von ihnen eingekerkert, die Kaiserin Tou wird gefangen gesetzt. In der Märtyrer-Geschichte des Konfuzianismus bildet dieses Blutbad des ,,Bundes zur Bekämpfung der Eunuchen“ *(tang ku)* ein berühmtes Kapitel. Ling ti erscheint in diesem wüsten Treiben als willenloses Kampfobjekt. Als er im Jahre 189 stirbt, folgt ihm gegen seinen Willen sein Sohn Pien. Die Eunuchen beherrschen die gesamte Lage und veranlassen schließlich durch ihre unerträgliche Anmaßung und die beständigen Kämpfe, daß man bei den Militärführern der Provinzen Hilfe sucht. Tung Tscho, einer von ihnen, rückt gegen die Hauptstadt vor, wilde Kämpfe zwischen den Eunuchen und ihren Gegnern spielen sich ab, der neue Machthaber setzt im Jahre 190 an Stelle des unfähigen Pien seinen jüngeren Bruder im Alter von neun Jahren (Hien ti) auf den Thron und läßt Pien samt seiner Mutter wegen Staatsgefährlichkeit umbringen. Tung Tscho führt die Regierung, er verjagt die Eunuchen und begünstigt die Konfuzianer, zeigt sich aber als ein Gewaltmensch von unerhörter Rohheit und Grausamkeit. Mit dem Herbeirufen des Militärführers hat man der Dynastie und dem Reiche den Todesstoß versetzt: zahlreiche machtlüsterne Abenteurer und Häuptlinge von Banden aus den Provinzen, durch Tung Tschos Beispiel angelockt, erheben sich und verfolgen ihre eigenen Pläne: sie wissen, daß die Katastrophe nahe ist, und wollen beim Zusammenbruch des Ganzen ihr Teil haben. Der unglückliche Hien ti, von Tung Tscho nach Tsch‘ang-ngan gebracht, ist ein hilfloser Statist in diesem wilden Chaos; im Jahre 220 gibt er die Kaiserlichen Siegel an einen der neuen Gewalthaber und empfängt von ihm ein Lehen.

Das ist das Bild, das die Han-Dynastie während der letzten hundert Jahre ihrer Regierung bietet. Wie es unter solchen Umständen bei dem Beamtentum aussah, das seine Stellen und Pfründe von den Eunuchen erkaufen, und bei der Bevölkerung, die dafür bezahlen mußte, ist leicht zu ermessen; nur der Hingabe hervorragender Männer gelang es immer wieder, das wankende Reich zu stützen und sein Ansehen draußen aufrechtzuerhalten (vergl. oben S. 401 u. 403). Die Annalen (Kap. 60b fol. 18r°ff.) haben uns die Eingaben eines einfachen Mannes Namens Siang Kiai an den Thron vom Jahre 166, als Huan ti regierte, aufbewahrt, in denen uns die entsetzlichen Zustände nahegebracht werden. Vor allem wirft der Verfasser dem Kaiser seine Zuneigung zu den Eunuchen vor, die jetzt „zehnmal so viel wie früher zählten“, dann die unerhört grausamen Strafen, denen die Schuldlosen und Tugendhaften ausgesetzt würden. „Seitdem die Han zur Blüte gekommen sind“, sagt er, „hat es ein solches Ablehnen aller Vorhaltungen, ein solches Zugrunderichten tugendhafter Personen und eine solche übertriebene Anwendung von Strafen wie jetzt niemals gegeben.“ „Man habe im Palaste Schreine des Huang ti, des Lao tsĕ und des Buddha aufgestellt (man beachte diese Verbindung von Magiertum und Buddhismus mit dem konfuzianischen Kaisertum), deren Lehren forderten die Reinheit der Seele, sie liebten das Leben zu erhalten und verabscheuten das Töten, sie wollten die Begierden verringern und die Ausschweifungen beseitigen“, im Palaste aber täte man von allem das Gegenteil. Siang Kiai sagte aus den Erscheinungen am Himmel das Ende des Reiches voraus, und wer die Zustände damals vor Augen hatte, mag es mit dem Prophezeien leicht gehabt haben.

Die Art, wie das Han-Reich schließlich zertrümmert wurde, zeigt, wie wenig gefestigt trotz der Konfuzianisierung des Staates das Dogma und damit das staatspolitische Empfinden außerhalb des eigentlichen Literatentums noch war. Wie einst das unter Wang Mangs Mißwirtschaft leidende Volk sich erhoben hatte, um aus dem Elend herauszukommen (s. oben S. 383f.), so bereiteten das schaudervolle Treiben der Eunuchen im Palast und die Erpressungen des von ihm abhängigen Beamtentums den Boden für ähnliches Unheil. Und wie damals so keimte auch jetzt die erste Saat in der Heimat des Magiertums und seines wilden Aberglaubens, in Schan-tung und Süd-Tschi-li (vergl. oben S. 286). In Kü-lu, östlich von der Stadt Schun-tê in Süd-Tschi-li, hatte der Magier Tschang Kio eine große Zahl von Anhängern um sich versammelt, die an seine Zauberkünste glaubten und von ihrem Meister das künftige Heil erwarteten. Vom Elend der Zeit gepeinigt, liefen ihm die Massen aus allen Provinzen Nord-Chinas zu; wie ehemals Fan Tsch'ung seine Getreuen durch rote Augenbrauen kenntlich machte, so Tschang Kio durch gelbe um den Kopf geschlungene Tücher, weswegen sie in der Geschichte als „die gelben Turbane" *(huang kin)* bekannt geblieben sind. Im Jahre 184 begann die Erhebung. In diesem Jahre fing ein neuer Sechziger-Zyklus (s. oben S. 97f.) an, und ein solcher Zeitpunkt ist den Chinesen immer als eine bedeutungsvolle Wende erschienen. So sollte auch dieses Jahr zum Anfang eines neuen und besseren Zeitalters werden. Tschang Kio organisierte seine Massen, er selbst war der „Himmels-Herzog", seine beiden jüngeren Brüder führten den Titel „Erd-Herzog" und „Menschen-Herzog" (vergl. oben S. 127), alle drei waren die großen Heerführer *(tsiang-kün)*, ihre Regierung war das *t'ai p'ing tao* d. h. „das Reich des großen Friedens". Die „gelben Turbane" überfluteten das Land, die Beamten flüchteten, das Volk schloß sich ihnen an. Im Palaste war man ratlos, die Minister empfahlen, die mit dem Siege der Eunuchen (s. oben S. 416f.) von Ling ti verbannten Literaten zu begnadigen und die Eunuchen zu töten, damit die ersteren sich nicht mit den Rebellen verbänden. Ling ti fürchtete die Eunuchen zu sehr, um diesem Rate zu folgen, zudem hatten die „gelben Turbane", die den Konfuzianern gegenüber sicher keine freundlichen Empfindungen hegten, bereits ihre Verbindungen unter den Eunuchen selbst. So mußte man der Gewalt mit Gewalt begegnen, wenn man den Staat nicht preisgeben wollte. Lu Tschi, ein konfuzianisch gebildeter Soldatenführer, ferner Huang-fu Sung und Tschu Tsun, ersterer ein „für die Künste des Friedens wie des Krieges empfänglicher Mann" (Kap. 101 fol. 1 v⁰), letzterer ein wegen seiner Rechtschaffenheit gerühmter Beamter, wurden mit der Vernichtung der Rebellen beauftragt. Nach anfänglichen Niederlagen gelang es Huang-fu Sung, unterstützt von Ts'ao Ts'ao, einem der zahlreichen Abenteurer, die von dem Gewoge der Zeit an die Oberfläche getragen waren, nur ganz allmählich, der „gelben Turbane" Herr zu werden.

Lu Tschi wurde wegen seiner Erfolglosigkeit zurückgerufen und durch den vorher erwähnten (s. oben S. 417) Tung Tscho, einen brutalen und ungebildeten Führer, ersetzt. Auch er erreichte nichts, und erst Huang-fu Sung trug schließlich den Sieg davon, nachdem Tschang Kio vorher bereits gestorben war. Tschu Tsun besorgte den Rest, indem er die letzte Festung der Aufständischen in Nord-Schan-tung eroberte und alles niedermachte, was er erreichen konnte. So war die unmittelbare Gefahr abgewendet, aber die Bewegung schwelte noch Jahre lang fort. Die Han-Annalen erwähnen unter dem Jahre 188 und sogar noch 207 neue Aufstände der „gelben Turbane" in Ho-nan, denen zahlreiche Beamte zum Opfer fielen. Und der Osten war nicht der einzige Schauplatz der politischen Kraftentfaltung des Magiertums. Die Han-Annalen sind nicht sehr ergiebig in ihren Mitteilungen über die Vorgänge, aber ein älteres Werk, das *Tien lio*, das leider verloren ist, von dem aber ebenfalls einzelne Stellen in dem Kommentar zur „Geschichte der drei Staaten" *(San kuo tschi)* erhalten sind (vergl. oben S. 408), macht darüber wichtige Angaben. Es heißt dort: *(Weï tschi* Kap. 8 fol. 22v⁰): „Zur Zeit *hi-p'ing* (172—177) gab es große Aufstände der Magier; in San fu (die Umgebung der Hauptstadt im Weï-Tale) war der des Lo Yao. Zur Zeit *kuang-ho* (178—184) war im Osten der des Tschang Kio, und in Han-tschung (im südwestlichen Schen-si, an der Grenze von Ssĕ-tsch'uan, s. oben S. 260) der das Tschang Siu". Es werden dann die Lehren und Zauberkünste der drei Meister kurz beschrieben, und dabei heißt es, daß die des Tschang Siu sich im Ganzen mit denen des Tschang Kio deckten. Der Vorgänge in Ssĕ-tsch'uan hat sich die taoistische Überlieferung mit besonderem Eifer bemächtigt. Sie weiß zu erzählen, daß ein gewisser Tschang Ling oder — mit seinem späteren Namen — Tschang Tao-ling, der ein Nachkomme des berühmten Tschang Liang, des Beraters Kao tsus (s. oben S. 258 u. 270f.) gewesen sei, nach langen alchemistischen Studien in Kiang-si durch einen überirdischen Boten einen Auftrag von Lao tsĕ erhalten habe, die Menschheit glücklich zu machen. Er sei dann nach Schu (Ssĕ-tsch'uan) ausgewandert, habe dort in der Einsamkeit des Gebirges eine Gemeinde gebildet und aus dieser einen förmlichen Staat mit Beamten Steuern, Gesetzen und sonstigem Zubehör, das Ganze auf der Grundlage des *tao*. Nach seinem Tode habe sein Sohn den Staat weiter entwickelt und nach diesem sein Enkel Tschang Lu. Der Kaiserliche Gouverneur in Ssĕ-tsch'uan, Liu Yen, habe den Staat wegen seines segensreichen Wirkens anerkannt und Tschang Lu eine hohe Würde verliehen. Das Geschichtswerk *San kuo tschi* aber berichtet, daß, als der Aufstand des Tschang Siu begann, Tschang Lu sich mit diesem vereinigte und Han-tschung im Norden dem Kaiserlichen Präfekten entriß, danach aber sich gegen Tschang Siu wendete und ihn tötete. Tschang Lu habe dann in diesem Teile des nördlichen Ssĕ-tsch'uan als selbständiger Herrscher gewirkt und sei so mächtig geworden, daß ihn der Statthalter der Han nicht mehr habe überwältigen können. Erst nachdem Ts'ao Ts'ao im Norden zur Herrschaft gelangt sei, habe sich

Tschang Lu ihm unterworfen und einen hohen Adelsrang mit einem Gebiet von 10000 Familien als Lehen erhalten (s. unten). Die taoistischen Werke erzählen dann weiter, daß der Enkel Tschang Tao-lings in der vierten Generation nach Kiang-si zurückgewandert sei und sich dort in der Nähe der Stadt Kueï-ki am Berge Lung-hu schan niedergelassen habe. Dort sei die Würde eines taoistischen Heiligen (*t'ien schi* „Himmelslehrer") in der reich begüterten und hochangesehenen Familie Tschang fortgeerbt. In der Tat besteht diese Stellung des taoistischen „Papstes" von Lung-hu schan in der Theorie bis auf den heutigen Tag. Es ist leicht zu sehen, daß in den Berichten über die Vorgänge in Ssĕ-tsch'uan Geschichtliches und Legendenhaftes durcheinander gemischt ist. Wir brauchen das Dasein Tschang Lings nicht zu bezweifeln, aber es ist eine ganz willkürliche Annahme, daß er ein Nachkomme von Tschang Liang gewesen sei. Tschang Lu, der vielleicht ein Verwandter des Tschang Ling war, mag sich dem Aufstande seines Sippengenossen Tschang Siu, der zeitlich mit dem der „gelben Turbane" zusammenfiel, bereitwillig angeschlossen haben, hat dann aber den unbequemen Nebenbuhler aus dem Wege geräumt und wird ebenso von politischen Gründungsgelüsten getragen worden sein wie viele Andere seiner Zeit. Sein „Staat", soweit man von einem solchen etwa sprechen kann, wird in dem schwer zugänglichen Gebirgslande bei Han-tschung gewesen sein und hat in den Kämpfen zwischen Ts'ao Ts'ao und Liu Peï (s. unten) sein Ende gefunden. Indessen sind die Nachrichten über die Vorgänge lückenhaft und unklar, insbesondere bleibt es dunkel, wann und warum die Familie nach Kiang-si zurückgewandert ist (sie stammte aus Kiang-su, aber Tschang Ling soll am Lung-hu schan in Kiang-si seine ersten alchemistischen Künste betrieben haben). Es kann indessen keinem Zweifel unterliegen, daß in jenen letzten Jahren der Han-Zeit das Magiertum, das mit dem Konfuzianismus gleiche Wurzeln hatte, festere Organisationsformen anzunehmen begann, und zwar dogmatische wie kultische. Die ersteren wurden in engem Anschluß an Lao tsĕ gebildet, dessen Lehre vom *tao* (s. oben S. 202f.) man mit den Phantasien der kosmologischen Mystik verband, die letzteren hatten ihr Vorbild in dem allmählich wachsenden Buddhismus mit seinen Klöstern, Tempeln und liturgischen Handlungen. Wir haben bereits früher gesehen (s. oben S. 408f.), daß der Buddhismus um diese Zeit schon recht rege war, und das dem Ende des 2. Jahrhunderts entstammende Vorwort zu der erwähnten Schrift des Mou tsĕ belehrt uns, daß „während der Wirren nach dem Tode des Kaisers Ling ti nur im äußersten Süden, in Kiao tschou[1]) (d. h. Teile von Kuang-tung, Kuang-si, Tongking und Annam, auch das früher genannte Kiao-tschi und die anderen unter Wu ti in Annam eingerichteten Provinzen — s. oben S. 323 — waren darin aufgegangen), Ruhe herrschte, und daß sich die sonderbaren Leute aus dem Norden, namentlich die Taoisten und Magier, dort in großen Mengen zusammenfanden." Hier

---

[1]) 交州, nicht zu verwechseln mit Kiao tschou 膠州 in Schan-tung.

war also damals eine Zufluchtstätte für diejenigen unter den Anhängern der schwarzen Künste, denen an ihren friedlichen Zauberstudien mehr gelegen war, als an dem Intriguenspiel am Hofe. Ob und inwieweit etwa der neue „Taoismus" in der Tat auch nach der politischen Macht strebte, wie es die Konfuzianer mit Erfolg getan hatten, ist eine Frage, die wir nicht zu entscheiden vermögen, da wir das Wesen der Bewegung, ihren Zusammenhang mit den anderen politischen Gewalten und ihre letzten Ziele noch zu wenig kennen. Sie einfach als „Rebellion" abzutun, wie es von den konfuzianischen Geschichtschreibern geschieht, geht nicht an, und der gleichzeitige Ausbruch im Osten wie im Westen unter Führung der Tschang-Sippe (der nicht näher bekannte Aufstand des Lo Yao scheint ein Ereignis für sich gewesen zu sein) deutet auf größere Ziele. Schon in einer der Eingaben des Siang Kiai (s. oben S. 417) war von einem „Geisterbuche" die Rede, das zu Anfang der Regierung des Kaisers Schun ti (126—144) von Schan-tung aus an den Hof gebracht sei, und das Weisungen enthalten haben soll, wie der Staat glücklich zu regieren sei. Die Beamten aber erklärten, das Buch „entspräche nicht der kanonischen Lehre", und die Han-Annalen fügen hinzu: „Später hat Tschang Kio davon starken Gebrauch gemacht" (Kap. 60b fol. 24 v°). Der riesige Zulauf beweist auch, daß die „Taoisten" mindestens die gleiche Einflußmöglichkeit im Volke hatten wie die Literaten, und wenn man im Palaste eine Zeit lang fürchtete, die letzteren würden sich der Bewegung anschließen, so zeigt das, wie schlecht sie um der Eunuchen willen behandelt waren. Der Gegensatz hat sich aber doch offenbar als zu stark erwiesen, als daß ein Ausgleich möglich gewesen wäre.

Dafür hat aber der Aufstand der „gelben Turbane" jene anderen Kräfte zur Wirkung gebracht, die nun rasch die Katastrophe herbeiführten. Um der durch die Magier heraufbeschworenen Gefahr Herr zu werden, hatte man eine Anzahl von Heerhaufen anwerben müssen, an deren Spitze zum Teil Persönlichkeiten aus den Provinzen von sehr zweifelhafter Art standen. Als diese einen Einblick in die Zustände des Palastes und in die Hilflosigkeit der Dynastie gewannen, zogen sie ihre Folgerungen daraus, jeder auf seine Art, aber alle zu Gunsten ihrer Machtbedürfnisse. Der Palast öffnete ihnen selbst seine Pforten dafür. Nach dem Tode des Kaisers Ling ti im Jahre 189 riefen der Bruder der Kaiserin, Ho Tsin, und sein Vertrauensmann Yuan Schao, ein Offizier der Palastgarden, mehrere von den Heerführern in den Palast, um mit ihrer Hilfe die Eunuchen unschädlich zu machen. Darunter war, wie bemerkt (s. oben S. 417), Tung Tscho, der gegen die „gelben Turbane" nicht viel hatte ausrichten können, jetzt aber die Gelegenheit bis zum äußersten ausnutzte. Ho Tsin wurde von den wütenden Eunuchen erschlagen, Yuan Schao aber entfloh, nachdem er seine Wut an den Eunuchen durch ein furchtbares Blutbad befriedigt hatte, vor den Gewalttätigkeiten Tung Tschos nach Ki-tschou (im südwestlichen Tschi-li), das ihm als Provinz zugewiesen war, und schuf sich hier ein selbständiges Herrschaftsgebiet. Tung Tscho bemächtigte sich des neuen Kaisers (Hien ti), eines vierzehnjährigen Knaben, hielt es aber für geraten, seine kostbare Beute vor seinen militärischen Nebenbuhlern nach Tsch'ang-ngan in Sicherheit zu bringen. Um jedoch die Hauptstadt Lo-yang nicht in deren Hände fallen zu lassen, ließ er sie mit allen ihren Palästen und Kultbauten niederbrennen, alles Bewegliche wurde fortgenommen, das ganze Gebiet in einem Umkreise von mehr als hundert km zur Wüste gemacht, so daß, wie ein späterer Geschichtschreiber sagt, „kein Huhn und kein Hund mehr dort lebte". Die reichen Familien wurden ihres Eigentums beraubt und ausgerottet, dann mußte die ganze übrige Bevölkerung, nach den Han-Annalen (Kap. 102 fol. 8r°) mehrere Millionen, nach Tsch'ang-ngan umsiedeln. Und von dort aus, im Schutze der Pässe des Weï-Tales, ließ der rohe Landsknecht durch seinen Vertrauten Wang Yün im Namen des Kaisers das Reich regieren, während er selbst zunächst auf der Trümmerstätte von Lo-yang blieb, um hier den Zugang zu seinem Raube zu verteidigen. Froh werden dieses Raubes sollte er allerdings nicht. Die neueste Entwicklung hatte in der Tat der gesetzlichen Herrschaft ein Ende gemacht, nicht bloß die Satrapen in den Provinzen hielten sich ihrer Treupflicht für ledig, sondern auch jeder militärische Bandenführer, der sich mächtig genug dazu fühlte. Ein allgemeines Drängen nach Macht und Herrschaft setzte ein, und damit stehen wir in jenem Zeitraume der chinesischen Geschichte, der in noch höherem Grade als die Jahre zwischen dem Sturze der Ts'in und der Begründung der Han (s. oben S. 255) mit dem Zauber fabulierender Romantik umgeben ist. Die Dichtung läßt ihn zwar schon mit dem Aufstand der „gelben Turbane" beginnen, aber das eigentliche Heldenzeitalter nimmt erst mit den nun entbrennenden Kämpfen seinen Anfang. Übermenschliche Tapferkeit und teuflische Bosheit, rührende Freundestreue und niederträchtiger Verrat, verblüffender Schicksalswechsel und tollkühne Verwegenheit oder listenreiche Verschlagenheit, um ihm zu begegnen, alles häuft sich in dieser Zeit um eine Schar von Heldengestalten, die im Bewußtsein des chinesischen Volkes noch heute überall lebendig sind, und deren Andenken in Erzählungen und Dramen, vor allem in dem volkstümlichsten aller literarischen Werke dieser Art, dem *San kuo tschi (yen yi)* d. h. „Erzählungen aus der Geschichte der drei Reiche", wachgehalten wird, das im 12. Jahrhundert entstanden ist. Es hat seinen Namen dem Annalen-Werke *San kuo tschi* entlehnt, das die Geschichte der aus dem wilden Chaos schließlich hervorgehenden drei Staaten (s. unten) behandelt. Das Geschichtswerk betrifft zwar im Wesentlichen einen Zeitraum, der außerhalb unserer gegenwärtigen Betrachtungen fällt, es greift aber auch in die Jahre der vorbereitenden Kämpfe beim Sturz der Dynastie zurück und muß deshalb auch von uns jetzt zu Rate gezogen werden.

Der Gewaltstreich Tung Tschos konnte nicht ohne Gegenwirkung bleiben. Der erste Angriff gegen ihn kam vom Süden. Zwei Unterführer aus den Kämpfen mit den „gelben Turbanen", Sun Kien, ein Offizier Tschu Tsuns

(s. oben S. 418), der seitdem in Hu-nan gegen aufständische Eingeborene gekämpft hatte, zog im Jahre 192 gemeinsam mit Yuan Schu, einem Bruder Yuan Schaos und ehemaligem Offizier Tung Tschos, nach Norden gegen den Usurpator; es gelang ihnen in der Tat, Lo-yang zu nehmen und Tung Tscho zur Flucht nach Tsch'ang-ngan zu veranlassen. Sun Kien scheint die kühne Absicht gehabt zu haben, die Han zu befreien, jedenfalls ließ er in Lo-yang die zerstörten Kaisergräber notdürftig wiederherstellen und lehnte ein Bündnisangebot Tung Tschos ab. Inzwischen aber fiel Yuan Schao, der sich durch Sun Kien und seinen eigenen Bruder in seiner Selbständigkeit bedroht glaubte, den beiden Verbündeten vom Norden her in die Flanke; diese fühlten sich offenbar dem neuen Gegner nicht gewachsen und zogen wieder nach Süden zum Yang-tsĕ in Hu-peï ab. Einer ihrer Offiziere, Kung-sun Tsan, aber führte den Krieg gegen Yuan Schao auf eigene Hand weiter, und es gelang ihm, sich einen großen Teil von dessen Gebiet in Tschi-li zu unterwerfen. Noch weniger erfolgreich war Ts'ao Ts'ao (s. oben S. 418) bei einem Versuche, Tung Tscho zu überwältigen. Östlich von Lo-yang stieß er auf feindliche Truppen, wurde von ihnen geschlagen und konnte, selbst verwundet, nur mit Mühe sein Leben durch die Flucht retten. Kung-sun Tsan dagegen setzte sich in Tschi-li fest, während Yuan Schao, wohl im Bunde mit Tung Tscho, in Schan-tung seine Herrschaft einrichtete. Der erstere zog im Norden einen alten Jugendfreund, Liu Peï, zu sich, ein entferntes, ganz verarmtes Mitglied der Kaiserlichen Sippe der Han, einen baumlangen Menschen „von 7 Fuß 5 Zoll Länge“, wie das *San kuo tschi* versichert, der „nicht gern studierte sondern sich lieber mit Hunden und Pferden abgab und Gesang und Musik liebte“. „Er war voll großer Gedanken, aber redete wenig, war gütig zu seinen Untergebenen und zeigte weder Freude noch Zorn in seinen Mienen“ (*Schu tschi* Kap. 2 fol. 1 v⁰). Liu Peï, einer der volkstümlichsten Helden jener Zeit, hatte zwei nahe Freunde, Kuan Yü und Tschang Feï, und diese drei Männer leben als ein Kleeblatt von gewaltigen Recken in der Phantasie des Volkes weiter. Ihre Freundschaft hat in dem berühmten „Treuschwur im Pfirsichgarten“ in dem genannten Romane ihre Versinnbildlichung gefunden. Diese Volkstümlichkeit hat es zuwege gebracht, daß der Gewaltigste unter ihnen, Kuan Yü, in das Pantheon der Volksreligion versetzt ist und bis heute als „Kriegsgott“ (Kuan ti) verehrt wird (vergl. oben S. 318).

Während im Norden Yuan Schao und Kung-sun Tsan sich gegenseitig in Schach hielten, und in Schan-tung noch harte Kämpfe mit den Resten der „gelben Turbane“ geführt werden mußten, warfen sich im Süden die ehemaligen Genossen Kung-sun Tsans, Sun Kien und Yuan Schu, auf den von Hien ti, d. h. von Tung Tscho als Gouverneur in King-tschou in Hupeï (s. oben S. 160) eingesetzten Liu Piao, ebenfalls ein Mitglied der Kaiserlichen Sippe. In längeren Kämpfen in der Gegend von Siang-yang am Han-Fluß blieb zwar Sun Kien Sieger, verlor aber selbst das Leben dabei. Liu Piao blieb Herr in Hu-peï, und Yuan Schu mußte sich vorläufig zurückhalten. Mit Sun

Kien hatte die Dynastie einen ihrer letzten Anhänger von Bedeutung verloren. Nur noch kurze Zeit sollte sie ihr unrühmliches Schattendasein fristen. In Tsch'ang-ngan führte jetzt Tung Tscho als Reichsverweser sein von Schwelgerei und Gewalttaten erfülltes Leben. Selbst seinem Vertrauten Wang Yün wurde das Treiben des rohen Tyrannen unerträglich, und er beschloß, sich seiner um jeden Preis zu entledigen. Eine Anzahl gedungener Mörder überfiel im Sommer 193 den Usurpator im Palaste und machte ihn nieder. Seine ganze Familie und Anhängerschaft teilte sein Schicksal. Ein Aufatmen ging durch alle Kreise des Volkes über den Tod des Verhaßten; Wang Yün trat an seine Stelle, sollte aber bittere Früchte aus der blutigen Tat ernten. Das an den Pässen des Weï-Tales lagernde Heer Tung Tschos rückte nach Tsch'ang-ngan, als die Vorgänge bekannt wurden, und forderte Vergeltung. Vergebens mühte sich Wang Yün, den Führern klar zu machen, wie Tung Tscho den Kaiser vergewaltigt habe, er wurde ergriffen und massakriert. Die Soldateska beherrschte die Stadt und setzte das Schreckensregiment fort. Eine Zeit furchtbarer Not begann für die unglückliche Bevölkerung. Die Generale des führerlosen Heeres fingen an untereinander zu hadern, Mord und Plünderung waren die tägliche Beschäftigung; einer von ihnen, Li Ts'ui, rief eine mehrere tausend zählende Bande von Tanguten (K'iang) und Hunnen herbei, um sie gegen seine Nebenbuhler zu verwenden, und man lieferte sich in den Straßen der Stadt blutige Schlachten. Zu alledem fraßen Heuschreckenschwärme die Ernte auf, und grimmige Hungersnot raffte die Massen hin. Nachdem innerhalb der nächsten zwei Jahre das Elend auf's höchste gestiegen war, beschloß man im Sommer 195, den Kaiser wieder nach dem Osten zu schaffen. Der Zug dorthin war trostlos. Unter beständigen Kämpfen der feindlichen Gruppen, die sich gegenseitig um die Person des Kaisers stritten, von Nahrungsmangel gepeinigt, kam man nur Schritt um Schritt vorwärts, schließlich suchte man in einem kleinen Orte im südwestlichen Schan-si Unterkunft und blieb dort, bis die Unmöglichkeit der Verpflegung zum Weiterziehen zwang. Unter unsäglichen Strapazen und Demütigungen langte der Zug des Elends im Spätsommer 196 auf den Trümmern von Lo-yang an.

Während dessen hatten sich im Nordosten entscheidende Ereignisse vorzubereiten begonnen. Kung-sun Tsan hatte sich in seinem Herrschaftsgebiete von Nord-Tschi-li durch sein hochfahrendes und hartes Wesen verhaßt gemacht. Die verleumderische Art, wie er einen den Han treu gebliebenen General, Liu Yü, um Ehre und Leben gebracht hatte, zog ihm die Rache der Anhänger des Gemordeten zu; sie fielen im Jahre 195 mit einer Schar von Chinesen und Tungusen in seine Städte ein, gleichzeitig drangen vom Norden die Wu-huan und Sien-pi und von Süden die Truppen seines alten Gegners Yuan Schao gegen ihn vor. Nach einer siegreichen Schlacht der Verbündeten erhob sich die ganze Bevölkerung der Nordgebiete, verjagte oder erschlug die Beamten des Verhaßten und zwang ihn selbst zur Flucht. Er verschanzte sich in einer Bergfestung nördlich von Pao-ting und hielt sich dort bis 198, als Yuan Schao ihn hier belagerte. Durch eine List lockte dieser ihn zu einem Ausfall und vernichtete dabei den letzten Rest von Kung-sun Tsans Streitkräften. Dann ließ er eine Mine unter den Berg graben und diese unter Feuer setzen. Aller Hoffnung auf ein Entrinnen beraubt, erdrosselte Kung-sun Tsan seine Schwestern und Frauen und stürzte sich selbst in die Flammen.

Liu Peï hatte sich schon lange vorher, im Jahre 194, von Kung-sun Tsan getrennt. Er war nach dem Süden gegangen, um dort dem in Sü-tschou im nordwestlichen Kiang-su sitzenden Gouverneur der Han, T'ao Kien, zu helfen, der mit Ts'ao Ts'ao in schwerem Kampfe lag. Dieser, unter all den politischen Abenteurern der Zeit wohl die tatkräftigste und zielklarste Persönlichkeit, hatte sich nach seiner Niederlage gegen Tung Tscho dessen Gegner Yuan Schao in Schan-tung zugesellt und dort im Süden, im heutigen Yen-tschou und Ts'ao-tschou, ein Verwaltungsgebiet erhalten. Von hier aus trieb er, zunächst mit Yuan Schao, dann ohne ihn, seine ehrgeizigen Pläne, die offenbar auf das Ganze abzielten, mit Klugheit, List und Tapferkeit vor. Weder T'ao Kien noch Liu Peï vermochten etwas gegen ihn auszurichten, aber Ts'ao Ts'ao sah keine Veranlassung, sich nach Süden festzulegen, da seine Pläne nur im Norden reifen konnten. Bald nach seiner Niederlage im Jahre 194 starb T'ao Kien, und Liu Peï wurde sein Nachfolger in Sü-tschou. Ts'ao Ts'ao beachtete es nicht, sondern richtete seine Aufmerksamkeit auf die Vorgänge in Tsch'ang-ngan und das, was sich daran schloß. Als der Kaiserliche Zug im Huang-ho-Tale in größter Not saß, befand sich Yuan Schao als Sieger über Kung-sun Tsan in Tschi-li. Man forderte ihn dringend auf, mit seinem Heere den Kaiser zu befreien und sich so zum ersten Manne des Reiches zu machen. Er war unschlüssig: die Herrschaft der Han wiederherzustellen war aussichtslos, als Mitbewerber um den Thron aufzutreten, gefährlich. Vergebens warnte man ihn: wenn er nicht handelte, würde ein Anderer ihm zuvorkommen. Yuan Schao fand nicht den Mut eines Entschlusses, statt dessen aber fand ihn der Andere. Durch geschickte diplomatische Manöver und mit Hilfe eines Freundes von weitem Gewissen brachte Ts'ao Ts'ao es zuwege, daß man ihn gleich nach der Ankunft des Kaisers in Lo-yang dorthin berief und ihm den Schutz des wehrlosen Jünglings anvertraute. Da Lo-yang in Trümmern lag, und Ts'ao Ts'ao es auch für geraten hielt, den Kaiser aus seiner bisherigen Umgebung zu entfernen, brachte er den letzteren in seinen eigenen Machtbereich, der sich bis weit nach Ho-nan ausgedehnt hatte. In Hü, südöstlich von Lo-yang, erhielt er seine Residenz, und Ts'ao Ts'ao verfehlte nicht, hier auch den Ahnentempel der Han neu zu errichten. Nunmehr war der gewandte Spekulant, ebenso wie vorher Tung Tscho, aber mit mehr Geschick und besserem Erfolge, der Regent des Landes unter dem Banner des gesetzlichen Herrschers „Von jetzt ab," heißt es im *T'ung kien kang-mu (kien-ngan* 1. Jahr), „lag die Regierung in den Händen der Ts'ao-Sippe. Der Kaiser saß auf seinem Throne, das war alles." Es spricht wieder für die Stärke des Legitimitätsgedankens, daß keiner der zahlreichen Gewalthaber der Deckung durch den rechtmäßigen Herrscher entbehren zu können glaubte.

Ts'ao Ts'ao blieb nicht in unbestrittenem Besitz seiner Beute. Mit Liu Peï, der ihn von Sü-tschou aus bedrohte, wurde er rasch fertig. Er trieb ihn mit überlegenen Kräften aus dem Felde, und Liu Peï floh zu seinem Verwandten Liu Piao in Nord-Hu-peï (s. oben S. 423). Liu Piaos alter Gegner Sun Kien aber hatte einen Sohn, Sun Ts'ê, hinterlassen, dem bei Kiu-kiang am unteren Yang-tsĕ durch Yuan Schu ein Verwaltungsgebiet zugewiesen war. Er geriet dann in einen Gegensatz zu diesem wegen seiner politischen Pläne und näherte sich Ts'ao Ts'ao, wohl um ihn vor Yuan Schu zu warnen. Ts'ao Ts'ao machte ihn im Jahre 198 zur Belohnung zum Fürsten von Wu. So schien von Süden her keine Gefahr mehr zu drohen. Dagegen war der Norden seit der Vernichtung Kung-sun Tsans ganz unter der Herrschaft von Yuan Schao, und die Haltung dieses Machthabers war keineswegs ohne Bedeutung. Aber Ts'ao Ts'ao war vom Schicksal begünstigt: im Jahre 202 starb Yuan Schao, und um seine Hinterlassenschaft entbrannte ein wilder Kampf seiner drei Söhne. Die nächste Zeit mußte Klärung bringen. Einer der Söhne bat Ts'ao Ts'ao um Hilfe, und dieser ergriff trotz vielfacher Warnungen, vor dem Süden auf der Hut zu sein, die Gelegenheit, um den Norden unter seine Botmäßigkeit zu bringen. In zwei großen Feldzügen, die von 204 bis 208 währten, befriedete er das Land, aber die Aufgabe war weit schwieriger und gefährlicher als er gedacht hatte. Die ersten Kämpfe spielten sich bei Tschang-tê an der Grenze von Süd-Tschi-li ab, von da mußte er die Fliehenden — er hatte bald alle drei Brüder gegen sich — nach Schan-tung hinein einerseits und bis nach Nord-Tschi-li andererseits verfolgen. Einen von ihnen konnte er ergreifen und hinrichten lassen, die beiden anderen flohen zu den Wu-huan in Liao-si (südliche Mandschurei), und im Jahre 206 brachen die Scharen dieses Tung-Hu-Stammes in Tschi-li ein. Ein zweiter Feldzug wurde notwendig, und Ts'ao Ts'ao mußte mit seinen Truppen durch das völlig unbekannte Bergland nordöstlich von Peking ziehen, konnte aber den Wu-huan eine vernichtende Niederlage beibringen. Die beiden Brüder hatten sich jenseits des Liao-Flusses in Sicherheit gebracht, indessen hatte Ts'ao Ts'ao solchen Schrecken verbreitet, daß ihm die abgeschlagenen Köpfe der beiden von ihren Gastfreunden übersandt wurden. Der Rückmarsch erfolgte im Herbst 207 und war in Folge von Nahrungs- und Wassermangel noch ein schlimmes Unternehmen, aber die Stellung Ts'ao Ts'aos war durch die Eroberung des Nordens um ein Gewaltiges verstärkt.

Während der Abwesenheit des Usurpators waren seine Gegner im Süden nicht müßig gewesen und hatten neue Pläne gegen ihn vorbereitet. Liu Peï, der sich, wie wir sahen, bei Liu Piao im unteren Han-Tale in Hu-peï aufhielt, sann unablässig darüber, wie er im Hinblick auf den unabwendbaren Sturz der Dynastie einerseits und das Emporkommen der neuen Macht des Ts'ao Ts'ao andererseits sich selbst als Mitglied der Liu-Sippe in die kommende Entwicklung einschieben könnte. Aber ihm fehlten die Mittel, um eine wirklich aktive Politik treiben zu können. Am unteren Yang-tsĕ saßen die Nachkommen Sun Kiens, die Ts'ao Ts'ao anscheinend ergeben waren und nichts gegen ihn unternahmen. Diesen Umständen hatte es der letztere zu danken, daß er seine Kriege im Norden unbehelligt durchführen konnte. Aber die Dinge blieben nicht wie sie waren. Im Jahre 200 war Sun Ts'ê, der Fürst von Wu, gestorben und sein Bruder Sun K'üan sein Nachfolger geworden. Unter ihm änderte sich das Verhältnis zu Ts'ao Ts'ao, und Sun trat in freundschaftliche Beziehungen zu Liu Peï, anscheinend im Zusammenhange mit dessen neuen Plänen, die während Ts'ao Ts'aos Abwesenheit zu reifen begannen. Liu Peï suchte nach Helfern und wurde dabei an einen besonders klugen Politiker Namens Tschu-ko Liang in der Nähe von Siang-yang im Han-Tal gewiesen. Er fragte um seinen Rat, und Tschu-ko Liang setzte ihm die Lage klar auseinander. Ts'ao Ts'ao, so meinte er, verfügt über zu große Machtmittel und außerdem über die Person des Kaisers, ein Kampf gegen ihn ist aussichtslos. Sun K'üan ist in den Gebieten am unteren Yang-tsĕ beim Volke sehr beliebt, das Land dort auch nicht leicht zugänglich (wegen seines Reichtums an Wasserläufen, s. oben S. 12); „einen solchen Mann muß man für sich zu gewinnen suchen, nicht aber soll man etwas gegen ihn unternehmen". Im Westen dagegen sind gute Aussichten: das Land von Pa und Schu ist reich und das Volk tüchtig, die gegenwärtigen Machthaber Liu Tschang (der Sohn Liu Yens s. oben S. 419) und Tschang Lu sind unfähig, es zu halten. „Mache dir im Westen die Jung (Tibeter) zu Freunden, stütze dich im Süden auf die I und Yüe, halte nach außen ein gutes Einvernehmen mit Sun K'üan und stelle im Innern die Ordnung her", dann wird das Ziel erreicht werden. „Du kannst die Stellung eines Präsidialfürsten (*pa*, s. oben S. 162f.) erlangen, und das Haus der Han kann wieder blühend werden" (*Schu tschi* Kap. 5 fol. 2v°). Liu Peï hat nach diesen Ratschlägen gehandelt und ist gut dabei gefahren. Tschu-ko Liang wurde von da ab sein vertrauter Freund, sein Berater und sein Heerführer; das Verhältnis wurde derartig, daß, wie Tschu-kos Lebensbeschreibung sagt, „Kuan Yü und Tschang Feï keine Freude daran hatten" (vergl. oben S. 423). Auch Tschu-ko Liang ist, ebenso wie Ts'ao Ts'ao, eine von Legenden umwobene romantische Persönlichkeit geworden, die der Volksphantasie immer wieder Stoff für ihre Schöpferkraft gegeben hat.

Ts'ao Ts'ao fühlte sich nach der Unterwerfung des Nordens stark genug, um einen entscheidenden Schlag gegen die Rivalen im Süden zu führen. Im Jahre 208 griff er Liu Piao in Hu-peï an, und das Glück schien ihn auch hier wieder zu begünstigen. Liu Piao starb in demselben Jahre, und sein junger Sohn unterwarf sich ohne weiteren Widerstand. Liu Peï, der erst von den Vorgängen erfuhr, als es zu spät war, floh mit seinen Anhängern vor dem von Osten heranrückendem Gegner nach Süden. Ts'ao Ts'ao folgte, unter verzweifelten Kämpfen erreichte die tapfere Schar den Yang-tsĕ, aber der stärkere Gegner besetzte ihren Hauptstützpunkt King-tschou, und Liu

Peï mußte mit den Seinen stromabwärts fliehen. Unweit des heutigen Wu-tsch'ang setzten sie sich fest, und nunmehr griff auch Sun K'üan, wohl um seine eigene Sicherheit besorgt, in den Kampf gegen den Tyrannen ein und sandte Liu Peï eine Streitmacht zu Hilfe. Ts'ao Ts'aos Heer war bereits in den sumpfigen Niederungen durch Krankheit geschwächt, und als es den verbündeten feindlichen Führern durch eine List gelang, seine gesamte Flotte auf dem Strome in Brand zu setzen, war die Widerstandsfähigkeit zu Ende. Der Usurpator floh mit den Resten seines Heeres nach Norden, durch Sümpfe aufgehalten und von den Verbündeten zu Lande und zu Wasser verfolgt. King-tschou wurde von den Truppen Sun K'üans besetzt. Diese Niederlage Ts'ao Ts'aos hatte schwere Folgen: die Alleinherrschaft des Usurpators im Reiche war vereitelt. Der Statthalter Liu Tschang in Ssĕ-tsch'uan, der bisher zu Ts'ao Ts'ao gehalten hatte, machte jetzt gemeinsame Sache mit Liu Peï und lud ihn ein, nach Ssĕ-tsch'uan zu kommen, um dort den in Han-tschung sitzenden Tschang Lu (s. oben S. 419f.) zu vertreiben. Liu Peï hatte bereits das nördliche Hu-nan besetzt und nachdem er, in Übereinstimmung mit Tschu-ko Liangs Plan, Sun K'üans Schwester geheiratet, machte ihn dieser auch zum Gouverneur von King-tschou. Auf die Aufforderung Liu Tschangs hin ließ Liu Peï seine Freunde Tschu-ko Liang und Kuan Yü als Verwalter von King-tschou zurück und begab sich selbst im Jahre 211 nach Ssĕ-tsch'uan. Liu Tschang sollte bald merken, welches Verhängnis er mit dem machtlüsternen Sippengenossen heraufbeschworen hatte. Liu Peï wußte sich sehr rasch einen solchen Einfluß, namentlich bei den Soldatenführern, zu verschaffen, daß er im Jahre 214 Tschu-ko Liang zu sich rief und mit diesem und Tschang Feï die Landschaften Pa und Schu besetzen und Tsch'êng-tu belagern konnte. Liu Tschang sah keine andere Rettung für sich als daß er sich dem Eroberer ergab. Liu Peï war Herr des Westens, wie Ts'ao Ts'ao Herr des Nordens war. Aber Ts'ao Ts'ao war nicht geneigt, sich bei diesem Stande der Dinge zu beruhigen, zumal er im Norden seine Stellung noch weiter hatte befestigen können. Im Jahre 213 hatte er den nördlichen Teil seines Einflußgebietes, die Ebene nördlich vom Huang ho, zu seinem besonderen Eigentum erklärt und sich zum Herzog von Weï[1]) machen lassen. Er errichtete in Tschang-tê seinen Ahnentempel und begann, sich die kultischen Abzeichen einer unabhängigen Stellung zuzulegen. Dabei fing die Anwesenheit des Kaisers an, ihm unbequem zu werden, zumal er diese Deckung für sein Handeln nun entbehren zu können glaubte. Die Roheit, mit der dieser durch seine Erfolge offenbar tobsüchtig gemachte Soldatenhäuptling mit seinem unglücklichen Gefangenen und namentlich mit dessen Frauen umging, muß nach einer älteren Quelle grauenvoll gewesen sein. Durch vermeintliche Widerstände in der Kaiserlichen Familie gegen seine Pläne wütend gemacht, ließ er im Jahre 214 nicht bloß die Kaiserin, sondern auch deren ganze Familie, ,,im Ganzen mehrere

---

[1]) 魏

hundert Personen", in bestialischer Weise umbringen. Im folgenden Jahre machte er dann eine seiner Töchter zur Kaiserin, und im Jahre 216 mußte ihn der Kaiser zum König von Weï ernennen. Aber noch war die Katastrophe vom Yang-tsĕ ungesühnt, der Süden und Westen standen außerhalb des Machtbereiches des Gewaltigen. Im Jahre 215 schon waren neue Vorstöße nach Westen unternommen worden. Nach seinen üblen Erfahrungen in den Niederungen des Yang-tsĕ scheint Ts'ao Ts'ao den Plan gehabt zu haben, die Ketten des Ts'in-ling (s. oben S. 2) im Westen zu umgehen und vom Norden in Ssĕ-tsch'uan einzubrechen. Schon am Ausgange des T'ien-tscha-Passes in das Weï-Tal (s. oben S. 24) stieß er auf Streitkräfte von Tschang Lu, der noch in Han-tschung saß und ihm durch Verschanzungen am Paß-Ende den Zugang wehrte. Das Heer Ts'ao Ts'aos vertrieb die Verteidiger und soll auch den sehr schwierigen Übergang über das Gebirge bewerkstelligt haben und nach Han-tschung hinabgestiegen sein. Die Lebensbeschreibung Ts'ao Ts'aos im *San kuo tschi* berichtet, Tschang Lu sei nach Süden geflohen, habe sich dann aber, als die Gegner ihm folgten, mit dem Reste seines Anhanges ergeben (vergl. oben S. 419f.). Ts'ao Ts'ao habe das ganze nördliche Ssĕ-tsch'uan unterworfen und in Han-tschung eine Garnison zurückgelassen. Man muß sich der Lebensbeschreibung Liu Peïs zuwenden, um zu erfahren, daß dieser Triumph nicht von langer Dauer war. Zwar Sun K'üan, der Verwandte und Verbündete Liu Peïs, gab nach einem erfolglosen Angriffe gegen Ts'ao Ts'aos Stellung in An-hui während dessen Abwesenheit das Spiel gegen den Übermächtigen auf und ergab sich im Jahre 217. Um freie Hand gegen Liu zu bekommen, verband sich Ts'ao Ts'ao mit ihm durch einen förmlichen Freundschafts- und Heiratsbund. Liu Peï, auf seine klugen Berater und die Hilfsquellen seines Landes gestützt, kam dem Angriff beider zuvor. Im Jahre 218 rückte er in das Gebiet von Han-tschung ein, das Jahr darauf verjagte er die Truppen und Beamten Ts'ao Ts'aos und erklärte sich, nach dem Vorbilde des letzteren, zum „König von Han-Tschung", nicht ohne dem Kaiser davon Meldung zu erstatten. Da, wo einst sein Ahnherr Liu Pang als „König von Han" seinen Kampf um den Thron begonnen hatte (s. oben S. 260f.), errichtete der Enkel seine Herrschaft. Aber um dieselbe Zeit, wo Liu Peï im Westen siegreich war, erlitt er im Osten einen schweren Verlust. Bei seinem Aufbruch nach Ssĕ-tsch'uan 211 hatte er mit Sun K'üan vereinbart, daß der Siang-Fluß in Hu-nan (s. oben S. 10) die Grenze ihrer Staaten im Süden des Yang-tsĕ bilden sollte, nördlich davon sollte das Han-Tal bei Liu Peï bleiben. Im Jahre 215 verlangte Sun K'üan das untere Han-Tal und King-tschou zurück, und Liu Peï gestand ihm, in Hinblick auf Ts'ao Ts'aos Einbruch in Han-tschung, einen Teil seiner Forderung zu. Nachdem Ts'ao Ts'aos Truppen aus dem oberen Han-Tal vertrieben waren, sandte Liu Peï seinen Blutsbruder Kuan Yü nach Osten, um das untere Han-Tal zu säubern, insbesondere das besetzte Siang-yang zu nehmen. Sun K'üan sah hier eine Gelegenheit, seine Ziele zu erreichen. Er zog den Yang-tsĕ aufwärts, um als Verbündeter Ts'ao Ts'aos Kuan Yü unschädlich zu machen. Dem letzteren lief ein großer Teil seiner Streitmacht davon, als Sun K'üan herannahte, er selbst fiel in die Hände der Feinde und wurde hingerichtet. Sun K'üan sandte seinen Kopf an Ts'ao Ts'ao und nahm das gesamte King-tschou-Gebiet an sich. Ts'ao Ts'ao glaubte nun mit der Aufdeckung seines letzten Zieles nicht länger warten zu sollen: mit Sun K'üan auf seiner Seite, Liu Peï in Ssĕ-tsch'uan in Schach gehalten, schien seine Stellung sicher genug, um der Fiktion der Han-Dynastie ein Ende zu machen. Er schickte sich an, eine neue Jahresrechnung zu beginnen und damit die Kaiserliche Würde an sich zu nehmen, als ihn im Anfang des Jahres 220 der Tod hinwegraffte. Sein Sohn Ts'ao P'eï folgte ihm in der Herrschaft und vollendete sogleich, was der Vater zu tun im Begriff stand: er erklärte sich zum „Himmelssohn" und den bisherigen Kaiser Hien ti zum „Herzog von Schan-yang"; ein genügend großes Landgebiet unweit des heutigen Huai-k'ing in Ho-nan für die Unterhaltung des Ahnentempels wurde dem letzten Han-Kaiser zugebilligt, ebenso beließ man ihm gewisse äußere Abzeichen seiner ehemaligen Würde. Erst im Jahre 234 ist der abgesetzte Kaiser im Alter von 53 Jahren gestorben. Als Liu Peï von den Ereignissen hörte, erklärte er sich im folgenden Jahre, 221, vielleicht dem von Kung-sun Schu zweihundert Jahre vorher gegebenen Beispiele folgend (s. oben S. 388), in Schu gleichfalls zum Kaiser *(ti)*, während Sun K'üan sich zum „König von Wu" machte und seine Hauptstadt noch in dem gleichen Jahre nach Ngo am Yang-tsĕ, verlegte, das von nun ab den Namen Wu-tsch'ang erhielt, den die große Handelstadt noch heute trägt. „So teilte sich das Reich in drei Teile", sagen die Han-Annalen lakonisch (Kap. 9 fol. 13v°). Drei Staaten mit alten Namen, Weï, Schu und Wu, waren das vorläufige Ergebnis der sechsunddreißigjährigen Kämpfe.

Der Sturz der Han-Dynastie beendet eine vierhundertjährige Zeitspanne, die einen Inhalt von ungeheurem Reichtum umschließt. Aus dem von Schi huang-ti geschaffenen neuen und dann schon wieder zerfallenden Staate hat sie ein Weltreich gemacht, das, wenigstens zeitweilig, von den Bergen des Ts'ung ling (s. oben S. 2) bis zu den Gestaden der koreanischen Halbinsel, von den Randgebirgen der großen Steppen bis nach Tongking und Annam reichte. Und sie hat für dieses Reich vermittelst des konfuzianischen Bildungsystems sowohl eine neue Gesellschaftsordnung eingeführt, als auch das Band geschmiedet, das dem riesigen Gefüge erst den festen und dauernden Halt geben sollte. Die Schöpfung des konfuzianischen Kanons und die Sammlung der bis dahin zum weitaus größten Teile nur im Gedächtnis der Gelehrten und ihrer Schüler lebenden Geisteserzeugnisse zu haltbaren Schriften waren das Werk der Han, die großen Herrscher und ihre Helfer haben ebenso den Ruhm der chinesischen Waffen durch ganz Ost- und Mittel-Asien getragen wie den der chinesischen Verwaltungskunst, Gelehrsamkeit und gewerblichen Leistungsfähigkeit. Was wir früher bereits von der Regierung Wu tis gesagt haben (s. oben S. 358f.), müssen wir jetzt am Ende der Dynastie wiederholen: Der Begriff des „Mittelreiches" hat seine gewaltigste Erweiterung erfahren (vergl. oben S. 119f., 138 u. 150f.): aus dem Zwergstaate im Huang-ho-Gebiet ist fast das ganze China bis zu den Grenzen von Kuang-tung zum Mittelstücke des chinesischen Weltbildes geworden, und das „Außenland" erstreckt sich in die weiten Fernen des Kontinents, deren Völker man jetzt kennen und beherrschen gelernt hat. Der Strom fremden geistigen Lebens aber, dem so der Weg geöffnet wird, befruchtet wohl den konfuzianischen Staat, aber nimmt ihm nicht seine Eigenart, er bleibt er selbst und entwickelt sich auf seinen eigenen Linien weiter, einer großen Zukunft und einer großen Aufgabe entgegen. Das Walten der Dynastie selbst freilich ist nur zeitweise als rühmlich zu schätzen, selbst wenn man vergessen wollte, daß ihr Weg oft durch Ströme von Blut gegangen ist; eine große Zahl bedeutender Männer auf allen Gebieten hat mehr zum Ruhme des Reiches beigetragen als die meisten von ihren Mitgliedern. Das Ende aber war schimpflich. Nicht in heroischem Kampfe ist das Herrscherhaus zu Grunde gegangen, sondern im Sumpfe der Unsittlichkeit und Schwäche allmählich versunken. Sein Werk schien mit ihm dem Untergange geweiht. Das einheitliche Reich, das zehn Generationen zusammengefügt hatten, war zerbrochen, die politische Geschichte schien um ebenso viele Zeitalter zurückgeworfen. Aber mochte auch das ethisch-politische System des Konfuzianismus noch immer ungefestigt sein, der bestimmende universalistische Staatsgedanke, vom Konfuzianertum getragen, war nicht entwurzelt, er lebte in allen Gewalthabern und mußte, früher oder später, die Teile wieder zusammenschmelzen.

OSTASIEN-LITERATUR

Zusammengestellt im Mai 1930

Huang-Ts'ing-K'ai-kuo-fang-lüeh. Die Gründung des mandschurischen Kaiserreiches. Übersetzt und erklärt von Dr. jur. et phil. Erich Hauer, Privatdozent an der Universität Berlin. Quart XXVI, 710 Seiten und eine Karte. 1926. M. 32.—

Zum ersten Male ist hier ein vollständiges chinesisches Geschichtswerk in eine abendländische Sprache übertragen worden. Das Werk, das Ende des 18. Jahrhunderts auf Befehl des Kaisers K'ien Lung verfaßt wurde, zeichnet die geschichtliche Entwicklung Chinas in einer Epoche, die bisher in Europa noch gänzlich unerforscht war.

Von Cinggis Khan zur Sowjetrepublik. Eine kurze Geschichte der Mongolei unter besonderer Berücksichtigung der neuesten Zeit. Von Iwan Jakowlewitsch Korostovetz, früherem Kaiserlich Russischen Gesandten in Peking und Urga. Unter Mitwirkung von Dr. jur. et phil. Erich Hauer, früherem Dolmetscher an der Kaiserlich Deutschen Gesandtschaft in Peking, Privatdozent an der Universität Berlin. Mit 38 Abbildungen, einer Übersichtskarte der Mongolei und einem Geleitwort von Professor Dr. Otto Franke, Berlin. Quart. XII, 531 Seiten. 1926. M. 15.—

»... Nur ein so gründlicher Kenner wie Korostovetz konnte es schreiben. ... die Darstellung ist spannend. Ein politisch-wissenschaftlich-volkskundliches Buch, über das man sich restlos freuen kann.« Die Brücke.

Chinesische Urkunden zur Geschichte Asiens. In vollständiger Zusammenfassung übersetzt und erläutert von J. J. M. de Groot weil. Prof. a. d. Universität Berlin. Mit Unterstützung durch die Preußische Akademie der Wissenschaften. Erster Teil: Die Hunnen der vorchristlichen Zeit. Quart. 314 Seiten. 1921. M. 40.—

Zweiter Teil: Die Westlande Chinas in der vorgeschichtlichen Zeit. Aus dem Nachlaß des Verfassers herausgegeben von Otto Franke, o. Prof. a. d. Universität Berlin. Quart. 233 Seiten. 1926. M. 30.—

»Die Geschichtswissenschaft Zentralasiens ist für dieses Werk zu hohem Dank verpflichtet. Die vorliegende Ausgabe bringt eine klare, flüssige und im ganzen zuverlässige Übersetzung, bei einer Autorität wie Groot eine Selbstverständlichkeit, und so ist durch sie, gemessen an den bisherigen, höchst unzulänglichen Hilfsmitteln, eine exakte Grundlage für weite Gebiete zentralasiatischer Historiographie geschaffen worden.«

Oriental. Literatur-Zeitung.

Universismus. Die Grundlage der Religion und Ethik, des Staatswesens und der Wissenschaften Chinas. Von J. J. M. de Groot. Mit 7 Bildern. Oktav. XIII, 404 Seiten. 1908. M. 10.—, geb. 11.—

Kolibri 360 GmbH
Ferdinand-Jühlke-Straße 7
99095 Erfurt, Deutschland
produktsicherheit@kolibri360.de